KB143987

금속 현미경 조직학

공학박사 김정근
공학박사 김기영 공저
공학박사 박해웅

NODE MEDIA
노드미디어

머리말

금속 현미경 조직학이란 금속 조직학(Metallography)에서 다루는 현미경 조직 관찰과 해석을 위한 조직 생성의 기본적인 원리와 현상 및 이론적 근거뿐만 아니라, 정확한 분석을 위하여 필수적인 시편 준비 기술 즉, 시편채취, 마운팅, 조연마, 정밀 연마, 광택연마, 부식 및 사진촬영 등을 성공적으로 달성하기 위한 방법을 어떻게 습득하느냐를 포함하고 있다. 또한, 이렇게 준비된 시편을 육안조직뿐만 아니라 광학 현미경(optical microscope), 주사 전자 현미경(scanning electron microscope : SEM) 등의 전문적인 도구를 활용하므로써 보다 광범위하고 정확한 재료의 조직 상태를 판정할 수 있는 정보를 얻을 수 있다.

본서에서는 금속에서의 현미경 조직의 역할에 관한 기본적인 이론과 현상을 다루고 시편준비 과정과 광학 현미경 및 주사 전자 현미경의 원리와 사용 방법과 각종 철강 재료의 열처리 조직, 비철 재료의 조직 생성과 종류별 조직에 따른 해석, 정량적 조직 검사 방법과 최근에 많이 활용하고 있는 color metallography의 부식액 조제와 그 사용 방법에 대하여 심도있게 다루며, 특히 각종 재료를 선택, 실험을 통하여 확인하므로써 재료의 성질을 보다 상세하게 이해할 수 있는 능력을 갖추게 한다. 또한, 다양한 재료의 SEM fractography에 관한 해석도 수록하였으며, 부록에는 현미경 조직검사에서 사용되는 각종 부식액의 조제와 조성 및 부식 방법 및 많이 활용되고 있는 KS에 수록된 검사방법등을 제시하였다. 따라서 본서에서는 금속, 재료, 기계 공학과 이에 연관된 학문을 전공하는 공학도에게는 지침서가 될 뿐만 아니라 산업사회에서 재료시험 검사 및 분석에 종사하는 현장 기술자들에게도 도움이 되는 참고서가 되기를 기대하면서 부족한 점은 선배 제현들의 아낌없는 충고와 지도 편달을 바란다. 본서에는 많은 석학들의 저서 및 각종 자료로부터 발췌한 값진 조직 사진에 관한 정보를 인용하였음을 밝혀 둔다.

이 책의 출판에 노고를 아끼지 않은 노드미디어의 박승합 사장님과 편집부 직원, 관계자 여러분께 깊은 감사를 드리며, 원고작성에 큰 도움을 준 금속재료 연구실의 현용규, 김영한 기술 연구원의 노고에 감사한다.

2012년 1월
저자 씀

□ 차 례 □

제 1 장 금속에서 현미경 조직의 역할

제 2 장 현미경 조직검사

제 3 장 철강재료 조직

제 4 장 비철 재료 조직

제 5 장 금속의 칼라 조직

제 6 장   조직의 정량법

제 7 장   주사전자 현미경(SEM)

부 록

제 1 장
금속에서 현미경 조직의 역할

금속에서 현미경 조직의 역할

제 **1** 장

금속에서 현미경 조직의 역할

1.1 금속과 합금

1.1.1 금속의 최소 단위

순금속은 **화학적인 원소**(chemical element)이고 모든 원소가 원자로 이루어져 있는 것과 같이 순금속도 원자로 이루어져 있으며 각 원자 특성과 원자간 작용력에 따라 금속의 성질이 정해진다. 각 원자는 하나의 핵으로 구성되어 있고 새로운 학설에 따르면 핵은 **전자 확산운**으로 둘러싸여 있다. **전자운**이라 부르는 이 궤도는 공모양이 될 수 있으나, 경우에 따라서는 각각 다른 방향으로 서로 다르게 늘어난다.

전체 원자는 원자핵에 결합되어 있으며 핵은 전체원자에서 아주 적은 체적을 점유하는데 이것은 마치 방에 있는 하나의 핀(pin)머리와 같다. **전자**는 전기적 음(−)을 띤 매우 가벼운 입자이다. 전자는 **원자핵**과 그 크기가 거의 같으며 그 질량은 가장 가벼운 원자핵 질량의 1/1,836에 불과 하다. 아주 작은 핵은 **양자**와 **중성자**로 구성되어 있으며 양자는 전기적 양(+)을 띤 입자이다. 전체원자는 중성을 띠며 중성자는 전기를 띄지 않은 질량체이다. 양자의 수로서 원소를 결정하고 **최소원소**는 각각 하나의 양자와 전자를 가진 **수소**이다.

자연에서 가장 무거운 원소는 92개의 양자와 146개의 중성자와 92개의 전자를 가진 **우라늄**(Uranium)이다. 원소에 따라 원자 직경이 2~5Å(1Å=10^{-8}cm=1/100,000,000 cm)이다. 중간 크기의 40,000,000개 원자를 꿰어 메면 1cm 길이가 된다. 여기서 다루는 재료를 이해하기 위해서는 원자는 서로 밀착되어 미끄러질 수 있고 외력에 의하여 탄성적으로 압축될 수 있는 탄성구로 가정한다.

1.1.2 순금속의 용해와 응고

(가) 금속의 용해

고체금속의 결정 내에 배열된 원자는 상온에서 그 위치에 정지되어 있지 않고 진동하며 그 진동은 온도에 좌우된다(**열진동**).

완전 정지 상태는 절대 0도(-273℃)에서 나타나고 고체금속을 가열하면 그 원자 운동에너지가 크게 되어 활발히 움직인다. 원자가 활발하게 움직이므로 더 많은 자리가 필요하며 원자간의 간격이 더 크게 된다. 이것은 가열에 의한 재료 팽창의 원인이 된다. 용융체가 응고될 때 결정은 서로 충돌할 때까지 성장하며 구조가 불규칙적이 된다. 한 고체금속에서 결정경계에 있는 원자는 속박된 상태이며 이 속박상태에서 풀려나려고 한다.

고온에서는 결정경계에 존재하는 원자들이 결정내부의 원자와 자리바꿈을 한다. 용융점에 도달하면 결정경계에 존재하는 원자가 맨 먼저 용해되고 계속적인 열 전달로 인하여 나머지 원자가 용해된다. 금속은 일정한 체적을 갖고 있으며 그 형상을 잃게 되면 액상이 된다. 계속 가열하면 용용 금속이 열에너지를 계속 공급받게 되므로 원자의 결합이 결국은 완전히 파괴되어 금속의 **기화**가 시작되고 원자는 서로 별개로 움직이는 공간에서 자유로이 떠다니게 된다. 금속은 최고의 에너지 상태에 도달하여 임의의 공간을 채울 수 있으며 가스형태로 변한다.

(나) 순금속의 응고

원자를 유동체로 생각하고 점차 냉각되는 금속을 관찰한다면 어떻게 변할까?

액상금속의 원자들은 자유유동이 심하며 이 에너지는 금속을 유동시키는데 소모되어야 하는 열이다. 에너지원이 차단되었을 때 유동성인 금속은 냉각된 주위에 열을 빼앗기고 온도는 점차로 내려가서 원자의 유동에너지는 떨어진다. 용융체에서 입방체 구조를 가진 금속(예 : 철)은 용융상태에서 안정된 위치를 가지려는 경향이 있으므로 최소입방체로 배열되며, 이들 **핵**(nucleus)주위를 유동하는 원자가 결합되어 입방체를 계속 이루어 간다.

한 개의 원자가 입방체에 배열된다면 용융상태로 되기 위하여 필요했던 꼭 같은 열량을 원자가 그 결합으로부터 벗어나기 위해서 발산한다(**응고잠열**). 이와 같은 과정이 용융체의 수많은 곳에서 일어난다. 맨 처음 생긴 작은 결정들은 원자가 결합되면서 입방체를 만들고 발열한다(그림 1.1(1)). 계속 발생되는 열로 인해서 용융체에 에너지 공급이 부족되고 또 **초정**(primary crystal)이 형성되어 주위로 열을 발산하는데도 불구하고 마지막 원자가 **정출**(crystal out)될 때까지 온도가 일정하게 유지된다. 결정은 모든 방향으로 일정하게 성장하지 않고 결정구조와 열 발산 방향에 의해 많이 좌우된다. 최초에는 **수지상정**(樹枝狀晶 : dendrite)이라고 하는 전나무 모양으로 형성되며 수지상 사이의 공간도 채워지고 결정이 성장하여 서로 부딪쳐서 더 이상 진행될 수 없을 때까지 커져서 일정한 결정의 경계면을 갖는 결정 내부구조의 규칙성이 상실된다. 이렇게 하여 고체상태인 최소 에너지 상태에 도달한다. 응고된 금속이 그 주위의 온도와 같아질 때까지 계속하여 온도가 내려간다. 주물은 냉각되는 동안 수축하는데 수지상 간의 공간에 결정이 성장하기 전에 수축하므로 주물상부에 존재하는 **잔류 용융체**가 가라앉게 된다(홈이 생긴다).

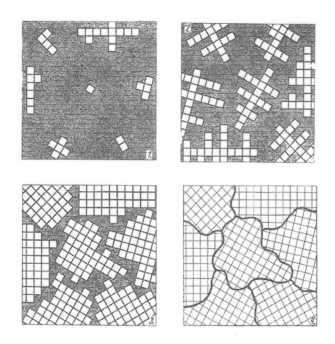

그림 1.1　금속의 응고
결정핵 생성(1), 규칙적인 성장 (2),(3),
서로 부딪쳐 불규칙적인 경계면 형성(4)

　잔류 용융체의 하강으로 생긴 수축공은 돌출되어 있고 뒤에는 작은 전나무 같은 수지상 조직을 난타낸다(조직:1-1).
광학 현미경으로 금속을 관찰하면 불규칙적인 경계선이 **결정립계**(grain boundary)이다. 이들 결정의 원자 구조는 X-선, 전자 또는 중성자광을 이용해서 미세구조를 관찰할 수 있다. 상호 혹은 외부의 장애로 인하여 규칙적으로 성장하지 못한 결정과 규칙

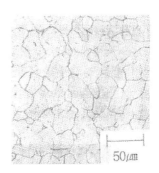

조직:1-1 잔류 용융체의 하강으로 생긴
수축공(shrinkage). 철수지상

조직:1-2 순철의 조직

적으로 성장한 이상적인 결정을 비교하여 보면 이상적인 결정은 그 규칙적인 형을
외형적으로는 설명할 수 없고 **미세결정**(crystallite)으로 표시 할 때가 많다.

일반적인 기술용어로는 단순한 결정립자로 그 대표적인 **조직**(structure)을 나타낸
다. 예로서 조직:1-2는 철의 조직을 나타낸 것이다. 결정립의 어두운 불규칙적인 부분
은 결정립 경계를 나타내고 이것은 그림 1.1의 (4)부분에 나타낸 경계선에 해당한다.

용융금속의 핵생성 및 성장 기구

금속은 용융상태에서 핵의 발생이 주위 열로 인하여 소멸되려는 **엠브리오**(embryo)
와 결정으로 성장되려는 **핵**(nucleus)이 생성되며[그림 1.1(1)] **과냉**(undercooling)이
작고 핵수가 적을수록 결정화 속도가 높을수록 조대립자가 생성되며, 과냉도가 크고,
핵수가 많을수록 미세립자가 생성된다(그림 1.2).

수지상정(dendrite)은 도가니 벽에 핵이 발생되어 용탕의 원자가 응집되어 결정격
자를 구성하고 결정이 수지상으로 성장하게 된다. 단위체적의 액체가 결정화하였을
때의 에너지 변화를 ΔGv라 하면 반경 r의 엠브리오가 형성되었을 때의 계(system)
의 에너지 변화량 ΔG는

$$\Delta G = (4/3)\pi r^3 \Delta G_V + 4\pi r^2 \gamma \tag{1.1}$$

인데 제1항은 자유 에너지의 변화량이며 r^3에 비례하여 감소하고, 제2항은 계면 자유
에너지의 기여이며 r^2에 비례하여 증가한다(그림 1.3).

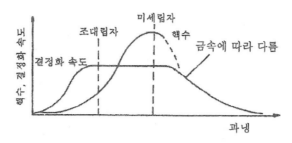

그림 1.2 핵수와 결정화 속도의 과냉 의존성

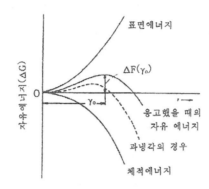

그림 1.3 결정핵의 반경과 에너지 변화량 ΔG와의 관계

수지상(dendrite)결정의 성장 기구

1차 수지상 가지의 성장이 주결정 축의 마천루(skyscraper)인근 영역에서 억제된다 (그림 1.4). 일반적으로 수지상 결정은 어떤 결정학적 면상에서 선택적으로 성장된다. Al과 같은 FCC금속에서 수지상 축은 4개의 조밀 충전된 {111}면에 의하여 형성된 피라 미드(pyramid) 축에 있다.

예를 들면 Al의 작은 자유결정이 액상에서 팔면체형으로 성장할 때 그림 1.5(a)에 나타낸 것과 같이 된다. 그림 1.5(b)는 용질편석이 결정 표면의 균일한 성장이 억제될 때까지 외부형상이 유지된다. 용질편석이 증가됨에 따라 6개의 pyramid의 끝은 이 결정의 고체/융체 계면에서 용질편석이 가장 작게 되며, 그림 1.5(c) 및 (d)와 같이 수지상의 주축을 형성하면서 돌출하기 시작한다. 1차 가지는 주축으로부터 성장하며, 이들 가지는 주축의 표면상에 가장 작은 용질 편석을 가진 국부적인 장소에서 성장하기 시작한다. 금속의 결정학과 연관된 주 수지상 축의 성장 방향을 표 1.1에 나타낸다.

Al의 자유결정이 액상에서 성장한다면, 그림 1.6(a)와 같이 3개의 주축이 같은 속 도로 성장할 것이다. 이들의 계속된 줄기, 1차 가지는 주축으로부터 성장하며, 2차 가

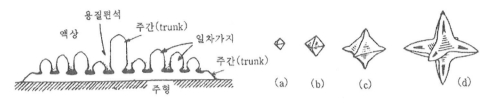

그림 1.4 응고의 초기단계에서
주형벽에 성장하는 수지상

그림 1.5 팔면체 형상 결정으로부터
수지상 주축의 생성과정

지는 1차 가지로부터 형성된다. 그러나, 주형벽 상에서 핵생성이 일어난다면 주축과 수지상의 가지는 모든 방향으로 동등하게 성장하지 않는다.

표 1.1 수지상정 성장 방향

	조 직	선 택 범 위
Fe, Si, β-Brass	body-centered cubic	<100>
Al, Cu, Ag, Au, Pb	face-centered cubic	<100>
Cd, Zn	close-packed hexagonal	<1010>
β-Sn	tetragonal	<100>

액상에서 과냉은 주형벽에서 최대가 되므로 주형표면을 따라 성장하는 두 주축은 그림 1.6(b)에 나타낸 것과 같이 주형표면에 수직인 주축보다 더 빠르게 성장한다. 그림 1.6(c)는 주형벽을 따라 하나의 주축만 성장하는 결정의 성장을 나타내며, 그림 1.6(d)는 주형벽과 한 점에서 이들 모두가 교차되는 주축의 성장을 나타낸 것이다. 주형벽에서 성장하는 결정은 어떤 경우에서 주형 표면에 가장 인접한 주축이 항상 가장 빠르게 성장한다. 주형 표면상에서 동시에 모두가 결정화 될 때 수지상의 성장을 고려해 보자[그림 1.7(a)]. 수지상정의 성장 속도는 액상에서 과냉도에 따라 좌우되며 과냉은 주형표면에서 최대이므로 수지상정이 주형표면을 따라 먼저 성장될 것이다[그림 1.7(b)].

이와 같이 얇은 고체피막이 주형벽에 형성되므로 하나의 수지상정이 인접한 수지상정과 접촉하게 된다. 열흐름에 평행한 수지상정 축과 가지가 더 빠르게 성장하며, 주축이 주형벽에 수직이 아닌 수지상정의 성장은 인접결정에 의하여 방해를 받는다. 1차 수지상정 가지는 선택적으로 성장하여 2차 수지상정 가지를 형성한다.

그림 1.7(d)에 나타낸 것과 같이 가지가 인접한 수지상정과 접촉하게 되면 수지상정 가지의 성장방향이 변화되어 1차 수지상정 가지의 원래 성장방향에 평행하게 성

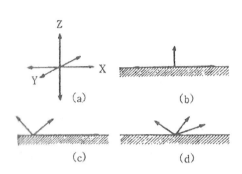

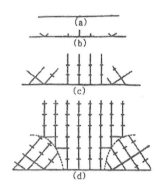

그림 1.6 주형표면과 수지상정 주축의 성장방향

그림 1.7 주형벽에서의 결정성장

장하게 된다. 일반적으로 성장방향에 평행하게 성장하는 수지상정 가지를 1차 수지상정 가지라 하나 실제적으로는 주축, 1차 수지상정 가지, 2차 가지 및 모두 같은 방향으로 성장하는 3차 가지 등으로 되어 있다.

1.1.3 냉각 및 가열곡선

(가) 냉각곡선

냉각과정을 설명하기 위하여 액상금속에 열전대를 설치하여 액상에서 냉각되는 온도를 일정한 시간마다 조사해 본다. 일정한 시간-온도에 따른 값을 좌표에 적용한다. 이들 값을 연결한 선이 시간-온도 다이어그램이며, 이것이 시험금속의 **냉각곡선**(cooling curve)이다(그림 1.8). 처음에는 액상금속이 규칙적으로 냉각되는 경우에 하강 곡선을 나타낸다. 초정이 정출되고 원자가 가지고 있는 **응고열**(solidification heat)을 주위로 방출하면 온도는 일정하게 유지되며 용해로는 계속하여 외부로 열을 발산한다. 응고열은 이 손실열과 같게 된다. 마지막 잔류액상이 응고될 때까지 동일한 온도로 유지된다. 응고온도에서 임계점을 수평선으로 나타낸다. 응고가 끝난 후 열 방출로 온도(곡선과 같음)가 떨어진다. 무진동 용해(진동은 핵생성을 일으킴)를 위하여 냉각이 빨리 되는 용해로를 이용한다면 원자가 적당한 시간에 핵을 생성하지 못할 수가 있다. 예를 들면 가벼운 진동을 줌으로써 결정화가 일어나고 온도는 응고점 이하로 떨어진다.

결정화가 개시되고 손실된 열은 매우 강렬하게 보충된다. 온도가 응고점 이하로 떨어져있을 때 가벼운 진동을 준다든지 하면 갑자기 결정이 생성되고 결정 생성속도의 지연은 강력히 보상된다. 원자는 많은 열을 방출하여 이 열로 떨어진 온도를 다시 **정**

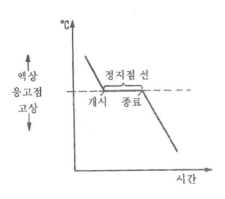

그림 1.8 순금속의 냉각곡선

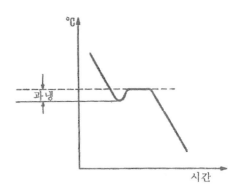

그림 1.9 과냉의 냉각곡선. 온도는 정지점까지 다시 상승한다.

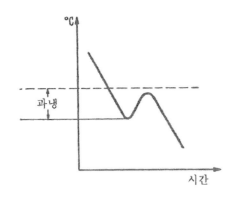

그림 1.10 과냉의 냉각곡선 온도는 정지점 까지 상승하지 못한다.

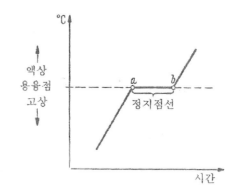

그림 1.11 순금속의 가열곡선

지점까지 올려놓는다.

응고가 계속되면 그림 1.8과 같이 된다. 냉각곡선에서 응고점 이하로 온도가 떨어지는 경우가 있는데, 이를 **과냉**(undercooling)이라 한다(그림 1.9). 매우 적은 양의 액상(용탕)이기 때문에 그 열을 빨리 발산하는 경우에는 열복사와 열전도로 결정화가 지연될 수 있으며 실제적인 금속의 응고점 온도로 다시 올라갈 수 없다. 이 경우 냉각곡선(그림 1.10)은 응고점의 정의에 사용할 수 없게 된다. 노를 움직이거나 핵을 부가(**접종**)하여 액상을 서냉시킴으로써 과냉을 방지할 수 있다.

(나) 가열곡선

금속을 가열하여 규칙적인 시간간격으로 온도를 측정하여 보면 용융체의 응고와 유사한 과정을 관찰 할 수 있다. 계속해서 열을 공급하는데도 불구하고 마지막 결정이 용해 될 때까지 온도가 용융점에 머무르게 된다. 열에너지는 결정분해에 전부 소모된다(응집상태의 변화). 가열곡선(그림 1.11)은 동일한 금속의 냉각곡선과 대칭이다. 정지점(a점) 개시에는 아직 고체금속이 같은 온도의 선단(b점)에 존재하는 용융금속보다 적은 열함량을 가지고 있다. 이들의 열량차이를 재료의 **융해열**(fusion heat)이라 한다. 응고에서 과냉현상을 용해와 비교하여 보면 후자에서는 나타나지 않는다.

1.1.4 주상결정

금속을 주형에 주입하면 내부벽에서 급격한 냉각이 일어나므로 먼저 다수의 작은 결정이 형성된다. 표피에서는 미세한 입자가 생성되고 결정화가 서서히 일어난다. 계속되는 냉각으로 결정이 성장하며 열의 방출과 더불어 주형의 내부로 **주상결정**(columnar crystal)이 형성된다. 이미 형성된 결정의 벽이 두터워질수록 주형과 그 주위 사이와의 온도 강하가 감소되어 열방출이 서서히 일어난다. 주상결정의 성장, 즉 결정성장은 중지되고 내부잔류 용액은 방향성이 없는 **입상결정**(grain crystal)으로 된다.

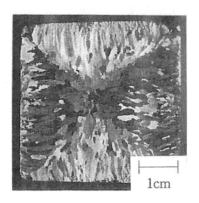

1cm

조직:1-3 결정성장을 나타내는 아연 주물의 단면

조직:1-3은 Zn 주물의 결정성장의 단면을 나타낸다. 실제 결정성장은 대개 바람직한 것이 아니며 특히 그것이 주물 내부로 들어가면 좋지 않다. 각종 금속재료에 존재하는 불순물은 조직 내에 골고루 분포되어 있으면 해가 없다. 주상 결정이 성장하

여 결정사이에 퇴적이 생겨 정방형의 주물에서는 대각선 방향으로 경계선이 나타난다. 이러한 조직 단면은 단조, 혹은 압연 혹은 프레스가공 등에 의하여 대각선으로 균열이 생기기 쉽다. 방향성 응고의 경우, 예를 들면 주상결정을 형성함으로서 재료의 자기적 특성을 개선할 수가 있다.

조직:1-4는 순수한 Zn을 사형주조(sand casting)한 육안(macro)조직으로 비교적 긴 주상정(columnar crystal 또는 grain)이 방사상으로 봉(rod)의 중심을 향하여 발달되어 있으며 입자는 그 방위에 따라 밝기의 정도가 다르다. 현미경 조직검사는 이 시편에 필요하지 않다. 대표적인 순금속의 주방상태 조직이다 : 결정의 크기는 주형의 크기 또는 용융금속의 주조온도가 증가되면 커진다.

 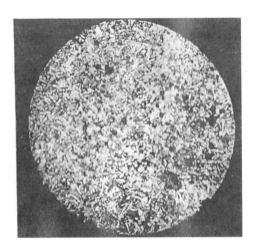

조직:1-4 50%HCl+H₂O에서 부식, 순수한 Zn, 사형주조, 주상 조직(columnar structure)

조직:1-5 50%HCl + H₂O에서 부식, 불순물이 포함된 Zn, 사형조직, 등축(equiaxed)결정 조직

조직:1-5는 불순물이 포함된 Zn을 사형주조한 시편으로 조직은 더 규칙적인 형상, 주상입자 대신에 모두가 등축결정으로 되어 있으며, 결정 내에는 몇 가지 형태가 보인다.

용해성 불순물 또는 합금원소의 존재는 주물의 중심에 등축결정을 생성하거나 또는 전체 단면에 나타나기도 한다. 몇 개의 인자가 등축성장의 확장을 결정하므로 이런 관점에서 재생성을 예측하기 어려우므로 주조합금에서는 전체 입자형태가 완전히 주상, 등축 또는 두 형태의 조합을 나타낸다.

조직:1-6은 순수한 Al의 주조조직인데 (a)는 원통형 주형, (b)는 사각 주형에 각각 주조한 조직이다.

(a)원통형 금형주조   (b)사각형 금형주조(대각선으로 경계선 조직)

조직:1-6   Flick부식액 (100mℓH₂O+30mℓHCl+5mℓHF)에서 부식, 순수한 Al, 금형주조

1.1.5 결정립자의 크기와 강도

어떤 경우에 용융금속이 수많은 작은 결정조직으로 응고될 때 **미세 결정립자**(fine grain)가 되며 또 어떤 경우에 수가 적고 큰 결정이 되어 **조대 결정립자**(coarse grain)를 형성하는 가에 대하여 알아보자. 용융금속이 서서히 냉각되면 원자가 결정을 형성하는데 시간을 갖게 된다. 이들 원자 중 수 개가 서로 적당한 자리를 잡고 곧 핵이 배열되게 된다. 일반적으로 편리한 길을 선택하여 미리 존재하는 핵과 결합하게 되므로 조대립자 조직으로 성장한다.

용액이 급랭되면 원자가 오래도록 움직이지 않고 이미 형성된 핵을 찾게 되므로 수많은 자리에서 핵이 형성된다. 이들 핵으로부터 성장한 결정이 곧 서로 부딪쳐서 미세한 조직을 형성하게 된다. 실제로 금속은 다소의 불순물을 함유하고 있는데 이들 불순물은 초정을 형성하는데 정점의 역할을 한다. 이와 같이 **외부핵**이 많은 용액은 미세립자 조직으로 응고되는 것과 같은 효과를 나타낸다. 따라서 불순물은 항상 불필요한 것만은 아니다. 기술적으로 처리하면 미세립자 강(steel)으로 제조하는 것과 같이 다른 특성을 해치는 일이 없는 외부핵을 제조할 수 있다. 금속의 응고 후 결정립자의 크기는 용액 속의 핵의 수와 냉각 속도 등에 의하여 좌우된다. 미세립자 조직은 상온에서 조대립자 조직보다 강도가 크므로 일반적으로 이 조직을 얻고자 한다. 미세

조직이 강도특성이 있다는 것을 설명하기 위하여 용융금속의 응고과정을 고려해 보자. 용융금속 중에 있는 결정은 계속 성장하여 현미경에서 결정경계로 관찰할 수 있는 불규칙적인 경계면을 결국 형성하게 된다.

경계면은 결정이 함께 성장하는데 서로 방해가 되므로 생기는 구조이다. 결함으로 인하여 속박상태로 존재하는 곳에 있는 원자는 입자 내부에서 정상적으로 이루어진 원자보다 큰 강도를 가지고 있다. 순금속에서는 **결정립계 물질**이 결정립의 가장 강력한 것이다. 동일체적에서 미세립자는 더많은 **결정립 경계**를 가지고 있으며 동일 종류의 금속보다 강도가 크다.

상온에서 과부하를 가하면 응력이 최소인 곳을 따라 균열이 생기며 결정을 관통하게 된다. 이것을 **결정립내 균열**(transcrystalline crack)이라 한다(그림 1.12). 고온에서는 결정립 경계 원자는 유동하여 불안정한 자리를 떠날 수 있으므로 결정립 경계의 강도가 저하된다. 금속이 고온에서 과부하를 받아 균열이 생길 때에는 다시 응력이 최소인 장소를 따라 **결정립계 균열**(intercrystalline crack)이 일어난다(그림 1.13). 이러한 성질은 근본적으로 모든 순금속에서 나타나며 불순금속과 합금의 경우에는, 예를 들면 결정립경계에 존재하는 불순물 혹은 석출물에 의하여 그 현상이 달라진다.

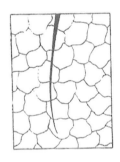
그림 1.12 결정립내 균열

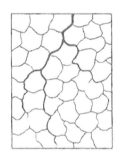
그림 1.13 결정립계 균열

1.1.6 금속의 결정구조

(가) 결정구조

용융금속이 응고하면 결정을 생성한다. 금속에 속한 재료는 고체상태에서 원자가 **공간격자**(space lattice)로 규칙적으로 배열되어 있다(그림 1.14). 이에 반해 비정질재료의 원자는 불규칙적으로 인접하여 존재한다. 각 공간격자는 수많은 **단위세포**(unit cell)로 이루어져 있으며 이것이 격자의 특성을 나타내게 된다.

단위세포가 형성되면 결정구조가 정해진 자연계에 존재하는 7종류의 결정구조 중에 대부분 금속은 입방체와 조밀 육방체에 속한다. 이러한 구조에 따라 결정화되는 금속은 그렇게 간단한 형으로 이루어지지 않는다. 단위세포는 모서리 원자를 가지고 있는 외에 단위세포 공간의 한가운데 원자가 있으며(**체심입방 격자** : BCC)(그림 1.15), 또는 측면의 가운데 원자가 존재한다(**면심입방 격자** : FCC)(그림 1.16). 많은 금속은 면심 입방격자의 구조를 가지고 있다.

　조밀육방 격자(HCP)는 금속에서 하나의 형태로 나타나는데 두 육각면 사이의 중심에 3개의 원자가 존재한다. 조밀육방격자는 가장 조밀하게 충진되어 있으며(그림 1.17), 여기에 나타낸 것은 도식적이며 이 작은 원은 원자의 중심점의 위치를 나타낸다.

　원의 연결선은 단위세포의 형태를 분명히 나타나게 한다. 실제 관계는 그림 1.18에 나타낸 것과 같이 원자를(핵 + 전자각) 공으로 간주하면 유사하여 이해하기 쉽게된다. 단위세포의 모서리 원자간의 거리, 즉 최인접 원자간의 중심점으로부터 떨어진

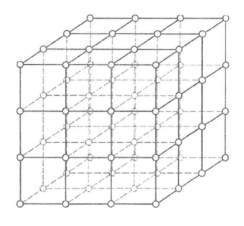

그림 1.14　간단한 입방체의 공간격자

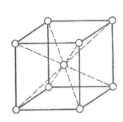

그림 1.15　체심입방 격자
(예: Cr, 911℃이하의 Fe, Mo
　Ta, W)

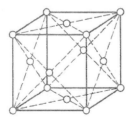

그림 1.16　면심입방 격자
(예: Al, Pb, Au, 911℃이상의
　Fe, Ir, Ca, Cu, Ni, Pt, Ag)

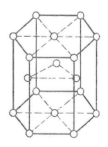

그림 1.17　조밀육방 격자
(예: Be, Cd, Mg, Ti, Zn)

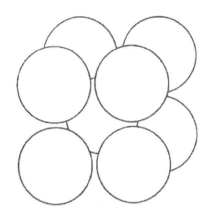

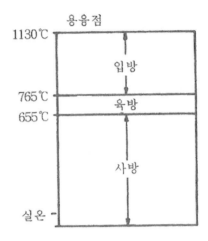

그림 1.18   구(球)로 충전된
체심입방 격자의 단위 세포

그림 1.19   우라늄의 동소변태

거리를 **격자상수**(lattice constant)라 한다. 이 근소한 거리를 **옹스트롱**(angströng)단
위로 나타낸다. 상온에서 격자간 거리는 Fe 2.87Å, Cu 3.62Å, Pb 4.95Å이다. 금속은
온도에 따라 각각 상이한 공간격자를 갖는데 이렇게 금속이 각각 다른 형태로 **동소
변태**(allotropic transformation)를 한다. 예를 들면 우라늄은 상온부터 용융점까지 가
열하고 냉각하면 3번의 각기 다른 변화가 일어난다(그림 1.19). 우라늄 연소원소를 변
형시킴으로 생기는 반응사고를 감소시키기 위해 미세한 알루미늄을 함유시키고 또는
산화 우라늄 등을 조합하여 사용한다.

(나) 다면체 조직

 일반적인 금속의 조직에서 기본적인 형태는 **다면체 입자**(polyhedral grain) 또는
결정의 세포 같은 배열이다(조직:1-7~9). 이들 입자의 크기는 금속의 상태에 따라
0.01~50mm 또는 그 이상이다.
 가장 간단한 형상에서 각 입자 내의 원자들의 전체적인 형태가 근본적으로 규칙적
이기 때문에 조직이 생기나 조직배열의 **경사**(inclination) 또는 **방위**(orientation)는 결
정마다 다르다.
 방위의 이러한 변화는 몇 개의 원자 거리라 할지라도 예민하게 일어나며, 불규칙한
천이영역(transition region)이 **결정립자**(grain) 또는 **결정립 경계**(grain boundary)이다.
원자방위의 차이 때문에 표면을 연마하여 부식하면 입자표면의 부식정도가 다르므로

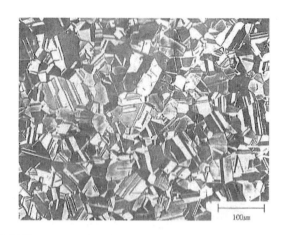

조직:1-7 압연 후 annealing한 황동(Cu70/Zn30)의 현미경 조직

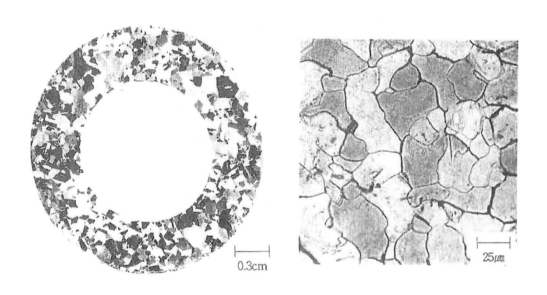

조직:1-8 Pb관의 결정립자 조직   조직:1-9 열간압연한 강봉의 결정립자 조직

빛의 반사정도가 달라져 육안 또는 현미경에서 관찰하면 명암의 정도가 변한다(조
직:1-7 및 8). 또한, 결정립 경계가 선택적인 부식으로 분명하게 나타난다(조직:1-9).
  원자적 개념은 한 종류의 원자가 존재하는 순금속 또는 원소금속에 대하여 그림
1.20의 2차원 모델로 설명된다. 한 종류 이상의 결정이 존재하는 더욱 복잡한 합금일
지라도 다면체 형태가 대개 어느 정도 유지되어 현미경에 나타난다. 그림 1.20에는

매우 작은 부분으로 된 각각 3입자의 연결부를 나타내며 이와 같이 불규칙한 입자경계 물질의 모양은 입자내의 규칙적인 형태의 양에 비례하여 보이지는 않는다.

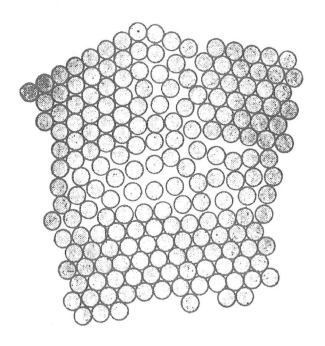

그림 1.20   다면체 결정 금속에서 원자배열의 설명도

  액상 또는 고체상태에서의 결정생성은 대개 각기 다른 원자방위를 가진 각각의 수많은 중심으로부터 시작되므로 이미 언급한 다면체 입자 또는 결정배열로 인하여 결국 다결정 금속이 된다. 소위 동소형 결정모양은 다른 방향으로부터 성장하여 만남으로써 균형을 이룬 결과이다. 성장방법에 따라서 입자는 모양이 연신되거나 또는 더 규칙적으로 되어 등축형상이 되기도 한다. 금속은 단결정으로 만들 수 있으나 일반적으로 이것은 공업용 목적으로는 너무 연하다. 결정화의 어떤 조건에서 입자의 다른 방위는 완전히 무작위이다. 그러나, 각 입자의 원자형태 간에는 어느 정도의 기하학적 배열을 포함함으로써 **선택방위**(preferred orientation)가 나타나는 경우도 있다. 이것이 금속을 합금할 때 물리적인 성질이 방향에 따라 다르게 나타나는 경향을 초래한다.

  (다) 아립자(sub-grain)

  주결정립 경계는 방위가 20。 이상으로 변하는 영역을 나타내므로 이 경계를 **대각경계**(large-angle boundaries)라고 하나 주 입자 내에서 영역(zone)간의 방위가 약간

0.13cm

조직:1-10 βCu-Zn합금에서 주입자(main grain)내에 존재하는 아립자

25㎛

조직:1-11 βCu-Zn합금의 조성적 입자

변할 때도 가끔 있다. 이들 영역간을 **소각경계**(small-angle boundaries)또는 **아립자** (sub-grain)라고도 하며(조직:1-10), 여기는 주 경계에서 보다 대개 변형된(distorted)구역이 적다. 아립자 조직이 가끔 존재한다 하더라도 몇 가지 이유로 인하여 일반적인 시편준비로는 나타나지 않는다. 그럼에도 불구하고, 이러한 아립자는 주입자와 같이 기계적 성질의 영향을 미치게 된다. 일반적인 영향으로는 입도가 감소되면 금속은 단단해지며, 더욱이 각 형태의 상대적인 방위의 영향이 중요하다. 일반적인 금속조직, 특히 현장에서 지금까지는 대개 큰 영향을 미치는 주입자의 관심을 가져왔으나 앞으로는 이 조직에 관한 상세한 연구개발이 기대된다.

　금속은 **조성적 입자**로 분해되거나 또는 입자표면이 노출되도록 깨뜨릴 수가 있다. 조직:1-11은 이것을 설명한 것인데 불규칙한 다면체 입자형상의 입체적 모양이다.

1.2 합금의 상변화

1.2.1 개요

　순금속은 전기전도와 소성 변형력과 같은 몇 가지의 특성만이 우수하며 대부분 기술적인 이용에 필요한 특성은 **합금**(alloy)으로 얻을 수 있다. 합금은 금속들간의 친밀한 혼합물이거나 금속적 특성을 갖고 있는 비금속을 포함한 금속으로 된 것을 말한다. 합금제조를 통하여 특성을 조정하고 각종 이용에 적당한 재료를 만들 수 있게 된다. 합금은 필요한 **기지금속**을 먼저 용해한 후 제2 성분을 액상 혹은 고체상태로 추가하여 제조한다. 기지금속보다 먼저 용융점이 높은 금속을 소량 첨가한다는 것은 매우 어렵다. 기지금속을 용융점 이상으로 가열하면 매우 나쁘다. 예를 들면 금속이 증발되거나 용탕이 많은 양의 가스를 흡수하며 이 가스는 주물에서 기공이 된다. 대부분의 경우 합금을 용해하면 그 용융점은 원재료의 용융점보다 낮으므로 기지금속보다 높은 용융 합금원소를 먼저 작은 덩어리로 만들어서 쉽게 용해할 수 있다.

　각종금속은 각기 다른 성질을 가지고 있으며 비금속에서는 더욱 차이가 있다. 다른 금속 또는 비금속을 포함한 금속은 용융상태에서는 친밀한 혼합물로 되어 고체상태에서도 완전히 혹은 일부 포함될 수 있다. 용융상태에서는 상호 작용이 없으나 응고가 시작되면 특이한 과정으로 진행된다. 일부의 금속은 용융상태에서도 고체상태에서도 서로 뒤섞여 녹아들지 않는다.

1.2.2 평형 상태

　실제적으로 금속은 평형상태에 있지 않는 경우가 있다. 그러나, 과학적으로 최상의 안정상태는 매우 중요하다. 금속조직에는 화학적 및 기계적 또는 물리적 관점의 평형이 다음과 같이 연관되어 있다. 합금에는 화학적 관점이 중요한데 화학적 평형상태는 상의 존재와 균일하고 성분이 일정할 때 어떤 온도에서도 존재한다. **상률**(phase rule)은 평형에서 합금을 구성하고 있는 금속의 수보다도 더 많은 상을 함유할 수 있는 합금은 없음을 나타낸다. 그러나, 어떤 일정한 온도에서 여분의 상이 존재할 수 있는 경우는 예외이다. 후자의 경우에는 온도가 변화되기 전에 적어도 상중의 하나가 사라져야 한다.

(가) 자유 에너지

평형의 기준은 존재하는 조직이 가장 안정한 것이거나 또는 더 정확하게는 가장 낮은 자유 에너지를 가진 것이다. 이 인자로 주어진 온도와 주어진 성분에서 존재하는 상을 결정하게 된다. 이와 같이 상조건의 변화는 성분변화 뿐만 아니라 온도변화로부터의 결과이다. 그러므로 주어진 성분을 가진 경우 냉각 또는 가열에서 금속이 가장 안정한 상조건으로 되도록 각종 반응이 일어난다. 그와 같은 반응의 추진력은 불안정상 상태로부터 새로운 안정한 상으로 변화할 때 자유 에너지의 감소에 의하여 생긴다. 그러나 액상으로부터 고상이, 또는 고상으로부터 고상의 새로운 상이 생성될 때는 평형변태 온도에서 변화가 실제적으로 진행되지는 않는다.

냉각되는 동안에는 반응이 시작되기 전에 어느 정도의 **과냉**(undercooling)이 존재해야 하며, 또는 가열되는 동안에는 실제온도가 어느 정도 과열되어 있어야 한다. 더구나 상변화 자체는 자유 에너지의 감소에 의하여 이루어진다 하더라도 상간의 표면 생성에는 면간 에너지가 공급되어야 한다. 처음 약간의 과냉만인 경우에 면간 에너지는 크게 작용하여 반응이 중지되며, 계속되는 과냉에 의한 상변화로부터 방출된 에너지는 이러한 장벽을 충분히 극복하여 변태가 시작된다.

(나) 평형 상태도

합금계에서 온도와 조성에 따른 상의 변화를 평형상태도로 나타내는데 **화학적 평형**(chemical equilibrium)조건이라고도 한다. 이미 언급한 것과 같이 존재하는 상의 조성이 균일하고 일정할 때 어떠한 온도에서든 얻어지는 이원 합금계에서의 가상적 평형상태도를 그림 1.21에 나타낸다. 이것은 두 가지 고용체 뿐만 아니라, 두 가지 금속간 화합물 생성을 설명하기 위하여 작성되었다. 여기서는 온도와 조성에 따라 존재하는 각상을 설명한다. 일반적으로 단일상 영역은 두상영역에 의하여 분리된다. 어떤 합금에서는 가열과 냉각에서 나타나는 상변화는 상태도에서 그 조성선을 따라 알아

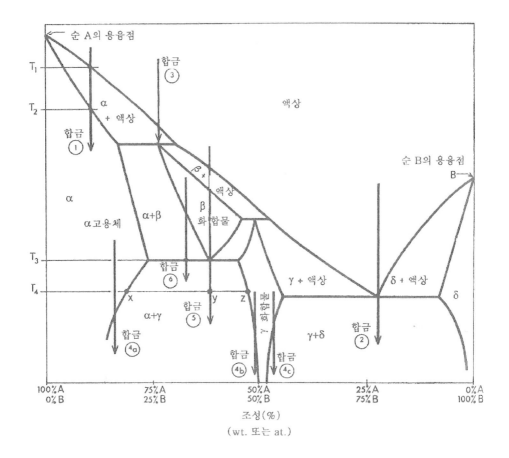

그림 1.21 가상적 이원계의 평형 상태도

볼 수 있다. 이와 같이 합금①(그림 1.21)은 T_1온도 이상에서는 액상 상태이며, T_1과 T_2사이에서는 고용체로 결정화됨으로 액상과 고상이 공존한다. T_2 이하에서는 고용체로만 이루어져 있다.

한편 합금⑤는 냉각하면 액상상태를 통과하여 고상β와 액상의 혼합영역을 지나 β 화합물이 된다. 그러나 T_3에서 이 혼합물은 사라지고 합금은 α고용체와 γ화합물의 혼합물로 되며, 이와 같이 어떠한 두 상 합금에서도 각상의 조성은 T_4에서는 그 경계선에 의해 주어지는데, 예를 들면, X조성의 α상과 Z조성의 γ이다. 더욱이 두상의 상대적 비율(무게)은 단순한 **지렛대 법칙**(lever rule)에 의하여 정해지는데 즉 α량 : γ량의 비는 YZ : YX와 같다. 상의 상태가 변화될 때마다 즉, 평형 상태도에서 가열과 냉각되는 동안 선이 합금에 의하여 교차될 때 특정한 반응이 포함된다.

그림 1.21의 상태도는 중요한 상 반응의 대부분이 포함된 합금 ①~⑥에 의하여 나타낸 것이다. 실제적으로 합금은 평형상태가 아닐 때가 있으며 조직은 결과적으로 평형 상태도에 의하여 나타낸 것과 다르다.

(다) 3원계 평형 상태도

두 금속 이상이 존재하는 합금에서는 전체적인 상평형을 나타내기는 더욱 복잡해진다. 3원계 합금은 2등변 삼각형의 변을 따라 조성을 나타내며 3변의 각각은 2원계이다(그림 1.22). 주어진 합금(점X로 나타냄)에서 A금속의 양은 100%, A에 해당하는 정점에 반대편 삼각변에 평형하게 X점을 지나는 선을 그으면 된다. A의 퍼센트는 이 선과 다른 두 변과 만나는 (a 또는 b)선으로 나타낸다. BX처럼 정점을 통하여 그은 선은 금속C와 금속 A가 일정한 비율로 된 조성을 나타낸다.

기본 상태도에 수직으로 온도표시를 추가하면 면 또는 곡선면에 의하여 나타난 상 경계를 가진 3차원 평형 상태도가 된다.

3원계에서는 3상 영역이 나타나며 합금X(그림 1.23)에서 지렛대 법칙(lever rule)을 적용하면

$$\alpha량 : (\beta+\gamma)량 = XY : XZ$$
$$(각 \ 조성은 \ Z, \ V \ 및 \ W이다.)$$

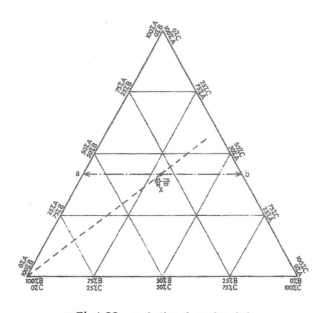

그림 1.22 3원 합금의 조성표시법

$$\beta량 : \gamma량 = YW : YV \tag{1.2}$$

3원계 상태도에서도 2상 영역에 지렛대 법칙을 적용하지만 지렛대선의 기울기는 영역의 한 끝으로부터 다른 끝으로 계속적으로 변한다. 예를 들면 $\beta+\gamma$합금(그림1.23)의 지렛대선의 기울기가 VW로부터 V_1W_1의 조성으로 변한다. 중간선의 정확한 위치는 실험적으로 상태도를 작성할 때 표시를 하지 않고는 상태도로 부터 추론될 수 없다.

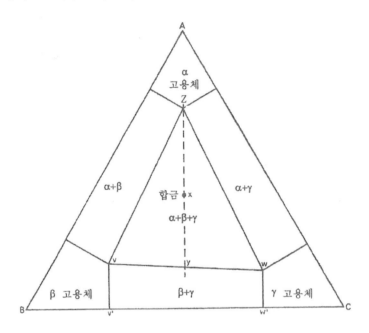

그림 1.23   고용한계를 나타내나 화합물이 아닌 3원 상태도의 항온 절단면

선택적인 3원 상태도에 접근하기 위해서는 **의사 2원**(pseudo-binary) 상태도로 주어지는 수직단면을 고려한다. 단면은 바닥 3각형의 한 변에 평행하게 주어짐으로써 한 금속의 일정량과 다른 두 금속의 변화를 나타낸다. 양자 택일도 단면은 제3의 금속이 변화되고 두 금속의 비가 일정함을 나타내는 삼각형의 한 모서리를 통과한다. 공존하는 상의 조성을 알아보기 위해서는 지렛대 법칙이 사용될 수 없는 제한된 정보가 얻어진다.

(라) 물리적 평형

평형의 물리적 측면은 두 가지의 중요한 형상이 있는데 첫째, 금속의 조직이 뒤틀리거나 변형되었다면 변형 에너지를 함유하고 있으므로 불안정하다. 적당한 온도가 주어지면 (고체상태에서), **회복**(recovery) 또는 **재결정**(recrystallization)과정에 의하여 변형이 해소됨으로써 변형되지 않은 새로운 입자가 형성된다. 두 번째로, 시편에는 다결정이 존재하는데 결정경계에서 뒤틀린 원자배열로 인하여 불안정하게 된다. 이와 같이, 가열상태에서는 입계 물질의 양을 감소시키기 위하여 즉, 입계 에너지 양을 감소시키기 위하여 입자 또는 결정성장이 일어난다. 일반적으로 실제에서는 입자성장 경향이 여러 인자에 의하여 제한되지만, 평형을 이루기 위하여 입자가 그 형상을 조정하거나 경계의 윤곽이 된다.

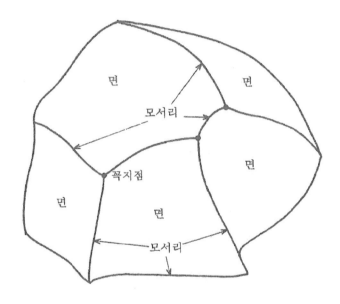

그림 1.24 입자면, 모서리 및 꼭지점

원자의 계면 에너지는 표면 에너지 또는 표면장력 효과로 나타나므로, 계면의 윤곽선은 표면장력과 평형을 이루도록 결정된다. 주조조직의 경우에는, 미세조직의 형태는 주로 열구배 조건에 의하여 결정되며, 상 반응을 수반하며 비교적 빨리 냉각된 합금의 경우에는 반응의 특성에 따라 결정된다. 그러나, 추가적인 작업은 미세구조를 변형시키고 다른 상들 사이의 **정합성**(coherency)을 해치므로 적당한 온도에서 annealing을 함으로서 재결정이 일어나고, 또한 원자의 활동은 물리적 평형 조건을 따르는 결정체 형상으로 발달된다.

단상으로 구성된 재료에서 이러한 평형의 조건들은 그림 24와 25를 바탕으로 구체화될 수 있다. 그림 1.24는 원자 집합체에서 입계들이 어떻게 면, 모서리 및 꼭지점을 구성하는지를 보여준다. 면은 2개의 입자들이 만나는 표면을 나타내고, 모서리 및 꼭지점은 각각 3면들과 3모서리가 만나는 점이다.

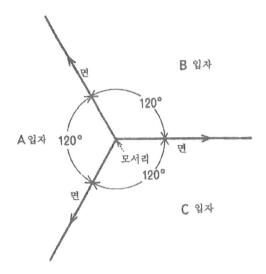

그림 1.25 입자들의 접합점(junction)에서의 평형조건. 경계점은 지면에
수직인 모서리를 나타낸다.

그림 1.25는 A, B, 그리고 C 3개의 입자 사이의 면 및 입자들이 만나는 모서리가
절단면(section)에 수직이 되는 접합점 부위을 나타낸다. 단상재료들에서 각 입계의
표면장력(surface tension) 효과는 거의 동등할 것이므로, 입자면들 사이의 각들이 같
을 때, 즉 각각이 120°가될 때 평형조건은 접합점에서 이루어질 것이다(조직:1-12).

앞으로의 설명은 계면 에너지는 계면에서 만나는 입자들의 상대적인 방향에 무관
하다는 가정을 바탕으로 하고 비록 계면 에너지는 어긋난 방위 정도에 따라 증가하
나 무질서한 다결정 금속에서는 대부분의 계면들은 평균적으로 거의 같은 에너지를
갖는다.

유사한 설명이 다상 합금에서의 궁극적인 결정모양에 적용되나, 계면힘이 서로 다
르기 때문에 약간의 교정이 필요하다. 예를 들면, α+β 2상 합금에서는 각각 다른 값
의 표면장력을 가지는 α/α, β/β입계 및 α/β 상계가 있을 것이다. 만약 3개의 α/α, 또
는 β/β입계가 만난다면, 서로 등각을 이루어야만 한다. 반면에, 한 β결정이 2개의 α
결정과 만날 때는 균일하지 않은 힘, 즉 두개의 α/β계면과 한 개의 α/α계면의 장력(T)
간에 평형이 확립되어야만할 것이다(그림 1.26). 평형은 다음 조건이 만족될 때 이루
어진다.

$$T_{\alpha/\alpha} = 2T_{\alpha/\beta}\cos(\Theta/2) \qquad\qquad (1.3)$$

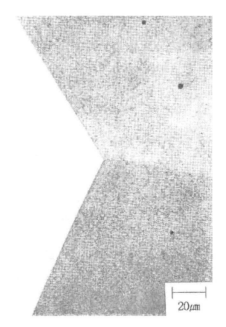

20µm

조직:1-12 βCu-Zn 합금에서 3입자 사이의 교차점. 꼭지점은 지면에 정확히 수직이 아니고 따라서 각도들은 정확한 120°가 아니다.

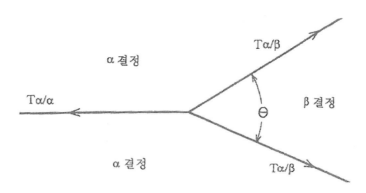

α 결정

$T_{\alpha/\beta}$

$T_{\alpha/\alpha}$

β 결정

θ

α 결정

$T_{\alpha/\beta}$

그림 1.26 한 개의 β상 결정이 2개의 α상 결정을 만날 때의 평형조건

여기서 β결정에 의해 만들어진 각 θ는 **접촉각**(contact angle)이라 하고 $T_{\alpha/\alpha}$ 와 $T_{\alpha/\beta}$ 의 값에 따라 변한다. 실제에서 관찰되는 각은 β결정에서 얇은 절편된 면의 기울기에 따라 변할 것이다(조직:1-13).

위의 식은 적은 양의 β가 α입계를 따라 위치할 때 확립된 조건들을 표시한다. 그러나, 많은 양의 β가 존재할 때는 두 개의 β결정이 한 개의 α결정을 만나는 것이 가능하다. 이때의 차이점은 한 개의 β/β계면이 두 개의 α/β계면을 만나는 것이다.

같은 원칙이 적용되지만 자연적으로 두 개의 평면으로 된 각은 다를 것이다.

또 하나의 중요하고 빈번하게 발생하는 것은 예를 들면 석출상 또는 공석조직에서 개개의 β결정들이 α입자 내에서 발생할 때이다. 여기서 β결정들은 α/α나 β/β 계면들과 접촉하지 않는 α/β 계면 내에 포함되어 있다. 결과적으로 이러한 β결정들은 그들의 표면 에너지를 줄이기 위해 또는 계면 에너지를 최소화 시키기 위해 가열

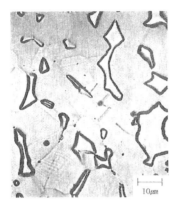 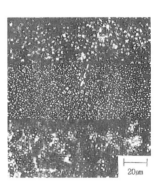

조직:1-13 β결정(강하게 윤곽된)이 두개의 α결정(희미하게 윤곽된)과 만나는 접합점에서 형성된 두 개의 평면으로 된 각

조직:1-14a 복합 알루미늄 청동에서 석출물의 지속적인 가열에 의한 구형화 및 성장

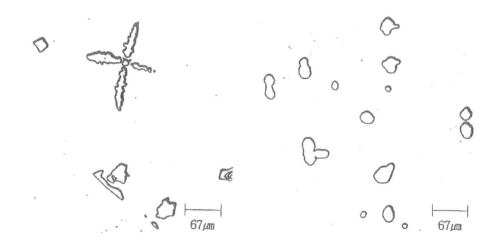

조직:1-14b Cu-Al 합금의 입자 내에서 발생하는 자유 골격(skeleton)모양 석출물의 구형화 : 원래의 주조조직(왼쪽), 620℃에서 4일간 가열 후의 조직(오른쪽)

중에 구형화되고 조대화되려는 강한 경향이 있다(조직:1-14).

　반면에 이전의 분석은 α계면에서 발생하는 β결정을 참고한다. 이러한 조건하에서는 β는 다른 상들에 대한 계면 힘들 사이에 평형이 되도록 하기 위하여 구형화 되지 못하고 각형을 유지하여야 한다. 만약 β조직이 원자상태에서 α상의 조직과 동일한 배열 또는 정합(coherence) 상태에 있지 않다면, β의 구형화 경향은 분리된 결정에서 강할 것이다.

1.2.3 혼합상

2원 합금에서 합금거동을 분류하면
(ⅰ) 완전고용 : 계(system)에서 모든 합금은 고용체이며, 단순 다면체 조직이다.
(ⅱ) 부분고용 : 각 금속은 다른 금속에 용해한계가 있으므로 합금의 중간영역에서 두 고용체가 혼합되더라도 결정화 형태의 생성특성으로 두 성분이 상호 구성된다(조직:1-15).
(ⅲ) 하나 또는 그 이상 화합물의 생성 : 이와 같은 경우에는 대개 어느 정도의 고용한계를 가지며 어떤 합금은 고용한계를 가진 것으로만 되어있는가 하면 다른 합금은

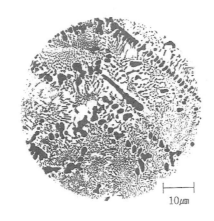

10㎛

조직:1-15 Cu-Ag 합금에서 고용체의 혼합 조직

화합물로만 되어 있다. 중간영역에는 고용체와 화합물의 혼합도 된다. 하나 이상의 화합물이 형성되면 합금은 두 종류의 화합물로 구성된다(조직:1-16).

　혼합된 상의 실제형태는 응고될 때 또는 이어지는 냉각되는 동안 또는 다시 가공 및 열처리함으로써 고체상태에서 반응에 의하여 좌우된다. 그럼에도 불구하고 그와 같은 조직에는 전체가 다면체 입자형태로 조직에 나타남을 자주 관찰할 수 있다(조직:1-16).

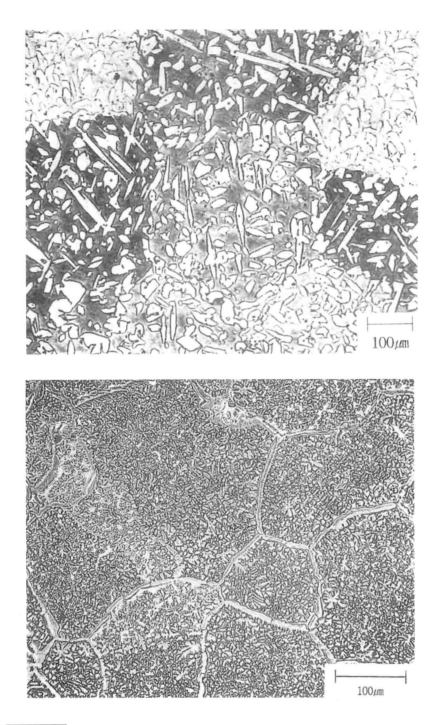

조직:1-16　고용체와 화합물의 혼합(상부)과 두 혼합물(하부)을 함유하는 Cu-Zn 합금

합금이 둘 또는 그 이상의 상을 함유한다면 상간에는 분명한 경계가 존재하며 이 것을 **상경계**(phase boundary)라 하는데 동일한 상의 입자표면 연결을 나타내는 **입자경계**(grain boundary)와 구별된다.

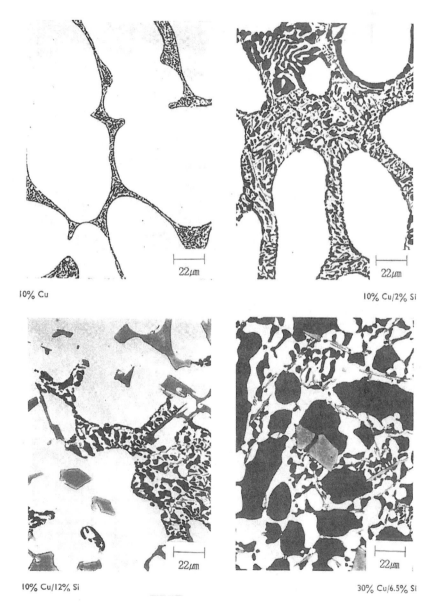

조직:1-17 Al-Cu 및 Cu-Si 합금의 조직, 주방상태, Al이 많은 고용체는 밝게, CuAl₂ 화합물은 어둡게, 그리고 Si는 회색으로 보인다.

하나 이상을 함유하는 조직을 부식하면 부식액의 성질에 따라 다르게 부식된다. 이러한 차이는 현미경조직을 나타내는데 기여한다. 합금에 두 금속이상 존재하면 조직에는 더 많은 상 또는 조성이 존재하게 된다. 이와 같이 조직:1-17은 Cu와 Si의 양이 다른 알루미늄 합금의 현미경 조직을 나타낸 것이다. 2원계 Al-Cu 합금은 Al이 많은 고용체와 **CuAl₂** 화합물로 되어있다. Si를 첨가하면 순수 Si 결정이 조직에 나타난다.

(iv) 액상과 고체상태에서 완전 불용성

액상에서나 고상에서도 각 합금원소는 단지 그 독특한 규칙을 따른다. 그와 같은 합금은 순수한 합금의 기본조건을 만족시키지 못하는데 합금원소가 용액상태에서 완전히 서로 용해된 후라야만 엄밀히 **혼합**이라 일컫는다. 대부분 합금을 규칙적으로 관찰해보면 원재료의 용융점과 합금의 용융점과의 차이가 여기에는 나타나지 않는다.

각 성분 원소는 고유의 용융점을 보유하고 있으며 높은 용융점을 가진 재료에서 먼저 응고가 시작되고 용융점이 낮은 원소는 온도가 충분히 내려갈 때까지 액상으로 머무르다가 응고된다. 용액을 응고에 영향을 받지 않도록 방치하면 두 재료의 비중이 일치하여 중첩이 되며 이 중첩된 혼합물은 실제 이용에는 부적당하다. 용액의 격렬한 유동과 신속한 주조 및 급랭으로 이 중첩을 방지 할 수 있으며 두 합금원소를 미세하고 균일하게 분포되도록 할 수 있다.

이런 종류는 연청동(Cu-Pb)합금 또는 혼합(조직:1-18)된 것을 **베어링 메탈**(bearing metal)로 사용한다. 기름 공급을 하지 않을 때는 여기서 윤활 작용을 한다. Cu의 양호한 내열성으로 베어링이 과열되는 것을 방지한다. 작은 연조각이 베어링에서 단단한 부분으로 작용하며 자리를 잡게 되고 나쁜 영향을 끼치지 않는다.

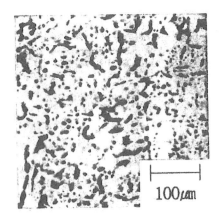

100μm

조직:1-18 연청동(부식시키지 않은 것), 밝은 부분 : Cu, 어두운 부분 : Pb

1.2.4 공정 합금계

2합금 성분은 두 가지 합금이 각각 액상에서 완전히 용해하며 응고에서 2종의 원자가 분리되어 스스로의 결정을 형성한다. 고체상태에서 고용체가 존재하는데 이것은 같은 원자로 된 결정 또는 다른 합금원소를 포함한 것이다. 각종 결정구조를 현미경 조직시편으로 제작하여 부식하면 각각 다르게 부식되며 현미경에서 두 가지 형태의 결정립을 분명히 구별 할 수 있다. 그와 같은 합금의 냉각곡선을 그려보면(그림1.27), 전 용액이 동일하게 유지되는 온도에서 응고 될 경우 정지점을 볼 수 없다. 응고 개시에서 초정 형성은 일정한 온도에서 곡선에 **굴곡**(knick)이 생긴 것을 볼 수 있으며 다시 떨어지게 된다. 온도가 계속하여 내려가면 많은 결정이 정출되며 갑자기 정지점이 나타나고 순금속과 같이 용액의 나머지가 응고된다. **굴곡점**(knick point)의 곡선부분은 응고개시를 나타내고 잔류용액이 응고되며 이것을 **응고영역**(solidification zone)이라고 부른다.

응고개시를 나타내고 모두가 액상인 곡선점을 **액상점**(liquidus point)이라고 하며 잔류용액이 응고되는 점을 **응고점**(solidus point)이라고 한다. 이와 같은 합금계를 근본적으로 조사하기 위해서 두 합금원소의 그 함량이 다른 용액을 만들어 냉각곡선을 그려보자(그림 1.28).

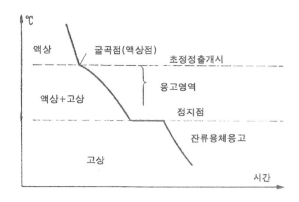

그림 1.27 액상에서 완전 고용이며 고상에서 불용성인 합금의 냉각곡선

응고 개시점(액상점)은 각기 다른 온도에서 나타나며 동일 온도상에 놓인 모든 곡선의 정지점(고상점)에서 응고가 종료된다. 굴곡점과 정지점을 평형계인 지렛대 법칙(lever rule)에 도입해 보면, 이것을 **농도선**(concentration line)이라고 하며 양끝에서 순금속의 기점인 A성분과 B성분 사이에 모든 합금이 존재한다. 종축은 온도를 나타

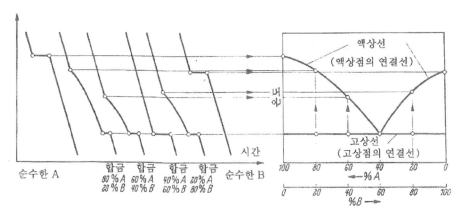

그림 1.28 모든 금속에서 A금속과 B금속사이에 액상에서 완전용해, 고상에서 불완전 용해가 되는 경우 각 합금의 냉각곡선을 응고 과정에 따라 나타낸 것

낸다. 평형계에서 각각의 냉각곡선의 액상점을 옮겨서 이들을 연결한 선은 V형 곡선을 나타내는데 순금속 A와 B가 합금이 되어 용융점이 낮아진 것을 나타낸다. 이것을 **액상선**(liquidus line)이라 한다. 최종 응고점은 모두 같은 온도선상에 있다. 응고점을 연결한 **응고선**(solidus line)은 수평선이다.

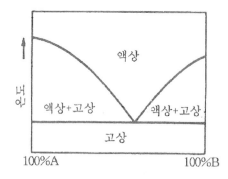

그림 1.29 그림 1.28을 옮겨 놓은 응집상태의 상태영역

액상선과 고상선으로 4영역으로 나눈다(그림 1.29). 각 영역은 일정상태 하에서 존재한다. 액상선의 상부 영역은 모두 액상이며(용액), 고상선 하부에는 모두 고상이다. 액상선과 고상선 사이의 두 영역은 결정과 용액이 혼합하여 존재하는데 이 **상태도** (phase diagram)는 금속의 모든 합금에 적용된다(그림 1.30). 합금 1의 응고에서 맨 먼저 A-원자로만 된 **초정**(primary crystal)이 정출한다.

먼저 분리된 초정은 성장 할 수 있는 시간과 기회가 있다. 초정이 계속 형성됨으로 원자가 공급되어 용액 중에는 점차적으로 A원자가 감소된다. 냉각되는 잔류융체의 조성은 계속하여 변하며 K2에 점점 더 가까워진다. 응고구간 내의 잔류용액의 조성 비를 알아보기 위해 온도 t에서 액상선까지 평행선을 긋는다. 이 절단점으로부터 농도선상에 수선을 내리면 온도 t에서 잔류용액의 조성이 된다. 온도가 내려감에 따라 수평선을 긋고 절단점에서 수직선을 내리면 A결정 초정이 형성되어 농도 K2로 가까워지며 잔류용액의 조성을 쉽게 판단할 수 있다.

온도가 내려가 응고선에 도달하면 잔류용액은 이 농도를 갖게 되며 정지점에서 응고가 되는데 두 종류의 결정생성이 동시에 이루어져 미세립자로 된 고용체를 생성한다. 그리고 먼저 A원자로만 된 많은 수의 초정이 정출된다. A가 연한 재료 B가 경한 재료이며 B함량이 증가되면 합금은 경화된다(**합금경화**). 마찬가지로 합금 3은 B원자로 된 초정이 된다. 합금2에서 용액이 최종 응고가 되기 전에 과잉 원자를 밀어내려는 경향을 갖고 있지 않으므로 초정이 형성되는 한 응고 영역이 나타나지 않는다.

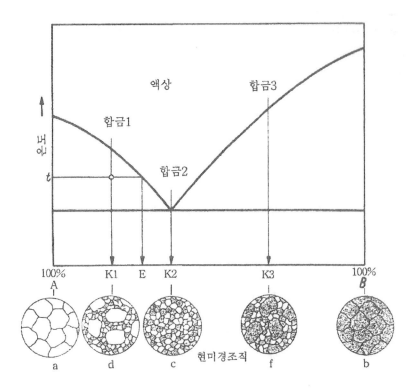

그림 1.30 A와 B의 금속사이에 액상에서 완전히 용해하며 고상에서 불완전 용해하는 합금의 상태도 a : 순 A결정, b : 순 B결정, c : A+B공정, d : 공정(A+B)에서 A초정 정출
E : t온도에서 합금 1의 잔류 융체 조성, f : 공정(A+B)에서 B초정 정출

이 합금은 일정온도의 한 정지점의 미세하고 균일한 A와 B결정의 혼합상태로 응

고되며 이것을 **공정**(eutectic)이라고 한다. **공정 합금**(eutectic alloy)과 **공정 상태도** (eutectic diagram)에 대해 설명해 보자.

두 액상 분기선이 고상선에서 만나는 점이 공정점(eutectic point)이며 공정점 왼쪽 은 **아공정**(hypo eutectic) 오른쪽이 **과공정**(hyper eutectic)합금이다.

예를 들면 그림 1.31은 Zn-Cd합금에서 아공정 및 과공정 상태의 각 조직을 나타낸 상태도이다. 이상적인 상태도에서 농도는 제 2의 합금 원소 퍼센트만을 나타낸다.

제1 합금원소는 100퍼센트의 나머지를 보충하면 된다.

실용합금이 응고 할 때 자주 **결정화 방해 현상**이 조직형태로 나타날 수 있는데 이 것은 상태도에 나타난 이론적인 것과 현저한 차이가 있다. Al-Si합금의 공정점 부근 에서 자주 나타나는 것과 같이 **이중초정 형성**(double primary crystal forming)에 속 한다. 이것은 그림 1.32의 Al-Si 상태도에서 쉽게 설명 할 수 있다.

합금의 L조성에서 응고시 상태도에 따르면 액상 온도 T_1에서 Si결정이 정출된다. 결정화 방해 때문에(예 : 냉각된 주형에 주조하는 것) 이러한 분리가 일어나지 않으 므로 용액이 T_2(액상선의 불안정한 연장)까지 과냉될 수 있는데 여기서 Al결정의 초 정이 정출된다. Al결정의 접종효과가 없어지므로 과냉이 중지되고 공정온도 TE까지 온도상승에 의하여 용액으로부터 Si결정이 정출된다. 잔류용액이 공정 조성에 도달하면

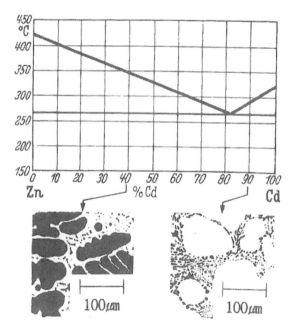

그림 1.31 Zn-Cd 합금상태도 Zn-Cd공정에서 Zn결정의 초정(어두운 부분) Cd-Zn공정에서 Cd결정의 초정(밝은 부분)

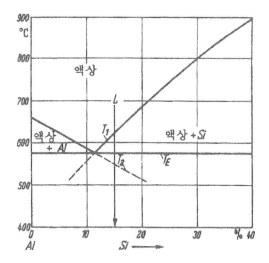

그림 1.32 과냉에 의한 이중초정 형성 Al-Si상태도

작은 Al과 Si결정으로 된 공정이 생성된다. 응고 후에는 Al-Si공정 조직을 나타내며 조직:1-30에서 볼 수 있는 것과 같이 Al초정과 Si초정이 나타나 있다.

공정 생성 기구

대부분의 공정계에서는 지향성 응고가 일어나므로 줄 모양의 2상 고체가 생성될 수 있다. 평행한 이중 현미경 조직을 생성하기 위해서는 적어도 3가지 조건이 동시에 만족되어야 한다.
(1) 열이 용탕으로부터 단일 지향성으로 제거되어야 한다.
(2) 원하지 않는 핵생성을 막고 고체/액체 계면을 평면으로 보존하기 위하여 응고계면 전방에는 충분한 (+)온도구배가 유지되어야 한다.
(3) 협력적인 핵생성 과정이 상(phase) 간에 일어나야 한다. 이 과정을 조사하는데는 액체/고체 계면에서 열구배 및 성장속도 또는 액체/고체 계면을 진행할 때 속도 등과 같은 응고 parameter가 조직의 크기를 조절하는 인자가 된다.
공정반응은 금속이 응고될 때 두(또는 그 이상) 조성이 일치됨으로서 쉽게 나타난다. 2원 합금에서의 반응은 두 종류의 결정 또는 상(phase)이 일정한 온도에서 다양한 특성을 나타내면서 상호 성장한다. 합금은 실제 공정조성의 좌·우 공정반응이 일어나기 전에 과잉상의 1차 결정이 형성된다.
공정입자(grain) 또는 집단(colony)의 생성 : 선도상(leading phase)은 공정액상에서 과냉이 최대인 주형벽에서 핵이 생성된다. 즉, 액상의 온도가 공정온도에 최초로 도

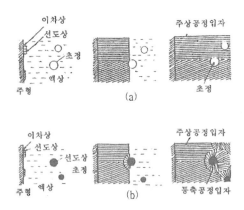

(a) 초정으로 선도상(leading phase)이 존재하지 않는 합금의 경우에 공정성장
(b) 초정으로 선도상이 존재하는 합금의 경우에 공정성장

그림 1.33 주형벽에서 공정입자 및 등축 공정입자의 생성 설명도

달될 때이다. 2차상(secondary phase)은 그 상조성의 함량이 가장 큰 선도상의 결정 뿌리(root)에서 핵이 생성된다(그림 1.33). 선도상과 2차상은 모두 공정조직을 형성하면서 잔류액상 내로 성장한다. 주형벽으로부터 분리된 선도상의 초정(primary crystal)이 주상(columnar) 공정 입자(grain) 성장 앞 영역에 먼저 존재한다면 초정의 표면에서 액상의 온도가 공정온도에 도달될 때 초정은 공정입자와 독립적으로 형성·성장한다. 주형벽 가까이 액상을 교반한다면 주형벽에서 형성되는 공정입자는 표면 공정입자의 안정된 피막이 형성되기 전에 분리될 수 있다.

봉(rod), lamellar 및 granular형 공정 생성 : 봉상(rod) 및 층상(lamellar) 공정조직의 생성기구는 그림 1.34(a, b, c 및 d)에서 쉽게 이해될 수 있다(cellular 및 dendrite 생성기구와 유사하므로). 그러나 공정조직은 그림 1.34(e)에 나타낸 것과 같이 연속된 기지 내에 완전하게 granular 결정이 박혀 있는 조직이다. 용질편석은 선도상(leading phase)의 균일성장을 방해하며 작은 편석영역이 선도상에 박혀 있고 granular 공정조직을 형성하게 된다(그림 1.35).

공정반응은 응고될 때 두 조성 (또는 그 이상)이 일치됨으로써 쉽게 나타난다. 2원 합금에서의 반응은 두형의 결정 또는 상이 일정한 온도에서 다양한 특성을 나타내면서 상호 성장한다. 합금은 실제 공정조성의 좌·우로 공정반응이 일어나기 전에 과잉상의 1차 결정이 형성된다.

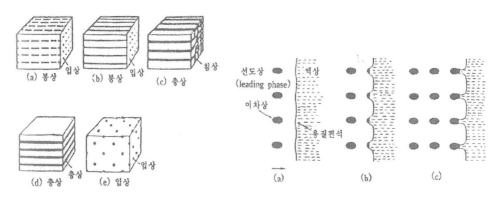

그림 1.34 공정성장의 설명도

그림 1.35 granular상 공정 조직 생성과정의 설명도

예 : 조직:1-19는 Cu-8.4%P 공정 합금을 사형주조한 조직으로(시편1) 입자는 가끔 주상(columnar)이 형성된 것을 육안으로 확인할 수 있고, 현미경 조직에서는 입자가 미세 공정조직의 집단으로 이루어져 있으며, 조직을 적당하게 상을 해석하기 위해서는 고배율이 필요하다. Cu가 부화된(riched) 결정(α고용체)과 인(P)화동 결정은 lamellar(층상)형태로 상호성장하여 집단경계에서 조대화된 조직을 가진 각 집단이 방사상으로 발달되는 경향이 있다. Cu가 부화된 결정은 부식액에 의하여 선택적으로 어둡거나 갈색을 띄며, 반면에 인화동(copper phosphide)은 흰색으로 나타난다. 인화동 또는 α고용체의 유리(free) 입자가 가끔 나타나기도 한다.

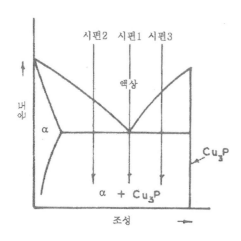

그림 1.36 시편조성 상태도

조직:1-19 5%FeCl₃/H₂O에서 30초간 부식, Cu-8.4%P 합금, 사형주조, 주방 조직

　　조직:1-20은 Cu-4.5%P 아공정 합금을 사형주조한 조직으로(시편2) 일반적인 입자 조직이 눈에 보이지 않는다. 이 합금은 공정조성(즉, 아공정 조성)에 비하여 과잉 Cu 를 함유하고 있으므로 시편1에서 보다 현저하게 조대한 공정과 분리된 Cu가 부화된 결정(α)이 존재한다. 더욱이 공정영역은 인화동의 가장자리로 되어 있다. Cu가 부화

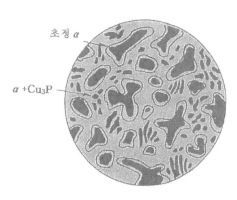

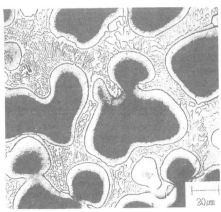

시편2 스케치도　　　　　　　조직:1-20　　5%FeCl₃/C₂H₅OH 에서 약 40초간 부식, Cu-4.5%P 아공정 합금, 사형주조

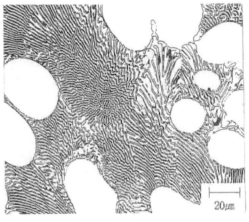

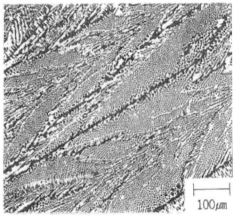

조직:1-21　　물2+80NH₄OH 1+H₂O₂ 20비율 부식액에서 수초간 부식, Cu-10.5%P 과공정 합금, 사형주조

조직:1-22　　백주철의 공정 조직

된 결정에는 고용체 내에 비교적 적은 량의 P가 함유되어 있다. 이것은 유핵조직이며 어두운 색~밝은 갈색으로 나타난다. 이들 결정은 융체에서 먼저 성장되며 특징적인 골격형 또는 수지상으로 발달된다. 실제 수지상은 잘 발달되지 않고 결정은 뭉툭하고 둥글게 나타난다. 유리되고 둥근 형태는 미소절단 수지상 가지를 관통한 곳에서 나타난다.

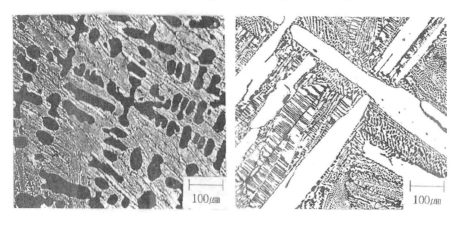

조직:1-23 백주철의 아공정 조직   **조직:1-24** 백주철의 과공정 조직

조직:1-21은 Cu-10.5%P 과공정 합금을 사형주조한 조직으로(시편3) 공정 기지 내에 인화동의 둥근 수지상이 들어 있다. 수지상(흰색)은 시편2에서 보다 더 잘 발달되어 있으나 이 수지상은 조성범위 내에 인화동이 존재하지 않으므로 **유핵**(cored)이 되어 있지 않다. 공정의 미세도는 시편1과 유사하다.

1.2.5 금속간 화합물

많은 합금계에서 새로운 성분은 거의 고정된 조성 또는 주어진 조성범위에서 나타나며, 중간 상 또는 금속간 화합물로 알려진 이러한 성분은 기지금속과 다른 원자배열을 가지고 있다.

화합물의 성질은 원자배열의 차이에 따라 구성된 금속의 성질과 다르다. 그러나, 순수 화합물의 현미경조직은 아직 다면체 조직을 유지하고 있다(조직:1-25). 조직:1-26은 불균질한 조성(유핵)의 예를 나타낸 것이다.

실용적인 철과 탄소의 합금 상태도를 다루기로 하자. 탄소는 철탄화물(Fe_3C)상태로 조직에 나타난다. 각종 형태로 나타나는 탄소의 성질은 냉각속도와 Si, Mn등과 같은 합금원소의 영향을 받게 된다. Fe_3C는 합금에서 **금속간 화합물**(intermetallic compound)로 자주 나타나며 스스로 독자적인 공간격자를 가지고 있다. 원래의 합금원소

격자로부터 분리된 것인데 매우 복잡한 형태를 가지고 있으므로 많은 금속간 화합물
은 단단하며 취성이 있다.

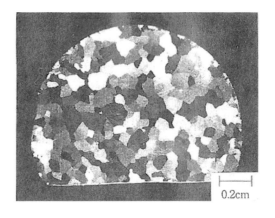

조직:1-25 βCu-Zn 화합물의 다면체 입자, 주방상태

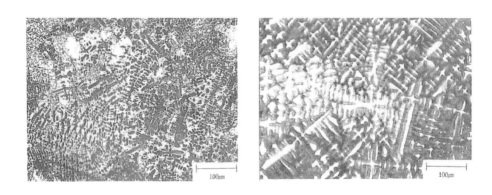

조직:1-26 주방상태, 고용체에서 불균질한 조성(유핵), 왼쪽 : 90/10Cu-Ni합금,
오른쪽 : 70/30Cu-Zn합금

금속간 화합물은 직접 용액으로부터 고체상태로 되는 과정에서 또는 고체상태에서
의 반응에서 생성될 수 있다. 금속간 화합물은 순수한 화학적인 결합을 무조건 따르
는 것이 아니라 결합된 원자의 종류에 따라서 일정하고 서로 비례적인 관계를 나타
낸다. 두 합금의 원소가 금속간 화합물을 형성할 경우 두 성분의 상태도는 어떻게 될
까? 두 금속은 용액상태에서는 완전 용해되고, 고체 상태에서는 완전 불용성이다. 금
속간 화합물은 가열에서 용융점까지는 안정하다(용해되지 않음).

그림 1.37은 그 예를 나타낸 것인데 55% A와 45% B를 가진 금속간 화합물 V를

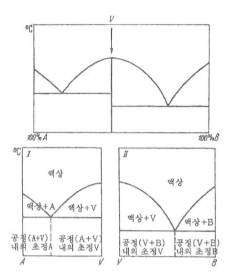

그림 1.37 금속간 화합물의 상태도 V=화합물

형성하며 금속간 화합물은 상태도에서 2부분으로 나누어져 있다. 각각 단순한 공정을 형성하고 있는데 그림 Ⅰ은 A금속과 금속간 화합물 V사이의 모든 합금에 적용되며 그림 Ⅱ는 금속간 화합물 V와 B금속사이의 모든 합금에 적용된다. 조직:1-27~32는 초정과 공정을 나타낸 것이다.

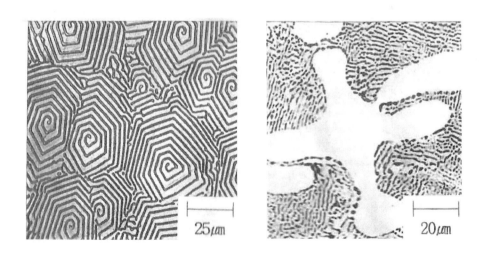

조직:1-27　Zn-Mg공정　　　　조직:1-28　Ag-Cu. Ag초정

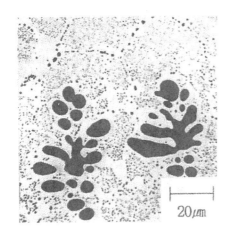

조직:1-29 Cu-Cu₂O

Cu₂O초정

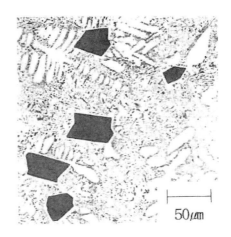

조직:1-30 Al-Si-,Al(밝은 부분)

Si(어두운 부분)초정, 과냉에 의한

2중 초정

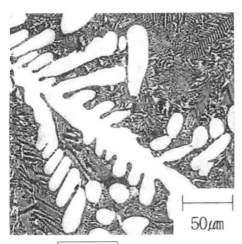

조직:1-31 Al-Ge, Al초정

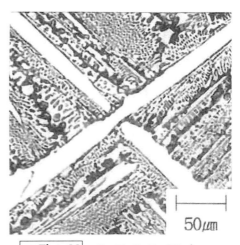

조직:1-32 Fe-Fe₃C, Fe₃C초정

1.2.6 포정반응

금속간 화합물이 나타나는 합금의 상태도에서 화합물이 용융점까지 안정하지 않고 그전에 용해되는 경우에는 어려움이 있다. 이 **용액**(solution)은 반응열과 다시 결합하며 열 공급이 계속되는데도 짧은 시간 동안 온도가 일정하게 유지되어 정지점이 나타난다. 이 온도에서 금속간 화합물은 새로운 금속과 용액으로 분리된다.

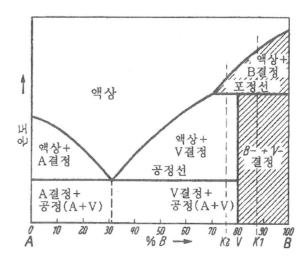

그림 1.38 포정반응 상태도의 예

　가열에서 이 변태는 한 결정이 다른 결정과 용액으로 분리되며, 혹은 냉각에서는 이미 분리된 결정이 용액과 함께 새로운 결정으로 변태하는데 이것을 **포정반응**(peritectic reaction)이라고 한다. 액상에서 완전 용해되고 고상에서 완전 불용성인 경우를 생각해 보면 공정선 옆에 새로운 평형선이 나타나 있는데 이것을 **포정선**(peritectic line)이라 하고 그 온도에서 금속간 화합물 V가 용해된다. 이 선 상부에는 B결정과 용액만이 존재한다(그림 1.38).

　이 상태도 왼쪽에서 순금속 A와 금속간 화합물 V사이만을 관찰하기 위해서 포정선 상부의 빗금친 부분과 금속간 화합물 오른쪽 부분이 없다고 생각하면 A금속과 금속간 화합물 V로 된 합금의 간단한 공정 상태도를 볼 수 있다. 그리고 포정반응의 변화를 면밀히 관찰하기 위해서 이 부분이 필요하다(그림 1.38 오른쪽 빗금 친 부분).

　금속간 화합물을 가열할 때를 관찰해 보자 포정온도선에 도달하면 화합물이 용해가 시작되며 동시에 분해된다. 일정하게 유지된 온도에서 B결정과 용액이 생성되고 포정반응이 개시된 후 규칙적으로 열공급이 된다고 하면 B결정이 점차로 용해되고 액상선상 모두가 액상이 될 때까지 온도는 다시 상승한다. 이 금속을 다시 냉각시키면 용액으로부터 순 B결정이 분리된다.

　포정온도에서 잔류용액과 더불어 먼저 B결정이 분리되며 열방출(정지점)하에서 금속간 화합물이 형성된다. 이 농도에서 B결정 내의 원자수는 금속간 화합물에 필요한 것과 일치하며 포정반응에서 완전히 소진된다.

　농도 K1의 용액을 냉각시키면 온도 강하로 포정선 상부에서는 금속간 화합물에 필요한 것보다도 더 많은 B결정이 형성된다. 과잉의 B결정은 포정반응에 관여하지 않고 변화 없이 유지된다. 포정선 하부의 조직은 금속간 화합물에서 분리된 B결정의 초정이 나타나는데 이것을 **포정**(peritectic)이라 한다.

농도 K2 합금의 경우는 포정반응에서 잔류용액이 완전히 소진되기에는 B결정의 분리가 충분치 않으므로 금속간 화합물 형성에 필요한 것 보다 더 많은 용액이 존재한다. 포정선 하부에서는 금속간 화합물 외에 용액이 또 존재한다. 여기서 간단한 포정계를 생각해보면 계속되는 냉각으로 이미 설명한 포정반응 없이 용액으로부터 직접 화합물이 분리된다.

이 결정은 일반적으로 가장 쉬운(안전한) 길을 택하며 포정반응으로 생성된 결정이 금속간 화합물을 형성한다. 그림 1.39는 그 과정을 나타낸 것이다. 실제 냉각에서 포정반응은 이론적으로 나타낸 것과 같이 그렇게 방해를 받지 않고 진행된다. 순수 재료의 초정이 먼저 새로 형성된 화합물로 둘러싸이게 되고 이 화합물은 초정과 용액 사이의 계속적인 반응에 방해가 된다.

농도 K2의 합금에서 실제로는 그림 1.39와 같이 항상 이상 조직을 나타내지는 않으며 A결정과 금속간 화합물로 구성된 공정에 금속간 화합물의 **각**(shell)결정이 존재하고 각(shell)조직은 포정반응에서 형성된 것과 순수 B결정으로부터 나온 금속간 화합물 핵의 결정이 용액으로부터 정출된 것으로 포위되어 있다(그림 1.40).

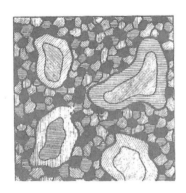
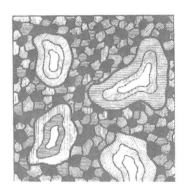

그림 1.39   서냉에 의한 이상조직
포정반응에서 생성된 금속간 화합물 결정은 Al결정과 금속간 화합물로 된 공정에서 용액으로부터 정출된 금속간 화합물에 의해 직접 포위된다.

그림 1.40   일반적인 냉각에 의한 실재조직.
잔류 순수 B결정은 포정반응으로 생성된 것과 A결정과 금속간 화합물로된 공정에서 용액으로부터 직접 정출된 금속간 화합물에 의해 포위된다.

포정반응을 가진 계에서 **shell structure**는 그리스단어 "Peritektikum"에서 온 것이다. 예를 들면 조직:1-33은 36%(중량) 우라늄을 함유한 우라늄-Al합금에서의 shell 조직을 나타낸다. 여기서 금속간 화합물 UAl₃(밝은 회색)가 분리되고 포정은 포위된

UAl₄(어두운 회색)와 반응한다. 잔류용액은 Al과 UAl₄으로된 공정으로 응고된다. 냉각으로 최종 응고가 되기 전에 Al결정의 초정이 정출되며 조직에서 밝고 큰 둥근 결정을 구별 할 수 있다.

서냉에서 이와 같은 합금 농도차이를 균등하게 하려는 경향이 있다. 이미 형성된 결정을 이루고 있는 원자는 높은 온도에서 유동적이어서 이웃 원자와 자리를 바꿀 수 가 있으므로 공간격자에 있는 원자가 균일 농도로 되기 위하여 통상적인 변태가 시작

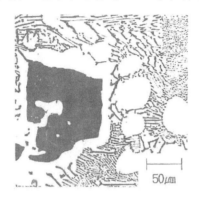

조직:1-33　36%(중량) U를 가진 U-Al 합금의 조직에서 shell조직

된다(**확산** : diffusion).

응고가 끝난 후 온도가 강하되어 확산을 통한 농도 균일화가 점차적으로 중지된다. 합금은 높은 온도에서 유지 시간이 길수록 확산이 완전히 이루어진다. 실제로 부분적인 확산을 실시하며 용탕과 마지막 주조품을 균일농도로 하기 위하여 높은 온도를 유지한다는 것은 비경제적이다. 경제적인 것을 제외하고라도 주조품을 높은 온도에서 오랜 시간 유지하면 핵 성장으로 바라지 않는 조대결정이 나타난다.

포정생성 기구

응고될 때 포정 β상은 적어도 3종류의 기구에 의하여 생성된다.
(1) α상이 융체와 접촉반응하여 β를 형성한다 : α+융체→β, 이 반응은 α와 융체가 접촉함에 따라서만 진행된다. β는 α융체 계면에서 핵생성이 일어나며[(그림 1.41(a)]에 나타낸 것과 같이 **단범위**(short range)확산기구에 의하여 융체로부터 유리된 α층을 쉽게 형성한다.
(2) β가 융체로부터 α를 분리할 때 α층을 통한 A 및 B원자의 **장범위**(long range) 확산으로 α/β 및 β/융체 계면에서 β가 형성된다[그림 1.41(b)].
(3) 포정반응이나 변태가 느릴 때에는 포정온도 이하로 충분히 과냉됨으로써 융체로

부터 직접 β가 석출된다. 어떤 경우에는 포정온도에서 **구동력**(driving force)이 0 이 되므로 어느 정도의 과냉이 필요하다. 시간은 포정에서 매우 의존성이므로 생 성된 β상의 양은 냉각속도 또는 항온조건이 이루어진다면 유지시간에 좌우된다.

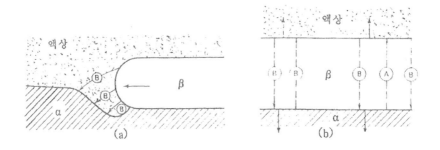

그림 1.41 포정반응과 변태기구

(a) 포정반응에서 액체확산에 의한 α/액상 계면을 따라 β층의 길이 성장
(b) 포정반응에서 고체확산에 의한 β층의 성장, 실선 화살표는 β의 성장 방향, 점선 화살표는 원자공간의 확산을 각각 나타낸다.

그림 1.42의 상태도에서 응고현상의 기본 양상은 고상(α)이 주어진 온도에서 액상 과 반응하여 다른 상(β)을 정출한다. 주어진 합금에서 반응이 개시될 때 존재하는 고 상과 액상의 상대적인 양비에 비하여 α상이 완전히 소모되든가 또는 양 비가 변한다. 전자의 경우, 대개 최종액상이 직접 β로 응고되며, 후자의 경우에는 원래 α결정이 β 로 둘러 싸이든가 또는 α에 합치된 β에 끼어 들어간다.

조직:1-34는 Cu-37%Zn 합금의 사형주조한 조직으로 α고용체가 포정반응에 의하여 형성된 β화합물로 부분적으로 둘러싸인 골격형 결정으로 발달된다. 전체 입자형상을 육안으로 관찰 할 수 있다. 입자는 주로 α상(밝은 부분), 현미경조직 관찰에서는 비교 적 작은 β결정(더 어두운 부분)이며, 이것은 모난 형상이고 가끔 α의 골격형을 둘러 싼 망상으로 배열되어 있다. 이와 같이 β는 입계와 입내에서 발견된다. 다른 입자들 간에는 대조(contrast)가 다른데 β가 존재하지 않으면 입계는 검은 선으로 나타난다. $NH_4OH/H_2O_2/H_2O$에서 부식하면 α상 내에 유핵의 증거가 나타나며 β는 매우 어둡게 된다.

조직:1-36은 Sn-10%Sb합금을 사형주조한 조직으로 이 합금에서 결정화 과정은 조 직:1-34와 유사하며 β화합물(SnSb)의 1차 결정이 먼저 형성되고, 포정반응에 의하여 생성되는 α고용체로 채워진다. 낮은 배율에서 어두운 기지에 비하여 β결정은 밝게 나 타난다. 이들 결정은 입방체이므로 절단하는 방향에 따라 미소절단면이 정방형, 삼각형 또는 중간형 등으로 나타난다.

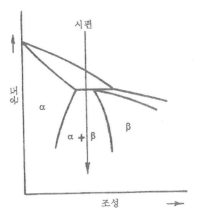

그림1.42 시편조성 상태도   시편의 조직 스케치도

분리된 입자는 어두운 α내에서 구별되며, 유핵조직도 볼 수 있다. 또한 많은 어두운 기지 내에 밝은 흔적(반점)이 존재할 수도 있다. 높은 배율에서는 작은 흰색 결정이 가느다란(미세한) 끈 모양으로 나타나며, 이들 중 얼마는 α입계에 존재한다. 실제적으로 이것은 β상이며 응고 후 α로부터 석출된 것이다. Sn내에서 Sb고용도는 온도강하와 더불어 감소하며, 과잉 Sb가 β의 작은 결정으로 나온다.

이들 미세한 석출물이 존재하지 않을 수도 있으나 석출물이 불연속적이며 공석과 유사조직을 가진 작은 영역으로서 입계에 특히 집중된다.

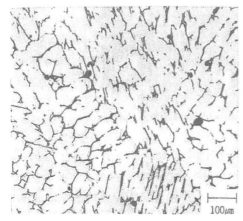

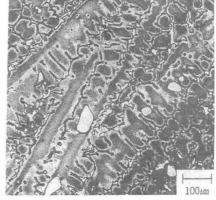

조직:1-34   5% FeCl₃/C₂H₅OH에서 30초간 부식, Cu-37%Zn합금, 사형주조

조직:1-35   조직:1-34와 동일합금, 다만, 5%FeCl₃/C₂H₅OH+NH₄OH/H₂O₂/H₂O에서 부식

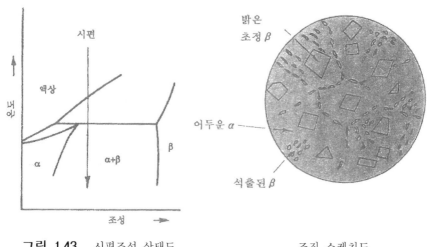

그림 1.43 시편조성 상태도   조직 스케치도

* 주의: 연마할 때 특별히 주의하지 않으면 미세조직은 처음 부식 후 분명하지 않으므로 여러 번 재연마, 재부식한다.

조직:1-36 1%HNO$_3$/ C$_2$H$_5$OH에서 10초간 부식, Sn-10%Sb합금, 사형주조

1.2.7 고용체 합금

이 합금상태에서는 두 종류의 합금 원소원자가 격자를 공동으로 구성하고 있다. 큰 원자(예 : Nickel)는 기지금속 원자로 격자 자리에 존재하며 작은 원자(예 : C)는 사이에 속박상태에 있다. 이때 생성된 결정을 **고용체**(solid solution)라고 한다.

고용체가 치환 또는 침입에 따라 **치환형 고용체**(substitutional solid solution)와

침입형 고용체(interstitial solid solution)로 구별한다. 외부원자에 의하여 기지금속의 격자가 다소 왜곡(distort)되므로 합금은 기지금속보다 경하고 단단해 진다. 특히 침입형 외부원자가 격자를 심하게 방해하므로 외부원자는 소량만 기지금속 내로 침입되며(작은 용해력), 반면에 치환형 원자가 고용체를 형성할 경우에는 적당한 격자비가 제한이 없을 수도 있다(큰 용해력). 고용체를 갖는 합금의 모든 결정은 2종 금속의 원자로 구성되어 있다.

  그림 1.44는 현미경에서 두 경우를 순금속의 경우와 같이 한 결정을 가시적 조직으로 나타낸 도식적인 것인데 현미경에서는 격자구조의 차이를 구별할 수 없다. 또한 이 와 같은 합금의 냉각곡선과 상태도는 어떻게 될까? 냉각곡선(그림 1.45)은 정지점이 없고 냉각지연 영역사이에 2개의 굴곡이 있으며 완만한 경사를 나타내고 고용체의 형성으로 열에너지 방출이 생기게 된다. 상부 굴곡점에서 최소 고용체가 형성되고 응고가 시작되어 하부 굴곡점에서는 응고가 종료된다. 상·하부의 모든 굴곡점을 연결하여 각기 다른 농도에서의 냉각곡선을 그리면 그림 1.45와 같이 된다.

  예를 들면 Cu-Ni합금(그림 1.46)의 상태도를 살펴보면 Cu와 Ni은 상호 치환형 고용체를 형성한다. 두 금속은 면심입방 격자이며 거의 같은 격자상수를 가지고 있고 (Cu= 3.6Å, Ni= 3.5Å) 특히 고용체를 쉽게 형성한다.

  함량이 증가하여 순수 Ni에 도달 할 때까지 Cu원자가 Ni원자로 대치되어 마침내는 Ni원자로만 격자를 구성하게 된다. 두 금속은 **연속적 고용체**를 형성하며 상태도는 간단한데 액상선 상부는 전부 액상이고, 고상선 하부는 고상이며, 농도 K의 응고와 같이 다른 모든 합금의 경우도 같은 방법으로 응고한다. 액상선 상의 t_1에 있는 용액의 온도가 떨어진다면 Cu원자와 Ni원자로 된 고용체를 형성하기 시작한다.

  최초의 고용체는 고 용융점 금속의 원자를 더 많이 함유하게 되어 농도 K에 상당하는 금속에서는 Ni함량이 가장 많다. t_1점에서 고상선과 만나는 절단점은 Z_1에서 최초 고용체의 농도를 나타낸다. t_2온도에서도 분리된 고용체의 농도를 나타내고 이 결정은 Ni 함량이 적다(Z_2).

  격자 구성에서 Ni원자를 더 많이 필요로 하며 농도 K에서는 **잔류 용액** 중에 Cu가 증가된다. 일정한 온도에서 성분은 예를 들면 t_2 온도에서 S_2와 같이 농도를 읽으면 된다. 온도가 내려가면 생성된 고용체의 농도는 일정하게 변한다.

  미리 형성된 다른 결정에 순간적으로 달라붙은 작은 결정은 그 자신의 과정과 다른 농도를 가지나 모든 이들 결정은 용액과 인접 결정간에 교환관계(확산)에 있으며 따라서 특히 서냉에서는 각 온도에 따른 평형이 확산과정을 통하여 결정내부에서 결정과 용액사이에 항상 새롭게 이루어진다. 응고 후에는 고상선에서 모든 결정은 농도 K에 상당하는 조성을 갖고 있다.

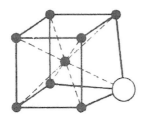

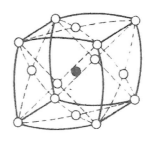

하나의 외부원자를 가진 치환형 고용 체의 체심입방 격자 단위포. 외부 원 자는 원래의 원자와 치환을 거부한다.

하나의 외부원자가 침입한 침입형 고용 체의 면심입방 격자 단위포

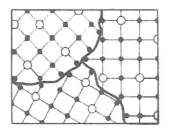

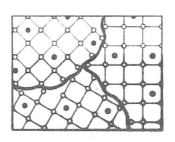

치환형 고용체의 구조(grain)

침입형 고용체 구조(grain)

현미경에서는 이 두 경우 모두 단 하나의 결정만을 볼 수 있다.

그림 1.44 치환형 고용체와 침입형 고용체의 도식적인 예

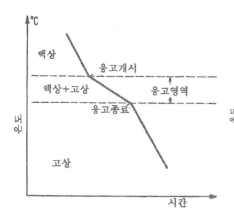

그림 1.45 고상에서 완전 혼합형인 합금의 냉각곡선

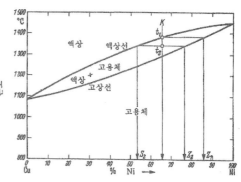

그림 1.46 Cu-Ni합금의 상태도

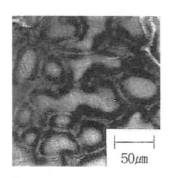

조직:1-37 Cu-30%Ni 합금, 주조상태, 국부 고용체

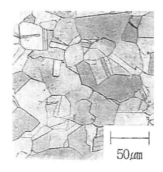

조직:1-38 주조 후에 50% 냉간 변형한 후 850℃에서 25시간 annealing처리한 Cu-Ni합금, 균질한 고용체

확산에 수반되는 Cu-Ni합금에서의 원자는 합금의 일반적인 냉각에 의하여 규칙적인 결정이 형성되는 것이 아니라 국부 고용체(불균질 고용체)를 형성하고(조직:1-37), 이 국부 결정핵에는 Ni가 많은 고용체가 자리잡고 있으며, 표면에는 Ni가 적게 함유된 결정이 둘러싸게 된다.

국부 고용체의 층은 현미경 시편에서 부식액에 의하여 심하게 부식되므로 현미경 사진에서 쉽게 구별할 수 있다. 고상선 하의 좁은 온도 영역에서 국부 고용체로 응고된 합금을 오래도록 풀림 처리하면(균질화) 각기 다른 농도가 확산에 의하여 균질화된다. 여기서 조대결정의 발생을 억제하기 위해서 annealing전에 심한 냉간 변형으로 수많은 핵을 생성하여 이것을 annealing 열처리하면 미세 결정이 형성된다.

조직:1-38은 조직:1-37과 같은 재료를 50% 냉간변형 한 후 850℃에서 25시간 annealing한 것이고 Cu-Ni합금의 균질한 조직을 나타낸다.

한률 고용체 합금

Cu와 Ni과 같이 두 금속의 격자구조가 밀접하게 결합되어 있어 고용체를 형성하는 것과 같이 적당한 조건이 항상 존재하는 것은 아니다. 각기 다른 단위 세포를 가진 금속인 예를 들면 면심입방과 조밀육방 격자는 연속 고용체를 형성하지 않는다. 금속에서 조밀육방격자의 소수 원자로만 이루어진 것이 존재한다면 기지금속의 면심입방격자로 격자자리를 수용함으로써 치환형 고용체를 형성한다. 조밀육방격자의 합금이 되게 하기 위해서는 조밀육방형 원자가 많이 공급되어 이들 원자들이 충분히 접촉할 수 있어야 되고 육방격자 내에 첫 번째 면심입방형이 결합되어야 하는 조건이 만족되어야 한다.

이 농도로부터 응고된 금속의 조직 내에까지 제2성분이 나타나며 또한 현미경조직에서도 관찰할 수 있다. 육방격자 결정을 가진 금속이 더 많이 합금이 되어 자신의 격자를 구성하는데 충분한 면심입방 격자 원자가 존재하지 않을 때까지 새로운 결정이 증가하게 된다. 조직은 육방격자를 가진 고용체로만 나타나며 현미경에서는 한 종류의 결정만 볼 수 있다. 2종류의 결정이 동시에 나타나는 영역을 **상용성(相溶性) 갭** (miscibility gap)이라고 한다. 그림 1.47은 한률 고용체를 가진 합금의 상태도를 나타

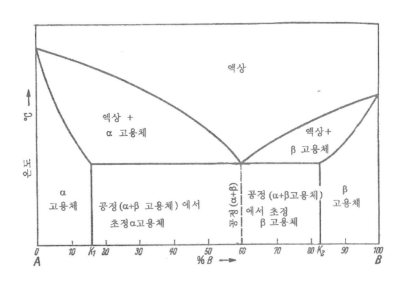

그림 1.47 상용성 갭을 가진 상태도

낸 것이다. 하나의 고용체로 나타나는 조직으로 된 합금에서 왼쪽 농도 K_1과 오른쪽 농도 K_2에서 일치하는 것을 나타낸다.

고용체는 그리스 문자로 나타내는데 A순수 고용체를 **α고용체**, B순수 고용체에 해당되는 것을 **β고용체**라 한다. K_1과 K_2사이에 존재하는 영역은 공정계이다. 두 합금 원소의 용융점은 낮아지며 액상선이 고상선상의 공정점에서 만나게 된다. 공정은 두 고용체인 α와 β로 이루어져 있다. 공정점 왼쪽에는 초정 α고용체가 오른쪽에는 초정 β-고용체가 분리되어 나온다.

온도가 고상선에서 떨어지면 잔류용액이 α와 β 고용체로 된 미세 공정으로 응고한다. 선은 B원자(K_1)에 대한 α-고용체의 용해도 및 A원자(K_2)에 대한 β-고용체의 용해도를 각각 나타내고 실제 상태도에서는 그림 1.47에서와 같이 수직으로 되지 않고 온도 강하에 따라 순수 A와 B금속에 접근하여 곡선을 나타낸다(그림 1.48). α와 β 고용체의 용해도는 온도 강하에 따라 변하는데 한 종류의 고용체로 된 조직은 순금속 A와 K_1, 순금속 B와 K_2 사이에 존재하는 농도의 합금에서만 생긴다.

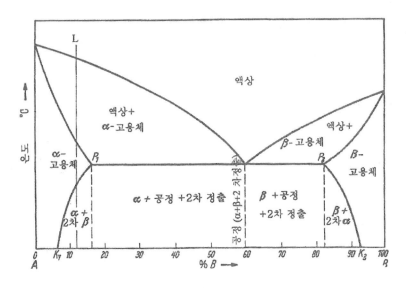

그림 1.48 상용성 갭과 2차 석출을 가진 상태도

성분 L고용체 합금을 액상으로부터 냉각하면 액상선을 지나서는 A가 많은 α고용체가 정출된다. 용액의 응고가 계속됨에 따라 이미 언급한 연속성 고용체와 같이 진행이 된다. 온도 강하에 따라 완전응고가 될 때까지 상이한 조성을 가진 고용체가 형성된다. 서냉에 의해서 각기 다른 농도는 확산으로 균질화되나 일반적인 냉각으로는 국부적 고용체가 형성된다.

고상선 하부에는 한 종류의 결정조직이 나타나며(α혼합조직), 이 조직 상태는 온도가 강하하여 P_1K_1선을 통과할 때까지 잠깐 나타난다. α고용체의 용해도는 점차 감소되어 격자 내에 B원자는 더 이상 보유하지 않으며 결정경계로 몰아낸다. 추방된 B원자는 즉시 자신의 격자를 구성하며 그 내부에는 어느 정도의 A원자를 받아들이게 된다.

고체상태에서는 서냉에 의해 α고용체의 경계에서 B가 많은 β고용체가 분리되어 나온다. 급냉에 의해서는 B원자가 결정경계에 자주 도달하지 못하며 분리된 β고용체는 둘러싸여 있으며 α고용체의 형태는 망상이 아니라 세분된 α고용체로 존재한다. 고체상태에서 분리된 이 고용체는 용액에서 형성된 초정에 대하여 2차 α혹은 β고용체라고 한다.

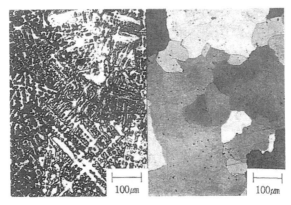

<u>**조직:1-39**</u> 고용체 합금조직(Cu-5%Sn)으로 주방상태, (왼쪽) : 유핵입자,
오른쪽 균일한 입자는 연속된 annealing으로 얻어진 것이다.

P_1과 P_2점(그림 1.48)사이의 농도를 가진 합금은 먼저 간단한 상태도(그림 1.47)에 나타난 조직종류와 같이 응고한다. 초정으로 분리된 고용체와 공정의 고용체도 합금 L로 나타낸 것과 같이 온도가 떨어짐에 따라 용해도가 감소된다. 합금에서 P_1과 P_2사이의 고상선 하부에서 2차 석출이 일어난다.

고용체상은 기지(또는 용매)금속의 원자배열을 함유하나 이 배열에 다른(용질)금속원자가 혼입된다. 원자 수준으로 혼합된 금속은 현미경 관찰로서는 분리하여 구별할 수가 없다. 어떤 상태에서 고용체 결정의 성분이 불균질(유핵 : cored)하게 보인다 하더라도(조직:1-39 및 26) 고용체의 현미경 조직은 순금속과 같이 다면체 입자로 나타난다.

예 : Cu-4%Sn 합금 (사형주조)

조직:1-40은 그림 1.49상에 나타낸 조성합금으로 육안으로 밝기의 정도가 다르며, 현미경 조직검사는 입자간에 명암이 다르다. 입계는 가느다란 검은 선으로 나타나며,

불규칙한 통로를 따라 존재한다. 또한, 입자 내에는 어두운 골격형이 관찰된다. 이것은 **유핵조직**(coring)또는 조성의 불균형을 나타내고 즉, 이 시편 내에서는 Cu 내에 불균일한 분포를 나타낸다. 이와 같은 coring(비평형 상태)은 주방상태의 고용체에서 자주 관찰되며 특성상 결정화의 선택적인 거동을 일으킨다. 시편을 주의하여 연마(미세alumina로 마무리 연마)하고 2% nital로 1분간 부식하여 현미경으로 조직을 관찰하면 불순물로 인하여 coring 이 나타나며(이 효과는 염산으로 심하게 부식한 후 입자 내의 자세한 조직이 나타난다.)

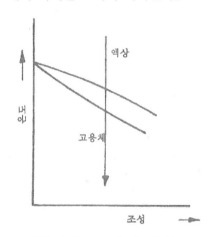

그림 1.49 시편조성 상태도

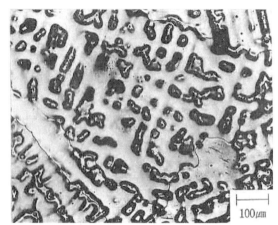

조직:1-40 5%FeCl₃/C₂H₅OH에서 1분간 부식, Cu-4%Sn합금(사형주조)

* 주의 : Coring은 Cu 합금에서 NH₃/과산화수소/수용액으로 부식하면 잘 나타난다.
조직:1-41은 Cu/4% Sn합금을 사형주조 하고 700℃에서 2시간 annealing한 조직으로 입자 내에 coring이 없는 것을 제외하고는 조직:1-14와 유사하다.

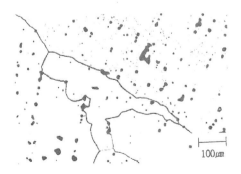

조직:1-41 5%FeCl₃/C₂H₅OH에서 1분간 부식, Cu-4%Sn 합금, 사형주조하고 700℃에서 2시간 annealing한 조직

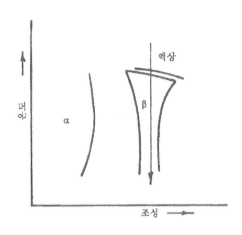

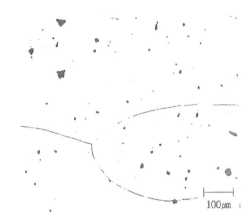

그림 1.50 시편조성 상태도   조직:1-42 5%HNO₃/ C₂H₅OH에서 1분간 부식,
Cu-48%Zn합금, 사형주조 조직

* 주의 : 조직:1-40, 41은 합금 시편을 절단 또는 조연마(grinding)할 때 변형이 일어나서 부식하면 strain흔적이 나타난다. 입자 내에 거친 어두운 평행선이 나타나면 이 것이 사라질 때까지 재 연마 및 재 부식한다.

조직:1-42는 Cu-48%Zn 합금의 사형주조 조직인데 β화합물상의 비교적 큰 결정, 결정은 대조를 잘 이루고 부드러운 입계로 되어있다. 각 입자는 균일하게 보인다 : coring이 어떤 화합물에 존재할 수 있으나 이 시편에는 나타나지 않았다. α상의 흔적이 시편 표면 가까이의 입자 내에서 나타날 수도 있다. 이 조직은 다이아몬드로 연마(또는 전해 연마로 완전히 제거)하여도 긁힘을 제거하기는 매우 어렵다.

1.2.8 금속의 확산현상

확산은 원자의 이동이며 시간과 온도에 의하여 좌우되는데 예를 들면, Cu층과 Cu-Ni합금으로 된 주화를 높은 온도로 가열하면 원자는 상호 확산된다. 확산 형태에는 **침입형**과 **공공**(vacancy)또는 **치환형**이 있다. 수소, 탄소 및 질소 등과 같은 작은 원자는 침입형 확산원자이며, 이들은 침입형 위치로부터 점프한다. 대부분의 침입형 자리가 비어 있으므로 이것이 가장 빠른 확산형태이다. 치환형 원자의 확산은 원자가 점프하여 들어가기 위한 vacancy를 기다려야 하므로 늦다. 잘 준비된 단결정에서도 온도와 함께 증가되는 vacancy수가 평형을 이루거나 또한 **결정립계**와 **전위**는 확산 통로를 제공해 준다.

치환형에서 원자는 일반적으로 침입형 위치가 아니라 치환형 원자위치의 vacancy로 이동하여 들어간다. **Bimetal**에서 확산은 매우 중요하다. 니켈층을 Cu-Ni합금층 위에 놓고 금속 샌드위치로 압연하면 확산으로 중간의 접합은 기계적이 아니라 야금학적 접합이 되어 조성이 경계면을 지나 점진적으로 변한다.

침탄된 기어(gear)표면의 고탄소로부터 저탄소강인 내부로 점진적인 변화가 생긴다. 이렇게 하여 표면 직하는 인성이 있는 저탄소강으로 표면은 경도가 높고 내마모성이 양호하게 된다. 부품을 탄소가 부화된 분위기 내에서 가열하면 탄소 농도차이가 생긴다. 탄소원자는 분해되어 표면 층에 형성되고 일부는 표면 층 직하로 확산된다.

확산과정은 표면 층뿐만 아니라 부품의 내부조직을 변화시키는 경우에도 매우 중요하다. 강의 열처리의 가장 중요한 효과는 단일상 조직으로부터 2상 조직으로 변화되는 것이다. 2차상인 탄화철의 석출은 확산에 의한 원자 이동에 좌우된다. 유사하게 비철합금에서 **경화상**(硬化相)의 석출도 확산운동에 따른다.

확산의 현상학적 의미에서는 입내확산 또는 **체적확산**(volume diffusion), **입계확산**(grain boundary diffusion) 및 **표면확산**(surface diffusion) 등으로 나눌 수 있다. 일반적으로 입계확산의 활성화 에너지(그림 1.51)는 입내 확산의 활성화 에너지보다 적다. 따라서 일반적으로 입계확산이 일어나기 쉽다.

다만, 고온에서는 활성화에너지의 값이 주도적이 아니므로 입계확산이나 입내확산 어느 것이나 잘 일어난다. 그러나 저온에서의 확산은 주로 활성화 에너지의 대소에 의하여 좌우되므로 입계확산이 대단히 두드러지게 나타나 마치 입내 확산이 없고 입계 확산만이 일어나는 것 같이 보일 때가 있다.

표면확산은 결정성장이며 분말소결 등의 경우에 일어나는 표면현상의 일종으로, 원자의 결정표면에서의 이동에 관한 현상이다. 즉 증기상(相)의 금속 원자가 고체 표면에서 응결하는 것 같은 경우, 고체표면에 충돌한 원자는 그 표면에 따라 자유로이 확

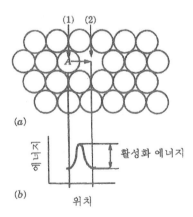

그림 1.51 금속에서 원자 움직임과 연관된 활성화 에너지(activation energy) (a) Cu 결정의 (111)면상의 (1)위치에 Cu원자 A가 확산되어 (2)위치 (vacancy site : 빈자리)로 충분한 활성화 에너지 (b)에 나타낸 것처럼 움직일 수 있다.

산하고, 그 사이에 안정위치를 찾아서 결정 격자에 고정한다. 이와 같은 경우의 원자 이동을 표면확산 현상이라고 한다.

표 1.2는 순금속의 자기확산 활성화 에너지를 나타낸 것이다.

표 1.2 순금속의 자기확산 활성화 에너지

금속	용융점 (℃)	결정구조	온도범위 (℃)	활성화 에너지	
				kJ/mol	kcal/mol
Zinc	419	HCP	240~418	91.6	21.9
Aluminium	660	FCC	400~610	165	239.5
Copper	1083	FCC	700~990	196	46.9
Nikel	1452	FCC	900~1200	293	70.1
α iron	1530	BCC	808~884	240	57.5
Molybdenum	2600	BCC	2155~2540	460	110

확산법칙

금속격자에서 원자는 움직이며, 일정 길이만큼 되돌아 갈 수 있다. 원자 이동을 나타내는 이러한 **구동력**(driving force)을 확산이라고 하며 이로 인하여 인접 결정간에 농도차이를 나타낸다.

그림 1.52(a)에서 왼쪽 결정은 오른쪽 결정보다 B원자가 적게 함유되어 있다. 이것을 불균질 고용체라 하며, 따라서 결정에는 내부결함이 불균질하게 분포되어 있다. 열 진동의 영향으로 A원자가 왼쪽으로부터 오른쪽으로 역으로 B원자는 오른쪽으로부터 왼쪽으로 각각 이동한다. A 및 B원자가 균일하게 격자 내에 분산될 때까지 이러한 원자이동은 오래 걸린다. 결정이 균질하게 되면 격자는 전체가 동일한 응력 정도를 나타낸다. 그림 1.52(a)에서 A원자의 농도 C_A는 X방향을 따라 나타내므로 농도변화를 그림 1.53으로부터 계산한다. A원자의 수는 왼쪽으로부터 오른쪽으로 감소된다. 농도차이 $\Delta C_A (g/cm^3)$는 확산의 추진력이다.

$\dfrac{\Delta C_A}{\Delta X}$ 의 농도 강하가 일어날 때 t(s)시간 동안에 단면 F(cm^2)를 통과하는 A원자는 m_A(g)량이 이동하며 이것은 **Fick의 확산 법칙**에 의하여 이루어진다.

$$m_A = -D \frac{\Delta C_A}{\Delta X} Ft \tag{1.4}$$

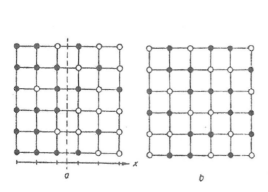

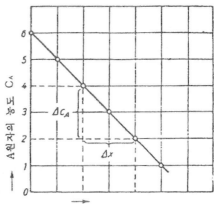

그림 1.52 불균질(a) 및 균질(b) 고용체
● : A 원자, ○ : B 원자, × : A의 확산
방향

그림 1.53 그림 1.52(a)의 불균질
결정에서 A원자의 농도분포

여기서 D(cm^2/s)는 합금의 **확산계수**이며, 이것은 합금을 이루고 있는 원자의 종류 및 온도에 의하여 좌우된다. 식에서 " -"는 A원자는 항상 높은 농도로부터 낮은 농도로 이동하기 때문이다[그림 1.52(a) 및 그림 1.53에서 왼쪽으로부터 오른쪽으로]. 확산계수 D는 다음 식에 의하여 심한 온도 의존성을 나타낸다.

$$\overline{X}^2 = 2Dt = 2D_o\, e^{-\frac{Q}{RT}t} \tag{1.5}$$

X는 원자의 평균 확산거리(cm), D는 확산계수(cm^{2}s^{-1}) 및 t는 시간(s)을 각각 나타내며, 확산 시간이 길수록, 온도가 높을수록 원자가 이동하는 거리는 커진다.

확산기구

확산기구에서 **공공형 원자**(vacancy mechanism)는 한 개의 원자가 다음의 격자위치에 이동하여 그곳의 공공을 점유한 모양이다[그림 1.54(a)].
격자간 원자형(interstitial mechanism)은 1개의 원자가 격자로부터 빠져서 자유로이 이동할 수 있는 격자간 원자로 되어 있다[그림 1.54(b)]. 용질원자가 격자간 위치에 침입형으로 용해할 수 있을 정도로 충분히 적을 때에는 이 기구에 의하여 가장 쉽게 확산할 수 있다. 이것은 특히 탄소, 질소, 산소 및 수소가 금속 중에 용해되어 확산될 때, 또는 알칼리 금속의 이온이나 여러 가지 기체가 규산 유리 기타의 유리상 물질 중에 확산될 때 일어난다.

간접 교환형(interchange mechanism)은 차바퀴와 같이 배열된 8개의 원자가 동시에 움직여서 각각 옆자리로 이동한다[그림 1. 53(c)]. 실제의 결정구조에서는 링(ring)을 이루면서 돈다고 한다(**Zener의 ring mechanism**).

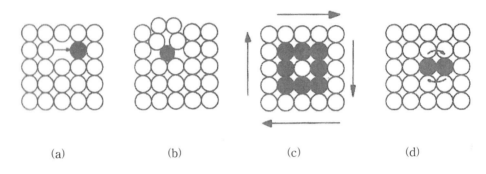

(a)   (b)   (c)   (d)

그림1.54   고체확산의 원자기구

직접 교환형(direct or two atoms interchange mechanism)은 가장 가까운 두 원자가 동시에 이동하는 위치를 교환하여 이동한다[그림 1.54(d)].

밀집 이온형(crowd ion mechanism) 및 **완공공형**(緩空孔型)(relaxed vacancy mechanism) 등이 있다.

응용 예1 : Cu와 황동(Cu-Zn)을 끼워 맞춤하여 800℃로 가열, 일정한 시간 유지 후 접합부분을 관찰해보면 조직:1-43과 같다.

한쪽 영역은 Zn 원자가 Cu로 확산되어 여기에 새로운 황동이 형성되었으며, 다른 쪽 영역에는 Cu 원자가 확산되어 들어간다. 따라서 여기에 새로운 황동합금이 생기나 Cu가 많은 황동이 된다.

Cu에 많은 양의 Zn이 용해될 수 있으며 고용체를 생성한다. 800℃에서 Cu의 α고용체에 35%까지 Zn이 용해된다. Cu와 황동의 경계면에 Zn의 현저한 농도 분포 차이가 생기므로 확산에 필요한 구동력(driving force)을 제공한다. 조직:1-44는 SAE 8620 gear강을 질소-메타놀-침탄처리한 단면육안(macrosection)확산 조직을 나타낸 것이다.

응용 예2 : 저탄소강을 침탄제(목탄분말, 탄산바륨)와 함께 장입하여 1,000℃로 가열 240분간 유지하면 탄소원자가 산소와 반응하여 CO를 생성하고 이동성이 심하여 재료가 완전히 둘러싸인다. 강과 침탄제 상의 경계에 우선 탄소원자가 접착되고 확산에 의하여 강의 가장자리에 침투된다.

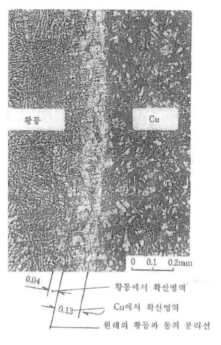

조직:1-43 Cu와 황동의 끼워 맞춤 재료에서 Cu와 Zn의 확산, 처리시간 : 800℃에서 120분

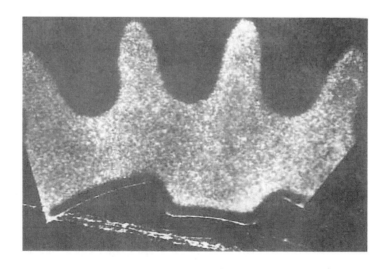

조직:1-44 질소-메타놀-침탄처리한 SAE 8620 final-drive gear 단면 육안조직

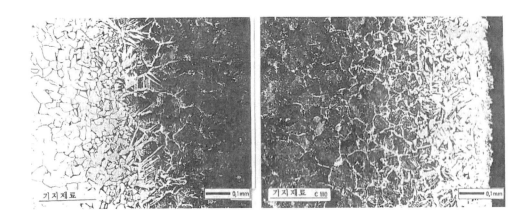

조직:1-45 침탄조직 1,000℃에서 240분간 유지

조직:1-46 공구강의 탈탄 조직, 1,000℃에서 240분간 유지

Annealing 시간에 따라 침탄영역의 두께가 변한다. 가장자리 층의 조직은 재료의 중심보다 탄소가 많이 존재한다. 표면 경화는 기지 조직을 변화시키지 않고 가능하다. 조직:1.45에는 침탄층이 기지재료와 매우 현저하게 드러나 있다. 이 경우 기지재료의 탄소함량은 0.03%이므로 조직에는 pearlite 입자가 존재하지 않는다.

조직:1-46은 공구강(C110)을 1,000℃에서 240분간 가열한 탈탄조직인데 가열할 때 강에 함유된 탄소와 노내 공기간에 현저한 농도차이가 생긴다. 재료 표면에는 존재하는 cementite가 분해되어 CO 또는 CO_2로 산화된다. 생성된 가스는 외부로 빠져나간다. 강의 내부로부터 새로운 탄소 원자가 강의 표면으로 이동하여 산화됨으로서 재료 표면이 점차 탈탄된다.

1.2.9 금속의 내부 결함

금속에는 **점결함**(point defect : zero dimension, 예 : vacancy, 외부원자, schottky, Frenkel 등), **선결함**(line defect : one dimension, 예 : 전위), **면간결함**(interfacial defect : two dimension, 예 : 입계, 대·소 경각, 적층 등) 및 **체적결함**(bulk defect : three dimension, 예 : 불순물, 수축공, 균열 등) 등의 결함이 존재한다.

점결함(poing defect)은 완전결정에 점유하고 있는 공공(vacancy)원자 위치를 포함하며, 이들 공공은 온도가 상승함에 따라 그 수가 증가되고 하나의 격자자리로부터 다른 격자자리로 jump함으로서 확산을 일으킨다.

침입형 원자(interstitial atom)는 정상적이고 완전한 결정집단 원자들 사이에 위치하므로 체심입방(BCC)ferrite철 원자 사이에 탄소원자가 끼어 들어가 있다.

치환형 원자(substitutional atom)는 원래 결정의 원자가 점유하고 있는 정상적인 원자자리에 "치환"되어 있다. 여기에는 이중 공공, 삼중 공공 및 침입형 공공쌍 등이 있다.

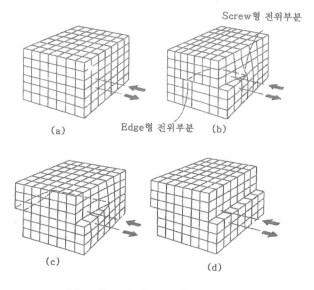

(a) 변위되기 전의 결정
(b) 약간 변위된 후의 결정
(c) 결정의 일부를 통과한 전위
(d) 결정의 전체를 통과한 전위

그림 1.55　결정을 통과하는 전위(dislocation)의 생성과 이동에 의한 slip 변형의 4단계

선결함(line defect)에는 **전위**(dislocation)가 있는데 모든 실제 결정에는 전위가 존재한다. 이것은 결정질 재료에서 일어나는 **slip현상**과 연관된다. 그림 1.55(a)와 같은 완전결정에 화살표 방향으로 힘을 가하면 결정의 한 부분이 slip 되며, slip영역의 edge가 그림 1.55(b)에서 점선으로 나타낸 것이 전위이다(**edge dislocation, screw dislocation**).

Slip된 영역이 slip plane으로 전파되어 감에 따라 나선(edge)형 전위는 결정을 빠져나가고 screw형 전위부분은 남아 있다[그림 1.55(c)]. 모든 전위가 결정으로부터 빠져나가면 결정은 다시 완전하게 되나 상부가 하부에 대하여 한 단위 변위되어 있다[그림 1.55(d)].

적층결함(stacking fault)은 2차원 결함으로 원자층의 정상적인 적층에 잘못된 것이다. 이것은 결정의 성장과정에서 형성되기도 하며, 부분전위의 이동으로부터도 생긴다.

쌍정(twin)은 결정부분이 다른 결정에 대하여 일정한 방위를 가지고 있다. 쌍정관계는 한 부분의 격자가 다른 부분에 대하여 거울상이며 또는 한 부분이 다른 부분에 대하여 일정한 결정학적 축 만큼 회전한 것이다.

쌍정성장은 액상이나 증기 상태로부터 결정화될 때, annealing(재결정 또는 입자성장 과정)할 때 또는 상변태와 같은 다른 고상(solid phase) 간의 이동에 의하여 일어난다. 전단(shear)에 의한 소성변형으로 **변형(기계적)쌍정**(deformation, mechanical twin)을 일으킬 수도 있다. 쌍정경계는 일반적으로 매우 평평하며 현미경에서 직선으로 보인다.

(가) 전위(dislocation)

면도날 또는 정(chisel)을 사용하여 NaCl 덩어리를 깬다 : 결정표면 상에 약간 압력을 가하거나 또는 칼날이 **벽개면**(cleavage plane)에 대한 방향으로 되어 있다면 NaCl의 경우에는(100)면에서 벽개가 일어난다. 결정을 무수 methyl alcohol에 담그고 수초간 유지한다. 결정을 꺼내어 싸고 filter 종이에 얹어 건조시킨다(주의 : ether 는 가연성이다). 시험편을 glass slide 상에 놓고 현미경 stage에 얹어 etch pit를 관찰한다.

결정내의 전위관찰 기법은 **표면법**(surface method)과 **데코레이션법**(decoration method)이 있다. 표면법은 전위의 emergence point 위치에 근거를 두고 데코레이션법은 편석, 불순물 원자 또는 결정의 과잉조성과 같은 전위 선을 따른 석출물 등에 근거를 두고 있다. 가장 편리한 표면법은 emergence point에 **부식각**(etch pit)을 발생시키는 것이다. 이 방법은 적당한 부식액으로 결정표면을 갈라지게 한다.

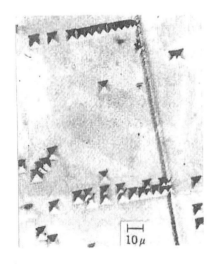

조직:1-47 LiF 결정에서 etch pit형

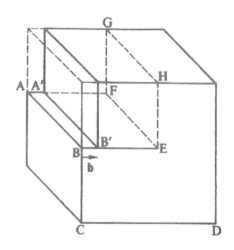

그림 1.56 Slip에 의하여 edge dislocation

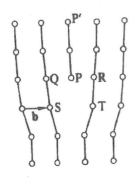

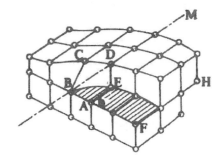

그림 1.57 Edge dislocation 주위의
원자배열

그림 1.58 Screw dislocation 주위의
원자배열

전위의 emergence point를 둘러싸고 있는 영역을 선택적으로 부식시켜 etch pit를
발생한다. 이와 같은 etch pit 형태를 관찰함으로써 결정내의 전위를 연구할 수 있다.
조직:1-47은 LiF 단결정에 나타난 etch pit 형태이다.

칼날전위(Edge dislocation)

그림 1.56에서 ABCDG로 나타낸 재료에서 ABEF 영역을 횡단하여 절단하고, 상부
절반이 오른쪽으로 밀려 A′B′가 b량만큼 이동되어 AB와 일치하게 된다고 생각할
때, 이 위치에서 두 반면(반면)이 "얼어붙었다"고 한다면 edge dislocation이 될 것이
다. b의 크기가 하나의 격자 공간이라고 가정하여 원자의 위치가 한 원자 크기라고
나타낸다(그림 1.57)

전위는 결정조직 내의 원자의 반면(half plane)의 edge로 나타낸다. vector b는 크
기와 slip 방향을 나타내며 **burgers vector**라 한다. 그림 1.56에서 EF선 또는 결정
내에서 P점을 통과하는 선(그림 1.57) 및 지면에 수직을 전위선이라 한다. 이와 같이
edge dislocation에서 burgers vector는 전위선에 수직이다. 그림 1.57로부터 볼 수 있
는 전위 인근의 원자들(예 : Q, P 및 R 등)은 압축 하에, 다른 것(예 : S, T등)은 인
장 하에 있다. 결국, 전위를 따라 에너지가 전체적으로 증가된다.

나선전위(Screw dislocation)

그림 1.58은 단순입방 격자의 표면을 뚫는 screw dislocation 근처의 원자 배열을
나타낸 것이다. 이 배열은 재료의 BFHM 영역을 횡단하여 절단하므로 얻어진 것이

며, 상부가 burgers vector 방향으로 뒤로 밀려나게 된다.

이와 같이 전위선 BM은 b에 평행하다. 그림 1.58로부터 전단응력은 전위선에 안정한 원자들과 관계되어 있다.

(나) 결정립 경계 및 쌍정 경계

α-황동 시험편을 조연마(grinding) 및 광택연마(polishing : Al_2O_3)하고, 물, 알콜로 세척 후 건조시켜 부식한다.

결정립 경계(grain boundary)

결정립 경계는 다결정체에서 다른 방위의 결정을 분리하는 표면결함이다.
이들 각 결정을 입자(grain)라 한다. 어떤 특수한 입자에는 원자 모두가 한 방향으로 배열되어 있고 한가지 형태로 되어 있다. 그러나 인접한 두 입자간의 입계에는 어떤 입자와도 일치하지 않는 **천이영역**(transition region)이 존재한다. 이러한 인접입자들의 방위이완(mismatch)이 경계를 따라 원자들의 비효율적인 충진을 일으킨다. 이와

조직: 1-48   α-황동조직

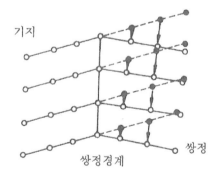

그림 1.59   쌍정 경계에 평행하게 원자의 균일 전단에 의하여 생성된 쌍정

같이 이들 원자는 입자내의 원자들보다 높은 에너지를 가지고 있다.

연마표면을 적당한 부식액으로 처리하면 부식이 경계를 따라 빨리 일어난다.
반사광 현미경으로 관찰해 보면 경계는 분명한 선으로 나타난다. 조직:1-48은 많은 다른 방위를 가진 α-황동의 현미경 조직 사진이다.

쌍정 경계(twin boundary)

이것은 상호 거울상인 분리된 두 방위의 표면 결함이다. 쌍정 경계에 평행인 전단이 그림 1.59와 같이 쌍정으로 나타날 수 있다. 이와 같은 재료의 연마표면을 부식하면, 대개 쌍정 경계의 양쪽 영역이 원자배열의 차이로 다르게 부식된다. 반사광 현미경에서는 표면이 각 입자 내에서 어둡고 밝은 평행 영역으로 보인다(조직:1-48).

1.2.10 외력에 의한 금속내부 구조의 변화

상온에서 고체금속에 외력이 작용하면, 즉 해머로 두드리면 굽힘 혹은 파괴가 일어나는데 이것은 금속내부의 원자 결합 특성을 나타내기 때문이다. 큰 하중을 작용하여 금속의 내부응력(저항)을 능가하면 파괴가 시작되며, 부서지지 않고 변형이 일어난다. 변형이 진행되어감에 따라 금속은 경화되며(**냉간경화** : cold hardening), 변형에 대한 저항이 점점 증가된다(**변형저항** : deformation resistance). 금속을 계속 변형시키기 위해서는 더 많은 힘을 작용시켜야 한다.

해머링을 계속하면 금속의 변형력이 없어지는 때가 순간적으로 오게되며 또 시편이 부스러지기 쉽게 된다. 금속에 외력을 작용하여 변형시키고(**변형성** : deformability), 강화(**가공경화** : work hardening)시킴으로써 얻어지는 강도와 성능은 실제적으로 금속을 이용하는데 중요한 특성이 된다. 이러한 성질은 금속에 따라 다르며 온도에 따라 변한다. 변형이 시작되면 결정내부는 어떠한 변태가 일어날까? 준비된 금속편이 작고 수많은 불규칙적인 결정립자로 이루어지지 않은 **단결정**(single crystal)을 시험실에서 만들 수 있다.

약한 인장 또는 압축하중을 작용하면 단결정의 격자원자는 탄성적으로 멀어지거나 가까워진다. 하중을 제거하면 원래의 위치로 돌아간다. 단결정 상태가 다만 탄성적으로 변화된다(**탄성변형** : elastic deformation). 큰 하중을 받으면 일정한 격자면상의 slip면에서 원자결합이 미끄러지기 시작한다. 미끄럼 면에 존재하는 격자부분은 항상 한 원자 거리 또는 그 몇 배 거리만큼의 서로 밀리게 된다(그림 1.60).

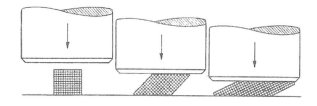

그림 1.60   단결정의 원자결합이 외력에 의해 잇달아 미끄러지고 외력방향에 대하여 결정학적으로 안정한 위치를 잡게된다(단결정 변형).

　하중을 중지하면 원자는 더 이상 탄력적으로 돌아가지 않는다. 금속은 소성변형이 가능하다(**소성** 혹은 **영구변형** : plastic or permanent deformation). 금속에 변형될 수 있는 미끄러운 면이 많을수록 **가소성**(plasticity)이 크다. Al, Cu, Ni 등과 같이 면심입방체 금속은 12개의 슬립면을 갖고 있어서 가공이　빠르고 냉간변형이 쉽다. Fe, Mn, Mo 등과 같은 체심입방체 금속은 4개의 슬립면을 갖고 있으며 가공 시에 주의하여야 한다. Zn, Mg와 같은 조밀육방체 금속은 2개의 슬립면을 가지고 있어서 특히 냉간가공에서는 그 가공속도를 줄여야한다.

　한 격자가 공유하고 있는 원자들의 결합력은 알려져 있다. 완전히 무결함 **이상결정**(ideal crystal)의 모든 원자들이 한 결정면에서 동시에 변위하기 위해서 필요한 힘이 얼마인가를 계산할 수 있다. 실제 필요한 힘은 매우 적은 것인데 매우 높은 값을 취한다. 이것에 비하여 실제 결정을 결함없이 머리털 같은 **단결정**(whiskers)으로 만듦으로써 6,000~10,000배의 높은 강도를 얻을 수 있다.

　일반적으로 원자가 완전 무결함 격자로 이루어지지는 않으므로 **실제결정**(real crystal)은 이상 격자구조(**격자결함** : lattice defect)에서 상위된 장소를 갖게 된다. 격자결함은 각 금속에서 나타나며 전술한 바와 같이 **결정립 경계**에서 결함도 이에 속한다. 특히, **전위**(dislocation)에서도 미끄럼 과정이 나타난다(그림 1.61). 전위는 격자결함인데 다음 격자면의 원자간 거리는 큰 반면 원자들이 조밀하게 충진되어 있는 상태이다.

　전위선(dislocation line)은 결정 내에서 격자 방해를 받고 있는 주위를 관통하여 지나간다. 외력의 작용 하에서는 이 전위선은 한 원자 배열로부터 다른 배열로 쉽게 변화 할 수 있다. 미끄럼이 이렇게 관통하여 일어나며 수많은 미끄럼(slip) 이행이 소멸

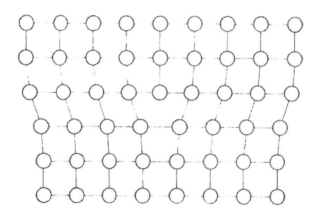

그림 1.61　전위의 도식적 표시

되어 미끄럼면은 이 과정을 통하여 적은 힘이 소요된다.

냉간경화(cold hardening)는 결정립 경계, 다른 형태로 발달한 것 혹은 변형시에 새로 형성된 미끄럼면 사이에 혼입된 불순물 등과 같은 결함에 의하여 전위가 강력한 저항을 받아 발생된다. 증가되는 저항을 극복하기 위해서 동시에 경화되어 미끄럼면이 휘어질 때까지 일정한 힘의 작용을 증가시켜야만 한다. 다결정 금속에서는 미끄럼을 통하여 저항이 인접결정으로 밀려들어간다.

미끄럼이 일어나는 단계는 일반적인 다결정 금속의 현미경 관찰에서 **미끄럼 선** (slip line)보다 명확하게 볼 수 있다. 조직:1-49는 미끄럼 선을 나타낸 것이다. 왼쪽은 순철 시편을 연마하고 부식시킨 후 경도 시험한 다이아몬드의 압입자국을 나타낸다.

미끄럼을 적게 포함한 격자 구조는 시편을 다시 연마하고 부식하면 미끄럼 선 (step) 이 다시 사라지고 더 이상 나타나지 않는다(조직:1-50). 격자구조에 의해 생기는 미끄럼은 매우 적다. 예를 들면 조밀육방계(Cd, Mg, Zn)는 외력에 의해 **기계적 쌍정** (mechanical twin)을 생성함으로서 미끄럼을 가능케 한다. 쌍정은 그림 1.62에 나타낸 것과 같이 공간격자 부분이 매우 큰 속도로 일정한 방향으로 말아 올려진다.

쌍정에 의한 변형은 미끄럼(slip)에 의한 변형과 비교하면 매우 적다. 재료를 변형시킨 후 조직시편을 제작하면 이 **변형 쌍정**(deformation twin)을 현미경에서도 볼 수 있는데 공간격자에서 상이한 방향성을 나타냄을 알 수 있다. 쌍정을 통한 변형은 많은 미끄럼을 가지고 있는 금속에서 미끄럼 저해가 된다. 미끄럼 이행이 적당한 시기에 일어날 수 없도록 힘을 갑자기 작용하면 철 결정에서 **쌍정 lamellar**(Neumann band)가 나타난다(조직:1-51). 또 다른 쌍정의 종류인 열처리 후에 나타나는 현상에 대해서는 명확하게 밝혀지지 않았다. 이 **풀림 쌍정**(annealing twin)은 현미경 시편을 부식해보면 평행선이 나타난다(조직:1-52). Cu, Ni, Au. Ag와 같은 금속에서 볼 수 있다. 풀림 쌍정을 가진 결정은 이미 쌍정 핵이 성장하고 있다고 추측 할 수 있다.

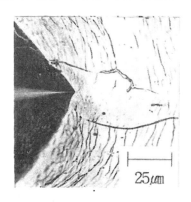

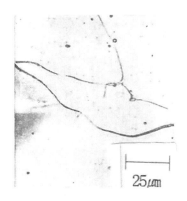

조직:1-49 철결정에서 경도시험, 다이아몬드 압입으로 생긴 미끄럼 선

조직:1-50 같은 장소를 다시 연마하고 부식시킨 것. 미끄럼 선을 볼 수 없다.

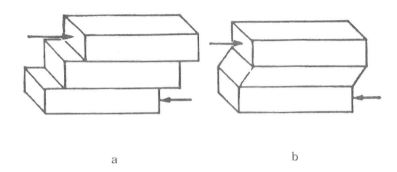

그림 1.62 미끄럼 (a)와 쌍정 (b)의 차이

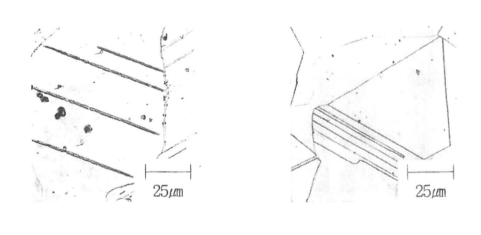

조직:1-51 타격에 의해 나타난
철 결정에서 쌍정 lamellar

조직:1-52 강 결정에서 열처리 쌍정

일반적으로 금속시편에서는 수많은 불규칙적인 결정립 군으로부터 각각 결정립의 격자는 냉간변형 전에 분산되어 존재한다. 즉 방향성을 가지지 않는다(그림 1.63). **무방향성**은 결정립의 기계적 성질(예 : 인장강도, 연신)을 균형 있게 하여준다. 그러므로 가공하지 않은 금속시편은 모든 방향에서 기계적 성질이 같다. 심한 냉간변형을 받은 모든 결정립의 격자는 하중의 방향으로 서서히 최적의 안정된 위치로 움직인다.

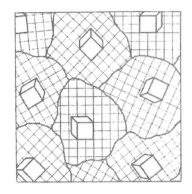

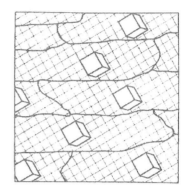

그림 1.63 변형되지 않은 금속
(기계적 성질 동일)

그림 1.64   냉간 변형된 금속(기계적
성질은 미끄럼 방향과 수직방향이 다르다)

조직이 방향성을 가지게 되면 **집합조직**(texture)이다(조직1-64). 금속편은 미끄럼 방향과 수직 방향의 기계적 성질(인장강도, 연신)이 다르다.

금속재료의 결정이 방향성을 갖는 집합조직에는 **변형 집합조직**(deformation texture) 외에 **주물 집합조직, 성장 집합조직**(예. 아연 도금층) 및 **재결정 집합조직** 등이 있다.

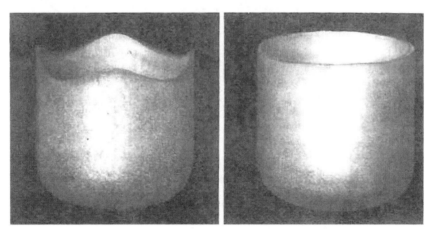

그림 1.65   Aluminium의 deep drawing시 earing(귀)가 생긴것

결정의 미끄럼 방향은 계속될 수 있으며 심하게 변형된 다결정금속에서 미끄럼 이행은 한 결정으로부터 같은 방향을 가진 인접결정의 격자로 계속 될 수 있다.

다결정의 순금속과 균질합금의 냉간변형 증가는 단결정보다 항상 크다. 조직:1-53

은 동일 황동으로 만든 얇은 판을 나타낸 것인데(최소한 67.5% Cu를 함유한 Cu-Zn 합금으로 된 고용체), 매우 미세한 입자로 된 황동판을 표면에서 냉간 절단한 것이다. 판을 적당하게 휘면 수많은 작은 결정들이 변형되어 하나의 단결정과 같이 동일 방향결정을 가지게 된다. 미끄럼 이행이 전 변형 층을 통하여 한 결정으로부터 다른 결정으로 계속된다. 판의 변형저항으로 인하여 다른 방향으로 집합조직이 나타나며 이 것은 그와 같은 판을 deep drawing할 때 귀(ear)(그림 1.65)를 형성한다.

원자로 기술에서 고체재료의 특성을 변화시키는 경우 핵분열재료와 같이 고에너지 방사광은 역시 중요하다. 무엇보다도 고속 중성자는 원자를 그 격자자리로부터 튀어나오게 할 수 있는데 원자의 원래 자리로부터 튀어나온 원자는 다른 두 개의 원자 사이격자 원자로서 달라붙게 된다. 그림 1.66은 이 과정을 도식적으로 간단하게 나타낸 것이다. 굴절된 중성자는 대개 또 다른 원자의 자리를 잃게 한다.

튀어나온 원자는 항상 중간자리(격자)에 조용히 머물러 있는 것이 아니고 중성자로부터 활동 에너지를 얻어서 스스로 다른 원자를 그 격자 자리로부터 튀어나게 한다. 그래서 중성자의 에너지가 필요로 되기 전에 공공(vacancy)과 격자간 원자(**Frenkel-defect**)가 생긴다. 이들 결함은 격자의 변형 저항을 증가시키고 이로 인해 재료를 냉간 변형하면 단단해지고 깨지기 쉽게 된다(**중성자 방사광-경화**). 이런 종류의 자유로운 격자자리가 많아질수록 투사된 원자가 먼저 빈자리로 튀어 들어갈 수도 있다. 일정한

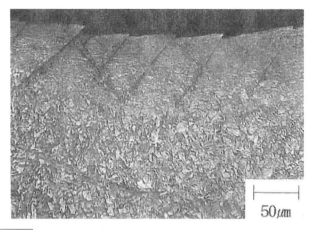

50μm

조직:1-53   미세입자로 된 균일(동일)황동판을 굽힘 냉간 변형했을 때 표면 냉간변형 부분에 나타난 미끄럼 선

단일 방사광에서 일정한 온도를 유지하면 Frenkel-defect가 생긴 곳을 보충할 수 있다. 중성자 조사(照射)로 야기되는 변화를 잘 관찰하기 위해서는 시편을 원자로에 넣고 냉각시켜야만 한다.

원자에서 중성자 조사를 통하여 Cu의 경우 보통상태에서 보다 100배의 강도를 얻

을 수 있다. 반경(half-light)재료에 속하는 Ge, Si와 이들의 조합된 재료의 특성은 고 에너지 방사광을 통하여 변화시킬 수 있다.

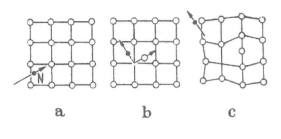

a) 공간격자에 한 개의 중성자(N)를 조사하여 격자 원자와 부딪친다.

b) 이 충격이 매우 크므로 격자원자가 그 자리를 벗어나고 중성자는 굴절되며 격자에 공백이 나 타난다.

c) 튀어나온 원자는 두 개의 다른 격자원자 사이에 부착된다(격자간 위치). 빈자리(공공)와 격자간 위치가 격자를 왜곡시켜서 금속이 취약하게된다.

그림 1.66 중성자 조사를 통한 금속의 특성 변화

(가) 금속의 소성변형 기구

그림 1.67은 실온에서 Cu의 변형양상(mode)을 나타낸 것인데 단일상 재료와 2상 합금의 소성변형의 예를 중심으로 설명하기로 한다.

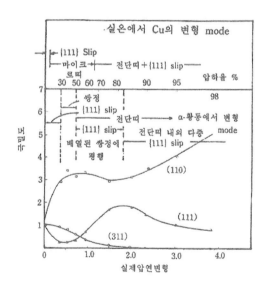

그림 1.67 실온에서 압연변형 후 α황동의 압연평면에 평행한 결정학적 평면의 밀도. 변형을 함수로한 실온에서 α황동 및 동의 미시적 변형 mode

금속의 **소성변형**은 **전위운동, 쌍정**과 같은 **전단과정**, 특수한 경우에는 **공공**(vacancy)

격자자리의 이동 등에 의하여 일어난다. 변형된 금속에는 전위농도가 매우 높을 수 있으며, annealing한 금속에서는 약 $10^9/m^2 \sim 10^{13}/m^2$, 심한 냉간 변형 후에는 $10^{15}/m^2$로 변한다. 전위밀도는 균일화 또는 점에서 점으로 심하게 변화될 수 있다. 소성변형에서 나타난 조직은 결정구조, 소성량, 조성, 변형 mode, 변형 온도 및 속도 등에 의하여 좌우된다.

전위가 움직이는 결정학적 면과 전위의 **단위이동(burgers vector)**은 결정조직에 의하여 정해진다. BCC격자에서 {110}, {211} 및 {321}면 상의 1/2<111> 형태의 burgers vector를 갖는 전위의 **미끄럼**(glide)에 의한 slip은 적어도 48개의 slip계가 가능하다. 그러나 slip은 <111> slip 방향(pencil guide)을 포함하는 어떤 면에서도 일어날 수 있다.

FCC금속에서 slip은 {111}면상에 a/2 <110>형의 burges vector를 가진 전위 운동에 의하여 일어나며 12개의 slip계가 가능하다. HCP 금속에서의 중요한 burgers vector는 $1/3\langle 11\overline{2}0\rangle$이며 slip면은 대개 저면(basal plane)(0001), 또는 {$1\overline{1}00$}프리즘 면이다. HCP 금속에서 slip계의 수와 쌍정 전단은 입방체 금속보다 적다. 쌍정은 0.05 strain 일지라도 일반적인 변형 mode를 따른다.

(나) 단일상 조직

단일상 금속을 재결정 온도 이하에서 냉간가공하면 조직은 뒤틀린(distorted)상태로 남으며 금속은 가공경화 된다. 재결정 온도 이상으로 annealing하면 재결정 과정에 의하여 고체상태에서 뒤틀림이 없는 새로운 입자가 형성된다. 금속을 재결정 온도 이상에서 열간가공하면 재결정된 조직이 생긴다. 두 경우에 최종입자 크기는 입자의 수에 좌우되나 적당한 처리과정에 의하여 주금속보다 훨씬 더 작게 된다. 가공은 방향

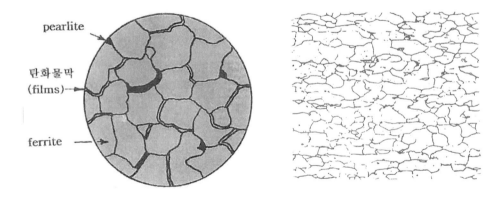

조직:1-54 2%HNO₃/C₂H₅OH에서 30~60초간 부식, 열간압연한 철봉(0.05%C 함유) 조직

성을 가지며 불순물은 가공방향으로 늘어난다. 불순물이 비교적 소성적이면 연신된 형상으로 된다.

반대로, 취성적이면 작은 조각으로 깨어진다. 후자의 경우에 불용성 불순물은 각진 형상으로 남으나 금속과 용해관계이면 특히, 변형된 금속이 계속된 열을 받으면 불순물의 형상은 더욱 둥글게 된다. 단련금속의 현미경 조직 검사를 위하여는 가공방향으로 조직이 나타나도록 길이로 절단한다.

조직:1-54는 열간 압연한 철봉의 조직으로 철의 작은 등축 입자(ferrite)로된 재결정 조직이며 철은 약 0.05%C를 함유하며 검게 부식된 미세 pearlite의 작은 영역뿐만 아니라 ferrite 입자경계에 탄화철 막(film)을 형성하게 된다.

조직:1-55는 열간 가공한 단련 철의 조직으로 단련철의 특징은 덩어리일 수도 있는 규화 slag 섬유상(fiber)이 존재하는 것이며, 이것은 연마상태에서 관찰된다. 복잡한

조직:1-55 2%, HNO_3/C_2H_5OH에서 60~90초간 부식, 단련철(열간 가공) 조직

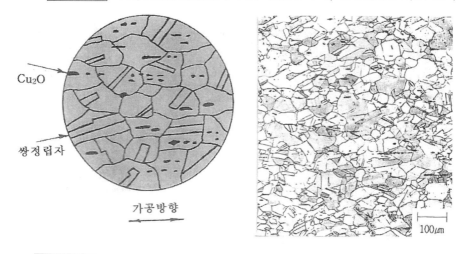

조직:1-56 $FeCl_3/H_2O$에서 약 60초간 부식, 인성동(0.04% 산소), 열간압출 조직

slag 성질로부터 생기는 큰 조각의 이중(duplex)현상이 존재한다. 부식하면 약간의 탄화물 막(film)을 가진 ferrite입자가 나타난다. 더욱더 pearlite의 작은 영역이 단련철에 존재할 수도 있다.

조직:1-56은 인성동(0.04%산소)을 열간 압출한 조직으로 연마상태에서 제1산화동(자주~회색)의 작은 입자, 때에 따라서는 연신된 형태로 가공방향으로 늘어나 보일 수 있다. 부식하면 산화물 입자는 어느 정도 부식되며, 재결정된 Cu입자가 연신되어 있는데 이것은 낮은 가공온도의 결과이다. 입자에는 쌍정띠(twin band)가 존재하며 재결정 상태에서 특수한 원자배열 형태(즉, FCC)를 가진 금속의 특성이다. 이것은 결정 내에서 변화된 원자방위의 영역을 나타낸 것이며 재결정 과정에서 나타난다.

조직:1-57은 Cu-20%Zn 합금을 열간 압출하고 냉간인발한 조직으로 이 고용체의 열간가공으로 쌍정대가 포함된 재결정 입자가 생성된다. 계속된 냉간가공으로 입자가 어느 정도 연신되고 쌍정대가 구부러지게 된다. 또한 입자는 미세한 선 표시가 존재하므로써 **명암효과**(shading effect)를 나타내기도 하고, 입자에서 입자로 쌍정영역에서 방향 변화가 생긴다. 더욱더 주어진 입자에는 **교차쌍**(cross-set)이 분명한데 이것은 변형선(strain line)이며 slip 또는 냉간가공 중에 일어나는 운동으로 결정학적 면(plane)상의 위치를 나타낸다. 냉간가공의 전술한 효과는 변형(deformation)이 가장 큰 봉(bar)의 외부표면 가까이에 더 현저하다. 전반적으로, 시편에 따라 어느 정도 효과는 다르다.

변형선은 Cu합금에서 냉간가공 후에 자주 나타나지만 많은 다른 금속에서는 변형의 그와 같은 증거를 나타내기는 어렵다. Cu합금일지라도 일반적인 부식액으로 변형선이 나타나기 전에 변형(deformation)은 비교적 심하게 할 필요가 있다. 계속적인 제한된 냉간가공으로 변형(strain)의 현미경적 증거에서 쌍정이 존재한다면 구부러진다.

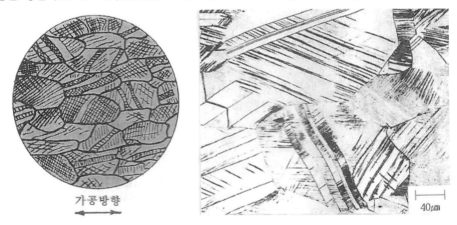

가공방향

40㎛

조직:1-57 5% FeCl₃/C₂H₅OH에서 60~90초간 부식, Cu-20%Zn합금, 열간압출 후 냉간인발한 조직

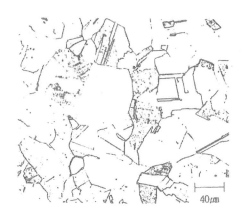

조직:1-58 FeCl₃/C₂H₅OH+FeCl₃/H₂O에서 90초간 부식, 조직:1-57과 동일한 재료이나 600℃에서 1시간 annealing한 조직

조직:1-58은 조직:1-57과 동일한 재료이나 계속하여 600℃에서 1시간 동안 annealing 한 조직으로 냉간가공 효과를 제거하여 전형적이고, 변형(strain)이 없으며 재결정된 조직을 얻기 위하여 anneanling 처리를 하였다. 이 재료는 비교적 연하며 절삭할 때 변형(deformation)이 생기고 시편준비에서 변형선(strain line)이 나타날 수 있다. 이것 은 대개 시편을 재 연마하여 한 두번 재 부식하면 사라진다.

(다) 변형과 annealing에 미치는 영향

변형(deformation)과 annealing의 여러 가지 영향을 다음과 같은 과정으로 조사할 수 있다. 시편은 주석청동(4% Sn을 함유한 Cu)의 작은 원통형으로 주조하고 고용체 의 균일한 입자를 얻기 위하여 700℃에서 1시간 동안 annealing한다. 원통형의 측면 을 평평한 표면이 되도록 가공하여 연마한 후 현미경에서 여러 가지 영향을 관찰한다.

표면가공에서 생긴 변형은 연마하여 제거하여야 한다. 시편을 프레스 또는 시험기 에서 종축에 평행하게 연마된 표면이 완전히 일그러질 때까지 압축한다. 연마된 표면 이 손상되거나 또는 손가락 접촉으로 표시가 나지 않도록 주의한다. 압축한 후에는 다른 처리 없이 시편의 연마된 표면을 현미경에서 관찰한다. 적당하게 압축하면 일반 적인 입자 형태는 변형에서 생긴 입자 경사로 인하여 보인다. 또한 미세한 어두운 선 들이 각 입자를 가로질러 나타난다. 이러한 **전위** 띠(slip band)는 각 입자에 평행하며 입자에서 입자로 방향이 변한다. 때에 따라서 주어진 입자에서 띠(band)의 교차가 발 견된다.

금속에서 소성변형의 일반적인 과정은 결정의 어떤 일정한 면상에 slip 또는 glide

에 의하여 일어나며 현미경의 조명 하에 이러한 주물에서는 작은 음영으로서 미세한 어두운 선으로 보인다. 조사 표면은 재연마하는데 표면의 수평을 다시 맞추기 위하여 예비 미세 연마하는 것이 필요하다.

 Slip 띠(band)는 이 작업에서 없어지나 표면을 알콜성 염화제 2철로 부식하면 slip 면의 흔적이 부식되어 조직:1-57에서와 같이 미세한 선들이 나타난다. Slip띠는 변형(deformation)에 의하여 모든 금속에서 나타나지만 많은 금속에서 변형선(strain line)은 부식에 의하여 흔적이 쉽게 지워지지 않는다. 이런 점에서 이미 언급한 Cu를 기지로 한 고용체는 민감하며 Sn은 특히 효과적인 용질(solute)이다. 마지막으로 시편을 700℃에서 20∼30분간 annealing한다. 표면을 다시 연마(scale을 제거하기 위하여

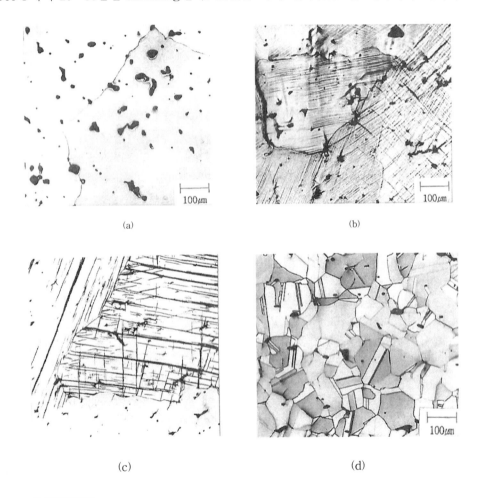

(a)

(b)

(c)

(d)

조직:1-59 5% FeCl₃/C₂H₅OH에서 부식, Sn bronze(Cu-4%Sn)합금을 700℃에서 1시간 annealing한 조직

에머리 페이퍼에 예비연마)하고 알콜성 염화제 2철 용액에서 부식하면 쌍정, 등축입자의 재결정된 조직을 관찰 할 수 있다. 시간변화와 특히 annealing온도는 최종 입도에 영향을 미친다.

조직:1-59~62는 **Sn bronze**(Cu-4%Sn)의 작은 cylinder 주조품을 700℃에서 1시간 annealing한 상태의 조직을 나타낸 것이다. Cylinder측면을 평평하게 가공하여 연마한 후 현미경에서 각종 영향을 관찰한다. 표면가공에서 생긴 변형은 grinding으로 제거된다{조직:1-59(a)]. 연마표면이 완전하게 주름이 생길 때까지 장방향축에 평행으로 압축한다(주의 : 연마표면에 손상을 주거나 손가락으로도 접촉하지 말 것), 압축한 후 시편을 관찰한다. 변형될 때 생긴 입자 경사(tilt)가 관찰되며, 일련의 미세한 어두운 선이 각 입자를 관통하여 나타난다. 주어진 입자 내에는 띠(band)가 나타날 때도 있다[조직:1-59(b)].

금속에서 소성변형의 과정은 결정 내의 일정면 상에서 slip 또는 활주(glide)에 의한 것이며, slip은 어떠한 결정 내에서 많은 면(plane)상에서 일어난다. 그와 같은 움직임은 자유표면에서 변위를 일으키며, 표면에서 작은 계단이 생겨 그림자를 나타내므로 현미경에서는 미세한 어두운 선으로 보인다[조직:1-59(c)]. 시편을 700℃에서 20~30분간 annealing한 후 표면을 다시 연마, 알코올성 염화철에서 부식하면 쌍정의 재결정된 조직, 등축 입자 등을 관찰할 수 있다[조직:1-59(d)]. Annealing의 시간 및 온도 변화로 최종입자 크기가 달라진다.

(라) 2상 합금의 변형(deformation) 조직

둘 또는 그 이상의 상(phase)을 함유하고 있는 합금은 단련상태에서 특수한 양상으로 즉, 방향성 가공에 따라 띠(band) 또는 섬유상의 배열을 나타낸다. 조직의 섬유상 형태는 합금의 방향성 가공에는 피할 수 없으며 여기에는 모든 온도에서 제 2상이 존재한다. 그러나, 높은 온도에서 단일상(β)이 되는 α+β 황동과 같은 재료에서는 합금을 β상태에서 열간가공한다면 섬유상 조직이 나타나지 않는다. α는 냉각에서 Widmannstätten형태로 석출된다. 그러나, 합금이 α+β상태에서 가공되면 두 조성은 교대적인 띠로 연신된다.

실제 주어진 재료에서는 가공작업 중에 재료가 냉각되므로 조직이 그 길이를 따라 변한다. 예를 들면 아공석 조성의 강에서 ferrite와 pearlite의 섬유상 분포가 얻어진다. 그러나 띠(band)는 가공 후에 순수하게 austenite로서 일어나므로 영향은 강에서 더욱 복잡하며 annealing을 한다해도 쉽게 제거되지 않는다. 강에서 띠가 나타나는 것은 불순물 또는 편석물의 연신된 영역에 의한 ferrite의 핵생성(냉각되는 동안)에 좌우된다.

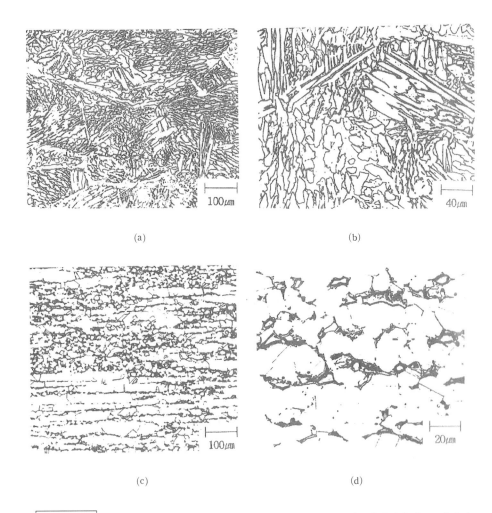

(a)

(b)

(c)

(d)

조직:1-60   5% FeCl₃/C₂H₅OH에서 부식, **황동**(Cu60-Zn40)을 열간압출하고 적당히
냉간인발 한 조직

조직:1-60은 **황동**(Cu60%-Zn40%)합금을 열간 압출하고 적당하게 냉간인발한 상태의
조직으로 시편을 연마한 후 알코올성 염화철에 10초간 부식하면, 섬유상조직이 선명하게
보이는데 밝은 α(고용체), 어두운 모나고 연신된β(화합물)로 되어 있으며 α는 잘 보이지
않는다[조직:1-60(a)(b)]. 약 60초간 부식하면 α쌍정 입자를 볼 수 있다. 또한 strain line이
봉의 외곽 표면 가까이 연한 α내에 부식되어 나타난다[조직:1-60(c)(d)]. 이것은 표면에 연
관된 최종 냉간 가공을 나타낸 것이다. 이 합금의 기본조직은 Widmannstätten이며,
strain line은 표면 가까이 α침상에서 관찰된다.

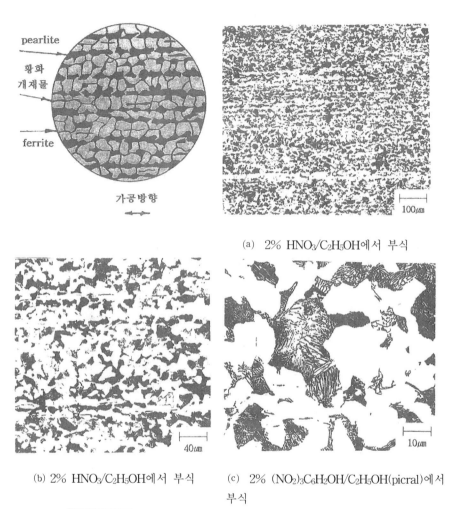

(a) 2% HNO₃/C₂H₅OH에서 부식

(b) 2% HNO₃/C₂H₅OH에서 부식   (c) 2% (NO₂)₃C₆H₂OH/C₂H₅OH(picral)에서 부식

조직:1-61   탄소강(0.35%C)을 열간 압연한 조직

조직:1-61은 열간 압연한 탄소강(0.35%C)의 조직으로 2% nital로 10초간 부식하면 대부분의 단면에 pearlite(어두운)의 줄무늬와 ferrite(밝은)의 무늬가 나타난다 [조직:1-61 (a), (b), (c)]. 외부 표면은 어느 정도 탈탄되므로 이 영역에서 띠가 현저하게 나타나지 않는다. 오래 부식하면 ferrite의 입계가 나타나며 pearlite는 어두워진다. Ferrite영역에서 연신된 불순물이 가끔 발견된다.

1.2.11 재결정과 결정립자 성장

금속을 냉간변형하면 가해지는 힘의 크기에 따라 늘어나는 정도가 다르다. 원자는

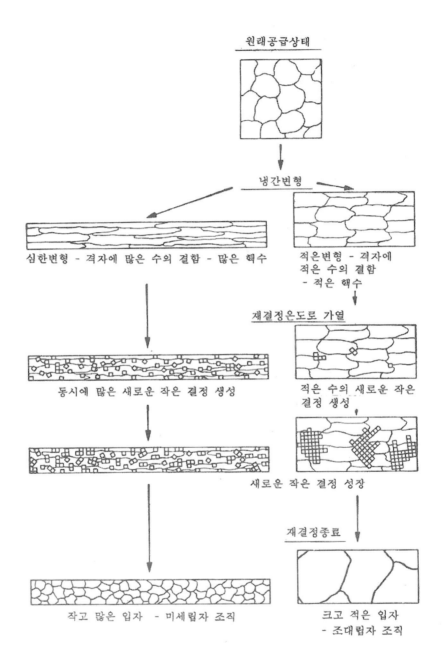

그림 1.68 재결정의 설명도, 복잡하지 않게 하기 위해서 새로 형성되는 결정격자만 나타낸 것이다.

냉간변형에서 격자구조를 유지하려고 하는데 변형이 증가됨으로써 공간격자가 방해를 받는 위치가 더 많아지는 것을 억제할 수 없게 된다. 이 위치에서 속박상태에 있는 원자는 이 상태에서 빨리 풀려나려고 하고 격자가 규칙적으로 되어 다시 결정구조를 이루려고 한다.

저온에서는 여기에 필요한 운동에너지가 부족한데 이것을 가열하면 활성화되고 결정구조를 만드는데 방해된 격자가 다시 결정을 이루는데 충분한 에너지를 갖게된다. 그림 1.68은 용액상태에서 응고가 진행되는 것과 같이 결정화 과정을 나타낸다. 심한 변형을 받은 격자는 결정립자는 공간격자가 매우 불규칙적으로 되어 있으므로 모든 원자는 곧 새로운 격자를 구성하려고 한다.

가열하면 기존의 많은 **결함**(imperfection)이 빠르게 수많은 작은 결정을 형성하므로 크게 성장할 수 없게 되어 인접결정이 서로 충돌하게 된다. 심한 냉간변형을 받은 후에는 매우 많은 작은 결정조직, 즉 미세결정립자 조직을 나타낸다. 약한 냉간변형을 받으면 결함장소가 적게 나타나므로 변형된 조직이 완전히 소멸되고 규칙적으로 다시 새로 형성될 때까지 인접 결정원자는 적은 수의 새로 생성된 미소 결정에 붙어 계속 성장한다. 따라서 큰 결정립이 소량만 생긴다.

원자가 새로운 격자를 형성하려는 경향이 클수록 격자가 심하게 방해를 받게되며 약한 변형을 받은 때보다 심한 냉간변형을 받은 원자의 재격자 형성이 저온에서 시작되는데, 즉 재결정 개시가 변형도의 증가와 더불어 보다 낮은 온도에서 일어나게 된다.

높은 재결정 온도에서는 새로 형성되는 결정의 시작이 부분적으로 재결정 완료 전에 이미 소진된다. 격자가 갖고 있는 안정된 입자방향으로 진행됨으로써 한 개의 입자가 성장하게 된다. 각 입자가 안정되지 않을수록 그 격자는 인접 입자보다 결함을 더 많이 포함하게 된다. 금속이 높은 온도를 유지할 경우 원자가 충분한 활동 에너지를 가지므로 이 입자성장은 재결정이 종료된 후에도 중지하지 않는다(**2차 재결정** : secondary recrystallization).

높은 재결정 온도에서는 조대한 입자가 성장한다. 순금속 재결정에서 새로 형성된 입자의 크기는 변형도, 재결정 온도, 및 가열 시간에 이하여 좌우된다. 실용금속은 완전히 순수한 것은 없으며 불순물이 입자 성장을 방해한다. 그러므로 불순물이 많이 함유된 금속은 순금속에 비해 동일한 변형도와 재결정 온도에서 미세립자로 결정이 이루어진다. 조직:1-62는 순수 알루미늄의 인장시편을 나타낸 것이다.

웻지(wedge)형의 인장으로 시편은 각각 다르게 늘어난다. 알맞은 재결정화 annealing에서 조대립자로부터 미세립자까지 나타나 있으며 재료가 적게 변형된 곳의 큰 단면에는 조대립자가 나타나 있다. 이 시험을 통해 금속재료가 냉간 변형된 후 가열에 의해 조대립자 형성이 어떻게 이루어지느냐를 이해할 수 있게된다.

조직:1-62 500℃에서 재결정화된 순수 알루미늄 시편

냉간가공, 재결정 및 입자성장 기구

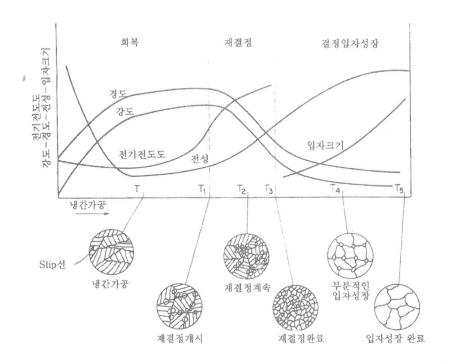

그림 1.69 냉간가공한 재료의 가열효과 곡선

　냉간 가공한 재료를 annealing하면 **회복**(recovery)이 일어나는데 그 과정에서 점결함(point defect)과 그 집단(cluster)의 annealing, **전위**(dislocation)의 소멸과 재배열, **다결정화**(polygonization, sub-grain형성 및 성장) 및 재결정핵의 생성으로 성장할 수 있는 여건 조성이 일어난다.

　전성(ductility) 재료를 냉간 가공하면 변형 경화되며 결국 내부응력이 증가되어 파괴된다. 그러나 냉간가공을 중지하면 원자는 더 안정한 형태로 다시 확산되는데 열처리에 의해 촉진시킬 수 있다.

그림 1.69의 온도 T에서는 심하게 압착된 결정내의 slip면이 보이며, T_1에서는 작은 결정이 약간 나타나고 응력이 어느 정도 제거되어 재료의 인장강도와 항복강도가 약간 증가된다(**회복** : recovery). T_2에서는 더 많은 재결정이 일어나며, 경도와 강도가 급격히 떨어지고 전성이 심하게 증가된다. 온도가 상승함에 따라 이들 물리적 성질은 계속 영향을 받는다.

T_3에서는 응력 상태의 결정은 이미 존재하지 않고 응력이 존재하지 않는 작은 결정으로 대치되며, T_1과 T_2 수직선 사이를 **재결정 영역**이라 한다. T_3로부터 T_5까지 결정이 성장하며, 전성(ductility)은 이전처럼 그렇게 빨리 증가되지 않고 경도와 강도는 어느 정도 떨어진다. 그러나 결정립자 성장은 다른 입자를 희생하여 더 빠르게 일어난다.

소성 변형된 금속의 조직에 응력이 존재하지 않는 입자가 형성될 수 있는 최저온도를 **재결정 온도**(표 1.3)라고 하며, 이 온도는 결정립의 크기, 소성변형량 및 용질원자나 제2 상 입자의 존재 여부에 따라 달라진다.

표 1.3 금속의 재결정 온도

금속	재결정온도(℃)	금속	재결정온도(℃)
Pb	−5	Cu(99.999%)	120
Sn	−5	Cu(OFHG)	200
Zn	10	Ni(99.99%)	380
Mg(99.99%)	70	Ni(99.4%)	600
Al(99.99%)	80	Fe(99.9%)	400
Al(99.0%)	300	저탄소강	550

금속의 소성가공에 의한 내부 에너지의 증가는 변형에 의하여 형성된 공공(vacancy), 격자간 원자, 전위 및 적층결함 등의 격자 결함과 관련되어 있다. 금속 내에서 전위분포는 매우 불균일하며, 전위밀도가 낮고 비교적 변형이 없는 셀(cell)을 구성하며, 이들은 전위가 밀집 분포되어 있는 고전위 밀도의 구역으로부터 분리되어 있고 결정립 내에는 이러한 셀이 많이 존재한다.

낮은 온도에서 변형이 일어나면 금속 내에는 비교적 직선상인 전위가 많이 존재하는데 회복 및 재결정은 이러한 금속이 재가공 또는 가열될 때 일어날 수 있다. 전위는 공공이 존재하면 slip면으로부터 상승 운동을 일으킨다(그림 1.70).

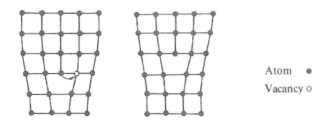

그림 1.70 공공(vacancy)에 의한 칼날전위의 상승

회복의 후반기에서는 셀의 크기가 약간 증가하며, 경도가 어느 정도 낮아지는 것은 전위 및 점결함 밀도의 감소와 아결정립의 성장 때문이다.

석출물이나 개재물이 존재하면 결정립 성장의 속도가 급격히 감소하는데, 이것은 이들 입자가 결정립계에서 **고착효과**(pinning effect)를 나타내기 때문이다. 소성변형에 의하여 전위밀도는 증가하므로 변형된 금속일수록 전위-전위간의 상호작용은 커진다. 따라서 전위밀도가 높은 금속 내에서 전위를 이동시키려면 보다 큰 응력이 필요하다(냉간 가공한 금속의 경도 증가). 회복과 재결정은 결함의 밀도를 감소시키므로 금속의 경도를 감소시킨다. 다결정체 내에서의 결정립계는 전위의 운동을 억제시키므로, 결정립의 크기는 기계적 성질에 큰 역할을 하는데 결정립 성장은 재질을 변화시킨다.

예 1 : 재결정 조직 관찰을 위하여 순수한 알루미늄판을 균질화하고 미세한 조직을 얻기 위하여 600℃에서 15분간 연화 어닐링(soft annealing)하여 수냉(water quenching)한다. 재료 내부에 변형 에너지를 가능한한 크게 하기 위하여 굽힘 반경(bending radius)이 200㎜ 되게 밴딩한다. 시험편을 600℃에서 30분간 재결정 annealing한 후 수냉한다. 시험편을 연마, 부식한다(부식액 : 100㎖ HCl, 100㎖ HNO₃, 2.5㎖ HF, 100㎖ H₂O).

소성 변형에 의하여 격자 결함수가 많이 증가되므로 내부 에너지가 상승한다. 이 조직 상태는 정상적이 아니라 불안정하며, 온도 상승에서 에너지가 감소된다. 전위밀도는 변형에 의하여 크게 증가되며 이것이 내부에 축적된 에너지 척도가 된다. Annealing에 의하여 전위밀도가 감소되며 이 과정에서 결함이 존재하는 결정 격자가 완전히 새롭게 된다. 재결정 조직은 핵생성과 입자 성장에 의하여 이루어진다.

조직:1-63에서 ①영역은 재료가 매우 심하게 변형되었으므로 여기에는 많은 격자 결함이 생성되었고 많은 수의 결정화 핵이 존재하여 작은 결정입자가 많이 존재한다. ②영역은 가장 자리보다 변형도가 낮으며 금속 내에는 적은 수의 결함이 존재하고 재결정화 능력이 있다. Annealing에서 상호 방해되지 않고 이 장소에서 새로운 결정이 성장한다. 따라서 현저한 크기로 성장한다. ③ 및 ④는 ②와 ①과 비교해 보면 여기서는 **압축변형**이며 재결정의 결과에 영향이 없다. ⑤에서는 인장과 압축 응력이 상쇄된다.

변형도가 낮아서 재결정이 진행될 수 없으며 결함이 없는 미세립자 조직을 나타낸다. 재결정에 의하여 **"중립영역"**이 나타나며 결함이 없는 미세립자 조직을 나타낸다. 조직은 변형도 뿐만 아니라 annealing온도 및 annealing시간 등에 의하여도 영향을 받는다. 순금속에서 재결정의 하부 온도 경계는 용융온도의 약 40% 정도이다. 합금에서는 고용체 내에 존재하는 외부원자 입계 움직임을 방해하므로 이 온도가 매우 높다. Annealing온도가 너무 높지 않고 시간은 너무 길지 않도록 해하여야 한다. Annealing온도가 상승하면 새로 생성되는 조직은 조대하게 된다. 이와 유사하게 변형도와 annealing시간을 일정하게 annealing온도를 변화시킨다(조직: 1-64).

예2 : 금속은 가공에 의하여 원하는 형상으로 변화시키고, 균일한 조성과 미세한 입자 및 정상적인 조직을 형성함으로서 기계적 특성을 향상시킨다. 단상금속이 냉간가공 될 때, 즉 재결정온도 이하에서 변형되면, 조직은 뒤틀린 상태로 남아 있고 금속은 가공경화 된다. 재결정온도 이상에서 annealing할 때 새로운 군의 무변형 입자들(등방형 모양)이 고상 상태에서 재결정 과정을 통하여 형성된다(조직:1-65, 66).

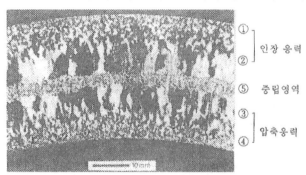

① ② ⎱ 인장 응력

⑤ 중립영역

③ ④ ⎱ 압축응력

조직:1-63 알루미늄에서 재결정 조직, 600℃에서 30분간 annealing한 조직

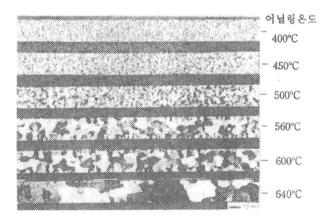

어닐링온도

400℃
450℃
500℃
560℃
600℃
640℃

조직:1-64 Annealing온도에 따른 입자크기 영향, 변형도 계수 ε=5%, annealing 시간 30분

조직:1-69 Cu-5%Sn 고용체, (a) : 심하게 냉간 압연(roll)됨(회전방향은 지면의 길이 방향), (b) : 500℃에서 annealing한 조직

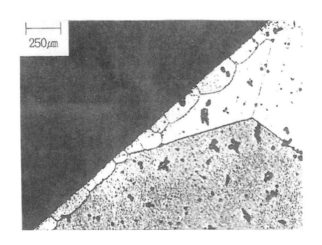

조직:1-70 주조 황동 또는 가공 후 annealing상태에서의 표면 재결정, 가공에 의해 재결정을 발생시키기에 충분한 뒤틀림을 발생

금속을 재결정온도 이상의 고온에서 가공하여도 재결정화된 구조가 나타난다. 위의 두 가지 경우 모두에서, 최종 입자크기는 여러 가지 인자에 의해 좌우되나, 적절한 공정을 따를 경우 입자의 크기는 주조 금속보다 훨씬 작아진다. FCC 원자구조의 금속이 재결정화될 때의 조직 특징은 입자에 띠 표시(band mark)가 나타난다. 이것을 쌍정 띠라고 하며, 이것은 원자면의 적층결함의 결과로 발생하고 결정 내에서의 원자방향이 바뀐 영역을 나타낸다. 이들은 재료의 기계적 특성에 중요한 영향을 미치지는

않는다. 흔히, 가공은 방향성이므로 만약 개재물이 비교적 쉽게 변형된다면 가공방향을 따라 늘어나는 모양을 나타낸다(조직:1-67).

반면에 개재물이 취약하고 단단하다면, 가공에 의하여 작게 부서지고 각진 형태로 존재한다. 후자의 경우, 비 용해성 개재물은 각형의 모양으로 남아있으나 만약 개재물이 금속에 일부 용해될 수 있고 특히 변형된 금속이 장시간 가열된다면 개재물의 형상은 좀더 둥근 형태로 변한다. 비슷한 경우로, 편석효과는 가공에 의하여 다소 감소하지만, 종종 완전히 제거되지 않고 섬유질의 형태로 늘어나 있다. 2상 또는 그 이상의 상을 포함하는 합금은 가공 조건에서 나타나는 현상 이외에도 가공방향에 따라 상은 섬유상 배열을 나타낸다(조직:1-68). 이러한 현상의 발생유무는 합금에 있어서의 특정한 상 관계, 특정한 가공 온도, 또는 가공 후 annealing 등에 의하여 크게 좌우된다.

많은 가공공정은 방향적 특성을 갖기 때문에 가공금속의 기계적 특성은 섬유상 조직에 대한 시험방향에 따라서 변화된다. 이와 같은 섬유상 특성의 발달에는 여러 가지

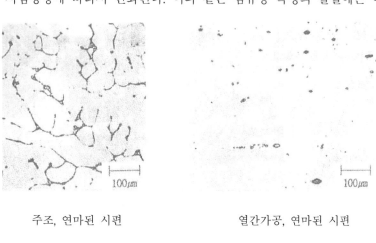

주조, 연마된 시편   열간가공, 연마된 시편

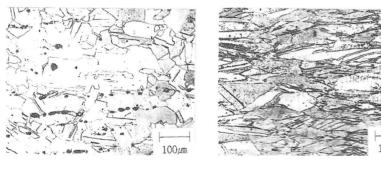

열간가공, 부식된 시편   열간가공하고 냉간가공, 부식

조직:1-67 여러 조건에 있어서 산화동을 함유하는 동(인성동)
(가공방향은 지면을 통과하는 방향)

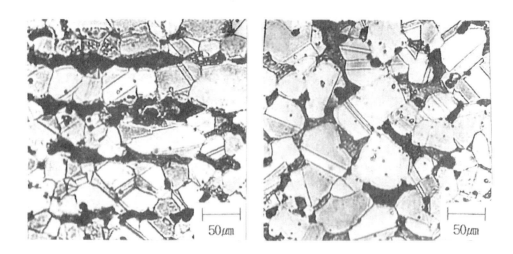

조직:1-68 고온 가공된 (α+β) 2상 황동. 좌측은 섬유질 상의 배열을 보이는 길이 방향으로의 종단면, 우측은 가공방향에 수직인 횡단면의 조직을 나타낸다.

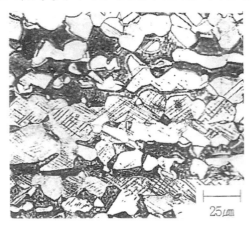

조직:1-69 2상 황동(조직:1-72)이 냉간가공 됨으로서 결정에 변형 선이 나타난다.

인자들이 관련되는데, 개재물과 사이의 연신뿐만 아니라 **선택방위**(preferred orientation). 만약 금속이 냉간가공된 상태로 남아있다면, 미세조직은 변형의 증후를 보일 것이다.

입자들은 연신되고 쌍정띠는 휘어 있다(조직:1-68 우측 그림). 더욱이 일부 금속, 특히 Cu합금에서 실제적 변형의 증거는 입자와 입자간에서 방향을 바꾸고 가끔은 주어진 입자 내에서 교차하는 일련의 미세하고 평행한 선 형태로 보인다(조직:1-69).

이러한 변형 선은 특정한 부위의 슬립운동 결과로서 부식에 더욱 민감한 슬립면의 흔적을 나타낸다. 냉간가공은 금속의 표면을 강화한다. 결과적으로, 표면의 얇은 부위

예3 : 황동(Brass)의 현미경조직 시험편

이들 시험편과 조직사진은 냉간가공, 재결정 및 결정립자 성장 등의 개념을 설명하기 위하여 준비된 것이다. 모든 스트립(strip) 시편은 Pb가 함유되지 않은 0.138in.두께의 상용 70/30(70%Cu, 30%Zn) 황동을 어닐링(annealing)하여 실온으로 유지되는 동안 작은 압하율로 압연 하였으며, 정밀하게 제어되는 전기로에서 어닐링 처리한 후 수랭 (water quenching) 하였다. 또한 각 현미경조직사진은 표면경도(Rockwell 30T)의 평균을 기록하였다. 300X 배율.

	압하율 0% R30T32
	압하율 5% R30T47
	압하율 25% R30T68
	압하율 75% R30T79
조직:1-70 NH₄OH,H₂O₂(솜에 적셔 닦음)부식, 70/30황동, 압연한 상태(annealing 하지 않음)	조건

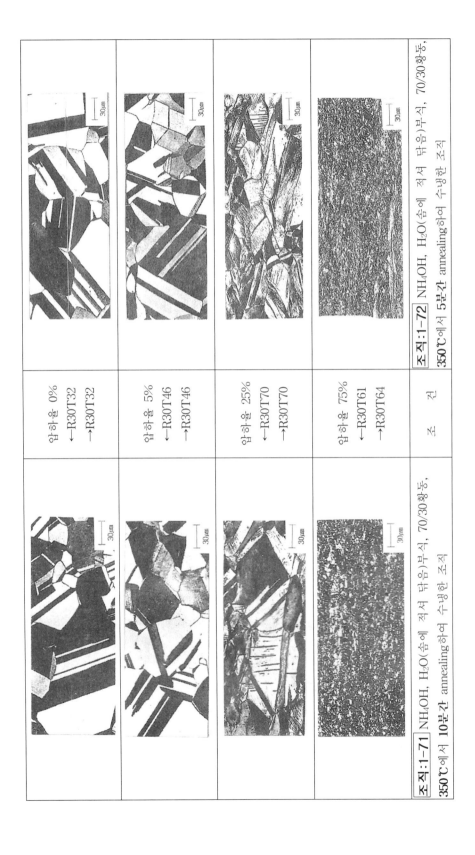

압하율 0% ←R30T32 →R30T32	
압하율 5% ←R30T46 →R30T46	
압하율 25% ←R30T70 →R30T70	
압하율 75% ←R30T61 →R30T64	
조　건	

조직:1-71 NH₄OH, H₂O(솔에 직서 닦음)부식, 70/30황동, 350℃에서 10분간 annealing하여 수냉한 조직

조직:1-72 NH₄OH, H₂O(솔에 직서 닦음)부식, 70/30황동, 350℃에서 5분간 annealing하여 수냉한 조직

	조직:1-73	조직:1-74
압하율 0% →R30T33 →R30T33		
압하율 5% →R30T45 →R30T45		
압하율 25% →R30T68 →R30T61		
압하율 75% →R30T58 →R30T57		
조 건		

조직:1-73 NH_4OH, H_2O(솜에 적셔 닦음)부식, 70/30황동, 350℃에서 20분간 annealing하여 수냉한 조직

조직:1-74 NH_4OH, H_2O(솜에 적셔 닦음)부식, 70/30황동, 350℃에서 40분간 annealing하여 수냉한 조직

	조직:1-76	조 건	조직:1-75
		압하율 0% →R30T33 →R30T32	
		압하율 5% →R30T45 →R30T46	
		압하율 25% →R30T57 →R30T68	
		압하율 75% →R30T56 →R30T64	

조직:1-76 NH_4OH, H_2O(솔에 적셔 닦음)부식, 70/30황동, 400℃에서 5분간 annealing하여 수냉한 조직

조직:1-75 NH_4OH, H_2O(솔에 적셔 닦음)부식, 70/30황동, 350℃에서 60분간 annealing하여 수냉한 조직

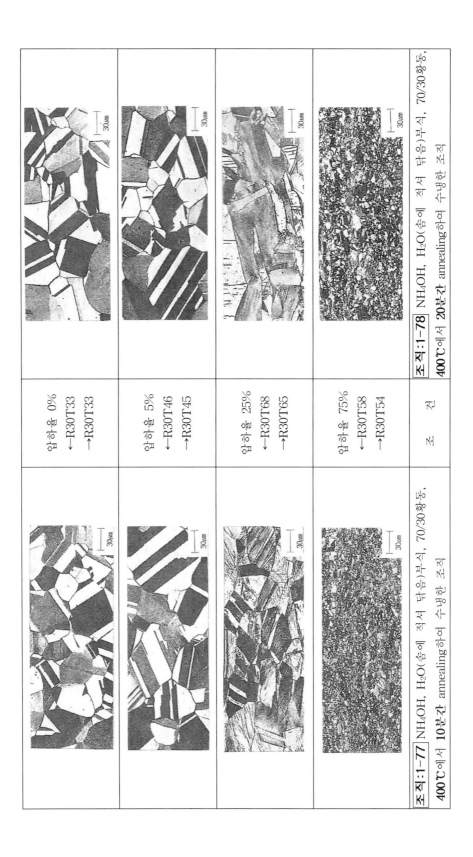

압하율 0% →R30T33 →R30T33	
압하율 5% →R30T46 →R30T45	
압하율 25% →R30T68 →R30T65	
압하율 75% →R30T58 →R30T54	
조 건	

조직:1-78 NH₄OH, H₂O(含에 석서 담음)부식, 70/30황동,
400℃에서 20분간 annealing하여 수냉한 조직

조직:1-77 NH₄OH, H₂O(含에 석서 담음)부식, 70/30황동,
400℃에서 10분간 annealing하여 수냉한 조직

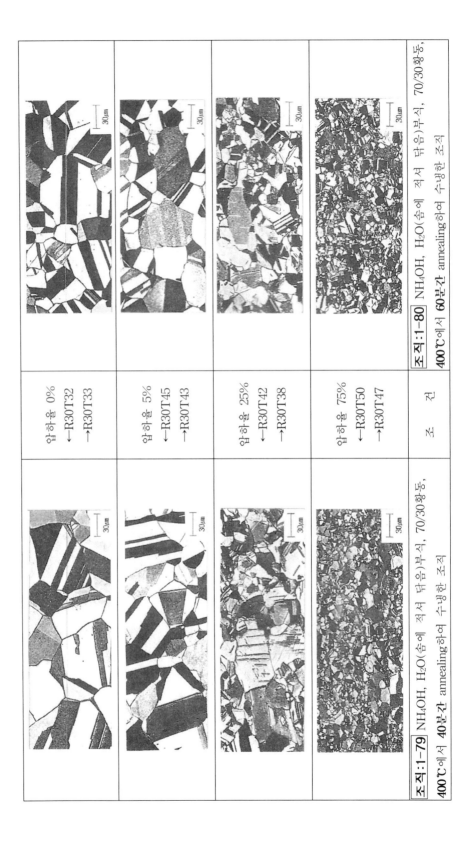

압하율 0% ←R30T32 →R30T33	
압하율 5% ←R30T45 →R30T43	
압하율 25% ←R30T42 →R30T38	
압하율 75% ←R30T50 →R30T47	조 건

조직:1-79 NH₄OH, H₂O(솜에 적셔 닦음)부식, 70/30황동,
400℃에서 **40분간** annealing하여 수냉한 조직

조직:1-80 NH₄OH, H₂O(솜에 적셔 닦음)부식, 70/30황동,
400℃에서 **60분간** annealing하여 수냉한 조직

압하율 0% ←R30T32 →R30T7	
압하율 5% ←R30T41 →R30T9	
압하율 25% ←R30T37 →R30T16	
압하율 75% ←R30T33 →R30T18	
조 건	

조직:1-82 NH₄OH, H₂O(슴에 적셔 닦음)부식, 70/30황동, 600℃에서 **60분간** annealing하여 수냉한 조직

조직:1-81 NH₄OH, H₂O(슴에 적셔 닦음)부식, 70/30황동, 600℃에서 **5분간** annealing하여 수냉한 조직

시편 (a)와 (b)는 1/4-20 너트(nut)를 가진 1/4-20x 1/2″ 스크류(screw)단면으로

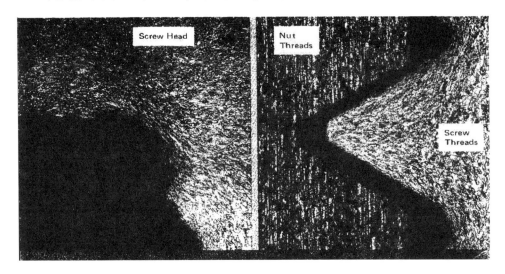

시편(a) 두 조직 사진은 상용조건에서 사용되는 것을 나타낸 것인데 스크류상 나
삿니(thread)의 압연과 해드(head)의 업셋팅(upsetting)에 의하여 심하게 냉간가
공 되어있으며, 또한 기계가공 된 너트의 나삿니 부분에는 유동(flow)부족이 분명
하게 나타나 있다.

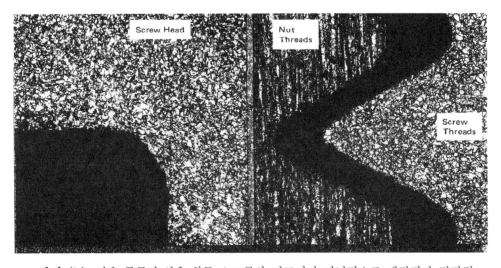

시편 (b) 같은 종류의 상용 황동 스크류와 너트이나 어닐링으로 재결정과 결정립
자 성장이 일어나있다.

1.2.12. 미세조직에 영향을 미치는 인자

⑴ 순수금속 혹은 단상합금은 한 군의 다면체 입자(grain)를 포함한다. 주조상태에서는 이러한 입자들이 주물의 열 중심 쪽으로 우선하여 성장한 주상형 모양으로 나타난다. 그러나 합금의 경우에는 보다 많은 정상적인 입자들이 주물의 중심부에 형성된다.

⑵ 이러한 재료들이 냉간가공되고 annealing되거나 또는 고온 가공될 때, 조직은 등방입자로 알려져 있는 보다 정상적인 새로운 재결정 입자들로 구성된다. 만약 재료가 냉간가공된 상태로 남아있다면, 조직은 입자 비틀림 형태나 입자 내에서의 변형선으로서 종종 잔여변형의 증거를 보여준다.

⑶ 하나의 상 이상으로 구성된 합금은 전체적인 다각형 입자형태로 나타난다. 이러한 입자 내에서는 구성하고 있는 상의 분포를 발견할 수 있다. 이러한 배열은 주로 주어진 재료의 응고와 함께 수반되는 냉각 중에 발생하는 반응 혹은 변태에 의하여 영향을 받는다. 주조재료에서, 이러한 배열은 주조물의 크기, 주형재료, 그리고 주입온도에 의하여 영향을 받는 응고속도에 따른 합금계의 특별한 반응에 의하여 수정된다. 자주 비평형 조직과 관련되는 이러한 효과는 만약 합금이 추가적으로 열처리될 경우 다시 변화된다.

⑷ 다상 합금이 가공될 때는 입자들은 전반적으로 미세화되며, 이것은 입자 내에서의 다른 상들의 분포를 보다 미세화 시키는 효과를 가진다. 더욱이, 가공 및 수반되는 annealing온도와 관련된 합금원소에 따라 상은 늘어난 형태를 보일 수도 있다. 후속적인 열처리는 공정의 성격에 따라 미세조직을 더욱 수정할 수도 있다. 주조나 가공된 다상 합금에서는 이와 같은 처리는 조직을 더욱 미세화 시킴으로서 기계적 특성을 향상시키기 위하여 행해진다.

⑸ 비용해성 개재물의 형태로서 외부물질은 재료의 조건에 따라서 입자 내에서 또는 입계에서 발생한다. 따라서 주조금속에서는 개재물은 입계에 존재하거나, 또는 입자가 성장되는 동안에 어떤 중간위치에 존재한다. 가공 후, 개재물은 일반적으로 연신된 상태로 분포되어 있다. 응고과정에서 수축과 가스 분출은 미세하게 또는 비교적 큰 형태로 발생하는 기공의 원인이 된다. 일반적으로 가공금속에서는 큰 기공이나 수축을 포함하는 부분은 제거하고 미세규모의 기공은 가공 중에 압착되고 제거되기 때문에 이러한 기공들은 존재하지 않는다.

⑹ 특별한 제조공정, 즉 용접과 분말야금 기술은 보통 조직에 상당한 변화를 가져다준다.

1.2.13 용접 금속 조직

여러 가지 접합방법 중에서, 융해용접(fusion)은 특히 조직에 상당한 영향을 미친다. 이 기술은 용접 중에 고체부위들이 아주 국부적인 용접공정에 의해 접합되는 특징을 가지고 있다. 금속적 환경에 따라서, 용접 금속은 모합금의 조성과 동일할 수도 있으나, 종종 다른 조성을 함유하기도 한다. 용접은 주조물의 보수 또는 결합에도 적용되나 대규모일 경우는 가공금속을 사용하여 대항물의 제작에 적용된다. 후자의 경우에, 용접금속은 접합점에 소개된 주조조직을 갖는 부위로 나타낸다(조직:1-83, 84). 용접금속은 주변으로의 열손실은 별문제로 하고라도 용착금속을 통한 급속한 열전달에 의한 열추출(용착) 때문에 아주 급속한 냉각조건 하에서 응고된다. 더욱이, 아주 국부적인 열공급 후 급속한 냉각의 결과로 특별한 효과가 용접금속 즉 열영향부 주변에 발생한다(조직:1-83).

용접부는 **융해부**(fusion zone), **열영향부**(heat-affected-zone) 및 **기지금속**(base metal)등으로 되어 있는데, 융해부는 용접할 때 재료가 용해된 영역으로 융해선(fusion line)에 의하여 경계를 이룬다. 이 영역의 재료는 기지금 속의 화학조성과 대개 유사하다. 열영향부는 융해부와 인접한 영역으로 기지재료의 현미경 조직이 변화된 열영향을 받은 재료이다. 기지금속의 재료는 용접에 의하여 변화되지 않는다(조직:1-84~87).

용접에서 용접 비이드 형상은 비이드면과 용접 비이드 단면으로 나타낼 수 있다. 조감도(조직사진)로부터 표면 불규칙, spatter 또는 열간균열, 기공 등과 같은 육안결함을 알아볼 수 있으며, 용접 비이드 절단면은 용접 선간의 폭을 측정함으로서 비이드 침투 또는 용접 깊이 **비이드 높이**(crown height) 및 용접 비이드 전체 면적 등을 나타낸다. 이러한 모든 인자들은 횡단면으로부터 정해지며, 부적당한 절단은 용접깊이 및 비이드 면적을 측정하는데 과오를 범한다. 용접부에서 용해 금속은 열영향부의 부분적으로 용해된 결정립자(grain)로부터 방향성을 가지고 성장하여 응고된다. 셀(cell)과 수지상(dendrite)은 열영향부 입자로부터 용지(weld pool)내로 선택적 결정방향으로 다발(packet)형상으로 성장한다.

표 **1.4** 기지금속(base metal), 용접선(weld wire), 용해부(fusion zone)의 화학조성

합금	조직	화학조성(%)											
		C	Mn	S	P	Si	Cr	Ni	Mo	Nb	Al	Cu	기타
저합금강													
A-710													
기지금속	조직:1-83	0.05	0.54	0.006	0.01	0.26	0.72	0.91	0.20	0.05	0.03	1.20	0.005Ti
융해부		0.06	0.85	0.005	0.01	0.22	0.53	0.62	0.24	0.03	0.025	0.90	0.001B
Lukens Frostline 융해부	조직:1-91	0.14	1.4	-	-	0.4	-	0.14	0.05	-	-	0.18	-
A-36 융해부	조직:87,90 92	0.05	1.07	0.016	0.019	0.42	0.01	0.05	0.01	-	-	-	0.009N

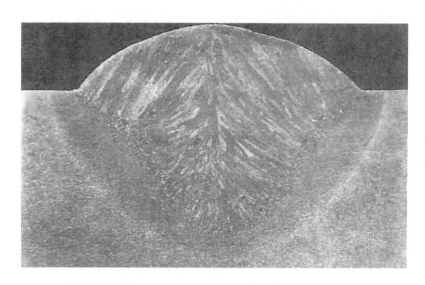

조직:1-83 부식액(85㎖H₂O+15㎖HNO₃+5 ㎖methanol)부식, 19mmA-710강판을 서브 머 어지드아크 용접(Submerged arc weld)한 용 접부. 열영향부 및 기지금속의 육안조직

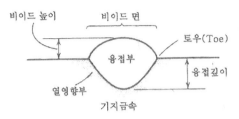

그림 1.71 용접(fusion weld)부
비이드(bead)

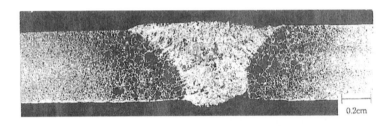

조직:1-84 연강판의 gas용접 단면으로 중심부는 용접금속, 조대한 조직으로 검게 나타난 것이 열영향부이며 양쪽 끝 부분은 모재판 조직으로 밝게 보인다.

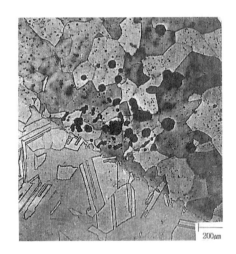

조직:1-85 탈산 동의 가스용접에서 용융경계 영역. 상부영역은 기공이 많은 용접금속으로 주조조직이며, 하부는 열을 가하여 어느 정도 조대화된 원래 단련조직을 나타낸다.

조직:1-86 연강의 다중 패스(pass) 아크 용접부 단면. 부식으로 용접금속의 각종 용접패스
와 조대조직이 분명하게 나타나 있다. 열영향부는 일반적으로 검게 나타나 있다.

융해부의 실온 현미경 조직은 응고 조직과 하나 또는 그 이상의 고체상태 변태 조
직으로 되어 있는데 저탄소강의 용접금속은 austenite로 응고되며, 냉각됨에 따라 ferrite
와 M_3C탄화물의 혼합물로 변태한다(조직:1-87). 원래의 austenite 입자크기와 그 결
과 ferrite+탄화물 변태 조직이 쉽게 관찰된다. 고체상태 상변태는 **연속냉각 변태곡
선**(그림 1.72)에 의하여 비평형상 또는 조직을 생성한다.

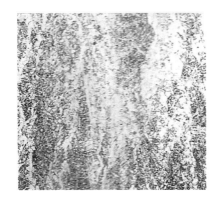

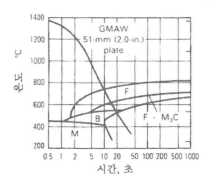

조직:1-87 16㎜ A-36 강판을 single-V
용접한 저탄소 융접부 현미경 조직. 원래의
austenite 입계상에 나타난 입계 ferrite의 맥
(vein)

그림 1.72 저탄소 망간강판의 CCT 곡선.
용접방법: gas metal arc welding(GMAW).
M : martensite, F : ferrite, B : bainite

예1 : 철합금

재가열부와 열영향부의 변태 거동은 같으며, 현미경 조직은 4영역으로 나눈다: 융접부로부터 외부로 횡단하여, 결정립자 성장영역, 미세립자 영역, 부분적으로 변태된 영역 및 조질된(tempered)영역이다. 탄소강에서 용접부의 이들 영역을 조직:1-88에 나타낸다.

조직:1-88 2% nital 16㎜ 강판을 금속 피복아크 용접한 열영향부의 복합조직(왼쪽으로부터) 기지판, 조질된 영역, 부분적으로 변태된 영역, 미세립자, 조대립자 영역, 용접선 및 용접부

다시 austenite화된 영역은 조대 및 미세립자 영역으로 되어 있으며 재결정 영역이라고도 한다. 영향을 받지 않은 용접금속과 부분적으로 변태되고 용접부에서 조질된 영역은 집합적으로 주상(columnar) 영역이다. 표 1.5와 같은 부식액으로 용접선, 재가열 영역 또는 열영향 영역 등을 나타낼 수 있다. Austenite 결정립자 경계에서 핵을 생성하며 가끔 결정립자 경계 막(film)을 형성하는 아공석 ferrite는 입경계 ferrite로 나타난다(조직:1-89). 핵을 생성하는 입간에서 아공석 ferrite는 다각형(polygon) ferrite라 하며(조직:1-90), 상부 bainite와 Widmannstätten ferrite를 2차상(phase)이 정렬된 ferrite라 한다(조직:1-90~91). Pearlite와 정렬되지 않은 ferrite-carbide 공석 분해 산물이 ferrite 탄화물 응집물로 나타난다(조직:1-92).

예2 : 알루미늄 합금

알루미늄 합금은 고체상태 변태에 의하여 조직 변화를 일으킨다. 그러나 이 변태는 용접할 때 급속한 열 cycle 때문에 용접과정에서 일어나지 않는다. 이와 같은 알루미늄 용접부에서 나타난 조직은 대개 응고 조직이다.

표 1.5   용접부의 특성규명에 사용된 실온 육안조직 부식액

부 식 액	표 면 준 비	부 식 액	표 면 준 비
탄소강 및 저합금강 $10g(NH_3)_2S_2O_8+100ml\ H_2O...B$ $15ml\ HNO_3+85ml\ H_2O+5ml$	솜으로 문지르기 : 용접면, 열영향부 재가열부, columnar 영역 육안조직 관찰	**알루미늄 합금** Turker 부식액 45ml HCl+15m lHNO$_3$+15ml HF(48%)+ 5ml H$_2$O..............A,B Poulton 부식액 60mlHCl+30ml HNO$_3$+5ml HF	침지 또는 문지르기, 사용할 때 조제 : 모든 합금의 육안조직용 침지 또는 문지르기 : 모든 합금의 육안조직
methanol 또는 ethanol... A, B	솜으로 문지르기 : 용접선 열영향부, 재가열부, columnar 육안조직 관찰 검은 잔사를 제거하기 위하여 흐르는 물에 세정함	(48%)+5ml H$_2$O............A,B	
8ml HNO$_3$ + 2g picric acid+10g (HNO$_3$)$_2$S$_2$O$_8$+10g citric acid+10 방울(0.5ml) benzalkonium chloride+1500ml H$_2$O	침지 : 재가열 및 열영향부에서 부분적으로 변태된 영역이 두드러지게 나타남.	**구리(Cu)와 그 합금** 50ml HNO$_3$+0.5g AgNO$_3$(silver nitrate)+50ml H$_2$O...............A, B **티탄(Ti)합금** Kroll 부식액 10~30mlHNO$_3$+5~15ml HF+50ml H$_2$O.............B	침지 : 모든 합금의 육안 조직용 침지 : HNO$_3$를 증가 시키고 HF를 감소시키면 용접부의 미세조직을 관찰할 수 있다.

* 표면준비 : A   마무리 연마 : B

예3 : 티탄(Ti) 합금

이 합금은 실온에서 α, α-β또는 준안정 β합금으로 분류된다. α 및 α-β에서 나타나는 조직은 잔류β와 β분해물로 되어 있으며, 입계와 Widmannstätten α, 집단 α, α′ 또는 α″martensite를 포함하고 있다. α합금 용접부의 용접 및 입자성장 영역내의 현미경 조직 조성은 빠른 냉각 속도에서는 침상(acicular) α, α′육방형 martensite도 형성된다. 이 조성은 침상 α와 구별하기 어렵다. α-β Ti 합금에서 용접 및 입자성장 영역에서 나타나는 조직은 입계 α, 집단 α, Widmannstätten α+β 및 α′의 혼합으로 되어 있다(조직:1-93~94).

β 안정화된 합금에서는 α′보다 α″사방정 martensite가 생성되나, 두 marten site는 모양이 유사하다. α-β합금에서 재가열 영역은 두 영역으로 되어 있는데 입자성장 영역은 열영향부에서 입자성장 영역과 같게 보인다. 열영향부에서 관찰하기 어려운 부분적으로 변태된 영역은 재가열 영역에서 쉽게 관찰된다. 이 영역은 β뿐만 아니라 등축의 초정 α와 β분해물을 함유하고 있으며 실온에서 많은 량의 β를 보유하고 있다.

조직:1-95는 HF+HNO₃로 부식하면 주위 재료보다 이 영역이 더 심하게 부식된다.

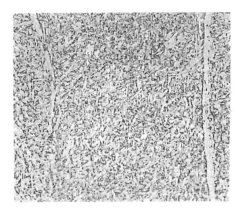

조직:1-89   2% nital 19㎜ A-710 강판을 서브머지드 아크(submerged arc) singel-V butt용접한 조직. 미세 침상(acicular) ferrite 조직 내에 원래 austenite 입계상의 입계 ferrite

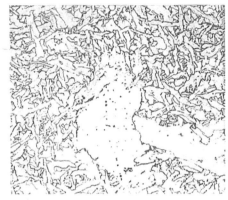

조직:1-90   2% nital 16㎜ A-36 강판을 피복 금속 아크 single-V butt 용접한 조직. 조대한 침상(acicular) ferrite 조직내에 다각형 ferrite 를 함유한 용해부 조직

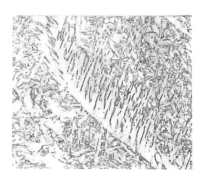

조직:1-91   13㎜ lukens frostline 강판을 피복금속아크 판상에 비이드(bead)를 입힌 용접조직. 조대한 침상(acicular) ferrite를 가진 입계 ferrite로부터 성장한 Widmannstätten ferrite 용해부 조직

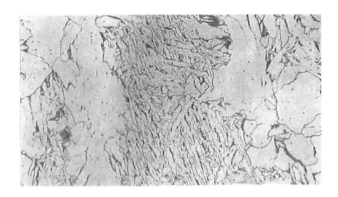

조직:1-92   16㎜ A-36 강판을 피복 금속 아크 single-V butt 용접한 조직. 조대한 ferrite 입계에 bainite와 ferrite-carbide응집물이 함유된 용접부 현미경 조직

조직:1-93   1 : 1 용액, Kroll의 부식액과 증류수 13㎜ Ti-6Al-4V 합금판을 자동 single-pass 가스 텅스텐 아크 용접한 조직. 용접부 조직은 미세 Widmannstäten α+β와 입계 α 로 되어 있다.

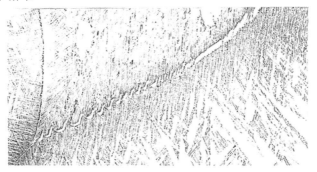

조직:1-94   1 : 1 용액 Kroll의 부식액과 증류수 13㎜ Ti-6Al-Nb-1Ta-1Mo. 합금판을 자동 single-pass 가스 텅스텐 아크 용접한 조직. 용접부 조직은 입계 α, α′, 집단 α 및 Widmannstätten α+β로 되어 있다.

조직:1-95   1 : 1 용액, Kroll 부식액과 증류수, 13㎜ Ti-6Al-2Nb-1Ta-1Mo 합금판을 3번 pass로 가스 아크용접한 조직, 3번째 통과한 재가열 영역은 α´, Widmannstätten α+β, 등축 α 및 재가열 영역 주위영역보다 약간 많은 량의 잔류 β로 되어 있다.

1.2.14 소결 합금 조직

  특별한 용도를 위하여, 금속 부분품은 가끔 미세한 분말을 압축하고 가열하여 조직을 견고히 함으로서 만들어진다. 또는 관련된 재료나 압축 성형되는 제품의 요구 형태에 따라 고온에서의 압축공정을 결합하기도 한다. 분말 야금공정에 의해 생산된 재료는 그 조직에 있어 특징을 갖는다. 한편으로 재료는 최종 제품에서 분말 야금의 특징으로 이용되기도 하는 규칙적으로 분산된 공공 형태를 포함한다. 반면에 다상재료에서는 상분포는 궁극적으로 균일하고 공정의 특성에 따른 주조나 가공재료에서 발생하는 전반적인 조직 특징은 보여주지 않는다. 전형적인 소결품의 조직을 조직:1-96~97에서 보여준다.

  가장 유용한 합금은 고체상태에서 상변태에 의해서 여러 가지의 상이 형성된 재료이다. 만약 그렇다면, 제작 공정중에 가장 적절한 시기에 재료를 열처리함으로서 입자를 가장 알맞은 크기로 미세화 시키는 것이 가능하다. 자연 시효 또는 석출경화, 강의 급랭과 tempering 처리는 이러한 열처리의 대표적인 예이다. 이와 같은 재료의 특성은 미세하게 분포되어 있는 조성과 밀접하게 관련되어 있으므로, 현미경 미세조직은 재료의 기초적인 현상을 연구하고 산업적인 공정을 제어하는데 매우 중요하다.

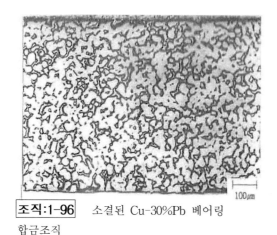

조직:1-96 소결된 Cu-30%Pb 베어링
합금조직

조직:1-97 11%Co기지에 89%WC를
함유한 소결 탄화물 재료 조직

1.2.15 현미경 조직과 성질과의 관계

순수금속은 보통 연하고 낮은 강도를 갖는다. 공학에서 사용은 극히 제한적으로 주로 뛰어난 내식성, 높은 전기 전도도를 필요로 하는 경우에 국한된다. 고용체 합금은 첨가된 다른 원자들에 의한 조직적 비틀림(distortion) 때문에 변형이 더욱 어렵게 되고 따라서 재료가 더 강하고 단단해 진다.

고용체 합금은 적당한 강도에 우수한 내식성 및 만족할만한 상온 성형성을 동시에 갖는다. 반면에 보다 구체화된 적용에서는 그들의 높은 전기 저항성이 유용하게 사용된다.

순수금속과 고용체에서 기계적 특성은 입자(grain) 크기에 민감한데, 입자크기가 감소하면 경도 및 강도는 증가하며 이들의 관계는 평균 입자지름의 제곱근에 반비례한다. 그러므로 입자 크기를 조절하는 것은 입자의 특정한 크기라는 관점에서 뿐만아니라 입자의 균질성도 중요하다. 현미경을 이용한 입자의 크기의 조절은 경도와 강도에도 큰 영향을 미치지만 수반되는 냉간 가공에서 연성이 매우 중요하게 작용하는 판재의 생산에서 특히 그러하다.

순수금속과 고용체는 실제 사용을 위해 미리 냉간가공의 정도를 조절함으로서 재료를 강화시킨다. 재료는 60%~90%까지 변형이 되어서 사용되기도 하는데 이때 재료의 경도는 원래의 상태보다 2.5배 또는 그 이상 증가되고 항복강도에 보다 많은 영향을 미친다. 그럼에도 불구하고, 냉간가공은 궁극적으로 표면공정이므로 최대효과는 단지 표면의 작은 부위에만 얻어진다.

강도가 높은 공업재료는 일반적으로 상을 한 개 이상 함유하고 있다. 기본조직은 대개 고용체로 구성되어 있으며 고용체에서는 한 개 또는 그 이상의 경질(hard) 화합물의 석출이 발생하여 충격저항과 연성을 보강하여 화합물이 단단해지고 강해진다.

여기서, 주어진 조성에 대하여 기계적 특성은 모양, 크기 특히, 경질 조성의 분포 간격 및 기존 고용체에 대한 결정학적 관계에 의하여 결정된다. 입자간의 간격이 감소하고 고용체와의 정합성이 증가할수록 경도 및 강도는 증가한다.

가장 유용한 합금은 고체상태에서 상변태에 의해서 여러 가지의 상이 형성된 재료인데, 제작 공정중에 가장 적절한 시기에 재료를 열처리함으로서 입자를 가장 알맞은 크기로 미세화 시키는 것이 가능하다.

자연시효 또는 **석출경화**, 강의 급랭과 tempering처리는 이러한 열처리의 대표적인 예이다. 이와 같은 재료의 특성은 미세하게 분포되어 있는 조성과 밀접하게 연관되어 있으므로 현미경 미세조직은 재료의 기초적인 현상을 연구하고 산업적인 공정을 제어하는데 매우 중요하다.

1.2.16 현미경의 다른 금속학적 응용

좀더 실용적인 면에서, 현미경은 금속의 여러 가지 결함, 즉 수축(shrinkage)과 공공, 불순물과 개재물(조직:1-98~99), 혹은 바람직하지 못한 불균일한 입자크기 분포(조직:1-100) 들을 연구하는데 중요하다. 현미경은 또한 취성파괴, 응력부식, creep, 그리고 피로와 같은 특정한 응력현상 때문에 발생되는 손상을 연구하는데 가장 강력한 도구이다. 왜냐하면, 다른 현상들뿐만 아니라, 미세조직과 균열 경로간의 관계는 특히 중요하다(조직:1-101~102). 유사하게 부식의 조직적 형태는 곧 재료의 표면조직이 될 수 있으므로 매우 중요하다.

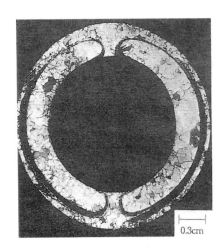

조직:1-98 납 파이프에서 산화물

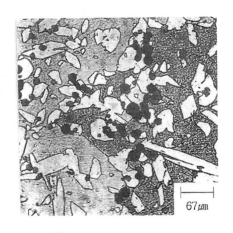

조직:1-99 복합황동에서 가공을 어렵게 만드는 철 부화상, 어두운 부분

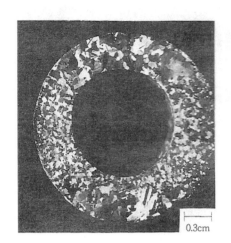

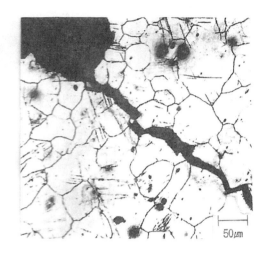

조직:1-100   납 파이프에서 불균일한 입자 크기와 그에 따른 불균일한 특성

조직:1-101   마그네슘 합금에서 결정립내 응력-부식 균열

조직:1-102   β Cu-Zn 합금에서 결정립계 균열

조직:1-103   Annealing 과정에 노의 분위기와 반응하여 발생되는 고탄소강의 탈탄화 현상. 탄소가 고갈된 표면의 연성은 표면에서의 미세경도 압입이 내부에 비하여 비교적 큰 것을 알 수 있다.

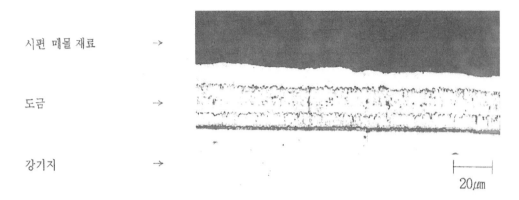

시편 매몰 재료 →

도금 →

강기지 →

20㎛

조직:1-104 아연코팅층을 보여주는 아연강 표면의 얇은 절단면, 외각의 아연 또는 아연 부유 고용체 층과 함께 3개의 아연철 화합물 층의 조직을 나타낸다.

1.2.17 고상석출과 공석조직

고상에서의 상변화에 의한 새로운 상의 형성은 2가지 중요한 관점을 포함한다. 첫째, 조성은 국부적인 변화가 있어야 하고 이것은 초기의 결정에서 원자들의 이동에 의한 고체확산에 의해 발생한다. 둘째, 새로운 상들에서는 반드시 원자형태가 변화되어야만 한다.

(가) 단일상의 석출

많은 합금은 고체상태에서 냉각되는 동안 석출공정에 의하여 특징적인 2상 조직으로 발전한다. 석출은 그림 1.21의 합금4a, b와 c에 나타낸 상 거동에 따라서 미리 형성된 상의 결정들 내에서 제2상의 형성을 포함한다. 따라서, 석출은 고온에서 단일상인 재료에서 발생된다. 그러나 이상의 조성적 한계의 변화 때문에 2상은 지속적인 냉각동안에 교대로 형성된다. 원래의 상과 석출상은 모두 주어진 계의 상평형에 따라 고용체 또는 화합물로 존재 할 수 있다.

석출은 에너지적으로 가장 유리한 위치에서 발생한다. 따라서 석출은 보통 모상(parent)의 입계에서 시작되며, 기존 입자 내의 결정학적 면과 동등한 계를 따라 표준적으로 바늘형(판상형)으로 발생된다. 석출상이 생성되는 면들은 상경계 에너지를 최소화시키기 위하여 그 면을 따라서 석출조직이 기존의 기지상과 가장 잘 어울리고 또한 조화가 될 수 있는 면들이다. 궁극적인 결과는 2상 조직은 모상의 입자와 그를 둘러싸는 석출상의 망(network)으로 구성되어 있으며, 또한 조직:1-16에서 설명한 것처럼, 교차하는 바늘형 석출상을 포함한다.

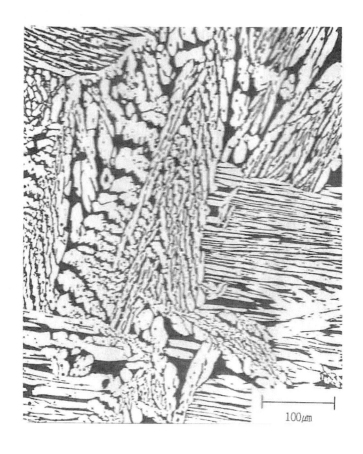

100㎛

<u>조직:1-105</u> α(light)+β(dark) 황동에 잘 생성된 Widmannstätten조직, 주방상태

석출, Widmannstätten 조직

이 변태는 냉각될 때 온도 범위에서 이미 형성된 상의 격자 가운데 제 2상이 형성 되는 것이다. 이것은 고용체 또는 화합물상이 존재하는 영역에서 온도가 변화되기 때 문에 일어난다. 변태의 이러한 형태는 Widmannstätten 조직을 일으킨다. (조직 1-105) 실제적으로 Widmannstätten 조직의 특징은 제 2상이 침상 또는 얇은 판상으로 석출 되거나 또는 기지 결정 내에 면(plane)의 계(system)상에 도입됨으로써, 임의의 미소 절단에 경사가 각각 다른 일단의 평행한 석출물의 기하학적 배열을 나타낸 것이다. 반대로, 석출물은 장미형(rosette) 또는 어느 정도 대칭인 작은 골격형을 형성한다. 또 한 대부분의 석출상태 하에서 석출은 입계에서만 일어난다. 입계 석출물은 입내 석출 물과 같은 형상일수도 있으며 부분적 또는 완전한 망상, 어느 것이 나타날 수도 있다. 석출이 제한된다면 입계 석출은 작은 렌즈형 입자로만 나타날 수 있다.

조직:1-106~108은 Cu28/Zn42 황동의 석출조직이며 5%FeCl₃/C₂H₅OH에서 약 30초간 부식하였다. 조직:1-106은 미세한 Widmannstätten 조직으로 α고용체 결정이 β 화합물의 원래 입자경계에 석출되어 있으며 입내에는 침상으로 석출되어 있다. 부식 후에 α는 대개 어두운 β에 비하여 밝게 나타나고 후자는 입자간 대조를 나타낸다. 약한 부식으로 α가 약간 pink색, β는 노랑색으로 나타나며, 침상의 길이 또는 횡단 방향 절단부를 따라 석출된 α형상이 어떻게 변화되는가를 관찰한다. 조직:1-107은 800℃에서 1시간 재가열한 후 수냉한 조직으로 재가로 β조직이 완전하게 다시 형성

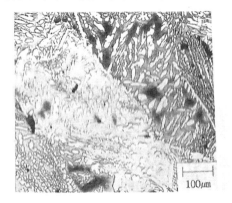

조직:1-106 사형주조

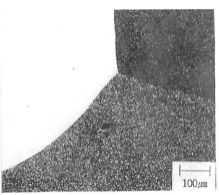

조직:1-107 800℃에서 1시간 재가열한 후 수냉

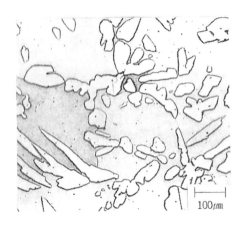

조직:1-108 800℃에서 1시간 재가열하고 600℃로 노냉한 후 수냉한 조직

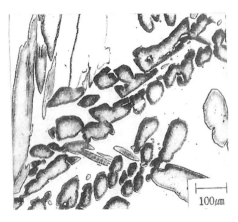

조직:1-109 조직:1-108과 같으나 실온으로 노냉한 조직

되며, 수냉에 의하여 가열할 때 Zn이 상실된 시편 모서리의 작은 영역을 제외하고는 α석출이 억제된다. 가끔 α흔적이 시편 내의 입계에서도 나타날 수 있으므로 조직은 실온에서도 β영역 내에 완전하게 존재하는 부드러운 경계를 가진 큰 β입자로 되어 있다. β입자의 성장은 재가열할 때 여기에서 일어나며, 어떤 경우에 입자는 매우 크다. 이들은 등축형이다.

조직:1-108은 조직:1-107과 같으나 800℃에서 1시간 재가열, 600℃로 노냉한 후 수냉(water cooling)한 조직인데 열처리에 의하여 거의 절반의 α가 조대형으로 석출되며 각기 다른 방위의 β기지 입자는 명암의 차이로 나타난다.

조직:1-109는 조직:1-108과 같으나 실온으로 노냉한 조직으로, 이 처리로 α가 완전히 분리되고, 서냉으로 매우 조대한 입자가 다시 생성된다.

Widmannstätten 조직의 생성단계

석출물의 모양과 크기는 각각 특정한 조성의 석출, 그리고 각 반응속도와의 연관된 냉각 조건에 좌우된다. Widmannstätten 조직의 생성단계는 장미꽃 모양(rosette)(또는 skeleton) 형태를 가진 β+γ황동에서의 Widmannstätten 석출물을 보여주는데, 비록 γ석출물의 형상이 α의 바늘형 석출에서는 가능한 것처럼 조직이 잘 일치되든가 또는 정합을 이룰 수 있을지는 확실하지 않지만, 이것은 그림 1.21 4c합금 및 그림 1.72와 비교된다. 이러한 이유 때문에 장시간의 가열은 γ석출의 **구형화**(spheroidisation)의 원인이 된다.

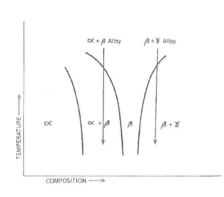

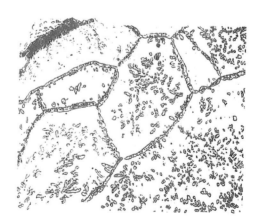

그림 1.72 α+β와 β+γ Cu-Zn 합금에서 Widmannstätten 구조를 형성하는 상 관계

조직:1-110 그림 1.72의 상 관계에 따른 β결정에서 γ상의 석출 조직

　　조직의 상태는 구성하고 있는 2개의 상의 비율에 따라 주어진 계에서조차도 약간 변화된다. 더욱이, 냉각속도가 증가함에 따라 석출물은 미세화 되고, 석출물은 감소한다. 입계 석출물은 입자 내의 석출물과 동일한 형상을 취하기도 하거나, 대신으로 그들은 부분적 또는 완전한 네트워크를 형성한다. 어떤 환경에서는 석출은 입계 위치에 제한되기도 하고, 이러한 경우에 비록 열적인 상 거동은 궁극적으로 동일하지만, 기하학적 배열은 Widmannstätten 구조의 특징사항들을 거의 정당화시키지 못한다.

　　함금이 주조나 고온에서의 생성되는 단일상이 냉각될 때 조직의 유형을 살펴보면, 조직:1-68에서 설명한바와 같이 2개의 상이 존재하는 온도에서 고온가공은 종종 두가지 조성이 길게 연신되어 나타난다. 이와 같이, α+β 황동에서 고온 가공된 합금의 조직을 조직:1-111에 나타내었다. 조직:1-111(a)는 고온, β단상의 조건에서 완전하게 가공된 합금의 전형적인 조직이다. 고온가공되는 동안에 β결정은 재결정화되고, 계속 냉각되는 동안 Widmannstätten 조직이 형성될 수 있다. 조직:1-111(d)는 α와 β상이 존재하는 영역에서 합금을 고온 가공하여 얻어지는 평범한 조직을 나타낸다.

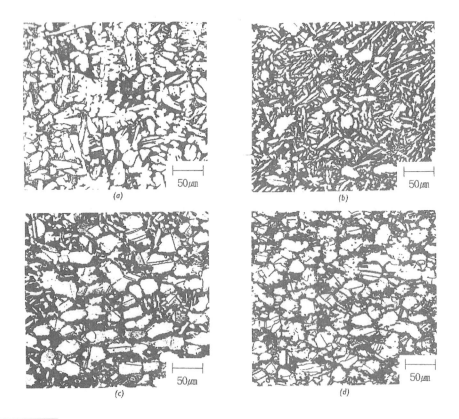

조직:1-111　a~d는 α+β황동을 매우 낮은 온도에서 고온 압연하여 생성된 조직(압연 방향은 지면을 통과하는 방향)

미세조직은 섬유상의 특징이며, 조성들은 일반적으로 가공방향으로 연신되어 있다. α는 쌍정으로 재결정된 입자들로서 존재하는 반면에, β는 어느 정도 각(angular)형태이다. 이러한 합금이 고온에서 가공될 때 조직은 최종의 α양을 포함하지 않으며, 가공 후 냉각속도에 따라서 약간의 α가 더 석출된다. 이러한 석출의 명백한 증거는 발견될 수 없으나, α는 조직:1-111(c)에 나타낸 바와 같이 각형의 β결정내에서 Widmannstätten 형성이나 바늘형으로 석출되기도 한다. 이러한 형태의 α+β 황동 합금의 이전조직에 관계없이, β상으로될 때까지 가열되어 냉각된다면, Widmannstätten 조직이 생성된다. 가끔 쌍정이 α상에 남아있고, 새로운 침상의 석출에서 발견될 수 있지만, 예를 들면, 조직:1-111(b)~(d)에 있는 이 조직이 나타난다. 합금이 α+β 조건에서 고온가공될 때 비록 Widmannstätten 조직이 없어지지만, Cu-Zn 합금에서 장시간 가열 자체로 기본적인 조직의 형상을 바꿀 수는 없다. 즉, α침상 조직은 보통 구형화되지 않는다. 이것은 α상 조직이 석출되는 동안에 β상 조직과 높은 정도의 정합으로 발달하기 때문이다. 그러므로, α/β상경계는 낮은 에너지를 가지며, 구형화를 위한 구동력이 거의 없다. 그러나, 가열 전에 상온에서 약간 변형된다면, α상은 구형화될 수 있다. 약간의 사전변형은 2개 상간의 정합성을 손상시키기에 충분하고 이때 분리된 α결정은 표면에너지가 최소화될 수 있도록 그들의 모양을 자유롭게 바꾼다. 만약 과도하게 가공되었다면, 가열 중에 재결정이 일어난다.

지연된 석출- 석출경화

주조나 변형 후에 냉각되는 동안 일어나는 조직에서 석출의 정도와 석출물의

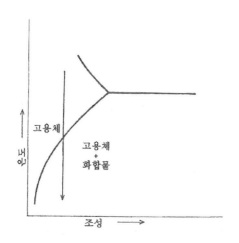

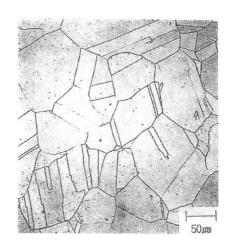

그림 1.73 시효경화 합금의 상(phase)관계

조직:1-112 용체화처리된 상태에서 특수 구리 합금

크기는 냉각속도가 증가할수록 감소한다. 열처리를 통한 열적인 조건의 변화에 의해 조직이나 특성들을 쉽게 조절할 수 있는데 그림 1.73(그림 1.21 합금④a)에서처럼 단단한 화합물(compound)의 고용체 내에 석출이 합금의 강도를 향상시킨다.

강화의 최적조건에서, 석출물은 일반적으로 석출이 국부적으로 좀더 빨리 진행되는 입계를 제외하고는 광학 현미경으로 관찰하기에는 너무 작다. 조직:1-112는 용체화 처리된 상태에 있는 특수 Cu합금이다. 조직:1-113(a)는 조직:1-112의 합금을 500℃에서 2시간 동안 가열하여 경도가 용체화 처리된 상태보다 2배 이상 증가했을 때의 조직이다. 석출물의 관찰은, 비록 입자들이 명암을 더 증가시키지만, 고배율 상태에서 작은 석출물은 입계에서 나타난다. 조직:1-113(b)는 700℃에서 2시간동안 과시효시킨 조직을 나타낸 것이다.

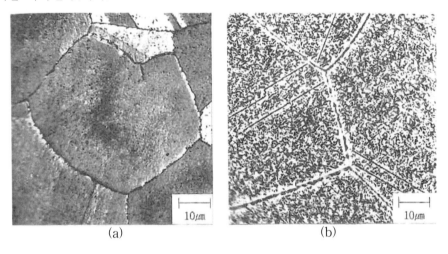

(a)   (b)

조직:1-113   조직:1-112와 같은 합금, (a) : 최고경도까지 시효처리, (b) : 과시효

가끔 입자 내에서 최적상태의 석출은 광학 현미경상에서 약간 그늘진 모습으로 나타나기는 하나, 보다 구체적으로 관찰하기 위해서는 분해능과 배율이 훨씬 뛰어난 전자 현미경을 사용하여야 한다. 조직:1-114는 석출물의 선명도를 향상시키기 위해 최고 경도값을 상회하도록 과시효시킨 알루미늄 합금의 전자 현미경 사진(100,000X)을 보여준다. 조직:1-115는 용체화처리된 상태와 상당한 정도의 과시효처리 후의 유사한 재료의 광학 현미경조직(60X)을 나타낸 것이다. 우측의 과시효 조직(조직:1-116에서 2,000배로 확대)은 비교적 미세하나, 배율이 50배나 더 확대된 조직:1-114와 비교하면, 정상적인 시효조건에서 나타나는 석출물은 아주 작다. 조직:1-115, 116은 CuAl$_2$ 금속간 화합물이 알루미늄이 부화된 고용체내에 석출된, 알루미늄-4%Cu 시편으로부터 나타낸 조직이다.

조직:1-114 시효된 Al합금의 전자 현미경 조직

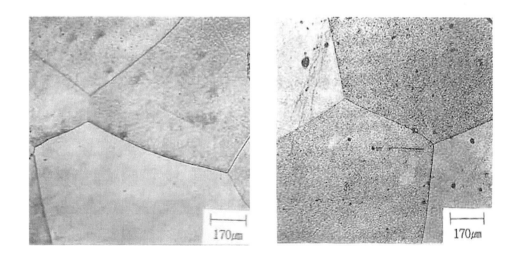

조직:1-115 Al-4%Cu 주조합금, 용체화처리 상태(왼쪽), 심하게 과시효된 상태(오른쪽)

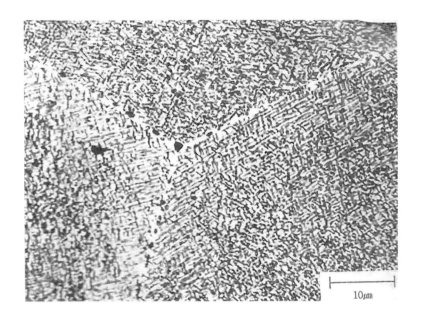

조직:1-116 조직:1-115의 오른쪽처럼 과시효된 Al-4%Cu 합금

(나) 공석조직

이 조직은 상태도[그림 1.21의 합금⑤또는 그림 1.74]에 나타낸 것처럼 등온변태 또는 새로운 2상을 형성하기 위한 고온상의 분해로부터 발생된다. 예를 들면, 0.8% 탄소를 포함하는 강에서, 단상의 고용체는 거의 순수한 철과 철탄화물로 변태한다. 반면

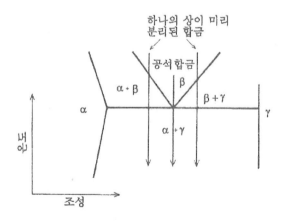

그림 1.74   공석반응에서 상(phase)관계

에, 11.8% 알루미늄을 포함하는 구리합금은 처음에는 화합물로 결정화되고, 냉각되면서 이 화합물은 등온적으로 고용체(알루미늄이 구리에 용해)와 또 다른 화합물로 변태한다.

이미 언급한 바와 같이, 평형온도에 도달하여 변태가 일어나는 경우는 매우 드물다. 어느 정도의 과냉각은 반응을 일으키는데 충분한 구동력을 제공하기 위해서 필수적이며, 실제적으로 강에 있어서는 온도가 평형조건보다 약 100℃정도만큼 감소하는 경우에는 변태속도는 급격히 증가한다. 이 온도 이하에서는 정상적인 공정반응이 방해된다. 일반적인 공석조직은 두 개 조성의 교차된 lamellar로 구성되어 있으며, lamellar는 pearlite 조직으로 알려져 있다.

변태는 원상의 입계에서 시작되므로 변태시간은 원상의 입자크기가 작을수록, 즉 핵생성을 위한 보다 많은 입계면적을 제공함으로서 단축된다. 공석조직은 작은 마디가 있는 구상(nodular) 혹은 장미꽃 모양(rosette)의(조직:1-117) 형태에서 발전하는데 점차적으로 전체 조직이 공석조직이 되고 고배율에서 lamellar형태를 나타낼 때까지 성장한다(조직:1-118).

Lamellar 조직의 간격은 변태온도가 낮아질수록 감소한다. 따라서 일정한 간격은 변태가 평형조건보다 낮은 온도에서 등온적으로 진행되도록 함으로서만 얻을 수 있다. 이러한 경우에라도, 미세한 시편은 lamellar 조직을 임의로 절단하였기 때문에 일정한 간격을 보이지는 않지만 서로 다른 변태온도에서 lamellar 조직의 평균간격 차이는 조직:1-119에 나타낸 바와 같이, 구리-알루미늄 합금을 평형 변태온도인 565℃보다 낮은 3개의 온도 즉, 548℃, 539℃그리고 526℃에서 성공적으로 변태된 경우에서 명확하게 볼 수 있다.

상온까지 연속적으로 냉각한 시편에서는, 변태는 어떤 온도범위 내에서 발생하고 조성간의 간격은 결과적으로 변한다. 그러나, 이러한 조직에서 전반적인 간격은 냉각속도가 증가하고 시편이 저온에서 더 많은 양의 변태를 하였을 때 감소한다. 결과적으로, 냉각속도는 너무 빠르고 여러 가지 비평형적인 조직이 형성될 것이다.

조직:1-117 구리-11.8%알루미늄 합금에서 장미형 공석(eutectoid rosette)의 성장

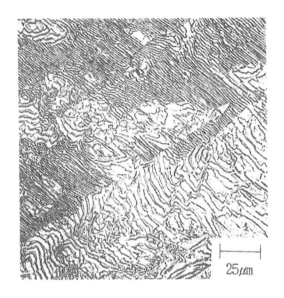

조직:1-118 Cu-11.8%Al 합금의 최종적인 공석 조직

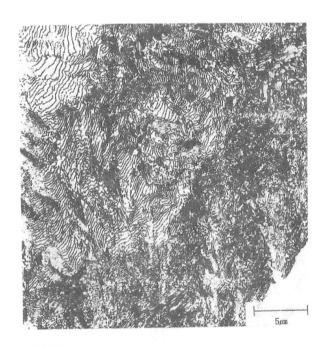

조직1-119 Cu-11.8%Al 합금에서 세 부분으로 된 변태 : 3개의 연속적인
온도에서 부분등온 변태에 의하여 형성된 3가지 다른 간격의 lamellar공석 조직

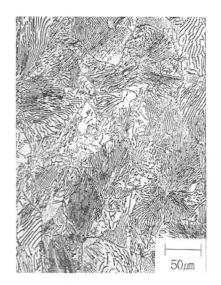

조직:1-120   0.8% 탄소강에서 노냉(좌)과 공냉(우)된 공석 조직

　연속냉각 속도의 차이에 의하여 형성된 조직상의 차이점은 조직:1-120의 0.8% 탄소강에서 나타냈다. 배율이 다르다는 점을 생각하며 두 그림을 비교할 때, 공랭(normalizing)된 시편에서 형성된 pearlite 조직이 노냉(annealing)된 경우에 비해 전반적으로 미세하다. 조직에 있어서의 이러한 차이점은 뚜렷한 경도의 차이를 초래한다.

　공석조성물의 lamellar조직 사이에는 약간의 정합성 혹은 원자적 형태의 일치성이 존재한다. 그러나 이러한 경향에도 불구하고, 강에서 pearlite가 결과적으로 평형 변태온도 바로 아래의 온도에서 가열될 때, lamellar사이의 상경계는 철탄화물이 점진적으로 구상화되는데 충분한 에너지를 아직 가지고 있다. 이러한 구상화는 이전에 받은 냉간가공에 의해 상당히 가속화된다.

　공석강에서 구상화된 조직은 강이 연속적인 서냉의 조건하에서 변태될 때 빈번하게 발생한다. 이러한 구상화 정도의 변화는 조직:1-121에 나타나 있고, 조직:1-120에서처럼 일반적으로 잘 형성된 조직에서도 자세히 관찰하면 약간의 구상화된 것을 발견할 수 있다. 따라서 평형 변태온도 바로 아래에서 공석조직은 직접적으로 이러한 조직으로 발달하는 것으로 나타났다. 그러므로 서냉되는 동안 강은 특정한 냉각속도 즉, 변태가 발생되는 온도영역의 고온부위에서의 지체시간에 따라, 다양한 양으로 조직이 구상화되어 변태한다. 더욱이, 냉각은 종종 변태 중에 발생되는 열에 의해 상당히 지연되기도 한다.

　높은 변태온도에서 과냉각이 작아지면, 이에 따라 변태반응을 위한 구동력이 작아지므로 변태는 탄화물 입자들이 최소의 표면에너지 상태, 즉 조대한 구상형으로 발전할 때만 발생할 수 있으므로 확산거리가 길어져 변태반응은 매우 늦게 일어난다. 반면에 변태가 낮은 온도에서 발생하면, 과냉각과 반응에 대한 구동력이 커지므로, 일방향으로 정렬된 lamellar조직이 형성될 수 있다. 이렇게 형성된 조직의 형상과 상대적 미세화는 짧은 확산 경로와 반응이 보다 빠른 속도로 진행되기 때문이다.

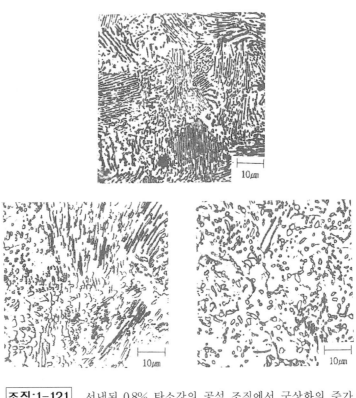

조직:1-121 서냉된 0.8% 탄소강의 공석 조직에서 구상화의 증가

초석(pro)-공석상의 분리

실질적인 공석조성의 합금은 공석반응만이 발생하는데 반해서, 그림 1.21의 합금⑥이나 그림 1.74에서 보는 바와 같이 공석이외의 다른 조성의 합금에서의, 공석반응은 우선 상당한 양의 고상, 예를 들어 α상이 분리되면서 진행된다. 이러한 공석반응 이전의 상분리는 9.4%와 11.8% 알루미늄을 포함하는 구리합금 조직:1-122에서처럼 종종 Widmannstätten 조직을 형성한다. 더욱이 과잉상의 존재는 공석영역에서 보다 불규칙한 조직을 초래하며, 불규칙성은 알루미늄의 양이 감소할수록 증가한다(조직:1-123, 124).

강에서, 공석조직은 보통 이러한 조건에서는 lamellar조직으로 남는다. 많은 경우에,

특히 가공재료에서 과잉상은 단순하게 망조직(network)으로 존재한다(조직:1-125).

　반면에, 저탄소강에서의 조직은 궁극적으로 작은 영역의 공석조직을 포함하는 철입자로 구성되어 있다(조직:1-126).

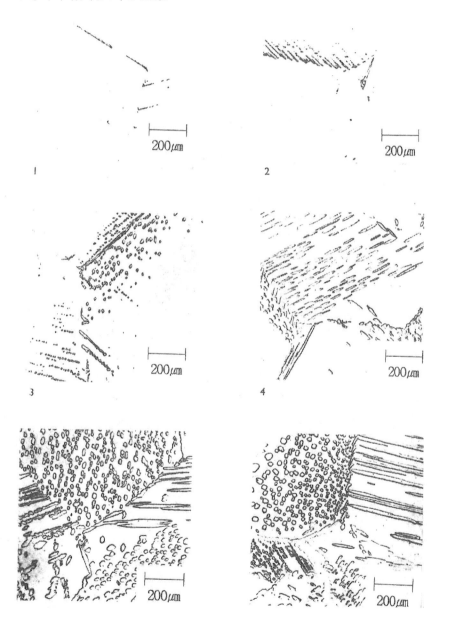

조직:1-122　Cu-11.3%Al 합금에서 Widmannstätten생성을 가진 α상의 초석분리 단계

　강에서, 과잉조성에 의한 Widmannstätten 조직 형성 경향은 보통 어떤 특정한 조건에서만 일어나는데, 즉, 원래의 입자 크기가 크거나 혹은 냉각속도가 비교적 빠를 때 발생한다(조직:1-127).

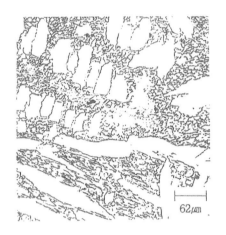

조직:1-123　　Cu-11.3%Al 합금의 불규칙한 공석 조직에서 침상 α상

조직:1-124　　Cu-10%Al에서 잉여α상과 아주 불규칙한 공석 조직

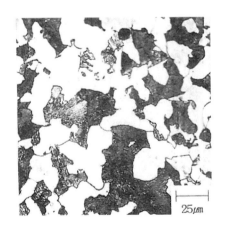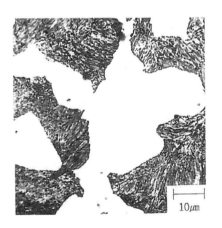

조직:1-125　　서냉된 0.35% 탄소강에서 과잉 철부화(iron-rich)상과 공석 조직

조직:1-126 연강의 가공상태에서 전형적인 조직

조직:1-127 0.35%탄소강, 공랭 조직

―――――――――― 연 구 과 제 ――――――――――

1. 순금속의 응고과정

2. 용융금속의 핵생성 및 성장기구

3. 수지상 결정의 성장기구

4. 냉각곡선, 과냉현상

5. 결정립자의 크기와 강도

6. 금속의 결정구조와 성질과의 관계

7. 지렛대 법칙을 이용한 상의 양 계산

8. 혼합상의 종류와 특성

9. 공정생성 기구

10. 포정생성 기구

11. 고용체의 종류와 특성

12. 금속의 확산현상(확산법칙, 확산기구, 확산실험)

13. 금속결함의 종류와 특성

14. 금속의 소성변형 기구

15. 재결정과 결정립자 성장

16. 미세조직에 미치는 인자

17. 용접부 조직관찰

18. 소결합금 조직관찰

19. Widmannstätten조직 생성

20. 공석조직

♧ 실 험 과 제

1. 결정립자 관찰
  (a) 순수한 Zn(사형주조) : 주상(columnar)조직 관찰
  (b) 순수한 Al(금형주조) : 용탕의 응고속도를 조절하여 각종 형상의 결정립자 관찰
  (c) 고용체(Cu-30%Zn합금 : 사형주조)의 수지상정(dendrite)조직 관찰

2. 냉각곡선 및 상태도 작성
  Pb-Sn합금(100%Pb, 90%Pb-10%Sn, 60%Pb-40%Sn, 38%Pb-62%Sn, 20%Pb-80%Sn, 1.5%Pb-98.5%Sn, 100%Sn시편을 제작)열분석.

3. 금속의 확산 현상 관찰
  직경 25mm로 정밀가공한 70%Cu-30%Zn황동봉을 내경 9.9mm로 드릴링하여 정밀 연마한 직경 10mm의 순수한 Cu봉을 끼워맞춤하고 800℃로 annealing하여 15분, 30분, 60분 및 120분간 유지한 후 공랭하여 절단면의 조직을 관찰한다.

4. 금속내부 결함 관찰
  (a) NaCl 덩어리를 무수 methyl alcohol에 수초간 담근 후 건조시켜 etch pit를 관찰
  (b) 70%Cu-30%Zn합금을 연마 부식하여 전위, 입계 및 쌍정경계 등을 관찰

5. 금속의 재결정 조직 관찰
  (a) 냉간가공한 99.9%Cu(ETP110)의 6개 시편을 800℃에서 2시간 annealing, 공랭하고 재결정온도이하에서 50%압축률로 압축가공하여 800℃에서 2시간, 4개 시편은 400℃에서 10분, 30분, 1시간 및 2시간 동안 annealing하고 마지막 시편을 연마하여 경도와 조직을 관찰한다. 조직검사 후 마지막 시편을 100℃에서 2시간 annealing처리 후 공랭
  (b) 순수한 Al판을 600℃에서 15분간 soft annealing하고 수냉하여 굽힘반경 200mm로 밴딩한 후 600℃에서 30분간 재결정 annealing하여 수냉하고 연마, 부식 후 재결정조직 관찰

6. 두께 19mm A-710강판을 서버 머어지드 아크 용접한 후 용접부, 열영향부 및 기지금속 조직 관찰, 두께 13mm Ti-6Al-4V합금을 자동 single-pass 가스텅스텐 아크용접한 조직 관찰

7. Widmannstätten 조직 관찰
  28%Cu-42%Zn황동의 석출조직(800℃에서 1시간 가열후 수냉)관찰

제 2 장
현미경 조직검사

제 2 장

현미경 조직 검사

제 2 장

현미경 조직검사

2.1 조직검사의 목적

각종 재료로 제조된 부품의 외관 결함은 용이하게 발견할 수 있으나, 내부결함은 찾아내기가 용이하지 않다. 국산부품과 외산부품을 비교하면 외관은 동등한 수준이나, 수명 및 성능의 차이가 있다고 흔히 얘기되고 있는데 이 이유는 재료의 내부구조 즉 미세조직의 차이에 기인하는 것이라 알려져 있다. 일반적으로 재료의 제반 성질은 그 미세 조직과 밀접한 관계를 가진다. 즉 어떤 재료의 미세조직을 현미경으로 관찰하면 석출 상이나, 결정립의 형상 또는 편석, 기공부분의 상황 등을 판별할 수 있어, 재료의 성질과 재료조직과의 관계를 규명할 수 있다. 따라서 재료의 사용 중에 발생하는 각종 파단 및 사고의 원인규명에 없어서는 안되는 것이 조직검사 기술이며, 일선 생산 현장에서도 신뢰성 있는 양질의 각종 부품 또는 중간재를 수요자에게 공급하기 위한 방안의 하나로 조직검사를 통한 품질관리 기법이 널리 이용되고 있다.

조직관찰은 대별하여 **파단면 검사**, **미세조직 검사**, **매크로조직 검사**로 나눌 수 있다. 파단면 검사는 파단면을 육안, 광학 현미경, 전자 현미경 등으로 관찰하는 것으로, 파단의 형태 및 원인분석에 이용이 된다. 미세조직 검사는 결정립 내 또는 입계 등의 눈으로 보이지 않은 상황의 관찰을 위하여 광학 현미경, 전자 현미경 등을 이용한다. 매크로조직 검사는 육안 또는 50배 이하의 저배율로 확대하여 결정의 입도 및 성장 방향, 결함 등의 검사에 이용되고 있다.

인간 눈의 **분해능**은 0.1~0.2mm (10^{-4}m, 100μm)로 알려져 있다. 따라서 육안으로는 이 정도의 크기를 관찰할 수 있으며, 이보다 작은 경우는 광학 현미경으로 관찰할 수 있는데 광학 현미경의 배율은 500배 내외가 보편적이므로 광학 현미경으로는 10^{-6}m(1μm) 대의 크기의 대상물을 관찰 할 수 있다. 이 보다 더 작은 시료는 분해능이 높은 전자 현미경을 이용하여야 하는데, 관찰 대상을 크기별로 나타내면 그림 2.1과 같다.

현미경 조직 시험법은 그 목적에 따라서 광학 현미경에 의한 조직검사와 전자현미경에 의한 조직검사로 나눌 수 있다.

일반적으로 광학 현미경(optical microscope)에 의한 조직검사 방법이 가장 많이 쓰이며, 50배 이하의 저배율 현미경과 100~2,000배의 고배율 현미경이 있다. 전자 현미경은 더욱 상세하게 조직을 관찰하거나 파단면 또는 미세조직 중의 화학성분의 정량화 및 결정방위의 측정 등에 이용되는데, 대표적인 것으로는 주사 전자 현미경(SEM, Scanning Electron Microscope)과 투과 전자 현미경(TEM, Transmission Electron Microscope)이 있다.

결정구조 ◀◀◀◀◀ 결정립, 미소결함 ◀◀◀◀◀ 실제부품
(전자현미경)   (광학 현미경, 루페)   (육안)

Å   nm   μm   mm cm   m
10^{-10}—10^{-9}—10^{-8}—10^{-7}—10^{-6}—10^{-5}—10^{-4}—10^{-3}—10^{-2}—10^{-1}—10^{0}—10^{1}

그림 2.1   대상시료의 크기별 관찰 방법

사용기기의 배율 및 분해능에 따라서 관찰대상 시료의 크기 및 형상이 달라지며, 또한 시료의 준비방법도 달라진다. 특히 광학 현미경 관찰에서는 시료 연마 등의 준비가 잘 되어야 원하는 조직관찰의 목적을 달성할 수 있는데, 이 장에서는 광학 현미경을 이용한 조직검사에 대하여 살펴본다.

2.2 조직관찰 시료의 준비

조직관찰 시료의 준비방법은 재료의 종류에 따라서 다양한 방법이 이용되고 있는데 공통적인 수순은 표 2.1과 같으며, 목적에 따라 중간 단계의 연마까지만 하는 경우가 있다. 그러나 현미경 조직관찰을 위해서는 대부분의 경우 광택연마까지가 요구

된다.

준비는 크게 두 단계로 나누어진다. 첫 번째 단계는 **절단, 마운팅, 조연마**(粗硏磨)의 과정이며, 두번째 단계는 **정밀연마, 광택연마, 부식** 그리고 **세척 및 건조**과정으로 이 단계까지 마치면 현미경 관찰이 가능해진다.

표 2.1을 보면 각 과정마다의 세부방법이 있으며 재료에 따라서 최적의 방법을 선택하여야한다. 이러한 현미경 관찰을 위한 시료의 준비방법을 이용하면 조직관찰 이외에 경도의 측정이라든지, 화학조성 분석용 시료의 준비도 가능하다. 예를 들면 브리넬 경도의 측정은 시료의 표면을 #50~#180의 연마지로 연마한 상태에서 가능하고, 미소경도인 마이크로 비커스 경도를 측정하기 위해서는 현미경 조직 관찰을 위한 시료의 표면과 같은 정도로 연마하여야 한다.

그림 2.2는 조직관찰의 흐름도를 나타낸 것으로 각 과정의 종료 후 시료의 표면을 검사하여 만족하지 못할 경우는 그 전 단계로 되돌아가서 다시 하여야 올바른 현미경 조직관찰을 할 수가 있다. 각 단계의 설명은 다음과 같다.

표 2.1 조직관찰 시료의 준비과정

준비과정	세부방법	용도
절단 (sectioning)	기계적 절단 용단 전기화학적 절단 방전가공 절단	
마운팅 (mounting)	기계적고정 매몰	
조연마 (rough grinding) ~#100	기계적 연마 전기화학적 연마	브리넬 경도측정 발광분광 분석
정밀연마 (fine grinding) ~#1200	기계적 연마 전기화학적 연마 화학적+기계적 연마	록크웰 경도측정 비커스 경도측정 쇼어 경도측정 매크로조직 관찰
광택연마 (polishing)	기계적 연마 전기화학적 연마 화학적+기계적 연마	미소 경도측정 현미경조직 관찰
부식 (etching)	광학적 부식 전기화학적 부식 물리적 부식	
세척 및 건조 (cleaning & drying)	초음파 세척 유수 세척	

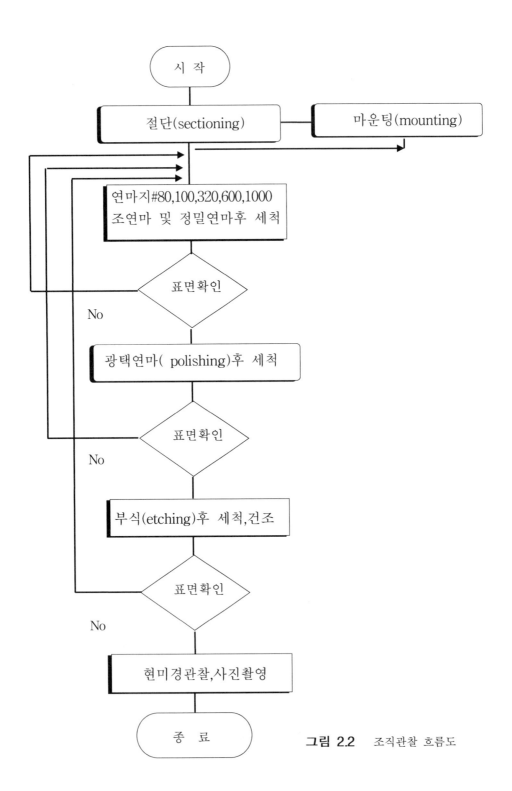

그림 2.2   조직관찰 흐름도

2.2.1 시편의 채취

시편 준비의 첫 단계로 검사 목적에 따라 재료의 알맞은 부분을 채취하여야 하며, 채취한 시편이 재료의 전체를 대표할 수 있어야 한다. 예를 들어, 결함의 원인 규명을 위하여 결함 부위를 채취하여야 하고, 압연 및 단조 가공을 한 재료는 횡, 종단면을 채취하여 조사하여야 한다. 또한 탄소강의 경우, 열간 가공한 재료는 표면이 산화 또는 탈탄되었기 때문에 채취부분을 잘 선택하여야 한다. 이 선택된 시편이 절단 중 가열되면 조직의 변태가 일어나는 경우가 있으므로 아주 조심하여야 한다.

시료의 채취방법에는 기계적 절단, 용단, 전기화학적 절단, 방전가공 절단방법이 있으며 그 개요는 표 2.2와 같다. 채취하는 시료의 크기는 가로, 세로 각 1~2 cm 또는 원형인 경우 직경이 1~2 cm가 일반적이며 박판, 와이어 등과 같이 작은 시편은 시편매립제를 사용하여야 한다.

(가) 절단방법의 선택

절단하는 재료의 물리적 및 화학적 특성에 따라서 절단방법을 선택한다. 경도가 높지 않은 재료는 보통 쓰이고 있는 쇠톱으로 절단 가능하며, 직경이 큰 재료는 기계톱을 사용하여 절단한다. 톱으로 절단하는 경우에는 절단면이 거칠므로 줄 또는 벨트그라인더(그림 2.3)나 굵은 연마지를 사용하여 전처리를 한다. 보다 깨끗한 절단면을 원하거나 경도가 높은 재료를 절단하는 경우에는 다음와 같이 휠 절단법을 선택하여 절단한다.

휠 절단법은 일반 강재, 합금 등의 절단에 널리 사용되며, 철계 합금은 알루미나 휠로, 비철합금은 SiC 휠로, 매우 경한 금속이나 탄화물, 세라믹은 다이아몬드 휠로 절단하는 것이 좋다. 미세한 부품이나 신소재, 광물 시편 등의 절단은 **정밀 절단기**(precision saw)를 주로 이용한다. 이 절단기(그림 2.4)는 아주 얇은 다이아몬드 휠을 저속 및 고속 (0 ~ 300 rpm 또는 200 ~ 5,000 rpm)으로 회전시켜 각종 재료를 절단한다. 이 절단기는 마이크로미터(micrometer)를 이용하여 좌우로 이동시킬 수 있으므로 원하는 두께만큼의 시편 절단이 가능하다.

절단방법에 따라서 절단면의 변형층 깊이는 달라지는데, 절단방법과 피절단재료에 따른 절단 시의 변형층의 깊이는 그림 2.5와 같다. 통상의 고속 휠 커터에 의한 변형이 피절단 재료에 관계없이 가장 크고, 저석 다이아몬드 날을 이용한 절단에 의한 변형이 가장 작다. 현미경 관찰은 시료의 표면을 보는 것이므로 표면에 변형층이 그대로 남아있는 상태에서 시료준비 작업이 완료되었을 경우 원하는 조직의 관찰을 할 수가 없게 되므로 절단방법의 선택에 신중을 기하여야 한다.

표 2.2   시료채취 방법의 개요

절단방법	세부방법		
기계적 절단	분할	습식분할	톱절단 선반절단 비금속 커터절단
		건식분할	초음파 절삭 분말조사 절단
	해머충격 절단		
용단	산소 절단		
	아크 절단		
	플라즈마 절단		
전기화학적 절단	산에 의한 표면연삭		
	산에 의한 절단		
	산 취입 절단		
방전가공 절단	선상전극		
	봉상전극		

그림 2.3   벨트 그라인더   **그림 2.4**   정밀 절단기

(나) 주의사항

절단할 시편은 절단방법에 관계없이 바이스(vise)로 잘 조여서 절단 도중에 움직이
지 않도록 한다. 그렇지 않으면 날이 부러지거나 시편의 정확한 절단이 어렵다. 그리
고 시편에 가하는 힘의 조절에 주의해야 하며, 절단 중 열에 의한 변형 방지를 위하
여 적당하고 일정하게 **냉각수**를 공급하여야 한다. 냉각수 속에서의 절단이 가장 좋
으나 대부분의 절단기에서는 절단면에 직접 냉각수를 분사하므로 이와 유사한 효과

를 얻는다. 이 때 주의해야 할 점은 냉각수에 의한 절단 날의 휨 등이 발생하는 수가 있는데, 이때는 냉각수의 량이나 분사거리 등을 조절하여야 한다.

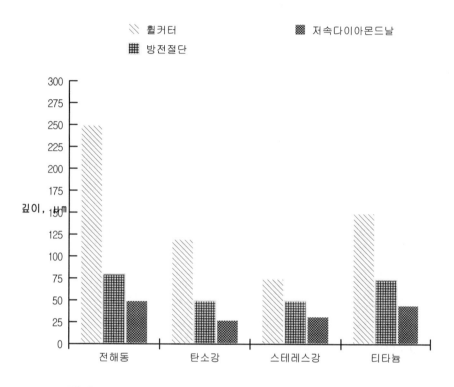

그림 2.5   절단방법과 피절단 재료에 따른 절단 시의 변형층의 깊이

절단 후에는 줄 또는 벨트 그라인더를 이용하여 원주부 가장자리의 각진 부위를 둥글게 하여주고 마지막으로 잘라진 부위에 남아있는 절단편을 반드시 제거하여 준다. 절단편이 남아있거나 각이 져 있는 상태에서 연마기를 사용하여 연마하면 그 부분에 걸려서 연마지가 찢어지기 쉽다. 그러나 표면의 침탄층, 도금층 등 시료의 가장자리부위의 관찰이 중요한 경우에는 각이 진 부위가 둥글어지지 않도록 하고 절단편을 제거한 후 연마에 세심한 주의를 기울여야 하는데 이 경우는 대부분 마운팅하여 연마한다.

2.2.2 마운팅(mounting)

조직관찰을 위해서는 시료의 연마가 잘 되어야 하는데 시료를 잘 연마하기 위해서는 시료가 손에 잘 잡히도록 하여야 한다. 즉 시료를 잘 고정시켜야 한다. 시료의 고정 방법은 다양한데 **기계적으로 고정**시키는 방법과 **마운팅**하는 두가지로 대별된다. 그 개요는 그림 2.6과 같다.

나사를 이용하여 시료를 기계적으로 고정시키는 방법은 오래 전부터 이용되어온 간단한 방법으로 경제적이며, 고정치구의 재료는 철, 알루미늄, 동계 합금이 사용되고 있다. 그림 2.7에서와 같이 관상, 판상의 고정치구가 사용되며, 불규칙한 모양의 시료를 고정시킬 때에는 완충재를 삽입하기도 한다.

마운팅은 연마 시 시편을 간편하고 안전하게 처리 가능하게 할 뿐만 아니라 시편의 가장자리 부분의 보호에도 한몫을 한다. 직경 20mm 이상의 봉재나 이 정도 크기의 각재 등은 시료를 손에 잡고 연마할 수 있으므로 마운팅 과정을 생략하고 곧바로 조연마 단계로 간다. 그러나 연마되는 면적이 넓을수록 연마 시 관찰면의 편평도 유지가 어려워지므로 손에 잡을 수 있는 시료라도 일부분의 조직관찰로 충분한 경우에는 시료의 일부를 잘라내어 마운팅하여 연마하는 것이 훨씬 효율적이다. 특히 스텐레스강과 같이 인성이 있는 재료나 공구강과 같이 경도가 높은 재료는 마운팅하는 것이 유리하다.

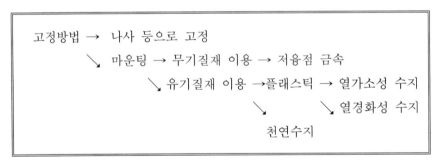

그림 2.6 시료의 고정방법

마운팅 방법에는 마운팅 재료가 액체인 경우와 고체인 경우로 나누어진다. 액체인 마운팅 재료를 사용하는 경우에는 원통 상의 틀을 이용하여 그 안쪽 바닥에 시료를 넣고 마운팅 재료를 부어 넣고 경화시킨 후 틀을 벗겨내는 방법이다. 무기질재료를 이용하는 방법은 저융점 금속을 녹인 후 시료를 놓고 틀에 붓는 방법이다. 저융점 금속은 재사용이 가능하다는 장점을 가지고 있으나 일단 녹여야 하는 번거로움이 있어서 그다지 많이 사용되지 않고 있다.

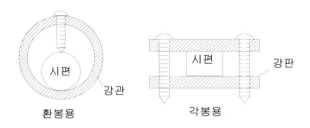

그림 2.7   고정치구의 예

 유기질재료를 이용한 마운팅 방법이 널리 쓰이는 방법으로, 유기질재료를 이용한 성형에는 **성형기**(mounting press, 그림 2.9)의 열 및 압축을 이용하는 방법과 상온 경화의 두 가지 방법이 있다. 두 방법 모두 수지의 재사용은 불가능한데, 이 중에서 간편하게 마운팅할 수 있는 방법이 수지를 이용한 **상온 경화법**이다. 상온 경화는 아크릴, 에폭시, 폴리에스터수지 등의 다양한 수지와 경화제를 이용하여 틀 속에 시료를 놓고 수지와 경화제를 섞은 후 부어 넣는데, 경화 시간은 수지와 경화제 양에 따라 5분에서부터 8시간 정도이다. 상온 경화를 위한 도구로는 밑판으로 쓰이는 두꺼운 유리판과 성형틀만 있으면 되므로 간편하며, 틀이 여러개 있으면 동시에 다수의 시편을 마운팅할 수 있으므로 가장 널리 쓰이고 있다. 또한 육안으로 보면서 수지를 틀속으로 주입하므로 마운팅 높이의 조절이 용이한 장점도 있다. 그러나 경화제 첨가량이 많은 경우에는 균열이 생기며, 너무 적으면 연해지므로 주의하여야 한다. 그리고 수지와 경화제를 섞을 때 기포를 최소화하여야 한다. 그림 2.8은 상온 경화방법에서 수지를 주입하는 장면이다.

 상온 경화는 마운팅이 열압축성형 마운팅에 비하여 견고하지 않으므로, 금속재료 중에서 경도가 아주 높지 않은 시료나 열이나 압력에 약한 시료의 마운팅에 적합하다. 압축성형을 위해서는 성형기(그림 2.9)가 필요한데, 수지는 작은 고체덩어리인 열경화성 페놀 수지, 열 가소성 아크릴 수지 또는 다이알 수지를 사용한다. 성형기 내부 틀에 시료를 놓은 후 그 위로 수지를 적당량 넣고 135℃~150℃ 온도에서 녹여 3,000 ~ 4,200 psi의 압력을 가한 후 냉각하여 시편을 만든다.

 성형될 시편의 크기는 지름이 25~40mm의 범위에서 선택 가능하다. 이 방법은 열 및 압력에 의해 손상을 입지 않는 일반 금속 재료 등에 널리 사용되며, 마운팅이 견고한 장점이 있어서 시료의 가장자리를 볼 경우에는 매우 유리하다. 이 방법을 사용할 때의 주의점은 수지를 틀 속으로 부을 때 밖에서 보이지 않으므로 시료의 크기에 따라서 마운팅 높이가 너무 높아지든지 낮아지므로 거울을 이용하여 보면서 정해진 선까지 수지를 넣도록 한다. 또한 온도나 압력이 적절하지 않으면 수축이나 크랙이 발생하는 경우가 종종 있다.

　침탄시료와 같이 시료의 표면에서부터의 침탄층의 관찰이나 미소경도를 측정하기
위해서는 시편의 가장자리 보전(edge retention)이 필요한데 이 경우에는 마운팅 단계
부터 세심한 주의를 요한다. 대부분의 수지가 전기 절연체이므로 전해연마 그리고 주
사 전자 현미경(SEM) 등의 시료의 마운팅에는 전기 전도도가 좋은 수지도 사용된다.

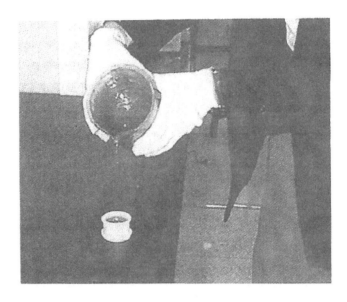

그림 2.8　상온경화 장면

그림 2.9　마운팅 프레스　　　그림 2.10　전기진동 인그레이버

시료가 많은 경우는 시료명을 새겨놓지 않으면 시료의 구분이 어려워지므로 조연마가 끝나면 시료에 시료명을 **각인**해 놓아야한다. 사인펜 등은 연마, 부식의 과정에서 지워지므로 전기진동 인그레이버(engraver, 그림 2.10)를 사용하여야 한다.

2.2.3 조연마(rough grinding)

이 단계는 절단 시 열에 의하여 변형된 조직 및 산화잔류물 등을 제거하며 시편의 표면을 평활하게 만드는 작업이다. 이에 적절한 장비로는 벨트형 연마기 및 원형 연마기가 있는데 벨트형 연마기가 원형 연마기보다 더욱 효율적이다.

연마포는 두 가지 종류가 있으며 탄화규소(SiC)가 가장 일반적이며, 조연마에서는 통상 150㎛의 입도보다 큰 것이 사용된다. 지르코니아, 알루미나와 세라믹 복합재 벨트는 백주철 등과 같이 특별히 경한(hard) 재료에 사용한다. 이 벨트는 절단 및 냉각 효과가 높고 내구성이 우수하다. 냉각수를 사용할 수 없는 경우 (발광 분광 분석기용 시편 준비 등)에는 냉각수 순환장치 대신 진공 먼지 흡입 장치를 사용하며 연마 속도를 천천히 한다.

2.2.4 정밀연마(fine grinding)

연마방법에는 **기계적 연마**, **화학적 연마**와 **전해 연마**법이 있다. 이 중 기계적 연마가 가장 많이 이용되고 있어서 통상 연마하면 기계적 연마를 말하는 것이다.

정밀연마는 광택 연마에 앞서 원하는 조직을 얻기 위한 표면의 거칠기를 일정하게 해주는 단계이다. 연마면에는 연마홈이 없어야하고 소성변형량이 적어야 하며, 연마면은 경면이 되어 있어야한다. 그림 2.11은 많이 쓰이고 있는 기계연마기이다.

그림 2.11   연마기

연마지에는 **습식 연마지**와 **건식 연마지**의 두가지가 있다. 건식 연마지는 나사지에 에머리(emery, 코런덤과 자철광 등의 혼합광물) 분말을 아교질 접착제로 도포한 것이다. 습식 연마지는 탄화규소(SiC)분말을 그래프트지에 합성수지계 접착제로 도포하고, 내수처리를 한 것으로 냉각수를 흘리면서 사용할 수 있다.

정밀연마에서는 **실리콘 카바이드 연마지**(SiC)를 가장 많이 사용하는데 이는 에머리 연마지보다 물에 강하여 건식이나 습식 모두에 사용 가능하기 때문이다.

표 2.3   SiC 습식 연마지의 입도

유럽규격	미국규격	평균입경 (μm)	입경분포 (μm)	KS규격 (KS L6004)	
				연마재번호	연마재입도 (μm)
–	60	325		–	–
60	80	260	500~212	–	–
80	–	196	355~150	–	–
100	100	154	300~125	–	–
–	120	137	–	–	–
120	–	120	212~90	–	–
–	150	110	–	–	–
150	180	95	180~75	–	–
180	–	75	150~63	–	–
–	240	71	–	–	–
220	280	65	125~53	–	–
240	–	59	110~44	240	80
280	320	52	101~39	280	67
320	–	46	94~34	320	57
400	–	35	81~25	360	48
500	400	31	77~21	400	40
600	–	26	72~18	500	34
800	500	22	67~15	600	28
1000	600	18	63~12	700	24
1200	연마포	15	58~10	800	20
2400	–	10	–	1000	16
4000	–	5	–	1200	13

습식연마에서는 ㉠시편의 발열이 억제되고 ㉡ 연마지의 눈사이의 막힘이 방지되고 ㉢ 금속 연마분의 찌꺼기가 모이지 않고 ㉣ 연마시간이 단축되는 등의 이점이 있다. 따라서 습식 연마지에 의한 기계연마가 주류를 이루고 있다. 연마지에는 제조원 별로

독자적인 입도표시가 되어 있는데, SiC 습식 연마지의 호칭번호 및 평균입경, 입경분포는 표 2.3과 같다. 유럽규격과 미국규격의 호칭번호가 다른 것을 알 수 있으며 KS규격은 유럽 규격과 유사하다. 입경의 분포는 제조 메이커에 따라 입도분포가 좁은것과 넓은 것이 있어서 연마지 제품의 신뢰도에 영향을 끼치게 된다.

정밀연마에서는 통상 80μm (습식 연마지 번호 #240)의 입도로부터 10~20μm(습식 연마지 번호 #1200)까지의 연마지가 사용된다. 건식 연마지는 연삭력이 약하나 깊은 흠이 생기지 않으므로 각 입도의 연마지를 순차적으로 이용하여 연마하는 것이 좋다. 습식연마는 연삭력이 크므로 입도번호를 건너뛰어 이용하여도 별 차질은 없다. 그러나 연삭흠이 깊으므로 미세한 입도의 연마지까지 연마하여야한다.

연마 중 주의하여야 할 사항을 정리하면 다음과 같다.

첫째, 기계연마에서는 연마지를 붙인 회전원판 상에 시편을 가볍게 눌러서 단시간 내에 연마한다. 수동연마에서는 밑바닥에 두꺼운 유리를 깔고 시편을 손으로 잡고 몸쪽에서 먼 쪽으로 한 방향으로 밀면서 연마한다. 수동연마이든 기계연마이든 우선 굵은 연마지로 일정방향으로 연마하고 그 다음 연마지에서는 시편의 방향을 90도 바꾸어서 이전과 **직각방향**으로 연마한다(그림 2.12). 이 방법으로 이전 연마지에서의 흔적이 없어진 것을 확인하고 그 다음의 가는 연마지로 넘어간다. 그러나 알루미늄과 같은 연질금속에서는 시편의 방향을 90도 바꾸어서 하지 않고 30~45도 각도로 하는 것이 빠를 경우도 있다.

둘째, 시편에 무리한 힘을 가하지 않아야 한다. 거친 연마에서는 시편이 빨리 닳기 때문에 시편에 무리한 힘이 가해지면 연마면이 평활하게 되지 않는다. 시편을 누르는 압력이 너무 강하면 시편 표면온도가 너무 많이 상승하거나 변형량이 많아진다. 또한 연마시간이 너무 길면 표면에 굴곡이 생길 우려가 있다.

연마 후에는 표면에 **변형층**이 생기는데 연마재 직경과 표면 변형층의 깊이와의 관계는 그림 2.13과 같다. 그림에서 변질층의 깊이는 변형층과 표면조도의 깊이를 합한 것이다. 이 중에서 변형층 깊이는 SiC 연마지의 입도 분포와 밀접한 관계가 있다. 같은 번호의 연마지라도 입도는 한 가지가 아닌데 이 중에서 가장 큰 입자의 크기에 영향을 많이 받는다. 그림을 보면 연마지가 #500 보다 가늘어지면 변형층의 깊이가 급격히 감소하고 있다. 그러므로 굵은 연마지에서 장시간 연마하는 것은 의미가 없다. 가는 직경의 연마지에서 시간을 길게하고 가벼운 힘으로 시료를 누르면서 연마하는 것이 효율적이다.

연마 시 생기는 변형층의 단면도는 그림 2.14와 같다. 윗부분의 점선표시 및 검은 부분은 정밀연마 시 생긴 표면의 요철이나, 광택연마 과정에서 튀어나온 하얀 부위가 검은 계곡부위로 메꾸어져서 표면이 평평하게 되는 것을 나타낸 것이다.

셋째, 연마지를 다음 단계의 가는 연마지로 바꿀 때마다 시편과 손의 연마분 등을 잘 씻어내어 굵은 연마지의 사립과 금속분이 다음 단계의 가는 연마지 면에 절대로

옮아가지 않도록 한다. 또한 시편에 부착된 찌꺼기는 흐르는 물 또는 초음파 세척기
로 제거한다.
  넷째, 기계연마 시에는 마찰열에 의하여 조직이 변화되기 쉬우므로 반드시 물을 흘

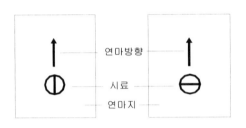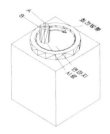

그림 2.12 수동연마와 기계연마 시의 연마방향

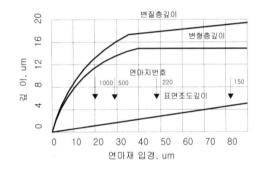

그림 2.13   연마재 입경과 변형층 깊이

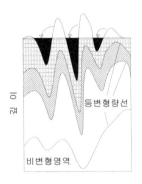

그림 2.14   연마 시 표면 부근의 구조

려가면서 연마하여야 한다. 그러나 냉각수의 양이 너무 많을 경우 수막 현상에 의해 시편의 연마에 영향을 주므로 적당한 양을 공급해야 한다.

다섯째, 연질 재료를 연마할 경우, 시편의 표면에 연마지가 박히지 않도록 파라핀이나 알콜, 석유 또는 벤젠 등을 묻혀서 연마한다.

여섯째, 정밀연마 단계에서는 연마지를 바꾸어 가면서 연마를 하게 되는데 각 단계로의 이동 시에 시간이 걸리는 경우에는 시료면을 바닥으로 하여 테이블위에 놓는 것이 좋다. 왜냐하면 녹슬기 쉬운 재료는 시료면이 위로 향할 경우 그만큼 공기와의 접촉이 많아져서 산화되기 쉽기 때문이다.

2.2.5 광택연마(polishing)

광택연마는 정밀연마에서 남은 $10 \sim 20 \mu m$ 입도의 연마흠을 제거하여 경면상태로 만드는 작업이다. 또한 정밀연마에서 남은 시편 내부의 변형층을 제거하는 작업이기도 하다. 버프(buff)연마라고도 하는데, 연마기에서 연마재의 현탁액을 떨어뜨리면서 연마한다. 연마포는 연마재의 지지체가 되는데, 보푸라기가 없는 직물과 휄트(felt) 상의 것, 안쪽에 단섬유를 수직으로 전착한 것 등이 있으며 각각의 성능은 다르다.

보푸라기가 없는 직물은 경하고 연마재 입자를 거의 탄성의 상태로 지지하므로 연마능력은 뛰어나나 시편 내부에 변형층이 발생하기 쉽고 또한 연마찌꺼기에 의한 흠이 생기기 쉽다. 보푸라기가 길고 부드러운 것은 시편표면의 굴곡에 따라서 변형되므로 시편표면의 평면성이 불완전하여도 연마 가능하나, 연한 상과 경한 상 등이 혼재하고 있는 시편에서는 연한 상이 먼저 연마되어 표면요철이 생기기 되기 쉽다. 그러므로 이상적으로는, 우선 경한 천과 $3 \sim 15 \mu m$의 비교적 거친 연마재를 사용하여 예비 연마를 한 후 연한 천과 $1 \mu m$ 이하의 가는 연마재를 사용하여 마무리연마를 하는 것이 좋다.

연마용 연마재로는 알루미나(Al_2O_3)와 다이아몬드, 산화 마그네슘(MgO), 산화 크롬(CrO_2), 산화 세륨 (CeO)계 등이 있다. 이 중에서 알루미나와 다이아몬드 연마재가 많이 쓰이고 있다.

알루미나에는 α알루미나와 γ알루미나가 있는데, α알루미나는 모스(Mohs)경도 약 9로 입도가 비교적 거칠므로 예비연마에 적합하고, γ알루미나는 입도가 가늘고 연마 중에 깨어져서 날카롭게 되므로 최종 마무리 연마에 적합하다. 연마재용으로는 15, 8, 3, 0.5, 0.3, 0.06 μm등의 입도의 알루미나가 시판되고 있다. 이러한 연마재에 물을 넣어 $2 \sim 5\%$의 현탁액으로 하여 한 방울씩 떨어뜨리면서 사용한다.

다이아몬드는 모스경도 10로 가장 경하고, 예리한 각을 가지므로 연마재로서는 가장 좋다. 다이아몬드는 경한 금속 뿐만 아니라 연한 금속과, 흑연과 같이 취약한 재료, 경한 비금속 개재물 등이 연한 금속 중에 분산된 조직의 경우 양호한 연마가 가능하다. 시판품에는 45, 25, 15, 7, 3, 1, 0.25μm등의 입자를 수용성 또는 유성기재에 혼합한 페이스트 상의 것과 캔에 봉입하여 스프레이 상으로 한 것이 있다. 이것을 회전원판 상의 연마포에 도포하고 전용의 윤활액을 떨어뜨리면서 연마한다. 부적절한 연마재를 사용하던지 장시간 강하게 연마하면 조직의 연한 부분이 깊게 연마된다든지, 각이 문드러지는 경우가 있으며, 주철의 경우는 흑연이 탈락해버리는 수가 있다.

이외의 연마재, 즉 산화 마그네슘(MgO)계는 알루미늄 합금 등의 연마에 좋으며 산화 크롬(CrO_2)계는 개재물 분석용 시편에 적합하고 산화 세륨(CeO)계는 구리, 알루미늄 등과 같이 연한 시편에 사용한다.

광택연마는 사용 연마재의 입도에 따라서 예비단계와 마무리단계로 나눌 수 있는데, 예비 광택연마는 최종연마의 성공 및 실패를 가늠하는 중요한 단계이므로 정밀연마 후의 흠집을 반드시 이 과정에서 제거시켜야 한다.

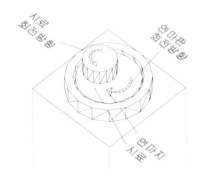

그림 2.15   광택연마 시의 시료 힘주는 방향

대부분의 시편은 예비 단계(입경 3μm 이상의 연마재)의 광택연마로 충분한데, 시편에 따라 마무리 연마하는 경우도 있다. 예비단계에서는 알루미나 연마재도 사용할 수 있으나 다이아몬드 연마재가 다른 연마재보다 연마속도가 빠르고 깨끗하며 가장 좋은 편평도를 보장한다. 연마기의 회전속도는 150~ 300 rpm정도가 적당하고 연마효율을 높이기 위해 압력을 적절히 조절하여야 한다. 취약한 재료, 금방 변형해버리는 재료 또는 재결정하기 쉬운 재료에서는 회전속도를 천천히 하는 것이 좋다. 반대로 매우 경한 재료(세라믹스, 금속간 화합물, 초경재료)는 회전속도가 빠른 것이 좋다.

마무리 연마단계에서는 흠집 등의 제거가 불가능하므로 예비 연마단계에서 흠집 등을 제거하여야 한다. 마무리 연마에서는 상 분석을 위한 시편을 만들어야 하는 마지막 단계로서 과다한 연마는 불규칙한 표면을 야기시키므로 마무리 연마는 일정시간 내에 처리하여야 한다. 보통 회전 연마판에 적당한 길이와 윤활성을 가진 천을 부착시킨 후 0.3μ 또는 0.05μ 알루미나 연마재(액상 및 파우더)를 사용한다. 이 때 연마천에는 증류수 등을 미리 적당히 뿌려준다. 진동 연마기에는 액상의 알루미나가 더욱 좋다. 연마천이 너무 많이 젖어 있는 상태는 좋지 않은데 이는 연마 시 피팅(pitting)을 발생시키고 개재물을 빠져 달아나게 한다. 마무리 연마의 연마판의 회전속도는 150~200 rpm이 적당하며 재료에 따라서 약간 빠른 속도도 요구된다. 연마방향성이 생기지 않도록 시편의 연마방향은 연마판의 회전방향과 반대방향으로 회전시키면서 (그림 2.15) 연마하는 것이 좋다.

　　연마 중 시편은 각 단계별로 필히 세척하여야 하며 특히 자동장치를 사용할 경우 초음파 세척기에 의한 세척이 필수적이다.

2.2.6 자동연마

　　정밀연마와 광택연마는 손으로 하는 것이 일반적이나, 자동연마기에 의한 연마도 가능하다. **자동연마기**는 여러 메이커에서 다양한 모델이 시판되고 있는데, 그 종류는 회전반 위에 시료를 놓고 연마하는 방법, 고정된 연마반 위에 시료를 고정시키는 암이 움직이는 방법, 연마반을 진동시키는 방법의 세가지로 나누어진다. 세가지 모두 회전속도 또는 진동속도, 압력, 연마재 공급량, 연마시간 등이 대상시료의 종류에 따라서 최적으로 조절되어야한다. 최근에는 이러한 최적의 조건을 프로그램을 입력해 놓은 기종도 사용되고 있다. 그림 2.16은 자동연마기의 한 예이다.

그림 2.16　자동연마기

　　자동연마이지만 다음 단계의 연마지로 넘어갈 때는 시료를 연마기에서 들어내어 잘 세척해야 하고 다음 연마지로 세팅하여야 하므로 엄밀히는 반자동연마이다. 자동연마법의 장점은 다음과 같다.

㉠ 시간절약이 가능하다.
㉡ 다수의 시료를 동시에 할 수 있다.
㉢ 연마조건이 일정하므로 재현성이 높다.
㉣ 평면성이 좋은 시료를 얻기 용이하다.

2.2.7 전해연마

연마에는 기계적 연마, 화학적 연마 이외에 전해 연마가 있다. **전해 연마법**은 통상의 연마법으로 깨끗한 면을 얻을 수 없는 스텐레스강, 동합금, 알루미늄합금, 티타늄합금 등의 연마에 많이 이용된다. 정밀연마까지는 통상의 방법으로 한 후 광택연마 단계에서 전해연마를 실시하는 것이 보통이다.

전해연마의 기구는 명확하게 알려져 있지 않지만, 전해연마에서는 표면의 평활화 작용와 광택 작용의 두 가지가 일어난다.

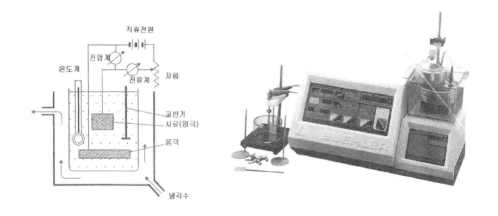

그림 2.17   전해조 구조   **그림 2.18**   전해연마기

전해연마법에서는 시료를 양극으로 하여 시료표면이 전해조 속으로 녹아나가므로 평면을 만들 수가 있다. 광택작용 단계에서는 0.01μm 정도의 표면의 돌기가 제거된다. 그림 2.17은 전해조의 구조를 간단하게 나타낸 것이다. 전해연마기(그림 2.18)는 다양한 제품이 시판되고 있으며, 목적에 따라 적절한 것을 사용한다. 전해조에 사용되는 전해질은 인산, 황산, 과염소산 등이 많이 사용되고 있다.

시료의 연마는 다음의 요소에 의하여 좌우된다. 전류밀도, 전압, 전극간 거리, 양극과 음극의 면적비, 양극의 초기 표면상태, 연마시간, 전해질 온도, 전해질 유동의 정도, 전해질 농도이다. 전해연마에서는 시료자신이 전극이므로 금속이나 탄화물, 흑연 등 전기전도도가 있는 재료이어야 한다.

전해액, 전해연마되는 금속 및 합금과 전압, 연마시간은 부록에 있으며, 전해연마법의 장점은 다음과 같다.

㉠ 시료표면의 변형이 적다

㉡ 작업시간이 짧다.

㉢ 시료가 가열될 가능성이 적다.

㉣ 동일한 용기 내에서 연속하여 연마가 가능하다.

㉤ 기계연마에서 생긴 표면의 변형층의 제거가 가능하다.

반면 단점은 다음과 같다.

㉠ 시료의 가장자리가 연마되어 버린다.

㉡ 표면조도가 개선되지만 넓은 범위에서 평활도를 얻기는 어렵다.

㉢ 연마면 상에 부착물이 남을 가능성이 있다.

㉣ 산화되기 쉬운 시료는 양극에서의 도선과의 접촉이 끊어지는 수가 있다.

㉤ 결정립이 특히 큰 재료는 전해연마에 적합하지 않다.

㉥ 전기 전도성이 없는 비금속 개재물이 있는 경우에는 그 주변의 금속기지가 강하게 연마되어 홈이 생기는 수가 있다.

2.2.8 부식(etching)

광택연마가 끝나면 광학 현미경으로 관찰할 수 있는 단계에 오게 되는데, 부식하지 않은 연마 면에서는 모상(matrix)과 색이 다른 상이라든지, 또는 비금속 개재물이 혼입되어 있는 경우 이외에는 아무런 조직도 볼 수 없다. 연마된 표면은 조직을 나타내지 않고 그 곳에 빛이 다다르면 거의 균일하게 반사된다. 조직 내의 결정의 미세한 차이에 의한 반사의 차이는 사람의 시각 분해능 이하이므로 이를 보기 위해서는 조직에 콘트라스트를 주지 않으면 안된다. 이 콘트라스트를 주는 것을 금속조직학에서는 **부식**(etching)이라고 하며, 화학적반응에 의하여 표면이 녹아나가는 부식(corrosion)과는 의미가 같지 않다는 것을 알아둘 필요가 있다. 부식방법에는 **광학적 부식**, **전기화학적 부식**, **물리적 부식**이 있다. 이 중에서 전기화학적 부식은 통상의 부식(corrosion)과 같이 산화-환원반응이 진행되므로 이 경우에는 같은 의미이다. 전기화학적 부식과 물리적 부식은 시료의 표면이 변화되는 방법이고, 광학적 부식은 시료 표면의 변화가 없는 방법이다.

상기한 방법으로 적당한 처리를 하면 결정립계, 상의 입계, 상의 종류, 결정방향 등이 부식정도에 따라 다르게 나타나므로 쉽게 조직을 관찰할 수 있다.

(가) 전기화학적 부식

통상 가장 많이 쓰이고 있는 방법으로 어떤 상이 특수하게 착색되는 경우를 제외하고는 부식이란 **전기 화학적으로 진행**되는 것이다. 즉 전위가 높은 상이 양극이 되어 부식액 중에 용해되며, 전위가 낮은 상은 음극이 되어 큰 변화를 일으키지 않는다. 그러므로 전위차가 큰 상들로 이루어진 시료는 부식되기 쉬우나, 고용체와 같이 단상인 경우는 부식이 진행되기 어렵다.

부식 시간은 수초에서 수시간 정도로 시약의 종류와 시편의 재질 및 조직에 따라 다르지만, 온도에 의해서도 반응 시간이 달라지므로, 눈으로 예측할 수 있도록 숙달되어야 한다. 일반적으로 부식은 상온에서 하나, 고온에서 하는 경우는 부식속도가 빨라지므로 부식시간이 짧아진다. 따라서 부식시간이 불명확한 경우는 부식 중에 수시로 시료의 표면을 관찰하면서 부식을 진행하여야 한다. 적당하게 부식된 면은 눈으로 보면 흐리게 보이며, 흐린 정도에 따라 부식의 정도를 파악할 수 있다. 부식하는 방법은 가볍게 하는 경우에는 솜에 부식액을 묻혀서 하기도 하나, 대부분의 경우에는 시료를 부식액 중에 담그어서 부식시킨다.

부식액은 금속의 종류와 조직 관찰의 목적에 따라 다르며, 동일 금속에서도 관찰 대상에 따라서 여러 가지를 사용하므로, 용도에 알맞는 부식액을 선택하여 사용하여야 한다. 부식액에는 다양한 종류가 있는데, 산, 알칼리, 중성용액, 혼합용액, 용융염, 기체 등이 있다.

부식액에도 당연히 수명이 있는데, 왜냐하면 사용회수가 증가하면 산화 환원 능력이 떨어지기 때문이다. 따라서 처리 시료수가 많은 경우에는 동일한 부식액을 다수 준비하여야 한다.

(나) 광학적 부식

광학적 부식은 광택연마가 끝난 시료에 별다른 처리를 하지 않고 현미경 관찰 시의 빛의 조절에 의하여 상을 구별하는 방법이다. Kohler의 빛의 진행원리에 따라서 여러가지 조명법을 사용하면 원하는 조직의 관찰이 가능한데, 조명방법에 따라서 **명시야법**, **암시야법**, **위상차법**, **간섭법**, **편광법** 그리고 **자기부식** 등이 있다.

명시야상(bright field image)은 통상의 현미경관찰 방법으로, 연마한 표면에 조명된 빛이 통상의 반사를 하여 이것이 대물렌즈를 통과하여 상을 만드는 것이다. 대물렌즈에 들어온 빛의 강도는 각각의 대물렌즈에 따라서 다르고, 시야의 밝기가 변화하나 사람의 눈이 시료 표면 상의 명암을 구별할 수 있기 위해서는 적어도 10%이상의 빛이 반사되어 와야 한다.

암시야상(dark field image)은 평평하지 않은 표면에서 반사된 빛 또는 반투명인 상을 확산 굴절한 빛으로 생기는 상이다. 이것에 의하여 공공(void)과 시료 중의 개재물, 크랙 등의 관찰이 가능하게 된다. 반투명한 부분은 고유의 색(예를 들면 동의 산화물은 고유의 보라색)으로 인식 가능하게 된다.

위상차에 의한 상(phase contrast image)은 기본적으로는 투과상으로 이용된다. 시료 중 조직의 각부분의 두께, 굴절율의 미세한 차이에 의하여 생기는 직접광과 반사광과의 위상차를 빛의 강약의 차이로 식별할 수 있다. 반사상에서는 보통, 위상차에 의한 콘트라스트생김을 간섭에 의한 콘트라스트로서 볼 수가 있다. ferrite계 크롬강에서의 탄화물이나 σ상의 관찰에 이용된다.

미분간섭에 의한 상(differential interference contrast image)은 대물렌즈를 통해서 나온 빛과 반사에 의한 빛의 두가지 이상의 빛을 간섭시켜서 얻어지는 상이다. **노마스키 미분간섭법**(Nomarski DIC)은 가장 잘 알려져있는 방법으로, 특수한 프리즘 (Nomarski biprism)을 사용하여 상을 얻으며. 각종 금속이나 합금의 칼라 에칭에 많이 이용되고 있다. 이 방법을 이용하면 시료의 상을 입체적으로 볼 수 있다.

편광을 이용한 상(polarized light image)은 광학적 이방성의 차이를 이용한 것이다. 광학적 이방성, 즉 직선편광성분을 가진 빛은 직선 편광한 백색광에 의한 관찰에서는 고유의 색에 의하여 특징지어진다. 360도 회전시킴으로써 4개의 최고와 최저강도가 얻어진다. 수많은 금속간 화합물과 슬래그 등의 개재물과 이방성 상을 갖는 금속이나 합금 (결정구조가 입방정이 아닌 금속, Be, Bi, Cd, Mg, Sb, Sn α-Ti, Zn 등)은 편광에 의한 고유의 이방성효과에 의하여 상의 식별이 가능하다.

훼리자성, 훼로자성을 갖는 상은 광자기효과인 Kerr효과에 의해서, 편광에 의한 자구 구조를 관찰할 수 있다. 이러한 **자기부식**(magnetic etching)은 자구 내의 자화의 강도와 방향에 의하여 반사광의 편광각도가 미세하게 굽어지기 때문에 가능한 것이다. 이것에 의하여 자구가 명암으로 식별이 가능해지므로 자기적으로 다른 상조직이 관찰된다. 비자성인 austenite계 스텐레스강에서 강자성인 δ-ferrite의 관찰에 이용되는 방법이다.

상기한 광학적 부식법은 대부분의 현미경에서 이용 가능하고, 간단히 레버조작에 의하여 이용 가능하도록 되어 있다. 이들 방법은 간단하고 신뢰성이 있음에도 불구하고 일반적으로는 많이 이용되지 않고 있다.

(다) 물리적 부식

시료 표면에 화학물질이 남지 않고 깨끗하다는 장점이 있다. 화학적 부식으로는 곤란한 부식 예를 들면 다공질체의 부식, 세라믹재료 등의 부식에 유효한 방법이다. 물리적 부식방법은 **간섭막 코팅법, 이온 부식법, 가열 부식법** 등이 있다.

간섭막 코팅법은 연마 후의 시료 표면에 물리적인 방법으로 투명막을 형성시켜 두는 방법이다. 다색광이 입사되면 일부는 흡수되나, 일부는 다시 나오는데 이때 시료 표면과 막 표면 사이에서 몇 차례 반사된다. 이때의 광로 차는 시료 표면의 고저에 따라서 달라져서 빛은 장소에 따라 강해졌다 약해졌다 한다. 다시 튀어나오는 빛은 서로 간섭이 되어 콘트라스트를 만들어 여러 가지 색채를 띠게 되므로 관찰이 가능하여 진다. 이러한 간섭막을 만드는 방법에는 증착법과 반응성 스퍼터링법이 있다.

이온 부식법은 연마한 시료 표면에 진공 중에서 1~10KV로 가속된 아르곤과 같은 고에너지이온을 조사하는 방법이다. 이온을 조사하면 시료 표면원자가 튀어나오는데 이것은 원자번호, 결합방식, 결정립 내의 결정 축방향과 조성에 따라서 다르므로 표면에 굴곡이 생겨서 관찰이 가능해진다. 이 방법은 전기 전도도가 없는 재료의 관찰에 이용된다.

가열 부식법은 특히 세라믹재료의 관찰에 이용이 되는 방법으로 가열온도는 소결 온도 또는 열간 프레스온도 이하에서 주로 하는데 시료의 가열장치가 붙은 고온 현미경을 이용하여야한다. 이것은 원자의 확산을 통하여 표면과 계면의 에너지가 평형상태로 되는 것을 이용한 방법이다. 가열을 하게 되면 표면은 각각의 조직구성 요소 내에서 표면장력을 최소화하기 위하여 활모양으로 생긴 곡면으로 된다.

2.2.9 세척 및 건조(cleaning & drying)

부식이 끝나면 바로 세척과 건조를 시켜야 한다. 세척방법에는 **유수(流水) 세척**과 **초음파 세척법**이 있다. 균열이나 미세한 구멍이 있는 시편은 물로 세척한 후에도 모세관 현상때문에 부식이 진행되어 불균일하게 될 수 있으므로 그 주변이 과부식(over-etching)된다. 그러므로 이의 방지를 위하여 휘발성이 좋은 에테르나 알콜 등을 이용하여 초음파 세척(그림 2.19)을 실시한다. 건조는 전용의 드라이어(그림 2.20)가 사용된다.

그림 2.19   초음파 세척기   **그림 2.20**   드라이어

조직 관찰은 건조가 끝난 직후에 진행되어야 하며, 시편의 보관은 방진 및 방습이 요구되는데 이를 위해 **데시케이터**(그림 2.21)에 넣어 두어야 한다. 데시케이터 안에는 제습제를 넣어두어 시료의 손상을 방지한다. 그리고 보다 장시간 보관하여야 할 시료는 진공 데시케이터(그림 2.21)를 사용한다.

그림 2.21   데시케이터와 진공 데시케이터

2.3 현미경 조직관찰

광학 현미경은 금속의 미세조직 관찰에 있어서 가장 중요한 도구로 대부분의 금속의 미세조직의 관찰이 가능하다. 광학 현미경 관찰로 금속재료의 대부분의 상의 확인이 가능한데, 통상의 부식으로는 확인이 어려운 것은 기지와의 경도차이 확인, 그 상의 고유의 색, 편광에 대한 반응 또는 선택 부식액에 대한 반응 등으로 확인할 수 있다. 광학 현미경 관찰을 위해서는 시료의 표면상태가 광택연마 또는 부식된 상태이어야 한다. 개재물, 질화물, 금속간 화합물 등은 부식시키지 않아도 관찰할 수 있다. 또한 결정구조가 입방정이 아닌 금속은 편광에 잘 반응하므로 부식시키지 않아도 관찰할 수 있다. 그러나 대부분의 경우는 결정립이나 특정한 상을 관찰하기 위하여 부식을 하는데, 어떤 특정한 상의 선택적인 부식은 정량 금속조직학에서는 널리 이용되고 있다. 그러므로 부식 시에는 항상 상이 깨끗이 나타나도록 주의를 기울여야 한다.

조직관찰에는 세가지의 방법이 있다. 첫째는 통상 현미경이라 불리우는 **고배율 현미경**(×100 이상)으로 관찰하는 방법(*여기서는 저배율 현미경과 구분하기 위하여 고배율이라 표현), 둘째는 **저배율 현미경**으로 관찰하는 방법, 셋째는 **육안**으로 관찰하는 방법으로 뒤의 두가지 방법은 매크로조직(macrostructure)관찰 시에 이용되는 방법이다.

2.3.1 현미경의 구조 및 원리

(가) 광학 현미경의 구조

기능과 가격 면에서 광학 현미경의 종류는 매우 다양하다. 금속시료 관찰에는 **반사광 현미경**이 이용되고, 광물이나 폴리머 관찰에는 **투과광 현미경**이 이용된다. 물론 두가지 방식 모두 금속이나 광물, 폴리머의 관찰이 가능하다. 반사광 현미경은 시료의 관찰면이 아래로 향하게 시료를 놓는 도립형이고, 투과광 현미경은 위를 향해 놓는 직립형이다. 도립형의 장점은 시료의 편평도가 나빠도, 즉 시료의 윗면과 아래면이 평행하지 않아도 시료의 관찰면만 평평하면 된다는 점이다. 반면 직립형은 시료상하면의 편평도를 평압기 등을 사용하여 조절하여 주어야 한다. 그림 2.22, 2.23은 도립형 광학 현미경과 그 구조도이다.

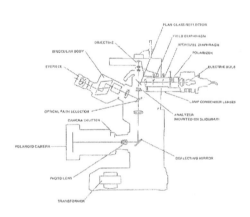

그림 2.22   도립형 광학 현미경   **그림 2.23**   도립형 광학 현미경 구조도

현미경의 주요 구성요소는 광원, 콘덴서, 필터, 대물렌즈, 접안렌즈, 스테이지, 스탠드와 사진촬영부이다.

i) 광원
광원으로는 텅스텐 필라멘트 전구, 할로겐 전구가 주로 사용된다.

ii) 콘덴서
집광부에는 빛을 조절하는 조리개가 **구경 조리개**(aperture diaphragm)와 **시야 조리개**(field diaphragm)의 2종류가 있다. 광원에서 가까운 쪽에 구경조리개가 있는데 그 기능은 다음과 같다.

구경 조리개는 광량을 조절하고 시료 표면의 깊이를 조절하는 기능을 한다. 구경 조리개는 대물렌즈의 **개구수**(numerical aperture)와 맞도록 조절한다. 고배율(×100)의 대물렌즈로 관찰하는 경우는 구경 조리개를 최소화한다. 구경 조리개를 좁히면 초점심도가 깊어지고 콘트라스트가 증가한다.

시야 조리개는 관찰하고 있는 시야 바깥쪽으로부터 오는 불필요한 빛을 차단하여 깨끗한 상을 얻는 기능을 한다. 시야 조리개를 넓히면 보이는 시야가 넓어지며, 좁히면 시야의 주변부가 검게 된다.

iii) 필터

필터에는 **선택필터**와 **편광필터**가 사용되는데 그 기능은 다음과 같다.

선택필터(selective filter)는 광원의 색온도와 필름의 색온도의 균형을 잡는 기능을 한다. 흑백사진 촬영에는 초록(green)이나 황초록(yellow-green filter) 필터를 사용하고 칼라필름 촬영 시에는 청색(blue)필터를 사용한다.

편광필터(polarized filter)는 특정 파장의 빛만 통과시키는데, 결정구조가 입방정이 아닌 금속의 관찰에 자주 이용된다.

iv) 대물렌즈

1차상을 형성하며 광학 현미경에서 가장 중요한 부분이다. 기종에 따라서 4개에서 6개의 대물렌즈가 회전판에 부착되어 있으며, 원하는 배율에 맞게 회전판을 돌려서 사용한다. 배율은 5배, 10배, 20배, 50배, 100배 등이며, 이들 렌즈의 개구수는 0.12, 0.25, 0.40, 0.75, 0.90 등으로 렌즈의 원통부 표면에 배율과 개구수가 씌여있다.

v) 접안렌즈

대물렌즈에서 형성된 1차상을 확대하는 기능을 하는데, 보통 배율은 10배이다. 접안렌즈의 배율이 10배이므로 선택한 대물렌즈에 쓰여 있는 배율을 곱하면 관찰배율이 된다. 즉, 20배의 대물렌즈 배율을 택하면 관찰배율은 10×20 = 200배가 된다. 관찰 중인 조직의 크기를 동시에 알 수 있도록 렌즈 상에 결정립 크기 측정용 스케일이 그려져 있는 접안렌즈도 사용된다. 이외에 개재물 크기 측정용 접안렌즈도 사용되고 있다.

vi) 스테이지

시료를 놓고 전후좌우로 이동시키는 기능을 하는데, 진동이 없어야 한다.

vii) 스탠드

현미경을 지탱하는 구조물로 도립형의 경우는 보다 견고하여야 한다.

viii) 사진촬영부

현미경 조직 사진을 얻기 위한 촬영기구는 필름 카메라, 즉석에서 사진을 얻을 수 있는 폴라로이드 카메라, 그리고 현미경 외부의 모니터로 상을 볼 수 있는 비디오 카메라 등이 있다. 고급모델인 경우에는 이 세 가지가 동시에 장착되어 있으나, 보통 모델에서는 한가지만을 장착하도록 되어 있다. 최근에는 **디지털 현미경 카메라**(digital microscope camera)도 개발되어 시판되고 있다.

사진촬영을 위한 노출 조정기능은 본체에 부착되어 있으나, 고급모델은 별도로 자동 노출 조정기가 있어서 편리하게 사진을 촬영할 수 있다.

(나) 광학 현미경의 원리

광학 현미경은 빛 반사의 차이에 의하여 상을 맺게 하는데 그 원리는 다음과 같다. 그림 2.24는 금속 현미경의 내부 광학계도이다.

㉠ 광원 A로 부터 나온 광선은 집광렌즈 B, 휠타 C, 광원 조리개 D를 거쳐 반사체 G에 의해 반사되어 대물렌즈 H를 경유하여 검경면 N에 이른다.

㉡ N의 표면에서 반사된 광선을 재차 G를 통하여 직각프리즘 I에 이른다.

㉢ 굴절되어 반사경 J를 거쳐 접안렌즈 K를 통하여 눈에 들어오게 된다

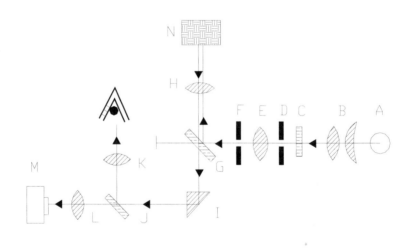

그림 2.24   금속현미경의 광학계도

㉣ L은 사진촬영에 쓰이는 접안렌즈로 상을 끌어올려서 J를 광로로부터 제거하면 광선은 사진기 M으로 가서 사진의 촬영이 가능해진다.

2.3.2 해상도 및 초점심도

해상도(분해능)란 거리 d 만큼 떨어진 두 점 또는 두 선을 구분된 것으로 볼 수 있는 능력을 말한다. 입사광의 파장(λ)과 대물렌즈의 개구수(현미경의 구경 조리개로 조절한다)와는 다음과 같은 관계가 있다.

$$d = \frac{k\lambda}{NA}$$

k는 상수로 0.5 또는 0.61이다. 위 식에서 개구수가 커지면 판별할 수 있는 거리가 감소한다. 즉 해상도가 증가함을 알 수 있다. 렌즈의 배율이 100배인 경우 렌즈의 개구수가 0.95인데 이 때의 해상도는 약 0.3μm이다. 따라서 사람눈의 해상도/현미경의 해상도가 대강의 현미경의 배율이 되는데, 사람눈의 해상도를 0.2mm라 보면 광학 현미경으로 관찰할 수 있는 크기를 짐작할 수 있다.

초점심도는 초점을 맞춘 피사체의 앞뒤가 선명하게 나타나는 범위를 말한다. 초점심도가 깊다 얕다로 표현하는데, 초점심도가 깊다는 것은 앞쪽에서부터 먼쪽까지 선명하게 보이는 것을 말한다. 해상도와 초점심도는 반비례하므로 현미경관찰 시에 배율이 높아질수록 초점심도가 얕아진다. 따라서 고배율로 관찰할 경우에는 부식을 가볍게 하는 것이 좋다. 광학 현미경은 초점심도가 얕으므로 표면이 울퉁불퉁한 금속시료의 파단면은 광학 현미경으로 관찰이 어렵다.

초점심도(T_f)는 다음식으로 표현된다.

$$T_f = \lambda \frac{\sqrt{(n^2 - NA^2)}}{NA^2}$$

위 식에서 n은 매질의 굴절율로 공기의 경우 약 1이다 이 식에서 개구수가 커지면 초점심도는 얕아짐을 알 수 있다. 개구수가 0.2이면 초점심도는 10~15μm이고, 개구수가 0.8이면 0.4~0.6μm로 얕아진다.

2.3.3 검사방법

현미경 조직관찰 방법은 대물렌즈의 종류에 따라서 달라진다. 대물렌즈는 두가지 형태가 있는데 하나는 명시야형으로 명시야 조명과 편광조명이 가능한 형식으로 금속관찰용 보통 현미경에 기본으로 장착이 되어 있다. 다른 하나는 멀티형의 대물렌즈인데 **명시야, 암시야, 편광시야, 노마스키DIC**의 네 가지 형태의 조명이 가능한 고급형이다. 간단한 레버 조작으로 상의 종류를 바꿀 수가 있어서 편리하고 다양하게 상을 관찰할 수가 있다.

표 2.4는 멀티형 현미경의 네 가지 조명방법에 있어서 조리개, 편광레버 등의 세팅 방법의 예이며, 조직:2-1은 탄소강 조직을 네 가지 조명방법에 의하여 촬영한 예이다.

표 2.4   멀티형 현미경의 네 가지 조명방법의 조작 예

조명방법	레버	약자	위치
명시야 Brightfield Illumination	시야조리개 구경조리개 편광 레버 분석기 레버 간섭 색상 변경 레버 명시야/암시야 변경 레버	[FD] [AD] [POL] [AN] [BF,DF]	적절한 위치 적절한 위치 미사용 미사용 미사용 BF
암시야 Darkfield Illumination	시야조리개 구경조리개 편광 레버 분석기 레버 간섭 색상 변경 레버 명시야/암시야 변경레버	[FD] [AD] [POL] [AN] [BF,DF]	최대한 열음 최대한 열음 미사용 미사용 미사용 DF
편광 Polarized Light Illumination	시야조리개 편광 레버 분석기 레버 간섭 색상 변경 레버 명시야/암시야 변경 레버	[FD] [POL] [AN] [BF,DF]	최대한 열음 90 도 사용 미사용 BF
미분간섭 Interference Contrast Illumination	시야조리개 편광 레버 분석기 레버 간섭 색상 변경 레버 명시야/암시야 변경 레버	[FD] [POL] [AN] [BF,DF]	적절한 위치 90도 사용 $5{\sim}20\times$ 또는$50{\sim}100\times$ BF

2.3.4 현미경 작동

앞 절에서와 같은 공정으로 만들어진 시편은 광학 현미경으로 관찰한다. 관찰하기 전에 시편이 광축에 수직이 되게 하기 위해 직립형 현미경의 경우는 점토와 **평압기** (그림 2.25)를 사용하여야 한다. 시편을 현미경 위에 올려놓은 후 다음 조작에 의해 조직을 관찰한다. 도립형 현미경의 경우는 그대로 스테이지에 올려 놓으면 된다.

중심부에 밝은 부분이 위치하게 한 후 저배율에서 대략적인 초점을 맞추고 점차 고배율의 렌즈로 바꾼다. 초점이 맞은 상태에서 조직을 관찰하게 되는데 관찰요령은 다음과 같다.

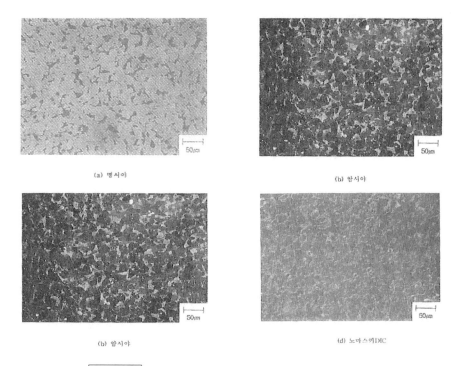

(a) 명시야

(b) 암시야

(b) 암시야

(d) 노마스키DIC

조직:2-1   네 가지 조명방법에 의한 탄소강의 조직

처음의 관찰 배율은 50~100배 정도의 저배율로 하며 점차 고배율로 옮기도록 한다. 그 이유는 처음부터 고배율로 관찰하게 되면 전체적인 조직의 특징을 알 수 없게 되어 국부적으로만 관찰되기 때문이다.

현미경 사진을 촬영할 경우에는 초점을 잘 맞추고 적당한 밝기 등을 조절해서 일반사진을 촬영할 때와 같은 방법으로 촬영한다. 또한 35mm필름을 사용하여 촬영할 때는 고감도 필름(ASA 100이상)이 노출시간도 짧고 시야가 어두울 때도 유리하지만 명암이 약해지기 때문에 ASA 50이하의 필름이 좋다(2.3.5절 참조).

관찰된 조직은 반드시 부식액, 부식시간, 배율 등을 적어놓도록 한다. 시료의 지지, 초점 조정, 필라멘트 중심 조정, 양안거리 조정 및 시력 보정, 조리개 조절, 조직사진 노출 조절, 조직사진 촬영 등 현미경 관찰의 각 단계의 세부적인 수순은 다음과 같다.

(가) 시료의 지지

㉠ 광원에 사용되는 램프가 할로겐 램프인지 확인 후 전원을 넣고 규정된 전압까지 조절한다.

㉡ 필터 사용은 흑백으로 사진촬영할 때 또는 관찰할 때는 녹색필터로 사용한다.

ⓒ 칼라로 조직관찰 및 사진촬영할 때는 청색 필터를 사용한다.

ⓔ 검경할 면이 아래로 향하도록 시편을 스테이지에 놓는다.(※ 금속현미경은 시료를 도립상태로 놓으므로 평압기나 점토를 사용할 필요가 없다)

ⓜ 스테이지 크립으로 시료를 가볍게 지지시킨 후 스테이지 크립을 밀어 내리면 시료는 스테이지에 밀착된다.

그림 2.25 평압기

(나) 초점 조정

ㄱ 저배율 대물렌즈(배율 5×또는 10×)가 위치하도록 렌즈 회전판을 돌린다

ㄴ 근사 초점 조정장치를 이용하여 대를 낮추어 대략 초점을 맞춘다.

ㄷ 미세초점 조정장치를 이용하여 접안렌즈를 통해 보면서 상의 초점을 맞춘다.

ㄹ 렌즈 회전판을 돌려서 필요한 배율의 대물렌즈를 선택한다. 모든 대물렌즈는 일정한 초점을 갖도록 조정되어 있으므로 어떤 대물렌즈를 택하든지 미세초점 조정장치만 약간 조작해 주어도 초점을 맞출 수 있다.

(다) 필라멘트 중심 조정

ㄱ 현미경 하단부에 있는 광원 전환 스위치를 할로겐으로 놓고 메인스위치를 적당한 밝기가 되도록 시계방향으로 돌린다

ㄴ 적당한 반사능을 갖는 시편을 시료대 위에 놓고 필터 빛에 의하여 초점을 맞춘다.

ㄷ 쌍안 접안부의 몸체로부터 안쪽 접안경을 빼어내고 그 안을 들여다본다. 그러면 필라멘트의 확대된 모습을 볼 수 있다. 광원상자의 오른쪽에 위치한 중심 조정노브(centering knob)를 이용하여 시계의 중앙에 필라멘트의 상이 오도록 조절한다.

ㄹ 중심조정 노브는 등축으로서 같은 노브에 2개의 조절장치가 있으므로, 직경이

큰 노브는 수평으로, 직경이 작은 노브는 수직으로 움직이게끔 할 수 있게 되어 있다.

(라) 양안거리 조정 및 시력 보정

㉠ 접안경의 양눈을 대고 동시에 들여다 보며 접안경에 동일한 초점이 형성되지 않을 경우 미세초점 장치를 작동시키지 말고 왼쪽 또는 오른쪽 접안경의 시력 보정용 슬리브를 돌려 양쪽의 초점이 일치할 때까지 완전히 맞추도록 한다

㉡ 시력은 개인에 따라 차이가 있으므로 시료를 관찰할 때나 특히 사진을 찍고자 할 때 완벽하게 시력 보정을 하지 못한다면 초점이 맞지 않는 사진을 찍는 실수를 범하게 된다

(마) 조리개 조절

㉠ 광원 상자의 접촉구 쪽에 레버가 있는데 대물렌즈의 사용배율에 따라 적절하게 레버를 돌려서 조절한다.

㉡ 사진촬영에 있어서 명암을 높이기 위해서 지시된 숫자보다 약간 높여서 조리개의 구멍을 좁히는 것이 좋다. 이렇게 하면 상의 콘트라스트와 초점심도를 높일 수 있으며 상의 흐림 현상을 감소시킬 수 있다.

(바) 조직사진 노출 조절

㉠ 노출 조절은 노출기를 사용하면 편리한데, 필름 ASA에 따라, 또한 필름크기에 따라 노출 조절을 한다.

㉡ 현미경 대물렌즈에서 초점을 맞추고 광원을 옮긴 후, 노출기 주 스위치 버튼을 누른다

㉢ 필름에 표시되어 있는 ASA를 확인 후 ASA 다이얼로 조절한다.

㉣ 어떤 필름크기로 조직사진을 촬영할 것인가 선택 후 필름크기 버튼을 누른다. 그러면 지시바늘이 움직여 어떤 위치를 가르키는데 위치에 따라 광량을 조절하여 원하는 노출시간을 조절할 수 있다.

㉤ 노출기의 노출시간과 카메라의 노출시간과 동일하게 맞춘다.

(사) 조직사진 촬영

㉠ 노출시간을 맞춘후 레버를 "V" (visual)쪽으로 당긴다.

ⓛ 초점을 미세초점 조정 노브(fine focusing knob)로 정확히 맞추고 스테이지 이동 노브를 사용하여 십자로 이동시키면서 그 시편의 가장 대표할 수 있는 조직을 찾는다.

ⓒ 필름을 카메라에 장착시킨다.

ⓔ 광원을 "C"(camera)쪽으로 이동시킨 후 카메라를 통해 다시 미세초점을 맞춘다.

ⓜ 필름이 흑백일 경우 초록색 필터를 사용하고 칼라일 경우 청색 필터를 사용한다.

ⓗ 노출시간을 결정하고 카메라 셔터를 진동이 없도록 누른다. B셔터는 누르고 있는 동안에 셔터가 열려있으므로 계속 누르고 있다가 노출시간이 지나면 셔터를 놓는다.

ⓢ 촬영이 끝난 다음 현미경의 전원을 차단시키고 카메라를 분리시켜 암실에서 필름을 꺼내도록 한다.

(아) 명시야 형식의 도립 현미경(최대배율×400)의 조직관찰 및 사진 촬영 과정

상기한 세부적인 현미경 조직관찰 공정을 금속 현미경으로 널리 쓰이고 있는 UNION사의 MC모델 도립 현미경으로 관찰할 경우의 일련의 수순은 다음과 같다. 이 모델은 같은 제품이 판매 회사에 따라서 세계 각국에서 각각 다른 이름으로 판매되고 있다.

ⓖ 보호 카바를 벗기고 전원을 넣는다.

ⓛ 시편을 올려놓지 않은 상태에서 우선 오른쪽 접안경으로 상을 들여다보면서 스케일이 명확히 보일 때까지 접안경 상단의 아이렌즈를 돌려 자기의 눈에 맞도록 조절한다.(사진 촬영 시의 초점은 오른쪽으로 맞춘다)

ⓒ 왼쪽 접안경의 아이렌즈를 오른쪽 아이렌즈의 돌린 횟수만큼 돌려 높이를 같이 한다.

ⓔ 시편을 올려놓은 후 오른쪽 접안경으로 보면서 미세초점 조절장치를 이용해 정확히 초점을 맞춘다.

ⓜ 왼쪽 접안경을 통해 시편을 들여다보면서 상이 명확하지 않을 때는 왼쪽 접안경 상단의 아이렌즈를 돌려 정확히 상을 맞춘다.

ⓗ 조리개의 조절: 현미경과 광원상자의 연결부위에 있는 시야 조리개(FD)와 구경 조리개(AD)를 조절한다. FD는 상의 선명도를 방해하는 외부의 광원을 차단하는데 사용되며 AD는 시편의 밝기를 조절하는데 쓰인다.

ⓐ조직사진 촬영:
   ⓐ 현미경의 왼쪽 부분에 있는 경로선택기를 시계 반대방향으로 돌려 "Visual" 위치로 돌린 후 미동 노브로 초점을 정확히 맞춘다.
   ⓑ 필름을 카메라에 장착시킨다.
   ⓒ 경로선택기를 시계방향으로 돌려 "Camera" 위치로 돌린다.(※ 이를 돌려놓지 않으면 아무 것도 찍히지 않는다. 제대로 돌려놓았을 경우에는 대안렌즈를 들여다보았을 때 아무 것도 보이지 않으므로 사진 촬영 전 반드시 확인하도록 한다.)
   ⓓ 필름이 흑백일 경우 초록색 필터를 사용하고 칼라일 경우 청색 필터를 사용한다.
   ⓔ 노출시간을 결정하고 카메라 셔터를 진동이 없도록 누른다. B셔터는 누르고 있는 동안에 셔터가 열려 있으므로 계속 누르고 있다가 노출시간이 지나면 셔터를 놓는다. 셔터는 카메라 본체에 있으나 카메라 본체의 셔터를 누르면 누를 때 흔들릴 염려가 있으므로 그 곳을 누르지 않고 릴리즈 셔터를 이용하여 누른다(※ 노출기가 따로 없으므로 현미경 본체에 부착된 광도 조절 노브로 노출시간을 결정하는데, 대부분의 명시야 상에서는 빛의 밝기를 눈금 약 8 (전체눈금은 9)로 하였을 경우, 노출시간은 1/2초로 하면 선명한 사진을 얻을 수 있다).
   ⓕ 필름을 한 장 돌려놓는다(※ 자동감기 기능이 없는 카메라는 반드시 촬영 후 필름을 한 장 돌려놓고 카메라의 필름번호를 확인한다).
   ⓖ 시료의 종류, 촬영일자, 배율, 필름번호 등을 반드시 기록한다.
   ⓗ 시료를 제거하고 전원을 끈 후 보호 카바를 덮는다.

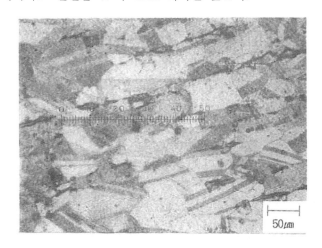

조직:2-2 스케일과 같이 찍은 황동 조직

현미경 사진 상에서 조직의 크기를 측정하고자 하는 경우에는 조직 사진 촬영 후, 동일한 필름으로 스케일을 촬영하여 같이 인화하여야 한다. 그렇지 않은 경우에는 인화 후 조직의 크기가 약간 달라질 수 있다. 조직:2-2는 스케일과 같이 찍은 황동의 조직사진이다.

2.3.5 필름의 원리와 종류

우리가 사용하는 필름은 얇은 셀룰로이드에 빛에 민감한 감광약이 발라져있는 것인데, 필름의 감도란 빛에 반응하는 속도를 말한다. 필름은 베이스 위에 보호층, 유제층, 하부 접착층, 헐레이션(halation, 렌즈를 통과한 빛은 필름이 유제층을 통과하여 필름의 베이스까지 도달하나 너무 강한 빛은 반사해서 유턴하여 역으로 유제층을 감광시키는 현상)방지층 등 여러 층으로 이루어져 있는데, 그 단면 구조는 그림 2.26과 같다.

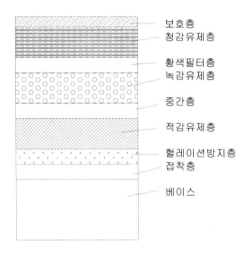

그림 2.26 필름의 단면구조

이 중 유제층은 빛을 받으면 화학적 반응을 일으키는 할로겐화 은으로 되어 있다. 이 할로겐화 은은 입자크기에 따라 빛에 대해 반응하는 속도가 각각 다르다. 할로겐화 은의 입자가 커서 빛에 대해 빨리 반응하는 필름을 **고감도 필름**이라 하고, 빛에 대해 느리게 반응하는 필름을 **저감도 필름**이라 한다. 고감도 필름은 빛이 부족한 장소나 빠른 셔터속도를 필요로 하는 장면의 촬영에 적합하고, 저감도 필름은 빛에 대해 느리게 반응하고 입자가 고와서 장시간 노출을 필요로 하는 경우에 적합하므로 현미경 조직 촬영에는 저감도 필름이 적당하다.

이와 같은 감도는 **ASA**(American Standard Association, 미국표준협회) 또는 **ISO**(International Organization for Standardization, 국제표준화기구)라는 기호로 표시되는데, ASA 또는 ISO가 64, 100, 125를 중감도 필름, 25, 32, 40 등을 저감도 필름, 200, 400, 1000 등은 고감도 필름이라 한다.

2.3.6 저배율 현미경 작동

매크로조직 관찰, 시료의 파단면, 경도시험 후의 압흔 크기의 측정과 고배율 현미경으로 보면 시야의 범위가 너무 좁아지고, 육안으로 보기에는 측정이 곤란한 시료와 전자회로 기판 등을 관찰할 경우에 이용된다. 매크로조직 관찰용 현미경은 입체적으로 상을 볼 수 있으므로 **스테레오 현미경**(stereomicroscope)이라고 불리운다.

배율은 보통 50배 이내로 고배율 현미경과의 차이는 초점심도가 깊은 것인데, 고배율 현미경에서는 초점이 약간 안 맞으면 깨끗한 상을 얻을 수 없으나, 저배율 현미경은 초점심도가 깊으므로 표면 형태의 굴곡이 심한 금속의 파단면의 관찰이 가능하다.

이 경우의 시료의 준비는 있는 그대로 또는 조연마한 상태로 관찰이 가능하여, 2절에서와 같은 연마처리가 필요없는 경우가 대부분이다. 저배율 현미경은 대부분 직립형으로 관찰면이 광원에 수직으로 놓여야하므로 시료의 상하가 평행하지 않을 경우는 점토 등을 사용하여 편평도를 조절한다. 사진촬영 방법은 고배율 현미경과 동일하다.

그림 2.27 저배율 현미경   조직:2-3 저배율 현미경으로 관찰한 금속의 파면

저배율 현미경은 초점심도가 깊어서 입체적으로 보이는 사진을 얻을 수가 있다. 초점심도는 배율이 클수록 얕아지며, 구경조리개(AD)를 좁히면 깊어진다. 그러나 구경조리개를 좁히면 상의 밝기와 명확도가 떨어진다.

그림 2.27은 저배율 현미경 외관사진이고, 조직:2-3은 저배율 현미경으로 관찰한 인장시험 후의 탄소강의 파면 사진의 일례이다.

한편, 매크로조직은 알루미늄합금, 동합금의 주조조직과 같이 육안으로 관찰이 가능한 경우가 있는데, 사진 촬영은 일반 카메라를 사용한다. 그러나 통상의 렌즈로는 가까운 거리에서의 촬영이 불가능하므로 일반 카메라의 렌즈를 마이크로 렌즈로 바꾸어 끼거나 접사링을 삽입하여야 한다. 피사체에 아주 가깝게 접근하여 찍으므로 심도가 얕아져서 거리를 최대한 정확히 맞추어야 선명한 사진을 얻을 수 있다. 또한 별도의 조명이 필요하므로 통상은 사진과 같은 조명과 카메라 지지대가 설치된 도구(그림 2.28)를 이용하여 촬영한다. 상을 명확히 잡는 것은 조명이 시료에 비치는 각도와 거리에 따라서 달라지므로 가장 좋은 각도와 거리를 잡도록 한다.

디지털 카메라를 이용하여도 촬영할 수 있으나, 역시 매크로 렌즈를 사용하여 가까운 거리로 근접 촬영하여야 한다. 이 경우도 역시 조명에 주의하여야 한다. 최근에는 시료로부터 수 mm정도 떨어져서 촬영하여도 깨끗한 화상을 얻을 수 있는 디지털 카메라가 시판되고 있다.

그림 2.28   접사촬영대

2.3.7 필름 미사용 사진 촬영 및 저장 방법

통상은 필름을 사용하여 현미경 사진을 촬영하고 이를 인화하는 방법이 이용이 되고 있으나, 최근에는 컴퓨터 하드웨어 및 소프트웨어의 발전으로 필름을 사용하지 않고, 즉석에서 현미경조직을 프린트하는 방법이 빠른 속도로 전파되고 있다. 현재는 즉석에서 조직사진을 얻는 방법으로는 두 가지가 있다. 첫째는 폴라로이드 카메라의 사용인데, 복제가 용이하지 않으며 소모품 비용이 많이 드는 등의 불편한 점이 있다. 또 한가지는 현미경에 비디오 카메라를 장착하여 화상을 얻은 후 비디오 프린터를 이용하여 즉석에서 프린트하는 방법도 이용이 되고 있다. 이 역시 복제가 용이하지 않으며 소모품 비용이 많이 드는 단점이 있다. 그래서 아직은 필름사진의 해상도에는 미치지 못하고 있으나, 저장 및 데이터 처리 등의 기능성이 매우 뛰어난 **화상의 디지털화 방법**이 주목을 받고 있다.

이에는 두 가지의 방법이 있는데, 하나는 해상도가 높은 디지털 카메라를 현재의 필름 카메라 대신에 현미경에 장착, 촬영 후 카메라 내장 디스켓에 저장하거나 P/C 로 전송하는 방법(그림 2.29)이고, 또 하나는 현미경에 아날로그 비디오 카메라를 장착하고 이를 화상처리 보드가 장착된 P/C에 연결하여 P/C에서 아날로그 신호를 디지털 신호로 변환, 저장하는 방법(그림 2.30)이다.

일단 화상 데이터를 저장한 후, 통상적으로 많이 쓰이고 있는 그래픽 프로그램을 이용하여 확대, 축소 및 상의 선명도 조절 등이 자유로이 가능하고, 사진에 간단한 메모 등을 직접 써넣을 수 있어서 매우 편리하며, 인터넷 등의 통신을 이용한 화상정보의 교환 및 각종 출판물의 인쇄에도 매우 유용하게 이용할 수 있다.

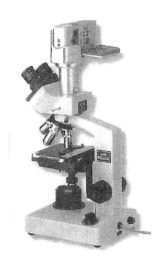

그림 2.29   디지털 카메라 장착 현미경

2.3.8 디지털 카메라

디지털 카메라는 최근 발전속도가 매우 빨라서 해상도가 100만 화소 이상이면서, 가격이 저렴한 기종이 속속 등장하고 있다. 또한 화면을 모니터링하면서 원하는 부위를 찾을 수 있으므로 매우 편리하게 현미경 조직관찰에 이용할 수 있다. 미세조직을 디지털 카메라로 촬영하기 위해서는 디지털 카메라를 현미경에 장착할 수 있어야 하는데 현미경 전용의 디지털 카메라는 기종이 제한되어 있으며 매우 고가이다.

그림 2.30   비디오 카메라, 모니터 장착 조직관찰 시스템

시판되는 디지털 카메라를 기존의 현미경에 장착시키기 위해서는 카메라와 현미경을 연결해주는 별도의 마운트가 있어야 하므로 따로 제작하여야한다. 그림 2.29는 직립형 현미경에 전용이 아닌 시판 디지털 카메라를 부착시킨 예이나, 아직은 카메라의 해상도가 떨어지는 등의 제한이 있다.

따라서 현미경조직을 디지털 카메라로 직접 촬영하기보다는 현미경에 아날로그 비디오 카메라를 장착하고 이를 화상처리 보드가 장착된 P/C에 연결하여 P/C에서 아날로그 신호를 디지털 신호로 변환, 저장하는 방법이 현실적이다. 조직:2-4는 이 방법으로 얻은 탄소강의 조직사진이다.

금속의 응고조직 등 매크로조직은 디지털 카메라로 직접 촬영할 수가 있는데, 알루미늄의 응고조직을 디지털 카메라(화소수 약 40만개)로 촬영하고 일반 레이저 프린터로 출력한 예는 조직:2-5와 같다.

디지털 카메라를 이용하여 금속의 매크로조직을 촬영하는 예는 다음과 같다

㉠ 촬영대 위에 카메라를 설치한 후 시료를 그 밑에 놓고 편평도를 맞춘다.

㉡ 매크로렌즈를 시료가 잘 보이도록 설치한다.(근접 촬영이 가능한 디지털 카메라는 이 과정이 생략됨)

㉢ 카메라를 P/C에 연결한다.(카메라 자체 메모리가 있으므로 촬영 후 연결하여도 무방하나 셔터 누를 때의 흔들림을 방지하기 위하여 미리 연결하여 P/C에서 제어하는 것이 좋다)

ⓔ 조명을 켜고 촬영한다.

ⓜ 카메라에서 P/C로 사진을 전송한다.

ⓑ 그래픽 프로그램을 작동시켜 P/C 화면상에 촬영한 화상을 띄운다.

ⓢ 확대, 축소, 상의 밝기 조절 등을 한다.

ⓞ 사진 상에 간단한 메모를 써넣는다.

ⓩ 최적화된 사진을 저장하고 프린트한다(포토 프린팅 기능이 있는 프린터를 사용하면 보다 양질의 사진을 얻을 수 있다).

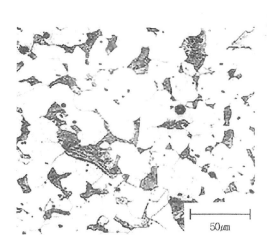

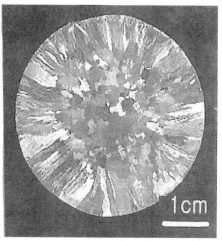

조직:2-4   탄소강조직   조직:2-5   디지털 카메라로 얻은 순
                                         알루미늄의 응고조직

현미경에 아날로그 비디오 카메라를 장착하고 이를 화상처리 보드가 장착된 P/C에 연결하여 P/C에서 아날로그 신호를 디지털 신호로 변환, 저장하는 방법은 다음과 같으며, 후반부는 위의 방법과 유사하다.

㉠ 현미경에 비디오 카메라를 설치한 후 P/C에 연결하여 P/C 모니터 상에 화상을 띄운다.

㉡ 화상처리 보드 제어프로그램을 작동시켜 원하는 화면을 캡쳐하고 저장한다.

㉢ 그래픽 프로그램을 작동시켜 P/C 화면 상에 촬영한 화상을 띄운다.

㉣ 확대, 축소, 상의 밝기 조절 등을 한다.

㉤ 사진 상에 간단한 메모를 써넣는다.

㉥ 최적화된 사진을 저장하고 프린트한다.

───────────────────── 연 구 과 제 ─────────────────────

1. 조직검사의 종류와 그 방법

2. 조직관찰시료의 준비과정

3. 매우 경도가 높은 시료의 절단방법

4. 마운팅 방법 중 상온 경화법의 장점

5. 시료준비 과정에서 시료의 각진 부위의 처리를 하는 이유와 또 각진 부위를 처리
하지 않는 경우

6. SiC 연마지의 장점 및 그 입도

7. 조연마, 정밀연마 및 광택 연마 시 연마지가 놓인 방향과 시료의 연마방향과의
관계

8. 광택연마 시의 주의점

9. 전해연마의 원리와 그 장단점

10. 부식방법의 종류와 부식여부 판단 기준

11. 광학현미경의 구조 및 그 원리

12. 현미경 관찰 시의 유의 사항

13. 필름 종류의 구분 기준과 현미경 조직 촬영에 적합한 필름

14. 저배율 현미경의 용도 및 사용 방법

15. 필름을 사용하지 않는 조직사진 촬영방법

제 3 장
철강재료 조직

제 3 장

철강재료 조직

제 3 장

철강재료 조직

3.1 순철의 변태

고체상태에서 결정구조가 변한다면 이 변화가 가열 혹은 냉각에서 일어나느냐에 따라 열을 필요로 하든가 방출하게 된다. 동소변태가 일어나는 금속에서 격자원자 구조가 변하는 용융점보다 낮은 온도에서 정지점이 계속하여 나타난다. 그림 3.1은 순철의 냉각곡선과 가열곡선을 나타낸 것인데 냉각곡선의 과정을 관찰해보면 1,536℃에서 순철의 응고점인 최초의 정지점을 볼 수 있다. 다시 방출되는 용해열로 최후의 잔류용액이 결정화 될 때까지 용탕 내의 온도는 동일하게 유지된다. 응고 후 순철의 결

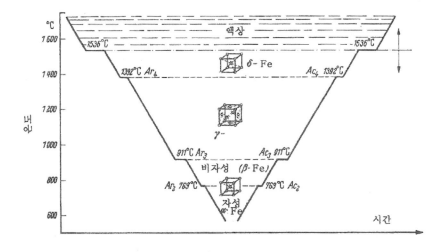

그림 3.1 순철의 냉각, 가열곡선

정립자는 **격자상수** 2.93Å인 **체심입방 격자**를 형성한다. 이 입방체를 그리스 문자로 δ(Delta)라고 나타낸다. δ-철은 1,392℃까지 냉각되는 동안 존재한다. 여기서 다시 정지점이 하나 나타나는데 δ-철의 **체심입방 격자**에서 격자상수 3.68Å인 **면심입방 격자**로 변화한다. 새로 형성된 **면심입방 격자**를 γ(Gamma)라 하고 1,392℃ 이하의 온도에서 γ-철 영역이다. 철시편을 오랜 시간 냉각하면 체적 감소가 일어나지 않는다.

먼저 911℃에서 또 하나의 정지점이 나타나는데 3.63Å으로 좁혀진 사이 격자원자를 가진 γ-철이 체심입방 격자로 다시 변태한다. 911℃ 이하에서 체심입방 격자 즉 α(Alpha)가 나타나며 격자상수는 911℃에서 2.90Å, 상온에서 2.86Å이다. α-철과 δ-철은 다만 격자상수로써 구별한다. δ-철의 격자상수가 더 큰 것은 고온에서 원자는 활발하게 유동하므로 저온에서 일어나는 α-철보다도 더 많은 공간을 필요로 하기 때문이다. 고체상태에서 변태가 진행되어 나타난 곡선상의 계단은 응집상태가 변하는 응고점에서의 계단보다 방출되는 열량이 적기 때문이다. 모든 금속에서와 같이 순철의 가열곡선은 냉각곡선과 같다.

$$\text{α-철} \rightleftharpoons \text{γ-철} \rightleftharpoons \text{δ-철}$$
$$\text{BCC} \quad 911℃ \quad \text{FCC} \quad 1,329℃ \quad \text{BCC}$$

769℃에서 다시 계단이 생긴다. 순철을 가열하면 이 온도에서 자성이 반자성 상태로 변화한다. 이러한 변화의 특성은 미약한 정지점으로 나타나는데 이와 같은 과정은 냉각 시에도 반대로 일어난다. 처음에는 철에서 769℃와 911℃사이 β(Beta)철에서 일어난다고 하였으나 이 정지점에서의 격자변화는 없고 α-격자가 이 온도를 유지하고 있다고 판명되었다. 그러므로 β-철은 실제로 사용되지는 않는다. 즉 β $\xrightarrow{911℃}$ γ 변태라고 하지 않고 α→γ변태라고 한다.

순철의 냉각과 가열곡선에서 **정지점**은 모두 **A₁**라고 나타낸다.(프랑스어로 **arreter** = **stop**)냉각곡선을 다룰 때에는 **r**을(프랑스어로 **refroidssement**)**냉각**. 가열곡선의 정지점에서는 **c**를 (프랑스어로 chauffage)**가열**이라고 한다. A₁점은 732℃에서 강에만 나타난다. 기술적으로 가장 중요한 것은 철의 A₃변태(α⇌γ)이며 실온에서 확인되는 철의 체심 α-격자가 911℃에서 빠른 속도로 면심 γ-격자로 변태하고 온도가 A₃점 이하로 떨어지면 다시 α-격자로 된다.

3.2 강의 변태

상온에서 순철(α-철)은 체심입방 격자(그림 1.15)를 이루고 있는데 가열하여 911℃(Ac₃)가되면 면심입방 격자(그림 1.16)를 형성한다(γ-철). 순철에서의 α⇌γ변태는 가열이나 냉각에서 신속히 그리고 마찰 없이 진행이 된다. 순철은 실제로 그렇게 많이 이용되지 않고 그 합금의 수는 대단히 많으며 여기서 가장 중요한 합금원소는 탄소이다. 순철로부터 2.06% C를 함유한 철-탄소 합금의 좁은 영역 내에는 연한 구조용강으로 부터 단단한 공구강에 이르기까지 모두 여기에 포함된다. 철-탄소 합금은 비합금강이라고 하며 합금강이란 특수한 성질을 부여하기 위하여 다른 원소를 첨가한 것을 의미한다. 그림 3.2는 철-탄소 합금 상태도의 강(steel)부분을 나타낸다. 이 부분 상태도는 이미 언급한 고체상태에서 변태하는 이상형 상태도와 매우 흡사하다. 융체는 먼저 고용체로 응고하며 온도강하에 따라서 고체 상태에서 계속 변태가 일어나며 공석은 0.8% C를 함유한다. GSE곡선 정점은 α⇌γ변태점(A₃점)으로 2.06%C까지의 모든 합금과 서로 연결된 것이다.

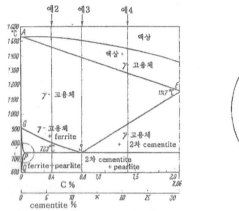 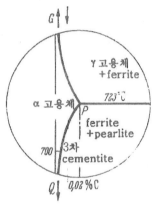

그림 3.2 철-탄소 평형 상태도의 강부분   **그림 3.3** 그림 3.2에서 절취한 부분

GSE와 고상선 사이의 온도영역에서는 면심입방 격자인 γ가 형성됨으로서 공백격자의 내부에 많은 양의 탄소를 받아들일 수 있으므로 고용체가 석출된다. 1,147℃에서는 2.06%C까지 γ-고용체이며 온도가 강하함에 따라 용해도가 감소되어 723℃(A₁점)에서는 가장 낮은 상태에 도달한다(0.8%C).

723℃이하 온도에서는 γ-고용체가 나타나지 않으며 γ-고용체 영역(GSEAG)은 **고용영역**이라고 한다. 이 영역에서 나타나는 조직은 austenite라고 부르며 작은 체심입방 α-격자는 탄소원자를 적게 고용한다.

탄소 원자는 격자 모서리에 철 원자사이로 강제로 침입해 들어간다. GPQG(그림 3.3)영역내에는 α-격자로 이루어진 결정은 최적인 상태인 0.02%C만을 고용할 수 있으며 α-고용체로만 된 조직이다. 현미경 조직에서는 이것을 ferrite라고 한다. 각종 비합금강을 용액상태에서 상온으로 냉각했을 때 응고 후에 나타나는 조직의 변화를 관찰하여 보자.

GSE선의 하부에서 일어나는 γ-고용체의 변태에 대해 고려해 보면 탄소원자가 격자구성에서 원자를 방해하며 순철에서와 같이 변태는 마찰 없이 이루어진다. 급랭에서 이 과정은 불완전하게 진행되며 서냉에서와 같은 조직을 형성하지 않는다. 강을 서냉하면 탄소로 인한 방해에도 불구하고 모든 과정이 완전히 이행될 수 있다.

예1 : 0.01%C강(그림 3.3) 온도가 GS(그림 3.2)선 이하로 내려가면 격자원자가 재배열을 시작하여 α-결정(ferrite)을 형성한다. 냉각이 계속됨에 따라 GP선에서 완전히 소진될 때까지 존재하는 γ-고용체가 계속 분해된다. 이 온도로부터 PQ선 아래쪽까지 α-고용체는 0.01%C를 고용하며 PQ선에 미달되면 ferrite의 용해도가 0.01%이하로 떨어진다. α-결정의 원자가 냉각됨으로써 활동이 감소되어 좁아지는 격자로부터 튀어나온 탄소가 과잉되기 시작한다. 격자를 벗어나는 탄소는 홀로가 아니라 금속간 화합물인 **Fe₃C**상태로 결합하여 ferrite 입자의 경계에 **3차**(ternary) **cementite**로써 존재한다(조직:3-1).

예2 : 0.4%C강(그림 3.2) GS선 이하에서는 ferrite(α-고용체)가 다시 형성되기 시작하며 매우 적은 탄소를 고용할 수 있다. ferrite 내의 과잉 탄소원자는 움직이기 시작하며 먼저 충분히 존재하는 austenite결정으로 다시 사라진다. 냉각이 계속됨에 따라 ferrite 입자가 점점 많아지며 존재하는 austenite 결정에는 항상 탄소가 증가된다.

723℃ 이하에서는 austenite 입자가 더 이상 안정하지 못하며 PS선상의 한 정점에서 ferrite 변태를 한다(A₁변태) : ferrite는 격자 내에 용해도가 낮으며 탄소를 위한 자리가 없으므로 3개의 주원자와 결합하여 cementite로 조직에 나타나게 된다. Austenite 결정으로부터 형성된(γ-결정의 분해) ferrite 결정은 **판상 철탄화물**(iron carbide plate)과 함께 현미경 조직에서 크게 확대함으로서(lamellar) 관찰할 수 있다(조직:3-2).

부식 후에 경사지게 비춰보면 ferrite 입자가 박힌 층상 철탄화물로 된 조개 껍질형의 경계를 관찰할 수 있는데 이것을 **pearlite**라고 한다.

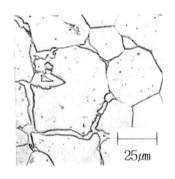

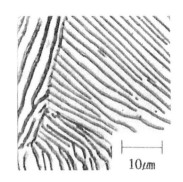

조직:3-1 극 저탄소강(ferrite와 3차 cementite)　　**조직:3-2** 확대한 pearlite

각 **pearlite 입자**는 공석으로 0.8%C를 함유하고 있으므로 서냉하면 비합금강 조직으로부터 탄소 함유량을 추측할 수 있다. 조직의 절반이 탄소가 많은 ferrite 입자이고 다른 절반은 pearlite입자로 되어 있으며 이들 각각이 0.8%C를 함유한 강은 탄소 함유량이 0.4%로 된다. 조직:3-3에 현미경 조직으로 나타낸 것과 같이 **아공석강**이다.

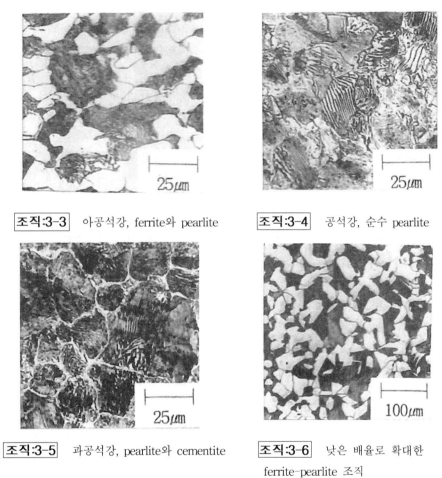

조직:3-3 아공석강, ferrite와 pearlite

조직:3-4 공석강, 순수 pearlite

조직:3-5 과공석강, pearlite와 cementite

조직:3-6 낮은 배율로 확대한 ferrite-pearlite 조직

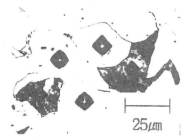

조직:3-7 동일하중에 의한 강의 ferrite와 pearlite 경도시험, 다이아몬드로 압입한 것

미세 조직을 낮은 배율로 확대하면 현미경 관찰에서 각각의 층상을 구별할 수 없으며 pearlite 입자는 어두운 반점으로만 보인다(조직:3-6). 많은 금속간 화합물과 같은 철탄화은 연한 ferrite에 반해 경한 조직을 나타낸다.

강이 pearlite를 많이 함유할수록 경도와 강도가 매우 증가되는 반면 변형도는 감소한다. 조직:3-7은 ferrite와 pearlite 사이의 경도 차를 나타낸다. 피라미드형 다이아몬드로 압입한 경도시험 결과이다. 단단한 pearlite 결정에는 연한 ferrite 결정에서와 같이 다이아몬드가 깊게 압입되지 않고 자국도 pearlite가 ferrite보다도 작다.

예3 : 0.8%C강 이 조직은 austenite입자가 이미 공석 농도를 가지고 있으므로 탄소를 받아들일 필요는 없으며 이와 같은 강은 고체상태의 변태에서 탄소이동을 위한 온도영역이 필요치 않다.

여기서 austenite 입자는 정지점을 가지고 pearlite로 직접 변태한다. 공석강 조직은 층상 철탄화물이 박힌 pearlite로 나타내며 조직:3-4에 이것을 나타낸다.

예4 : 1.4%C강 이 강은 austenite 입자가 공석성분에 해당하는 것보다 더 많은 탄소를 함유하고 있으며 감마(γ)영역에서 용해도가 크므로 용액에서 잔류탄소를 안전하게 유지할 수 있다. SE선 이하로 온도가 떨어지면 γ-결정의 용해도가 낮아지고 austenite가 결정립 경계에서 과잉탄소를 cementite 형태로 분리한다. 723℃에서 austenite입자는 많은 탄소를 밀어내므로 다시 공석성분에 도달한다. 이미 언급한 것과 같이 γ-고용체가 pearlite 입자로 변태하고 이전에 분리된 cementite에 의해 조개껍질 모양으로 둘러 쌓이며 현미경 시편제조에서 이 조개껍질 모양은 절단된다. 시편 가장자리는 현미경에서 **망상 cementite**로 나타난다(**2차 cementite**)(조직:3-5). 껍질의 두께는 탄소함유량이 2.06%가 될 때까지 증가한다. 예를 들면 18%Cr과 9% Ni을 함유한 Ni-Cr 내식 austenite강을 합금으로 한다. 합금원소 첨가는 그림 3.2의 상태도에서 GS선과 SE선이 심하게 밀려서 γ-영역이 하부로 향하여 열리게 된다. 이 강은 α-γ변태가 없으므로 항상 austenite이다(조직:3-8).

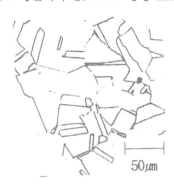

조직:3-8 내식 austenite Ni-Cr 강의 조직

조직:3-9 Quenching 경화된 강의 martensite, 현미경 조직

3.2.1 강의 변태에 미치는 냉각속도의 영향

ɣ-영역까지 가열한 시편을 수중에 급랭시키면 변태 과정에 어떠한 영향을 미칠까? 갑작스런 온도강하에 의하여 맨 마지막에 고용상태를 벗어나야만 했던 탄소원자는 그 길을 빨리 발견할 수 없게 된다. ɣ-격자는 작은 α-격자에 겹치게 되고 하나의 철 원자로 채워진 공간격자에는 또 속박용체를 가진 탄소원자가 자리하고 있다.

이 강박상태가 격자를 왜곡시킴으로써 강은 매우 강하게 된다. 현미경조직에서는 완전히 다르며 많은 침상조직을 나타내는데(조직:3-9), 이것을 **martensite**라고 한다. Quenching 경화된 시편을 A_1(723℃)이하 온도에서 가열하면 탄소원자를 다시 활성화 시킬 수 있으며 점차로 속박용체로부터 풀려나 철탄화물 입자를 형성하여 미세하게 조직에 존재하며 시편경도는 환원되어 강도가 다시 증가한다.

Quenching경화 후 가열을 **annealing**이라하며 높은 온도에서 annealing할수록 많은 탄소 원자가 속박자리로부터 풀려나게 된다. Quenching경화와 annealing으로 된 열 처리를 **tempering**이라하며 이렇게 처리한 강은 구조용강에 요구되는 높은 강도와 좋은 인성을 갖는다.

Tempering강은 0.3%~0.6%C를 함유하고 있다. 0.4%C를 함유한 강을 서냉한 조직은 ferrite와 층상의 pearlite가 같은 비로 분포되어 있는 것을 볼 수 있다. 급랭시키면 탄소확산이 불완전한데 A_3와 A_1 사이의 변태에서 **초석**(proeutectoid) **ferrite**가 충분히 형성되지 않으며 0.4%C 농도에 상당하는 것보다 더 많은 austenite 결정을 함유하고 있다.

A_1이하에서 ɣ-고용체가 분해된 후에는 서냉에서 보다 더 많은 pearlite 결정이 조직에 나타난다. Pearlite 결정은 이미 공석이 아니라 0.8%C보다 더 적게 함유하고 있다. 이렇게하여 고탄소량이 감소된다.

Pearlite 결정에서 판상 Fe_3C는 냉각속도 증가와 더불어 미세화되며 냉각속도를 빠르게 하면 ferrite가 더 이상 형성되지 않고 조직이 아주 미세한 줄무늬로 된 pearlite 결정을 나타내는 때가 순간적으로 나타나는데 부식된 현미경 시편에서는 **조직이 없는**(structureless) **조각**(flake)이 각기 다르게 채색되어 나타난다.

급랭에서는 일부 탄소가 변태하여 격자 내에 단단히 붙어 있으며 이것은 일부가 **중간단계 조직** 또는 이미 martensite로 나타난다. 이 조직성분은 냉각속도에 따라 미세 줄무늬로 된 pearlite가 고립되어 다소 존재한다. 냉각속도가 더욱 증가하면 급랭으로 탄소가 완전히 속박용체에 유지되고 고립된 pearlite가 점점 적어져서 martensite 조직으로만 나타난다.

열처리를 통하여 강의 조직과 특성을 변화시키기 위해서는 quenching과 tempering 으로는 충분하지 못하다.

예1 : 응력제거(stress relief) **annealing** : A₁(723℃)이하온도, 즉 대부분 650℃이하에서 annealing한 후 고유의 성질을 변화시키지 않고 서냉함으로서 내부응력을 균일하게 하는 열처리이다. 550℃~650℃사이의 온도에서 강은 관찰할 수 있을 정도의 조직변화를 하지 않는다. 속박상태(내부응력)로부터 풀려나기에 충분할 정도로 원자가 움직이고 있으며 이 내부응력은 가공(단조, 압연, 신장, 용접등)에 의해서 또는 주조 후의 불균일한 냉각에 의하여 생기며 내부응력은 이렇게 하여 제거된다.

다시 새로운 응력을 재료에 생기지 않게 하기 위해서는 특히 두께의 차이가 심한 경우에는 응력제거 annealing 후에 냉각시켜야만 한다. Quenching 경화강은 이 온도에서 응력제거 annealing을 할 수 없으며 여기서 다시 경화된다. Tempering강은 응력제거 온도에서 tempering을 해서는 안되며 annealing 온도 이상에 유지하면 경도와 강도가 감소된다.

냉간가공에서 가공도는 8~12%이며, 온도가 650℃이상으로 되면 저탄소강은 재결정 입상결정이 형성된다.

예2 : 연화(soft) **annealing** : A₁점 부근의 온도에서 연화를 목적으로 서냉하는 열처리이다. 공석조직과 과공석강에서 고탄소강은 많은 편상의 탄화물를 함유하고 있으며 이것으로 절삭가공에서 공구가 심한 응력을 받는다. 그와 같은 강을 723℃사이에서 tempering하면 A₁점 이상에서 편상의 철탄화물의 일부가 용해되며 탄소가 처음 새로 형성된 austenite 입자 내로 사라진다.

잔류 cementite는 723℃이하로 온도가 내려가면 다시 분리된 탄화물이 구상으로 석출된다. 충분히 긴 반복 tempering 후에는 층상의 탄화물 조직이 아니라 구상 cementite(입상 cementite)조직이 나타난다. 가공성을 향상시키는 것 외에도 이 조직은 나중에 경화에 필요한 알맞은 상태로 만든다.

조직:3-10은 층상(lamellar) pearlite 결정을 확대한 것인데 옆(조직:3-11)에 있는 동일 강편의 연화 annealing 조직은 층상이 완전히 분해되고 구상 cementite가 형성되어 있다. 연한 ferrite 내에 포함된 구상 cementite는 절삭 가공에서 응집된 판상 탄화물보다도 공구가 쉽게 부러진다. 강은 연하고 더 양호한 가공성을 갖게된다.

저탄소와 중탄소(0.5%이하) 강은 연화 annealing으로 절삭가공 작업을 개선하지 못한다. 이 강은 연화 될 수 있으며 가공할 때 공구에 달라붙게 된다. 연화 annealing은 저탄소강을 압연, 굽힘, 인발, edging 등의 냉간 가공을 할 경우 유리하다. 이 강은 A₁점 직하의 온도에서 오래도록 유지함으로써 충분히 연화 annealing 할 수 있다. 여기서 α-결정이 용해도(0.02%)에 상당하는 소량의 탄소를 계속하여 받아들이고 다시 방출하게 된다. 판상 탄화물은 충분한 annealing에 의하여 점차로 작은 조각으로 분리되며 표면 장력의 영향으로 작은 구형으로 된다.

예3 : Normalizing : A₃점 직상의 온도로 가열(pearlite가 많은 강에서는 A₁ 이상) 한 후 일정한 분위기에서 냉각시키는 열처리인데 철의 α⇌γ변태에 사용된다.

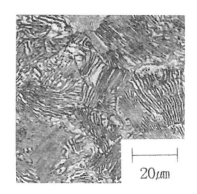

조직:3-10 층상 pearlite조직

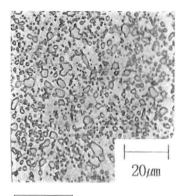

조직:3-11 입상 pearlite조직

0.4%C를 함유한 주강품을 예로 들면 주강에서 γ-고용체는 매우 큰 입자로 성장하는 경우가 자주 있으며 확산 매체인 탄소는 대개 γ⇌α변태에서 탄소에게 주어지는 시간 내에는 정상적인 ferrite-pearlite 조직 생성에 필요한 과정을 그칠 수는 없다. 그러므로 큰 austenite 결정의 내부의 여러 곳에 공석성분으로 고립되어 농축된다. 거기에다 austenite는 입자내부의 적당한 면에 ferrite 형성이 필요하게 된다.

변태 후에 조직:3-12는 강의 **Widmannstätten** 조직을 나타낸 것인데 이 조직은 특

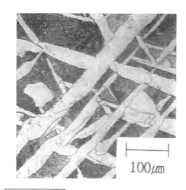

조직:3-12 Annealing하지 않은
Widmannstätten 조직

조직:3-13 Normalizing한 주강 조직

히 서냉함으로써 피할 수 있으나 조대한 입자로 된다. 조대립자의 조직이 강인성이 나쁜 것은 Widmannstätten 조직으로 어느 정도 완화시킬 수 있으며 이것은 ferrite pearlite가 균일하게 분포되어 있기 때문이다.

Widmannstätten 조직 입자크기를 조직:3-14에서 분명하게 볼 수 있으며 변태 전 austenite가 매우 다른 입자크기로 나타난다. 변태에서 작은 입자로부터 정상적인 ferrite 와 pearlite가 생기며 이때 Widmannstätten 조직 내의 큰 입자는 분해된다.

Widmannstätten 조직을 포함하든 안하든 간에 대부분 바람직하지 못하며 조대립자의 강조직을 가열하여 A_1점($723℃$)을 넘게되면 먼저 austenite 결정이 생긴다. 계속되는 열공급으로 발생되는 것은 냉간 변형후의 재결정 과정과 비교할 수 있는데 철의 동소변태는 규칙적으로 일어나므로 새로운 결정생성에 자극을 주기 위해서는 냉간 변형이 필요하지 않다.

Ferrite와 cementite가 동시에 부딪치는 어느 곳에서나 austenite 결정이 형성되며 수많은 핵이 존재한다. 시편을 A_1과 A_3사이 영역에서 서서히 가열하면 새로 생성되는 austenite 결정의 수는 적으며 이것이 점차로 자라서 이전의 조직이 사라진다. 이 시편을 이 영역에서 급속히 가열하면 여러 곳에서 γ-결정이 생성되고 이것이 곧 서로 부딪치게 된다.

Normalizing에서 미세립자 조직 생성을 위하여 변태 영역에서 급히 가열한다. 시편을 완전 변태에 필요한 것 이상으로 긴 시간동안 γ-영역에서 가열하면(**over time**) 최초에 생성된 작은 austenite 입자는 상대적으로 소진된다.

안정한 결정은 이웃결정을 희생하여 성장하며 시편을 normalizing 온도에서 오래도록 유지해서는 않된다. 입자성장은 적당온도에서 오래 동안 유지하는 초과시간에 의해서만 되는 것이 아니라 과열, 즉 높은 온도에서 짧은 시간 유지하는 것에 의해서도 일어난다. 과열을 피하기 위하여 시편을 A_3점 이상 $20 \sim 30℃$의 좁은 범위에서 가열한다. 노 내에서의 서냉은 언제나 조대립자 생성에 적당하게 된다.

지금까지에서 알 수 있듯이 강의 normalizing에서는 A_3점 이상 영역까지는 빨리 가열하고 여기서 짧은 시간을 유지하며 적당히 너무 서냉하지 않으면(공냉) A_3와 A_1 사이영역에서 반복된 입자 변화를 통하여 두 방향의 미세립자 조직을 조직:3-13과 같이 얻을 수 있다. 단순한 형태의 가공하지 않은 강편은 이 처리로 충분하다. 복잡한 형태의 가공편은 빠른 가열과 냉각으로 내부응력이 생기는데 이 경우 응력제거 annealing과 함께 적당한 normalizing을 적용하며 다음과 같이 이루어진다.

1. A_1점(약 $680℃$)이하 범위까지 서서히 가열한다.
2. 시편이 γ-영역에 빨리 도달하도록 세게 가열한다.
3. 완전 변태에 필요한 것보다도 A_3이상에서 오래 유지하지 않는다(두께 $1㎜$당 $1 \sim 2$ 분, 20분보다 적지 않게).
4. 약 $680℃$까지 공냉시킨다.
5. 노 내에서 적당히 서냉시킨다.

과공석강은 annealing 처리에서 냉각 할 때 해롭고 취성이 있는 망상 cementite가 나타나므로 γ-영역으로 가열하지 않는다. 실제로 이 강은 가공하기에, 그리고 quenching시키는데 연화상태의 기지조직으로 가장 적당하다. Quenching에서는 공석강을 사용한다. 과잉 cementite는 martensite 내에서 작은 구형으로 규칙적으로 분포되어 있다. 그림 3.4는 이미 언급한 강의 열처리 영역을 철-탄소 상태도로부터 나타낸 것이다.

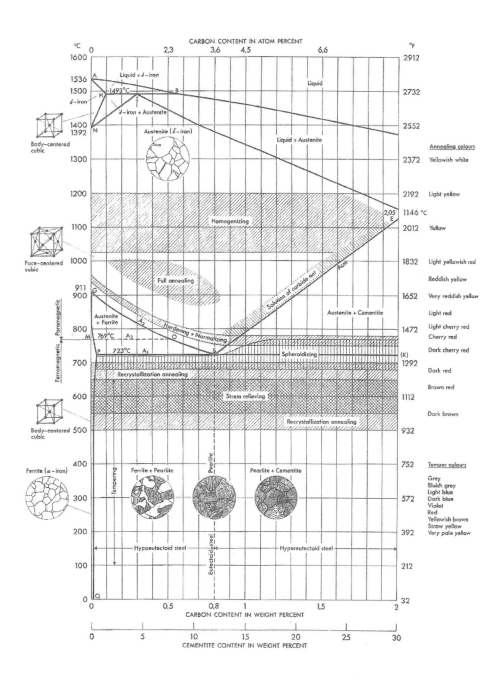

그림 **3.4** 강의 열처리 영역

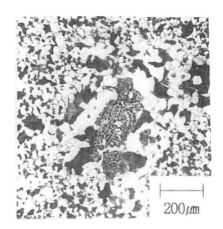

$$200\mu m$$

조직:3-14 입자의 크기가 다른 주강, 조대한 Widmannstätten조직

3.2.2 철-Fe₃C계

지금까지는 철-탄소 합금에서 2.06%C함량까지의 부분 상태도를 다루었다. 그림 3.4는 철-탄소 합금에서 6.67%C까지의 상태도를 나타낸 것인데 이 탄소 함유량은 금속간 화합물(Fe₃C)에 필요한 것이며 6.67%C까지의 철-탄소 부분 상태도는 100%철탄 화물에 상당하므로 철과 Fe₃C(cementite)합금 사이의 완전한 상태도가 된다.

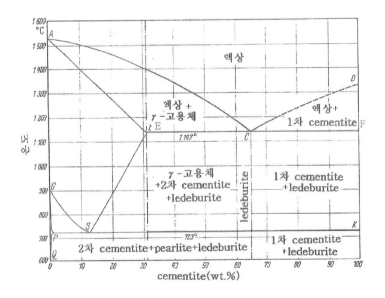

그림 3.5 철-Fe₃C상태도, 100% Fe₃C는 합금의 6.67%C함량에 상당한다.

상태도에서 강부분 (2.06%C까지 31% Fe$_3$C에 상당)은 이미 알고 있으며 **그림 3.5** 에 나타낸다. 주철 부분인 2.06%C~6.67%C 사이 부분만을 다루기로 하자. γ-고용체 와 철탄화물로 된 공정을 **ledeburite**라고 하며, 공정점 C의 왼쪽은 초정 γ-고용체가 생성되고 이 때 오른쪽에는 초정 철탄화물(cementite)이 석출되는데 그 모양이 빔 (beam)으로 조직에 나타나기 때문에 빔(beam) cementite라고도 부른다. 전체조직은 **아공정**(hypo-eutectic), **공정**(eutectic), **과공정**(hyper-eutectic)으로 공정선 ECF아래 에서도 변태한다.

온도가 내려가면(1,147℃에서 2.06%C부터 723℃에서 0.8%C까지) γ-고용체가 초정 에 뿐만 아니라 공정에 존재하는 탄소를 철탄화물과 결합하도록 밀어내게 되며 이것 은 이미 존재하는 cementite에 축적된다. 723℃(SK선)이하에서 γ-고용체는 안정하지 못하며 pearlite로 분해된다. 상온에서의 현미경 조직을 조직:3-15~17에 나타낸다.

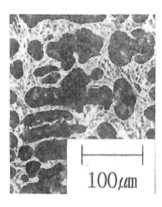

조직:3-15 아공정 : pearlite, 2차 cementite, ledeburite

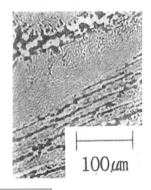 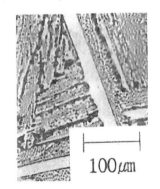

조직:3-16 공정 : ledeburite   조직:3-17 Ledeburite 내의
                                        과공정 cementite

조직:3-15~17는 2.06~6.67%C 사이의 철-Fe$_3$C합금의 현미경 조직

이 철-Fe₃C 합금은 강의 특징을 구별하는데 중요한 것이 된다. 단단한 cementite를 많이 함유하기 때문에 취성이 있으며 1,147℃에서 이미 용해되는 ledeburite 공정이 존재하므로 단조 할 수 없게 된다. 이 합금의 장점은 주조성이 양호하며 강에 비하여 용융점이 낮고 공정의 주형 충전성이 양호하다.

고탄소를 함유한 철-Fe₃C 합금으로된 주조시편을 파괴하여 보면 많은 백색 cementite 가 존재하므로 밝게 나타나는데 이것을 **백주철**(white cast iron)이라고 한다.

cementite의 경도가 매우 크므로 백주철은 경도가 크며 취성이 있고 가공하기 곤란하다. 완전히 백색으로 응고된 주철은 가단주철 제조와 냉경주철의 소재로만 사용된다.

3.2.3 흑연계

Fe₃C는 불안정하며 고온에서 분해되며 서냉하면 철과 탄소 원소에서 전혀 먼저 생성되지 않으며 탄소가 Fe₃C를 거치지 않고 직접 흑연형태로 결정화된다. 서냉은 흑연분리에 적당하며 급랭은 철탄화물(Fe₃C)생성에 용이하다. 흑연은 불규칙적인 판상으로 생성되어 시편 절단에 따라서 불규칙한 각기 다른 폭을 가진 층상(lamellar)조직으로 나타난다. 어두운 흑연은 파단에서도 어둡게 나타난다. 탄소가 흑연보다 우세한 주철을 **회주철**(gray cast iron)이라 부른다. 철탄화둘(Fe₃C) 혹은 흑연계에 따르면 주철의 응고는 합금원소에 의하여 영향을 받을 수가 있다. Si는 회주철을, Mn은 백주철(white cast iron)응고를 촉진한다. 철-탄소 합금에 비해 흑연계 응고는 상태도에서 선이 어느 정도 차이를 나타낸다(그림 3.6).

회주철 응고에서는 중요점들이 철-cementite계의 점을 벗어나 점선으로 나타낸 것이다. 저탄소를 함유한 철-탄소 합금의 응고는 일반적으로 서냉에 의하여 철탄화물계(강)에 따른다. 회주철 응고에서 저탄소 영역에서의 선은 완전히 명백하지는 않다. 6%C 이상의 합금은 시험에 큰 어려움이 있으며 실용화가 별로 관심사항이 아니므로 아직까지 연구되지 않았다.

철-흑연공정은 1153℃에서 응고하며 4.25%C에 존재한다(C′점). E′점이 2.03%C로 이동하였으며 2.03~4.25%C사이의 아공정 합금은 흑연계응고를 따르며 용탕으로부터 고용체가 먼저 정출된다. 공정온도(1,153℃)에서 잔류용액이 γ-고용체와 흑연으로 이루어진 공정으로 응고된다. 초정으로 정출된 γ-고용체와 공정의 γ-고용체는 감소된 용해도가 존재하는 공정선 하부에서 더 많은 흑연(**2차 흑연**)을 밀쳐내며 이 흑연은 공정의 층상 흑연에 붙어 결정화된다. P′S′K′(738℃)선 이하에서는 γ-고용체가 ferrite 와 흑연으로 석출되며 이때 탄소함량은 0.69%까지 떨어진다. 석출된 이 γ-고용체는 철-Fe₃C의 공석(pearlite)과 유사하다. γ-고용체의 분해에서 생성된 흑연이 이미 존재하는 층상흑연(공정흑연과 2차 흑연)에 붙어 결정화되기 때문에 그와 같은 결정은

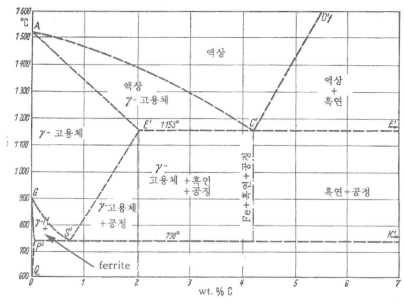

그림 3.6 철-흑연 상태도

형성되지 않는다.

　실제적으로 철-흑연 상태도가 비현실적으로 만들어지지 않기 위해서는 그림 3.9의
P′S′K′(738℃)선 하부가 분리된 상태영역에 있어서는 안된다. 공정합금(4.25%C에서)
은 초정의 정출 없이 직접 γ-고용체와 흑연으로부터 공정이 응고된다. γ-고용체는
계속되는 냉각으로 다시 2차 흑연을 석출하며 738℃하부에서 분해된다. 아공정 합금
에서는 흑연의 분리가 초정과 더불어 응고가 시작되고 큰 판상으로 자랄 수 있는 충
분한 시간과 기회를 가지며 조직에서 잔류용액의 응고과정에서 분명히 볼 수 있는
입상 **키쉬(kish)** 흑연으로 나타나며 미세한 공정흑연과 대조를 이룬다(조직:3-18). 공
정 고용체는 여기서 석출과 분해를 통하여 변태한다.

　이론적으로 흑연계에 따른 응고에서 과정이 매우 완만하게 진행되며 실제적으로
그와 같은 합금은 거의 회색으로 응고가 시작되어 철-Fe₃C계를 따른다. 회주철 조직
은 조직:3-19와 같이 보인다. 강류의 pearlite 또는 pearlite-ferrite 기지에 층상 흑연
이 존재하며 먼저 흑연계를 따라 응고가 진행된다. 강기지를 이 흑연편이 파괴시키므
로써 강도를 떨어뜨린다. 흑연은 용탕에 Mg를 접종하므로써 생성시킬 수 있으며 편
상으로 결정화되는 것이 아니라 구상으로 된다. 구상흑연은 기지재료의 조직을 단순
한 회주철의 편상흑연과 같이 그렇게 심하게는 분리시키지는 않는다. 강의 성질에 가
까운 **구상흑연 주철**(조직:3-20) 재료를 발견하여 주철로　쉽게 주조할 수 있게 되었다.
그러므로 층상흑연을 가진 주철은 더 이상 필요 없게 되었으나 물론 값싼　회주철도

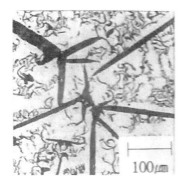

조직:3-18 키쉬(kish)흑연과 공정흑연
(부식되지 않은 상태) 조직

조직:3-19 Pearlite 기지를 가진 회주철
조직

조직:3-20 Pearlite 기지를 가진 구상흑연
주철 조직

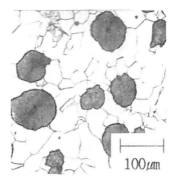

조직:3-21 Annealing처리한 구상흑연
주철 조직

사용하며 이 때에는 강도가 좋은 구상흑연 주철은 사용하지 않는다. 뿐만 아니라 층
상흑연을 가진 주철은 양호한 **감쇠능**(damping capacity)과 **절삭성**(machinability)을
가지고 있다. 구상흑연 주철의 기지가 특히 약하면 A_1점 부근에서 오랜 시간
annealing처리하여 pearlite 내의 판상 탄화물을 파괴할 수가 있다. 유리된 탄소는 구
상흑연으로 축적된다. 기지는 ferrite화되어 연하고 인성을 갖게 된다.

조직:3-21은 순수한 ferrite를 annealing한 구상흑연 주철로 된 현미경 조직을 나타
낸 것이다. 이 현미경 시편은 그림 3.7에서와 같이 비꼰재료에서 떼어낸 것이다. 시편

은 두 방향에서 비꼰상태이다. 탄소의 유사한 구상화는 tempering으로 얻을 수 있다. 주철은 백주철로 주조하여 두께에 따라 60시간까지 annealing처리하는데 여기에는 두 가지 방법이 있다. **흑심 가단주철**(black heart malleable cast iron)은 약 900℃에서 외부공기와 차단하기 위해 불활성 가스를 작용시켜 annealing처리를 하면 되는데 여기서 철탄화물이 완전히 분해되며 분리된 탄소는 **temper**탄소로 함께 구상화된다 (탈탄 annealing이 아님).

그림 3.7 Annealing한 구상흑연주철의 비꼰 재료 1 : 2

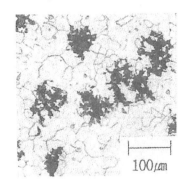

조직:3-22 흑심 가단주철. ferrite기지에서의 temper탄소

조직:3-22는 구상흑연 주철과 같은 유사한 조직을 나타낸 것인데 temper탄소는 파단면이 어둡게 보이므로 그 이름이 유래 되었다. **백심 가단주철**(white heart malleable cast iron)은 1,000℃의 탈탄가스(산화가스) 분위기에서 annealing하면 되는데 경계구역에서 탄화철의 분해로 유리탄소가 주물로부터 탈탄(탈탄 annealing)되고 혼합조직이 생성된다. 두께가 얇은 주물은 심하게 탈탄되어 순수한 ferrite 조직만 남게 된다.

3.2.4 철-탄소 상태도

철-탄소부분 상태도를 조합하면 철-탄소 합금의 안정한 형태가 되며 흑연계(점선)선을 **안정계**(stable system)라고 한다. 철과 준안정의 철탄화물 사이의 합금을 **준안정계**(metastable system)라고 하는데 굵은 선으로 표시하였으며 강에서는 실제적으로 매우 중요하다. 이와 같은 이유로 부분 상태도 영역을 준안정 조직 형태만 나타나게 된다. 종합상태로부터 여러 종류의 cementite를 이해할 수 있다. Cementite의 내부구조는 모든 경우에 동일하나 외형과 크기에 있어서 다르게 나타난다. 초정 cementite가

공정점 오른쪽에서 액상으로부터 직접 분리되어 나온다.

2차 cementite는 고체상태에서 1,147℃이하의 ES선 오른쪽 723℃아래까지 γ-고용체로 부터 석출된다. 3차 cementite는 723℃하부에서 γ-고용체로부터 석출된다. 769℃에 있는 MO선은 자성과 비자성의 경계이며 OSK선을 따라 변화한다.

3.2.5 δ-고용체의 변태

순수 γ-철은 1,392℃까지만 존재하고 이 온도에서 δ-철변태가 일어난다. δ-철은 체심 입방격자 구조이며 이 격자는 911℃까지 나타나는 것과 구별되며 α-격자의 격자간 거리가 커진 것이다. 격자의 팽창은 높은 온도에서 격자자리 수요가 크게 되어 원자가 심하게 움직이게 된다. δ-철은 탄소와 함께 고용체를 생성하며 격자구조의 제한으로 낮은 용해도를 갖는다. 가장 알맞은 상태의 경우 1,493℃에서는 0.1%의 탄소원자가 δ-격자의 철원자 사이에 끼어 들어 간다. 각기 다른 농도의 δ-고용체의 변태는 냉각곡선으로 분명하게 알 수 있다(그림 3.8).

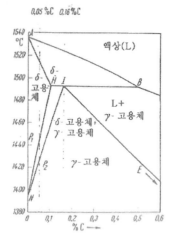

그림 3.8 δ-고용체의 변태

예1 : 0.05% 탄소합금 : AB선(액상선) 이상은 모두 액상이며 액상선에 도달되면 액상으로부터 δ-고용체가 정출되기 시작된다. 완전 응고 후에 AH(고상선) 하부 조직은 δ-고용체로만 나타난다. 철의 δ⇌γ변태는 탄소를 통하여 높은 온도로 밀려간다(NH선). 냉각할 때 NH선상 P_1점에서 자르면 δ-고용체로부터 초정 γ-결정이 석출된다. P_1점에서 모든 δ-고용체가 γ-고용체(austenite)로 변태한다.

예2 : 0.16% 탄소합금 : AB하부의 용액으로부터 δ-고용체가 먼저 정출되며 HB 평행선은 **포정선**(peritectic line)이다. 금속이 냉각되어 이 선에 도달하면 정출된 δ-

고용체와 잔류용액과 작용하여 γ-고용체가 나온다. 0.16%탄소농도의 I점에서 용액과 δ-고용체사이는 비례관계에 있다. **포정반응**(peritectic reaction) 후에는 γ-고용체만 나타난다(austenite).

예3 : H와 I(0.1~0.16%C)사이 합금 : 이 합금에서는 포정 반응에 필요한 것 보다 더 많은 δ-고용체가 존재한다. 포정선 이하의 HNI상태 영역에는 포정으로 생성된 γ-고용체외에도 δ-고용체가 나타난다. 이 δ-고용체는 온도가 떨어짐에 따라 γ-고용체로 변태하며 선 IN이하에서 완전히 소진될 때까지 변화가 계속된다. 조직은 순수한 austenite이다.

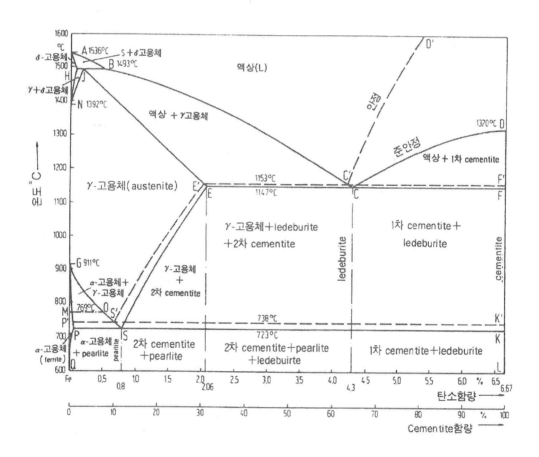

그림 3.9 철-탄소 상태도

예4 : I와 B(0.16~0.51%C)사이의 합금 : 여기는 포정반응에 필요한 것보다 더 많은 액상이 존재하며 포정 반응 후에는 포정선 하부에서 γ-고용체와 액상이 연속적으로 존재한다. 액상이 냉각됨에 따라 고상선(EI)에서 모두 γ-고용체(austenite)로 응고 될 때까지 γ-고용체가 직접 분리된다.

3.2.6 Austenite 변태

(가) 공석강의 pearlite 변태

Austenite에서 pearlite로의 변태는 비가역적이며 시간 의존성이고 속도는 온도와 더불어 현저하게 변하고 **임계온도**(critical temperature : A₁온도)를 약간 상회하면 사라지는데 생성물의 조성은 모상(parent phase)의 것과는 다르다. **잠복기**(incubation period) 후에는 대개 austenite입자 경계(조직:3-23)에 생성되며 경우에 따라서는 비금속 개재물과 같은 곳에도 생성될 수 있다.

각 핵(nucleus)은 인접집단과 충돌할 때까지 집단으로 성장한다(조직:3-24). 이들 집단이 상호 침투되는 ferrite와 cementite단결정의 단위가 된다. A₁온도 직하에서는 핵생성 속도가 비교적 느리며 성장속도가 비교적 빠르므로 소수 핵만이 생성되고 성장하여 집단이 서로 충돌함으로써 성장 전에 정지된다. 이 온도에서 생성된 pearlite lamellar간 공간은 비교적으로 크다(조직:3-25).

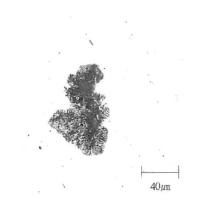

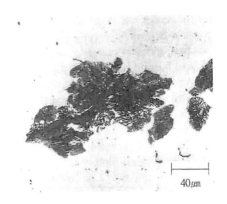

조직:3-23 Picral, 0.81%C- 0.07Si- 0.65Mn, 860℃에서 austenite화하고 705℃에서 150초간 변태, austenite입자 경계에 pearlite집단(colony)이 생성된 조직(경도 : 200HV)

조직:3-24 Picral, 조직:3-23과 같은 강으로, 860℃에서 austenite화하고 705℃에서 13분간 변태, 각 핵(nucleus)이 인접 집단과 충돌할 때까지 집단으로 성장한다(경도 : 200HV)

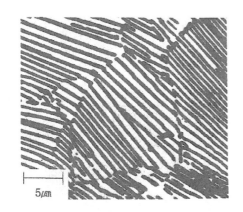

조직:3-25 Picral, 조직:3-23과 같은 강으로, 860℃에서 austenite화하고 705℃에서 33분간 변태, A₁ 온도 직하에서 생성된 pearlite lamellar간 공간은 비교적 크다(경도 : 200HV)

조직:3-26 Picral, 조직:3-23과 같은 강으로, 860℃에서 austenite화하고 650℃에서 10초간 변태함. 부분 변태 후에 구상으로 생성된 pearlite 조직(경도 : 300HV)

핵생성 속도는 변태속도가 A₁이하로 내려감에 따라 증가하며 성장속도 또한 증가된다. 온도영역이 A₁으로부터 500℃사이에서 증가된 핵생성 속도가 에너지를 조절함으로써 변태 개시와 종료에 요구되는 시간이 모두 감소된다. 약 500℃이하 온도에서 느린 성장 속도가 속도조절 인자가 되며 변태개시와 종료 시간은 점차 길어진다. 낮은 온도에서 증가된 핵생성 속도는 온도가 내려감에 따라 크고 많은 pearlite집단이 생성되며 성장 속도가 감소되어 대부분이 구상으로 성장하게 되고 이 것은 부분 변태 후에 나타나며 완전 변태 후에는 나타나지 않는다(조직:3-26, 27).

한편, pearlite의 lamellar간 공간은 변태온도 감소와 더불어 현저하게 감소되며 생성물의 경도는 결과적으로 매우 증가된다. 650℃ 이상의 온도에서 생성된 pearlite는 광학 현미경에서 쉽게 관찰할 수 있으나 600~650℃에서 생성된 경우는 고배율에서만 관찰할 수 있다.

조직:3-28은 0.35%C의 아공석강 조직으로 비교적 조대한 pearlite 영역이 ferrite 기지에 배열되어 있으며 부식시간을 길게하면 ferrite에서 입계가 나타난다. 저탄소강의 조직은 pearlite의 적은 영역으로 되어 있으며, 탄소가 0.35%이하일 경우, ferrite가 적고 조직:3-29에서 과잉 탄화물에서와 같이 pearlite 주위에 망상(network)으로 더 선명하게 나타난다.

이러한 강에서는 주조, 과열 또는 변태 영역은 비교적 급랭함에 따라 생기는 매우 조대한 입자 크기를 갖지 않는다면 과잉상(excess phase)이 Widmannstätten 형태로 석출되지는 않는다.

조직:3-29는 1.3%C의 과공석강 조직으로 낮은 배율에서는, 불규칙적이며 두꺼운 경계라기 보다는 등축입자가가 분명하고 높은 배율에서는(예, 4mm, 대물렌즈) 입자의 pearlite가 잘 나타나 조직:3-28에서 나타난 pearlite보다 더 조대하며 잘 보인다(조직:3-29).

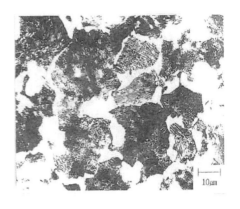

조직:3-27 Picral, 조직:3-23과 같은 강으로, 860℃에서 austenite화하고 550℃에서 0.7초간 변태, 부분변태 후에 구상으로 생성된 pearlite 조직(경도 : 405HV)

조직:3-28 $(NO_2)_3C_6H_2OH+C_2H_5OH$ 부식, 0.35%C 아공석강 조직

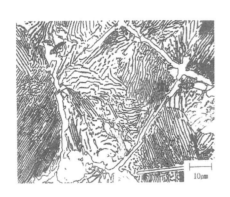

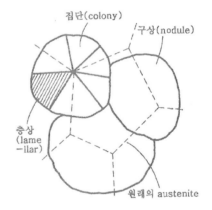

조직:3-29 $2\%HNO_2+C_2H_5OH$, 1.3%C 과공석강 조직

그림 3.10 Pearlite 공석변태의 현미경 조직 생성도

여기는 또한 과잉 철탄화물로된 망상입계가 부분적으로 나타난다. 이것은 백색으로 나타나나 끓는 $C_6H_3N_3O_7$ 2g+NaOH 25g+물100ml의 용액에서 부식하면 어둡게 또는 검게 변한다. 이에 대하여 ferrite는 검게되지 않는다. 봉의 표면에는 어느 정도의 탈탄이 일어난다.

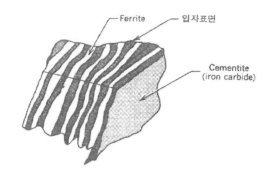

그림 3.11 입체적인 lamellar pearlite 현미경 조직

공석반응은 준안정 고상(solid phase)이 두종의 다른 고상 혼합물로 변태하는 것인데 이 변태에는 두 생성물과 모상(parent phase)간의 조성변화에 따른 장범위 확산이 포함된다.

Pearlite조직은 입계, 삼중점(triple point), 입자모서리 또는 표면 등에 구상(nodule) 핵이 생성되어 주위 입자와 충돌할 때까지 쉽게 성장한다. 개별집단(colonies)은 구상 내에 존재하며 각 구상은 원래 austenite입자와 같은 방향성을 갖는다. 집단 내에는 두 생성상(ferrite와 cementite)이 교대로 평행한 lamellar로 복잡한 조직을 형성한다 (그림 3.10 및 3.11).

Pearlite 핵생성과 성장 기구

- Pearlite 핵생성

Pearlite 핵생성은 불균질하며 austenite입계와 표면자리(site)로 제한된다. 이들 위치의 포화는 전체 변태 시간의 20~25% 내에 일어나며, 서로 부딪칠 때까지 구상으로 성장한다.

Pearlite 핵생성은 austenite 입계에서 cementite와 ferrite핵 생성에 의하여 일어난다(그림 3.12). 이 핵은 에너지 장벽을 낮게하기 위하여 원래(prior) austenite 입자(γ_1)와 방위관계를 가지고 형성된다. 먼저 cementite 핵이 생성되기 위해서는 이 핵 주위 영역에는 탄소가 희석되므로 ferrite가 생성되며 ferrite 핵이 생성되면 탄소가 주위가지로 방출되어 cementite를 형성하게 된다. 아공석 및 과공석 합금도 유사하게 분해된다. 아공석 또는 과공석 조성은 초석 ferrite(아공석)또는 초석 cementite(과공석)가 pearlite 변태 전에 일어난다. 초석 cementite(그림 3.12)에서 ferrite핵이 생성되며 cementite와 방위관계를 형성한다. 아공석강에서는 원래의 austenite입계에서 초석 ferrite가 형성된다.

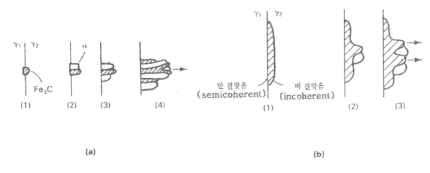

그림 3.12   Pearlite의 핵생성과 성장

(a) 순수(clean) austenite입계 위에 생성

  (1) cementite가 결맞음(coherent)계면과 ɣ₂와 방위관계를 갖는 입계상에 핵을 생성한다.

  (2) α가 결맞음계면과 ɣ₁과 방위 관계를 갖는 cementite에 인접하여 핵을 생성한다. 이것은 또한 cementite와 ferrite간의 방위관계를 이룬다.

  (3) 핵생성은 옆으로 반복하여 진행되는 반면 비결맞음(incoherent)계면은 ɣ₂내로 성장한다.

  (4) 가지생성 기구(branching mechanism)에 의하여 새로운 판상이 생성될 수 있다.

(b) 아공석강(ferrite 또는 cementite)이 austenite경계상에 이미 존재할 때는 pearlite가 부정합 방향으로 핵생성과 성장이 일어나 cementite와 ferrite 간에 다른 방위관계를 나타낸다.

- Pearlite성장

  Pearlite성장 속도는 시간, 변태온도 및 원래 austenite 입자크기에 따라 변한다. 주어진 온도와 austenite입자 크기에서 변태속도는 3단계로 일어난다 : 주어진 온도에서 Pearlite의 체적률은 주어진 시간f(t)에서 S곡선에 일치한다. 변태속도는 아주 낮고 자리(site)포화에 의하여 된다. 더 많은 구상이 생김에 따라 변태속도는 증가된다. 결국 구상이 서로 부딪치고, 조직이 변태완료로 점차 접근함에 따라 변태 속도는 다시 늦어진다.

  Austenite가 변태된 온도는 역시 pearlite성장 속도에 영향을 미친다. 온도가 낮아지면 핵생성을 위한 구동력(driving force)이 증가되며, 변태속도가 증가된다(그림 3.13). 변태온도와 성장속도와의 관계를 나타내면 그림 3.14의 곡선이 된다. 결국 austenite입자 크기가 감소되면 핵생성 자리의 수가 증가된다. 더 많은 핵이 austenite 내로 성장하면 변태시간이 감소되며 변태속도를 증가시킨다.

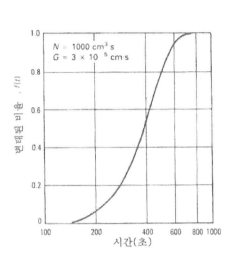

그림 3.13 시간을 함수로한 pearlite로 변태된 austenite비율.

$f(t)=1-exp[-\pi NG^3t^{4/3}]$ 여기서 f(t)는 주어진 시간t와 주어진 온도에서 형성된 pearlite 체적비율. N은 pearlite 집단의 핵생성속도, G는 집단이 austenite 내로 성장하는 속도이다.

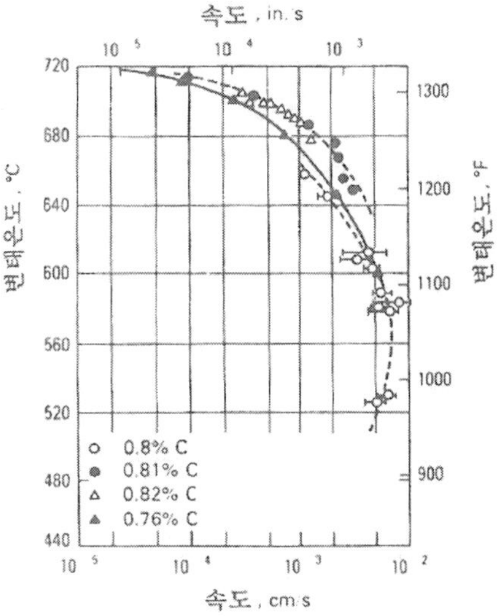

그림 3.14 변태온도에 따른 pearlite 성장 속도의 변화

(나) 아공석강의 ferrite생성

중탄소강(0.55%C)을 705℃에서 변태시키면 모상(parent phase) austenite 입자경계의 수많은 장소에서 ferrite핵이 생성되는데(조직:3-30,31), 각 핵은 입계를 따라 성장하여 약간 두꺼워 진다. Pearlite의 핵생성은 ferrite와 austenite 사이의 계면에서 시작되며 이 단계에서 초석 ferrite의 더 이상의 성장은 중지된다. 잔류 austenite는 완전히 pearlite로 변태한다(조직:3-32).

초석 ferrite는 $A_1 \sim A_3$범위의 모든 온도에서 적당한 체적률로 생성되나 생성된 ferrite의 체적률은 변태온도가 A_1이하로 내려감에 따라 감소되며 IT곡선의 돌출부(knee) 온도에서 영(zero)이 된다(조직:3-33). 동시에 생성된 lamellar상 pearlite사이의 공간도 감소된다.

불용성 고립된(island) ferrite는 650℃에서(조직:3-34) 변태한 후에는 구별될 수 없는데 새로운 초석 ferrite가 그들 주위에 핵생성과 성장이 이루어지기 때문이다. 그러나, 초석 ferrite는 완전하게 austenite화한 경우에서보다도 더 자주 핵이 생성되어 결

과적으로 ferrite의 최종모양은 후자의 경우에 잘 발달된 입계 동소형상(allotriomorphs)
이 생성된 것보다 더 불규칙하다(조직:3-34 및 조직:3-35).

550℃에서의 대부분 새로운 초석 ferrite는 불용성 ferrite에서 성장되고 약간의 새
로운 입계 동소형상 만이 생성된다(조직:3-36 및 조직:3-37). 실제적으로 500℃에서는 아
무것도 생성되지 않고(조직:3-38, 조직3-39) 고립된 ferrite는 적은 량의 ferrite가 계
속 성장해온 원래의 고립된 불용성 ferrite로 존재한다.

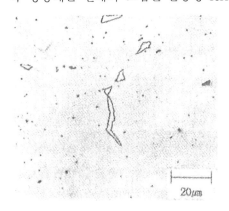 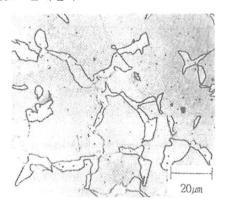

조직:3-30 3%picral, 0.55%~0.08%Si
-0.60%Mn강, 860℃에서 austenite화하고 705℃
에서 20초간 변태, austenite입계의 수많
은 곳에서 ferrite핵이 생성

조직:3-31 Picral부식, 조직:3-30과 동
일한 강 및 열처리(다만 20분간 변태)
ferrite가 성장된 조직

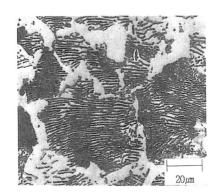 

조직:3-32 Picral부식, 조직3-30과 동
일한 강 및 열처리(다만 2시간 변태), 잔
류 austenite가 완전히 pearlite로 변태한
조직(경도 : 195HV)

조직3-33 Picral부식, 조직:3-30과 동
일한 강 및 열처리(다만 500℃에서 5초간
변태), 초석 ferrite생성이 중지되며 동시
에 생성된 pearlite lamellar사이의 공간도
감소됨(경도 : 330HV)

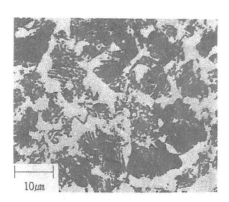

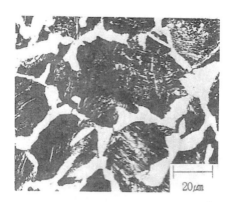

조직:3-34 Picral부식, 0.55%C-0.08% Si-0.60%Mn, 730℃에서 austenite화 하고 650℃에서 변태, 새로운 초석 ferrite가 주위에 핵생성과 성장이 이루어진 조직(경도 : 230HV)

조직:3-35 Picral부식, 조직:3-34와 동일강, 860℃에서 austenite화 하고 650℃에서 2.5분간 변태, 불규칙하게 생성된 ferrite조직 (경도 : 220HV)

조직:3-36 Picral부식, 조직3-34와 동일강 및 열처리(다만, 500℃에서 5초간 변태) 용해되지 않은 ferrite에서 성장한 초석 ferrite와 약간의 새로운 입계 동소형상만이 생성된 조직(경도 : 330HV)

조직:3-37 Picral부식, 조직3-35와 동일한 강 및 열처리(다만, 550℃에서 15초간 변태) 조직:3-36과 동일(경도 : 320HV)

　　Austenite화한 조직을 조직:3-38에 나타낸다. 입계 동소형상이 모상조직 내에서 너무 두꺼우므로 용해되지 않은 ferrite는 이 경우에 연속된 망상(network)으로써 존재할 뿐만 아니라 모상조직의 약간의 Widemannstätten 입내판이 용해되지 않고 남아 있다. 용해되지 않은 ferrite의 이들 망상내의 고립된 austenite는 용해되지 않은 ferrite와 거의 독립적으로 변태하였다.

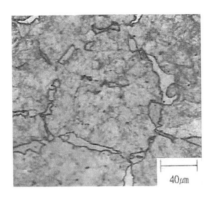

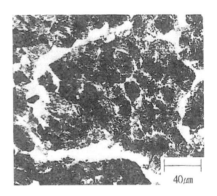

조직:3-38　중아황산염 부식, 조직:3-34와 동일강, 조대 austenite입자, 730℃에서 austenite화 하고 20℃에서 변태(경도 : 710HV)

조직:3-39　Picral부식, 조직:3-34와 동일한 강 및 열처리(다만, 650℃에서 변태)(경도 : 190HV)

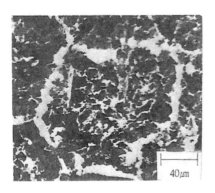

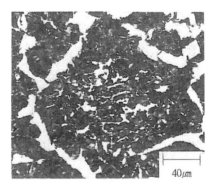

조직:3-40　Picral부식, 조직:3-34와 동일한 강으로 조직:3-39와 동일한 열처리, 약간의 새로운 초석 ferrite가 용해되지 않은 ferrite의 망상에 성장하였지만 후자는 경계가 더 불규칙하다(경도 : 70HV).

조직:3-41　Picral부식, 조직3-34와 동일한 강으로 조직3-39와 동일한 열처리(다만, 500℃에서 변태), 거의 모두가 원래의 용해되지 않은 ferrite 조직(경도 : 295HV)

이와 같이 변태온도 675℃와 650℃에서 austenite는 pearlite집단으로 둘러싸인 새로운 초석 ferrite의 입계 동소형상의 비교적 미세한 입자배열로 변태한다(조직:3-39,40).

새로운 ferrite 체적률 생성은 변태온도 감소와 더불어 감소되며 500℃에서 변태한 후의 ferrite는 거의 모두가 원래의 불용성 ferrite이다(조직:3-41). 생성되는 pearlite의 특성은 변태온도에 따라서만 ferrite의 존재가 다시 독립적으로 된다(조직:3-40 및 조직:3-41).

이와 같이 불용성 초석 ferrite의 존재는 부분적으로 austenite화된 강의 변태에 ferrite의 불용성 입자가 새로운 초석 ferrite의 현저한 핵생성을 위하여 쉽게 핵으로 유용하도록 충분한 수를 제공하느냐에 따라 현저한 영향을 미칠 수도 있다.

Ferrite-austenite 및 ferrite-cementite 계면의 상대적 에너지는 망간함량에 따라 크게 영향을 미치며, 큰 면간 영역을 가진 길고 얇은 막(film)으로 cementite의 성장 개시는 망간함량이 0.5%를 훨씬 초과하면 잘 일어나지 않는다. 0.7%Mn을 함유한 강에서는 막 보다는 큰 구상입자가 생성된다(조직:3-42 및 조직:3-43).

많은 상용강은 망간함량의 임계범위인 0.4~0.7%Mn이므로 pearlite의 퇴화가 비교적 다양하게 강에서 나타나기 쉽다.

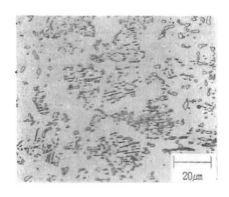
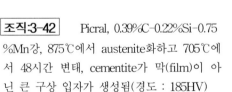
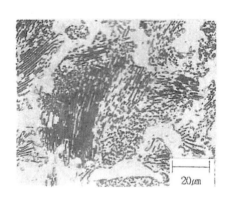

조직:3-42 Picral, 0.39%C-0.22%Si-0.75%Mn강, 875℃에서 austenite화하고 705℃에서 48시간 변태, cementite가 막(film)이 아닌 큰 구상 입자가 생성됨(경도 : 185HV)

조직:3-43 Picral부식, 0.61%C-0.08%Si-0.60%Mn강, 860℃에서 austenite화하고 705℃에서 17시간 변태(경도 : 185HV)

조직:3-44, 45는 탄소함량이 0.2~0.4%인 강에서만 650℃에서 변태하는 동안 초석 Widmannstätten ferrite가 현저한 양이 생성되는 것을 나타낸 것이다. 이러한 형태는 저탄소 함유강에는 약간만이 나타나며(조직:3-46), 고탄소강에서는 전혀 나타나지 않는다(조직:3-47).

Ferrite의 Widmannstätten 형태에 미치는 탄소함량의 영향을 조직:3-48 A,B,C에 나타낸다. 이 강은 큰 austenite 입자크기를 얻기 위하여 높은 온도에서 austenite화한 후 비교적 낮은 온도인 600℃에서 변태하였다. 입자경계 동소형상 뿐만 아니라 약간의

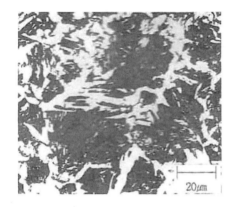

조직:3-44　Picral부식, 0.23%C-0.060%Si-0.52%Mn강, 900℃에서 austenite화하고 650℃에서 10초간 변태, 초석 Widmannstätten ferrite가 현저한 양이 생성된 조직(경도 : 185HV)

조직:3-45　Picral, 0.39%C-0.22%Si -0.75%Mn강, 875℃에서 austenite화하고 650℃에서 10초간 변태, 조직은 조직:3-44와 동일(경도 : 225HV).

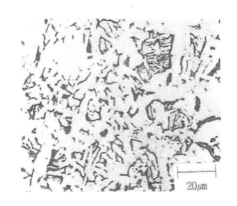

조직:3-46　Picral부식, 0.17%C-0.06%S-0.41%Mn강, 900℃에서 austenite화하고 650℃에서 10초간 변태, 저탄소강에서 약간만 나타난 초석 Widmannstäten ferrite 조직(경도 : 185HV)

조직:3-47　Picral부식, 0.61%C-0.08%Si-0.60%Mn강, 860℃에서 austenite화하고 650℃에서 10초간 변태, 고탄소강이므로 초석 Widmannstäten ferrite는 전혀 나타나지 않는다(경도 : 270HV).

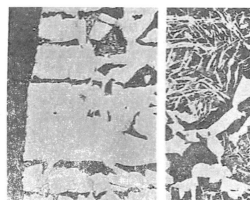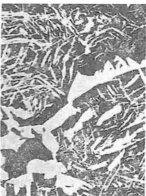

조직:3-48 A, B, C   Picral부식, 0.25%C-0.34%Si, 0.25%Cr(0.2%C-1.75%Mn 강을 표면탈탄), 1,150℃에서 austenite화하고 600℃에서 항온변태
        A : 탈탄된 표면조직
        B : 중탄소 함유량의 탈탄영역조직
        C : 탈탄되지 않은 영역조직

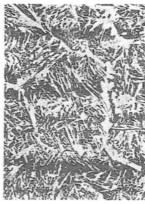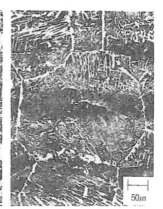

조직:3-49 A, B, C   Picral부식, 조직3-48과 동일 강종, 1,150℃에서 austenite화하고 5℃/min. 속도로 냉각,
        A : 탈탄된 표면조직
        B : 중탄소 함유량의 탈탄영역조직
        C : 탈탄되지 않은 영역조직

판상의 입간 Widmannstätten과 ferrite의 측면판(side plate)이 탄소함량이 기본수준인 0.25%C였을 때의 영역에서 생성되었다(조직:3-48).

시편의 표면은 심하게 탈탄되었으며, Widmannstäitten 형태는 저탄소 함량의 가장 바깥 층에서는 거의 감지할 수 없다(조직:3-48A). 반대로, Widmannstätten 형태는 중간 탄소함량인 영역에서는 잘 발달되어 있었다(조직:3-48B).

연속냉각하는 동안의 Widmannstätten 형태의 생성에 미치는 탄소함량의 영향은 또한 항온 변태곡선과 연관되어 있는데, 연속냉각하는 동안 변태는 600℃에서 항온변태한 조직:3-48 A,B,C의 경우보다 약간 높은 온도에서 선명하게 일어나는 것을 알 수 있다(조직:3-49 A,B,C).

(다) 공석강의 bainite 생성

변태곡선(~500℃)의 돌출부분(knee)영역의 온도에서 변태는 구상 pearlite가 형상이 완전히 다른 적은 체적률의 생성물과 함께 생성되는데 이것은 **bainite**, 특히 **상부(upper)bainite**이며 C곡선과 겹침으로써 pearlite와 함께 생성된다.

Bainite는 조직:3-50, 조직:3-51에 "B"로, pearlite는 "P"로 각각 나타낸다. 상부 bainite는 austenite 입자경계에서 핵이 생성되어(조직:3-52) austenite 입자내로 성장한다.

조직은 광학 현미경에서는 분명하게 관찰하기 어렵지만 변태온도가 낮을수록 더 미세한 깃털모양의 특성을 나타낸다. 전자 현미경에 의하여 관찰할 수 있는데 세지(細枝)(lath)모양 ferrite가 평행하게 배열되어 있으며 세지모양 ferrite의 공간은 변태온도가 낮아질수록 더 작아지고(조직:3-53) 이러한 모양의 변화는 광학 현미경에서 설명될 수 있다. 실제로 500℃에서 생성된 bainite의 세지분리는 같은 온도에서 생성된 pearlite의 lamellar간 공간보다 어느 정도 더 크다.

보다 낮은 온도(예 : 300℃)에서 생성된 변태 생성물은 상부 bainite와 형태가 다르다. 광학 현미경에서 깃털 모양이라기 보다는 혼합된 렌즈 모양으로 되어 있다. 이 **하부(lower)bainite**는 판상 ferrite의 주축에 대하여 약 60°방향으로된 판상의 ε-탄화물 입자를 포함하는 판상 ferrite의 lamellar가 아닌 응집물로 되어 있다(조직:3-54, 조직:3-55).

상부 bainite로부터 하부 bainite로 변태는 공석강에서 약 350℃ 변태온도에서 일어나지만 현미경조직을 예민하게 변화시키는데 연관된 것을 찾아내기는 쉽지 않다. 그러나, 상부 bainite의 경도는 변태온도와 더불어 약간만 변화하며 하부 bainite의 경도는 변태온도가 감소되면 현저하게 증가된다.

하부 bainite는 quenching하고 tempering한 조직에 상당한 것보다 같은 경도에서 더 인성이 있으나 상부 bainite는 그 경도에서 현저한 인성을 나타내지 않는다.

상부 bainite 변태의 특징

- 보통 탄소강의 공석강의 austenite 영역으로부터 550℃와 250℃사이의 온도에서 quenching한 다음 등온 변태를 시키면 bainite라고 하는 조직이 생성된다.
- Bainite는 층상 공석반응으로 생성되는 pearlite와는 반대로 비층상 공석반응으로 생성된다.
- 공석강인 경우 pearlite와 마찬가지로 bainite도 ferrite 및 (Fe₃C)인 2상의 혼합물이다.
- Austenite-bainite 반응은 austenite-ferrite 변태와 비슷하게 핵생성과 성장이란 특성을 갖는가 하면 한편으로는 austenite-martensite 변태의 특성을 나타내기도 한다. 약 550℃∼350℃ 범위에서 생성된 베이나이트를 **상부 베이나이트**(upper bainite)라고 하며, 350∼250℃ 범위에서의 조직을 **하부 베이나이트**(lower bainite)라 한다.
- Austenite에서 ferrite와 cementite가 독립적으로 핵이 생성되며 상부 bainite 의 생성속도를 지배하는 것은 austenite에서의 탄소확산이라는 것으로 알려져 있다.
- Austenite에서 핵이 생성된 cementite는 주위의 탄소를 고갈시키면서 성장한 후 austenite가 ferrite로 변태할 수 있다.
- Ferrite핵이 먼저 생성되었다면 탄소가 ferrite-austenite 계면으로 밀려나온 후 성장하고 있는 austenite-ferrite의 계면에 존재하는 austenite가 cementite를 형성한다.
조직:3-56은 ferrite와 cementite로된 2상 상부 bainite조직이며 조직:3-57도 상부 bainite 조직을 나타낸 것이다.

하부 bainite 변태의 특징

- 350℃∼250℃의 낮은 온도에서는 확산속도가 낮으므로 하부 bainite중의 cementite 는 ferrite 판속에서 석출한다.
- Martensite의 경우 석출된 탄화물이 두 개 이상의 방위(方位)로 되었는데 하부 bainite의 석출물은 대부분 ferrite 장축에 약 55°인 방위로만 되어있다.
- 고탄소강에서 하부 bainite는 martensite와 같이 쌍정현상이 나타나지 않는다.
- 하부 bainite는 과포화된 ferrite가 austenite에서 전단과정으로 형성하고 난 다음 cementite가 ferrite 속에서 석출하는 것이다.
- 하부 bainite는 공석강에서 300℃부근의 등온변태에 의해서 발생하므로 상부 bainite와 달리 침상을 나타내고 tempering된 martensite와 유사하며 부식되기 쉬운 조직이다.

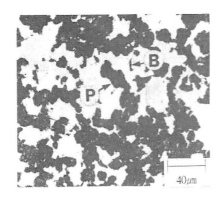

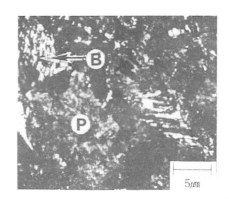

조직:3-50 Picral부식, 0.81%C-0.07%Si-
0.65%Mn강 860℃에서 austenite화 처
리하고 500℃에서 0.5초간 변태, "B"상부
bainite, "P"pearlite조직(경도 : 405HV)

조직:3-51 Picral부식, 조직:3-50과 동일한
강 및 열처리

― 변태온도가 낮을수록 현미경 조직에서는 martensite와 구별하기 어려우며 martensite
보다는 경도는 낮고 인성이 풍부하다. 특히 quenching, tempering을 한 동일한 경도
의 것과 비교하면 연신률, 충격치 등에 있어서는 등온변태시킨 것이 우수한 성질을
나타낸다.

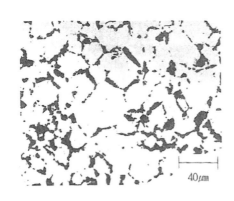

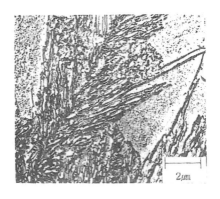

조직:3-52 Picral부식, 0.81%C-0.07%Si-
0.65%Mn강 860℃에서 austenite화처리하
고 450℃에서 0.5초간 변태, austenite입자 경
계에 상부 bainite핵생성(경도 : 415HV)

조직:3-53 Picral부식, 조직:3-50과 동일한
강 및 열처리, 세지(lath) 모양의 ferrite가 평
행하게 배열된 조직(경도 : 415HV)

등온변태로 하부bainite 조직을 얻기 위해서는 austenite에서 등온도까지 냉각하는 것이 필요하지만 부품이 대형일 경우 변태개시선과 교차하므로 일부 **troostite**가 나타난다.

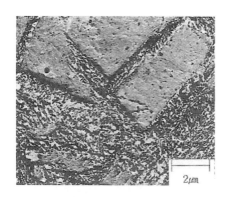

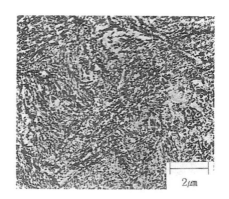

조직:3-54   Picral부식, 조직:3-50과 동일한 강 및 열처리(다만, 300℃에서 3분 50초간 변태), 판상 ferrite 주축에 대하여 약 60°방향으로된 판상의 ε-탄화물 입자를 포함하는 판상 ferrite의 비 lamellar 응집물로된 하부 bainite 조직

조직:3-55   Picral부식, 조직:3-50과 동일한 강 및 열처리(다만, 300℃에서 33분 20초간 변태)

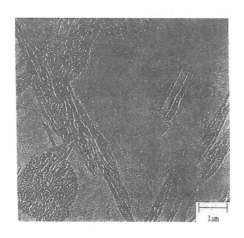

조직:3-56   3%nital부식, SEM, 0.81%C 공석강을 445℃에서 등온변태한 ferrite와 cementite로된 bainite 조직

조직:3-57   3%nital부식, 0.84%C 강, 930℃로부터 400℃의 염욕에 quenching, 하부 bainite와 일부 troostite가 혼합된 조직

조직:3-58은 350℃이하에서 생성된 하부 bainite 조직으로 상부 bainite와 다르다. 조직:3-59는 0.74%C를 함유한 강을 880~990℃에서 austenite화 처리하고 290~300℃의 염욕에 quenching하여 15분간 등온변태하여 수냉한 하부 bainite 조직을 나타낸 것이다.

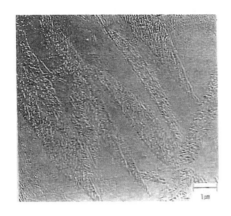

조직:3-58 3%nital부식, SEM, 0.81%C 공석강을 315℃에서 등온변태한 하부 bainite 조직

조직:3-59 3%nital부식, 0.74%C 탄소강을 880 ~930℃에서 austenite화 처리하고 290~300℃ 의 염욕에 quenching하여 15분간 등온변태하고 수냉, 하부 bainite(검은 침상)와 흰 부분은 martensite+잔류 austenite 조직

탄소 함유량과 등온변태 온도에 따른 bainite 생성과정

- 조직:3-60은 0.66%C-3.3%Cr강에서 bainite 생성의 고온 현미경 사진이며,

(a) 350℃에서 14.75분
(b) 350℃에서 16.2분
(c) 350℃에서 17.2분
(d) 350℃에서 19.2분간 각각 유지하였다.

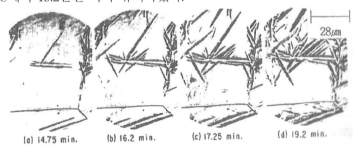

(a) 14.75 min.   (b) 16.2 min.   (c) 17.25 min.   (d) 19.2 min.

조직:3-60 강에서의 bainite 생성의 고온 현미경 사진

- 조직:3-61은 0.66%C-3.3%Cr강에서 bainite가 형성된 조직이며,

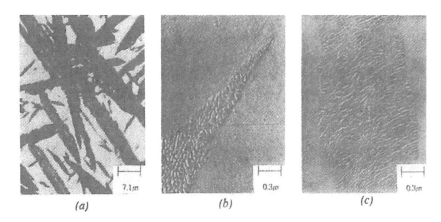

(a)　　　　(b)　　　　(c)

조직:3-61　Bainite의 형성

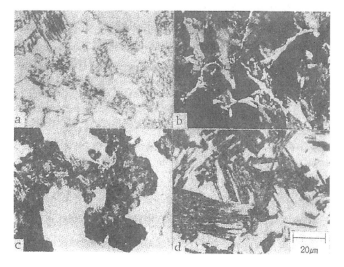

조직:3-62　0.47%C와 0.57%Mn 아공석강의 등온변태와 현미경 조직

- 조직:3-62는 0.47%C 아공석강의 현미경 조직인데

(a) 690℃에서 완전변태 후 white부분은 초석 ferrite와 조대 pearlite

(b) 650℃에서 완전변태 후 white부분은 초석 ferrite와 dark부분은 pearlite

(c) 538℃에서 부분변태 후 상부 bainite침상으로 된 pearlite(dark) martensite(white)를 나타낸다.

(d) 690℃에서 부분변태 후 하부 bainite(dark)와 martensite(white)를 나타낸다.

(라) Martensite 변태

공석강의 martensite 생성

강에서 일어나는 austenite가 martensite로 변태하는 특징은 martensite가 생성되는 모(parent) austenite와 동일한 조성이며 변태량은 근본적으로 시간과는 무관하고 온도의 함수이다.

변태는 특정 온도(M_s)에서 자발적으로 개시하여 효율적으로 완료(M_f)되는 온도에 도달할 때까지 점진적으로 온도가 낮아지면서 계속된다. 2상의 격자방위 사이에는 일정한 관계가 있으며 변태는 현저한 체적증가를 수반하고 재가열하면 tempering이 일어나므로 변태는 비가역적(irreversible)이다.

Austenite→martensite변태는 M_s 온도 직하에서 처음 관찰되며 적은 체적률의 생성물이며 공석강에서는 주로 렌즈 모양판(plate)으로 **판상(plate)martensite**로 나타나는데(조직:3-63), 공석강에서 M_s 온도는 약 230℃이다. 부가적인 판은 온도가 낮아지면 생성되며 martensite의 체적률은 그림 3.15에 나타낸 방법으로 증가된다.

변태곡선의 모양과 적은 체적의 잔류 austenite를 광학 현미경에서는 구별하기 어려우므로 M_f 온도를 정확하게 판별하기는 어렵다. 그러므로 공석강에서는 거의 실온에 가까이 까지 일어나는 변태의 90 또는 95%를 변태의 종료로 간주하게 된다. 공석강을 quenching하면 실온에서 약 5~10%의 austenite가 대개 잔류한다(그림 3.16). 하나의 가능성은 판상 martensite가 austenite 입자 내에서 독립적으로 핵이 생성되며 입계 또는 기존의 판상 martensite와 만날 때까지 성장한다. 이 경우에 austenite의 모상입자는 그림 3.15의 방법으로 채워진다.

다른 가능성은 판상 martensite가 이미 생성된 판상 집합체에 핵이 생성되는데 인접 판상 또는 입계는 이들의 성장에 장벽으로써 다시 작용하게 된다. 이 경우에 austenite의 모상입자는 그림 3.15(b)의 방법으로 채워진다. 예를 들면, 고탄소강에서 판상 martensite를 조직:3-63에 나타내는데 이들 판의 배열은 이들 과정으로 생긴 것으로 판단된다. 성장하는 판이 먼저 생성된 판과 부딪치는 점에서 새로운 판상의 핵이 생성되어 새로운 판이 zig-zag형상으로 성장하는 경우가 가끔있는데[그림3-15(c)] 이것을 **계면 자기촉매**(interfacial autocatalytic) 핵생성이라고 한다.

판상 martensite에는 가끔 각종 반점(무늬)들이 나타나는데 그와 같은 무늬들은 과공석강에서 더 나타나기 쉽다. 가장 현저한 것은 주축을 따라 나타나는 선으로 주맥(midrib)(그림 3.17)인데 넓은 판상에서 나타난다(조직:3-64).

주요한 무늬들은 변태되는 동안 austenite 단위체적의 형상변화에 기인하며 이들 변화는 판상 martensite의 주맥에 중심이 되며 평행으로 전파되나 주맥면의 양쪽에 반대방향이다. 형상변화의 조정은 인접하고 있는 변태되지 않은 austenite에서 일어난다.

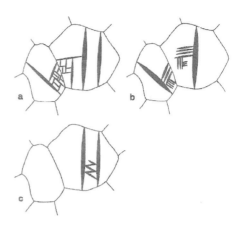

조직:3-63 Picral부식, 0.81%C-0.07%Si-0.65%Mn강, 850℃에서 austenite화하고 주어진 온도로 quenching한 후 210℃에서 tempering, 렌즈 모양의 판(plate)martensite조직(경도는 : 710HV)

(a) 모든 판(plate)은 독립적 핵생성
(b) 기존판의 계면에 새로운 판이 집합체로 핵생성
(c) 성장하는 판에 먼저 생성된 판과 부딪치는 점에서 새로운 핵생성

그림 3.15 판상 martensite의 핵생성과 성장 설명도

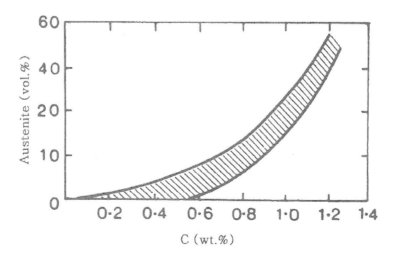

그림 3.16 탄소강에서 탄소 함량과 잔류 austenite 체적률의 변화
(완전 austenite화하고 물 또는 소금물에 실온으로 quenching)

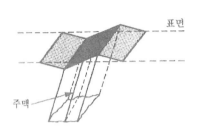

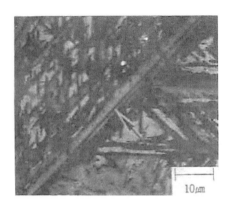

그림 3.17 Austenite의 단위체적이 판상 martensite로 변태하면서 도입된 표면기복의 변화

조직:3-64 Vilella 부식액, 0.2%C-0.2%Si-0.5%Mn강, 1,100℃에서 austenite화하고 수냉 후 200℃에서 30분간 tempering 화살표로 나타낸 것이 판상 martensite의 주맥(midrib)

Martensite의 경도는 각종 탄화물을 제외하고 다른 어떤 변태 생성물보다 높다(그림 3-18).

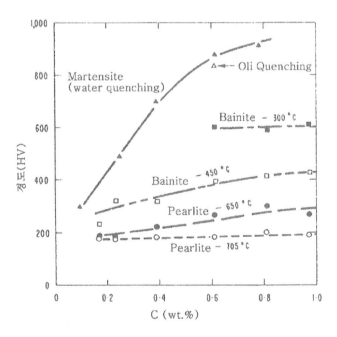

그림 3.18 변태 생성물의 탄소 함량과 경도변화
(나타낸 온도는 생성물의 변태온도)

아공석강의 martensite 생성

탄소함량이 0.6%이하인 강에 생성된 martensite 형상은 공석강에서 생성된 판상(plate) martensite와 완전히 다르다. 여기서 martensite는 기본단위가 0.1~0.5μm두께인 평행한 배열 또는 묶음(packet)으로 성장하며 여기에는 고밀도의 엉킨 전위(dislocation)를 포함하고 있다.

이러한 형태의 martensite를 **세지(lath) martensite**라고 한다. 각각의 lath는 광학현미경에는 관찰할 수 없으나 lath 묶음은 볼 수 있다(조직:3-65).

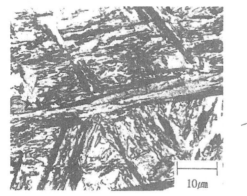
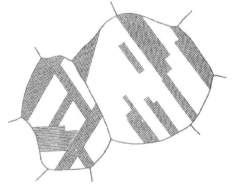

조직:3-65 1%nital, 0.23%C-0.06%Si-0.52 %Mn강, 925℃에서 austenite의 묶음조직(경도 : 490HV)

그림 3.19 Lath martensite의 핵생성 성장 설명도

묶음은 인접되지 않으나 평행인 변형된 조직의 생성에 의하거나 또는 연속적인 핵생성과 인접한 평행 lath의 성장에 의하여 성장한다. Austenite의 변태 입자는 입자의 각기 다른 영역에서 비평행 변형된 조직의 생성에 의하여 분할될 수 있다. 이러한 성장 모델을 그림 3.19에서 설명할 수 있다.

과공석강의 martensite 생성

판상 martensite는 오로지 과공석강에서 생성되며 공석강에서 생성된 것과 광학 현미경에서는 구별되지 않으나 M_s와 M_f 온도는 탄소함량 증가와 더불어 감소되어(그림 3.20)0.8%C 이상을 함유한 강의 M_f는 실온이하로 된다. 결과적으로 quenching된 과공석강에는 충분한 austenite가 잔류되어 광학 현미경으로 관찰할 수 있다. 그러나 적은 양의 잔류 austenite는 광학 현미경에서 쉽게 찾아낼 수 없는데 편상 martensite의 형상이 편상의 혼란된 망상 내에서 고립된 작은 austenite와 구별하기 어렵기 때문이다.

잔류 austenite→martensite변태는 실제적으로 매우 중요한데 항온 변태는 경화된 과공석강의 치수 불안정을 보완하고 균열을 지연시키는 등의 역할을 한다. 조직에 tempering되지 않은 martensite가 존재하면 재료는 매우 취약해 진다. M_f온도는 austenite의 탄소함량의 증가와 더불어 감소되므로 잔류 austenite의 체적률이 quenching할 때 austenite의 탄소함량과 함께 증가한다.

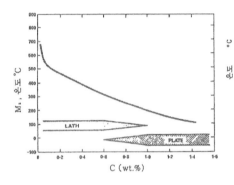

그림 3.20 고순도 철-탄소합금의 탄소 함량과 Ms 온도변화. Martensite의 lath 및 plate 형상을 나타냄

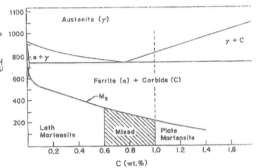

그림 3.21 Fe-C합금의 martensite 변태개시 온도와 Ms점에 미치는 탄소 함량의 영향

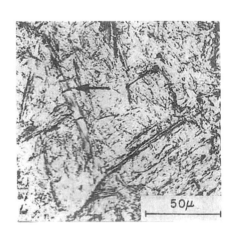

조직:3-66 3%nital부식, 1.2%C를 함유 한 판상 martensite 조직

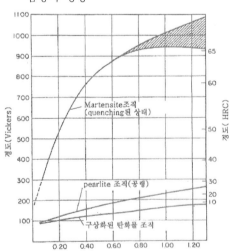

그림 3.22 탄소함량에 따른 경화된 mart -ensite경도(빗금친 부분은 martensite보다 더 연한 잔류 austenite의 생성 때문에 경도가 줄 어들 수 있는 량을 나타낸다)

결과적으로, 잔류 austenite의 체적률을 austenite화가 A_1온도 직상일 때는 적은 값이 Acm온도를 초과한 경우에는 최대 값으로 점진적으로 증가되는데 이 최대 값은 탄소함량에 좌우된다(그림 3.16).

잔류 austenite가 많은 양 존재하면 대개 경도가 현저하게 감소된다. 조직:3-66은 1.2%C를 함유한 판상 martensite조직을 나타낸 것이다. 그림 3.21은 Fe-C합금의 martensite변태개시 온도와 M_s점에 미치는 탄소 함량의 영향을, 그림 3.22는 탄소 함량에 따른 경화된 martensite의 경도를 각각 나타낸 것이다.

Martensite변태의 특성

- martensite변태의 특성은 **무확산**(diffusionless)변태이다. 반응이 급속하게 일어남으로써 원자가 혼합하여 들어갈 시간적 여유가 없어 martensite변태를 억제할 **열활성 에너지 장벽**(thermal activation energy barrier)이 없다.
- Martensite 반응이 있는 모상(parent phase)에 조성변화가 없으며 각 원자는 원래의 주위원자를 그대로 유지하려고 하고 탄소원자의 상대적인 위치는 martensite에서나 austenite에서나 똑같다.
- Martensite는 강의 탄소 함유량에 따라 M_s에서 M_f까지 온도가 내려가며 austenite에서 martensite로 변태하는데 탄소 함유량이 증가할수록 martensite는 100%가 이루어지지 않으며 탄소량에 따라 잔류 austenite가 생긴다(그림 3.16).
- Austenite-martensite 변태는 M_s라는 임계온도 이하에서 일어나므로 martensite는 조직적으로 합금의 안정상이며 낮은 자유 에너지를 갖는다.
- Martensite 반응은 원자들의 협동적인 재배열로 일어나므로 원자의 변위되는 거리가 원자간 거리 이하이다.
- Martensite 격자의 정방성(tetragonality)의 정도는 탄소량이 증가할수록 커진다.
- 탄소함량이 증가하는데 따라서 Fe-C합금의 형태가 변하면 변형모드(mode)가 슬립(slip)에서 쌍정(twinning)으로 변하게 된다.
- 고탄소강에서는 잔류 austenite의 량이 증가하면 M_s 온도가 저하하므로 martensite 반응이 일어나기 어려워진다. 그리고 탄소함량이 증가할수록 변형모드로 쌍정이 더욱 우세하게 일어난다.
- 변태온도가 저하될수록 슬립현상은 더욱 어려워지며 중요한 인자는 주어진 온도에서 슬립과 쌍정 형성에 필요한 임계 분해 전단응력(critical resolved shear stress)의 상대적인 크기와 합금 조성이다. 격자가 파괴되는 것을 방지하기 위하여 쌍정이 생기므로 저온의 martensite 반응에 의하여 발생한 탄성 변형 에너지의 중요한 부분이 쌍정-모상의 결맞음(coherent)경계로 조절될 수 있어 martensite의 평균 에너지를 낮추어 준다.
- 탄성 에너지가 쌍정으로 조절되지 못하고 균열이 때로는 고탄소 Fe-C합금의 판상

martensite에서 발생한다.

(마) 과공석강의 cementite 생성

비교적 탄소함량이 높은 (1.2%)강은 A_1온도에 근접하여 변태되었다고 고려해 보자, 초석 cementite는 pearlite가 시작되는 변태 전에(조직:3-67~69) austenite의 입계에서 핵이 생성되며, 대개 약간의 Widmannstätten 측면(sideplate)을 가지고 있다(조직:3-68).

초석 cementite의 체적률은 변태온도가 낮아지면 감소되며 측면 판은 형성되지 않는다(조직:3-70~72). 초석 cementite는 아공석강 처럼 500℃에서 일어나는 항온변태곡선의 돌출부(knee)에서는 전혀 생성되지 않는다. 초석 cementite의 성장이 중지되었을 때 잔류 austenite의 pearlite로 변태는 공석강에서와 같은 특성을 나타낸다. 그러나 pearlite의 lamellar는 더 넓은 공간을 갖는다(조직:3-73).

망간 함량이 높고 약 1%C를 함유한 강의 변태에서는 초석 cementite의 거친 구상 입자의 약간만이 705℃에서 변태할 때 austenite 입계에 존재한다(조직:3-74의 화살표). 이것은 다시 cementite 계면 에너지에 망간이 영향을 미치게 되어 cementite의 길고 얇은 막(film) 성장을 억제하게 된다. 이 강에는 적은 양의 입계 동소형상이 생성되나 낮은 변태온도에서 항온 변태곡선의 돌출부에 근접하게 된다(조직:3-75).

초석 cementite는 근본적으로 초석 ferrite와 유사하게 여러 형태로 생성될 수 있으며 이들 형상들이 발전되는 대체적인 조성-온도영역을 그림 3.23에 나타낸다. 그러나, 약 1.1%C 이상을 함유하는 강에서만 Widmannstätten 형태가 나타나기는 하지만 초

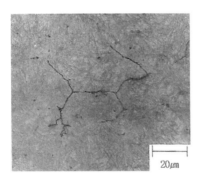

조직:3-67 Picral, 1.18%C-0.19%Si-0.25%Mn강 925℃에서 austenite화하고 705℃에서 5초간 변태, cementite는 pearlite가 시작되는 변태 전에 austenite입계에서 핵 생성함

조직:3-68 Picral, 조직:3-67과 동일한 강 및 열처리(다만, 705℃에서 30초간 변태). 핵생성은 얇은 막(film)으로 성장하며 Widmannstätten 측면판도 약간 포함됨

석 ferrite에 나타나는 Widmannstätten 형태보다도 광범위한 온도범위에서 생성된다. Austenite입자 크기는 cementite형상에 현저한 영향을 미치지는 않지만 측면 판을 생성하는 경향을 증가시켜 주는 입자크기 증가한다는 증거가 약간 있다.

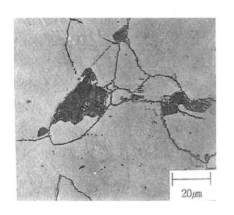

조직:3-69 Picral, 조직:3-67과 동일한 강 및 열처리(다만, 705℃에서 40초간 변태)

조직:3-70 Picral, 조직:3-67과 동일한 강 및 열처리(다만, 600℃에서 3초간 변태), 초석 cementite의 체적률은 변태온도가 낮아지면 감소되며 측면판은 형성되지 않음

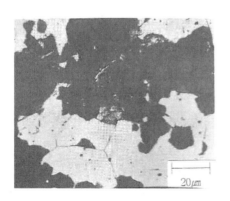

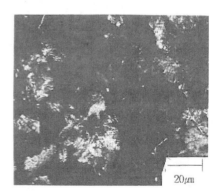

조직:3-71 Picral, 조직:3-67과 동일한 강 및 열처리(다만, 600℃에서 8초간 변태)

조직:3-72 Picral, 조직:3-67과 동일한 강 및 열처리(다만, 600℃에서 30초간 변태)

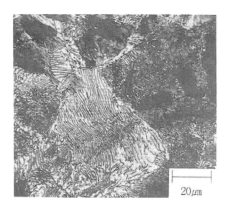 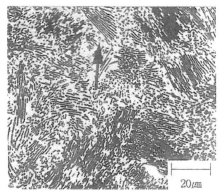

조직:3-73　Picral, 조직:3-67과 동일한 강 및 열처리(다만, 750℃에서 1분간 변태), lamellar pearlite의 공간이 넓어진 조직

조직:3-74　Picral, 0.97%C-0.22%Si-0.55%Mn강, 875℃에서 austenite화하고 705℃에서 20시간 변태, 초석 cementite 의 거친 구상입자가 austenite입계에 존재(화살표)(경도 : 195HV)

 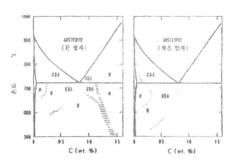

조직:3-75　Picral, 조직:3-74와 동일한 강 및 열처리(다만, 650℃에서 15초간 변태), cementite의 계면 에너지에 Mn이 영향을 미쳐 cementite가 길고 얇은 막 (film)성장이 억제되며, 적은 양의 입계동소 형상이 생성됨(경도 : 270HV)

그림 3.23　항온변태 후 각종 ferrite 와 cementite의 형상이 존재하는 온도 와 조성영역, "큰 입자"는 ASTM의 austenite입도 0~1, "작은 입자"는 7~8 에 해당됨

(바) 강의 quenching과 tempering

앞에서 재료의 기계적 특성이 어떻게 미세조직에 민감한가, 그리고 예를 들면 공냉한 조직이 노냉한 것보다 확실히 경도가 높다는 것을 설명하였다. 그러나, 기계적 특성에 상당히 큰 효과는 확실한 열경화 처리에 의해 얻을 수 있다.

강이 변태영역의 고온부위 부분에서 충분하게 빨리 냉각된다면, 공석조직의 형성이 억제될 것이다. 이 경우에 강은 pearlite와는 다른 특별히 미세한 철과 철탄화물을 형성한다. 만약 냉각이 수냉의 경우에서처럼 적당히 빠른 속도로 진행된다면, 위와 같은 변태조차도 억제되어, 강은 비교적 저온에서도 변태되지 않은 고용체 상태로 유지할 수 있다. 이러한 상태에서는 어떠한 철탄화물도 방출할 수 없으므로 탄소가 과포화 되어 있는 조직이 얻어진다. 그럼에도 불구하고, 철원자들의 형태는 조직내부의 응력상태를 포함하는 복잡한 이동에 의해 움직인다. 응력과 탄소 과포화의 결과로 발생된 비평형 martensite(조직:3-76)는 매우 단단하다. 그러나 이러한 구조는 공업적 적용을 위해서는 너무 취약하다.

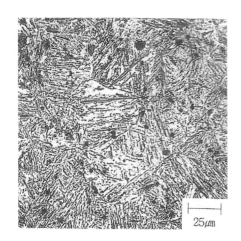 

조직:3-76   수냉한 탄소강의 전형적인 martensite조직

적당한 정도의 연성은 강을 200~660℃에서 1~2시간 동안 재가열하는 tempering에 의하여 얻어질 수 있으며 tempering처리는 미세한 탄화물을 석출시킨다(조직:3-77~80). 탄화물 입자의 크기는 tempering온도가 증가할수록 증가하고, 이에 따라 경도는

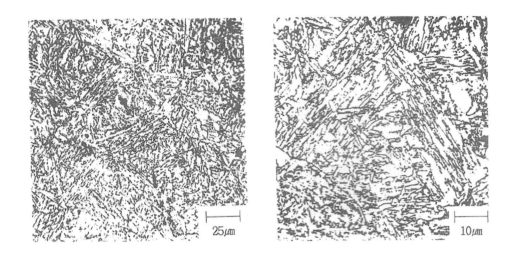

25㎛   10㎛

조직:3-77 조직:3-76의 급냉된 강에 대해 600℃에서 2시간 동안 tempering한 효과

감소하고 연성은 증가하므로, 재료의 사용조건에 맞도록 다양한 특성을 나타낼 수 있다. 전반적으로, 조직은 pearlite조직보다는 강도와 인성이 증가하고, 석출경화동안 생성되는 조직과 광범위하게 연관될 수 있다.

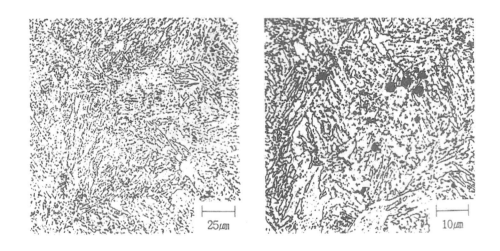

25㎛   10㎛

조직:3-78 600℃에서 4일 동안 tempering한 조직

　Tempering에 의해 생성된 작은 석출물들은 구형이기도 하고 가끔은 짧은 판상형
이다. 주어진 온도에서 지속적인 가열은 재료의 연성화를 수반하는 입자들의 성장과
보다 확실한 구형화의 원인이 된다. 따라서, 공업적 목적으로 쓰이는 강에서는 장시
간의 tempering은 적용되지 않는다. 조직:3-78~80은 조직의 비교적 측면에서, 600℃
와 660℃에서 4일 동안 tempering한 후의 입자의 성장정도를 보여 준다.

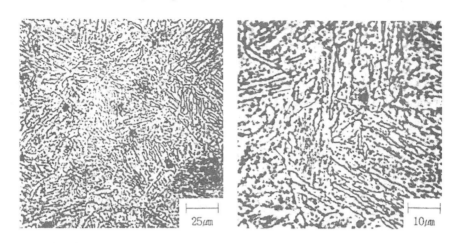

　조직:3-79　660℃에서 4일 동안 tempering된 강 조직

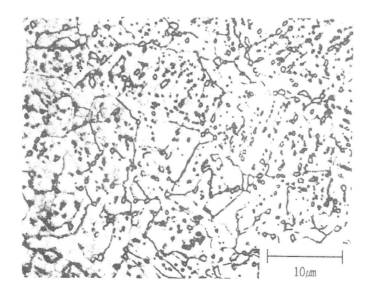

　조직:3-80　660℃에서 4일 동안 심하게 tempering된 강 조직

3.3 강의 열처리 조직

3.3.1 상변태(phase transformations)

(가) 조성적 상태도

열역학적 평형조건하에서 철과 탄소는 철의 3가지 **동질다형**(polymorph)(즉, austenite, ferrite 및 δ-ferrite)에 탄소가 침입형 고용체로 또한 과잉탄소는 원소형 흑연으로 함께 존재한다. 그러나 핵생성과 성장의 더 유리한 운동으로 인하여 과잉탄소는 대개 준안정 침입형 화합물인 **Fe₃C**(cementite)를 생성하므로 Fe-Fe₃C조성적 상태도가 대부분 강의 조직을 설명하는데 사용된다(그림 3.24).

그림 3.25는 ferrite에 탄소가 용해되는 무게 비를 나타낸 것으로 A_1온도에서는 218×10^{-6} (0.0218%), 400℃에서는 그 값이 2.3×10^{-6}(2.3ppm)으로 감소하여 실온에서는 무시할 정도로 소량이 된다.

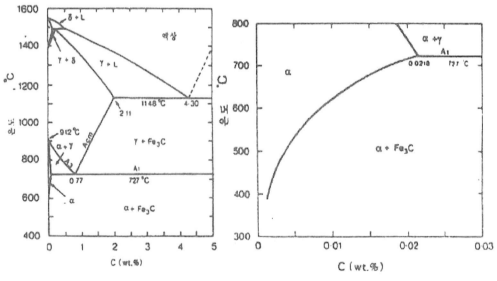

그림 3.24 Fe-Fe3C 조성적 상태도   그림 3.25 α-ferrite의 온도에 따른 상태도의 변화

(나) 항온변태 곡선

일정한 임계온도 이하에서 변태과정을 나타낸 것이 **항온변태**(Isothermal Trans -formation : IT)곡선이라 하며 이것을 **시간-온도-변태**(Time-Tempera -ture-Transformation : TTT)곡선이라고 알려져 있는데 이런 종류의 상태도는 온도 를 함수로 하여 변태개시와 종료에 필요한 시간을 나타내며 맨 처음 **Davenport**와 **Bain**이 실험에 의하여 **S curve**로 정하였다. 특수한 강의 작은 시편을 대개 용융염욕 에서 austenite화한 후 적당한 온도의 다른 용융염욕에 quenching하는데 여기에서는 austenite변태가 시작되어 **잠복기**(incubation period : t_i)에서 변태가 완료되는 시간 (t_f)까지 유지한다.

이 시간은 대개 변태온도에서 긴 시간변태가 진행된 후에 수냉한 시편의 현미경조 직검사에 의하여 판명된다. 두 번째 quenching에서는 아직까지 존재하는 어떤 au- stenite도 martensite로 변태하는데 이 조직은 표준 부식액으로 부식하면 밝게 나타난 다. 공석변태 생성물은 이 부식액으로는 어둡게 부식되므로 그 체적률을 정량적 조직 검사법에 의하여 정확하게 측정할 수 있다. 이 실험과정을 간단히 하기 위하여 t_i는 대개 변태 생성물의 0.01 체적비율에서, t_f는 0.99% 체적비율에서 각각 측정한다. 전기 저항, 물리적 정수 및 투자율(magnetic permeability)등과 같은 성질의 변화가 변태를 감지하는데 사용되어 왔으며 각기 다른 온도에서 t_i와 t_f 시간을 찾아낸다. t_i및 t_f시간 은 핵생성과 확산 성장과정의 특성을 나타내는 **C**곡선을 따라 온도와 함께 변한다.

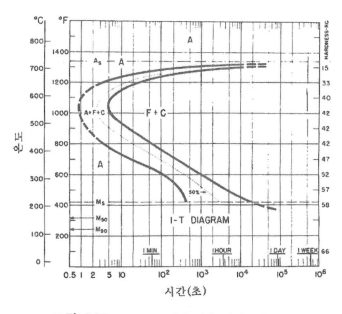

그림 3.26 0.89%C 강의 항온 변태곡선

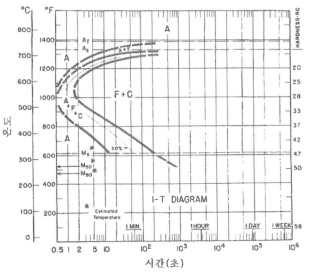

그림 3.27   0.54%C 강의 항온 변태곡선

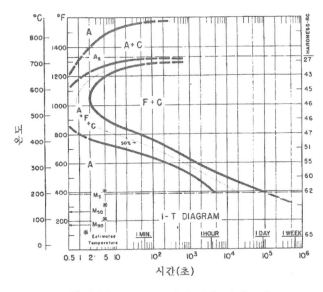

그림 3.28   1.13%C 강의 항온 변태곡선

　　공석강 상태도(그림 3.26)는 A_1과 M_s사이온도를 함수로 하여 austenite가 공석생성물로 항온변태하는데 필요한 시간을 나타내는 단순C곡선이다. 비공석강에서 **초석 공석상**(Proeutectoid phase)의 생성은 **아공석강**(그림 3.27)에서는 A_3이하, 또는 **과공석강**(그림 3.28)에서는 A_{cm} 이하의 부가적인 곡선에 의하여 나타낸다.

(다) 연속 냉각곡선

항온변태 곡선은 항온공정으로 열처리하는 산업체가 매우 적어서 제한적으로 응용되고 있으므로 austenite로부터 연속 냉각공정(Process)으로부터 생성된 조직을 적당하게 나타내는 항온변태 곡선이 필요하다. 그림 3.29는 보통 공석 탄소강에 대하여 IT상태도에 **연속 냉각곡선**(Continuous cooling curve)을 중복시킨 것인데 IT상태도는 단순 C곡선에 의한 austenite변태를 나타내고 **CC**상태도도 임계온도하의 냉각에서 변태의 상태를 규정하는 단순곡선으로 되어 있기 때문이다. 부가적으로, 그와 같은 냉각에서 생성된 pearlite만이 상태도상에 나타낸다. Austenite 변태를 적절하게 나타내는 **CC**상태도는 적어도 양쪽 pearlite와 상부bainite 생성을 나타내야 하고 각 생성물이 분리된 C곡선에 의하여 나타낸 그림 3.30에 IT상태도와 관련시킨다.

직선적 냉각조건에 대하여 적당한 CC곡선을 그림 3.31에 나타낸다. 냉각할 때 pearlite로 변태개시는 H곡선으로 나타낸 온도에서, bainite로 변태개시는 J곡선으로 두 가지 생성물이 동시에 생길 수 있으며 혼합된 조직으로 된다. 냉각속도가 직선 냉각속도 L보다 낮으면 I곡선에 의하여 나타낸 온도에서 변태가 완료되나 L보다 더 높은 냉각속도에서는 완료되지 않는다.

조직에 남아있는 austenite는 M_s와 M_f온도 사이의 연속냉각에서 부분적 또는 완전하게 martensite로 계속하여 변태한다. 이와 같이 austenite가 pearlite와 상부 bainite로 완전변태하는 냉각속도 L을 **임계 냉각속도**(critical cooling rate)라 한다.

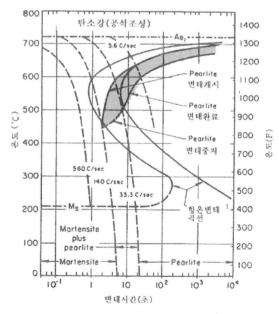

그림 3.29 공석 탄소강의 연속 냉각곡선(빗금친 부분)과 항온 변태곡선의 조합 상태도

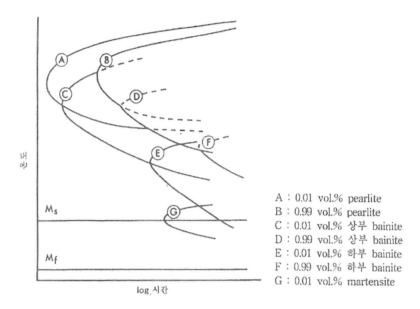

A : 0.01 vol.% pearlite
B : 0.99 vol.% pearlite
C : 0.01 vol.% 상부 bainite
D : 0.99 vol.% 상부 bainite
E : 0.01 vol.% 하부 bainite
F : 0.99 vol.% 하부 bainite
G : 0.01 vol.% martensite

그림 3.30 공석보통 탄소강에 대한 항온변태 곡선과 연속냉각(CC)곡선

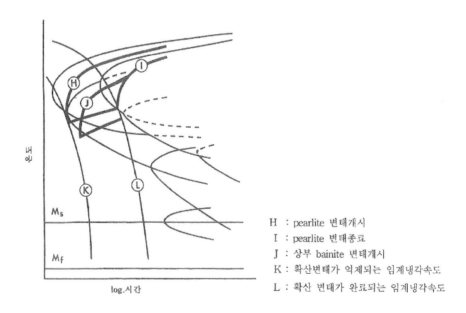

H : pearlite 변태개시
I : pearlite 변태종료
J : 상부 bainite 변태개시
K : 확산변태가 억제되는 임계냉각속도
L : 확산 변태가 완료되는 임계냉각속도

그림 3.31 직선적 냉각속도에 대한 연속 냉각곡선

 냉각속도가 L로부터 K로 증가됨에 따라 변태하지 않는 잔류 austenite의 비율이 O(zero)으로부터 1로 증가되어 K가 확산 생성물을 포함하지 않는 조직생성에 대한 **임계 냉각속도**이다.

 그림 3.30의 직선적 냉각에서 일어날 수 있는 "G"로 표시한 냉각곡선을 따라서는 하부 bainite도 어떤 종류의 martensite도 생성될 수 없는데 다른 생성물로 변태는 냉각되는 동안 적당한 속도일 때보다 높은 온도에서 끝나기 때문이다. 그러나, 대부분의 열처리 공정에서 일어나는 비직선적 냉각에서는 이들 산물 (하부 bainite 또는 martensite)중 하나 또는 두 종류 모두가 일어날 수 있다. 이 경우에는 CC곡선은 비직선적 냉각조건에 따라 그림 3.31에 나타낸 것과 다르다.

 그림 3.32는 austenite화하고 각기 다른 속도로 냉각하는 열처리공정을 규정하는데 사용될 수 있으며 3종류의 냉각속도를 직선적 냉각곡선으로 나타낸다.

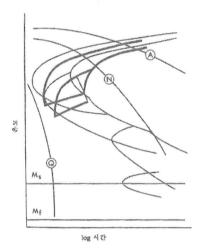

그림 3.32   전형적인 열처리공정에 사용되는 냉각속도를 규명하는 연속 냉각곡선
A : Full annealing   N : Normalizing   Q : Quenching

A : 노중에서 서냉하는 완전 annealing, **N** : 빠른 공랭, **Q** : 기름, 물, 소금물 등과 같은 냉각제에 의한 급랭 등으로 각각 나타내며 austenite가 완전 annealing하는 동안 pearlite로 변태하고 normalizing에서는 pearlite와 약간의 bainite로 변태하며 quenching에서는 임계 냉각속도 K(그림 3.31)를 초과하여 martensite로 각각 변태한다.
K보다 낮은 냉각속도로 비효율적으로 quenching하면 martensite 외에도 약간의 pearlite 와 bainite도 생성된다.

예 : 0.45% C강의 과냉 austenite는 그림 3.33의 TTT곡선의 530℃이상 온도에서 ferrite 와 pearlite변태를 한다. 여기서 pearlite는 미세 줄무늬로 되어있고 점점 적은 ferrite

가 나타나며 각 austenite는 과냉된다. 이 pearlite 단계와 martensite가 형성되는 초기인 약 300℃사이가 중간단계이다.

조직:3-84은 이 강시편의 현미경 조직을 나타낸 것인데 그림 3.33에서 선 Ⅳ에 상당하는 γ-영역으로부터 370℃염욕에 냉각하여 변태가 완전히 진행될 때까지 이 온도에서 유지한다. 그림 3.33에서 실제로 90초~200초 사이가 안전하다. 이 강을 quenching하고 tempering하면 조직은 침상이 되며 martensite를 거치지 않고 직접 austenite로부터 형성된다. 이것을 **austempering**이라 한다. 철원자 확산도는 작은 탄소

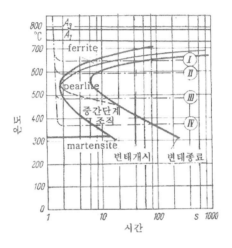

그림 3.33　0.45%C를 함유한 비 합금강의 항온 TTT곡선(시간은 대수로 나눈 눈금임)

| 조직:3-81 곡선 Ⅰ의 변태, ferrite와 조대한 줄무늬 pearl-ite가 거의 같은 비로 분포되어 있다. | 조직:3-82 곡선 Ⅱ의 변태, 적은 량의 ferrite와 많은 미세한 줄무늬 pear-lite 조직 | 조직:3-83 곡선 Ⅲ의 변태. 상부 중간단계와 매우 미세한 무늬 pearlite 조직 | 조직:3-84 곡선 Ⅳ의 변태, 하부 중간단계 조직 |

원자보다도 낮다. **중간단계**(intermediate stage) 온도에서는 탄소는 더 확산될 수 있으며 탄화물이 생성 될 수 있다.

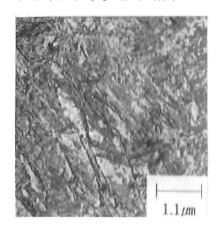

조직:3-85 0.45%C강을 quenching온도로부터 수중 냉각한 martensite

조직:3-86 0.45%C강을 400℃의 항온변태에 서 온도로부터 나타난 중간 조직

그러나 기본 격자원자의 확산은 더 이상 불가능하다. 중간단계에서 변태는 면심입방 austenite 격자가 바뀌어 변위된 체심입방 ferrite 격자로 변함으로써 일어나고 이때 동시에 austenite로부터 직접 뿐만 아니라 이미 생성된 과포화 ferrite로부터도 미세한 탄화물입자가 석출되는데 이 탄화물입자는 이전의 austenite 결정격자를 따라 나란한 형상으로 배열되며 침상처럼 보이는 중간단계 조직의 대부분이 나란한 형상으로 환원된다.

Austenite 격자로부터 탄소가 분리됨으로써 변태 과정이 쉬워지며 탄화물 석출이 증가되는 변태가 진행된다. 이렇게 하여 중간단계 생성은 확산에 의존한 과정인 반면 martensite 생성은 갑자기 그리고 확산 없이 이루어진다.

Martensite와 중간 단계 조직간의 차이는 조직:3-85, 86에서 크게 확대한 전자 현미경 사진으로부터 알 수 있다. 중간단계 영역의 내부 변태가 고온에서 혹은 저온에서 일어나느냐에 따라 조대한 탄화물이 석출되는 **상부 중간단계**와 탄화물이 매우 미세하게 석출되는 **하부 중간단계**로 구분한다.

비합금강은 항온변태에서 짧은 가열 시간을 갖게된다. 변태과정이 곧 준비되어 매우 빨리 진행되며 중간단계생성에 필요한 온도로 떨어지기 전에 두꺼운 부분은 이미 일부 혹은 전부가 pearlite 변태를 하게 된다. 이 때문에 그와 같은 강에서는 얇은 두께에서만 중간단계조직이 만들어 질 수 있다. 탄소 이외의 다른 합금원소를 함유한 합금강에서는 중간단계가 대개 매우 현저하게 나타난다. 가열시간이 길며 변태가 늦게 시작되어 완만하게 진행된다. 이렇게 하여 austenite를 중간단계조직으로 변태시키기 위한 온도로 과냉한다는 것은 쉽게 가능하다.

Austempering(항온 tempering)은 실제로 유용하게 응용되는데 비교적 이 열처리는 quenching과 annealing을 통하여 지연 및 균열위험이 적은 장점을 가지고 있으며 여기서 제품은 급랭되지 않는다. 강을 연속냉각 할 경우에도 역시 무엇보다 합금의 종류에 따라 일시적으로 중간 단계조직 생성이 존재하며 이 경우에 상태도가 개발되었다.

연속 냉각에 따른 이 TTT상태도의 선은 동일 강의 항온변태에 비해 약간 벗어나 있다. 연속냉각에 의한 TTT상태도는 용접 기술자에겐 흥미거리인데 그 이유는 용접 이음부 주위가 고온으로 가열된 강은 일반적으로 연속 냉각되기 때문이다. TTT 연속 상태에서 점선으로 나타낸 냉각곡선(Ⅰ,Ⅱ,Ⅲ)은 망간(Mn)을 함유한 보일러 구조강(그림 3.34)을 나타내며 곡선 Ⅰ을 따라 급랭하면 용접 이음부 옆에는 martensite가 생성된다.

수리할 때와 같은 큰 구조물에 조그마한 용접의 경우에는 원하지 않는 이 현상이 일어난다. 곡선Ⅱ를 따라 서냉하면 austenite가 차례로 변태를 하여 ferrite 50%, pearlite 5%, 중간단계 조직 27%로 변태한다. 변태를 하지 않은 잔류 austenite 18%가 계속적인 냉각에 의하여 martensite로 변태한다. martensite와 중간단계 조직을 변

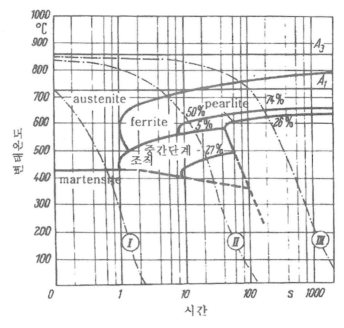

그림 3.34 보일러 구조강의 연속 TTT상태도. 상태영역의 경계선을 가진 냉각곡선에서 제시된 절단점의 수는 상태영역 변태에서 몇 퍼센트 austenite를 갖고 있느냐를 나타낸다.

화하는 과정에서 피하기 위해서는 상태도의 오른쪽으로 계속되는 냉각곡선을 고려해야만 하는데 이것은 강을 가열하고 보유한 용접열(예열용접)을 이용함으로써 도달할 수 있다.

용접부 부근에 고열영역과 공작물 사이의 온도강하가 감소되며 위험영역에서 서서히 냉각되어 곡선 Ⅲ을 따르는 것과 같이 ferrite(74%) pearlite(26%)가 나타난다.

TTT상태도는 근본적으로 용접부 부근은 강이 용융점 가까이 까지 가열되어 짧은 시간이나마 austenite 영역이 된다. 상태도 상의 선은 오른쪽으로 갈수록 긴 시간을 뜻하며, 즉 martensite 생성이 가능하고 정상적인 상태도에 따르면 불가능하다. 또한 강에만 적용할 수 있는 TTT곡선을 그릴 수 있다.

하나의 강종에 존재하는 내부의 유동적인 data가 상태도 곡선 기울기를 어느 정도 변화시킨다. 그러므로 용접실무에서는 상태도에서 필요한 것보다 좀 더 높은 예열을 하여 공작물이 오래도록 열을 보유할 수 있도록 해야한다.

(라) 합금원소의 영향

상용되는 보통 탄소강에는 각종 불순물 원소가 소량이 함유되는 것을 피할 수 없는데, 이들 원소는 용해되며, austenite의 변태 열역학 및 동역학을 변화시킨다. 결국, 상(또는 조성)태도와 IT및 **CC**상태도는 이들 원소가 존재하므로 변하게 되므로 적당한 처리 후의 상용강과 순수철-탄소합금의 현미경조직은 현저하게 달라진다.

조성 상태도

표 3.1 철-탄소 조성상태도에 미치는 Si, Mn 및 P의 영향

원소	austenite에 고용된 0.01wt%의 영향		
	A_1	A_3	공석의 탄소(%)
Si	~0.3℃ 상승	~ 0.5℃ 상승	0.0013% 감소
Mn	~0.1℃ 감소	~ 0.5℃ 감소	0.,0007%감소
P	상승시킬 수 있음(a)	~ 8℃ 상승	감소시킬 수 있음(b)

(a) Si, P 및 탄화물생성 원소는 A_3를 상승시키며, Si 및 탄화물생성 원소는 A_1을 상승시키는데 P는 특히 A_1을 상승시킨다.

(b) austenite에 고용되는 모든 합금원소는 공석의 탄소농도를 감소시킨다.

Austenite에 고용된 합금원소는 임계온도 A_1(그림 3.35)뿐만 아니라 공석의(그림 3.36) 탄소농도를 변화시킨다. 일반적으로 농도와 이러한 인자들의 변화는 비직선적이

나 적은 농도변화는 무시될 수 있다. 표 3.1은 상용탄소강에 나타나는 비교적 적은 양의 Si, Mn 및 P가 미치는 변화정도를 나타낸 것이다.

표 3.2는 서냉한 Fe-0.4%C합금 및 서냉한 0.3%Si, 0.5%Mn 및 0.2%P가 포함된 0.4%C강의 공석조성과 pearlite와 초석공석 ferrite(천칭법칙에 의하여 계산)체적비율을 나타낸 것이다.

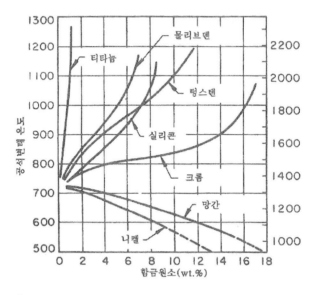

그림 3.35 고용된 각종합금원소의 농도와 공석변태온도 변화

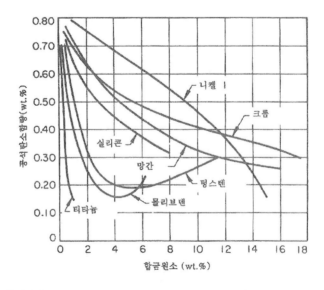

그림 3.36 고용된 각종 합금원소의 농도와 공석 탄소농도의 변화

표 3.2   공석조성에 미치는 불순물의 영향

합금	공석탄소(%)	pearlite 체적률	ferrite 체적률
Fe-0.4%C	0.77(a)	0.51	0.49
0.4%C 강	0.70(b)	0.56	0.44

(a)그림 3.24 및 (b)그림 3.24및 표 3.1로부터 얻은 data

Si와 Mn합금원소(및 P도 가능)는 변태곡선을 이동시켜 임계 냉각속도를 감소시키므로(그림 3.31에서 곡선 K와 L) quenching에서 확산생성물을 생성할 수 있는 가능성이 감소된다.

더욱더, 일정한 냉각속도에서 불순물원소가 존재하면 확산변태가 보다 낮은 온도에서 일어난다. 이로 인하여 공석 생성물(pearlite 또는 bainite)의 체적율이 감소되며 ferrite와 cementite의 분포가 더 미세해 진다.

3.3.2 탄소강의 열처리 조직

(가) 저탄소 표면 경화강

1010강

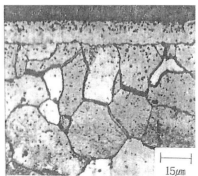

조직:3-87   Nital, 790℃에서 침탄 질화 하여 기름 quenching, 표면은 고탄소, 저질소, 중심(사진의 오른쪽 절반부)은 ferrite가 대부분인 조직

조직:3-88   2%nital, 질화염욕에 공기를 불어 넣으면서 570℃에서 1시간 액체질화 처리함. 질화층은 0.0076mm 깊이이며 중심부 조직은 덩어리 ferrite와 입계 탄화물로 되어 있으며 천이영역(transition zone)은 나타나지 않은 조직

화학조성 : 0.08~0.13%C, 0.30~0.60%Mn, 0.040%P max, 0.050%S max.

특성 : normalizing하거나 또는 annealing한 상태에서는 전연성이 우수하며 냉간 성형성은 뛰어나나 탄소함량이 증가되면 냉간 성형성은 감소된다. 용접성은 우수하나 기계 가공성은 떨어진다. 자동차 엔진의 oil pan 및 pulley, 트란스 미션의 sun gear driving shell등에 사용된다. (*다음의 모든 강종은 AISI 및 UNS규격임)

표면경화(Case Hardening) : 부화된(enriched) 흡열 이송가스와 약 10%의 무수 암모니아(anhydrous ammonia)가 포함된 분위기에서 760~870℃로 침탄질화(carbonitride)하는데 표면경화 깊이는 0.076~0.254mm 정도이며 침탄경화 온도로부터 직접 기름 quenching하면 최대 표면경도를 얻을 수 있다. 염욕(salt bath)처리도 이것과 유사한 결과를 얻는다.

1015강

화학조성 : 0.013~0.18%℃, 0.30~0.60%Mn, 0.040%P max, 0.050%S max

특성 : 탄소함량은 최상의 냉간 성형성을 나타낼 정도로 높으며 대부분의 침탄강에 응용되는 탄소강보다는 약간 낮다. 용접성이 뛰어나며 비교적 냉간 성형성이 양호하다. 기계 가공성은 떨어진다.

경화(Hardening) : 침탄 표면경화하며 침탄질화(carbonitriding)또는 액상조(bath)에서 약한 표면경화 처리한다. 많은 경우에 단조품으로 많이 사용되며 또는 단조하고 normalizing한다.

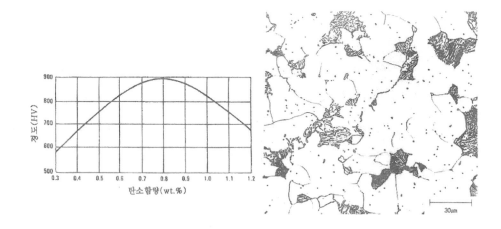

그림 3.37 최대표면 경도와 탄소
함량과의 관계

조직:3-89 1%nital, 950℃에서 1시간,
normalizing하고 노냉, ferrite(white)와
pearlite(dark) 조직

(나) 강의 침탄조직

화학조성 : 0.15~0.20%C, 0.60~0.90%Mn, 0.040%P max, 0.050%S max.

특성 : 우수한 단련성, 비교적 양호한 냉간 성형성과 우수한 용접성을 나타낸다. 탄소함량이 증가되면 강도는 증가되나 냉간 성형성은 약간 떨어진다. 기계 가공성은 비교적 좋지 않다. Mn의 함량이 약간 증가되면 normalizing 또는 annealing한 상태 에서 강도는 약간 상승하며, 망간이 많이 함유되면 표면강화제품의 경화능 (hardenability)을 약간 증가시킨다. 자동차용 suspension 및 steering의 tie rod studs 등에 많이 사용된다.

경화(Hardening) : 침탄 표면강화하며 침탄질화 또는 액상조(bath)에서 약한 표 면경화 처리한다. 많은 경우에 단조품으로 많이 사용되며 또는 단조하고 normalizing 한다. 이 종류의 강은 깊은 표면경화 깊이를 얻기 위한 침탄처리에 비교적 광범위하 게 사용된다.

1018강

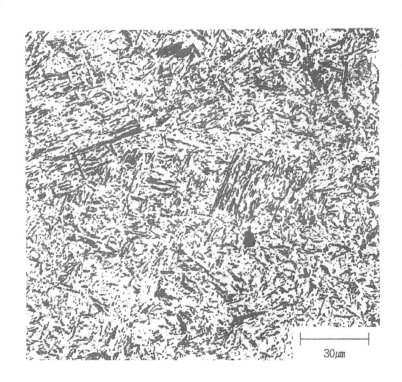

30μm

조직:3-90　0.5%nital, 표면경화강, 가장자리 영역 : martensite,
중심부 : 약간의 ferrite와 pearlite(시편은 완전히 경화되지 않음)

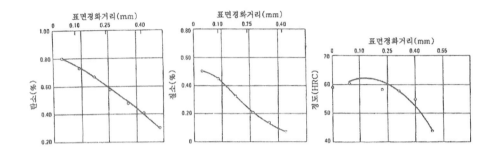

그림 3.38   탄소, 질소 및 경도분포(845℃에서 4시간 침탄질화 처리 후 55℃의 기름에 quenching)

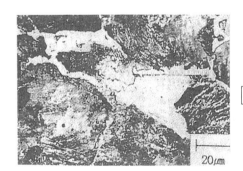

조직:3-91   1%nital, 8시간 침탄처리, 표면탄소함량 0.60~0.70% 원래의 austenite입계에 경계로 된 ferrite(밝은 영역)와 pearlite(어두운 영역)

조직:3-92   1%nital, 16시간 침탄처리, 표면 탄소함량 1.00~1.10% 표면층은 탄화물(carbide)이며 하부층은 pearlite기지에 원래의 austenite입계에 얇은 탄화물막으로된 경계조직

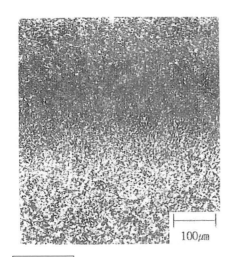

조직:3-93 Nital, 845℃에서 4시간 침탄 질화처리 후 기름 quenching하고 tempering 하지 않고 영점하(Subzero)온도에서 안정 화처리 함, 탄소강의 일반적인 표면 경화 조직 martensite탄화물 입자 및 소량의 잔류 austenite함유 조직

조직:3-94 Picral, 885℃에서 2시간 동안 austenite화 처리에 의하여 annealing한 후 노냉, 완전히 annealing된 조직은 ferrite기지 (밝은영역)에 ferrite의 덩어리(어두운 영역)로 되어있다.

1020강

화학조성 : 0.18~0.23%C, 0.30~0.60%Mn, 0.040%P max, 0.050%S max.

특성 : 단련성과 용접성이 뛰어나며 0.23%의 최대 탄소함량에도 불구하고 대부분 의 용접조직에는 예열과 후열이 필요치 않다. 기계 가공성은 매우 좋지 않다. 침탄 강으로 광범위하게 응용되는데 액체침탄 응용 : compression rod, control linkage, ball connecting rod 등

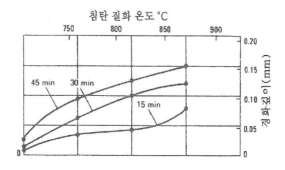

그림 3.39   가스 침탄질화. 표면경화 깊이에 미치는 침탄질화 온도와 유지시간

침탄후 경화는 아래 세가지 방법 중 하나를 용용한다:

1. 침탄온도로부터 물 또는 소금물에 직접 quenching.
2. 침탄처리가 완료된 후 노온도를 낮추든가 또는 확산을 위하여 연속로의 온도 영역을 845℃로 낮추며 물 또는 소금물에 quenching.
3. 침탄 후 실온으로 서냉하여 815℃로 재가열한 후 물 또는 소금물에 quenching.

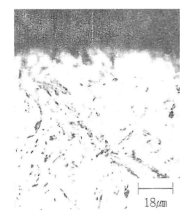

조직:3-95　　Nital, 침탄질화하고 기름 quenching, 너무 높은 탄소 포텐셜을 나타내고 외부 white층은 cementite, 잔류 austenite에 침상 martensite가 섞여있다.

조직:3-96　　2%nital, 845℃의 청산 염욕 (salt)에 1시간 유지 후 수냉, quenching상태에서 약간의 탄화물 입자를 가진 조대한 martensite를 나타내며 유리(free)ferrite 조직

조직:3-97　　2%nital, 조직:3-96과 같으나 낮은 배율로 표면, 천이영역 및 중심부 조직을 나타내며 어두운 자국은 미소경도 측정 자리임 (평균경도는 표면이 61HRC, 중심이 25.5HRC)

6.35~9.53mm를 넘지 않는 얇은 단면은 기름 quenching에 의하여 완전한 경도가 대개 얻어진다. 침탄질화에서는 기름 quenching으로 완전한 경도를 얻게 되며 액체침탄 방법에서 융용염(molten salt)을 사용하면 비교적 깊은 표면경화층을 얻을 수 있다.

(다) 중탄소강

1040강
화학조성 : 0.37~0.44%C, 0.60~0.90%Mn, 0.040%P max, 0.05%S max.

특성 : 중탄소강, 열처리하는 단조용으로 널리 사용되며 기계 가공성은 꽤 좋은 편이다. 용접성은 좋지 않으며 용접할 때는 충분한 예열과 후열이 필요하다.

경화(Hardening) : 845℃까지 가열하여 물 또는 소금물에 quenching, 6.35mm 두께 이하인 경우는 기름 quenching.

경화 후 tempering : quenching경도가 약 52HRC의 경우는 tempering에 의하여 경도를 낮게 조절할 수 있다.

Normalizing 후 tempering : 단면이 큰 경우에는 통상적인 방법으로 normalizing하며 조직은 미세 pearlite이다. tempering처리는 약 540℃온도까지 실시하며 기계적 성질은 quenching하고 tempering한 경우와 같게 도달되지는 않는데 강도는 annealing 한 조직보다는 훨씬 높고 normalizing과 tempering은 큰 단조품에 가끔 적용한다.

자동차 suspension 및 steering의 tie ends, 엔진의 rocker arm, 트랜스미션의 kickdown 및 reverse band 등에 사용된다.

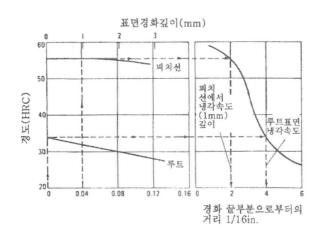

그림 3.40   조미니(Jominy) 경화능 시험
기어(gear)의 얇은 경화정도는 피치선(pitch line)과 루트(root)위치에서 표면층 아래 각기 다른 경도 깊이를 측정한다. 이 강종과 동일한 시편봉을 같은 austenite화 상태로부터 quenching하여 경도를 비교한 것이다.

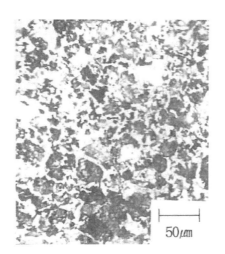

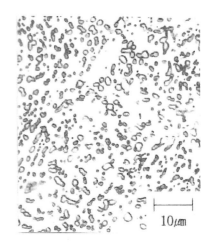

조직:3-98 Nital, 25.4mm직경봉, 915℃에서 30분간 austenite화 처리한 후 노냉, ferrite(밝은영역)와 pearlite(어두운부분)조직

조직:3-99 Picral, 800℃에서 40분간 austenite화 처리 후 항온변태를 위하여 6시간 705℃에서 유지한 조직 : ferrite기지에 구상화 탄화물 조직

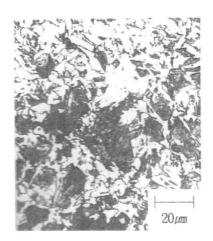

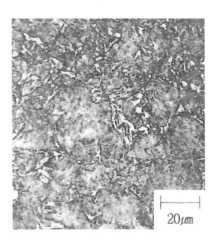

조직:3-100 Nital, 25.4mm 직경봉 915℃에서 austenite화 처리 후 420℃의 염욕(Salt bath)에 30분간 quenching하여 공랭, 비정상적인 ferrite의 양(흰색)은 표면(top)에 부분 탈탄을 나타냄

조직:3-101 Nital, 25.4mm 직경봉, 915℃에서 30분간 austenite화 처리 후 기름 quenching하고 205℃에서 tempering조직 : tempering된 martensite(흰색)와 ferrite(흰색)

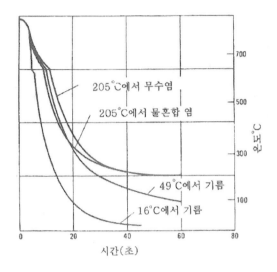

그림 3.41 Quenching에서 냉각속도

냉각재에 따른 냉각속도의 영향. 실린더(25.4mm직경, 101.6mm길이)형 시편을 소금물, 물 및 기름에 quenching(열전대는 시편 중심부)

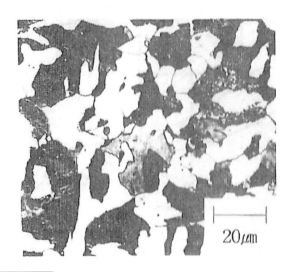

조직:3-102 2%nital, 25.4mm봉, 845℃에서 austenite화 처리에 의하여 normalizing하여 공기중에서 냉각하고 480℃에서 2시간 tempering처리함. 미세층상 pearlite(lamellar pearlite : dark부분)와 ferrite(light부분) 조직

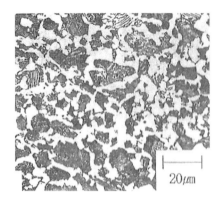

조직:3-103 Picral, 3.175mm두께 판재. 1,095℃에서 austenite화 처리에 의하여 nor-malizing하여 공기중에서 냉각함. 조직은 pearl-ite(dark 회색)와 ferrite(light부분)조직

조직:3-104 Picral, 1,205℃에서 단조하여 공냉, pearlite 기지 내에 원래 austenite 입계에 가시같이 돋아 나온 초석(Preeut-ectoid)ferrite로 둘러싸인 조직

1045강

화학조성 : 0.43~0.50%C, 0.60~0.90%Mn, 0.040%P max, 0.050%S max.

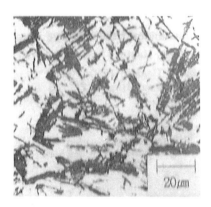

조직:3-105 4%picral, 50.8mm봉시편, 845℃에서 2시간 austenite화 처리하고 15초간 기름 quenching, 5분간 공기중에서 냉각, 실온으로 quenching, 원래 austenite입계에 ferrite존재, 상부 베이나이트(upper bainite)같은 침상(acicular)이며 기지는 pearlite(dark 부분) 조직

조직:3-106 4%picral, 50.8mm직경 봉시편, 845℃에서 2시간 30분간 austenite화 한 후 4초간 수냉, 3분간 공기중에서 냉각하고 실온으로 수냉, 시편은 표면직하 3.175mm로부터 얻었다. 조직은 어두운 침상은 하부 베이나이트(lower bainite), 밝은 부분은 martensite기지 조직

특성 : 자주 중탄소강이라고도 하며 주로 단조재로 생산된다. 단련성이 뛰어나고 기계가공성도 상당하며 열처리성이 양호하다.

H급(grade)으로 유용하며 quenching된 경도는 적어도 55HRC정도가 된다. 노에서 가열되거나 또는 quenching 전에 유도가열 되는 부품에 광범위하게 사용된다.

경화 후 tempering : 적당하게 austenite화하고 quenching하면 적어도 55HRC경도는 얻을 수 있으며 경도는 tempering하여 조절할 수 있다. Normalizing 후 tempering도 한다.

단조(Forging) : 1,245℃까지 가열하며 870℃ 이하에서 단조해서는 안된다.

경화성강(0.45%C, 0.25%Si, 0.65%Mn, S,P<0.035%)

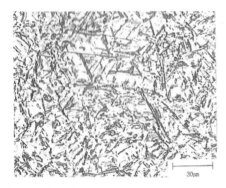

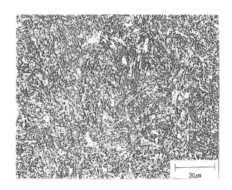

조직:3-107 1%nital, 820℃에서 1시간 가열한 후 수냉, 미세한 martensite 조직

조직:3-108 1%nital, 820℃에서 1시간 가열 후 공랭하고 450℃에서 1시간 tempering한 후 공냉, tempering된 미세한 martensite, 침상 martensite는 수냉 후처럼 분명하지 않다.

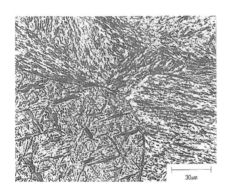

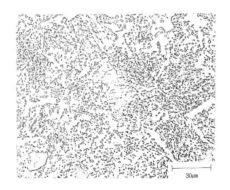

조직:3-109 1%nital, 1,200℃에서 1시간 가열한 후(과열) 수냉, 조대한 침상 martensite 조직, 매우 조대한 입자, 과열로 인한 균열이 보인다.

조직:3-110 1%nital, 720℃에서 24시간 완전 annealing하고 공냉, ferrite(white)와 cementite는(구상입자), 층상 cememntite는 annealing에서 구상으로 됨

(라) 고탄소강

화학조성 : 0.55~0.65%C, 0.60~0.90%Mn, 0.040%P max, 0.050%S max.

특성 : 고탄소강으로 범용됨. 각종 두께의 스프링 제조 판재로 생산되며 단련성 양호하나 용접에는 부적당하다. Quenching하면 거의 65HRC로 로크웰의 최대 경도를 갖는다. 적당히 quenching하면 유리탄소가 없는 탄소가 많은 martensite조직임. 자동차의 torque converter에서 overrunning clutch hub등에 사용된다.

경화(Hardening) : 815℃로 가열한 후 물 또는 소금물에 냉각, 6.35mm두께 이하에는 기름 quenching함.

오스템퍼링(Austempering) : 얇은 단면(특히 스프링)은 austempering하는데 bainite 조직에 경도가 46~52HRC정도가 된다. 815℃에서 austenite화 처리한 후 315℃의 용융 염욕(salt bath)에 quenching하여 적어도 1시간 정도 유지한 후 공냉하며 tempering 은 필요하지 않다.

단조(Forging) : 1,205℃로 가열하며 815℃이하에서는 단조해서는 안된다.

1060강

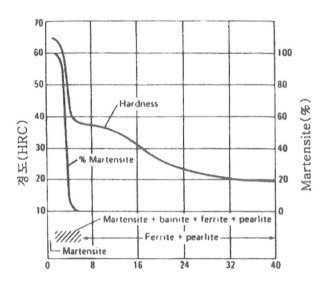

표면으로부터의 거리(1/16in.)

그림 3.42 **경화능**(End-Quench Hardenability). 성분: 0.63%C, 0.87%Mn 815℃에서 austenite화 처리, 입도(grain size) : 5~6

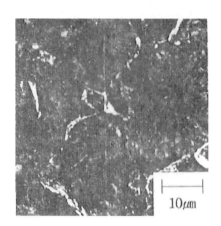

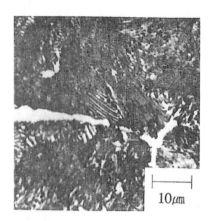

조직:3-111 Picral, 6.447mm직경 봉재, 945℃에서 austenite화 처리 후 530℃의 납욕(Pb bath)에 55초간 quenching하여 공기중에서 냉각 원래의 austenite입계에 pearlite(dark영역)와 ferrite(light부분)로 되어있는 조직

조직:3-112 Picral, 7,137mm직경 선재 1,055℃에서 3분간 austenite화 처리하여 가닥상태로 공랭, 부분적으로 분해된 pearlite(dark부분)와 원래와 austenite입계에 ferrite(light부분)가 존재 조직

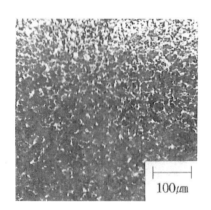

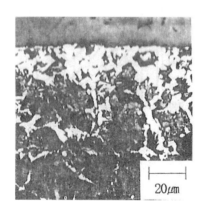

조직:3-113 Picral, 규격으로 압연하기 전에 1,205℃에서 1시간 가열하여 탈탄시킴. 표면(사진 윗부분)에 얇은 스케일층이 보임. 윗부분 가까이는 탈탄된 흰색층, 분해되지 않은 pearlite, ferrite 조직

조직:3-114 Picral, 탈탄, 870~925℃에서 12분간 가열하여 공랭, 사진 상부에 스케일이 존재하며 스케일 하부에는 부분적으로 탈탄된층, pearlite(dark부분), 약간의 입계 ferrite 존재

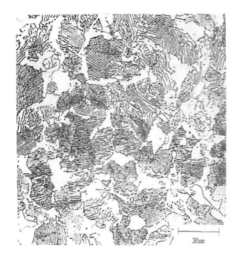

조직:3-115 1%nital, (0.6%C, 0.25%Si, 0.75%Mn, S,P<0.035%열처리강), 950℃에서
1시간 normalizing하고 노냉, ferrite(white), pearlite(lamellar)부분적으로 매우 미세한 조직

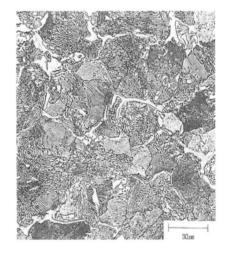

조직:3-116 1%nital, C100강, 950℃에서 1시간 normalizing하고 노냉, 매우 미세한 층상 pearlite와 원래 austenite 입계에 cementite(white) 조직

조직:3-117 1%nital, C140강, 950℃에서 1시간 normalizing하고 노냉, 부분적으로 매우 미세한 pearlite와 원래 austenite (white)조직으로 cementite 함량이 C100 강 보다 많다.

(마) 공구용강

화학조성 : 0.65~0.75%C, 0.60~0.90Mn, 0.040%P max, 0.050%S max.
특성 : 경화능이 낮고 경화 및 tempering한 상태로 광범위하게 사용됨(특히, tempering된 스프링) 단련성이 양호하고 얇은 경화. 완전 경화된 현미경 조직은 용해되지 않은 작은 탄화물이 약간 포함된 탄소가 많은 martensite이며 유리 탄화물로 인하여 이 강은 내마모성이 매우 우수하다. 용접재료로는 적당하지 않다. 해머, 목재절단 톱 등과 같은 수공구 제조에 많이 사용됨.

1070강

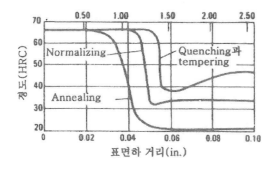

그림 3.43 경도와 표면경화 두께의 관계

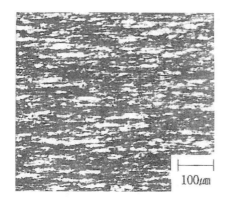

조직:3-118 2%nital, 인발가공한 밸브－스프링강선, 종단면, 인장강도(1,689MPa), 인발률80% 변형된 pearlite, 이전 조직은 미세 층상 pearlite

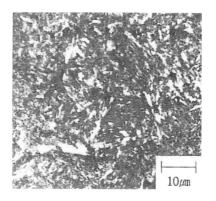

조직:3-119 2%nital, 밸브－스프링강선, quenching하고 tempering, 870℃에서 austenite화 처리하여 기름에 quenching 후 455℃에서 tempering함, 조직은 주로 tempering된 martensite와 약간의 유리ferrite(light부분)

경화(Hardening) : 815℃은 가열한 후 물 또는 소금물에 quenching, 6.35mm이하 두께 단면은 기름 quenching.

템퍼링(Tempering) : quenching한 경도는 거의 65HRC이며 적당한 tempering으로 경도는 낮게 조절할 수 있다.

(바) 공석강

화학조성 : 0.75~0.88%C, 0.60~0.90%Mn, 0.040%P max, 0.050%S max.

특성 : 비교적 망간(Mn)함량이 많은 이 강은 경화능이 우수하며 특히 0.90%Mn 정도면 quenching된 경도가 거의 65HRC에 달한다. 탄소함량이 증가됨에 따라 유리 탄화물의 양이 점점 증가되므로 내마모성은 상승되나 전성(ductility)은 감소된다. 단련성은 양호하나 용접성은 좋지 않다.

오스템퍼링(Austempering) : 경화능이 낮으므로 얇은 단면은 815℃에서 austenite화 처리한 후 315℃의 용융 염욕에 quenching하여 적어도 1시간 정도 유지한 후 공냉한다.

단조(Forging) : 1,175℃로 가열하며 815℃ 이하의 온도에서는 단조하지 말 것.

1080강

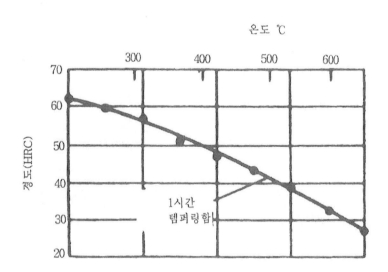

그림 3.44 경도와 tempering온도와의 관계. 시편 3.175~6.36mm 두께, quenching 하고 1시간 tempering

<u>**조직:3-120**</u> Picral, 열간 압연봉, 1,050C에서 30분간 austenite화한 후 28℃/hr의 냉각속도로 실온까지 노냉, 조직은 대부분 pearlite, 구상 cementite 입자도 약간 존재

3.3.3 합금강의 열처리 조직

(가) 망간강

화학조성 : 1330 : 0.28~0.33%C, 1.60~1.90%Mn, 0.035%P max, 0.040%S max, 0.15~0.30%Si
　　　　　　 1330H : 0.27~0.33%C, 1.45~2.05%Mn, 0.035%P max, 0.040%S max, 0.15~0.30%Si

특성 : 망간 합금강 계열의 중탄소강으로 quenching된 상태에서 경도는 50HRC에 달하며 큰 단면의 최대경도를 얻기 위하여는 수냉하지만 대개 기름 quenching한다.

1330H를 수냉하면 망간 함량이 높으므로 quenching 균열을 일으키기 쉽다. 이 강은 특히 유도가열 또는 불꽃가열 경화한다. 1330H강을 용접할 때는 예열과 후열로 잘 조절하여야 한다. 단련성은 매우 양호하나 기계 가공성은 양호하다.

어닐링(Annealing) : 대부분의 pearlite조직을 얻기 위하여는 855℃로 가열하고 11℃/hr의 냉각속도를 초과하지 않도록 620℃까지 냉각하거나 또는 620℃까지 상당히 빠른 속도로 냉각하여 4시간 30분간 유지하며 그후 냉각속도는 중요하지 않다. 대부분의 ferrite와 구상화 탄화물을 얻기 위하여는 750℃로 가열하고 730℃로 상당히 빠르게 냉각한다.6℃/hr 냉각속도를 초과하지 않도록 640℃까지 냉각하여 10시간 유지하며 그후 냉각속도는 더이상 중요하지 않다.

경화(Hardening) : 860℃에서 austenite화하고 기름에 quenching하는데 두꺼운 단면은 물 또는 소금물을 사용한다.

1330, 1330H, 고망간강

13xx 합금강의 경화능은 10xx 보통탄소강 보다 약간 높은데 망간함량을 1.75%로 증가시킨 결과이다. 망간은 확산속도를 감소시킴으로써 austenite로부터 ferrite-pearlite변태를 더욱 지연시키므로 탄소강의 경화능을 증가시킨다. 망간은 또한 탄소강에서 pearlite를 미세화시키고 강도가 증가된다.

그림 3.45는 0.15%C강의 강도증가에서 2%Mn까지의 영향을 나타낸 것이며, 망간의 pearlite 미세화 작용을 조직:3-121에서 AISI 1340합금 강을 austenite화하고 공랭한 현미경 조직을 볼 수 있다.

조직:3-121   Fe-0.4%C-1.74%Mn강, picral, 828℃로부터 공랭, 약간의 ferrite가 이전의 austenite 경계를 이루는 미세한 pearlite 조직

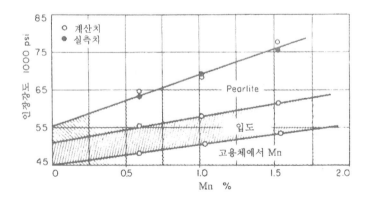

그림 **3.45**   Annealing된 0.15%C강의 강도 증가에 미치는 Mn의 영향

탄소강의 망간함량이 약 2%를 초과하면 강은 취화되나 망간 함량이 약 12%로 탄소함량이 약 1.1%로 증가된 망간강을 austenite상태로부터 급랭한다면 실온에서 austenite조직이 된다. 이 합금을 **Hadfield 망간강**이라 하며 austenite 상태에서는 가공경화가 매우 빠른 속도로 이루짐으로써 고충격응력 하에서 특히 내마찰 마모성이 있다.

Austenite형 망간강 조직

그림 3.46은 Fe-Mn 상태도를 나타낸 것이다. Mn은 Ni과 같이 철의 γ-영역을 확대하며, Mn량이 증가됨에 따라 A_3점은 낮아져서 35%Mn이상을 함유한 합금은 용융점

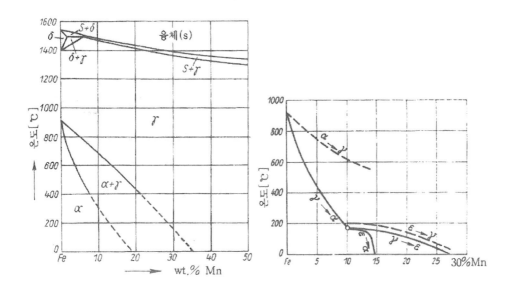

| 그림 **3.46** Fe-Mn 상태도 | 그림 **3.47** 냉각속도에 따른 Fe-Mn 합금의 변태도 |

으로부터 실온까지 순수한 austenite이다. Mn함량 증가와 더불어 α-상의 안전영역은 작아진다. γ-와 α-상 영역은 (γ+α)상 영역에 의하여 서로 분리된다. Fe-Mn 합금의 γ/α 변태는 현저한 농도변화를 수반한다. Mn함량이 증가됨에 따라 γ/α 변태는 낮은 온도로 이동되며 변태할 때 확산이 현저하게 어렵게 되어 결국 완전히 정지된다. 약 5%Mn을 함유한 Fe-Mn 합금에서 통상적인 냉각으로 농도 평형하에서 austenite가 ferrite로 변태하지 않고, 입방체 martensite로 무확산 변태가 일어난다.

Fe-Mn 합금에서 이러한 austenite→martensite변태는 탄소강의 quenching에서 martensite 생성과 유사하나 marteniste의 단위포에서 탄소원자가 석출되지 않으므로 정방정(tetragonal)이 아니라 입방체 형태로 나타난다.

이 martensite는 austenite처럼 동일한 조성을 나타내며, 이것으로부터 생성되므로 과포화, 준안정 고용체가 실온에서 변화되지 않는다. α/(α+γ) 및 (α+γ/γ) 평형 상태선을 이루기 위해서는 매우 오랜 시간이 소요되어 일부는 수년간 annealing해야 한다.

약 400℃ 이하에서는 평형상태에 전혀 도달하지 않는다(그림 3.46에서 점선). 그러 므로 현장이나 실험실에서 냉각 또는 annealing한 강은 γ/α 변태에 관한 상태도를 거의 언급하지 않는다. 그림 3.47은 실제 응용되는 Fe-Mn합금의 상태도인데 ~10%Mn 을 함유한 저탄소강은 austenite로부터 α-martensite로 변태가 시작되어 곧 γ→α 선에 도달되며, 큰 온도편차를 이루게 된다.

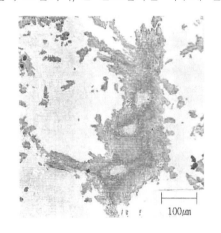 

| 조직:3-122 | 12.9%Mn-1.25%C 합금의 주방 조직, 4%nital 부식, 어두운 탄화물을 가진 austenite 입자로 되어있다. | 조직:3-123 | 조직:3-122와 같은 조성으로 탄화물은 lamellar 탄화물에 의하여 둘러싸인 비교적 집단(massive) 유핵(core) 조직으로 되어 있다. 4%nital부식 |

주방상태 조직에는 austenite 기지에 석출된 탄화물과 냉각될 때 austenite로부터 탄소의 축출로 인하여 pearlite의 작은 집단(colony)물이 존재한다(조직:3-122).

이들 탄화물은 입계를 따라 또한 입내 수지상간 영역에 존재한다. 수지상간 탄화물 은 특히 삼중점에서는 상당히 집단(massive)적이며 lamellar 탄화물 영역에 의하여 둘러싸여 있다(조직:3-123).

합금은 대개 "인성(toughening)" 열처리를 하며 이 처리에서는 탄화물을 용해 (dissolve)하기 위하여 충분히 높은 온도에서 용체화 처리를 하고, 준 안정 고용체 내 에 가능한 한 많은 탄소를 함유하게 하기 위하여 수냉한다. 실제적으로 입계 탄화물이 특히 두꺼운 단면에는 존재한다.

이들 합금은 비자성이나 응고될 때 주형 내에서와 열처리할 때 표면으로부터 탄소 및 망간이 어느 정도 손실되므로 주물 표면에는 자성(martensite)의 얇은 "표피(skin)"가 존재할 때도 있다.

Austenite형 망간은 345~480℃로 가열하면 탄화 석출물이 austenite 입계를 따라, 결정학적 면을 따라 입자를 관통하여 나타난다. 높은 온도(480℃~705℃)에서는 Pearlite 형성이 잘 일어난다. Austenite 망간강은 쌍정과 slip 기구에 의하여 변형된다.

변형될 때 합금은 경화되어 계속된 변형이 어렵게 된다. 변형쌍정은 부식하면 광학현미경에서 쉽게 관찰되는데 slip band와 혼동해서는 안된다. 많은 양의 pearlite를 포함한 망간강이 가열되면, pearlite 집단(colony)으로부터 핵이 생성되는 새로운 austenite 입자는 annealing 쌍정을 포함한다.

Annealing 쌍정은 재결정 온도 이상으로 가열한 열간 또는 냉간 가공된 망간강에서도 관찰된다.

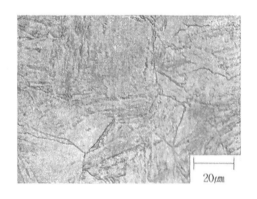 

조직:3-124 9%Mn강 1,000℃에서 공냉, HNO₃로 부식 α-mrtensite 조직

조직:3-125 13% Mn강, 1,000℃에서 공냉, Na₂S₂O₃·5H₂O+K₂S₂O₅로 부식. austenite : 회색기지, ε-martensite : 흰색판상, α-martensite : 흑색 침상 조직

조직: 3-124는 9%Mn강 조직인데 가열하는 동안 역변태가 시작되어 높은 온도에 존재하는 α→γ선에 곧 도달한다(그림 3.47). 이들 두선 사이에는 온도 편차가 있으며, Fe-Mn 합금에는 두 개의 다른 상이 생성되어 제한 없이 오래 유지된다. 합금이 높은 온도인 이 온도 영역으로부터 냉각되면 100% austenite가 되며, 이 온도에서 안정하다. 이에 반하여 합금을 이 온도영역으로부터 실온으로 가져가면 100% α-martensite가 되며 이 온도에서 안정하다. 이 현상을 비가역성이라 하고 5~10%Mn

을 함유한 Fe-Mn합금을 비가역 합금이라 한다. 10~14.5% Mn을 함유하면 냉각되는 동안 austenite로부터 우선 확산 없이 육방형 ε-martensite가 생성되고, 계속된 냉각으로 다소의 완전한 α-martensite로 변태한다. 이러한 이중 martensite 생성은 조직:3-125의 13.8%Mn 강에서 나타난다.

ε-martensite는 변위 과정으로 생성되며, austenite의 팔면체 면에 판상으로 석출된다. 이것을 Widmannstätten 조직이라 한다. α-martensite는 창끝 침상이 생성되고, 그 장축은 ε-martensite판 내부에 존재하며 그 폭은 ε-martensite 두께에 한정된다. 재가열하면 ε-martensite는 이미 200~300℃에서 변태하나 α-martensite는 약 550~650℃에서 austenite로 돌아온다.

14.5~27%Mn을 함유한 합금에서는 냉각될 때 α→ε-martensite로만 변태하며, 그러나 완전하게는 되지 않고, 50% 이상의 잔류 austenite량이 남는다(조직:3-126). 재가열하면 약간 높은 온도에서 ε-α 역변태가 시작된다.

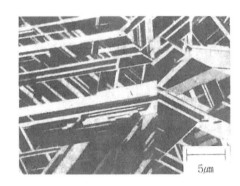

조직:3-126 14.4%Mn강, 1,000℃에서 공냉 $Na_2S_2O_3 \cdot 5H_2O+K_2S_2O_5$로 부식, austenite : 어두운 부분, ε-martensite : 밝은 부분

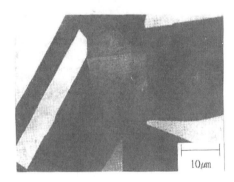

조직:3-127 31%Mn강 $Na_2S_2O_5 \cdot 5H_2O+K_2S_2O_5$로 부식, austenite 조직

27%이상 Mn을 함유한 강은 냉각할 때 더 이상 변태하지 않고 순수한 austenite로 남는다(조직:3-127). 그림 3.48은 고망간 강의 **수인**(water toughening)온도와 기계적 성질과의 관계를 나타낸 것인데 수인온도가 높아질수록 결정립의 성장, 산화에 의한 탈탄이 일어나기 쉬우므로 주의를 요한다.

이 강은 수인 후 냉간가공에 의하여 일부가 martensite로 변화하고 경화(HRC45정 도) 하므로 내마모성이 풍부하여 특수 rail, 분쇄기 칼날 등에 쓰이며, 비자성강으로 전기부품에 사용된다.

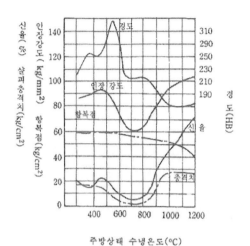

그림 3.48 수인온도와 기계적 성질

(나) 몰리브덴강

화학조성 : 0.45~0.50%C, 0.70~0.90%Mn, 0.035%P max, 0.040%S max, 0.15%Si, 0.20~0.30%Mo

4047H : 0.44~0.51%C, 0.60~1.0%Mn, 0.035%P max, 0.040%S max, 0.15%Si, 0.20~0.30%Mo

특성 : 4047H는 탄소함량이 0.15%이상까지이며 고탄소강의 경계로도 고려될 뿐 만 아니라 스프링급에 요구되는 경우도 가끔 사용된다. 4047H의 경화능은 고탄소를 함유하므로 경화능 곡선의 최소 및 최대곡선이 상부로 이동되기는 하지만 40XX계의 저탄소 또는 중탄소강 급과 유사함을 나타낸다.

4047H강의 완전 경화된 quenching경도는 정량의 탄소함량에 따라 거의 55HRC이거나 또는 이보다 약간 높게 나타난다. 쉽게 단련될 수 있으나 용접은 바람직하지 못하다.

직접 경화 및 tempering하지만 austempering 열처리도 잘 적용된다.

어닐링(Annealing) : 대부분이 pearlite 조직일 때는 830℃까지 가열하여 730℃로 비 교적 빠르게 냉각하며 11℃/hr의 냉각속도를 초과하지 않도록 630℃까지 냉각하거나 또는 830℃부터 660℃까지 비교적 빠르게 냉각하여 5시간 유지한다. 대부분 구상화된 조직을 얻기 위해서는 760℃로 가열하여 730℃까지 비교적 빠르게 냉각하고 냉각속 도가 6℃/hr를 초과하지 않도록 630℃까지 냉각하거나 또는 760℃까지 가열하고 650℃까지는 꽤 빠르게 냉각하며 9시간 유지한다.

경화(Hardening): 830℃까지 austenite화 처리하여 기름에 quenching함.

오스템퍼링(Austempering) : 845℃도 austenite화 처리를 한 후 345℃의 교반되고 있는 용융염에 quenching하고 2시간 유지하여 공랭한다. 경도는 45~50HRC가 되며 tempering은 필요치 않다.

단조(Forging) : 1,220℃까지 가열하고 845℃ 까지 온도가 떨어지면 단조해서는 안된다.

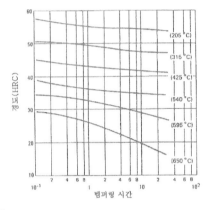

그림 3.49 경도와 tempering시간과 온도와의 관계

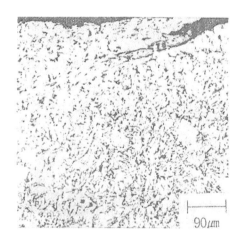

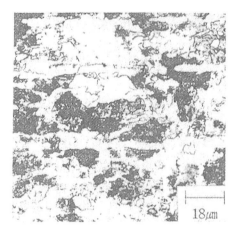

조직:3-128 2%nital, 열간압연봉, 28.6mm 직경으로 표면에 압연결함(찢어진 금속편), 산화물이 겹쳐있다(dark grey). 탈탄되어 주로 ferrite와 미세한 pearlite영역(dark부분) 조직

조직:3-129 2%nital, 냉간인발강봉(23mm), annealing한 상태, 종단면, 편석된 ferrite(light 부분)와 어려운 가공 (drilling)으로 생긴 미세 pearlite(dark 부분)

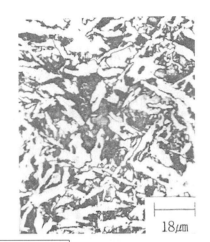

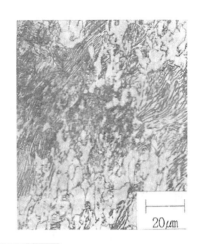

조직:3-130   2%nital, 단조강(12.7mm) 두께, 단조온도 1,205℃로부터 공랭, 종단면, 판상ferrite(밝은 부분)와 미세 ferrite (어두운 부분)

조직:3-131   2%nital, 단련강, 15.9mm의 종단면, 830℃에서 austenite화처리 후 665℃로 냉각하고 6시간 유지한 후 540℃로 노중 냉각하여 공기 중에서 냉각. Pearlite (white)와 층상pearlite(dark부분)

(다) 크롬-몰리브덴강

4118강

화학조성 : 0.17~1.23%C, 0.60~1.00%Mn, .035%P max, 0.040%S max, 0.15~0.30%Si, 0.30~0.70%Cr, 0.80~0.15%Mo

특성 : 침탄 및 침탄 질화와 같은 표면경화에 광범위하게 응용되는 저합금강으로 탄소함량에 따라 quenching상태의 표면경도는 38HRC정도가 되며 단련성은 매우 우수하나 기계 가공성은 보통이고 용접은 잘된다. Differential drive pinion gear 등에 응용된다.

직접경화(Direct hardening) : 이 강은 직접경화가 요구될 때는 드물고 900℃에서 austenite화 처리 후 기름 quenching한다.

침탄(Carburizing): 이 강은 가스 또는 액체염욕 침탄작업이 쉽게 이용되며 가장 광범위하게 사용되는 가스 침탄법은 다음과 같다.

- 약 0.90%의 탄소포텐셜을 가진 가스분위기에서 요구되는 시간 동안 925℃로 가열하며 표면경화 깊이 1.27mm를 얻는데는 약 4시간이 소요된다.
- 845℃로 온도를 감소시키고 탄소 포텐셜을 약간 감소시키며 확산되도록 1시간 정도 유지한다.
- 기름 quenching한다.

- 150~175℃로 tempering하며 tempering온도가 높으면 표면경도가 어느 정도 감소된다.

침탄질화(Carbonitriding) : 이 강은 얇고 줄(file)경도가 표면에 요구될 때 작은 부품을 포함하여 광범위하게 응용된다. 약 10vol.% 무수 암모니아를 첨가한 침탄 분위기에서 가열한다. 침탄질화온도 범위는 790~845℃정도이며 이 강과 같은 저 탄소 합금강의 침탄질화는 815℃에서 45분간 가열하고 기름 quenching하면 표면경도가 0.127mm정도 깊이가 된다. 더 깊은 층을 얻기 위해서는 온도와 시간을 증가시키면 되지만 그러나 이 공정은 특히 연마와 같은 마무리 작업이 없는 작은 제품의 얇은 표면층을 얻기 위한 것이다. 대부분의 침탄질화 제품은 tempering하지 않고 사용하지만, 취성을 감소시키기 위하여 150~260℃ 온도에서 tempering처리하는 것이 바람직하다.

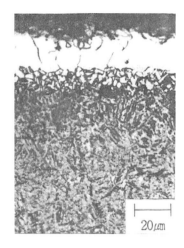

20μm

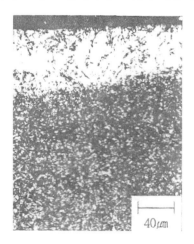

40μm

조직:3-132 4%nital, 강봉, 925℃에서 8시간 가스 침탄하고 기름 quenching한 후 845℃로 가열하여 15분간 유지 후 기름 quenching하고 170℃에서 1시간 tempering. 표면산화 (검은 윗부분)가 보이며 탈탄된 표면층 (ferrite)과 천이영역은 ferrite와 저탄소 martensite 및 tempering된 martensite기지와 잔류 austenite조직으로 이루어져 있다.

조직:3-133 4%nital, 강튜브, 925℃에서 5시간 가스 침탄하여 기름 quenching한 후 조직:3-132와 같이 경화하고 tempering함. 연마과정에서 침탄된 표면이 국부적으로 과열된 부분을 볼 수 있다.

4140강

화학조성 : 4140 : 0.38~0.43%C, 0.75~1.00%Mn, 0.035%P max, 0.040%S max, 0.15~0.30%Si, 0.80~1.10%Cr, 0.15~0.25%Mo

4140H : 0.37~0.44%C, 0.65~1.10%Mn, 0.035%P max, 0.040%S max, 0.15~0.30%Si,

0.75~1.20%Cr, 0.15~0.25%Mo

특성 : 가장 광범위하게 사용되는 중탄소 합금강으로 비교적 높은 경화능을 가진 (4140H)저렴한 강종임.

완전 경화된 4140강의 경도는 탄소함량에 따라 약 54~59HRC정도이며 단련성이 매우 우수하나 기계가공성은 보통이고 용접균열이 생기기 쉬우므로 용접성은 좋지 않다.

어닐링(Annealing) : 대부분의 pearlite조직을 얻기 위해서는 845℃로 가열하여 약간 빠른 속도로 755℃까지 냉각하며 755℃로부터 665℃까지는 14℃/hr의 냉각속도를 675℃

강 상태	절삭속도		그라인드 사이 떨어져나간 금속		
	ft/min	m/s	in.^{3}	m^3	
Normalized	300	1.5	165	2.3 × 10^{-3}	
Annealed	360	1.8	190	3.1 × 10^{-3}	
Annealed	300	1.5	260	4.3 × 10^{-3}	
Quenched and tempered	300	1.5	115	1.9 × 10^{-3}	

그라인드 사이의 공구수명(min)

그림 3.50 공구수명에 미치는 현미경조직의 영향

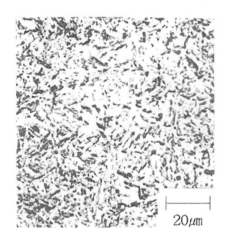

조직:3-134   Nital, 25.4mm직경봉, 845℃에서, 1시간 austenite화 처리 후 650℃로 냉각하고 항온변태를 위하여 1시간 유지 후 실온으로 냉각, light 영역은 ferrite 회색과 black영역은 미세하고 조대한 층상 공간을 가진 pearlite 조직

조직:3-135   2%nital, 25.4mm직경의 열간 압연봉, 845℃에서1시간 austenite화 처리 후 수냉, 미세하고 균질한 tempering되지 않은 martensite, 150℃에서 tempering 하면 더 어두운 부식 조직이 된다.

까지 빠르게 냉각한 후 5시간 유지한다.

대부분의 구상화조직을 얻기 위해서는 750℃까지 가열하여 6℃/hr의 냉각속도를 초과하지 않도록 665℃까지 냉각하거나 또는 750℃까지 가열하여 꽤 빠른 속도로 675℃까지 냉각하고 9시간 동안 유지한다.

경화(Hardening) : 855℃에서 austenite화 처리한 후 기름에 quenching한다.

질화(Nitriding) : 4140H강은 암모니아 가스 질화 처리에 적용하며 그 결과 얇고 줄(file)과 같이 단단한 표면, 외부는 입실론(ε) 탄화물로 되어 있다. 이 조성은 표면에 내마모성을 줄뿐만 아니라 축(shaft)과 같은 부품에 약 30%의 피로강도를 증가시킨다.

그러나, 예비처리(경화와 tempering)을 전제로로 한 강에 질화를 한다면 질화처리는 최종품에 행해야 하는데 어떤 마무리 처리도 표면경화된 유용한 부분을 제거하기 때문이다.

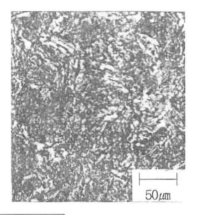 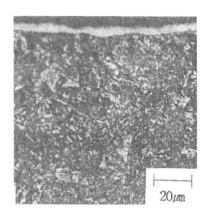

조직:3-136 2%nital, 강봉을 845℃에서 austenite화 처리한 후 66℃까지 기름 quenching하고 620℃에서 2시간 tempering함, martensite-ferrite의 탄화물이 응집된 조직

조직:3-137 2%nital, 845℃로부터 기름 quenching하고 620℃에서 2시간 동안 tempering, 표면은 인화망간으로 활성화되고 20~30% 농도의 암모니아가스로 525℃에서 24시간 동안 질화처리 하였다. 0.0050~0.0076mm의 Fe_2N 흰색 표면층과 tempering된 martensite 조직

질화처리 공정에는 다음과 같은 것이 포함된다.
- 거친 기계가공
- 845℃에서 austenite처리
- 기름 quenching
- 620℃에서 tempering
- 마무리 기계가공

● 525℃에서 24시간 동안 질화처리 하는데 30% 농도의 암모니아를 사용하거나 또
  는 525℃에서 20시간 동안 75~80%농도의 암모니아를 각각 사용한다.
  어떤 독특한 염욕(salt bath)은 4140H강을 표면경화하는데 질화처리 과정에 사용된다.

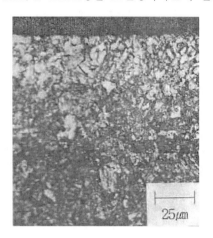

조직:3-138   2%nital, 동일한 강으로 조직:3-137과 같은 예비 질화상태이나 2단
계 가스 질화함 : 525℃에서 5시간(20~30%농도의 가스), 565℃에서 20시간(75~
80%농도의 가스). 높은 농도의 두번째 단계로 인하여 흰색층이 없다. 확산된 질화
층과 tempering된 martensite기지 조직

열처리성 크롬-몰리브덴강
(0.25%C, 0.25%Si, 0.65%Mn, S,P<0.35%, 1.00%Cr, 0.25%Mo)

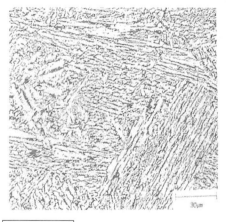

조직:3-139   1%nital부식, 1,100℃에서
30분간 가열 후 수냉, martensite 조직

조직:3-140   1%nital부식, 1,100℃에서
30분간 가열 후 공랭, 상부(upper)bainite 조직

30μm

<u>조직:3-141</u>　1%nita부식, 1,100℃에서 30분간 가열 후 노냉, ferrite(white)와
pearlite(lamellar) 조직

(라) 니켈-크롬-몰리브덴강

화학조성 : 4340 : 0.38~0.43%C, 0.60~0.80%Mn, 0.035%P max, 0.040%S max, 0.15~
0.30%Si, 1.65~2.00%Ni, 0.70~0.90%Cr, 0.20~0.30%,Mo
4340H : 0.37~0.44%C, 0.60~0.95%Mn 0.025%P max, 0.025%S max, 0.15~0.30%Si,
1.55~2.00%Ni, 0.65~0.95%Cr, 0.20~0.30%Mo
특성 : 고 경화능강으로 어느 강종보다 경화능이 높으며 경화능에 기여하는 원소의
함량이 상부 허용한계가 되면 경화능 밴드의 상부곡선이 직선으로 나타나므로 4340H
강의 얇은 단면은 공기 중에서 경화된다. 탄소함량에 따라 quenching된 경도는 54~
59HRC정도가 된다. 고 경화능으로 인하여 4340H강은 저합금강보다 열간 강도가 비
교적 더 높기는 하지만 기계 가공성은 비교적 좋지 않다. 쉽게 단련될 수 있다. 두꺼
운 단면, landing gear 및 트럭부품 등에 사용된다.
어닐링(Annealing) : 대부분이 pearlite조직일 때는(대개 이 조직은 선호되지 않음)
830℃로 가열하여 705℃로 급랭하며 8℃/hr의 냉각속도를 초과하지 않도록 565℃까지
냉각하거나 또는 830℃로 가열하여 650℃로 급랭하며 8시간 동안 유지한다. 대부분이
구상조직일 때는 750℃로 가열하여 705℃까지 급랭하며 3℃/hr의 냉각속도를　초과하지
않도록 565℃까지 냉각하거나 또는 750℃로 가열하여 650℃급랭하며 12시간 유지한
다. 구상화조직은 대개 기계가공과 열처리에 적당하다.

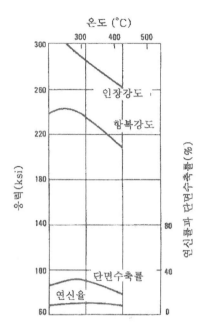

그림 3.51   4340 +Si : 인장강도, 항복강도, 연신율 및 단면수축률
조성 : 0.43%C , 0.83%Mn, 1.55%Si 1.84%Ni, 0.91%Cr 0.40%Mo, 0.12%V, 0.083%Al.
900℃에서 normalizing하고 855℃에서 austenite화 처리한 후 교반된 기름에 quenching, 1
시간 동안 tempering함

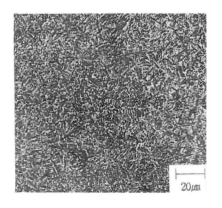

조직:3-142   2%nital, 845℃로부터 기름
quenching한 후 315℃에서 tempering,
tempering된 martensite 조직

조직:3-143   2%nital, 871℃에서 1시간
normalizing하고 공랭, 상부 bainite 조직

경화(Hardening) : 845℃에서 austenite화하고 기름에 quenching하는데 얇은 단면은 공랭에 의하여 완전 경화된다.

템퍼링(Tempering) : 모든 고 경화능 강에 적용하며 4340H는 quenching균열이 발생하기 쉽고 열처리품이 주위온도(38~49℃)에 도달되기 전에 tempering로에 장입해야 한다. tempering온도는 요구되는 경도 또는 복합적인 기계적 성질에 의하여 결정된다.

질화(Nitriding) : 높은 표면경도와 피로강도 상승을 위하여 질화처리한다.

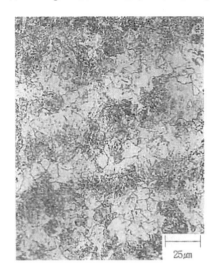 

조직:3-144 2%nital 871℃에서 1시간 normalizing하고 공랭, 691℃에서 24시간 ann -ealing. 구상화 경향을 가진 tempering된 조직

조직:3-145 2%nital 843℃에서 1시간 austenite화하고 기름 quenching, 약간의 잔류 austenite를 가진 martensite 조직

(마) 니켈-몰리브덴강

화학조성 :

4620 : 0.17~0.22%C, 0.45~0.65%Mn, 0.035%P max, 0.040%S max, 0.15~0.30%Si, 1.65~2.00%Ni, 0.20-0.30%Mo.

4620H : 0.17~0.23%C, 0.35~0.75%Mn, 0.035%P max, 0.040%S max, 0.15~0.30%Si, 1.55~2.00%Ni, 0.20~0.30%Mo

특성 : 침탄재료로 광범위하게 사용되며 비교적 고 니켈 함량이므로 저 니켈합금이 개발되어 어떤 분야에는 대체되어 왔다. 경화능을 가지고 있으며 다른 성질은 4620H의 것과 같다. 한계 범위내에서 탄소함량에 따라 침탄하지 않은 quenching상태의 경도는 거의 40~45HRC 범위이며 비교적 높은 경화능을 가지고 있다.

니켈 함량이 높으므로 462H강은 austenite를 보유할 가능성이 매우 높으며 잔류 austenite는 대개 바람직하지 않은 성분이기도 하지만 어떤 용도에서는 잔류 austenite는 유리한 것으로 판명되었다.

어닐링(Annealing) : 최상의 기계 가공성을 가진 조직은 단조 또는 압연 후에 normalizing이나 항온변태에 의하여 생성된다. 통상적으로 사용되는 항온처리는 775℃로 가열하여 650℃로 급랭하며 6시간 동안 유지한다.

경화(Hardening) : 침탄과 침탄질화 처리를 제외하고는 경화처리를 하는 경우는 드물다.

4620, 4620H강

표 3.3 기름quenching 상태의 경도

시편직경 mm	표 면	경도 (1/2 반경)	중 심
13	40HRC	32HRC	31HRC
25	27HRC	99HRB	97HRB
51	24HRC	94HRB	91HRB
102	96HRB	91HRB	88HRB

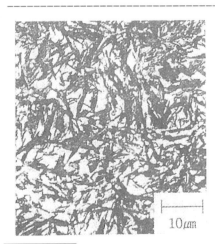

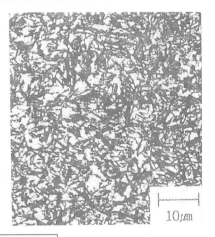

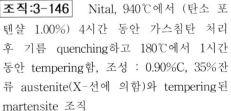

조직:3-146 Nital, 940℃에서 (탄소 포텐샬 1.00%) 4시간 동안 가스침탄 처리 후 기름 quenching하고 180℃에서 1시간 동안 tempering함, 조성 : 0.90%C, 35%잔류 austenite(X-선에 의함)와 tempering된 martensite 조직

조직:3-147 Nital, 940℃에서(탄소 포텐샬 1.00%) 8시간 동안 가스침탄 처리 후 기름 quenching하고 820℃로 30분 동안 가열하여 기름 quenching한 후 93℃에서 20분 동안 tempering함. 조성 : 0.95%C, 40% 잔류 austenite와 tempering된 martensite 조직

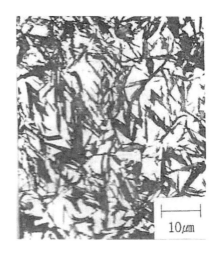

조직:3-148 | Nital, 940℃에서(탄소 포텐샬 1.00%), 8시간 동안 가스침탄 처리 후 기름 quenching하고 180℃에서 1시간동안 tempering함. 조성: 0.95%C, 45%잔류 austenite와 tempering된 martensite 조직

(바) 크롬강

스프링강

화학조성 : 5160 : 0.56~0.64%C, 0.75~0.00%Mn, 0.035%P max, 0.040%S max, 0.15~0.30%Si, 0.70~0.90%Cr

5160H: 0.55~0.65%C, 0.65~1.00%Mn, 0.035%P max, 0.040%S max, 0.15~0.30%Si, 0.60~1.00%Cr

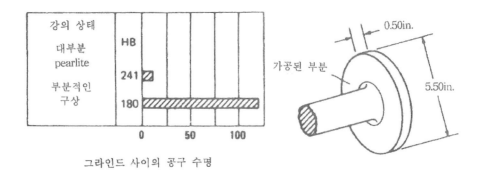

그림 3.52 Annealing처리와 마무리가공 표면 연속된 가공에서 공구수명과의 관계

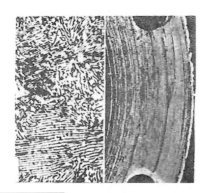

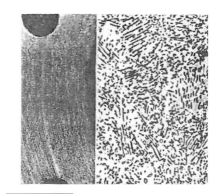

조직:3-149 Anealing된 현미경조직(pea
-rlite)으로 경도는 241HB이며 8개를 가공한
후 플랜지의 마무리 가공표면

조직:3-150 부분적으로 구상화된 현미경
조직으로 경도는 180HB이며 123개를 가공
한 후 플랜지의 마무리 가공표면

특성 : 고탄소 합금강이며 quenching한 상태에서 경도는 58~63HRC정도가 보통
이다. 경도는 탄소함량에 따라 이 범위보다도 높을 수도 있다. 각종 스프링에 응용되
는데 특히 판 스프링재로 사용된다.

오스템퍼링(Austempering) : 845℃에서 austenite화 처리하고 315℃의 융용염(molten salt)
에서 quenching하여 1시간 유지한 후 315℃로부터 공랭하며 tempering은 필요하지 않다.

5160, 5160H

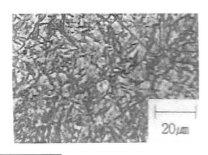

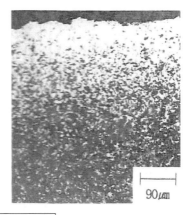

조직:3-151 0.05%HCl을 함유한 4%
picral, 열간압연한 코일스프링강 870℃에서 30
분간 austenite화 처리한 후 기름 quenching.,
tempering되지 않은 martensite(어둡고 침상
조직)와 잔류 austenite(밝은 조직)

조직:3-152 2%nital, 16.1mm직경 스프
링 강 870℃에서 5분간 austenite화처리하고
열간 압연하여 60℃로 기름 quenching한
후 425℃에서 40분간 tempering, tempering
된 martensite와 탈탄 조직

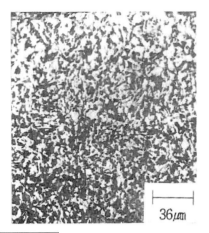

36μm

조직:3-153 2%nital, 조직:3-152와 동일강으로 같은 처리를 하였으나 고배율. 표면탈탄(사진상부 가까이의 밝은 영역)이 봉압연에서 일어난 조직(강은 약 1,150℃에서 유지)

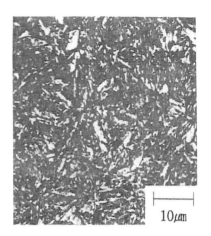

10μm

조직:3-154 4%nital, 4%picral을 1:1로 혼합, 열간압연강, 870℃에서 30분간 austenite화 처리한 후 기름 quenching하고 540℃에서 1시간 동안 tempering처리, 대부분이 temper-ing된 martensite(어두운 부분)와 약간의 ferrite(밝은 부분)로 된 조직

베어링강

화학조성 : 0.98~1.10%C, 0.25~0.45%Mn, 0.025%P max, 0.025%S max, 0.15~0.30%Si, 1.30~1.60%Cr

특성 : E 표시는 전기로에서의 제조를 의미하며 P와 S함량이 낮다. 저합금 특수목적 공구강과 유사하나 이 강은 비교적 대량으로 제조된다. 두께에 따라 quenching한 상태의 경도는 62~66HRC정도이며 크롬함량이 많으므로 경화능은 어느 정도 높다.
이 강은 단면이 크고 증가된 경화능이 요구될 때 사용된다. 극히 높은 경도가 요구되는 베어링의 ball race rolling요소로 사용된다.

경화(Hardening) : 중성염욕(neutral-salt-bath)또는 탄소포텐셜(carbon potential)이 1.0%정도의 가스분위기에서 845℃온도로 austenite화 처리한 후 기름 quenching한다.

템퍼링(Tempering) : quenching후에 주위온도(38~49℃)로 균일하게 떨어지면 곧 tempering한다. 탄소함량이 높으므로 120℃에서 tempering하면 정방정(tetragonal) martensite가 입방정(cubic) martensite로 바뀐다. 실제 일반적으로 quenching상태와 경도를 현저하게 감소시키지 않도록 150℃에서 tempering한다. 가끔 경도손실이 있더라도 보다 높은 온도에서도 tempering한다.

E52100

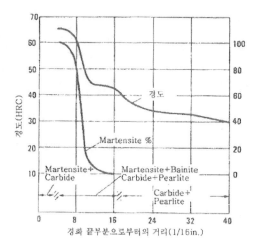

그림 3.53 경화능

13mm직경봉, 조성 : 1.02%C, 0.20%Ni, 0.36%Mn, 1.41%Cr, 845℃에서 austenite화 처리 입도

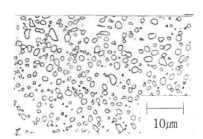

조직:3-155 0.05%HCl이 포함된 4% picral, 123.8mm직경 강봉, 770℃에서 10시간 가열하고 5시간 유지한 후 11℃/hr.의 속도로 650℃까지 냉각하고 27℃까지 노냉. ferrite기지에 구상 탄화물이 미세하게 분포된 조직

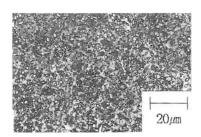

조직:3-156 4%nital, 4%picral을 1:1로 혼합 790℃에서 30분간 austenite화 처리한 후 기름quenching하고 175℃에서 1시간 tempering, 검은 영역은 bainite, 회색영역은 tempering된 martensite, 흰점은 austenite화하는 동안 용해되지 않은 탄화물 입자 조직

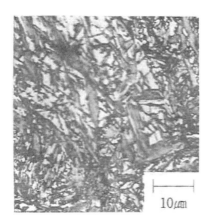

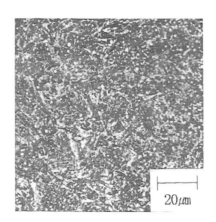

조직:3-157   4%nital과 4%picral을 1:1로 혼합, 980℃에서 30분간 austenite화 처리한 후 기름quenching하고 175℃에서 1시간 tem-pering, 조대한 판상(침상) tempering된 mar-tensite와 잔류 austenite(흰색), 탄화물 입자는 거의 전부 용해된 조직

조직:3-158   4%nital과 picral을 1:1로 혼합, 855℃에서 30분간 austenite화처리한 후 260℃의 염욕quenching하여 30분간 유지하고 실온으로 공랭, 하부(lower)bainite내에 구상 탄화물, 약간의 잔류 austenite가 존재하는 조직

(사) 크롬-바나듐강

화학조성 :   6150 : 0.48~0.53%C, 0.70~0.90%Mn, 0.035%P max, 0.040%S max, 0.15~0.30%Si, 0.80~1.10%Cr, 0.15%V min,

특성 : 고품질 스프링을 포함하여 중간 또는 고탄소 크롬-바나듐 합금강으로 광범위하게 사용되어 왔다. 탄소함량에 따라 quenching상태에서 경도는 55~60HRC 정도이며 경화능은 비교적 높다. 크롬함량이 주로 경화능에 영향을 미치며 바나듐은 입자 미세화 역할을 하나 경화능에는 현저한 영향을 미치지 않는다. 단련할 수 있으나 용접에는 적당하지 않다. 고품질 스프링, 기어 등에 사용된다.

오스템퍼링(Austempering) : 많은 스프링강에 적용하며 이강은 870℃에서 austenite화 처리하여 austempering하고 315℃의 교반된 용융염욕에 quenching하여 1시간 유지한 후 공랭한다. tempering은 필요치 않으며 이 처리 한 후의 경도는 대개 46~51HRC정도가 된다.

6150강

조직:3-159 2%nital, 강선 900℃에서 20분간 austenite화 처리 후 기름에 불완전 (slack)quenching. 하부 bainite(어두운 부분)와 tempering되지 않은 martensite(밝은 부분) 조직

조직:3-160 Picral, 880℃에서 30분간 austenite화 처리 후 730℃로 냉각하여 5시간 유지하고 28℃/hr.속도로 650℃까지 냉각하여 1시간 유지 후 공랭, pearlite와 ferrite 조직

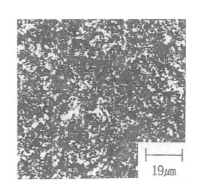

조직:3-161 4%nital, 강선, 885℃로 20분간 가열하여 675℃로 quenching하여 20분간 유지한 후 실온으로 기름 quenching, 주로 pearlite 조직

조직:3-162 Nital, 13mm직경 강봉, 845℃에서 1시간 austenite화 처리 후 315℃로 quenching하여 16분 동안 유지하고 공랭, 대부분 하부 bainite 조직

(아) 침탄용 니켈-크롬-몰리브덴강

8617강

화학조성 : 0.15~0.20%C, 0.7~0.90%Mn, 0.035%P max, 0.040%S max, 0.15~0.30%Si, 0.40~0.70%Ni, 0.40~0.60%Cr, 0.15~0.25%Mo.

특성 : 다원합금의 침탄계열로 Ni-Cr-Mo합금강, 침탄하지 않고 quenching상태의 경도는 35~40HRC경도이며 경화능은 높다. 단련성이 우수하며 용접도 가능하며, 기계 가공성도 상당히 양호하다.

어닐링(Annealing) :최상의 기계 가공성을 위한 조직은 normalizing 또는 885℃로 가열하여 660℃로 급랭하고 4시간 유지하면 얻어지며 다른 방법으로는 790℃로 가열하여 660℃로 급랭하고 8시간 유지하는 것이다.

표면경화(Case Hardening) : 침탄과 침탄질화, (8620강 참조)

템퍼링(Tempering) : 모든 침탄 및 침탄질화품은 150℃에서 tempering함으로써 표면경도의 손실이 없다. 인성을 증가시키기 위하여 약간 높은 온도인 260℃로 tempering하면 약간의 경도는 감소된다.

단조(Forging) :최대, 1,245℃로 가열하며 단조품이 900℃로 온도가 내려가면 단조해서는 안된다.

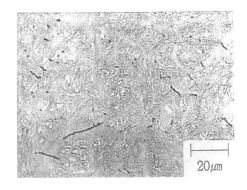

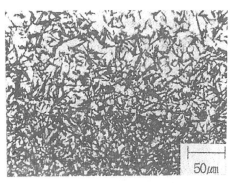

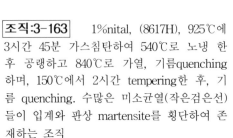

조직:3-163 1%nital, (8617H), 925℃에 3시간 45분 가스침탄하여 540℃로 노냉 한 후 공랭하고 840℃로 가열, 기름quenching 하며, 150℃에서 2시간 tempering한 후, 기름 quenching. 수많은 미소균열(작은검은선)들이 입계와 판상 martensite를 횡단하여 존재하는 조직

조직:3-164 3% nital, 845℃에서 침탄질화(8%암모니아, 8%프로판, 나머지 흡열 형 가스)하여 기름quenching하고 150℃에서 1시간 30분간 tempering처리. Tempering된 martensite(어두운 부분)과 잔류austenite 조직

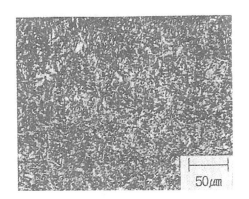

조직:3-165　3%nital, 강봉, 조직:3-164 와 같은 침탄질화 및 tempering처리하며 대부분의 잔류 austenite를 변태시키기 위하여 quenching과 tempering 사이에 -73℃에서 2시간 유지함. Tempering된 martens-ite 기지 내에 분산 탄화물과 적은 양의 잔류 austenite 조직

조직:3-166　Picral, 강봉, 870℃에서 2시간 austenite화 처리를 함으로써 annealing한 후 노냉, ferrite(밝은 부분)기지 내에 미세한 pearlite(어두운 부분) 조직

8620강

화학조성 : 0.18~0.23%C, 0.70~0.90Mn, 0.035%P max, 09.040%S max, 0.15~0.30%Si, 0.40~0.70%Ni, 0.40%~0.60%Cr, 0.15~0.25%Mo.

특성 : 침탄이나 침탄 질화처리하는 표면 경화강에 광범위하게 사용되며 quenching 상태에서 표면경도는 대개 37~43HRC정도가 되고 비교적 높은 경화능을 가지고 있다. 일어나기 쉬운 용접균열을 최소화하기 위하여 합금강을 사용해야 하지만 단련성과 용접성이 뛰어나다.

기계 가공성은 꽤 양호하며 이 강종은 Pb를 첨가하여 대량생산하므로 열처리 효과를 희생시키지 않고 기계 가공성을 현저하게 개선할 수 있다.

어닐링(Annealing) : 최상의 기계 가공성을 가진 조직은 normalizing하거나 또는 885℃로 가열하여 660℃로 급랭하고 4시간 유지하면 얻어진다. 또 다른 방법은 790℃로 가열하여 660℃로 급랭하고 8시간 유지한다.

침탄질화(Carbonitriding) : 얇고, 줄(file)과 같이 단단한 표면을 얻기 위해서는 10% 무수 암모니아를 첨가한 탄소가 많은 분위기에서 845℃로 침탄질화 처리한다. 이 온도로부터 직접 기름 quenching하며 표면경화 깊이는 이 온도에서 시간과 더불어 증가하는데 약 45분 유지하면 0.305mm정도의 표면 경화 깊이를 얻을 수 있다.

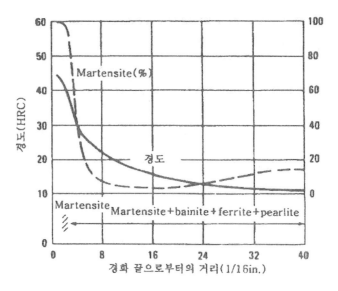

그림 3.54 경화능

조성 : 0.18%C, 0.79%Mn, 0.52%Ni, 0.56%Cr, 0.19%Mo, 900℃에서 austenite화
처리, 입도 : 9～10

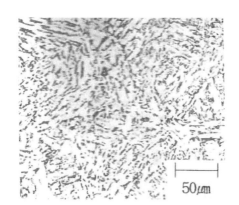

조직:3-167 Picral, 강봉 900℃에서 2시
간 austenite화 처리하여 normalizing하고
공랭, ferrite와 탄화물의 혼합, 너무 빠른 냉
각으로 annealing조직이 생성되지 못함

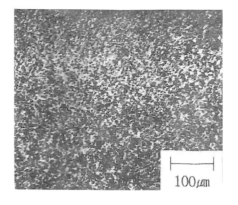

조직:3-168 Nital, 강봉, 845℃에서 4시간
침탄질화하고 기름 quenching하여 temper-
ing하지 않고 영점하 처리(subzero treatment)
하여 안정화시킴, martensite, 탄화물 입자 및
적은 량의 잔류 austenite로된 일반적인 표면
경화 조직

조직:3-169 Picral, 조대립자 강, 925℃에서 11시간 가스침탄하여 845℃에서 노냉하고 기름quenching, 195℃에서 2시간 tempering함. Tempering된 martensite와 잔류 austenite 조직인데 큰 판상martensite는 약간의 미소 균열을 포함

(자) 고장력강

화학성분 : 0.43~0.48%C, 0.75~1.00%Mn, 0.035%P max, 0.040%S max, 0.15~0.30%Si, 0.40~0.70%Ni, 0.40~0.60%Cr, 0.15~0.25%Mo

특성 : 탄소함량에 따라 quenching상태의 경도는 54~60HRC정도이며 비교적 높은 경화능강으로 고응력이 작용하는 축(Shaft)과 스프링을 포함하여 고강도가 요구되는 기계부품에 광범위하게 사용된다. 다른 고탄소, 고경화능강과 같이 단련할 수 있는데 복잡한 형상의 단조품은 균열발생을 최소화하기 위하여 단조온도로부터 서냉한다.

경화(Hardening) : 845℃에서 austenite화 처리 후 기름 quenching.

템퍼링(Tempering) : quenching후 곧 바로 tempering해야 하는데 약간 따뜻할 때 150℃ 또는 그 이상의 온도에서 한다. 대부분 보다 높은 온도에서 tempering하고 tempering온도는 기계적 성질과 연관하여 선택한다.

8645강

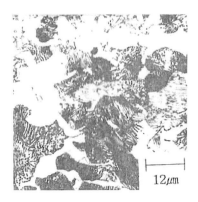

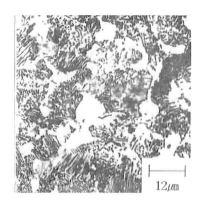

조직:3-170 2%nital, 25mm직경의 열간 압연 강봉, 815℃에서 1시간 austenite처리 후 노냉. 완전 annealing된 조직으로 어두운 영역은 층상(lamellar) pearlite, 밝은 부분은 ferrite 조직

조직:3-171 2%nital, 조직:3-170과 같은 강 봉, 815℃에서 1시간 austenite화 처리하고 675℃로 냉각하여 구상화 되도록 8시간 유 지, 어두운 부분은 부분적으로 구상화된 pearlite, 밝은 부분은 ferrite 조직

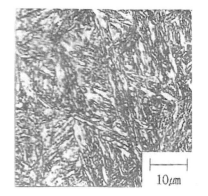

조직:3-172 2%nital, 조직:3-170 , 조직: 3-171과 같은 크기, 845℃에서 austenite화 처 리하여 수냉하고 260℃에서 1시간 tempering, tempering된 martensite 조직

조직:3-173 2%nital, 조직:3-170, 조직: 3-171, 조직:3-172와 같은 크기, 조직:3-172와 같이 열처리 하나 다만 370℃에서 tempering, tempering된 martensite 조직

9310H강

화학조성 : 0.07~0.13%C, 0.40~0.70%Mn, 0.035%P max, 0.040%S max, 0.15~0.30%Si, 2.95~3.55%Ni, 1.00~1.45%Cr, 0.08~0.15%Mo

특성 : 비교적 고합금, 고품질 및 높은 경화능을 가진 표면 경화강으로 대개 침탄처리한다. 비교적 낮은 탄소함량 때문에 quenching상태의 경도는 32~38HRC정도를 넘지 못하나 경화능은 높다. 높은 경화능과 높은 인성이 필수적인 고품질 기어, 항공기 엔진 및 피니온 등에 사용된다. 비교적 고가이며 니켈함량이 높으므로 희귀한 합금이 될 수 있다. 고탄소, 저합금 종류의 침탄강으로 인하여 이 강의 사용이 점차 감소되고 있다. 침탄질화 처리에 의하여 표면경화할 수 있으나 경제성 때문에 침탄질화가 필요한 이 종류의 강제품은 대개 사용에서 제외된다.

어닐링(Annealing) : 이 강의 완만한 변태 특성 때문에 통상적인 annealing은 대개 적당하지 않으며 9310H에서 구상화된 조직을 얻는 좋은 방법은 대개 600℃의 온도에서 18시간 정도 tempering하는 것이다.

　조직:3-173,174,175의 시편은 Pit형 노를 이용하여 925~940℃에서 4시간 가스침탄하여 노냉하고 815~830℃에서 austenite화 처리한 후 기름 quenching하고 150℃에서 4시간 tempering하였다.

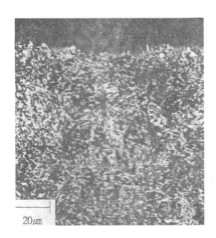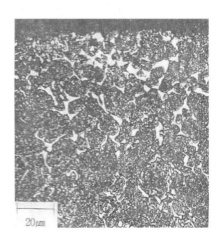

조직:3-174 　2%nital, 최대표면 탄소 함량을 0.60%로 가스침탄한 조직

조직:3-175 　2%nital, 최대표면 탄소 함량을 1.20%로 가스침탄한 조직

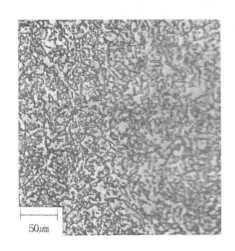

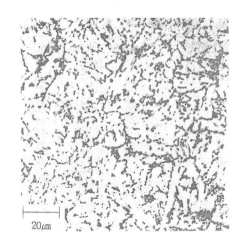

조직:3-176   Picral, 885℃에서 2시간 austenite화 처리하여 normalizing하고 조용한 공기중에 냉각, ferrite기지(밝은조성) 내에 분산된 탄화물입자와 분해되지 않은 pearlite 조직

조직:3-177   3%nital, 885℃에서 2시간 austenite화 처리하여 annealing하고 노중에서 서냉, ferrite기지(밝은 조성) 내에 분산된 탄화물입자(어두운 조성) 조직

3.3.4 공구강의 열처리 조직

(가) 수냉 경화 공구강

수냉 경화 공구강에는 3종류가 있는데 근본적으로는 탄소강이며 가장 저렴한 공구강이다. 비교적 경화능이 낮고, 얕은 경화, 중간경화 및 깊은 경화형으로 구분한다. 매우 작은 크기를 제외하고는 표면은 단단하고 중심은 연하게 경화된다. 저탄소 함량으로 최대 인성을, 고탄소 함량으로 최대 내마모성을 얻는다. 일반적으로 이들 강은 미세한 입자와 균일한 조직을 위하여 단조 후 또는 재가열 처리 전을 제외하고는 normalizing하지 않는다.

제품은 공랭할 때 탈탄되지 않도록 보호해야 한다. 특히, 공구가 복잡하거나 또는 심한 냉간가공을 받았을 때 뒤틀림과 균열을 최소화하기 위하여 응력제거 열처리를 시행할 경우도 있다. Quenching제에는 10% NaCl을 물에 녹인 소금물을 사용하며 경화 후 실온에 도달되기 전에 즉시 tempering하는데 염욕, 기름조 및 공랭로(air furnace)등이 사용된다.

충격에 의한 파괴저항은 tempering온도와 더불어 약 180℃까지 증가되나 260℃에서는 최소로 급격히 떨어진다. Martensite를 tempering하기 위하여 첫번째 tempering 후 냉각에서 잔류 austenite로부터 생성된 2중 tempering이 필요할 때도 있다.

화학조성 : 0.60~1.50%C, 0.15%Cr max, 0.20%Cu max, 0.10~0.40%Mn, 0.10 Mo max, 0.20%Ni max, 0.025%P max, 0.025%S max, 0.10~0.40%Si, 0.10%V max, 0.15%W max.

특성 : 표면경도가 높고 충격에 견디는 중심을 가진 경화가 가능하며 탄소함량의 증가와 더불어 내마모성이 우수한 저렴한 공구강이다. 수냉하므로 치수 안정성은 떨어진다. 응력상승 인자의 량이 최소이거나 quenching균열이 일어날 수 있는 상당히 조밀한 단면에 제한적으로 사용된다.

노멀라이징(Normalizing) : 0.60%~0.75%C : 815℃로 가열, 0.75~0.90%C : 790℃로 가열, 0.90~1.10%C : 870℃로 가열, 1.10~1.50%C : 870~925℃로 균일하게 될 때까지 가열하여 단면크기에 따라 15분~1시간정도 유지한 후 공랭한다.

어닐링(Annealing) : 0.60~0.90%C : 740~760℃로 가열, 0.90~1.50% C : 760~790℃로 가열하는데 작은 단면에는 하부한계를 큰 단면에는 상부한계를 적용한다. 유지시간은 두께에 따라 다르며 25㎜까지는 적어도 20분, 203㎜까지는 2시간 30분, 상자(pack) annealing에는 단면 인치(in)당 1시간 정도 유지한다. 최대 28℃/hr의 속도로 540℃까지 냉각하고 annealing 후의 경도는 156~201HB정도이다. 추가로 응력제거를 위하여 650~675℃로 가열, 단면 인치당 1시간(최소 1시간)정도 유지한 후 공랭한다.

경화(Hardening) : 복잡하고 두꺼운 경우는 온도분포가 다를 수 있으므로 예열이 필요하며 760~845℃로 서서히 가열(저탄소 함량은 상부온도 한계 고탄소 함량은 하부온도 한계)하는데 온도 영역의 상부 끝에서는 경화능이 증가된다. Austenite는 작은 단면에 10분, 큰 단면에는 30분이 적당하며 교반된 물 또는 소금물에 quenching한다. 다이공간(die cavity)과 같이 움푹들어간 곳이나 펀치의 작업날 같은 부분은 최대경도와 잔류 압축 응력을 얻기 위하여 직접 분사한다. Quenching된 경도는 65~68HRC정도가 된다.

템퍼링(Tempering) : 경화 후에 공구가 실온(약 49℃)이 되기전에 곧바로 tempering하는데 quenching된 공구는 실온에 세워 두거나 또는 차가운 노에 두면 균열을 일으키므로 quenching 후에는 곧 바로 94~120℃의 노에 두고 tempering온도로 가열한다. 175℃보다 낮지 않게 345℃까지의 온도에서 tempering한다. Tempering온도에서 1시간 유지하면 적당하며 추가적인 균열시간(soaking time)은 경도를 떨어뜨린다. 2중 tempering이 필요할 수도 있으며 낮은 온도에서 tempering하면 분위기 조절이 필요 없게 되고 tempering된 경도는 50~64HRC 정도가 된다.

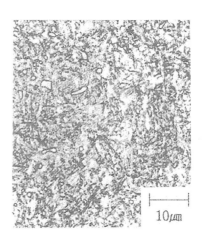

조직:3-178   4%picral, 1.10%C, 0.30% Mn, 925℃에서 austenite화 처리하여 no-rmalizing하고 공랭, 경도는 227HB. 결정립경계에 얇은 cementite로 둘러싸인 층상 (lamellar) pearlite 조직

조직:3-179   3%nital, 0.94%C, 0.21%Mn. 790℃에서 austenite화 처리하고 소금물에 quenching(tempering하지 않음), 경도는 65HRC, 약간의 용해되지 않은 탄화물 입자를 가진 tempering되지 않은 martensite 조직

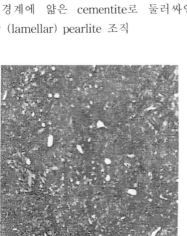

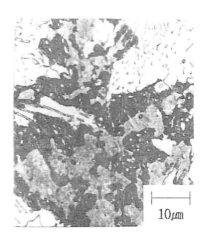

조직:3-180   3%nital, 조직:3-179와 같은 강으로 동일한 열처리, 165℃에서 tem-pering,. 경도는 64HRC, 약간의 구상 탄화물 입자를 가진(흰점) tempering된 martensite(어두운 바탕)

조직:3-181   3%nital, 조직:3-179와 같은 강, 760℃에서 austenite화 처리 후 소금물에 quenching하고 150℃에서 tempering, 경도는 44HRC, pearlite(어두운 부분), tempering된 matensite(회색부분), 및 가열부족(underheating)을 나타내는 ferrite 등으로 이루어진 혼합 조직

(나) 내충격 공구강

이 강은 충격강도와 내 충격성을 손상시키지 않고 충분하게 높은 경도를 부여하기 위하여 0.40~0.60% 탄소를 함유한다. Normalizing은 하지 않으며 annealing할 때는 주어진 온도보다 초과되어서는 안되는데 특히 Si 함량이 높은 강에 중요하다(고 Si 함유강은 높은 annealing온도에서 흑연화와 탈탄이 일어나기 쉽다). Austenite화 온도가 870℃이하에서는 약간의 산화성 분위기가 가장 좋으나 환원성 분위기는 870℃이상이 필요하며 분위기로는 중성염 욕조에 오염 물질이 없는 충진제가 austenite화에 광범위하게 사용된다. 내충격 공구강은 균열을 방지하기 위하여 quenching 후 즉시 tempering한다.

텅스텐 함유강(S1)
화학조성 : 0.40~0.55%C, 1.00~1.80%Cr, 0.10~0.40%Mn, 0.50%Mo max, 0.30% P max, 0.30%S max, 0.15~1.20%Si, 0.15~0.30%V, 1.50~3.00%W.
특성 : C, Si, W 및 Cr 함량에 따라 열처리에 영향을 미치며 과도한 annealing 온도에서 Si 함량이 높으면 흑연화가 촉진된다.
경화(hardening) : 서서히 가열하며 650℃에서 예열한다. 900~955℃에서 austenite화 처리하는데 15~45분간 유지한 후 기름 quenching. Quenching상태에서 경도는 57~59HRC.
안정화처리(stabilizing) : 추가적 처리이며, 복잡한 형상에는 150~160℃에서 응력제거 처리를 하고 -100~-195℃로 심냉처리한 후 실온에 도달되면 즉시 tempering한다.
템퍼링(tempering) : 균열을 방지하기 위하여 900℃에서 quenching하면 30분간, 955℃에서 quenching하면 15분간 tempering한다. 시간은 크기와 형상에 따라 다르며 205~650℃에서 tempering하면 온도에 따라 58~40HRC정도의 경도를 얻는다.

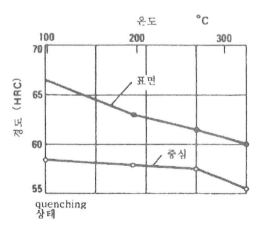

그림 3.55 Tempering온도가 표면과 중심부경도에 미치는 영향

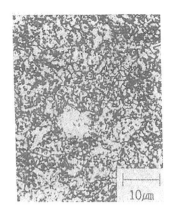

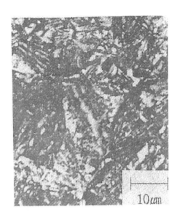

조직:3-182   3%nital, mill annealing, 경도는 183HB, ferrite기지내에 미세한 구상 탄화물 입자가 분산된 조직

조직:3-183   Nital, 980℃ 에서 1시간 austenite화 처리하여 normalizing하고 공랭, martensite내에 탄화물 입자가 분산되어 있으며 약간의 bainite와 잔류 austenite로된 조직

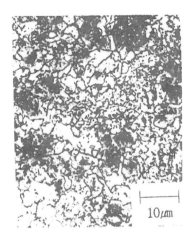

조직:3-184   3%nital, 815℃에서 austenite화 처리하여 기름 quenching, austenite화 처리에서 가열부족을 나타내는 ferrite 기지 내에 분산된 미세 탄화물 입자와 약간의 tempering되지 않은 martensite가 존재하는 조직

실리콘 함유 강(S5)

화학조성 : 0.50~0.65%C, 0.35%Cr max, 0.60~1.00%Mn, 0.20~1.35%Mo, 0.03%P max, 0.03%S max, 1.75~2.25%Si, 0.35%V max.

특성 : 기름 quenching하면 경화 안전성이 비교적 높으며 austenite화 처리할 때 과

열 또는 과균열(oversoaking)하면 내구성(durability)이 낮아지고 입자성장이 촉진된다. 적당한 보호처리를 하지 않으면 쉽게 탈탄된다. 범용적으로 사용되며 값싼 강종이다.

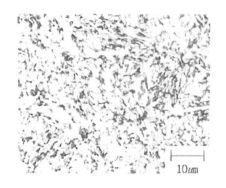

조직:3-185 Nital, 925℃에서 1시간 austenite화 처리 후 공랭, martensite와 조대한 pearlite가 혼합된 조직

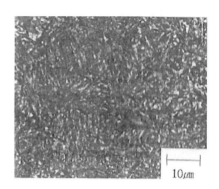

조직:3-186 2%nital, 900℃에서 austenite화 처리 후 기름quenching, tempering하지 않음. 미세한 tempering되지 않은 조직

(다) 유냉 경화 냉간 공구강

경화능이 수냉 경화성 공구강보다 높으므로 기름에 quenching하여 경화할 수 있으며 06강에는 약간의 탄소가 흑연형태로 존재하므로 복잡한 다이 제조에 인자가 될 때도 있으며 현미경조직에서 흑연입자는 딥 드로잉(deep drawing)에서 계속적으로 다이 수명을 개선하므로써 윤활제를 생성하는 역할을 한다. 07형은 예리한 절삭날(edge)을 유지하는 다이에 사용되는 경우도 있는데 텅스텐 첨가와 고탄소 함유로 이 성질을 향상시킨다. 특히, 단조 후 또는 적당한 austenite화 온도보다 높은 온도에서 예열한 경우 균일한 미세입자 조직을 얻기 위하여 normalizing한다.

마무리 또는 중간 마무리된 공구는 annealing하는데 탈탄 또는 침탄으로부터 보호해야 한다. Quenching조의 온도는 49~71℃가 적당하며 교반한다. 뒤틀림의 조절이 특히 중요한 경우는 **martempering**이 유익할 때도 있는데 기름 또는 용융염 욕조(Ms 온도 기준으로 -4~+10℃에서 유지)가 사용된다. 일반적으로 사용되는 tempering 온도 범위는 175~205℃이며 시간은 단면 크기에 따라 다르다.

01강

화학조성 : 0.85~100%C, 0.40~0.60%Cr, 1.00~1.40%Mn, 0.030%P max, 0.030%S max, 0.050%Si max, 0.30%V max, 0.040~0.60%W.

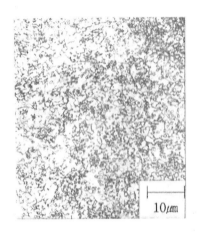

조직:3-187 3%nital, annealing된 상태, mill annealed. ferrite기지에 분산된 구상 탄화물 입자 조직 특성은 완전 annealing 상태임

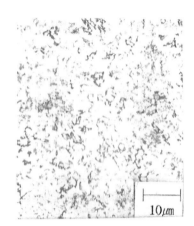

조직:3-188 3%nital, 775℃에서 austenite 화 처리 후 기름 quenching, 가열부족(under-heating)으로 인하여 ferrite기지 내에 tempering 되지 않은 martesite와 용해되지 않은 탄화 물 입자가 분포된 조직

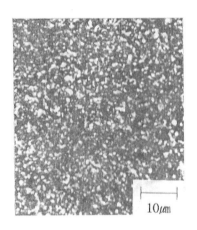

조직:3-189 800℃에서 30분간 austenite화 한 후 기름에 짧은 시간 quenching하고 205℃에서 2시간 tempering, tempering된 martensite에 탄화물 입자가 분포된 조직

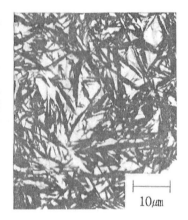

조직:3-190 3%nital, 880℃에서 austenite 화 처리한 후 기름 quenching하고 220℃에서 tempering, 과열로 인한 조대한 martensite(어 두운 부분)와 잔류 austenite(밝은 부분) 조직

특성 : 열처리 할 때 치수 안정성이 높으며 비교적 얇은 경화가 가능하고 내탈탄성이 높을 뿐 아니라 경화에서 매우 안전하다.

반복 어닐링(Cycle annealing) : 730℃로 가열하여 4시간 유지, 780℃로 가열하여 2시간 유지하고 690℃로 냉각하여 6시간 유지 후 공랭.

응력제거(Stress relieving) : 추가적 처리, 620~650℃로 가열하여 단면 in/hr(최소 1시간) 속도로 공랭.

경화(Hardening) : 서서히 가열하며 650℃로 예열하고 790~815℃에서 10~30분간 austenite화 처리한 후 기름 quenching하는데 quenching된 경도는 63~65HRC.

안정화 처리(Stabilizing) : 추가적 처리, 복잡한 형상의 응력제거 처리는 150~160℃에서 20~30분 유지하며 -100~-195℃에서 **심냉처리**(subzoro-treatment)하고 제품이 실온에 도달하면 즉시 tempering한다.

템퍼링(Tempering) : 175~260℃에서 tempering하며 tempering된 경도는 62~57HRC.

02강

화학조성 : 0.85~0.95%C, 0.35%Cr max, 1.40~1.80%Mn, 0.30%Mo max, 0.030%P max, 0.030%S max, 0.50%Si max, 0.30%V max.

특성 : 비성형성(nondeforming properties)이 매우 우수하며 경화능은 중간정도 깊이, 경화에서 매우 높은 안전성 및 탈탄 저항이 매우 높다.

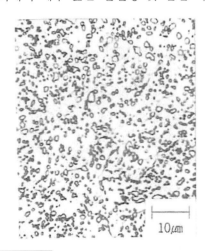

조직:3-191　Nital, 725℃로 annealing하는데 단면 두께의 인치(in)당 1시간 유지 후 노냉, ferrite기지에 존재하는 구상 탄화물 조직

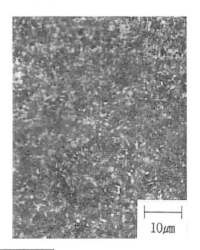

조직:3-192　Nital, 800℃에 15분간 austenite화 처리하고 기름 quenching, tempering되지 않은 martensite기지에 약간의 구상 탄화물(흰점)이 분포된 조직

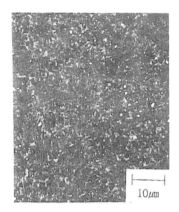

<u>조직:3-193</u> Nital, 조직:3-192와 같은 처리하고 175℃에서 1시간
tempering, tempering된 martensite에 약간의 구상 탄화물(흰점)이
분포된 조직

06강

화학 조성 : 1.25~1.55%C, 0.30%Cr max, 0.30~1.10%Mn, 0.20~0.30%Mo, 0.030이
각각 P, S max, 0.55~1.50%Si.

특성 : 경화에서 고 안전성이며 일반적으로 뒤틀림(distortion)이 낮다. 흑연을 함유하
며 내마모성이 우수하고 비교적 경화 깊이가 크다. 다양한 크기를 얻기는 쉽지 않다.

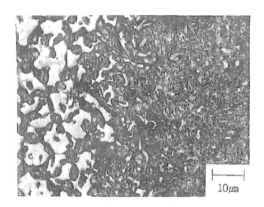

<u>조직:3-194</u> 3%nital, 800℃에서 austenite
화 처리하고 기름 quenching한 후 165℃에서
tempering, 부분~전부 탈탄(왼쪽), 탄소가 빈
약한 martensite(오른쪽 회색), tempering된
martensite(어두운 회색) 및 흑연(검은 색)으로
된 조직

<u>조직:3-195</u> Nital, 790℃에서 50분간 austenite
화 처리하고 기름 quenching한 후 205℃에
서 2시간 tempering. 종단면, 검은 선은 흑연
의 늘어난 입자 조직

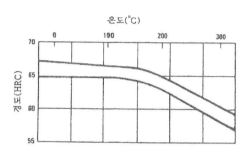

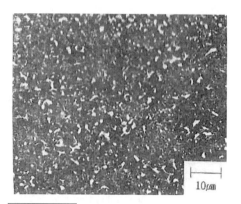

그림 3.56 Tempering온도와 경도.
Austenite화 및 tempering온도와 경도와의
관계, 큰 균일한 단면은 800~870℃에서
austenite화 처리한 후 수냉, 그 외 단면
은 800~870℃에서 austenite화 처리한 후
기름 quenching, tempering 시간은 1시간

조직:3-196 Nital, 885℃에서 austenite
화 처리 후 기름 quenching하고 205℃에
서 tempering, tempering된 martensite 기
지에 용해되지 않은 탄화물 입자(흰색)로
이루어진 조직

07강

화학 조성 : 1.10~1.30%C, 0.35~0.85%Cr, 0.30%Mo max, 각각P,S 0.030% max, 0.60%Si max, 0.40%V max, 1.00~2.00%W.

특성 : 이 계열강은 대부분 내마모성이 있으나 일반적으로 경화능은 낮다. 경화능은 한계에 가까우며 필요한 경도를 얻기 위하여는 특히 큰 단면의 경우에는 수냉한다. 급격한 quenching으로 quenching균열이 문제가 될 수도 있다.

(라) 공냉 경화 냉간 공구강

경화능이 높고 공랭에서도 쉽게 경화된다. 이 종류의 강은 어닐링 상태로 공급되므로 단조 또는 용접 후 또는 재경화하기 전에만 annealing이 요구된다. 응력 제거 열처리 는 황삭 가공과 마무리 가공사이에 실시한다. 뒤틀림을 최소화하기 위하여는 경화를 위한 austenite화 처리를 하기 전에 항상 예열해야 한다. Austenite화 온도가 너무 높 으면 냉각할 때 잔류 austenite가 촉진되므로 피해야 한다. Austenite가 martensite의 변태를 최대로 하기 위하여 2중 또는 3중 tempering을 실시한다. 또한 tempering 후 에 새로 변태된 martensite의 균열을 피하기 위하여 영점하(subzero)온도에서 안정화 처리한다. 열처리에서 치수의 안정성이 높고 내마모성이 상당히 우수하며 적정한 가격 이므로 공구재로 많이 사용된다.

A2강

화학조성 : 0.95~1.05%C, 4.75~5.50%Cr, 1.00%Mn max, 0.90~1.40%Mo, 0.030%각 각 P,S max, 0.50%Si max, 0.15~0.50%V.

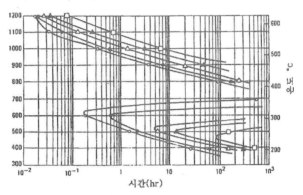

그림 3.57 잔류 austenite의 변태

tempering 후 실온에서 조직에 적용한 변태곡선 (○ : 30% 변태완료, ● : 50% 변태완료, △ : 75% 변태완료, ▲ : 90% 변태완료, □ : 100% 변태완료)

특성 : 깊게 경화되며 뒤틀림이 적고 열처리에서 매우 안정성이 높다. 높은 온도에서 내연화성이 높고 내탈탄성은 보통임. 대개 tempering과 2중 tempering에서 제거되거나 또는 거의 감소되는 austenite를 잔류하는 경향이 있다.

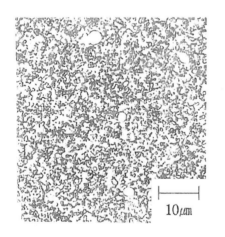

조직:3-197 4%nital, 845℃에서 austenite 화 처리에 의하여 annealing하고 노냉, ferrite 기지에 덩어리 탄화물과 미세 구상 탄화물이 존재하는 조직

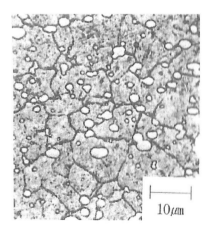

조직:3-198 4%nital, 950℃에서 austenite 화 처리한 후 공랭하여 150℃에서 tempering, tempering된 martensite기지에 구상 탄화 물 입자가 분포된 조직

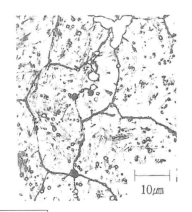

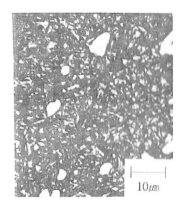

조직:3-199 4%nital, 980℃에서 austeni-te화 처리하여 실온으로 공랭한 후 150℃에서 tempering, 조직:3-198과 같은 조직이나 austenite화 온도가 높아서 입자가 조대하게 된 조직

조직:3-200 4%nital, 800℃에서 austenite화 처리하여 공랭한 후 540℃에서 tempering, 경도는 53HRC, tempering된 martensite 기지에 탄화물 입자(합금 탄화물 덩어리와 구상 탄화물)가 분포된 조직

A6강

화학조성 : 0.65~0.75%C, 0.90~1.20%Cr, 1.80~2.50%Mn, 0.90~1.40%Mo, 0.030% 각각 P,S max, 0.50%Si max.

특성 : 열처리에서 뒤틀림이 가장 적으며 경화에서 안전성이 높고 경화 깊이도 깊다. 높은 온도에서 내연화성은 보통이며 내탈탄성은 보통 높은 편임.

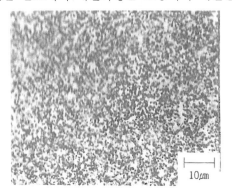

조직:3-201 Nital, 730℃에서 가열하여 annealing하는데 단면두께 in/hr 유지하고 노냉, ferrite기지에 미세 구상 탄화물이 분포된 조직

조직:3-202 Nital, 845℃에서 30분간 austenite 처리하고 공랭한 후 175℃에서 1시간 tempering, 약간의 용해되지 않은 탄화물 입자를 가진 미세 martensite 조직

A7강

화학조성 : 2.00~2.85%C, 5.00~5.75%Cr, 0.80%Mn max, 0.90~1.40%Mo, 0.030% 각 각 P,S max, 0.50%Si max, 3.90~5.75%V, 0.50~1.50%W(추가).

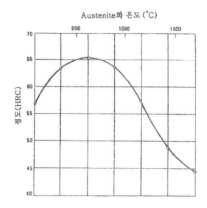

그림 3.58 Austenite화 온도와 quenching경도와의 관계

조성 : 2.30%C, 0.40%Si, 0.70%Mn, 1.10%W, 1.10%Mo, 5.25%Cr 및 4.75%V, 공랭

특성 : A계열 중에 가장 탄소함량이 높고 4.75% V 및 5% Cr도 함유하며 비교적 낮은 austenite 온도로 경화 깊이가 크다. 뒤틀림이 적고 높은 온도에서 내열화성이 높으며 내탈탄성은 보통임.

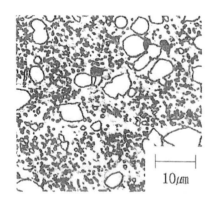

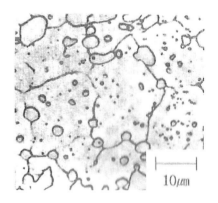

조직:3-203 4%nital, 900℃에서 용기 두께 in/hr으로 박스(box) annealing 처리 후 25℃/hr 이하의 속도로 냉각, ferrite기지에 합금 탄화물 덩어리와 구상 탄화물이 분포된 조직

조직:3-204 4%nital, 955℃에서 austenite 화 처리하고 공랭한 후 150℃에서 tempering, tempering된 martensite 기지에 합금탄화물 덩어리(밝은 부분)와 약간의 구상탄화물 입자가 존재하는 조직

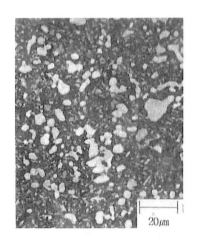

조직:3-205 Nital, 675℃에서 예열하여 980℃에서 austenite화 처리하고 공랭한 후 175℃에서 tempering, tempering된 martensite 기지에 크고 작은 탄화물 입자와 약간의 잔류 austenite도 존재한다.

(마) 고탄소, 고크롬 냉간 공구강

이 강의 탄소 함량은 1.5~2.35%, 크롬은 12%를 함유하며 몰리브덴을 함유하면 공랭하고, 함유하지 않으면 기름에 quenching한다. Normalizing은 하지 않고 일반적으로 annealing 상태로 공급되며 단조 후와 재경화전에 annealing해야 한다. 많은 경우에 기계가공 응력을 적당하게 제거하고 austenite화 처리에서 불균일한 치수 변화를 최소화함으로써 경화할 때 뒤틀림을 감소시키기 위하여 austenite화하기 전에 예열처리한다. Austenite화 온도가 너무 높으면 잔류 austenite를 촉진하므로 피해야 한다.

Quenching은 염욕 또는 공랭하는데 단면두께와 다른 물리적 인자에 따라 각기 다른 방법이 사용된다. Tempering은 대개 49~66℃ 온도에 도달하면 시작하며 잔류 austenite를 변태시키기 위하여 2중 또는 3중 tempering한다.

D2강

화학조성 : 1.40~1.60%C, 1.00%Co max, 11.00~13.00%Cr, 0.60%Mn max, 0.70~1.20%Mo, 0.030%각각 P, S max, 0.60Si max, 1.10%V max.

특성 : 깊이 경화되며 경화에서 뒤틀림이 적고 안전성이 높다. 내연화성이 높고 내탈탄성은 보통이다. 쉽게 질화된다.

경화(Hardening) : 서서히 가열, 815℃에서 예열하며 980~1025℃에서 austenite화 처리하고 작은 공구는 15분, 큰 공구는 45분간 유지한다. 공기중에 quenching하여 모든 부분이 균일하게 냉각하는데 3×6in. 크기의 블록은 완전히 경화되어 62~64HRC로

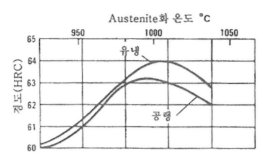

그림 3.59 Quenching경도(Quenching제와 austenite화 온도가 quenching상태의 경도에 미치는 영향(1.50%C함유 D2공구강)

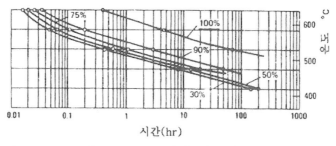

그림 3.60 잔류 austenite의 tempering 변태곡선(조성 : 1.60%C, 0.33%Mn, 0.32%Si, 11.95%Cr, 0.25%V, 0.79%Mo, 0.010%S, 0.018%P, 980℃로부터 공랭)

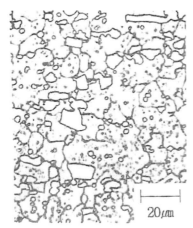

조직:3-206 2%nital, 1,010℃에서 austenite화처리하고 공랭(tempering하지 않음) tempering되지 않은 martensite기지의 입자 내에 합금 탄화물 덩어리와 구상탄화물 입자가 존재하는 조직

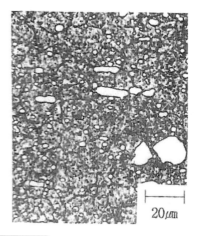

조직:3-207 2%nital, 1,010℃에서 austenite화 처리하고 공랭한 후 480℃에서 tempering. tempering된 martensite 기지에 크롬 탄화물 입자(흰색)조직

된다. 540℃ 염욕에 quenching하며 균일한 온도가 되도록 충분히 길게 유지하고 공랭.

템퍼링(Tempering) : 공구가 49~66℃로 냉각된 후 즉시 205~540℃에서 tempering 한다. 2중 tempering을 하는데 두 번째 tempering 전에 실온으로 냉각한다. Tempering 후의 경도는 61~54HRC.

침유황처리(Resulfurized)한 주조 공구강

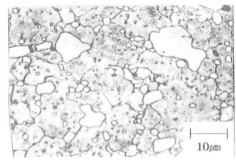

조직:3-208   3%nital, 침유황처리(resu -lfurized 0.100S) 1,010℃에서 austenite화 처리하고 공랭한 후 205℃에서 tempering. 경도는 59.5HRC, tempering된 martensite 기지에 탄화물 입자와 검은 점은 황화 불순물이 분포된 조직

조직:3-209   3%nital, 조직:3-208과 같은 강으로 1,010℃에서 austenite화처리하고 공 랭, 510℃에서 2중 tempering(2시간+2시간). 경도는 57.5HRC, tempering된 martensite 기 지에 탄화물과 황화물 입자가 분포된 조직

D3강

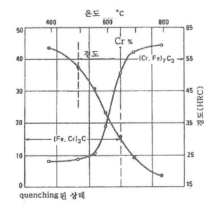

그림 3.61   석출된 탄화물의 크롬 함량과 경도와의 관계(950℃에서 austenite화 처리 후의 조성: 0.59%C, 0.47%Si, 0.56%Mn, 및 4.73%Cr, tempering시간 1시간)

화학조성 : 2.00~2.35%C, 11.00~13.050%Cr, 0.60%Mn max, 0.030%각각 P, S max, 0.60%Si max, 1.00%V max, 1.00%W.

특성 : 기름 quenching하며 D2처럼 깊게 경화되지 않고 큰 단면은 치수 변화가 크다. 그럼에도 불구하고, 같은 경화로 평가되며 비교적 뒤틀림이 적고 높은 온도에서 내연화성이 좋고 내탈탄성은 중간정도이다.

D7강

화학조성 : 2.15~2.50%C, 11.50~13.50%Cr, 0.60%Mn max, 0.70~1.20%Mo, 0.030% 각각 P, S max, 0.60%Si, 3.80~4.40%V.

특성 : Austenite화 처리에서 다른 D종류 강에 비하여 탄화물을 용해하는데 약간 더 높은 온도와 긴 시간이 소요되며 깊게 경화되고 비교적 뒤틀림이 적다. 높은 온도에서 내연화성이 좋고 내탈탄성은 보통이다.

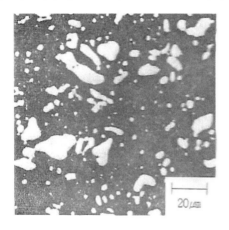 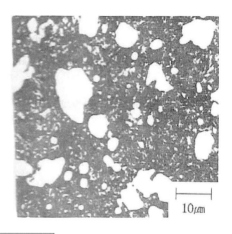

조직:3-210 Nital, 815℃에서 30분간 예열하고 1,080℃에서 austenite화 처리한 후 공랭(tempering하지 않음). 용해된 탄화물의 구상입자 조직으로 복합합금 탄화물 덩어리는 내마모성을 제공한다.

조직:3-211 4%nital, 1,040℃에서 austenite화 처리하여 공랭한 후 540℃에서 tempering. 경도는 61HRC, tempering된 martensite기지에 작고 탄화물 입자 덩어리(흰색)가 분포된 조직

(바) 주형 공구강

탄소함량이 매우 낮거나 중간정도이며 합금함량도 약 1.5~5%정도이고 저탄소를 함유한 강은 침탄하며 중간정도의 탄소를 함유한 강은 질화처리하는 경우도 있다. 완전하게 annealing된 조직은 기계 가공하기가 어려우므로 annealing은 하지 않는다. 조성에 따라 플라스틱 몰드, 다이캐스팅 다이 등에도 가끔 사용된다.

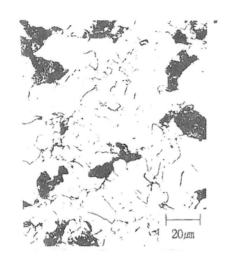

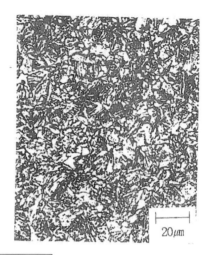

조직:3-212 4%nital, 열간가공하여 서냉함으로서 annealing, 주로 pearlite(검은 부분)와 ferrite(흰 부분), 약간의 austenite 도 존재할 수 있다.

조직:3-213 4%nital, 900℃에서 1시간 유지하여 용체화 처리하고 수냉한 후 730℃로 재가열하여 1시간 유지 후 수냉, martensite 조직

화학조성 : 1.05~1.25%Al, 0.18~0.22%Cu, 0.20~0.30%Cr, 0.20~0.40%Mn, 4.00~4.25%Ni, 0.03%각각 P, S max, 0.20~0.40%Si, 0.15~0.25%V.

특성 : 시효 경화성 공구강으로 낮은 경도에는 높은 tempering온도에서 열처리하고 공동(cavity)은 절삭가공한다. 시효하여 최종경도를 얻는데 질화처리는 하나 침탄은 하지 않는다. 깊게 경화되며 높은 온도에서 내연화성은 보통이고 내탈탄성은 높다.

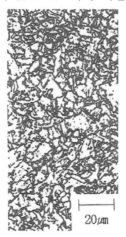

조직:3-214 4%nital, 조직:3-213과 같이 용체화 처리하고 510℃에서 20시간 유지하여 시효처리함. 입계에 석출물과 입내에는 확인되지 않음

노멀라이징(Normalizing) : 900℃로 가열하여 균일한 온도가 된 후 작은 단면은 약 15분, 큰 단면은 약 1시간 정도 유지하고 조용한 공기 중에 냉각한다.

(사) 열간 공구강

열간 공구강은 첨가된 주요합금 원소에 따라 크롬, 텅스텐 및 몰리브덴 등의 3가지 군으로 구분하는데 크롬은 2~12%를 모두 함유하고 있다. 이 강은 부분 또는 전부 공랭 경화하므로 normalizing은 하지 않는다. 침탄과 탈탄이 일어나기 쉬우므로 패킹 (packing), 분위기 조절 또는 진공처리 등으로 방지해야 한다.

응력제거 열처리는 마무리 가공 전 황삭가공 후 실시하면 경화할 때 특히 다이 또는 공구, 깊은 공동(cavity) 등의 뒤틀림을 최소화할 수 있다. Quenching 한 후에 즉시 tempering 하며, 잔류 austenite를 변태 시키고 경화 응력에 의한 균열을 최소화하기 위하여 다중 tempering도 한다. 0.35%C 정도를 함유한 이 강은 높은 표면경도(60~62HRC)를 얻기 위하여 침탄처리도 하며 어떤 용도에는 경화 후에 질화처리와 tempering 한다.

H11강

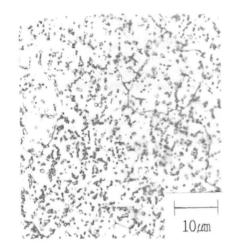

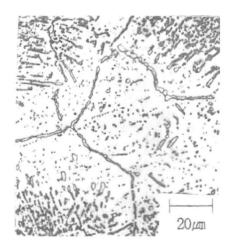

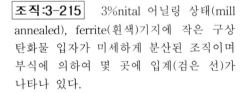

조직:3-215 3%nital 어닐링 상태(mill annealed), ferrite(흰색)기지에 작은 구상 탄화물 입자가 미세하게 분산된 조직이며 부식에 의하여 몇 곳에 입계(검은 선)가 나타나 있다.

조직:3-216 Picral+HCl, 10초간 부식, 870℃에서 20시간 austenite화하여 annealing 하고 8℃/hr 속도 650℃까지 냉각한 후 공냉, ferrite에 구상, 층상 및 입계 합금 탄화물(주로, 크롬 탄화물)이 존재하는 조직

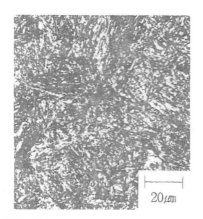

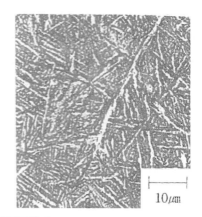

조직:3-217 2%nital, 90초간 부식, 1,120℃에서 austenite화 처리하고 기름 quenching한 후 595℃에서 2중 tempering(2시간+2시간), 경도는 46~48HRC, 약간의 합금 탄화물의 구상입자를 가진 조대한 tempering된 martensite 조직. Austenite화 온도가 높으므로 대부분의 탄화물은 용해되었다.

조직:3-218 1,230℃에서 1시간 austenite화 처리하고 공랭한 후 565℃에서 2시간 tempering, 높은 austenite화 온도로 인하여 매우 조대한 tempering된 martensite 조직

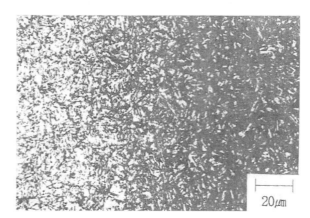

조직:3-219 3%nital, 1,010℃에서 austenite화 처리하고 공랭한 후 565℃에서 2중 tempering(2시간+2시간)하여 525℃의 용융염에서 24시간 액체질화 처리, 표면은 오른쪽, 중심은 왼쪽

화학조성 : 0.33~0.43%C, 4.75~5.50%Cr, 0.20~0.50%Mn, 1.10~1.60%Mo, 0.03% 각각 P, S max, 0.80~1.20%Si, 0.30~0.60%V.

특성 : 많은 응용에 적합한 열간가공강으로 범용적이며 비교적 경제적인 강종이다. 깊이 경화되며 내열성(heat checking)이 우수하고 사용할 때 수냉될 수 있다.

높은 온도에서 내연화성이 높다. 425℃까지는 경도의 변화가 없으며 공구는 595℃까지 가공온도에 견딜 수 있다. 저탄소를 함유하므로 tempering 할 때 현저한 2차 경화 효과가 나타나지 않으며 경도는 tempering 온도가 565℃이상이 되면 급격히 떨어지기 시작한다. 인성이 높고 열처리에서 뒤틀림이 적으며 내마모성은 보통이다. 기계가공성은 보통~우수하며 내탈탄성도 보통이다.

H13강

화학조성 : 0.32~0.45%C,　4.75~5.50%Cr, 0.20~0.50%Mn, 1.10~1.75%Mo, 0.030% 각각 P, S max, 0.80~0.20%V.

특성 : 매우 범용적인 강종이며 깊이 경화되고 인성이 매우 높다. 내열성이 우수하고 사용할 때 수냉될 수 있다. 내마모성은 보통이나 내열성을 어느 정도 손실하면 표면에 높은 경도를 부여하기 위하여 침탄 또는 질화할 수 있다. 저탄소이므로 tempering 할 때 현저한 2차 경화가 나타나지 않으며 tempering 온도가 540℃이상이 되면 경도는 급격히 떨어지기 시작한다. 열처리에서 뒤틀림이 매우 낮으며 높은 온도에서 내연화성이 높다. 경도는 425℃까지는 변하지 않고 공구는 540℃까지 작업온도에 견딘다.

기계가공성은 보통~우수하고 내탈탄성은 보통이다. 압출 다이, 다이캐스팅 다이, 만드렐(mandrel), 열간 전단기, 열간단조 다이 및 펀치 등에 응용된다.

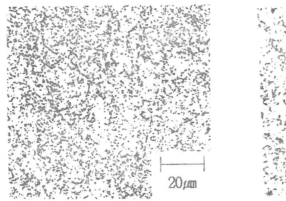

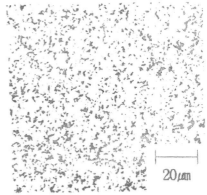

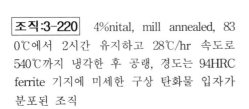

| 조직:3-220 | 4%nital, mill annealed, 830℃에서 2시간 유지하고 28℃/hr 속도로 540℃까지 냉각한 후 공랭, 경도는 94HRC ferrite 기지에 미세한 구상 탄화물 입자가 분포된 조직 | 조직:3-221 | Picral-HCl 10초간 부식, 845℃에서 austenite화 처리하고 annealing 8℃/hr 속도로 650℃까지 냉각한 후 공랭, 경도는 11~12HRC, ferrite 기지에 미세한 탄화물 입자(주로 크롬 탄화물)가 분포된 조직 |

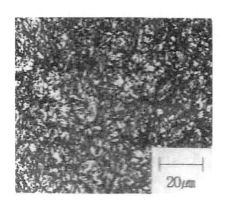

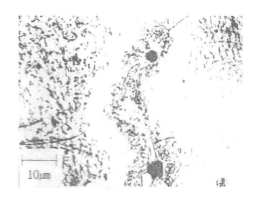

조직:3-222 4%nital, 1,010℃에서 austenite
화 처리하여 공랭한 후 540℃에서 3중 tempering
(각 2시간씩), 경도는 53HRC, tempering된
martensite 기지에 약간의 구상합금 탄화
물 입자가 분포된 조직

조직:3-223 3%nital, 주방상태, 경도는 570HRC,
tempering되지 않은 martensite(어두운 영역)
와 잔류 austenite(밝은 영역)기지에 약간의
탄화물입자가 분포된 조직

H21강

화학조성 : 0.26~0.36%C, 3.00~3.75%Cr, 0.15~0.40%Mn, 0.030%각각 P, S max,
0.15~0.50%Si, 0.30~0.60%V(추가적),8.50~10.00%W.

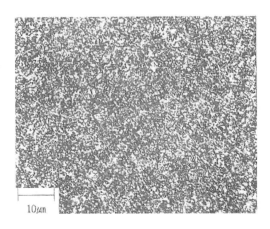

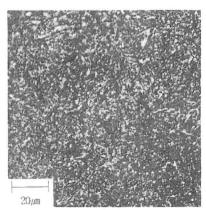

조직:3-224 3%nital, 870℃에서 2시간
유지하여 annealing한 후 28℃/hr 속도로
540℃까지 냉각하고 공랭. 경도는 98HRB,
ferrite 기지에 매우 미세한 합금 탄화물
입자가 분산된 조직

조직:3-225 2%nital, 1,150℃에서 austenite
화하고 공랭한 후 2중 tempering(2시간+2시
간), 경도는 50~51HRB, tempering된 mart
-ensite 기지에 미세한 합금 탄화물 입자가
분포된 조직

특성 : 텅스텐 함량이 가장 낮으며 텅스텐 열간 가공강으로 가장 유용하다. 내연화성이 가장 큰 관심인 경우에 사용되며 내충격성은 그 다음이다. 공구는 수냉하여 사용할 수 있으며 높은 austenite화 온도와 짧은 가열시간이 요구된다. 현저한 2차 경도특성을 가지며 약 565℃의 tempering 온도에서 경도가 떨어지기 시작한다. 인성이 높고 내마모성은 보통~우수하며 기계 가공성과 내탈탄성은 보통이다.

H23강

화학조성 : 0.25~0.35%C,11.00~12.75%Cr, 0.15~0.40%Mn, 0.030%각각 P, S max, 0.15~0.60%, 0.75~1.25%V(추가적), 11.00~12.75%W.

특성 : 12%W과 12%Cr을 함유한 비교적 저탄소 강종으로 높은 온도에서 내연화성이 매우 높고 tempering할 때 경도저하에 대한 저항성이 우수하다. 깊게 경화되며 tempering에서 2차 경화가 특히 높다. Austenite화 온도와 짧은 가열시간이 요구되며 1,260℃의 austenite화 온도에서 austenite와 ferrite의 2중 조직(duplex structure)을 갖는다. 항온변태에서 quenching 상태 또는 최종경도에 해가 되지 않는 수초 내에 pearlite(텅스텐 철)로부터 석출이 시작된다. 더욱 중요한 것은 변태곡선의 코(nose)가 980℃에서 60초 내에만 나타나므로 기름 quenching하거나 또는 175℃의 강력하게 교반되는 열간 염욕(폭포형)에서 quenching한다. Ms 온도는 약 -45℃이며 quenching된 조직은 용해되지 않은 탄화물, austenite 및 ferrite로 이루어져 있다(내 tempering 성인 martensite는 없다).

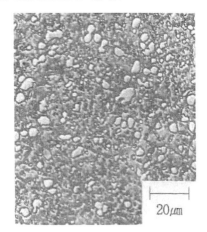

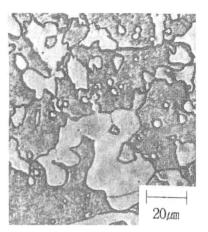

조직:3-226 Kalling부식액, 870℃에서 austenite화하여 annealing하고 28℃/hr 속도로 540℃까지 냉각한 후 공랭, 경도는 98HRC, ferrite기지에 작은 구상 및 약간의 큰 합금 탄화물 입자 조직

조직:3-227 Kalling부식액, 1,270℃에서 austenite화하여 175℃의 용융염에 quenching, 경도 40HRC, 잔류 austenite(큰 밝은 회색영역), ferrite(어두운 회색영역) 및 구상 탄화물 입자 등으로된 조직

Quenching된 경도는 34~40HRC tempering에서 가공경도가 34~48HRC로 증가되며 경도는 540~705℃범위에서는 매우 급격히 떨어진다. 인성, 내마모성, 기계 가공성 및 내탈탄성 등은 보통이다.

H26강

화학조성 : 0.45~0.55%C, 3.75~14.50%Cr, 0.15~0.40%Mn, 0.030각각 P, S max, 0.15~0.40%Si, 0.75~1.25%V, 17.25~19.00%W.

특성 : **18-4-1** 또는 T1 고속도강의 열 가공변종으로 인성을 증가시키기 위하여 탄소함량을 낮추고 최고의 내침식성과 내충격성이 가장 낮은 텅스텐 열간가공강이다.

고속도강과 유사한 방법으로 가열하는데 austenite화 온도가 높고 가열시간은 짧다. 사용할 때 수냉에 견디지 못하여 염, 기름 또는 공기중에 quenching할 수 있다. 경도는 약 525℃이상의 tempering 온도에서 급격히 떨어지기 시작하고 기계 가공성과 내탈탄성은 보통이다.

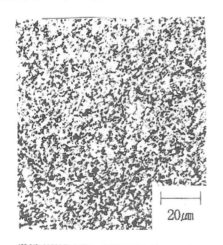

조직:3-228 Picral+HCl 10초간 부식, 900℃에서 austenite화 처리하여 annealing한 후 8℃/hr 속도로 650℃까지 냉각하고 공랭, 경도는 22~23HRC, ferrite기지에 합금 탄화물의 미세입자가 분산된 조직

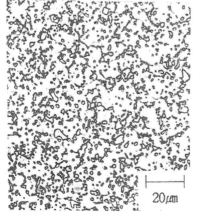

조직:3-229 4%nital, 1,260℃에서 austenite 화하고 기름 quenching, 경도는 58HRC, tempering되지 않은 기지에 약간의 구상탄화물 입자와 약간의 큰 합금 탄화물(주로 텅스텐 탄화물)이 분포된 조직

(아) 텅스텐 고속도 공구강

이 강은 normalizing은 하지 않으나 단조 후 또는 재경화가 필요할 때는 완전하게 annealing해야하며 약 760℃에서 austenite변태로 인하여 생길 수 있는 응력을 최소화하기 위하여 austenite화하기 전에 항상 예열처리한다. 또한 열충격을 최소화하기 위하여 2중 예열처리도 할 수 있다. 모든 고속도 공구강은 austenite화 처리에서 각종 복합 합금 탄화물의 용해 정도에 따라 내열성과 절삭성이 좌우되며 이들 탄화물은 강의 용융점 가까이 까지 가열하지 않고는 현저한 정도로 용해되지 않는다. 그러므로, 고속도강의 austenite화 처리 온도는 특히 정확하게 조절해야 한다. broach, chase, cutter, drill, hob, reamer 및 tab 등에 사용된다.

T1강

화학조성 : 0.65~0.80%C, 3.75~4.50%Cr, 0.20~0.40%Mn, 0.030% 각각P, S max, 0.20~0.40%Si, 0.90~1.30%V, 17.25~18.75%W

특성 : 표준 **18-4-1** 고속도강으로 사용되어 왔으며 탄소함량을 달리할 수 있고 내탈탄성이 높은 장점이 있다. 내마모성과 높은 온도에서 내연화성이 매우 높다. 낮은 온도에서 austenite화 처리를 하나 경도가 낮고 내충격성이 개선된다.

경화(Hardening) : 815~870℃로 예열하는데 2중 예열(540~650℃로 가열된 노와 845~875℃로 가열된 다른 노)하면 열충격을 최소화할 수 있다. 공구의 모든 단면이 동일한

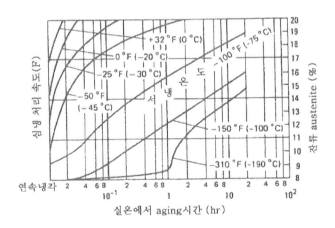

그림 3.62 잔류 austenite변태와 과냉온도와의 관계
(경화된 T1 공구강이 심냉온도로 냉각될 때 실온 시효안정화가 잔류 austenite에 미치는 영향. 실온에서 유지시간이 길수록 주어진 심냉처리에 의하여 분해된 austenite량은 더 적어진다. 1,290℃에서 austenite화 처리함)

온도에 도달할 때까지의 예열시간은 austenite화 온도에 요구되는 시간의 두 배이어야 한다. 예열으로부터 austenite화 온도까지는 급속히 가열하며 1,260~1,300℃에서 2~5분간 austenite화한다. 염욕에서 경화할 때는 14℃정도 낮춘다. austenite화 온도는 고탄소재료가 포함되면 염욕에서 경화할 때의 14℃감소에 추가하여 14℃를 더 낮춘다. 작은 단면에는 짧은 시간, 큰 단면에는 긴 시간을 사용하며 기름, 공기 또는 염욕에 quenching하고 quenching상태의 경도는 64~66HRC.

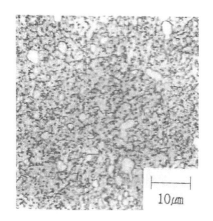

조직:3-230　2%nital, mill annealed, ferrite 기지에 크고 작은 구상 탄화물 입자가 분포된 조직

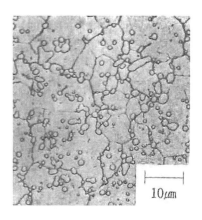

조직:3-231　10%nital, 1,280℃에서 3~4분간 austenite화 처리하고 605℃의 염욕에 quenching한 후 공랭, tempering되지 않은 martensite에 용해되지 않은 탄화물 입자가 분포된 조직

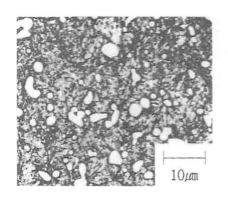

조직:3-232　4%nital, 조직:3-231과 같이 처리한 후 540℃에서 2중 tempering, tempering된 martensite 기지에 용해되지 않은 탄화물 입자가 분포된 조직

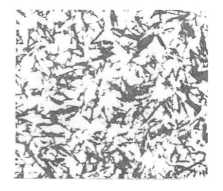

조직:3-233　955℃에서 8시간 침탄처리하고 1,205℃로부터 기름 quenching한 후 565℃에서 2시간 30분간 tempering한 침탄된 영역 조직(0.914mm두께)

T4강

화학조성 : 0.70~0.80%C, 4.25~5.75%Co, 3.75~4.50%Cr, 0.20~0.40%Mn, 0.40~1.00%Mo, 0.030%각각 P, S max, 0.20~0.40%Si, 0.80~1.20%V, 17.50~19.00%W.

특성 : 코발트를 함유하여 높은 온도에서 내연화성이 우수하며 특히 절삭이 어려운 합금에 적합하고 비교적 인성이 낮다. 낮은 austenite화 온도를 사용하나 경도는 낮고 내충격성은 개선된다. 내마모성은 뛰어나며 절삭 가공성과 내탈탄성은 보통이다.

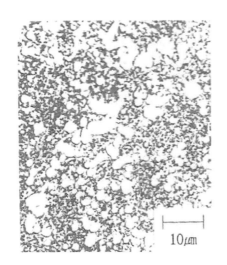

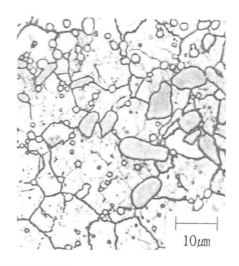

조직:3-234 2%nital, mill annealed, ferrite 기지에 크고 작은 탄화물 입자 (희고 회색 웅덩이)가 분포된 조직

조직:3-235 4%nital, 1,290℃에서 3~4분 간 austenite화 처리하고 605℃의 염욕에 quenching한 후 공랭한 후 540℃에서 2중 tempering, tempering된 martensite 기지에 용해되지 않은 탄화물 입자(크고 작은 pool) 조직

T6강

화학조성 : 0.75~0.85%C, 11.00~13.00%Co, 4.00~4.75%Cr, 0.20~0.40%Mn, 0.40~1.00%Mo, 0.030%각각 P, S max, 0.20~0.40%Si, 1.50~2.10%V, 18.50~21.00%W.

특성 : 20% 텅스텐과 12% 코발트를 함유한 초고합금 공구강으로 코발트를 함유하는 다른 고속도강과 더불어 높은 온도에서 내연화성이 우수하며 내마모성이 매우 뛰어나고 특히 초합금(super alloy)과 같이 절삭가공이 어려운 재료에 적당하다. 일반적으로 공구강에 비하여 인성이 낮고 austenite화 온도가 낮아 경도가 감소되나 내충격성은 개선된다. 기계가공성은 보통이며 내탈탄성은 낮다.

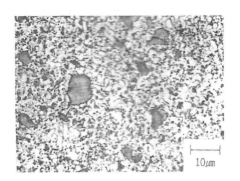

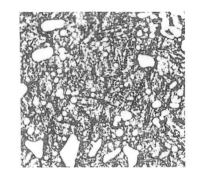

조직:3-236　2%nital, mill annealed, ferrite 기지에 탄화물 입자(작은 흰 웅덩이와 큰 회색 웅덩이)가 분포된 조직

조직:3-237　4%nital, 1,290℃에서 3~4분간 austenite화 처리하고 605℃의 염욕에 quenching한 후 공랭하여 540℃에서 2중 tempering, tempering된 martensite 기지에 크고 작은 탄화물입자(흰색)가 분포된 조직

T15강

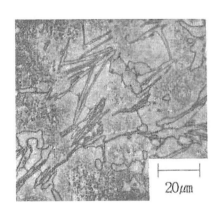

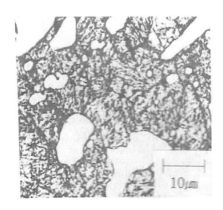

조직:3-238　6%nital, 주방상태, 76mm 직경 13mm두께의 디스크. 어두운 영역은 자발적으로 tempering된 martensite와 크롬이 많은 $M_{23}C_6$, 밝은 영역은 합금이 많은 austenite-탄화물 공정. 부채(fan)형 입자는 초정 M_6C, 불규칙한 구형은 바나듐이 많은 MC 등으로 된 조직

조직:3-239　4%nital, 1,230℃에서 3~4분간 austenite화 하여 605℃의 염욕에 quenching한 후 공랭하고 504℃에서 3중 tempering, tempering된 martensite 기지에 용해되지 않은 탄화물 입자 조직

화학조성 : 1.50~1.60%C, 4.75~5.25%Co, 3.75~5.00%Cr, 0.20~0.40%Mn, 1.00%Mo max, 0.030% 각각 P, S max, 0.20~0.40%Si, 4.50~5.25%V, 12.00~13.00%W.

특성 : 고속도강 중에 탄소(1.5%)와 바나듐(5%)이 가장 많이 함유되어 있으며, 공구 강 중에 내마모성이 가장 우수하다. 특히 절삭가공이 어려운 경우에 적합하며 인성은 낮고 austenite화 온도가 낮아 경도는 낮고 내충격성은 개선된다. 절삭가공성과 내탈 탄성은 보통이다.

(자) 몰리브덴 고속도 공구강

몰리브덴 고속도 공구강은 주로 절삭공구로 사용되며 normalizing은 하지 않으나 단조 후 또는 재경화가 필요할 경우에는 완전히 annealing해야 한다. 이 계열의 강은 공구의 각종 단면의 팽창을 같게 하고 약 760℃에서 austenite로 변태하므로써 일어 날 수 있는 응력을 최소화하기 위하여 austenite화 처리 전에 항상 예열한다. 열충격 을 최소화하기 위하여 2중 예열도 필요할 때가 있다. 각종 복합 합금 탄화물을 austenite 화 처리에서 현저하게 용해시키기 위하여 강을 용융점 가까이 온도로 가열해야 한다.

약 3% 이상의 바나듐을 함유한 강은 austenite화 온도에서 바나듐이 함유되지 않 은 강보다도 유지시간을 50% 더 길게 한다. 원래 현미경 조직에 존재하는 비교적 순 수한 바나듐 탄화물상은 용융점 이하의 온도에서는 사실상 불용성이고 입자 성장을 제한하며 장시간의 균열시간(soaking time)이 필요하나, 주어진 austenite화 온도를 초과해서는 안된다. Tab과 chaser와 같이 예리한 날을 가진 공구는 인성을 부여하기 위하여 공칭 austenite화 온도 이하 14~28℃에서 경화한다. 안정화 처리는 잔류 austenite의 변태를 위하여 사용되며, 경화한 것 또는 경화하고 tempering한 공구는 적어도 -85℃로 냉각하여 tempering하든가 또는 정상적인 tempering온도에서 재 tempering한다. 질화처리는 높은 경도 및 내마모성과 낮은 마찰계수를 제공한다.

M1강

화학조성 : 0.78~0.84%C, 3.50~4.00%Cr, 0.15~0.40%Mn, 8.20~9.20%Mo, 0.030%각 각 P, S max, 0.20~0.45%Si, 1.00~1.30%V, 1.40~2.10%W.

특성 : 몰리브덴이 주요 합금원소이며, 빈약한 합금 고속도강이다. 칩(chip)형성 공구 에 매우 적합하고 높은 온도에서 내연화성과 내마모성이 우수하나 인성과 내탈탄성 은 낮다.

안정화처리(Stabilizing) : 부가적, 복잡한 형상은 150~160℃에서 간단히 응력제거 처 리를 하며 -100~-195℃로 **심랭 처리**하고 실온이 되면 즉시 tempering한다.

템퍼링(Tempering) : 540~595℃에서 적어도 2시간 tempering하고 실온으로 냉각한

후 2시간 재 tempering한다. Tempering된 경도는 tempering 온도에 따라 65~60HRC 정도가 된다.

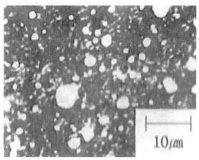

조직:3-240   2%nital, 1,150℃에서 austenite화 처리하고 염욕에 quenching한 후 550℃에서 2 중 tempering(2시간+2시간), tempering된 martensite 기지에 탄화물 입자가 분포된 조직

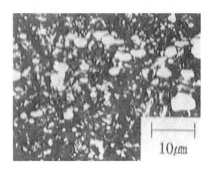

조직:3-241   2% nital, 1,150℃에서 austenite화 처리하고 염욕에 quenching한 후 550℃에서 2중 tempering(2시간+2시간), tempering된 martensite 기지에 약간의 탄화물이 존재하며 높은 austenite화 온도로 대부분이 탄화물이 용해된 조직

M2강

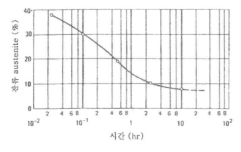

그림 3.63   잔류 austenite와 tempering 시간과의 관계
1,220℃로부터 105℃로 quenching하고 565℃에서 tempering

화학조성 : 0.78~1.65%C, 3.75~4.50%Cr, 0.15~0.40%Mn, 4.50~5.50%Mo, 0.030%각각 P, S max, 0.20~0.45%Si, 1.75~2.20%V, 5.50~6.75%W.

특성 : 가장 광범위하게 사용되는 고속도강으로 비교적 저렴하고 내마모성과 높은 온도에서 내연화성이 매우 우수하다. 인성이 낮으나 austenite화 온도가 낮으므로 약간 경도는 떨어지지만 내충격성은 개선된다. 내탈탄성은 보통이다.

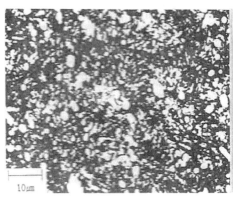 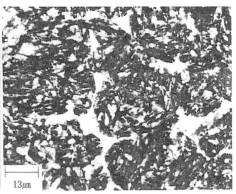

조직:3-242 3%nital, 직경 50.8㎜ 봉, 1,220℃에서 austenite화 처리하고 기름 quenching한 후 550℃에서 1시간 tempering, tempering된 martensite 기지에 구상 탄화물 입자, 약간 작은 영역에 잔류 austenite도 나타나 있다.

조직:3-243 6%nital, 직경 22.2㎜ 1,260℃에서 austenite화 처리하고 기름 quench-ing 후 565℃에서 2중 tempering, 약간의 구상탄화물 입자와 tempering된 martensite 조직

M7강

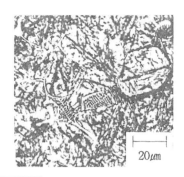 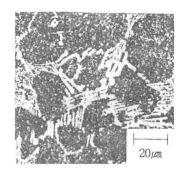

조직:3-244 2%nital, 1,260℃에서 austenite화 처리하고 염욕에 quenching한 후 550℃에서 2중 tempering, 심하게 과열된 조직으로 재석출된 탄화물 공정과 조대한 martensite 기지에 입계 탄화물 조직

조직:3-245 3%nital, 주방상태, 870℃에서 4시간 austenite화하여 annealing한 후 150℃에서 노냉, 원래의 austenite 입자내에 구상 탄화물 입자와 입계에 공정(흰, lamellar) 조직

화학조성 : 0.98~1.05%C, 3.50~4.00%Cr, 0.15~0.40%Mn, 8.40~9.10%Mo, 0.03%각각 P, S max, 0.20~0.50%Si, 1.75~2.25%V, 1.40~2.10%W.

특성 : 주 합금 원소는 몰리브덴으로 고속도강의 경제성을 부여하며, 내마모성과 높은 온도에서 내연화성은 매우 높고 인성은 비교적 낮다. Austenite화 온도가 낮아 경도는 낮으나 내충격성은 개선된다. 기계 가공성은 보통이며 내탈탄성은 낮다.

M42강

화학조성 : 1.05~1.15%C, 7.75~8.75%Co, 3.50~4.25%Cr, 0.15~0.40%Mn, 9.00~10.00%Mo, 0.03%각각P, S max, 0.15~0.50%Si, 0.95~1.35%V, 1.15~1.85%W.

특성 : 고탄소 및 고코발트 함량으로 초고속도 성질을 부여하며 경도는 70HRC로 높고, 초합금의 심한 절삭가공 등에 특히 적합하다. 높은 온도에서 내연화성이 매우 높으며 주합금 원소인 몰리브덴은 고속성을 부여하는 경제적인 원소이다. 인성은 낮고 austenite화 온도가 낮으므로 경도는 낮고 내충격성은 개선된다. 기계 가공성은 보통이며 내탈탄성은 낮다.

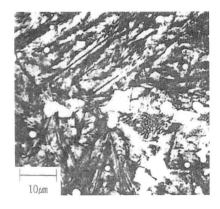 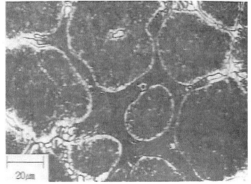

조직:3-246 2%nital, 1,225℃에서 aus-tenite화하고 염욕에 quenching한 후 공랭 540℃에서 3중 tempering(각 2시간씩), 과열에 의한 조대한 martensite 기지에 합금 탄화물 조직

조직:3-247 6% nital, 두께 2㎜, 직경 76㎜ disk, 주방상태, 조대한 martensite 입자로 구상 탄화물 입자, 잔류 austenite 및 공정(층상, 꼭대기 가까이)등으로 경계를 이루는 조직

3.3.5 스테인레스강의 열처리 조직

(가) Austenite형 스테인레스강

가장 많이 사용되는 종류는 AISI(American Iron and Steel Institute) 302 및 304이며 ferrite 안정화 원소인 크롬을 6%이상, 탄소, 질소, 니켈 및 망간 등과 같은 austenite 안정화 원소를 함유하고 있다. 용접할 때(AISI 304L, 316L 또는 317L) 일어나기 쉬운 **예민화**(sensitization)를 최소화하기 위하여 특히 저탄소를 함유한 합금은 δ-ferrite를 안정화하는 경향이 크다. 이 종류에서 austenite는 준안정이며 낮은 온도로 냉각하거나 또는 심한 소성변형을 하면 martensite가 생성될 수 있다. 비자성인 조밀육방(hcp)의 ε-martensite와 자성인 체심입방(bcc)의 α′ martensite가 관찰된다. 탄소함량은 대개 0.03~0.08% 또는 0.15%이며 용체화 annealing에서 열간압연 후의 존재하는 대부분 탄화물이 용해되고 1,010~1,065℃정도의 용체화 annealing 온도로부터 급랭하면 용체에 탄소를 잔류하여 변형(strain)이 없고, 탄화물이 없는 austenite 조직이 된다.

201강

화학조성 : 0.15%C max, 5.50~7.50%Mn, 0.060%P max, 0.030%S max, 1.00%Si max, 3.50~5.50%Ni, 16.00~18.00%Cr, 0.25%N max.

특성 : Austenite계는 망간과 니켈을 조합하여 사용하며 주로 부식성 환경 또는 광택이 필요할 때 사용된다. 냉간가공에 의해서만 경화하고 열처리는 제한적인데 최대의 내식성, 연성, 냉간가공 후의 전성 등을 얻게하기 위하여 annealing처리를 하며 annealing 온도에서 급격한 quenching으로 발생한 응력을 제거하고 가끔 얇은 내마모성 표면을 얻기 위하여 질화처리한다.

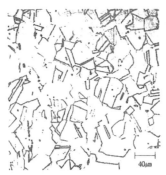

조직:3-248 HNO₃-초산-HCl-글리세린 부식, 1,065℃에서 5분간 annealing하여 실온으로 급랭, 등축 austenite 입자와 어닐링 쌍정(annealing twin) 조직

301강

화학조성 : 0.15%C max, 2.00%Mn max, 0.045%P max, 0.030%S max, 1.00%Si max, 6.00~8.00%Ni, 16.00~18.00%Cr

특성 : 약한 부식성 조건에서 사용되며 적당한~심한 냉간가공으로 높은 인장강도와 전성을 가지고 annealing하면 비자성이나 냉간가공하면 자성을 나타낸다.

조직:3-249 전해부식(HNO₃-초산, 10% 수산), 1,065℃에서 어닐링(mill annealing) 하고 냉간가공, austenite 기지에 약간의 martensite(어두운 부분)가 생성된 조직

조직:3-250 전해부식(10% 수산), 10% 압하율로 냉간압연, 변형된 austenite 입자에 martensite가 생성된 조직. 줄(stringer)과 피트(pit) 불순물이 부식되어 나온 자리

304강

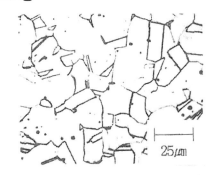

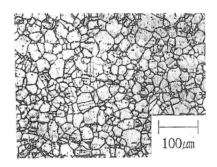

조직:3-251 HNO₃-초산-HCl-글리세 린 부식, 스트립(strip), 1,065℃에서 5분간 annealing한 후 공랭. 등축 austenite 입자 와 annealing 쌍정 조직

조직:3-252 전해부식(HNO₃-초산, 10% 수산), 스트립. 1,065℃에서 2분간 annealing 한 후 공랭, 등축 austenite 입자, annealing 쌍정, 작은 줄 모양의 불순물로 된 조직

화학조성 : 0.08%C max, 2.00%Mn max, 0.045%P max, 0.030%S max, 1.00%Si max, 8.00~10.50%Ni, 18.00~20.00%Cr.

특성 : 내식성이 우수하며 annealing하면 비자성이고 냉간가공하면 약간의 자성의 띈다. 용접할 때 탄화물이 석출되는 경향이 적다.

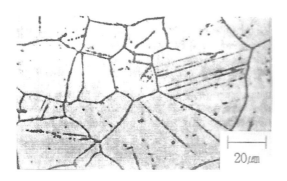

조직:3-253 전해부식(10%수산), 스트립, 1,040℃에서 annealing하고 650℃에서 1시간 재가열하여 예민화 처리(sensitizing), 입계와 쌍정경계에 탄화물이 석출된 조직

305강

화학조성 : 0.12%C max, 2.00%Mn max, 0.045%P max, 0.030%S max, 1.00%Si max, 10.50~13.00%Ni, 17.00~19.00%Cr.

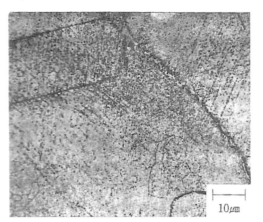

조직:3-254 전해부식(50% 인산), 크립(creep), 파단시편, 1,120℃에서 30분간 annealing하여 650℃에서 371시간 시험, austenite 입계에 탄소가 이동되고 크롬 탄화물($Cr_{23}C_6$)이 석출된 조직

특성 : 크롬-니켈강으로 가공경화 정도가 낮으며 투자율(magnetic permeability)의 변화가 낮다. 스피닝(spinning), 특수인발, cold heading 등에 응용됨.

(나) Ferrite형 스테인레스강

근본적으로 충분한 크롬을 함유하고 bcc ferrite를 모든 온도에서 안정화하기 위하여 다른 원소를 포함한 탄소와 질소 함량은 최소화한다. 이들 합금의 현미경조직은 ferrite와 적은 양의 $M_{23}C_6$ 탄화물이 미세하게 분산되어 있으나 고온 노출로 인하여 다른 상(phase)이 생성될 수도 있다. 그러나 심한 취성 때문에 일반적으로 이들 합금은 높은 온도에서는 사용되지 않는다. Ferrite형은 합금을 경화시키거나 또는 입자 미세화를 위하여 열처리를 하지 않으므로 고용체강화에 의존한다. 이 강은 높은 온도로부터 quenching하여도 약간의 경도만이 상승된다. 3가지 취성이 일어날 수 있는데 σ **(시그마)-상 취성, 475℃취성** 및 **고온취성** 등이다.

σ-상 취성 : σ는 20%Cr이하에서는 생성되기 어려우나 25~30%Cr을 함유한 합금을 500~800℃로 가열하면 쉽게 생성된다. Mo, Si, Ni 및 Mn을 첨가하면 σ상 생성경향이 크롬함량을 낮추게 된다. σ상은 600℃이하에서 전성과 인성을 심하게 감소시킨다. σ는 800℃이상에서 수시간 유지하면 재용해 될 수 있다.

475℃취성: 400~540℃로 가열하면 취성이 일어나기 쉬운데 취성이 이 온도에서 시간과 더불어 증가하는 것은 크롬이 많고 철이 많은 ferrite가 생성되기 때문이나 약 550℃이상으로 가열하면 제거 될 수 있다.

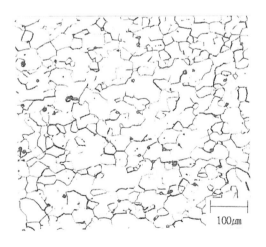

100㎛

조직:3-255 10㎖HNO₃, 10㎖초산, 15㎖HCl, 2방울 글리세린으로 부식, (0.045%C, 11%Cr, 0.50%Ti) 스트립, 870℃에서 1시간/두께(in.)로 annealing 하고 실온으로 공랭. 등축 ferrite 입자와 티탄 탄화물 입자가 분산 된 조직

고온취성: 탄소와 질소가 적당히~많이 함유된 합금을 950℃이상으로 가열하여 실온으로 냉각하면 심한 취성이 발생하여 내식성을 잃게 된다. 탄소와 질소 함량을 낮추면 인성과 용접성을 개선하며 강력한 탄화물 생성원소인 Ti와 Nb 등을 첨가한다.

409강

화학조성 : 0.08%C max, 1.00%Mn max, 0.045%각각 P, S max, 1.00%Si max, 01.50~11.75%Cr, 0.6~0.75%Ti,
특성 : 구조용강을 목적으로 기계적 성질과 내식성이 외관보다 우선할 경우에 사용한다.

430강

화학조성 : 0.12%C max, 1.00%Mn max, 0.040%P max, 0.030%S max,
특성 : 내식성 및 내열성이 우수하다.

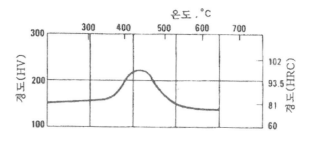

그림 3.64 경도와 tempering온도와의 관계
조성 : 0.07%C, 0.33%Mn, 0.02.%S, 0.019%P, 1.00%Si, 16.96%Cr봉을 400시간 가열

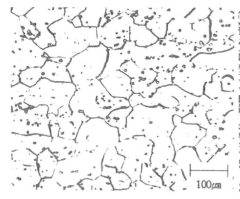

조직:3-256 Vilella부식액, 스트립, 845℃에서 annealing하고 공랭, 등축 ferrite 입자와 크롬 탄화물 입자가 무작위로 분산된 조직

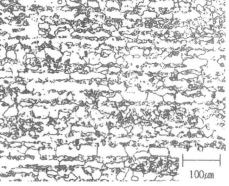

조직:3-257 Glyceregia부식액, 화학조성과 편석량에 따라 부분적으로 경화가 가능하다. 종단면의 조직은 선상의 martensite(검은 부분)과 ferrite(흰 부분)

434강

화학조성 : 0.12%C max, 1.00%Mn max, 0.040%P max, 0.030%S max, 1.00%Si max, 16.00~18.00%Cr, 0.75~1.25%Mo.

특성 : 겨울 도로 사정뿐만 아니라 먼지가 앉은 물질 때문에 내식용 자동차 트림(trim)으로 사용토록 설계

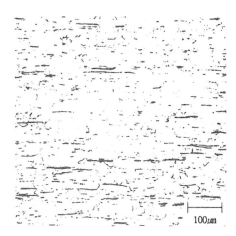

조직:3-258 Ralph부식액, 개량된 가공하지 않는 ferrite형 스테인레스강(경도는 260HV), 종단면으로 ferrite 기지에 탄화물과 선상 황화물이 분포된 조직

(다) Martensite형 스테인레스강

Martensite형 스테인레스강은 경화성이며 10.5% 이상의 크롬과 탄소, 질소, 니켈 및 망간 등과 같은 **austenite 안정화 원소**를 함유하고 있어 austenite상 영역을 확대하여 열처리를 용이하게 할 수 있다. Austenite화 온도에서 δ-ferrite 생성을 방지하도록 조성을 면밀하게 조정해야 한다. 경화된 조직에서 δ-ferrite는 최상의 기계적 성질을 얻기 위하여 피해야한다. Austenite화 처리에서도 δ-ferrite 생성을 방지하기 위하여 온도 조절도 역시 중요하다. Martensite형에서 α-상 생성은 일반적으로 없다. 열처리에서 강도 증가는 주로 탄소함량과 austenite화 온도에서 δ-ferrite의 안정화에 의하여 좌우된다. 복잡한 형상에 quenching균열의 위험을 감소시키기 위하여 martempering한다. 이 강은 노분위기를 적절하게 조절하지 않으면 열처리할 때 표면 탈탄이 일어나기 쉽다.

410강

화학조성 : 0.15%C max, 1.00%Mn max, 0.040%P max, 0.030%S max, 1.00%Si max, 11.50~

13.50%Cr.

특성 : 열처리 가능한 내식, 내열성 스테인레스강으로 42HRC까지 경화되며 광범위한 강도와 내충격성을 위하여 tempering할 수 있고, 기름 또는 공랭한다. 기름 quenching하면 최대 내식성이 얻어지며 고합금을 함유하면 변태가 늦어지고 경화능이 높아진다.

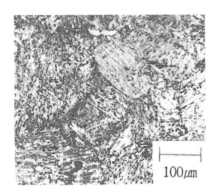

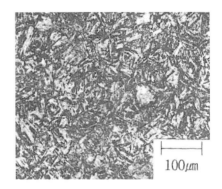

조직:3-259　**Kalling부식액**, 단조상태, 열간 가공한 조직은 martensite 기지에 띠모양의 ferrite(수평, 밝은 부분)

조직:3-260　**Vilella부식액**, 단조. 980℃에서 1시간 유지하여 공랭하고 565℃에서 2시간 tempering한 후 공랭, tempering된 martensite와 탄화물 조직

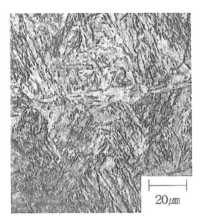

조직:3-261　**Vilella부식액**, 스트립, 980℃로부터 실온으로 급속 공랭하고 250℃에서 4시간 tempering, 석출된 탄화물 입자를 가진 martensite 조직

조직:3-262　**Vilella부식액**, 균열이 극명하게 드러나고 tempering된 martensite와 탄화물 조직

　　이러한 이유로 공랭하여도 단면 중심부로 약 305㎜두께까지 최대 경도를 얻을 수 있다. 쉽게 martempering될 수 있으며 완전, 중간 또는 항온 annealing할 수도 있다. 내식성이 우수하고 부식 환경에서 **응력 부식 균열**(stress corrosion cracking)이 일어나기 쉽다. 모든 상태에서 자성이며 기계 가공성도 양호하고 815℃까지 내산화성도 있다.

416강

화학조성 : 0.15%C max, 1.25%Mn max, 0.060%각각 P, S max, 1.00%Si max, 12.00～14.00%Cr, 0.15%Se min.

특성 : 기계가공성을 향상시키기 위하여 Se를 첨가 하였으며 스크류 기계 또는 터렛 선반(turret lathe) 등에 사용된다. 경화하면 42HRC 정도의 경도가 얻어지며 강도와 내충격성 향상을 위하여 tempering한다. 깊게 경화되고 기름 quenching이 적당하며 martempering할 수 있다. 370～565℃에서 tempering하면 내충격성이 낮아지고 완전, 중간 또는 항온 annealing이 가능하다. 크기에 제한이 없으며 마멸(galling)이 잘 일어나지 않는 성질이 있다. 내식성이 우수하고 부식환경에서 응력 부식 균열이 일어나기 쉽다. 모든 상태에서 자성이며 760℃까지는 내산화성이 있다.

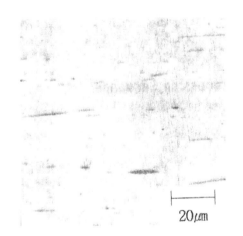

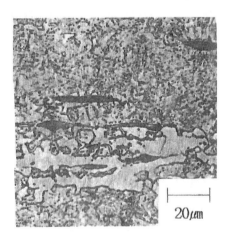

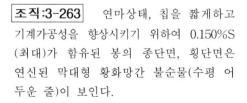

조직:3-263　연마상태, 칩을 짧게하고 기계가공성을 향상시키기 위하여 0.150%S (최대)가 함유된 봉의 종단면, 횡단면은 연신된 막대형 황화망간 불순물(수평 어두운 줄)이 보인다.

조직:3-264　Vilella부식액, 봉, 980～1,010℃에서 austenite화 처리하고 기름 quenching한 후 565℃에서 tempering, 막대모양의 황화망간(어두운 부분), 덩어리형 ferrite 조직

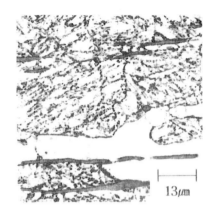

조직:3-265 5%피크린산과 1%염산으로 부식, annealing 상태 봉, 종단면, temper-ing된 martensite 기지에 δ-ferrite(희게 부식된 부분), 막대형 황화망간(어두운, 연신된 부분) 조직

420강

화학조성 : 0.15%이상, 1.00%Mn max, 0.040%P max, 0.030%S max, 1.00%Si max, 12.00∼14.00%Cr.

특성 : 깊게 경화되며 경도는 약 500HB 이상으로 경화될 수 있고 기름 또는 공랭하여도 쉽게 martensite로 된다. 모든 상태에서 자성이며 경화되고 tempering된 상태에서 내식성은 적당하고 완전, 중간 및 항온 annealing 할 수 있다. 날붙이와 강도, 인성 및 내식성이 요구되는 경우에 사용된다.

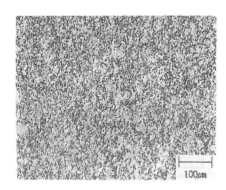

조직:3-266 Vilella부식액, quenching하고 tempering, tempering된 martensite 조직

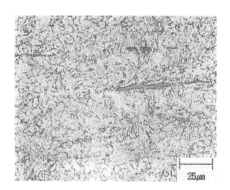

조직:3-267 Vilella부식액, 기계가공성 향상을 위하여 황(S)를 첨가하여 quenching하고 tempering, 황화 불순물이 포함된 tempering된 martensite 조직

440A강

화학조성 : 0.60~0.75%C, 1.00%Mn max, 0.040%P max, 0.030%S max, 1.00%Si max, 16.00~18.00%Cr, 0.75%Mo max.

특성 : 420보다 경화능이 크고 저탄소를 함유하므로 인성이 좋다. 특히 경화하고 tempering한 상태에서 내식성이 양호하다. 기름 또는 공랭하고 martempering할 수 있다. 완전, 중간 및 항온 annealing할 수 있고 모든 상태에서 자성을 띄며 기계 가공성은 낮고 날붙이, 베어링 및 외과 공구 등으로 사용된다.

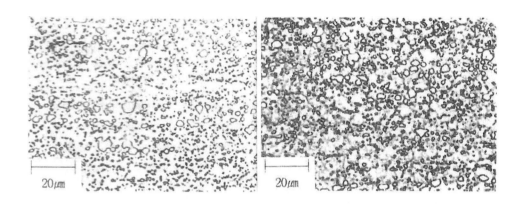

조직:3-268 5%피크린산+ 3% 염산을 알콜에 혼합부식, annealing상태, 종단면은 ferrite 기지에 크롬 탄화물 입자로된 조직. 열처리가 조직에 미치는 영향은 austenite화처리/공랭/tempering 등 조직:3-269 참조

조직:3-269 1%피크린산+ 5%HCl을 알콜에 혼합부식, 1,010℃에서 30분간 austenite화 처리하고 공랭한 후 595℃에서 30분간 tempering, martensite지기에 부분적으로 구상화된 크롬 탄화물이 분포된 조직, annealing한 조직, 조직:3-268과 비교

440C강

화학조성 : 0.95~1.20%C, 1.00%Mn max, 0.040%P max, 0.030%S max, 1.00%Si max, 16.00~18.00%Cr, 0.75%Mo max.

특성 : 경화성 스테인레스강 중 가장 경도가 높으며 특히 경화하고 tempering한 상태에서 내식성이 우수하다. 기름 또는 공랭하며 martempering될 수 있다. 완전, 중간 및 항온 annealing될 수 있고 모든 조건에서 자성을 띤다. 기계가공성은 낮으며 베어링, 노즐, 밸브 부품 및 펌프의 마모부품 등에 사용된다.

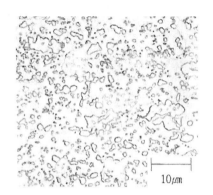

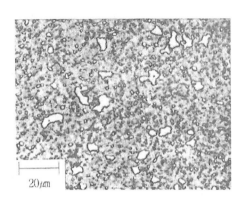

조직:3-270 Vilella부식액, 구상화 an-
nealing상태, ferrite기지에 크롬이 많은
탄화물 입자 조직

조직:3-271 Vilella부식액, 1,010℃에서 1시
간 austenite화 처리하고 공랭한 후 230℃에서
2시간 tempering, martensite기지에 탄화물 입
자가 분포된 조직

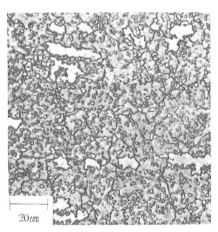

조직:3-272   Super picral, 봉, 760℃에서 30분간 예열하고 1025℃에서 30분간
austenite화 처리한 후 65℃로 공랭하고 425℃에서 2시간 2중 tempering, tempering
된 martensite에 1차 및 2차 탄화물(고립된 영역과 입자)조직

(라) 석출경화형 스테인레스강

석출경화형에는 **austenite형, 반(semi-)austenite형** 및 **martensite형**의 3 종류가
개발되었는데 과포화 고용체로부터 매우 미세한 2차상 입자가 석출되는 최종 시효처

리에 의하여 경화된다. 석출은 격자에 변형을 유발하여 강화시킨다. 석출경화형은 석출물을 생성시키기 위하여 Al, Cu, Ti 및 경우에 따라서는 Mo 및 Nb 등을 첨가한다. 반 austenite형은 열처리를 통하여 20% δ-ferrite를 포함하는 austenite 기지를 가지고 있는데 용체화 annealing상태에서 austenite와 δ-ferrite로 되어 있으나 일련의 열적 또는 열적·기계적 처리에 의하여 martensite로 변태 될 수 있다. 복합된 합금이므로 화학조성을 주의 깊게 조절해야 한다. 705~815℃의 austenite 조절처리에서는 austenite/δ-ferrite 계면에서 시작하여 용체로부터 탄소가 $Cr_{23}C_6$로써 제거된다. austenite는 불안정하며 냉각할 때 martensite로 변태한다. M_s온도는 약 65~93℃, M_f 온도는 약 15℃이다. Martensite 변태에서 생성된 응력을 제거하고 인성, 전성 및 내식성을 증가시키기 위하여 합금은 대개 480~650℃의 온도에서 시효한다. Martensite형은 가장 많이 사용되는 석출경화 합금으로 용체화 annealing 후는 martensite이며 austenite를 잔류하지 않는다. Austenite형은 용도가 가장 적으며 austenite기지는 냉간가공 후에도 안정하다.

630강

화학조성 : 0.07%C max, 1.00%Mn max, 0.040%P max, 0.030%S max, 1.00%Si max, 3.00~5.00%Ni, 15.50~17.50%Cr, 3.00~5.00%Cu, 0.15~0.45%Cb+Ta,

특성 : Martensite형 이 강은 고강도와 경도와 더불어 내식성도 뛰어나며 스케일과 뒤틀림을 없애는 단일 저온 열처리에 의하여 경화될 수 있다.

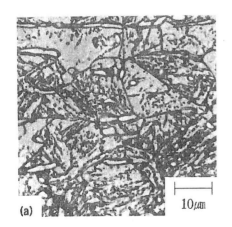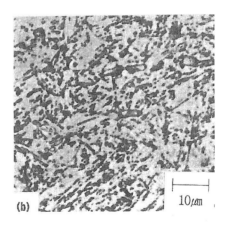

조직:3-273 1,040℃에서 30분간 유지하여 용체화처리하고 공랭. Martensite 기지에 막대 모양의 ferrite 조직

조직:3-274 전해부식(HNO_3-초산, 10%수산), 조직:3-273과 같이 용체화 처리하고 480℃에서 1시간 시효한 후 공랭. Martensite 기지에 막대 모양의 ferrite 조직

조직:3-275   Vilella 부식액, 봉, 1,025~1,050℃에서 용체화 처리하고 공랭하며 575~585℃에서 시효한 후 공랭, 합금이 편석된 띠(band)로 인하여 martensite 기지에 어두운 줄(streak)로 나타난 조직

631강

화학조성 : 0.090%C max, 1.00%Mn max, 0.04%P max, 0.04%S max, 1.00%Si max, 6.50~7.75%Ni, 16.00~18.00%Cr, 0.75~1.50Al.

특성 : 반(semi-)austenite형으로 고강도 및 경도와 내식성이 우수하다. 스프링선은 심한 냉가가공으로 제조되며 이어서 단일 저온 열처리하여 경화한다.

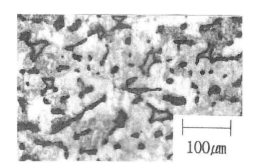

조직:3-276   Fry부식액, 단조상태, austenite기지에 고립된(island) ferrite. 고립된 ferrite에 인접하여 탄화물이 집중된 입자로 되어 있는 조직

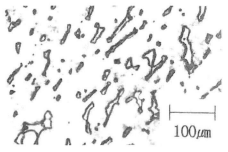

조직:3-277   Fry부식액, 조직:3-276과 같으며 1,040℃에서 1시간 용체화 처리하고 공랭, 고립된 ferrite(가벼운 부식)들이 조직:3-276보다 더 작고 잘 분산되어 있는 조직

633강

화학조성 : 0.07~0.11%C, 0.05~1.25%Mn, 0.040%P max, 0.030%S max, 0.50%Si max, 4.00~5.00%Ni, 16.00~17.00%Cr, 2.50~3.25%Mo, 0.07~0.13%N.

특성 : 반(semi-)austenite형으로 대개 완전 annealing 상태로 공급되나 심한 성형 또는 냉간가공 후에는 2차 annealing 처리가 요구되며 항공기 엔진 부품으로 사용된다.

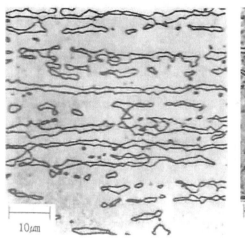 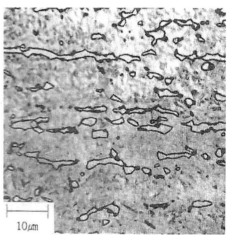

조직:3-278 전해부식(10% 과황산 암모늄), 스트립, 1,065℃에서 용체화 처리하고 공랭, austenite기지에 ferrite풀(pool), 용체에 탄화물, 대개, ferrite함량은 10~15%

조직:3-279 전해부식(10% 과황산 암모늄), 스트립, 930℃에서 15분간 용체화 처리하고 -74℃로 3시간 냉각한 후 455℃에서 3시간 tempering, 경계에 석출된 탄화물을 가진 고립된 ferrite, martensite 기지와 잔류 austenite 조직

634강

화학조성 : 0.10~0.15%C, 0.50~1.25%Mn, 0.040%P max, 0.030%S max, 0.50%Si max, 4.00~5.00%Ni, 15.00~16.00%Cr 2.50~3.25%Mo, 0.07~0.13%N.

특성 : 반(semi-)austenite형으로 대개 판상태로 용체화 처리하거나 또는 용체화처리하고 냉간가공 상태로 공급되며 봉상은 대개 가장 우수한 기계가공성을 위하여 균질화하고 과tempering 상태로 공급되는데 항공기 부품, 밸브 및 터빈 부품으로 사용된다.

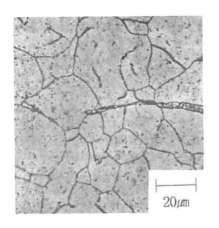

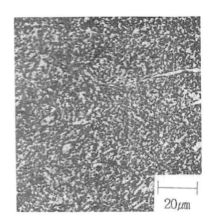

조직:3-280　　전해부식(10% 과황산암모늄), 봉, 760℃에서 3시간 annealing하고 수냉, 595℃에서 3시간 시효처리. 입계에 석출된 탄화물과 전체는 martensite 기지, 막대형은 미세하게 석출된 austenite를 가진 δ-ferrite 조직

조직:3-281　　전해부식(10% 과황산암모늄), 봉, 1,040℃에서 5분간 annealing하고 -74℃에서 3시간 냉각한 후 955℃에서 1시간 가열하여 -74℃로 3시간 냉각, 540℃에서 3시간 tempering하고 공랭. 분산된 탄화물과 martensite 기지에 약간의 막대형 ferrite 조직

3.4 주철의 조직

3.4.1 주철의 성질

　　주철의 화학조성은 2% 탄소 이하(보통 1% C 이하)를 함유하는 강과는 달리 보통 2~4% C이하와 1~3% Si를 함유한다. 특정한 성질을 조정하고 변화시키기 위하여 다른 금속 및 비금속 합금원소를 첨가한다. **화학조성** 이외에 주철의 성질에 영향을 미치는 중요한 인자는 **응고방법**, **응고속도** 및 뒤따른 **열처리** 등을 들 수 있다. 주철은 광범위한 강도와 경도를 가진 양호한 주조합금으로 제조되며 대부분의 경우 기계가공도 쉽다. 합금원소를 첨가하면 우수한 내마모성 및 내식성을 나타낸다.

　　주철이 널리 사용되고 있는 이유는 비교적 값이 싸며 다양한 공업적인 성질 때문이다. 새로운 재료가 개발되어 경쟁이 치열함에도 불구하고 주철은 수많은 공업적 용도에 가장 경제적이고도 적당한 재료라고 인정된다.

　　적은 양의 합금원소를 포함하는 흑연 주철은 흑연의 형상과 흑연 생성방법 등에 따라 **회주철**(gray cast iron), **구상흑연 주철**(ductile cast iron) 및 **가단 주철**

(malleable cast iron)로 나누며, 더 많은 합금원소를 포함하는 경우와 **백 주철**(white iron)등은 사용 요구조건에 따라 **내마모 주철**(abrasion-resistant cast iron), **내열 주철**(heat-resistant cast iron) 및 **내식 주철**(corrosion-resistant cast iron)등으로 분류한다.

표 3.2는 주철의 흑연생성, 재료군 및 기지조직에 따라 나눈 것이며, 표 3.3은 비합금 주철의 화학조성을 나타낸 것이다. 표 3.4는 주철의 성질에 미치는 현미경조직의 영향을 나타낸 것이다.

표 3.2 주철의 분류

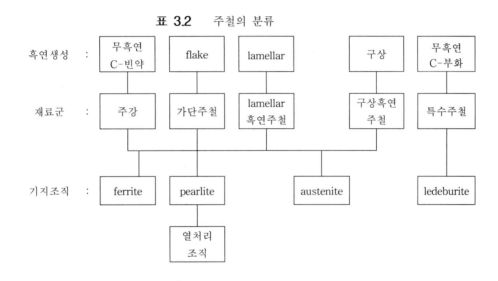

표 3.3 비합금 주철의 화학조성

원 소	회 주철(%)	백 주철(%)	가단 주철(%)	구상흑연 주철(%)
C	2.5~4.0	1.8~3.6	2.00~2.60	3.0~4.0
Si	1.0~3.0	0.5~1.9	1.10~1.60	1.8~2.8
Mn	0.25~1.0	0.25~0.80	0.20~1.00	0.10~1.00
S	0.02~0.25	0.06~0.20	0.04~0.18	0.03 max.
P	0.05~1.0	0.06~0.18	0.08 max.	0.10 max.

표 3.4 주철의 성질에 미치는 현미경 조직의 영향

조 직	특 성	영 향
austenite	최초에 형성된 연질상 대개 다른상으로 변태	연성 및 전성: 낮은 강도
ferrite	고용체에서원소철:연질기지상	전성에 기여, 낮은 강도
graphite	크기와 형상이 다른 유리(free)탄소	기계가공과 감쇠능(damping capacity)을 개선하고, 수축공을 감소시키며, 형상에 따라 강도 변화가 심하다.
cementite	탄화철로 경질금속간상	경도와 내마모성 부여 : 기계 가공성을 심하게 감소 시킨다.
pearlite	ferrite와 cementite가 교대로 층상으로 되어 있는 lamellar상	취성없이 강도 증가, 양호한 절삭성
martensite	특수 열처리에의해 생성된 경질조직	최경질 변태조직, tempering하지 않으면 취화된다.
steadite	철-탄소-인의 공정: 경하고 취약	ledeburite와 가끔 혼동됨:용융상태에서는 유동성을 증가 시키나 고체상태에서는 취성을 나타낸다.
ledeburite	cementite와 austenite로 이루어진 집합공정상: 냉각하면 cementite와 pearlite로 변태	고경도와 내마모성 부여: 실제 비가공성

3.4.2 주철의 응고

주철에 약 3.0% Si 및 0.1% P를 첨가하여 서서히 냉각하면 안정되게 응고되며 Si 가 존재하므로 철탄화물은 생성되지 않는다. 그림 3.65의 Fe-C안정계에서 Si첨가로 C´E´ 및 S´점의 탄소함량이 저하되며, 공석선을 현저하게 상승시킨다. Si 및 P를 첨가하면 주철의 공정탄소 농도를 이동시킬 수 있는데 **포화도**(S_c)로 나타낸다.

$$S_c = \frac{(wt)\% \ C}{4.25 - 0.31(wt)\% \ Si - 0.27(wt)\% \ P} \tag{3.1}$$

S_c=1이면 **공정합금**, S_c>1이면 **과공정**, S_c<1이면 **아공정 합금**이 된다. **과공정 합금** 은 융체로부터 D´C´ 액상선에 도달하면 초정 흑연을 생성하며, 잔류융체에는 탄소 가 적어진다. 1,153℃에서 잔류 융체는 4.25%C를 함유한다. 계속된 온도 강하로 잔

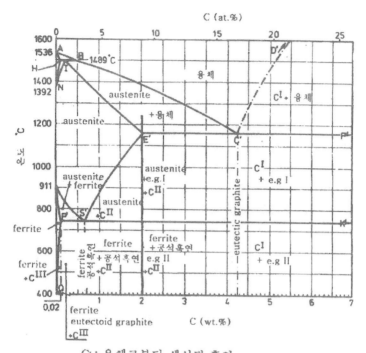

C¹ : 융체로부터 생성된 흑연
Cᴵᴵ : austenite로부터 생성된 흑연
Cᴵᴵᴵ : ferrite로부터 생성된 흑연
공정흑연 I : austenite + C¹, Cᴵᴵ
공정흑연 II : ferrite + 공석흑연 + C¹, Cᴵᴵ

그림 3.65 Fe-C 조직 상태도

류융체는 **공정반응**을 일으킨다.

　　　융체→γ-고용체+흑연

이 혼합물을 공정흑연 I라고 한다. γ-고용체로부터 온도가 강하되면 E′S′를 따라 탄소 용해도가 떨어지면서 흑연이 계속 생성되고, 일차 및 공정에서 생성된 흑연입자 가 석출된다. 공정온도인 738℃이하로 떨어지면 0.7% C를 함유한 모든 γ-고용체는 분해된다.

　　　γ-고용체→α-고용체+흑연

이렇게 하여 공정흑연 I이 공정흑연 II로 변한다. 온도강하로 공정 흑연 II내에서 ferrite의 탄소함량이 PQ를 따라 감소된다. 실온조직 사진은 조대한 초정 lamellar 흑 연과 공정으로 생성된 미세한 lamellar 흑연이 구별된다. 4.25% C를 함유한 공정합금 은 융체로부터 직접 공정흑연 II로 변하는데 공정 cell을 형성하면서 응고된다. 이것 은 austenite와 흑연으로 되어 있으며, 이때 융체로부터 인접하여 결정화 핵으로 된다. 공정 cell은 그 경계가 부딪칠 때까지 성장하며 그 평균크기는 결정화 핵의 수에 의하여 좌우된다. 공정 cell은 γ-고용체와 흑연으로된 구상(球狀)이며, 738℃이하에서는 γ-고용체를 함유한 공정에서 ferrite와 흑연으로 변태한다.

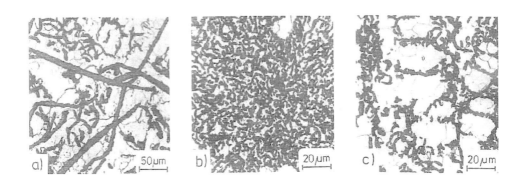

조직:3-282 Fe-C합금에서 아공정(a), 공정(b) 및 과공정(c) 흑연 조직

실온으로 냉각 후에는 조직:3-282(b)와 같이 ferrite와 흑연으로 된 공정으로 된다. 아공정 합금에서는 BC 액상선에 도달하면 융체로부터 우선 초정 γ-고용체가 형성되며, 잔류융체에 탄소가 많아진다. 1,153℃에서는 4.25% C를 함유한 융체와 2.0% C를 함유한 γ-고용체로 된다. 공정 온도이하로 떨어지면 잔류 융체는 흑연과 austenite(공정흑연Ⅰ)로된 공정 혼합물로 분해된다. 계속된 온도강하로 초정으로 생성된 γ-고용체 탄소는 소멸된다. 1,153~738℃의 온도에서는 γ-고용체에 존재하는 탄소가 용해도 한계선 SE´에 의해 정해진다.

738℃에서 초정 γ-고용체가 P´S´K´선 이하의 공석 α-고용체와 흑연으로 변태하며, 공석흑연은 이미 존재하는 lamellar흑연에 석출된다. 원래 γ-고용체는 영역이 흑연이 없는 ferrite영역으로 조직에 나타남을 식별할 수 있다. 동시에 공정흑연Ⅰ의 γ-고용체가 α-고용체와 흑연으로 변하며, 공정흑연Ⅱ가 생성된다. 실온까지 냉각 후에는 불규칙하게 분산된 lamellar흑연을 가진 ferrite형 주철이 된다[조직:3-282(c)]. 그림 3.66은 기본적으로 나타낼 수 있는 가능성인데 그림 상부는 실제적으로 Si함량을 가진 특정적인 온도 영역 Ⅰ,Ⅱ 및 Ⅲ을 각각 나타낸 것이다.

Si첨가로 상태영역의 형상과 크기 및 공정흑연의 탄소농도가 변화하며, 추가적인 상태영역이 나타난다. 그림 하부는 냉각조건에 따라 존재하는 상을 나타낸 것이다. 공석변태는 일부는 준안정계, 일부는 안정계를 따라 진행되며, ferrite-pearlite 주철을 형성한다.

급랭하면 그림 3.66의 왼쪽 아래와 같으며, 응고와 변태가 준안정계를 따라 진행되어 백 주철(ledeburite 형)이 된다. 생성흑연의 종류는 핵 생성물질과 융체 전처리 및

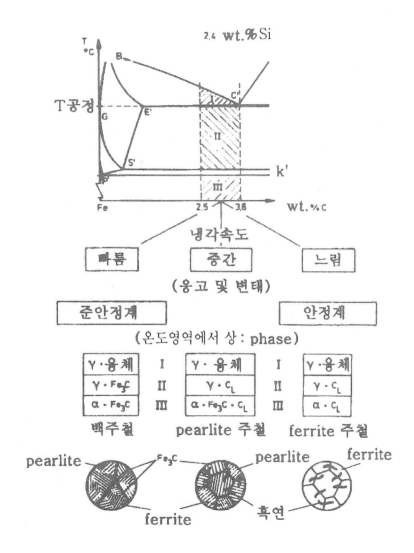

그림 3.66 아공정 Fe-C-Si 합금에서 냉각조건에 따른 조직생성

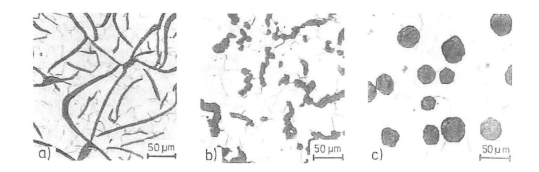

조직:3-283 lamellar 흑연(a) vermicular 흑연(b) 및 구상흑연(c)을 가진 ferrite형 주철 조직

및 합금원소에 의하여 크게 좌우된다. P가 많이 함유되면 새집형 흑연이 된다. 소량 의 Mg 또는 Ce를 첨가하면 흑연이 구상(球狀)으로 된다. Ce첨가 및 적당한 용탕처 리로 벌레 형상의 흑연을 얻을 수 있는데 이것을 **vermicular 흑연 주철**이라 한다. 조 직:3-283은 lamellar 흑연을 가진 ferrite형 주철 vermicular 흑연, 구상흑연 주철의 조 직을, 조직:3-284는 lamellar 흑연을 가진 회주철의 흑연 종류를 각각 나타낸 것이다.

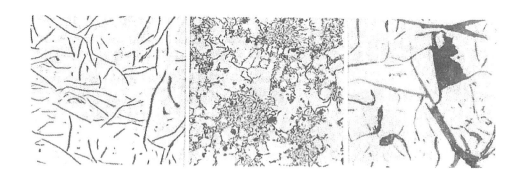

A형 연마상태, 편상(flake)   **B형** 연마상태, 집합된 장   **C형** 연마상태, 편상이 겹치고
흑연이 균일하게 무작위 방   미꽃 모양으로 무작위 방향   무작위 방향으로 분포
향으로 분포   으로 분포

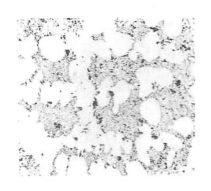 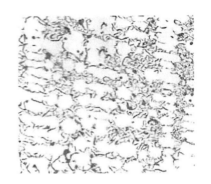

D형 연마상태, 수지상간 편석과 무작위 방향으로 분포

E형 연마상, 수지상간 및 선택방향으로 분포

조직:3-284   Lamellar 흑연을 가진 회주철의 흑연 조직

3.4.3 주철의 종류

(가) 회주철(gray cast iron)

회주철은 **편상**(flake) 흑연을 함유하며 기지상은 일반적으로 pearlite이나 약 15% Ni를 첨가하면 austenite기지가 된다. 회주철의 기본조직은 주물의 냉각 속도를 변화시킴으로써 조절할 수 있는데 급속 냉각하면 **유리(free) cementite**가 생기기 쉽고 서냉하면 대개 유리 ferrite가 생긴다. 회주철은 1,200~1,400℃의 낮은 주조 온도이므로 주조성이 양호하고 수축률을 약 1% 정도이며 주형을 개발하여 주조성을 향상시킨다. 편상흑연은 고체 윤활제이며 절삭할 때 칩(chip)을 끊는 작용을 한다. **연신율**은 아주 낮으며 lamellar는 변화되지 않고 금속기지 내부에 notch로 작용한다. **압축강도**는 인장강도의 약 3배 정도가 되며(그림 3.67), 진동에 대한 **감쇠능**(damping capacity)은 대단히 우수하며 강도 증가(pearlite가 증가하고 흑연이 감소될 때)와 더불어 감소한다(그림 3.68). **내식성**은 양호하며 Si함량이 높아지면 내산성을 갖는다.

주철의 **성장**은 cementite가 ferrite와 흑연으로 분해됨으로써 생기는 체적증가인데 400℃ 이상에서 일어난다. Cr과 Mn은 cementite를 안정화시켜 성장을 방해하며 **내열성**을 향상시킨다.

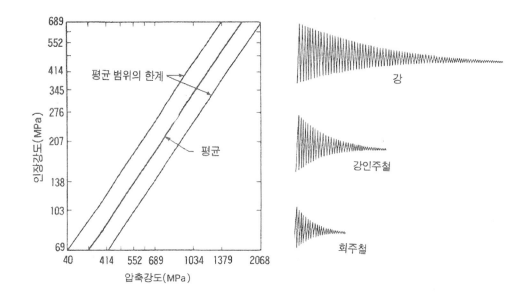

그림 **3.67** 회주철의 인장 강도와 압축   그림 **3.68** 진동 감쇠능의 비교
강도간의 관계

백주철의 시편준비에 어려움이 없지만 회주철은 연마하기가 쉽지 않다. 조직:3-285(a)
는 자동차용 유압 브레이크 실린더 재질의 칠(chill)회주철의 조직을 나타낸 것인데
연속된 공정조직에 의하여 일차 수지상이 둘러싸여 있는 아공정을 볼 수 있다. 일차
수지상은 austenite이며 이것은 pearlite로 변태되나 약간의 부식으로는 pearlite조직이
어둡게 되지 않는다.

검은 공정조직은 pearlite(공정반응 하는 동안의 γ)와 매우 작은 편상흑연이며 공
정조직은 chill주조하였으므로 미세하다. Chill주조와 흑연 조직을 얻기 위하여 Mn과
S함량은 낮고 Si가 아주 높아야 한다. 조직:3-285(b)에서는 고배율로 일차 수지상
(austenite로 응고 됨)과 매우 미세한 편상흑연 탄소의 특성을 잘 관찰할 수 있다. 작
은 구멍이 있는 백색조직 P는 steadite라고 하는 철인화물과 ferrite의 공정조직이다.

조직:3-286은 Si함량이 낮은 고강도 회주철의 조직인데 cupola가 아닌 특수 용해로
에서 용해하여 주조직전에 ferro-silicon 분말 처리를 하였다.

조직효과는 Al-Si합금을 주조 직전에 Na를 첨가한 것과 유사하나 기구는 다르다.
여기서는 전체 Si함량이 충분하여 흑연을 생성하며 얇은 단면일지라도 큰 탄화물이
없고 적당한 때 ferro-silicon을 첨가함으로써 미세조직으로 응고되는데 적당한 많은
핵을 제공해 준다. 조직:3-286(b)는 조직:3-286(a)를 고배율(1,000X)로 확대한 조직으

로 고강도 철의 기지조직은 작은 영역의 ferrite(α)와 약간의 steadite(p)가 보이기는 하지만 거의 완전하게 pearlite로 되어 있다.

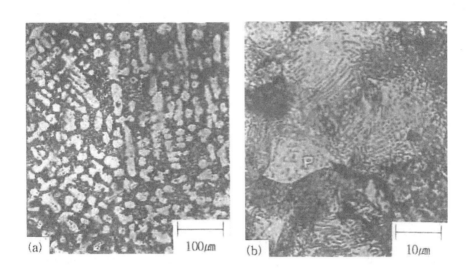

조직:3-285 자동차용 유압 브레이크 실린더 재질의 칠(chill)주물

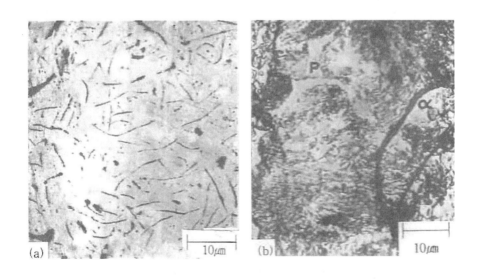

부식하지 않은 것   nital 부식

조직:3-286 고강도 회주철

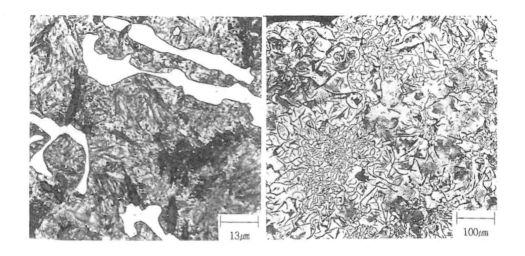

조직:3-287 3%nital, Fe-0.8~1.1% Cr-0.4~0.6% Mo합금 회주철, 870℃에서 austenite화 처리 후 기름 quenching. A형 흑연, 미세한 martensite기지에 탄화물 입자(흰색)와 적은 양의 잔류 austenite로 이루어진 조직

조직:3-288 4%nital, pearlite기지에 비정상적인 B형 흑연과 과도한 ferrite로 된 회 주철, 이 조직은 강도와 내마모성이 낮다.

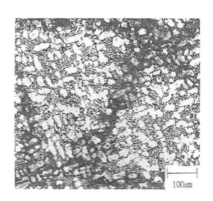

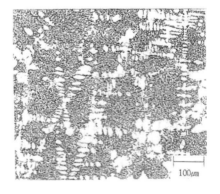

조직:3-289 3%picral, 605~620℃에서 1시간 응력 제거 annealing, 셀(cell)경계에 어두운 pearlite band를 가진 ferrite기지에 D형에 편상흑연 조직

조직:3-290 3%nital, 영구주형 주조, 885℃에서 45분간 annealing하고 노냉, ferrite 기지에 ferrite 수지상과 D형 흑연 조직

(나) 강인(구상 흑연) 주철

강인(구상흑연) 주철은 Mg와 같은 합금원소를 용탕에 첨가하여 흑연을 구상으로 만든 것인데 주방상태 조직은 일반적으로 pearlite기지에 ferrite(**bull's eye 조직**)에 의하여 둘러싸인 구상흑연으로 되어있으며 약간의 유리(free) cementite도 포함되는 경우도 있다. Annealing처리를 하면 ferrite기지에 1차 구상흑연 주위에 2차 흑연이 생성된다. 구상흑연 주철은 강과 유사한 성질을 가지고 있으며 Si및 Mn 함량이 낮은 것은 pearlite조직으로 되어있는데 강도는 양호하나 연성을 감소시킨다.

Si함량이 높고 Mn함량이 낮은 ferrite형은 경도가 보통주철과 거의 같다. 구상흑연 주철은 고급주철이나 보통주철에 비하면 탄성한도가 현저하게 높아 연성주철이라고도 한다. 표 3.5에는 900℃에서 약 1시간 annealing하면 점성한도가 증가하고 고온에서 압연할 수도 있음을 나타낸 것이다. 또한 구상흑연 주철은 가열과 냉각을 반복하여도 보통주철과 달리 성장현상이 나타나지 않으므로 고온수명이 길다.

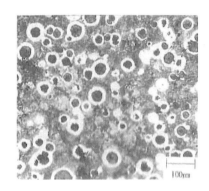

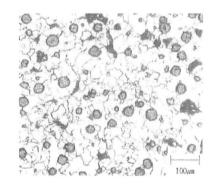

조직:3-291 3%nital, pearlite형 구상흑연주철, 주방상태. Pearlite 기지에 ferrite로 둘러싸인 전형적인 **bull's eye** 조직

조직:3-292 3%nital, 조직:3-287과 같은 시편, 790℃에서 6시간 annealing하고 노냉, 대부분의 원래 pearlite는 유리 ferrite(밝은 부분)와 약 5%의 pearlite(검은, 불규칙)기지에 분해됨

표 3.5 구상흑연 주철의 기계적 성질

처 리	인장강도 (MPa)	연신율 (%)	경도 (HB)	화 학 성 분 (%)					
				C	Si	Mn	P	S	Hg
주방상태	697	6.7	212						
900℃ annealing	524	18.6	163	3.48	2.74	0.53	0.029	0.032	0.05

구상흑연 주철은 융점이 낮고 유동성이 좋으며 주조성도 우수하다. 또한 기계적 성질에 있어서도 주강과 유사하므로 광범위하게 응용된다. 기계부품으로는 크랭크 샤프트, 내연기관용 재료, 펌프용, 유압 바디용 재료, 엔진용 재료, 선박용 피스톤링, 기어류, 공작기계부품, 각종 레버재료 등에 쓰인다. 또한 주철관 및 강인성, 내마모성 또는 내열성 등이 우수하므로 로울러 및 압연기의 부품 등에 사용되며 ingot case, 내열 부품 등에도 사용된다.

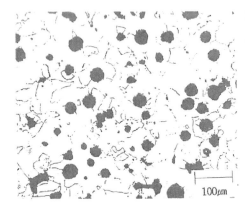

조직:3-293   2%nital, 단면두께: 910㎜ 주방상태, 주입할 때 CaSi화합물을 첨가하여 생성된 ferrite기지에 구상흑연을 가진 조직

조직:3-294   2%nital, 칠(chill : 윗부분)에 주조한 상태,   칠화된(chilled)영역은 유리 ferrite기지에 작은 구상흑연과 주상(columnar) cementite(밝고 경계된) 조직

(다) 가단주철

가단주철은 거의 대부분의 탄소가 불규칙한 형상의 구상(球狀)흑연으로 되어 있으며 적당한 조성의 백선(white iron)으로 주조된다. 870℃이상의 열처리에 의하여 cementite상은 분해되어 흑연으로 철 내에 석출된다. 흑연은 열처리에 의하여 형성되므로 **템퍼흑연**(temper carbon)이라고도 한다. 열처리에서 기지상이 ferrite, pearlite 또는 martensite로 된다.

가단주철은 독특한 현미경조직으로 인하여 강도, 인성이 우수하며 반복되는 하중과 충격에 대한 저항이 크고, 연성 및 내식성이 뛰어나며 절삭성 및 투자율이 양호함은 물론 클러치 및 브레이크에서 보자력이 낮다. 주조성이 우수하여 각종 크기와 복잡한 주물의 생산이 가능하다. 양호한 피로강도와 감쇠능으로 인하여 높은 응력을 받는 부품의 장기간 사용이 가능하다.

가단주철의 대표적인 것에는 백주철을 annealing 열처리에서 탈탄시켜 제조하는 **백심 가단주철**(white heart malleable cast iron)과 흑연화를 목적으로 하는 **흑심 가단주철**(black heart malleable cast iron) 및 흑연화를 목적으로 하나 일부의 탄소를 Fe_3C로서 잔류시키는 **pearlite 가단주철**(pearlite heart malleable cast iron)등의 3종으로 분류되고 있다. 이들의 기계적 성질을 주철과 비교하면 표 3.6과 같다.

표 3.6 가단주철, 주강 및 회주철의 비교

종 류	화 학 성 분(%)			인장강도 (MPa)	연신율 (%)
	C	Si	Mn		
백심가단주철	2.80~3.20	0.60~1.10	< 0.5	353	8
흑심가단주철	2.50~2.90	0.80~1.50	< 0.5	343	10
회 주 철	3.20~4.00	1.00~3.00	0.50~1.20	196	–
주 강	0.10~0.60	0.25~0.60	0.5~1.0	460~598	12

가단주철은 그 특성이 주물의 두께에 따라 영향을 받으며 합금 원소함량과 열처리에 의하여 좌우되고 또한 화염, 유도가열, 전자빔(beam) 또는 레이저(laser)기술, 경화 및 austempering의 개량된 침탄질화에 의한 표면경화 등의 특수열처리에 적당하다. 정적 및 동적하중이 작용하는 -150℃이하의 온도에서도 높은 인성이 유지된다. 가단주철의 충격인성은 구상흑연 주철보다 노치 민감성이 낮다. 가단주철의 용도는 자동차 및 트럭의 universal joint yoke, front torsion bar anchor, transmission gear, diesel rocker arm, 배관 이음쇠, 각종 수공구, 박격포 몸체 및 미사일 등에 사용된다. 고체상태에서 흑연화를 살펴보면, Fe-C 합금은 백선 주철 또는 회색흑연 주철로 응고되며 austenite, 일차 및 **공정철**(eutectiferrus)의 조직으로 되어 있다. 주형에서 공정으로부터 공석온도로 서냉하면 austenite는 과잉탄소를 흡수하지 않는다.

아공정에서는 **수지상간 공정**(interdendritic eutectic)으로 완전히 둘러싸인 **일차 수지상**(primary dendrite)으로 되어 있기 때문에 austenite 입자 경계가 없거나 극히 적다. 그러나 공정탄소는 우선적으로 강력한 핵생성 효과로 작용하며 A_{cm}선의 기울기에 따라 austenite로부터 과잉 탄소의 석출로 백주철에서는 **공정 Fe_3C의 성장** 또는 회주철에서는 **흑연의 성장**을 초래한다. 공기중 냉각이나 주형 내에서 공석이나 A_1 온도까지 냉각함으로써 austenite는 변태하며 공정의 경우에서처럼 두 개의 **공정반응**이 일어난다.

$$\gamma \rightarrow \alpha + Fe_3C$$
$$\gamma \rightarrow \alpha + 흑연$$

전자(前者)의 정상적인 pearlite반응은 공정철의 austenite에서는 pearlite가 나타나지 않지만 일반적으로 백주철에서는 나타난다. 다시 집단(덩어리)공정 Fe_3C는 핵생성 효과로 작용하며 공석 Fe_3C는 ferrite와 공정 탄화물의 조직을 남기고 집단 탄화물을 형성한다. 회주철에서 공석반응 형태는 C와 Si함량에 의하여 또 austenite내에 다른 합금원소 함유와 냉각속도에 의하여 좌우된다. 주어진 조성은 완전히 공정흑연 조직과 규칙적인 pearlite형 공석 탄화물 조직으로 된다.

그러므로 전체 3.50%C에서 2.70%는 흑연 형태로, 0.80%는 Fe_3C로써 pearlite내에 각각 존재한다. 매우 강력하게 흑연화되는 조성으로는 더 많은 양의 Si를 함유하고 서냉하면 공석은 ferrite와 흑연을 생성하는데 이것은 편상흑연에 가까운 선택적인 핵생성 점에서만 일어나며 편상흑연은 flake의 일부가 공석흑연이고 flake를 따라 ferrite 대(band)를 이룬다.

어느 곳에서도 pearlite조직은 존재할 수 있는데 전체 3.5%C 중에서 3.10%는 편상흑연으로, 0.40%만이 Fe_3C로 pearlite 내에 각각 존재하게 된다. 이 조직은 완전하게 pearlite흑연으로 되어 있는 조직보다 더 연약하다. 최대 연화(softness)는 조성과 냉각속도에 의하여 이루어지는데 이 냉각속도에서는 ferrite(고용체에 Si 함유)와 편상흑연 조직으로 되는 완전한 공정 탄화물의 흑연화 뿐만 아니라 공석탄화물의 완전한 흑연화로 이루어진다. 극히 서냉함으로써 흑연화를 일으키는 조성을 갖게 하는 것이 가능하며 또한 사형주조에서처럼 정상적인 냉각으로 완전하게 탄화물이나 백주철을 형성하는 조성을 갖게 하는 것도 가능하다. 이 경우에 주물을 재가열하고 상승된 온도에서 유지함으로써 철탄화물을 분해할 수 있는데 예를 들면, 2.25%C～1.10%Si를 함유한 용탕은 백선으로 응고된다. 주물을 900℃로 가열하면 조직은 약 1.1%C + 공정철의 Fe_3C로 된 austenite로 되어 시간이 경과하면 다음과 같이 흑연화 된다.

$$Fe_3C \rightarrow 3Fe(\text{austenite, } 1.1\%C) + 흑연$$

고체합금에서 생성된 흑연과 응고되는 철이나 이미 flake가 함유된 철에서 생성된 흑연의 조직에는 상당한 차이가 있다. Flake는 취약하며 ferrite의 연속성을 파괴하고 그 모서리는 예리한 내부 notch를 이룬다.

Flake가 존재하지 않는 상기 반응으로 생성된 흑연은 모든 방향으로 성장하여 치밀한 응집물을 형성함으로써 ferrite가 적게 파괴되고 내부 notch효과를 크게 감소시킨다. 따라서 흑연이 치밀하게 응집된 합금은 가단성이 있으며 상당히 취약한 편상흑연을 가진 조직에 비하여 약간의 연성(ductility)이 있다. 약 900℃의 흑연화 온도로부터 서냉하면 austenite로부터 탄소가 다시 분리되며 이미 존재하는 응집물상에 형성된다.

A_1온도에서 매우 서냉하든가 또는 강력한 흑연화 조성은 이미 존재하는 응집물상에 형성되는 공석흑연을 가진 흑연화 공석반응을 일으키게 된다. 더 빠른 냉각이나 또는 적은 흑연화 반응은 pearlite형 공석과 pearlite내에 흑연 응집물로 된 최종 조직으로 된다. 백주철의 흑연화 속도를 좌우하는 인자에는,

- **조성**, 특히 **탄소**와 **Si**
- 주물이 응고할 때의 **냉각속도**, 더 미세한 입도와 더 빠르게 응고된 철의 공정조직
은 흑연화 발생에 대한 더 넓은 **면간표면**(interfacial surface)을 제공하여 준다.

흑심 가단주철의 열처리

저탄소, 저규소의 백선주물을 annealing 열처리하여 cementite를 분해시켜 흑연을 입상으로 석출시킨 것을 **흑심 가단주철**이라고 한다. 백선주물을 900～950℃로 가열 하면 austenite와 cementite가 되며, 이 온도에서 20～30시간 유지하면 cementite가 분해되어(Fe₃C→ 3Fe+C) 흑연과 austenite가 된다. 즉 흑연이 석출한다. 이것을 **제 1 단 흑연화**라고 한다. 이것을 냉각하면 austenite는 과포화 상태에 있는 C를 흑연과 cementite로 석출시키고 cementite는 계속하여 흑연으로 분해된다. A₁변태점이 되면 austenite는 많은 양의 pearlite로 변태한다.

이 pearlite중의 cementite는 이 부근의 온도(700～730℃)에서 장시간(25～40시간) 유지하지 않으면 완전히 흑연으로 분해되지 않는다. 이때의 흑연화를 **제 2단 흑연화** 라고 한다(그림 3.69). 900℃에서 600℃까지의 제 1단계에서 냉각은 5℃/1hr의 정도로 냉각시킨다. (표 3.7)은 흑심 가단주철의 성분과 기계적 성질을 나타낸 것이며, 처리 를 나타낸 것이다. 그림 3.69는 가단주철의 annealing 처리를 나타낸 것이다.

표 3.7 흑심 가단주철의 성분과 기계적 성질

종류와 기호	화학성분				인장강도 (MPa)	연신율(%)	굽힘각도	한쪽반지 름(mm)
	C	Si	Mn	Cr				
BMC 270	2.50～3.20	0.70～1.50	<0.60	<0.05	>275	>5	>90°	40
BMC 310	2.40～2.80	0.80～1.40	<0.50	<0.04	>314	>8	>120°	40
BMC 340	2.30～2.70	0.90～1.30	<0.40	<0.03	>343	>10	>150°	40

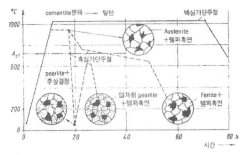

그림 3.69 가단주철의 annealing 온도-시간 곡선

조직:3-295(a)는 표준 가단주철의 조직으로 백주철을 공정온도 이하로 충분히 오랜 시간 가열하면 $Fe_3C \rightarrow 3Fe(\gamma) + C(흑연)$ 반응에 의하여 탄화물이 흑연으로 분해된다. 고체조직에서 형성되는 흑연은 탄화물에 있는 핵으로부터 모든 방향으로 성장하여 치밀한 흑연 응집물 또는 austenite에서 temper carbon을 각각 생성한다.

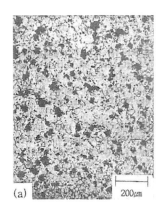 

(a)   200㎛   (b)   33㎛

| 조직:3-295 | 표준 가단주철의 조직, nital 부식 |

충분한 양의 용해된 Si가 존재하면 공석에 의하여 매우 서냉되어 공석반응이 $\gamma \rightarrow \alpha + C(흑연)$로 진행되어 이러한 부가적인 흑연은 이미 존재하는 구상(nodule)에 형성된다. 여기에 나타난 최종조직은 불규칙하고 무작위로 분산된 치밀한 흑연응집물을 포함하는 연속적이고 적당히 미세화된 ferrite 조직으로 되어 있다. 또한 조직:3-295(b)에서는 조직:3-295(a)를 고배율로 나타낸 조직으로 ferrite 기지와 치밀한 흑연 응집물 또는 temper carbon 입자들을 더 명백하게 식별할 수 있다.

백심 가단주철의 열처리

백심 가단주철(white heart malleable cast iron)은 annealing pot에 백주철 주물과 함께 적철광, 산화철분을 넣어 900~1000℃에서 70~100시간 가열함으로써 cementite를 탈탄 소멸시켜 주철에 가단성을 부여한 것이다(그림 3.69). Annealing에서 pot내의 공기중의 산소는 백주철 표면의 cementite의 C와 반응하여 CO_2를 발생하며, 이것이 cementite와 반응($Fe_3C + CO_2 = 3Fe + 2CO$)하여 CO를 발생시킴으로써 탈탄효과를 나타낸다. 탈탄제인 산화철이 없으면 그 이상 탈탄은 진행하지 않으나 산화철의 존재로 CO와 반응하여 CO_2가 발생하여 탈탄이 내부로 진행한다.

그러나 주물의 중심부에 존재하는 C가 표면까지 이동하여 탈탄된다는 것은 용이하지 않으며, 탈탄 가능한 깊이는 한도가 있다. 따라서 백심 가단주철의 표준 조성은

2.8~3.5%C, 0.4~0.8%Si, 0.2~0.4%Mn으로 되어 있다. 표 3.8에는 백심 가단주철의 성분과 기계적 성질을 각각 나타낸 것이다.

표 3.8　백심 가단주철의 성분과 기계적 성질

종류의 기 호	화학성분			인장시험		굽힘시험	
	C	Si	Mn	인장강도 (MPa)	연신율 (%)	굽힘각도	안쪽 반지름
WMC 330	2.80~3.40	0.60~1.20	<0.60	>334	>5	>120°	40
WMC 370	2.60~3.20	0.70~1.10	<0.50	>353	>8	>150°	40

Pearlite 가단주철의 열처리

Pearlite 가단주철 955℃까지 가열하여 temper carbon이 구상으로 되고 cementite 가 austenite내에 용해되도록 7시간 정도 유지한다. 그러나, 2시간 내에 900℃로 노냉 시킨 후 급속히 공냉한다. 고탄소 austenite는 급냉되는 동안 pearlite로 변태한다.

Pearlite를 구상화하여 요구되는 기계적 성질을 얻기 위하여 일정한 온도에서 temper한다. 어떤 경우에는 pearlite형 가단주철을 공냉하여 870℃까지 재가열한 후 유냉 및 조질(temper)한다. 이 경우에 기지상은 **temper**된 martensite이다. 주물은 열 처리 과정에서 조질탄소의 구상석출에 의하여 성장(팽창)한다.

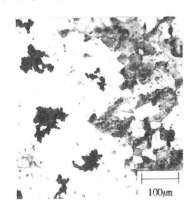
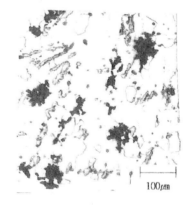

조직:3-296　2%nital, 2단계 annealing의 불완전한 1단계로 인하여 생긴 1차 cementite(밝은 부분) ferrite형 가단주철, 다른 성분은 temper 탄소흑연과 ferrite기지 조직

조직:3-297　2%nital, 2단계 annealing이 완료되어 과다한 양의 미세 pearlite(회색)을 가진 ferrite형의 가단주철 조직으로 ferrite기 지에 구상 temper 탄소흑연도 보인다.

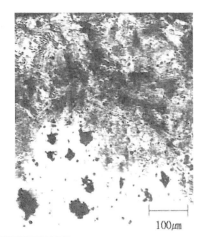

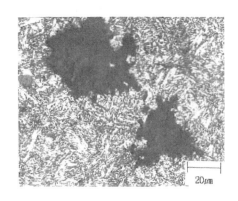

조직:3-298 　 2%nital, annealing로 분위기가 CO와 CO_2비가 너무 높아서 생긴 충분하지 않게 탈탄된 표면(top)을 가진 ferrite형 가단 주철 조직은 표면에 어두운 pearlite의 가장자리와 중심은 temper 탄소흑연이 ferrite기지에 분포되어 있다.

조직:3-299 　 2%nital, 955℃에서 2시간 1 단계 annealing하고 기름quenching한 후 675℃에서 1시간 tempering, tempering된 martensite에 분포된 구상흑연(검은 부분) 조직

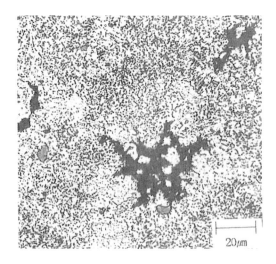

조직:3-300 　 2%nital, 860℃에서 기름 quenching하고 595℃에서 tempering, tempering된 martensite기지에 구상 temper 탄소(black)와 MnS입자(gray)로된 조직

(라) 백주철

주조에서 흑연이 정출하지 않고 cementite(Fe_3C)파면이 백색인 주철인데 경도가 낮아 보통주물로는 사용되는 경우는 드물지만 내마멸성이 뛰어나므로 판금의 제조에서는 잘 이용되며 ledeburite가 주요 조직이다.

(마) 내마멸 주철

내마멸성이 요구되는 표면영역에 칠(chill)을 설치하여 주조한 흑연주철과 칠(chill)에 주조하지 않은 백주철로 되어 있는데 현미경 조직은 pearlite형, austenite형 또는 martensite형 등이다.

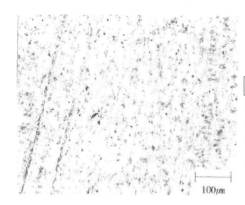

조직:3-301 2%nital+5%picral Fe-3.25%C-0.5%Si-2.5%Ni-1.5%Cr 내마멸주철, 칠(chill)에 주조하는 상태, chill 가까이에는 백주철, 미세한 수지상의 pearlite(gray)무늬와 수지상간 탄화물(white) 조직

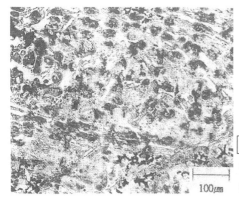

조직:3-302 2%nital + 5% picral, chill로 부터 51㎜ 떨어진 백주철, 조대한 수지상 pearlite (gray)무늬와 수지상간 탄화물(white) 조직

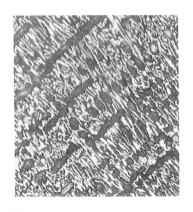

조직:3-303　Chill로부터 102㎜ 떨어진 회주철, 약간의 유리(free)ferrite를 가진 미세한 pearlite기지에 B형 편상(flake) 흑연이 존재하는 조직

조직:3-304　3%nital, 고크롬(Fe-2.7%C-26%Cr-1.2%max,Cu-1.0%Mn-1.5%max,Mo-1.5%max Ni) 내마멸 주철, 주방 상태, 백주철은 철크롬 탄화물(white)의 수지상간 망상과 수지상의 martensite(gray)무늬를 나타내는 조직

(바) 내식주철

고 Si회주철, 고크롬 백주철 또는 고니켈 austenite 회주철 또는 강인주철 등이 포함된다.

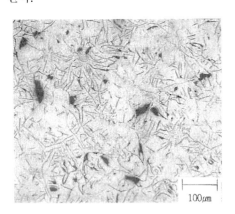

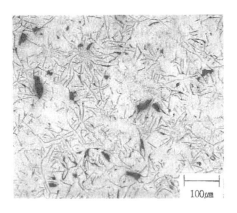

조직:3-305　HNO₃+HF+글리세린 부식, 고Si(14.5%)내식주철, 주방상태, 회주철은 철-Si ferrite고용체(light)기지에 A형 편상흑연(dark)을 나타내는 조직

조직:3-306　2%nital + 5%picral, 고합금(30%Ni-3%Cr) 내식주철, 주방상태, 회주철은 A형 편상 흑연(dark)과 고니켈 austenite기지에 약간의 수지상간 철-크롬 탄화물(gray, 윤곽된) 조직

(사) 내열주철

실리콘 회주철, 강인 주철, 크롬 회주철 및 백주철, 고 니켈 austenite형 회주철 및 강인주철 등을 포함한다.

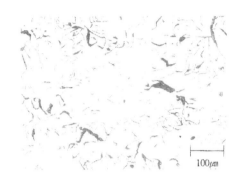

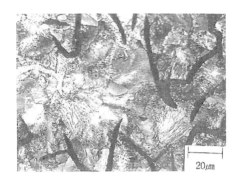

조직:3-307 3%nital, Fe-2.9% C-4.5%Si-0.8%Mn-0.2%Cr 내열 주철, 주방상태, 철-크롬-실리콘 ferrite기지에 A형 흑연(dark)을 가진 회주철과 수지상간 철-크롬탄화물(gray)이 분포된 조직

조직:3-308 2%nital + 4%picral 내열 주철, 주방상태, pearlite기지에 A형 편상흑연을 가진 회주철 조직

──────────────── 연 구 과 제 ────────────────

1. 순철의 동소변태

2. 강의 변태(0.02%C강, 0.4%C강, 0.8%C강, 1.5%C강)

3. 강의 변태에 미치는 냉각속도의 영향

4. 철-Fe_3C계 및 흑연계 상태도의 비교

5. δ-고용체의 변태

6. 공석강의 pearlite 변태

7. 아공석강의 ferrite 생성

8. 상부 bainite 변태

9. 하부 bainite 변태

10. 공석강, 과공석강의 martensite 변태

11. Martensite 변태의 특성

12. 과공석강의 cementite 생성

13. 강의 quenching과 tempering

14. 강의 항온변태 곡선

15. 강의 연속 냉각곡선

16. 강에 첨가되는 합금원소의 영향

17. 망간강의 종류와 조직

18. 몰리브덴강, 크롬-몰리브덴강, 니켈-크롬-몰리브덴강, 크롬강, 크롬-바나듐강, 고장력강 등의 특성과 조직

19. 공구강(수경화성, 내충격, 유경화 냉간, 공기경화 냉간, 고탄소-고크롬 냉간, 주형, 열간, 텅스텐 고속도, 몰리브덴 고속도 공구강)의 특성과 조직

20. Austenite형, Ferrite형, Martensite형, 석출 경화형 스테인레스강의 특성과 조직

21. 회주철의 성질과 조직

22. 강인주철의 성질과 조직

23. 가단주철의 열처리 및 성질과 조직

♣ 실 험 과 제

1. 공석강(0.8%C)의 항온변태 조직 관찰
   0.8%C강을 723℃이상으로 가열하여 austenite화 처리하고 705℃의 염욕(salt bath)
   에서 주어진 시간(5.8분, 19.2분, 22.0분, 24.2분 및 66.7분)동안 유지한 후 실온으로
   수냉한 조직

2. Banite조직 관찰(시편 : 0.3%C, 0.6%C, 0.8%C 및 1.1%C 강)
   (a) 하부 bainite 열처리 조직
       시편을 400℃에서 약 30분간 예열 → 800℃의 염욕에서 15분간 유지 → 315℃
       의 염욕에 quenching(1시간 유지)후 공랭
   (b) 상부 bainite 열처리 조직
       시편을 400℃에서 약 30분간 예열 → 800℃의 염욕에서 15분간 유지 → 445℃
       의 염욕에서 quenching(1시간 유지)후 공랭

3. Martensite 조직 관찰(시편 : 0.2%C, 0.6%C 및 1.2%C 강)
   0.2%C강 : 900℃에서 15분간 유지 후 수냉
   0.6%C강 : 900℃에서 15분간 유지 후 수냉
   1.2%C강 : 820℃에서 15분간 유지 후 수냉

재출력시 조직:3-284 장부터 페이지 및 시작줄과 끝줄 비교해서 출력할것

제 4 장

비철재료 조직

제 4 장

비철재료 조직

제 **4** 장

비철재료 조직

4.1 알루미늄 합금 조직

4.1.1 육안조직과 현미경 조직 검사

알루미늄 합금의 **육안조직 검사**(macro examination)는 다른 금속에서 사용되는 것과 유사한 기법을 이용하며 파단면 및 육안조직을 저배율에서 관찰함으로써 많은 정보를 얻게 된다. 주조품의 육안조직 검사를 통하여 입자의 미세도와 Si를 함유한 합금의 개량처리 등을 파악할 수 있으며 입자크기, 비정상적인 조대한 조성, Si산화물, 기공 및 파괴양상 등에 관하여 연구할 수 있다. 단조품, 압출품, 박판 및 후판의 파괴단면에 나타난 침목(stringer)형 산화물, 각종명암의 조각(flake), 기공, Al에 용해 한계를 가지는 상(phase)의 편석, 소성변형, 흑연(공정용해) 및 입자크기, 입자흐름, 제조 및 주조 결함 등도 절단되고 가공된 상태에서뿐만 아니라 육안조직으로부터 관찰할 수 있다. 연마된 시편을 부식하기 전에 현미경 조직검사(micro examination)를 통하여 초기용해, 미세균열 및 비금속 개재물 등을 분명하게 파악할 수 있게 된다. **결정립**(grain)조직을 나타내기 위한 부식, 상(phase)을 규명하는 부식 등에 관한 지식과 방법을 충분히 습득해야 한다.

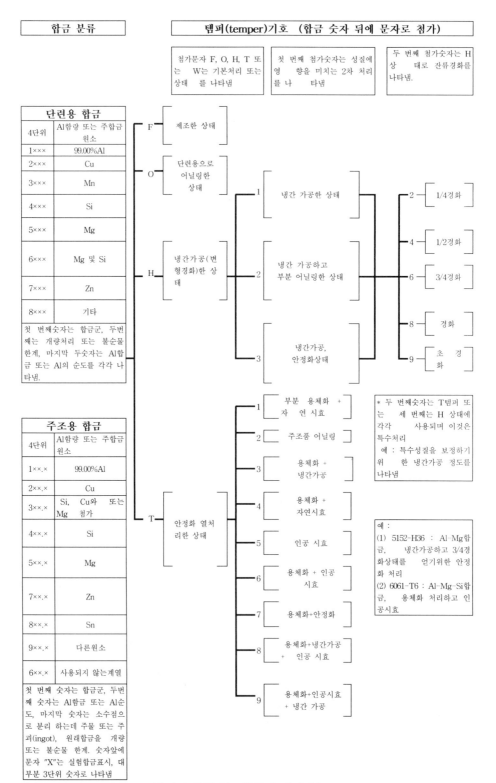

표 4.1 알루미늄 합금과 템퍼기호

제4장 비철 재료 조직 373

4.1.2 알루미늄 합금에서 상(phase) 규명

알루미늄 합금에서 상 규명은 현미경조직 관점에서 중요하며 모든 상용 단련 및 주조 합금은 알루미늄 기지에 약간의 불용성 입자를 포함한다. 비합금 알루미늄 (1xxx계열)에서 상을 이루고 있는 입자(particles)는 주로 Fe및 Si와 같은 불순물 원소를 포함하고 있고 3xxx계열 알루미늄 합금에 존재하는 Mn은 알루미늄과 금속간 상의 초정 및 공정립자를 형성하며 Si 및 Fe도 존재한다. 5xxx계열에는 Mg_2Al_3, Mg_2Si입자와 Cr과 Mn의 금속간 상이 포함될 수 있다. 열처리가 가능한 단련 및 주조합금은 용해성 상(phase)이 포함되는데 열적이력에 따라 조직에 존재하는 그 양과 위치가 달라진다. 2xxx계열의 단련 합금에는 CuAl 또는 $CuMgAl_2$의 용해성 상이 존재하며 6xxx계열 합금에서 가장 일반적인 금속간 상은 Mg_2Si이고 과잉 Si입자도 존재할 수도 있다. 7xxx계열 합금에는 $MgZn_2$가 주 용해성 상이나 다른 상들도 존재할 수 있다. 이들 합금에 생성된 석출물은 대개 극히 미세하며 7xxx계열 합금에서는 Cr 이 함유된 상 또는 Mg_2Si 입자를 역시 볼 수 있다(Mg_2Si는 과잉 Mg가 존재하면 불용성임).

대부분의 상용 알루미늄 주조 합금은 아공정으로, **수지상간 공간**(interdendrite space)은 공정 혼합물로 채워지며 초정상으로 알루미늄 고용체의 **수지상정**(dendrite)이 현미경 조직에 나타난다. 알루미늄 합금 주물에서 공정은 가끔 분리된 형태로 고용체에 2차상 입자가 되는데 2차상은 금속간 상 또는 합금의 조성에 따라 Si와 같은 합금원소가 될 수 있다. 공정 Si입자는 용탕에 **개량처리**(modification)(대개 Na)함으로써 정상적으로 크고 각진 형상이 미세하고 둥근형상으로 변화될 수 있다. 알루미늄 합금에 나타나는 상들은 합금원소 자체(Si, Pb 또는 Bi), 알루미늄 함유가 필요 없는 화합물인 Mg_2Si 또는 MgZn과 Al을 함유하고 하나 또는 더 많은 합금원소로 된 화합물 등이다. 상의 차별화를 나타내는 기본 특성은 결정구조와 원자배열이다. 표 4.1 은 알루미늄 합금의 분류와 열처리(temper)기호를 나타낸 것이다.

4.1.3 알루미늄 합금의 시효경화 원리

(가) 과포화 고용체의 분해

합금이 **시효경화**(age hardening)를 일으키는 기본요건은 온도가 내려 가면서 하나 또는 그 이상의 합금원소의 고상 용해도가 감소하는 것이며, 열처리에는 일반적으로 다음 사항을 포함한다.
(i) 단일상 영역(예. 그림 4.1의 A영역)내의 비교적 높은 온도에서 합금원소를 용해

하기 위하여 **용체화** **처리**한다.

(ⅱ) Al내에 이들 원소의 과포화된 고용체를 얻기위하여 대개 실온까지 급랭 또는 **quenching**한다.

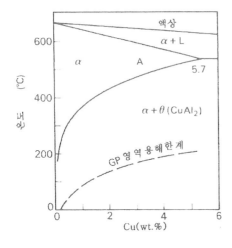

그림 4.1   Al–Cu공정 상태도의 단면 GP 영역 용해한계 (solvus)도 나타냈다.

그림 4.2   정합 GP영역에 가까운 기지 격 자면의 변위(distortion)

(ⅲ) 미세하게 분산된 석출물 생성을 위하여 과포화 고용체(supersaturated solid solution)의 분해를 조절하는데 대개 두 중간 온도에서 적당한 시간 시효한다. 과포화 고용체의 완전한 분해는 대개 여러 단계가 포함되는 복잡한 과정이다. 전형적으로 Guinier–Preston(GP)zone과 중간 석출물(intermediate precipitate)은 겨우 하나 또는 두 개 원자면(plane)두께인 원자의 용질 부화(rich) 집합체(cluster)이다. 그들은 기지 조직을 보유하며 대개 상당한 탄성변형을 나타내지만(그림 4.2) 기지조직과 정합(coherent)을 이룬다(그림 4.3, a). GP영역의 생성에는 비교적 짧은 거리의 원자 움직임이 필요하므로 기지에 $10^{17} \sim 10^{18}/cm^3$의 높은 밀도로 매우 미세하게 분포된다. 합금계에 따라서 핵생성 속도와 실제조직은 quenching에 의하여 역시 보유하게되는 과잉의 비어있는(vacant) 격자자리의 존재에 의하여 크게 영향을 받는다. 중간 석출물은 일반적으로 GP영역보다 훨씬 더 크며 기지의 격자면과 부분정합(partly 또는 semicoherent)만 이룬다(그림 4.3, b). 그것은 일정한 조성과 평형 석출물과 약간 다른 결정조직을 가진다. 어떤 합금에는 안정된 GP영역의 자리로부터 중간 석출물의 핵이 생성된다. 다른 경우에서 이 상은 전위(dislocation)와 같은 격자 결함에서 불균질하게 핵이 생성된다(조직:4–1). 최종 평형 석출물의 생성으로 모상격자와 정합이 완전히 상실된다. 이것은 비교적 높은 시효온도에서만 일어나는데 경화가 거의 되지 않아 조대하게 분포되어 있기

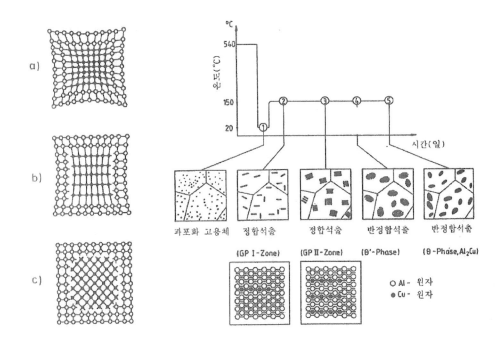

그림 4.3 결맞음(整合 : coherent) (a) **그림 4.4** Al-Cu합금의 시효경화 현상
coherent (b) semi-coherent (c) incoherent

때문이다.

GP-I영역 : 낮은 온도(약 130℃이하)에서 형성되며, 과포화 고용체 내에 Cu 원자가 편석하기 때문에 생긴다. 지름이 약 80~100Å이고 두께는 원자 수개 정도(4~6Å)인 원판으로 되어 있으며 기지의 {100}입방면에 형성된다.

GP-II영역(θ″상) : 입방체 조직으로 기지의 {100}면에 정합(coherent)으로 되어 있다. Zone이 형성되는 초기단계에서는 Cu함량이 낮다(<17 at.%). 시효시간이 길어질수록(130℃에서) 영역의 크기도 커지지만 Cu함량도 증가한다. GP-II 영역의 크기는 두께가 10~40Å, 지름이 100~1,000Å정도이다.

θ′상 : 준안정 상인 GP-I, GP-II와 관계없이 불균일하게 핵이 생성되며 특히 전위가 있는 곳에서 생성된다. 이 상의 크기는 시효온도 및 시간에 따라 다르며 보통 두께는 100~150Å, 지름은 100~6,000Å이상이다.

θ상 : 약 190℃ 또는 그 이상인 온도에서 오랜 시간 시효하면 부정합된 평형상인 θ상 즉 $CuAl_2$를 생성한다. 이 상은 BCT조직이며 a=6.07Å 및 c=4.87Å이다. θ상은 θ′상으로 부터 생성되기도 하며 또 기지에서 직접 생성되기도 한다. 석출경화된 Al-Cu 합금에는 과포화 고용체 **GP-I영역, GP-II영역**(θ″상), **θ′상** 및 **θ상**

(CuAl₂)등의 조직이 존재한다(그림 4.4).

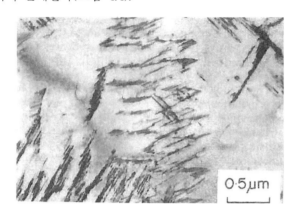

0·5μm

조직:4-1   Al-2.5%Cu-1.5%Mg합금, 200℃에서 7시간 시효, (TEM), 전위선 상에 불균질하게 석출된 봉상 S상(Al₂CuMg) 조직

(나) GP영역 용해 한계

GP영역의 중요한 개념을 그림 4.1의 평형 상태도에서 점선으로 나타낸 것과 그림 4.9에 나타낸 것으로 이 것은 각기 다른 조성에서 GP영역의 안정한 상부 온도한계를 나타내는데 정확한 위치는 과잉 **공공**(vacancy)의 농도에 따라 변할 수 있다. **용해곡선**(solvus line)은 다른 준안정 석출물에 대해서도 나타낼 수 있다. 그림 4.5에는 시효시간에 따른 GP영역 크기의 분포를 나타낸 것이며 GP영역 용해도 온도이하에서 생성된 GP영역은 시효과정에서 다음 단계의 핵으로 작용할 수 있으며 대개 중간 석출물이 **임계크기**(그림 4.5 d_crit)에 도달하게 된다. 이 모델에 근거하여 합금을 3가지 형태로 분류할 수 있다.

(i) 냉각조(bath)온도와 시효온도 모두가 GP영역 용해한계 이상인 합금, 이와 같은 합금은 미세하게 분산된 석출물의 핵생성이 어려우므로 예를 들면, Al-Mg계는 quen -ching하면 매우 높은 수준의 과포화가 이루어지나 5~6% 이하의 Mg를 함유한 조성에서는 경화는 이루어지지 않는다.

(ii) 냉각조 온도와 시효온도 모두가 GP영역 용해한계 이하인 합금, 예를 들면 Al-Mg-Si합금

(iii) GP영역 용해한계가 냉각조 온도와 시효온도 사이에 있는 합금, 이 경우에는 대부분의 시효경화성 Al합금에 적용된다. 미리 존재하는 d_crit 이상 크기의 GP영역으로부터 2단계 또는 이중 시효처리를 하여 중간 석출물의 핵생성을 얻을 수 있는 장점이 있다. 성질 향상을 위하여 이들을 어떤 합금에 적용하는 경우도 있는데 특히 고강도 합금에서는 **응력부식 균열**(stress-corrosion cracking)이 문제가 된다.

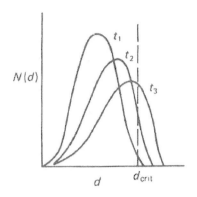

그림 4.5   시효시간($t_1 < t_2 < t_3$)에 따른 GP영역 크기 분포의 변화

(다) 입계 석출이 없는 영역

석출이 일어나는 모든 합금은 석출물이 없는 입계에 인접된 영역을 가지며 조직:4-2a는 시효경화한 고순도 Al-Zn-Mg합금에서 비교적 넓은 영역을 나타낸 것인데 이러한 석출이 없는 영역은 두 가지 이유로 생성된다. 첫째, 입계의 어떤 측면이든 좁은(~50nm)영역이 존재하는데 비교적 큰 입자의 석출물이 계속 생성되는 경계로 용질원자의 확산이 쉬워져서 입계에는 용질원자가 소멸된다. 특수한 시효온도에서 석출물의 핵생성을 돕는데 필요한 수준이하로 공공이 소멸되므로 석출이 없는 영역의 나머지가 소생된다. 입계 가까이의 공공(vacancy)의 분포는 그림 4.6(곡선 A)에 형상으로 나타낼 수 있으며 석출물의 핵 생성이 일어날 수 있는 T_1온도 전에 임계 농도 C_1이 필요하다.

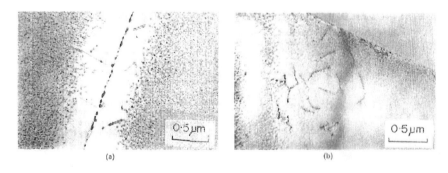

조직:4-2   (a) : Al-4Zn-3Mg합금을 150℃에서 24시간 시효한 넓은 석출이 없는 영역 조직, (b) : Al-4Zn-3Mg합금을 150℃에서 24시간 시효한 석출이 없는 영역 폭과 석출물 분포에 미치는 0.3%Ag의 영향

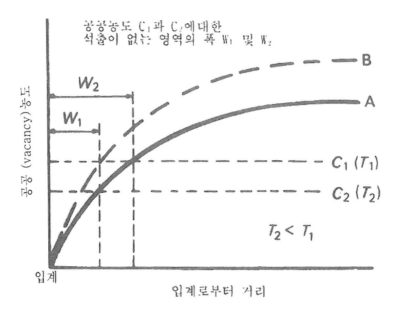

그림 4.6 Quenching한 합금에서 입계에 인접한 공공농도

석출물이 없는 영역의 폭은 열처리 조건에 따라 달라질 수 있는데 보다 높은 용체화 처리 온도와 빠른 quenching속도에서는 영역이 더 좁아지며 이들 양자가 과잉 공공 함량을 증가시키고(그림 4.6에서 B곡선) 시효온도를 낮춘다. 후자는 더 작은 핵이 안정하다는 의미로 용질원자의 높은 농도에 기여하고 여기서 핵생성이 일어나는데(그림 4.6에서 C_2) 필요한 임계 공공 농도가 감소된다. 그러나, 공공이 없이 GP영역으로 균질하게 생성될 수 있는 GP영역 용해도 한계 이하 온도에서 시효한 어떤 합금에는 석출이 없는 영역의 공공이 소멸된 부분이 존재하지 않는 경우도 있다.

(라) 미량원소의 영향

일반적으로 다른 핵생성과 성장과정에서 석출반응은 적은 양 또는 어떤 원소의 미량이 존재하므로서 큰 영향을 받게 된다. 이러한 변화는 수많은 이유로 일어날 수 있는데.

(i) GP영역의 핵생성 속도를 감소시키는 공공과의 우선 상호반응(예 : Al-Cu합금에서 Cd, In, Sn첨가)

(ii) 상을 안정한 온도 영역 이상으로 변화시킴(예 : Al-Zn-Mg합금에서 Ag첨가(조직: 4-2b))

(iii) 석출물과 기지 간의 계면 에너지를 감소시킴으로서 존재하는 석출물의 핵생성을 자극(예 : Al-Cu합금에서 Cd, In, Sn첨가)

(iv) 다른 석출물의 생성을 촉진(예 : Al-Cu-Mg 합금에서 Ag첨가)

4.1.4 경화기구

　시효경화된 합금에서 경화기구를 설명하려는 시도가 일찍부터 있었으나 실험적 데이타가 부족하여 제한적으로 두가지 중요한 개념이 근본 원리로 알려져 있다. 하나는 경화 또는 합금의 변형 저항이 증가되어 결정학적 면상의 입자 석출에 의하여 slip이 방해되는 결과이며, 다른 하나는 최대 경화가 임계 입자크기와 연관된 것이다. 최근의 **석출경화** 개념은 이들 두가지 현상과 전위(dislocation)이론과 연관시켜 고려하는데 시효경화된 합금의 강도가 석출물과 움직이는 전위가 상호반응하므로써 조절되기 때문이다. 시효경화된 합금에서 전위운동에 장애물은 석출물 주위 내부 변형(strain)과 특히, GP영역, 실제 석출물 자체이다.

　전자의 경우, 전위운동에 대한 최대 저항, 즉 최대 경화는 입자간의 공간이 움직이는 전위선의 곡률반경 한계와 같을 때 기대되는데 약 50개 원자 공간 또는 10㎚이다. 이 단계에서 모든 합금의 현저한 석출물은 정합 GP영역이며 고배율 투과전자 현미경(TEM)에서는 실제로 이들 영역은 움직이는 전위에 의하여 절단된 것으로 나타난다. 이와 같은 개별 GP영역 자체는 전위 미끄럼 방해가 작은 영향만 미치고 체적률이 높으므로 이들 영역의 항복강도는 크게 증가된다. 영역의 전단(shearing)은 그림 4.7에 나타낸 것과 같은 방법으로 slip면을 횡단하는 용질-용매 결합의 수를 증가시키므로 집합체(clustering)를 이루는 과정이 역(逆)으로 되는 경향이 있다.

　이것이 일어나게 하기 위해서는 응력을 가해줌으로써 부가적인 일을 더해야 하는데 그 크기는 관련된 원자의 상대적인 원자 크기와 기지와 석출물간의 적층결함 에너지 차이 등과 같은 인자에 의하여 조절된다. 이것은 소위 **화학적 경화**(chemical hardening)인데 합금의 전체적인 강화에 추가적으로 기여하게 된다. GP영역이 일단 절단되고, 전위가 활성적 slip면 위의 입자를 계속 관통하여 지나가며 **가공경화**(work hardening)는 비교적 작다. 변형이 약간의 활성 slip면상에만 국부적으로 되는 경향이 있으므로 어느정도 강렬한 띠(band)가 생긴다. 이러한 현미경조직은 피로 및 응력-부식 등과 같은 다른 성질에는 해롭다. 그러나, 석출물 입자가 크고 폭 넓은 공간이라면 그들 간에 상쇄되는 움직이는 전위에 의하여 쉽게 우회하여 갈 수 있으며 **Orowan**(그림 4.8)에 의하여 처음 제안된 기구에 의하여 재결합한다. 전위의 루프(loop)는 입자 주위에 남아있다. 합금의 항복강도는 낮으나 가공경화의 속도는 빠르고 소성변형은 전체 입자(grain)를 더 균일하게 전파되는 경향이 있다.

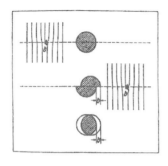
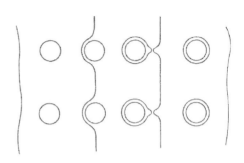

그림 **4.7** 미세 입자인 GP영역이 움직이는 전위에 의하여 절단되는 과정

그림 **4.8** 움직이는 전위가 입자(particle)를 지나가면서 입자주위에 Orowan loop가 남아있다.

이것은 과 시효된 합금의 상황이며 전형적인 시효경화 곡선에는 강도가 증가되고 시효시간과 더불어 감소되는데 이것은 전단으로부터 석출물을 우회하는 전위와 연관되어 있다(그림 4.9). 전위에 의한 전단에 대하여 저항할 수 있고 공간이 너무 가까워서 전위가 우회할 수 없는 석출물이 존재한다면 가장 흥미로운 상황이 발생한다. 그와 같은 경우에, 단면이 **교차(cross)slip**과 같은 과정에 의하여 개별 입자를 위로 또는 아래로 통과한다면 전위선의 운동이 가능하게 될 것이다. 그러면 매우 높은 강화와 가공경화 모두가 기대된다. 일반적으로 그와 같은 석출물은 공간이 넓기 때문에 이것이 일어날 수 없으나 GP영역 용해 한계 이하와 이상에서 2중 시효처리가 최근에 개발되어 어떤 상용합금에서는 중간 석출물의 분산을 미세하게 함으로써 기계적 성질을 개선할 수 있게 되었다. 두 번째 가능성은 작고 밀접한 공간을 가진 입자로 된 석출물의 2중 분산을 이룸으로써 항복 강도를 상승시키고 큰 입자는 가공경화의 속도를 증가시켜 소성변형을 더욱 균일하게 분포시키는 역할을 한다.

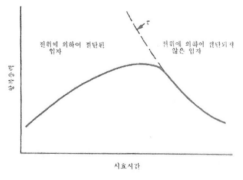

그림 **4.9** 전형적인 시효 경화 합금에서 시효시간에 따른 항복응력의 변화. τ는 석출물 입자간에 전위에 가해지는데 필요한 전단 응력.

Al-4%Cu 시효경화 합금 조직

그림 4.10은 알루미늄 합금을 시효 경화성과 비시효 경화성으로 분류한 것이다. Al에 대한 Cu의 최대 고용도는 548℃ 공정온도에서 5.65%(그림 4.11)이며, 온도가 낮아지면 급속히 감소되어 상온에서는 약 0.1%로 감소된다. 금속재료는 일반적으로 전위(dislocation) 운동을 방해하므로서 경화될 수 있으며, 순금속에서도 **점결함**(공공 : vacancy, 침입자리 : interstitials), **선결함**(전위 : dislocation) 및 **면간결함**(적층결함, 결정립 경계) 등이 존재하면 강도가 증가될 수 있다.

단일상(single phase)합금에서는 용질 원자가 존재하면 부가적 변형저항이 생길 수 있으며, 2상합금에서는 전위를 교차시키거나 2차상 입자를 통과하기 위하여 부가적인 응력이 필요하다. 따라서 미세하게 분산된 석출물은 재료를 강화시키는데 매우 효과적이다(**시효경화 현상**).

석출은 용해한도가 온도 감소와 더불어 생기는 합금계에서 일어나는데 평형 상태도에서 경사진 용해도선(그림 4.11에서 xy)으로 나타나며 합금은 고온영역 $T_2 \sim T_3$까

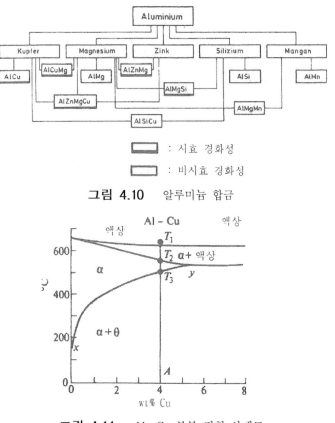

: 시효 경화성

: 비시효 경화성

그림 4.10 알루미늄 합금

그림 4.11 Al-Cu 부분 평형 상태도

지 균질한 α고용체로서 존재한다. 그러나 T_3 이하로 냉각되면 2차상 θ로 과포화 되며, T_3이하로 충분한 시간 동안 시효하면 θ상은 핵생성과 성장에 의하여 석출된다. Al-4%Cu합금을 525℃에서 16시간 동안 **용체화 처리**(solution heat treatment)하면 Cu와 Al원자가 상호확산되어 균일한 고용체가 되어 α-고용체로 되는데 과도한 입자성장 없이 2차상의 양을 최대한 고용시킨다.

용체화 처리 후 시편을 quenching하면 Cu가 Al에 과포화 고용체로 되어 불안정하게 되며, 전체 에너지를 낮게 하기 위하여 **준 안정상**(metastable phase)을 형성하려는 경향이 있다. Cu가 불안정하게 Al에 과포화된 고용체를 이루고 있는 높은 에너지 상태로 인하여 준안정상을 석출하려는 **구동력**(driving force)이 발생한다. Quenching 후 시편을 200℃에서 일정한 시간 시효 처리하여 수냉하면 조직의 변화가 일어난다. 조직의 변화는 용질이 많은 상(phase)의 석출에 의하여 일어나며, 낮은 온도의 석출 초기단계에서는 용질 원자의 응집이 일어나고 이것은 임계크기보다 크므로 계속된 시효로 성장한다(**영역**). 석출이 진행됨에 따라 영역은 계속 성장하며, 기지(matrix)와 완전히 다른 결정구조를 가진 석출물을 생성할 수 있고 영역과 같은 **천이**(transition) **조직**의 생성과 준안정 석출물은 기지와 생성 상 계면에서 양호한 원자적 접합으로 일어난다(계면 에너지가 낮아지면 2차상의 핵생성이 쉽게 일어난다).

석출 경화된 상은 단일상 합금으로부터 충분히 높은 온도에서 고체 상태 반응에 의하여 생성되며 2차상 입자로 채워진 원자들이 기지에 어느 정도 용해된다 (안정한 온도일지라도 석출물 입자는 조대화 과정에 의하여 전체 표면적이 감소되려는 경향이 있다).

석출물이 작고 기지와 **정합**(整合: coherent)이라면 기지에서 움직이는 전위에 의하여 교차된다(그림 4.12). 석출물 입자크기가 증가되거나 또는 결정 구조의 변화가 일어남에 따라 이들 입자를 절단하는데 전위에 의하여 행하여진 일은 증가된다. 석출물 입자크기가 증가되면 강도가 감소된다(그림 4.13).

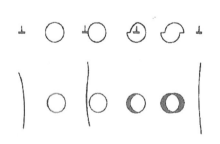

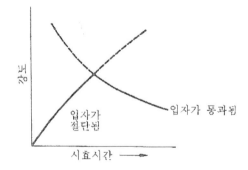

그림 4.12 전위가 석출물 입자를 교차하여 움직인다.

그림 4.13 석출입자를 교차하거나 또는 통과하는데 소요되는 응력에 미치는 입자 크기의 영향

현미경 조직

합금은 평형상태로 부터 α-고용체로 응고되며, 그 후 Θ(CuAl₂)가 **Widmannstätten**
조직으로 석출된다. 그러나 응고되는 동안 **유핵조직**(cored structure)이 고용체에서
생성된다(이것은 잔류융체에 Cu가 부화된(enriched) 실제 공정조성에 도달됨을 의미
한다). 이와 같이 마지막 융체는 비평형 공정(α+Θ)으로 응고된다. 계속된 냉각속도
가 너무 빠르면 희석된 고용체에서 석출이 일어나지 못한다.

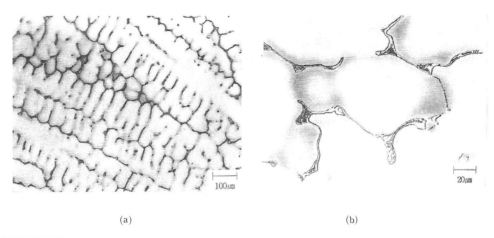

(a)   (b)

조직:4-3　1.5mℓHCl+2.5mℓ(conc.)HNO₃+0.5mℓHF(48%)+95mℓH₂O에서 15~20초간 부식, Al-
4%Cu 합금의 주방상태 조직(사형)

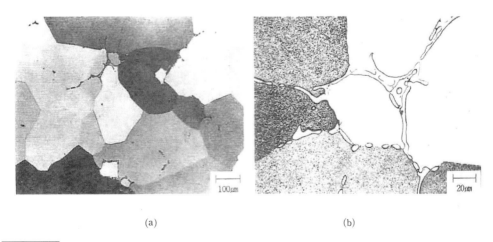

(a)   (b)

조직:4-4　1.5mℓHCl+2.5mℓHNO₃(conc.)+0.5mℓHF(48%)+95mℓH₂O에서 15~20초간 부식

$CuAl_2$는 연마 상태에서 망상의 희미한 pink~white로 나타난다. 부식하면 유핵 조직의 고용체 입자, θ상이 포함된 반점의 공정을 관찰할 수 있다. θ상은 부식되지 않는다. 공정이 고용체의 입계, 입내 및 고용체의 골격 외곽형으로 나타난다(조직:4-3a,b). 조직:4-4에는 Al(α)에 Cu고용체 입자가 존재하며, 입자는 매우 부드러운 경계를 가지고 있다. 용체화 처리로 입자가 균질한 조성으로 되고 수냉(water quenching)에 의하여 석출이 억제된다. 약간의 기공이 나타날 수도 있으며, 입계에 어두운 각진 영역과 모서리 및 가끔 잔류 $\theta(CuAl_2)$ 흔적도 보인다. 용체화 처리하면 조직:4-3 에서 나타난 유핵조직과 $CuAl_2$가 사라지며 수냉하면 이 상태가 실온에서도 변화되지 않고 남게 된다.

4.1.5 알루미늄의 결정립자 미세화 조직

Al-5%Ti-1%B첨가에 의한 입자 미세화

결정립자 미세화는 용탕을 냉각할 때 초정상을 정출하며 이것이 액상과 포정온도 하에서 반응하여 낮은 온도에서 안정한 상인 α로 변화한다. 포정반응에서 일부 초정이 2차상(α)으로 변태하며 이것이 잔류용탕에서 핵으로 작용한다. 즉 포정반응에서 초정과 그 반응 생성물(α)은 분리되어 핵으로 될 수 있다. 미세한 수지상 결정은 쉽게 분리되어 핵으로 될 수 있으며 따라서 입자 미세화가 잘 이루어진다.

AlTiB1합금에 의한 알루미늄의 결정립자 미세화는 **$TiAl_3$**가 포정반응에 의하여 핵으로 작용하며, 첨가된 B가 Al-Ti계에서 평형 상태선을 Ti함량이 낮은 쪽으로 이동시켜 낮은 Ti함량에서도 $TiAl_3$가 초정정출을 일으킬 수 있게 한다. 또 다른 이론은 AlTiB1합금을 용탕에 첨가하므로서 **TiB_2**가 핵생성을 일으킨다. 결정립자 미세화 기구를 규명하는데는 Al-Ti계 상태도(그림 4.14)를 고려해야 한다.

금속간 화합물 $TiAl_3$는 Ti함량이 약 38%이상인 경우, 용탕+TiAl(γ-phase)→ $TiAl_3$(β-phase)+TiAl(γ-phase)의 포정반응을 통하여 생성될 뿐, 용탕에서는 직접 생성되지 않으나 Ti함량이 약 38%이하인 때는 용탕에서 직접 $TiAl_3$(β-phase)가 정출하고 또 용탕의 조성이 0.15%이하의 Ti함량으로 되면 936℃에서 α-Al(1.15%Ti)이 정출되며 온도 강하에 따라 Ti의 용해도가 감소하여 $TiAl_3$(2차 β-phase)가 석출된다. 또한 고용체의 용해도는 800℃까지 0.2~0.3%Ti로 감소되고 $TiAl_2$(2차) 석출이 편석상으로 나타난다. 1차 입자가 α-Al 결정에 매우 유효한 핵이라는 것이 일반적으로 알려져 있다. 그래서 Ti>0.15%(여기서 $TiAl_3$초정이 용탕에서 정출된다)를 Al용탕에 첨가하면 결정의 입자크기가 현저하게 감소된다. Al입자 미세화에는 Ti가 가장 강력한 원소라고 알려져있지만 0.15%Ti이하의 적은 함량에서는 급격히 그 효과가 감소되는데 이 경우에는 1차 정출이 생기지 않고 포정반응도 더 이상 일어날 수가 없는

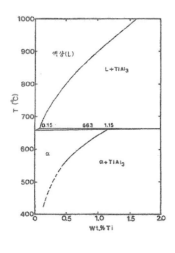

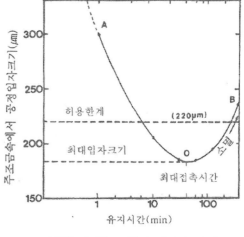

그림 4.14 Al-Ti계 상태도   **그림 4.15** 입자 미세화 곡선

이와 같은 조성에서는 B가 Ti와 결합하여 포정영역 이하에서 현저한 입자 미세화를 이룰수가 있다. 또한 모합금에서 TiAl₃의 생성은 제조방법과 Al용탕의 과열, 냉각속도 및 조성에 의하여 좌우된다.

  TiAl₃가 모합금 제조 시의 온도에 따라서 3가지 다른 형태를 갖는다. 고온으로부터 포화 고용체가 급냉되면 꽃잎상, 고온으로 부터 서냉되면 편상, 낮은 온도에서 화학반응을 일으키면 "**blocky**"**상** TiAl₃결정이 생긴다. Blocky상 결정은 작용이 빠르나 그 효과는 빨리 사라지며 꽃잎상과 판상조직은 보다 늦게 작용하나 입자 미세화 효율은 시간과 더불어 개선되며 오래 지속된다. 여기에서 TiAl₃외에도 TiB₂도 작용하며 이 결합은 뭉치는 경향이 강하므로 각 입자크기와 집합체의 분포에 영향을 미친다. 모합금의 작용을 평가하는 중요한 관점은 용탕에 모합금을 첨가한 후 유지할 때 입자 미세화의 **소멸(fading)성질**이다. 어떤 모합금은 첨가 후 1~3분 내에 최대효과를 나타내나 어떤 경우에는 같은 미세효과를 얻기 위해서 30~60분 이상 소요된다. 용탕의 유지시간은 미세한 입자크기에 도달하기 위해서 필요한데 이것을 "**접촉시간**"이라 한다.

  그림 4.15는 상용 미세 입자제의 대표적인 입자크기-유지시간 곡선을 나타낸 것이다. 입자크기가 처음에는 유지시간이 길어질수록 감소하며 "접촉시간"에서 최소값에 도달한다. 그후 "fading"에서는 입자 조대화가 나타난다. 곡선의 꼭지점인 접촉시간은 모합금에 함유된 TiAl₃상의 형태에 따라 왼쪽으로 또는 오른쪽으로 이동될 수 있다.

  조직:4-5는 750℃의 용탕에 AlTiB1합금 함량을 0.1~1.0wt%를 첨가한 후 10분간 유지하고 교반하여 금형에 주조한 조직이며, 조직:4-6은 AlTiB1의 첨가량을 0.2%wt

로 일정하게하고 주입온도를 700~1,000℃로 하여 10분간 유지한 후 교반하여 금형에 주조한 조직이다. 조직:4-7은 주조온도를 750℃, AlTiB1의 첨가량을 0.1wt%로 일정하게하고 유지시간을 합금첨가 후 1, 5 10, 20, 40 및 60분 등으로 변화시켜 주조한 조직을 각각 나타낸 것이다.

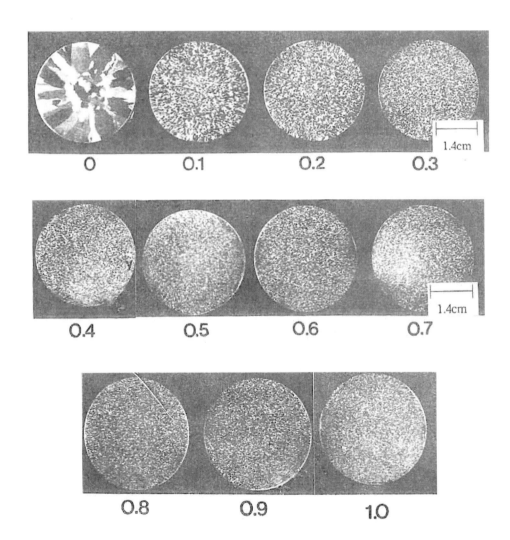

조직:4-5　AlTiB1모합금 첨가 후의 입자 미세화(750℃에서 첨가 후 10분간 유지)조직. 금형 주조, 부식액(예비부식 : **Flick** 부식액= 90mℓH$_2$O, 15mℓHCl, 10mℓHF, macro부식액= 120mℓH$_2$O, 30mℓHCl, 30mℓHNO$_3$, 5mℓHF에서 5분간 부식, micro부식액= 1gHNO$_3$, 99mℓH$_2$O에서 1분간 부식)

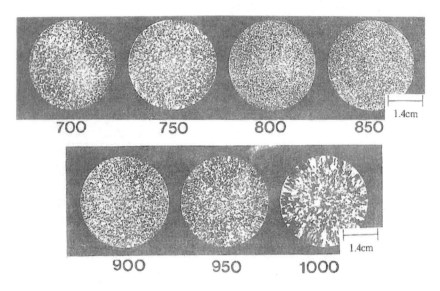

1.4cm

1.4cm

조직:4-6   각기 다른 주조온도에서 입자 미세화(AlTiB1첨가량 0.2%)조직, 각 온도에서 10 분간 유지 후 금형에 주조, 부식은 조직:4-5와 동일

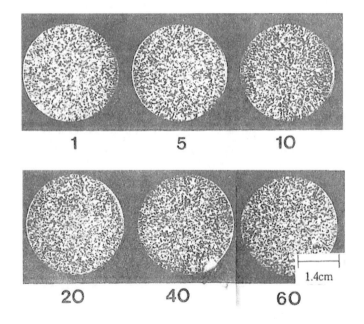

1.4cm

조직:4-7   각기 다른 유지시간(분)에서 입자 미세화(AlTiB1 첨가량 0.1% 주조온도 750℃) 조직, 부식액은 조직:4-5와 동일

4.1.6 단련 알루미늄 합금 조직

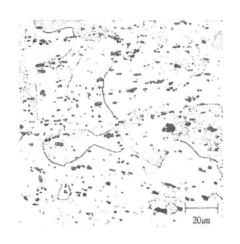

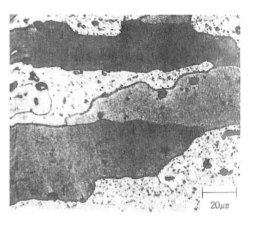

조직:4-8   0.5%HF, 1100-0판재, 냉간 압연하고 annealing, 재결정되고 등축립자와 FeAl₃(black)의 불용성 입자(particle), 가공된 조직에 FeAl₃의 크기와 분포는 annealing에 의하여 영향을 받지 않는다.

조직:4-9   Keller부식액, 2024-T3판재, 495℃에서 용체화 처리하고 차가운 물에 quenching, 종단면, 어두운 입자는 CuMg-Al₂, Cu₂MnAl₂₀ 및 Cu₂FeAl₇ 등이다.

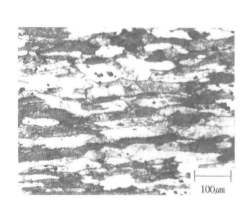

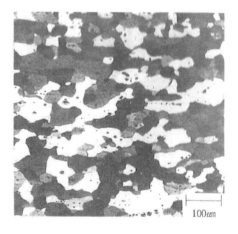

조직:4-10   Barker부식액, 3003-0 판재, annealing상태, 종단면은 재결정된 입자이며, 입자연신은 압연방향을 나타내나 각 입자 내에 결정학적 방향은 아니다. 편광

조직:4-11   Barker부식액, 5457-0후판 (10㎜), 345℃에서 annealing, 편광, 입자는 등축이다.

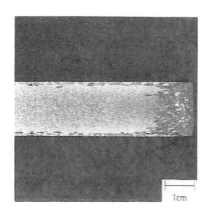

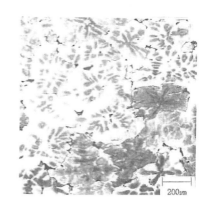

조직:4-12 Tucker부식액, 6063-T5 압출, 횡단면, 실제크기, 압출표면에 입자는 더 많은 가공과 가열 때문에 재결정되었음, 압출 내부에 입자는 재결정되지 않았음.

조직:4-13 NaOH, NaF부식, 7079-T6 단조, 40%압하, 용체화 처리하고 인공시효함, Al-Cr-Mn상(조직에서 더 어두운 영역)은 균질화하는 동안 일어나며 수지상 유핵조직의 징후가 있음.

4.1.7 주조 알루미늄 합금 조직

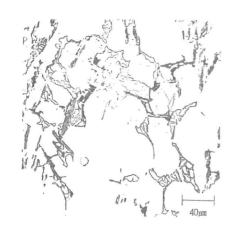

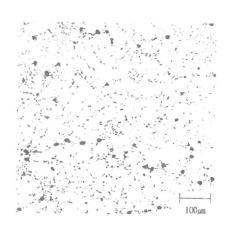

조직:4-14 0.45%HF, 242-T571합금, 영구(permanent) 주형에 주조하고 인공시효처리, 조직은 중간회색의 Cu_3NiAl_6조각에 칼날같은 $NiAl_3$(dark gray)를 포함하고 $CuAl_2$ 입자(light)와 조각같은 Mg_2Si(black)도 역시 존재한다.

조직:4-15 0.5%HF, 356-T6 합금, 영구 주형주조, 용체화처리하고 인공시효, 수소 기공(black)

Al-Si 합금의 개량 처리 조직

Al과 Si는 거의 상호 고용체를 만들지 않고 577℃, 11.7%Si에서 공정편석하며 Al 합금에는 약 20%까지 Si를 함유한다(그림 4.16). α-고용체에서 Si의 용해도는 온도 강하와 더불어 심하게 떨어진다. 금속 Na를 0.05~0.1%정도 첨가하면 공정온도가 503℃, 공정점의 Si는 약 14%로 그림 4.16중의 점선으로 되어 공정온도가 약 10~15℃ 정도 과냉되며, 또한 Na의 핵조성 효과에 의하여 조직이 미세화된다. Al-Si합금 (**silumin**)의 비중은 2.65이며, 개량처리 합금은 Si가 10~14% 함유되어 있고 기계적

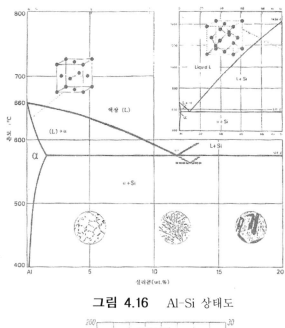

그림 4.16   Al-Si 상태도

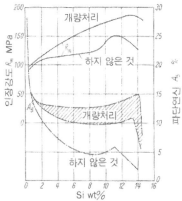

그림 4.17   Al-Si합금의 인장성질(Na 개량처리 한 것과 하지 않은 정상적인 지름 12.3mm 의 사형주물 시험봉)

성질이 우수하다. 또한 유동성이 양호할 뿐만아니라 고온 취성도 나타나지 않으므로 주물용 합금으로서 적합하다(그림 4.17). Fe는 유해한 불순물로서 $FeAl_3$의 침상결정을 생성하여 취약하게 된다.

개량처리(Modification)

개량처리 방법은 1920년 A.Pacz가 발견하였는데 개량의 효과를 얻기 위하여 불화물을 쓰는 법, 금속 Na를 쓰는 법 및 가성소오다 등을 쓰는 법이 있으나 금속 Na를 가장 많이 사용한다. 720~780℃의 융체에 약 0.1% Na(금속 Na 또는 Na염의 형태)를 첨가하면 Na가 핵생성 작용을 일으켜 주물의 조직이 아주 미세하게 된다. 판상 및 창모양으로 되어 있던 Si결정이 미세하고 둥글게 변한다.

공정은 특히 미세하게 분포되므로 강도 및 연신율이 상승된다. Na첨가로 공정온도가 577℃로부터 564℃로 내려가며, 공정조성은 11.7%에서 14% Si로 이동되므로 14%Si를 함유한 과공정 합금이 개량처리 후에는 공정으로 응고된다. 개량처리 작업은 용탕에 금속 Na 0.05~0.1% 또는 Na 0.05%＋K 0.05%를 Al의 얇은 캡슐(capsule)에 넣어서 철관 속에 장입하여 용융금속 속에 담그고 있으면, 철관의 윗쪽에 있는 조그마한 여러개의 구멍으로 녹아 나와서 위로 뜬다. 이때 일부는 표면까지 떠올라 와서 연소한다.

연소가 끝나는 것을 기다려서 주조한다. 온도는 800℃가 적당하고 너무 높으면 Na의 산화 손실이 많아진다. 개량처리한 후 20분 정도 지난 후 주조한다. 조직:4-16은 개량처리하지 않은 Al-13%Si합금의 파괴면으로 조대하고 반짝이는 Si결정이 보인다. 조직:4-17은 Na 개량처리한 Al-13%Si합금의 파괴면으로 미세한 입자, 인성을 가진 모양을 볼 수 있다.

조직:4-16 개량처리 하지 않은 Al-13% Si 합금의 파괴단면

조직:4-17 개량처리한 Al-13%Si 파괴단면

조직:4-18은 13%Si합금을 사형에 주조하였을 때 (Al+Si)공정으로 응고되어 조대한 판상 및 침상 Si결정으로 Al기지 내에 존재한다. 인장 강도는 981~118MPa, 연신율 3~5% 밖에 되지 않는다. 그러나 Na 개량처리를 하면 사형 주물에는 초정 수지상 Al 및 특히 미세한 공정이 존재하므로(조직:4-19), 마치 Si함량이 3%이하인 아공정 합금인 것 처럼 보인다. 강도는 235~275MPa, 연신율 10~15%로 상승한다.

칠(chill)형에 주조한 경우에는 처음부터 미세 공정조직을 나타내며, 초정 Si결정이 갈라지고 또한 Al결정에는 평형장애가 존재한다(조직:4-20). 이것은 칠의 냉각 작용의 결과이며 과냉으로 인하여 공정의 계속된 개량이 방해된다. 개량처리로는 칠 주물 조직이 더 미세하게 되지 않으므로(조직:4-21) 대개 칠주물에는 Na 개량처리를 하지 않는다. 칠의 심한 냉각 효과를 약화시키기 위하여 Si함량을 11%로 줄이고 칠주형을 350℃로 예열한다. 이 합금을 칠주형에 주입하면 인장강도 169~255MPa 연신율 6~10%로 된다. 530℃에서 3시간 용체화 처리후 수냉하면 주조된 합금이 균질화 되며, 특히 연신율이 현저하게 상승된다. 적당한 Na 함량을 조절해야 한다. 용체에 너무 적은 양의 Na를 첨가하면, 일부의 초정 Si결정이 미세화되나 Na함량에 따라 다소의 조대한 판상 및 침상 Si가 남게 된다. 합금은 완전하게는 개량처리되지 않는다.

Na함량이 너무 높으면 조직이 과개량되어, 즉 Si가 조대한 입자로 다시 뭉쳐져서 (조직:4-22) 품질저하의 결과를 초래한다. Al-Si 합금에서 불순물은 주로 Mn 및 Fe 이다. 이것은 Al 및 Si와 함께 조직성분으로 Al_3Fe(침상), Al_6Mn(담회색)또는 AlSiFe (조직:4-23) 등을 생성한다.

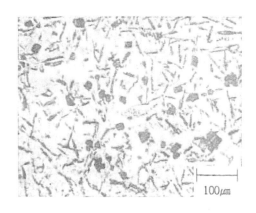

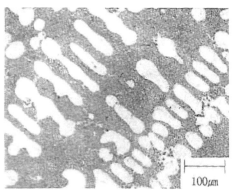

조직:4-18 개량처리 하지 않은 Al-13% Si합금의 사형주물, (Al+Si)공정의 변종. 부식하지 않은 조직

조직:4-19 개량처리한 Al-13%Si합금의 사형주물, 미세한 (Al+Si)공정에서 초정 Al 조직

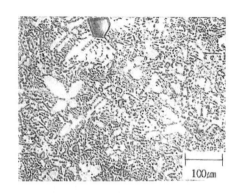

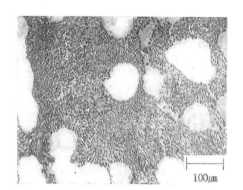

조직:4-20 개량처리 하지 않은 Al-13% Si합금의 금형주물, 미세한 (Al+Si)공정에 서 초정 Al과 Si결정 조직

조직:4-21 개량처리한 Al-13% Si합 금의 금형주물, 미세한 (Al+Si)공정에서 초정 Al결정 조직

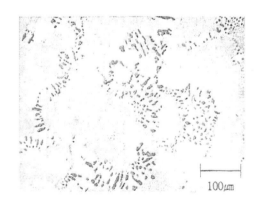

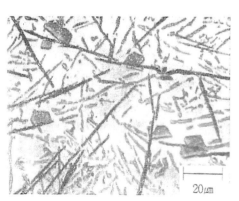

조직:4-22 과다하게 개량처리된 Al-13%Si합금의 금형주물 공정, Si결정은 일 부 큰 입자로 응집조직

조직:4-23 Fe를 함유한 Al-13%Si 합금, AlSiFe침상이 20%희석, H_2SO_4에 서 부식하면 용출되어 나온 조직

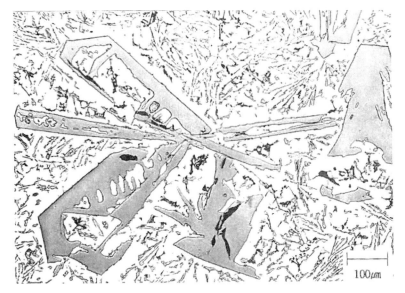

조직:4-24 0.5%HF부식, 392-F, 영구(permanent) 주형주조 상태, 조직은 Si(공정에 작고, 각진, 회색 입자와 크고 미세화 되지 않은 초정 입자들)와 Mg_2Si(black 성분)

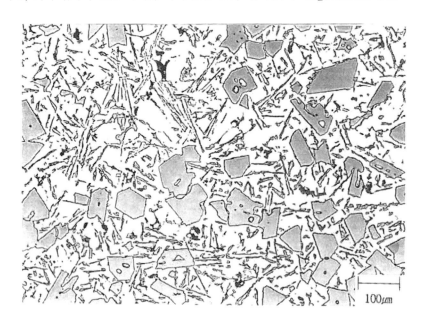

조직:4-25 0.5%HF부식, 조직:4-24 와 동일한 합금이나 용탕에 P를 첨가, P첨가로 초정 Si입자 크기가 미세화 됨.

4.2 Cu 합금 조직

4.2.1 단련용 Cu 조직

비합금 Cu는 전기 전도도가 높고 내식성이 양호하며 가공이 용이 할 뿐만 아니라 인장강도도 우수함은 물론 annealing성질을 조절할 수 있고 납땜 및 접합성질이 우수하므로 전기산업에 널리 사용되고 있다. 단련용 Cu는 산소와 불순물 함량에 따라 **전해인성**(ETP : electrolytic tough pitch)**동**, **무산소**(OF : oxygen free)**동**, **인탈산**(D-HP : phosphorus deoxidized)**동** 등으로 분류한다. 그림 4.18은 Cu-O$_2$상태도를 나타낸 것이다.

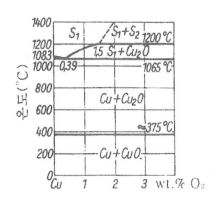

그림 4.18 Cu-O$_2$ 상태도

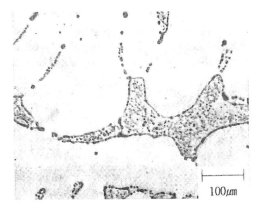

조직:4-26 0.8%Cu$_2$O-0.09%산소를 함유한Cu(Cu+Cu$_2$O)공정을 가진 Cu초정 조직, 부식하지 않는 것.

탈산되지 않은 정련동에는 언제나 산소가 존재한다. 이것은 Cu와 함께 Cu$_2$O를 만든다. Cu$_2$O는 높은 온도로부터 375℃까지 안정하며 Cu와 CuO를 형성한다. Cu와 Cu$_2$O간에는 액상상태에서 확장된 **상용성 갭**(miscibility gap)이 존재한다. 0.39%O 또는 3.5%Cu$_2$O로 인하여 Cu의 용융점은 1,083℃로부터 1,065℃로 낮아진다. 0.39%O를 함유한 공정합금에는 Cu기지 내에 물방울 모양의 Cu$_2$O결정이 균일하게 존재한다. 적은 양의 산소를 함유한 Cu의 조직은 Cu초정이 (Cu+Cu$_2$O)공정으로 존재한다(조직:4-26).

0.2cm

조직:4-27 Fe₃Cl5g+HCl50㎖+H₂O1-
00㎖ 부식, **ETP Cu**, 정압주조, 수지상
조직이 명확히 나타난 조직

40㎛

조직:4-28 K₂Cr₂O₂2g+H₂SO₄8㎖
+NaCl4㎖(과포화 용액)+H₂O100㎖부식
, **ETP Cu**, 열간압연봉, 횡단면,등축입
자와 CuO₂입자의 분산조직

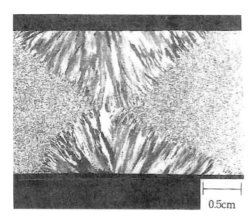

0.5cm

조직:4-29 NH₄OH20㎖+H₂O 0~20
㎖+3%H₂O₂ 8~20㎖부식, **ETP Cu**, 냉
간압연봉, 375℃에서 약 1시간annealing
하고 정극성 직류를 사용하여 두번 패
스 텅스텐 아크용접(용가재 : ETP)조직

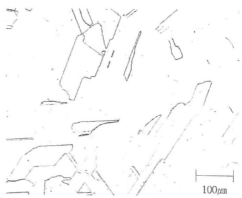

100㎛

조직:4-30 NH₄OH20㎖+0~H₂O 20
㎖ , 3%H₂O₂8~20㎖부식, **OF Cu**, 열
간 압연 봉, 크고, 등축, 쌍정 입자 조
직

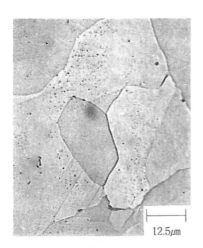

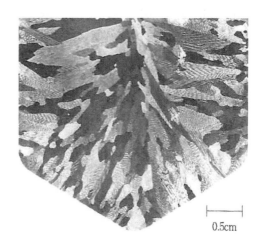

조직:4-31 NH₄OH20㎖+H₂O0〜20㎖+3%H₂O₂820㎖부식, **OF Cu,** 6.3㎜직경봉, 인장속도 0.03㎜/s로 550℃에서 시험한 조직

조직:4-32 FeCl₃5g+HCl 50㎖+H₂O 100㎖부식, **DHP Cu,** 정압주조, ingot 의(상주법)의 횡단면 주상 조직

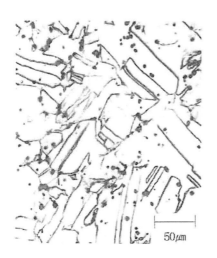

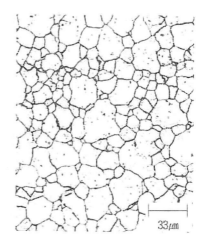

조직:4-33 CrO₃8g+ HNO₃10㎖+H₂SO₄10㎖+H₂O200㎖부식, **S함유 Cu,** 봉, 50% 압하율로 냉간가공, 횡단면 기계가공성을 향상시키는 CuS의 둥근입자가 분포된 조직

조직:4-34 NH₄OH25㎖+H₂O25㎖+25%(NH)₄S₂O₈50㎖부식, **베릴륨 Cu,** 790℃에서 10분간 용체화 처리하고 수냉,(경도: 62HRB), Cu에 과포화된 고용체의 Be등축입자 조직

4.2.2 Cu-Zn 합금 조직

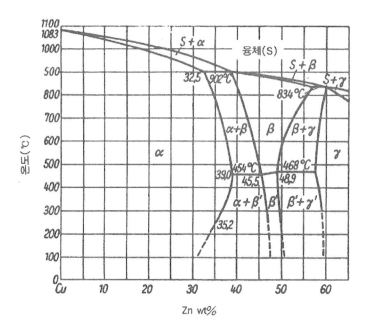

그림 4.19   Cu-Zn 상태도

최소 55% Cu(잔부는 Zn)를 함유한 합금을 **황동**(brass)이라 한다. Cu는 고체상태에서 Zn을 현저한 양을 고용한다(그림4.19). 포정온도 902℃에서 용해도는 32.5%이다. 400~450℃까지 39% Zn으로 증가되며, 더욱 평형상태에서는 다시 약간 증가된다. 낮은 온도에서 이러한 평형을 유지하기 위하여는 현저한 냉간 변형 및 오랜 시간의 tempering이 필요하다. 통상적으로 tempering에서 유지시간을 짧게 하면 일반적으로 평형은 이루어지지 않거나 또는 일정하게는 도달되지 못한다. 30% Zn을 함유한 황동은 tempering 후에는 β-相이 석출없이 대개 균질한 α고용체로 된다. Cu가 너무 많이 함유된 α고용체는 Cu와 같은 FCC결정이다. 실온으로 냉각한 후의 조직은 α-고용체로 된다. 공업적으로 사용되는 황동주물은 급랭되므로 결정편석이 없어지지 않아 고용체는 전형적인 수지상 주물조직이 된다(조직:4-35). 매우 서냉하고 또한 편석된 합금을 계속하여 높은 온도에서 어느 시간 동안 tempering하면 먼저 응고된 결정과 나중에 응고된 결정간의 농도차이가 확산을 통하여 균질하게 된다. 이 경우의 조직은 잘 생성된 수많은 lamellar상 쌍정을 가지며 규칙적으로 경계를 이룬 다면체로 된다(조직:4-36).

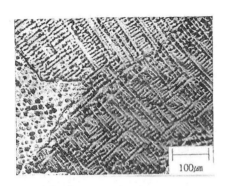

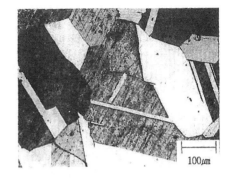

조직:4-35 염화암모늄동 부식, 72% Cu+28%Zn을 함유한 황동, 주방상태, 불균질 수지상 α-고용체

조직:4-36 염화암모늄동 부식, 72%Cu+28%Zn을 함유한 황동주물, 800℃에서 5시간 tempering. 쌍정을 갖는 다각형 조직

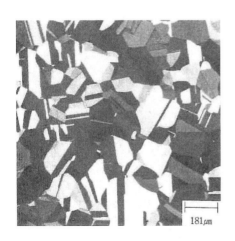

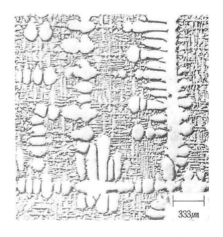

조직:4-37 NH₄Cl+H₂O(동일한 양) 부식, **cartridge brass**(70Cu/30Zn), annealing함, 조직의 대조(contrast)를 증가시키기 위하여 편광조사 사용

조직:4-38 NH₄OH20mℓ+H₂O 0~20mℓ+ 3%H₂O₂8~20mℓ부식, cartridge brass, 주조, 서냉, quenching, 초정 수지상이 <100>결정학적 방향으로 배열됨. 미세한 quenching된 조직이 조대한 수지상과 같은 방향을 갖는다.

조직:4-39   NH₄OH+H₂O₂ 부식, car-tridge brass, 인발된 tube, annealing하고 5%로 냉간압하, 약간의 가지를 가진 전형적인 **입계응력 부식균열**(intergranular stress-corrosion crack)

조직:4-40   NH₄OH+H₂O₂ 부식, cartridge brass, tube. Cu가 부화된 다공성 plug 잔사조직(**탈아연 현상** : dezincification)

조직:4-41   NH₄OH20㎖+H₂O0～20㎖+3%H₂O₂8～20㎖ 부식, Cu-27.5%Zn-1.0%Sb합금, tube, tube벽을 통하여 나타난 응력부식 균열인데 아마도 수은 또는 암모니아에 의한 것으로 보임.

조직:4-42   NH₄OH20㎖+H₂O0～20㎖+3%H₂O₂8～20㎖ 부식, Sb admiralty 합금, tube, 인발, 응력제거 처리하고 180도로 구부림, 입자횡단응력 부식 균열

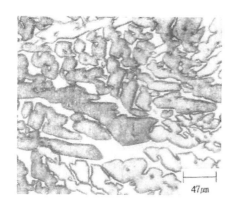

조직:4-43 NH₄OH20㎖+H₂O0〜20㎖ +3%H₂O₂8〜20㎖ 부식, **muntz metal**, 주방상태, β상가지에 α상의 수지상 조 직

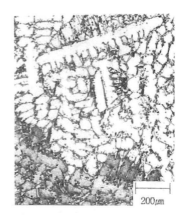

조직:4-44 NH₄OH 20㎖+H₂O0〜 20㎖+3%H₂O₂8〜20㎖부식,**free-cutting brass**, 주방상태, 어둡게 나타난 α상 초정 수지상과 Pb는 작은 구상입자로 보인다.

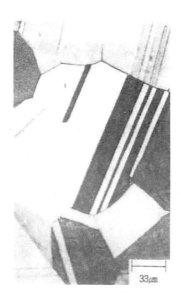

조직:4-45 FeCl₃59g+에탄올96㎖ 부 식, **naval brass**, 압출, annealing, an- nealing으로 인한 쌍정이 보인다.

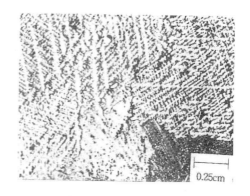

조직:4-46 FeCl₃59g+에탄올96㎖ 부식, **As-Al황동**, 주방상태, 전형적인 수지상 육안 조직

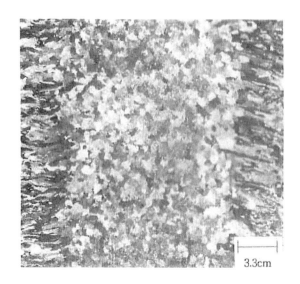

3.3cm

조직:4-47 　　　HNO₃ 5㎖+ CH₃COOH 5㎖ H₃PO₄ 1㎖부식, Cu-Ni(30% Ni)합금, 주방
상태, 종단면, billet 표면 가까이는 주상조직. 응고 최소상태에서 대류로 인하여 입자는
수평으로부터 상부로 30。 경사져 있다.

4.2.3 Cu-Sn 합금 조직

　　Cu합금에 Sn이 함유되면 **Sn청동** 또는 **청동**(bronze)이라고 한다. 그림 4.20은
Cu-Sn 합금에서 기술적으로 중요한 Cu부분을 나타낸 것이다. Cu에서 Sn의 확산속
도가 느리고 상당히 낮은 온도에서 몇 가지 반응이 일어나므로 열처리에서 합금이
상태도를 따라 평형이 일어나지 않거나 또는 불완전하게 일어난다. Cu는 Sn과 함께
치환형 고용체를 생성한다. 이 α-고용체는 586~520℃의 온도에서 최대 15.8% Sn을
고용한다. 낮은 온도까지 평형의 경우에 용해도가 심하게 감소되어 실온에서는 거의
0%에 이른다. 10%Sn을 함유한 청동은 1,000~850℃에서 응고되며 균질한 α-고용체
가 존재한다. 150℃에서 응고영역이 넓고 Sn의 확산속도가 낮으므로 청동주물에는
항상 현저한 결정편석이 나타난다(조직:4-48). Sn이 적으므로 연한 수지상이 Sn이 많
은 경질기지에 박혀 있다. 550℃이상의 온도에서 오랜 시간 tempering하면 쌍정이 들
어있는 균질한 다면체 조직으로 된다(조직:4-49). 상태도에 따라 약 345℃이하에서 예
상되는 ε-결정의 편석생성은 서냉하면 얻어지지 않는다. 586℃이상에서 안정한 β-
고용체는 β-황동과 유사하게 BCC결정격자를 갖는다.

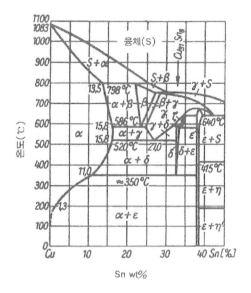

그림 4.20   Cu-Sn의 상태도

냉각에서 β-상 공석은 동일한 BCC γ-상으로 변태한다. 30%Sn을 함유한 청동은 700℃에서 균질한 γ-고용체로 되어있다. 수냉한 후에는 큰 쌍정이 없는 다면체 천이 조직이 된다(조직:4-50). 이것을 520℃이상에서 annealing하고 서냉하면 이 결정은 다시 변태되어 과공석 α-고용체 외에 (α+δ) 공석이 생긴다(조직:4-51).

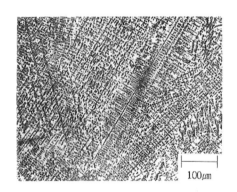

조직:4-48   90%Cu 및 10%Sn을 함유한 **청동**, 주방상태, 불균질 α-고용체(고용체)조직

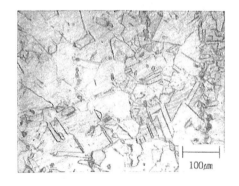

조직:4-49   90%Cu 및 10%Sn을 함유한 청동, tempering한 상태, 균질한α-고용체(다면체) 조직

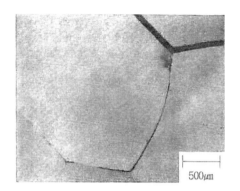

500μm

조직:4-50   70%Cu+30%Sn을 함유한 청동, 700℃로부터 수냉한 준안정 고용체 조직

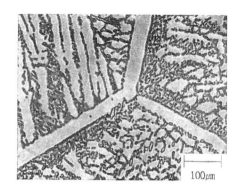

100μm

조직:4-51   70%Cu-30%Sn을 함유한 청동, 700℃/수냉/1h 500℃/서냉. 밝은 부분의 δ-고용체와 (α+δ) 공석 조직

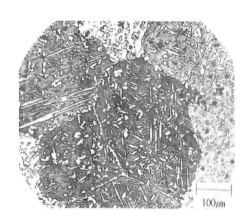

100μm

조직:4-52   FeCl₃59g+에타놀 96ml부식, 64%Cu-26%Zn-3%Fe-4%Al-3%Mn합금(**망간 bronze**), 주방상태, β상기지에 작은 침상의 α-고용체(회색의 각종 음영). Fe가 부화된 상의 검은점은 잘 분포되어 있다.

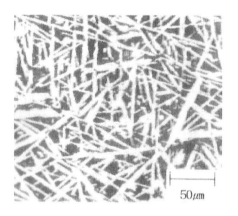

50μm

조직:4-53   FeCl₃ 59g+에타놀 96ml부식, **Al bronze**, 900℃에서 2시간 용체화 처리하고 수냉, 650℃에서 2시간 tempering하고 수냉, α입자(흰색 침상)는 주방상태에서 보다 더 작다.

조직:4-53은 알루미늄 청동의 조직으로 83%Cu-10~11.5%Al-3~5%Fe-1.5%Ni를 함유한 합금이며, 조직:4-54는 Ni-Al청동인데 78%Cu-10~11.5%Al-3~5%Fe-5.5%Ni를 함유하고 있다. 청동은 P에 의한 탈산으로 용해된 산소는 전부 P_2O_5로 결합된다. 과잉된 P는 Cu_3P를 생성하며 이 것은 Cu와 707℃, 8.25%P에서 공정을 이룬다. 조직:4-55는 인청동으로 0.05%Pb, 4.2~5.8%Sn, 0.3% Zn 및 0.1%Fe 및 나머지 Cu 등을 함유하고 있다. 조직:4-56에는 0.1%Pb, 0.5%Zn, 1.6~2.2%Ni 및 나머지 Cu를 함유한 **Si-Ni 청동**이다.

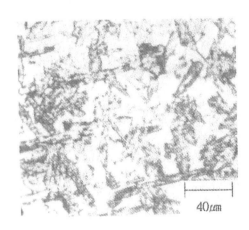

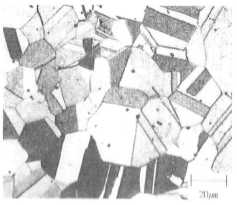

| 조직:4-54 | 전해부식, **Ni-Al Bronze**(11-%Al), 주방상태, 잔류β상(white)에 작은 α입자(light gray, 혼합된)가 약간의 공석 분해된 β상(dark gray)이 존재한다. |

| 조직:4-55 | $K_2Cr_2O_7$+$H_2SO_4$4㎖+NaCl4㎖(포화용액)+H_2O100㎖부식, **인청동**, 봉, 압출, 냉간인발, 565℃에서 30분간 annealing, annealing쌍정과 함께 재결정된 α입자로 된 조직 |

2.5%Be를 함유한 합금을 800℃에서 균질화 처리하고 수냉하면 α 및 과냉된 β-고용체의 혼합물로 된다. 이때 Brinell경도는 130이 되며 quenching된 합금을 300℃에서 30분간 annealing하면 경도가 300HB로 상승한다(조직:4-57). Annealing시간을 10시간으로 증가시키면 최대 경도가 약 425가 되고 400℃에서 1시간 annealing하면 결정립계에 CuBe가 석출되며(조직:4-58), 동시에 경도가 300HB로 떨어진다. 조직에서 α-결정은 white, CuBe석출물은 black으로 각각 나타난다. Cu와 Ni은 모든 합금 비율로 균질한 고용체를 생성한다. Ni첨가 노냉 Cu는 전기 전도도가 현저하게 강하되나, 상당한 경도 및 강도를 유지하면서 매우 양호한 소성 변형능을 가지고 있으므

로 60%Cu-40%Ni을 함유한 **콘스탄탄**(constantan)(조직:4-59)과 같은 Cu-Ni합금은 전기 저항재료로 응용된다. 이 합금은 Au또는 Cu와 결합하여 열전대 재료로 제조된다.

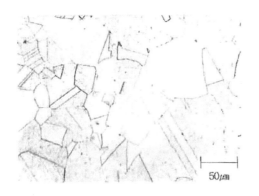

50μm

조직:4-56 $K_2Cr_2O_7$2g+$H_2SO_4$8㎖+NaCl 4㎖(포화용액)+H_2O100㎖부식, **Si-Ni Bronze**, 용체화처리 후 480℃에서 2시간 시효, 용해되지 않는 Ni-Si입자로 인하여 α입자가 흐릿하게 나타난 조직

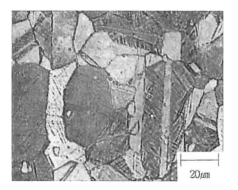

20μm

조직:4-57   2.5%Be를 함유한 **Be청동**. 800℃/수냉/30분 300℃, α 고용체 (gray) 및 β-고용체(white) 조직

65~70%Ni, 25~30%Cu에 나머지 Fe, Si, Mn, C, P 및 S등이 함유된 **모넬합금** (Monel metal : 조직:4-60)은 강도 및 내식성이 우수하므로 화학공업에 많이 응용된다. Sn청동에 Zn을 첨가 한 것을 **red bronze**라하며 fittings 및 bushing에 사용된다. 조직:4-61은 8%Sn, 7%Zn 및 3%Pb, 나머지 Cu를 함유한 **red bronze**의 주방상태 조직은 불균질한 α-고용체가 (α+δ)공석에 존재하며 원소형인 Pb는 검은 물방울상으로 나타나 있다. **German silver**(Nickel silver)에는 47~65%Cu, 25~12%Ni, 나머지 Zn을 함유하고 있으며 절삭성을 개선하기 위하여 가끔 2.5%까지 Pb를 첨가한다. 합금은 주방상태에서 3원의 심하게 편석된 α-수지상을 타나낸다(조직:4-62).

Tempering하고 균질화 처리한 상태에서는 균질한 α-고용체로 된다. Tempering성질이 양호하고 흰색을 띄고 18%Ni은 은색, 27%Ni은 니켈색 및 33%Ni는 white blue를 각각 나타내므로 가구 및 전자공업의 부품, 광학 및 의료 기구 등의 제조에 많이 사용된다. 조직:4-63은 63.5~66.5%Cu-9.00~11.0%Ni-0.25Fe-0.5%Mn을 함유한 German silver(Nickel silver)의 조직을 나타낸 것이다.

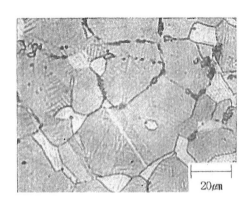

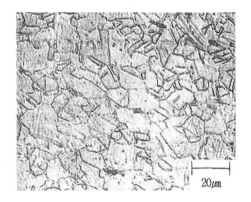

조직:4-58　　25%Be를 함유한 **Be청동**,
800℃/수냉/ 1시간 400℃, α-고용체(gray), β-고용체(white) 및 CuBe(black)조직

조직:4-59　　60%Cu-40%Ni를 함유한
합금. **Constantan**, 균질한 α-고용체 조직

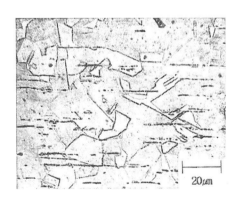

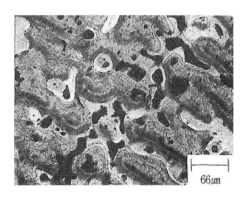

조직:4-60　　65%Ni-30%Cu및 잔부 Fe,
Mn, Si, C, P, S를 함유한 합금. **Monel
metal**, 압연하고 tempering한 균질한 α-
고용체와 선상 불순물 조직

조직:4-61　　82%Cu-8%Sn-7%Zn-3%
Pb를 함유한 **red bronze**. 어두운 Pb 개
재물을 갖는 불균질한 α-고용체 조직

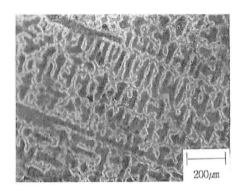

조직:4-62   60%Cu-18%Ni-22%Zn을 함유한 **German silver**. 주방상태. 불균질한 α-고용체 조직

조직:4-63 $FeCl_3$ 60g+Fe(NO_3) 20g+H_2O 2,000㎖부식, **Nickel silver**, 냉간 압연한판(2.5㎜두께),650~700℃에서 annealing, 종단면 쌍정대(band)를 포함하는 α-고용체의 등축으로 재결정된 입자 조직

4.3 Ni 합금 조직

　　니켈기지 합금은 고온재료로서 광범위하게 사용되는데 주로 내식 및 특수목적용으로 66.5-99.8%Ni를 함유한 합금을 다루기도 한다(표 4.2).

표 **4.2**　　니켈과 Ni-Cu 합금의 공칭조성

합　금	조　　　성
Nickel 200	- 99.5%Ni-0.080%C-0.18%Mn-0.20%Fe
Nickel 270	- 99.98%Ni-0.01%C
Permanickel 300	- 98.5%Ni-0.20%C-0.25%Mn-0.30%Fe-0.35%Mg-0.40%Ti
Duranickel 301	- 96.5%Ni-0.15%C-0.25Mn-0.30%Fe-0.65%Ti-4.38%Al
Monel 400	- 66.5%Ni-31.5%Cu-0.15%C-1.0%Mn-1.25%Fe
Monel R405	- 66.5%Ni-31.5%Cu-0.15%C-1.0%Mn-1.25%Fe-0.043%S
Monel K-500	- 66.5%Ni-29.5%Cu-0.13%C-0.75%Mn-1.0%Fe-0.60%Ti-2.73%Al

Ni 200의 현미경 조직은 annealing된 고용체 조직이며 약간의 비금속 불순물(주로 산화물)을 함유하고 425~650℃에서 장시간 노출하면 고용체로부터 흑연석출이 일어난다. 기계적 성질이 우수하고 여러 환경에서 내식성도 양호할 뿐만 아니라 고온에서도 강도가 유지되며 저온에서도 인성과 연성이 우수하다(조직:4-64).

Ni 270(99.98%Ni)은 Ni200보다 비금속 불순물을 적게 함유하나 조직은 유사하며 기계가공 및 열처리도 유사하다(조직:4-65).

Permanickel 300 합금은 시효경화 합금이며 용체화 annealing 상태에서 무작위로 분포된 TiN 입자와 흑연이 광학 현미경에서 관찰된다. 연속적으로 시효경화된 합금은 유사하게 보이나 미세한 입상 석출물이 함유되어 있다(조직:4-66), 이 상(phase)은 정상적인 시효온도(480℃)에서 시효된 재료에서는 광학 현미경에 의해서는 해상되지 않으나 과시효된 재료에서는 볼 수 있다. 시효경화 기구는 복잡한데 C, Mg 및 Ti 등은 완전경도를 얻는데 필요하고 $Ni_3(Mg,Ti)C_x$와 같은 화합물의 석출은 시효경화 중에 생긴다고 본다.

Duranickel 301은 시효경화 합금 이며 비합금 Ni의 내식성과 더불어 강도와 경도가 증가된다. 용체화 annealing 후에 조직 전체를 Ni_3(Al, Ti)상을 석출하는 425~705℃온도에서 유지하므로써 시효경화된다. 용체화 처리하고 적당히 시효한 상태의(조직:4-67)석출된 상이 광학 현미경에서는 해상되지 않으나 어느정도의 흑연립자는 대개 보인다.

Ni-Cu 합금 조직

Monel 400은 Ni와 Cu의 안정한 고용체이며 현미경 조직에는 비금속 불순물이 가끔 나타난다(조직:4-68). 강도가 높고 용접성, 내식성이 우수하며 넓은 온도구간에서 인성이 양호하다. 침식 및 공동(cavitation : 추진기 뒤에 생기는 진공부)문제가 중요시되는 고속 해수 조건에서 뛰어난 성능을 발휘한다. 염산, 황산 및 기타 많은 산(acid) 및 알카리에도 내식성이 우수하다.

Monel R-405는 Monel 400과 비슷하나 절삭성을 향상시키기 위하여 황(S)이 첨가되어 있으며 현미경 조직은 고용체이지만 황화물 입자가 존재한다(조직:4-69).

Monel K-500은 Ni-Cu 기본조성에 Al과 Ti를 첨가한 합금으로 용체화 annealing으로 기지 전체에 석출물을 생성한다. 일반적인 시효온도 595℃에서 시효하면 이 석출물은 광학 현미경에서는 관찰되지 않으나(조직:4-70),705℃에서 과시효 하면 광학 현미경에서도 관찰할 수 있다(조직:4-71), 석출물 외에도 TiN입자가 대개 조직에 존재한다.

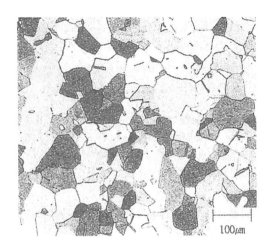

조직:4-64   NaCN, $(NH_4)_2S_2O_8$부식, **Nickel 200**, 냉간 인발하고 830℃에서 연속 annealing, nickel 고용체 조직

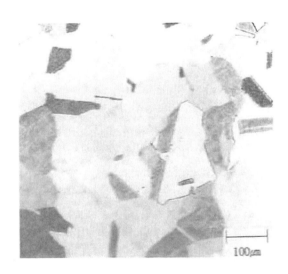

조직:4-65   NaCN, $(NH_4)_2S_2O_8$부식, **Nickel 270**, 열간압연하고 830℃에서 연속 annealing, nickel 고용체 조직

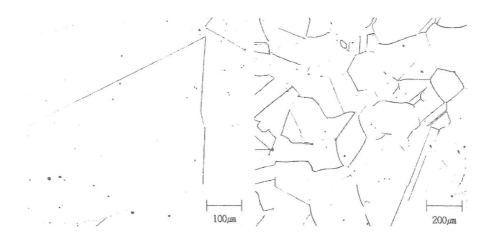

조직:4-66   NaCN, $(NH_4)_2S_2O_8$부식, P-ermanickel 300, 1,205℃에서 1시간 용체화annealing 하고 수냉, 480℃에서 10시간 시효한후 수냉, nickel 고용체에 분산된 TiN 입자와 흑연(검은점) 조직

조직:4-67   NaCN, $(NH_4)_2S_2O_8$부식, Dur-anikel 301, 980℃에서 30분간 용체화 annealing 하고 수냉, 480℃에서 20시간 시효한 후 수냉, nickel 고용체, 흑연입자(검은점) 조직

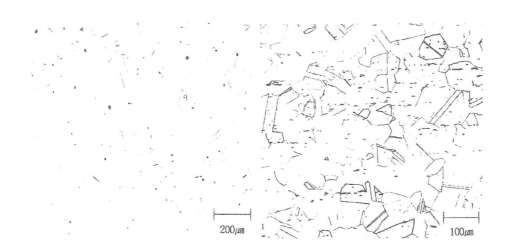

조직:4-68   NaCN, $(NH_4)_2S_2O_8$부식, M-onel 400, 냉간 인발하고 830℃에서 연속 annealing, 규명되지 않은 비금속 불순물 (black)이 포함된 Ni-Cu 고용체 조직

조직:4-69   NaCN, $(NH_4)_2S_2O_8$부식, Mon-el R-405, 냉간 인발하고 830℃에서 연속 annealing, 선상 황연물(검은조성)이 존재하는 Ni-Cu 고용체 조직

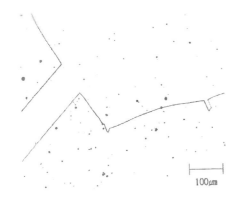

조직:4-70   NaCN, $(NH_4)_2S_2O_8$부식, **M-onel K-500**, 1,205℃에서 1시간 유지후 595℃로 옮겨 4시간 시효하고 수냉, 고용체 기지, 질화물 입자 조직.

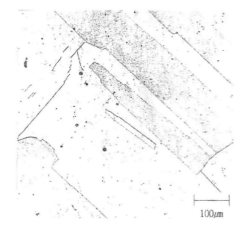

조직:4-71   NaCN, $(NH_4)_2S_2O_8$부식, Monel **K-500**, 1,205℃에서 1시간 유지 후 705℃로에 옮겨 4시간 시효하고 수냉, 기지 고용체에 작은 입자로 분산 석출된 $Ni_3(Al,Ti)$조직

4.4 Ti 합금 조직

지난 30여년간 Ti 합금은 고온에서 **비강도**(강도/무게 비)가 높은 새로운 재료로서 주로 항공산업에 각광을 받아 개발되어 왔다. 용융점이 높고(1,678℃) 넓은 온도범위에서 크립(creep)강도가 높으며 한편 Ti 합금은 화학공업의 내식성 재료로는 물론 의학분야에서도 인체에 보철재료로 개발되어 사용되고 있다. Ti합금의 특성으로는 882℃에서 Ti는 동소변태를 일으키는데 낮은 온도로부터 HCP인 α가 용융점까지 안정한 BCC인 β상으로 변태하므로써 α,β 또는 α/β 혼합조직을 가진 합금은 강과 유사하여 상이 생성되는 범위를 확대시키는 열처리를 할수 있게 한다.

Ti는 천이 금속이며 원자직경이 ±20%이내의 크기인 대부분의 원소들과 고용체를 생성하며 또한 Ti 및 Ti합금은 산소, 질소 및 수소 등과 같은 침입형 원소와 각각의 용융점 보다 훨씬 낮은 온도에서 반응하며 이와 같은 반응으로 Ti는 금속, 공유 및 이온결합하여 고용체와 화합물을 생성한다.

　　Ti 합금의 상태도는 복잡하고 많은 경우에 유용하지 않을 수도 있으나 Ti가 많은 단면 **의사 2원계**(Pseudo-binary system)인 3종류의 단순한 형태로 나눈다(그림 4.21). α상에 우선 용해되는 원소는 이 영역을 확대하므로써 α/β**변태선**(transus)을 상승시키며 (그림 4.21a), 이와같이 거동하는 원소는 Al 및 산소가 가장중요하고 그외에는 거의 없다. Zr, Sn 및 Si등은 α또는 β상에 중립적인 영향을 미친다. α/β변태선을 억제하고 β상을 안정화시키는 원소는 두 군으로 나누는데 2원계 β**등정**(isomorphous)형(그림 4.21b)과 β-공석 생성을 선호하는 형(그림 4.21c)이 있다. 그러나 많은 합금은 β-등정 상태도를 따르는 것처럼 거동한다(그림 4.21c의 점선).

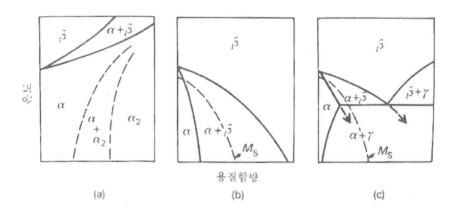

그림 4.21　Ti 합금의 기본상태도. (a)에서 점선상 경계는 특히 Al-Ti계에 참조, (b),(c)에서 점선은 martensite 개시온도(M_S)를 나타냄.
선호하는 원소 : (a) : Al, O, N, C, Ga　(b) : Mo, W, V, Ta　(C) : Cu, Mn, Cr, Fe, Ni, Co, H

2원 상태도의 3가지를 촉진시키는 원소를 그림 4.21에 역시 나타내었다. 침입형 원소들은 역시 안정화 작용을 하는데 산소, 질소 및 탄소는 α-상에 도움을 주며 수소는 β-상을 촉진한다. β-상을 안정화시키는 치환형 원소인 Mo 및 W은 매우 큰 영향을 미치나 W은 밀도가 높고 합금에서 편석의 문제가 있으므로 거의 사용하지 않는다. V도 β-안정화 원소이기는 하지만 고온 영역에서 Mo 보다는 영향을 적게 미친다. 실제로 Ti 합금은 α, α+β 및 β합금 등의 3군으로 나누는데 α-Ti 합금은 일반적으로 비열처리성이며 용접성이 좋고 중간정도의 강도, 인성이 우수하며 높은 온도에서 내 크립성이 우수하다. α+β합금은 대부분 적당한 강도상승을 위한 열처리성이며 강도는 중간- 높은 정도이고 성형성이 우수하나 α처럼 높은 온도에서 크립성이 우수하지는 못한다.

β합금은 열처리하면 매우 높은 강도를 가지며 쉽게 성형되나 비교적 밀도가 높고 고강도 상태에서는 전연성이 낮다. 이러한 단점 때문에 이 합금은 현재 많이 사용되지 않는다. 상용으로 순수한 Ti(99.2-99.5%)에 약 0.2% Pd를 첨가하면 환원매체에서 내식성을 향상시킨다. 그림 4.22는 전형적인 2원 β→α변태를 나타낸 것이다.

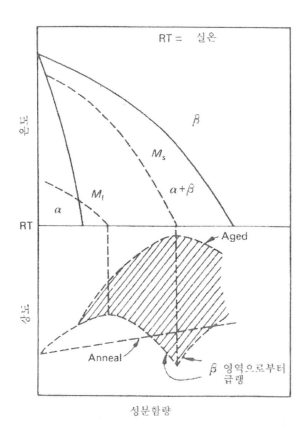

그림 4.22   β-등정계(isomorphous) Ti 합금의 열처리 곡선

4.4.1 순수한 Ti 조직

냉간가공하고 재결정온도 이상으로 annealing하면 등축립자가 주로 나타나는데 조직:4-72는 700℃에서 annealing 하여 나타난 비합금 Ti의 등축 α조직이다. 이 합금에서 0.3%Fe함량으로 구상 β의 작은 입자가 안정화 된다. 한편, 조직:4-73은 등방향 열간압연으로 연신된 α로 심하게 가공된 비합금 Ti 조직을 나타낸 것이다.

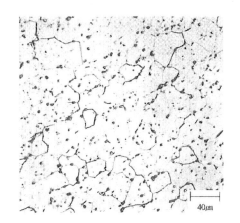

조직:4-72	조직:4-73

조직:4-72 10%HF+5%HNO₃부식, 비합금 Ti박판, 700℃에서 1시간 annealing하고 공랭, 등축 α입자와 0.3Fe가 존재하여 안정화된 구상 β조직

조직:4-73 10%HF+5%HNO₃부식, 열간압연한 비합금 Ti 박판, 변형으로 α가 연신된 조직

4.4.2 α-Ti 합금 조직

α-상에 용해되는 주 치환형 안정화 합금원소는 Al 및 산소이며 중성 원소로서는 Sn과 Zr이다. 모두 고용체 경화를 일으키며 각 첨가원소 퍼센트당 인장강도를 35~70MPa정도 상승시킨다. 일반적으로 불순물로 존재하는 산소와 질소는 침입형 경화에 기여하며 산소함량을 조절하면 몇 종의 순수한 Ti 강도수준을 제공하는데 사용된다. 모든 α-Ti합금은 Ti의 HCP결정 조직이며 Fe와 같은 β-안정화제 불순물로 인하여 적은양의 β상이 존재한다. 예를들면 Ti-5%Al-2.5%Sn 합금의 재결정된 조직 조직:4-74는 모두가 α-조직에 작은 β상 입자가 보이며 이 합금에 0.3%Fe 불순물을 함유하면 작은 β상입자가 석출된다.

Al은 α-Ti 합금에 가장 중요한 치환형 합금원소인데 이것은 α상을 크게 안정화시키고 반면에 강도를 증가시키고 Ti의 밀도를 낮춘다. 그러나 Ti에 Al을 합금시키는 양은 약5~6%로 제한하는데 Ti-Al 합금을 취화시키는 정합으로 규칙적인 α₂상(Ti₃Al)을 생성하기 때문이다. 정합α₂상의 존재는 Ti-Al 합금의 취성과 연관되어 있으며 Ti-Al합금에서 Ti함량이 6wt%에 달하면 변형될 때 전위가 동일면에 뚜렷하게 배열된 것을 보여주고(조직:4-75), 이것은 조기 피로 파괴를 일으키기 쉬운 영역을 생성하게 된다. 순수한 Ti에서는 전연성 금속의 특성인 변형에서 전위의 섬유상 분포가

나타난다 (예:Al 및 Cu)(조직:4-75b). Sn, Zr및 O(가끔 불순물로 존재)를 첨가하면 Ti
에 α상을 안정화시켜 금속의 강도를 상승시킨다. 조직:4-76은 상용 순수 Ti조직을
나타낸것이다.

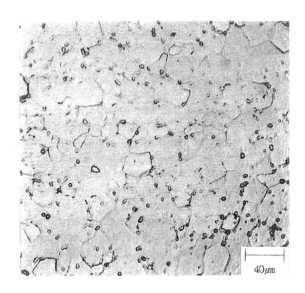

조직:4-74   10%HF+5HNO₃부식, Ti-5%Al-2.5%Sn 합금, 판상, 815℃에서 30분간 가열후,
공랭, 등축정 α에 구상 β가 나타난 조직. 이 합금에는 0.3%Fe가 포함되어 β안정화제의 역
할을 한다.

조직:4-75   Ti-6%Al 합금(a)및 상용 순수 Ti(b)의 약 4% 변형 후의 전위 배열조직.

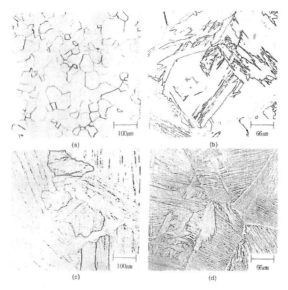

조직:4-76 │ 상용 순수 Ti조직

(a) : 700℃에서 1시간 annealing, α의 등축 입자조직
(b) : β-상 영역으로부터 quenching한 martensite형 α′ 조직
(c) : β-상 영역으로부터 공랭한 α의 판상 Widmänstatten 조직
(d) : Ti-6%Al-5%Mo-0.25%Si 근사-α합금, β-상 영역으로부터 공랭한 α-상의 판상 Wid-
   mannstätten가 바스켓형으로 짜여진 배열이며 적은량의 β-상이 윤곽을 나타낸 조직

4.4.3 근사-αTi 합금 조직

Ti-8%Al-1%Mo-1%V합금이 근사-αTi합금에 가장 통상적으로 사용되는 두 종류 중의 하나인데 대개 annealing 한 상태로 사용되고 열처리를 하지 않는 이 합금에 사용되는 두가지 열처리는 **밀(mill) annealing**과 **이중(duplex) annealing**이다. Mill annealing은 합금을 790℃에서 8시간 가열하고 노냉시키는 것이며, 보다 일반적인 것은 duplex annealing 으로 mill annealing된 합금을 790℃에서 15분간 가열하고 공랭하는 열처리이다. 후자 열처리한 이 합금의 현미경 조직은 α기지에 β입자가 보인다 (조직:4-77).

790℃에서 mill annealing하고 노냉한 조직은 α상, α₂규칙 적인 상 및 β상으로 되어 있으며 duplex annealing을 위하여 790℃에서 재가열하고 공랭하면 노냉한 것보다 더 불규칙적인 α상이 생성된다. Duplex annealing한 조직은 더 바람직한데 불규칙적인 α-상은 취성을 일으키는 규칙적인 α₂-상보다 전연성과 내충격성을 부여한다. 조직:4-78은 각종 조성의 근사-α 합금의 조직을 나타낸 것이다.

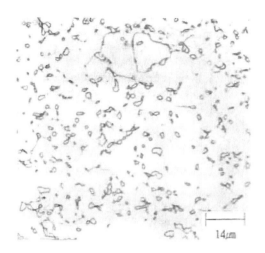

조직:4-77   2%HF+8%HNO₃+90%H₂O부식, Ti-8%Al-1%Mo-1%V 합금, 790℃에서 8시간 mill annealing 하고 노냉한 후 790℃에서 15분간 재가열하고 공랭, 등축 α입자와 입간 β가 둘러싸여 있는 조직

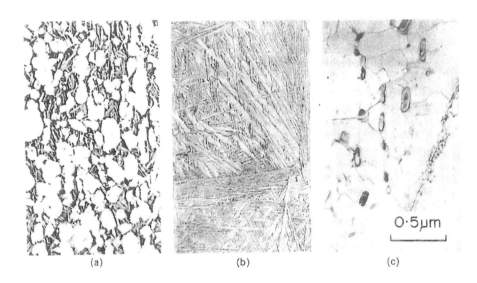

조직:4-78   (a) : Ti-5%Zr-0.5%Mo-0.25%Si 근사-α합금, α+β상 영역으로부터 공랭, 흰상은 초정 α이고 다른 부분은 Widmännstatten α조직, (b) : Ti-6%Al-2%Sn-4%Zr-2%Mo-0.1%Si 근사-α합금, β상 영역으로부터 기름 quenching, 적은양의 β상으로 둘러싸인 세지(lath)상의 martensite형 α상 조직, (c) : (b)와 동일재료로 β-상 영역으로부터 quenching하고 850℃에서 시효, (TiZr)₅Si₃상의 입자 조직

4.4.4 α/β Ti 합금 조직

α/β조직인 **Ti-6Al-4V 합금**은 Ti합금 중 절반 이상이 판매되고 있으며 400℃이상
에서는 creep 강도가 어느 정도 감소되고 또한 용접성도 떨어지나 비교적 강도가 높
고 성형성이 향상되었다. 이합금은 단조품으로 제트엔진의 팬 블레이드(fan blade)에
주로 사용된다. 대부분의 α/β합금은 α상을 안정화시키고 강화시키는 원소와 4~
6%의 β안정화 원소도 함유하여 β또는 α+β상 영역으로부터 quenching함으로써
β상이 상당량 잔류하게 한다. 일반적인 β-안정화 원소는 β상의 고용체 강화를 가
능케하지만 이들 효과는 비교적 적다. α/β합금의 강도는 연속되는 tempering 또는
시효처리로 실온에서 인장강도가 1,400MPa이상이 될 수가 있다. 그러나 Ti의 낮은
열전도도로 인하여 quenching에서 경화능 효과가 떨어지므로 두꺼운 단면에 이러한
강도 수준을 유지할 수 있는 조성은 거의 없다. α/β합금의 현미경 조직은 화학조성,
제조이력 및 열처리 등에 의하여 결정된다.

(가) Annealing 합금 조직

β등정형 상태도를 갖는 합금에서 균일한 성질은 annealing된 β와 mill-annealing
된 상태로 각각 알려진 β또는 α+β상 영역으로부터 서냉할 때 두꺼운 단면에서 얻
어질 수 있는데 첫 번째의 경우, β자체는 martensite형 α로 변태하지만 α-상이 β
-기지에 세지(lath)상 Widmannstätten으로 변태하는 것이 통상적이다. 세지의 크기는
냉각속도에 따라 좌우되며 바스켓형으로 짜진 조직이 느린 냉각속도에서 다시 얻어
진다.(조직:4-79a). α+β상 영역에서 annealing은 대개 약 700℃에서 수행하며 응력제
거를 추가하기 위한 이 처리로 α-입자와 변태된 β입자로 이루어진 등축조직이 생성
된다(조직:4-79b). 이들 후자입자는 Widmannstäten α로 변태한 것이 TEM에서 볼수
있다(조직:4-79c). 입자크기는 가공과 annealing을 적당하게 조절하므로써 개량될 수
있으며 초정 α의 양은 지렛대 법칙(lever rule)에 의하여 계산된다.
높은 온도에서 사용하는 합금의 안정성을 향상시키는 β상을 부화(enrich)시키기
위하여 이중 annealing으로 α와 β상간의 합금원소를 분리하는 경우도 자주 있다.
α/β Ti 합금은 대부분 annealing한 상태로 사용되며 현미경 조직과 기계적 성질은
β변태선 이상 또는 이하에서 수행된 성형 전인가 또는 아닌가에 따라서 달라진다.
표 4.3은 이들 두 상태에서 단조 Ti-6Al-4V 합금의 성질을 비교한 것인데 인장성
질은 상당히 유사하나 α+β상 영역(등축입자)에서 단조된 경우는 전연성이 크나 파
괴인성과 피로강도는 β-단조되고 annealing한 재료(침상 Widmannstätten조직)에서
현저하게 높다.

Ti-6Al-4V 합금은 압연가공한 판은 비교적 균열 전파속도가 늦으므로 β-anneal-ing된 상태가 피로성질이 우수함을 나타낸다(그림 4.23). 이 효과는 Widmannstätten 현미경 조직을 관통하는 균열 전파를 느리게 하는데 기여하는데 특히 임계값이하의 응력 집중도(그림 4.23에서T)에서 또한 여기서 바람직한 균열 분기가 α-세지의 집단 내에서 일어난다(조직:4-80). β공석합금에서는 β상 영역으로부터 서냉하면 강에서 pearlite 생성과 유사한 방법으로 층상 공석 α와 Ti₂Cu와 같은 화합물이 생성된다. 그러나, 이들 조직은 반응이 너무 느리고 생성되는 상이 취성을 일으키므로 상용 Ti 합금에는 사용하지 않는다.

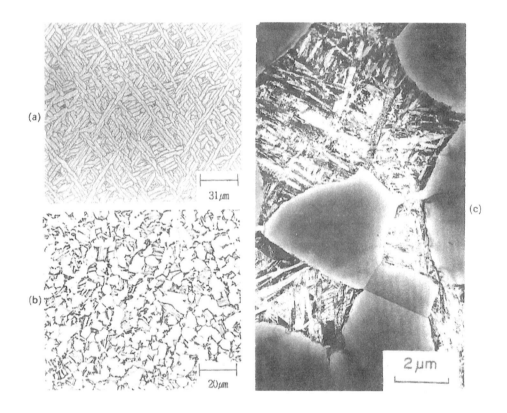

조직:4-79   (a) : Ti-6Al-4V 합금을 β-상 영역으로부터 서냉, β-기지에 Widmannstätten 판상 α의 바스켓형으로 짜진 조직, (b) : Ti-6Al-4V 합금을 α+β영역의 700℃에서 annealing, 등축립자의 α(white)와 변태된β(Widmannstätten)조직. (c) : (b)의 변태된β(Widmannstätten α)의 TEM 조직

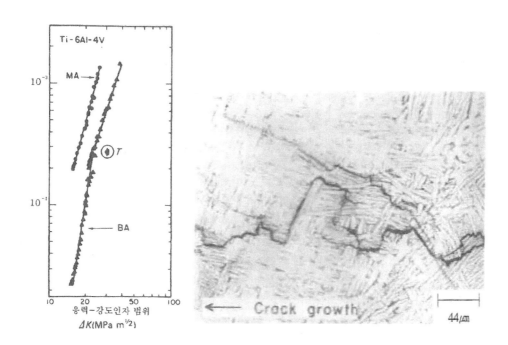

그림4.23 Ti-6Al-4V 합금의 압연된 판상, β-annealing된(BA) 및 mill-annealing된 (MA)상태. BA=1,038℃에서 30분 가열하고 실온으로 공랭, 시험은 컴팩트(compact)인장시편을 사용하여 5Hz에서 실시함. 최소: 최대 하중비는 0.1
- 705℃에서 2시간 annealing하고 단조후 공랭
- α/β 변태선 1,005℃
- 축방향 하중 : smooth 시편, K_t=1.0

조직:4-80 Ti-6Al-4V 합금의 α-세지의 Widmannstätten 집단 내에 피로 균열의 분기(branching)

표 4.3　Ti-6Al-4V 단조품의 annealing 성질

	단조처리	
	α+β상 영역	β상 영역
최대인장강도(MPa)	978	991
항복강도(MPa)	940	912
인장연신(%)	16	12
단면수축률(%)	45	22
파괴인성(MPa m$^{1/2}$)	52	79
피로한계 10^7 (MPa)	±494	±744

(나) β상으로부터 quenching 조직

α/β합금의 성질범위는 β상 영역으로부터 quenching 하고 quenching조직을 분해시키기 위하여 높은 온도에서 tempering하거나 또는 시효처리하면 확장시킬 수 있다. 비교적 희석된 α/β합금간에 quenching에서 생성되는 육방 α martensite 또는 두 종류의 사방정계인 α″및 α‴를 분명하게 구별할 수 있고 농도가 짙은 합금에서는 β상이 준안정 상태에서 부분적 또는 완전하게 잔류하게 된다. 두 형태간의 거동영역을 M_s선(martensite start)으로 나타낼 수 있으며 그림 4.22 및 4.23에도 포함되어 있다. 합금이 M_s온도를 실온 이하로 가져오도록 하는 β안정화 원소가 충분하게 함유한다면 완전하게 준 안정인 β-조직이 잔류될 수 있다. 가능한 반응(가장 중요한 것은 밑줄을 그음)과 현미경 조직을 다음과 같이 요약할 수 있다

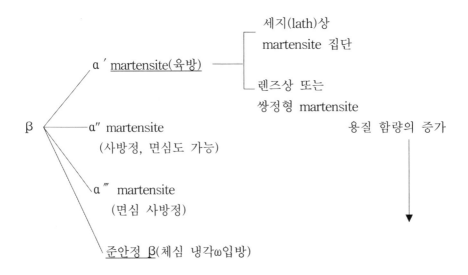

가장 일반적인 martensite는 육방 α형이며 희석된 합금에서는 측면이 평행한 판상 또는 세지상의 집단으로 생성되며(조직:4-81a), 경계는 전위벽으로 이루어져 있다. 내부영역은 역시 심한 전위로 되어 있다. 조직은 α/β합금에서 세지(lath)는 β-안정화 용질원소에 부화된(enriched) 잔류 β상의 얇은 층에 의하여 분리된 것을 제외하고는 완전 α합금을 β상 영역으로부터 quenching 했을 때 얻어지는 것과 유사하다. 용질 함량이 증가되고 M_s 온도가 낮아짐에 따라 이들 집단(colonies)은 크기가 감소되고 무작위 방위로 된 각개의 판상으로 퇴화된다. 이들 판상은 렌즈상 또는 침상을 나타낸다(조직:4-81b).

Ti martensite의 두 번째 형태인 α″는 사방정 조직이며 β-상과 일치하는 유사한 격자를 가지고 있는데 이러한 이유로 면심 사방정이며 격자정수는 a=0.298nm, b=0.494nm 및 c=0.464nm이다. 이것도 역시 내부적인 쌍정을 이루고 (조직:4-81c)쌍정은 {111}_α″에서 생성된다. α″생성은 강력한 조성 의존성으로 예를 들면, Al을 첨가하므로써 안정화되기는 하지만 Ti-Al합금이 아니라 Ti-Mo합금에서 일어난다. α″는 고합금된 α/β조성을 가진 다른 합금에서도 관찰되나 tempering 거동은 장차 상용으로 중요성을 가질 것 같지 않다. α‴(또는β′)는 격자정수가 α″martensite와 완전히 달라 a=0.356nm, b=0.439nm 및 c=0.447nm 이다.

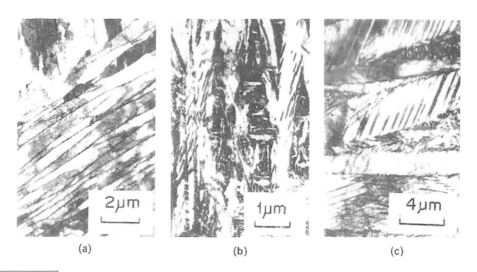

(a)　　　　　　　　(b)　　　　　　　　(c)

조직:4-81　Ti 합금, martensite 조직을 나타내는 TEM사진

(a) : 희석된 합금 : Ti-1.8%Cu 합금을 900℃로부터 quenching 했을때의 육방α′(세지상) martensite 조직

(b) : 고농도 합금 : Ti-12%V 합금을 900℃로부터 quenching 했을 때의 쌍정을 포함하는 육방 α′(렌즈상) martensite 조직

(c) : Ti-8.5%Mo-0.5%Si 합금을 950℃로부터 quenching 했을때의 사방 α″ martensite 조직

M_s와 M_f가 실온이상과 이하로 각각 떨어지면 렌즈상 α´ 또는 α″(또는 α‴일수도 있음)를 포함하는 혼합조직이 잔류β와 함께 생성된다. 다른 형상으로 준안정β는 ω 상의 미세분산을 포함할 수 있는데 그 생성은 빠른 quenching 속도에서도 억제될수 없다. Quenching된 합금은 잔류된 상을 분해하기 위하여 일반적으로 tempering 또는 시효처리한다.

(다) Ti martensite의 tempering 조직

Ti martensite는 가열할 때 고온에서 몇가지 반응에 의한 martensite와 합금 조성의 결정조직에 따라 성질이 달라지는데 그 반응은 매우 복잡하다. 이들반응으로 다양한 현미경 조직이 나타나며 β등정 합금에서 α′는 tempering 온도에서 평형조성의 α로 직접 분해되고 β는 판상 martensite 경계 또는 쌍정과 같은 내부 **아조직**(substructure)에서 불균질하게 핵생성된 미세한 석출물로서 생성되므로써 현저한 강도상승을 일으키게 된다.

β공석 합금에서 α′는 α상과 금속간 화합물로 직접 분해되는데 이 화합물 생성은 몇 단계에서 일어난다. 그러나, Ti-Mn과 같은 계에서는 정상적인 공석반응이 느리며 martensite의 tempering은 먼저 α와 후단계에서 서서히 나타나는 금속간 화합물과 함께 β석출물 생성에 의하여 이루어진다.

α″ martensite의 tempering은 2종류의 기구에 의하여 일어난다. 합금조성에 따라 M_s(α″)는 비교적 높은 온도에서 일어나며 α″는 먼저 α″기지에 미세하고 균일하게 분포된 α-상의 생성에 의하여 분해된다. 연속되는 시효로 이들 입자가 조대화되고 α+β의 층상조직 성장을 유도하는 기존의 β입자 경계에서 세포반응의 핵생성을 일으킨다. 이들 층상세포의 성장은 다른영역을 희생하여 일어난다. M_s(α″)온도가 실온가까이인 합금에서 α″는 β상으로 되돌아가서 특수한 tempering 온도의 특성인 기구에 의하여 분해된다.

α′ martensite
　　β-등정계 합금　　　　α′→ α+β

　　β- 공석합금　⎡　느린 공석반응 합금 α′→α+β→α+화합물 (예: Ti-Mn)
　　　　　　　　⎣　빠른 공석반응 합금 α′→α + 화합물 (몇단계에서 생성됨)

α″martensite

$$M_s(α″)온도가 높은 합금$$
$$α″ → α″ + α → α″ + α + (α + β) → α + β (세포반응)$$
$$M_s(α″)온도가 낮은 합금$$
$$α″ → β → 생성물$$

(라) 준안정 β의 분해

Quenching에서 잔류된 β-상의 분해는 높은 온도에서 시효할 때 일어나는데 이것은 α/β 및 β합금의 열처리에서 특히, 높은 인장강도를 목적으로 할 경우에 지배적인 인자가 된다(그림4.23). β가 평형상으로 직접변태는 체심입방 β-기지로부터 조밀육방 α-상의 핵생성이 어렵기 때문에 비교적 높은 온도에서만 일어난다. 따라서 중간 분해 생성물이 대개 생성되고 일어날 수 있는 반응은 다음과 같다.

중간 합금 함량
$$100 \sim 500℃ \qquad β → β + ω → β + α$$

고 합금 함량
$$200 \sim 500℃ \qquad β → β + β_1 → β + α$$
$$>500℃ \qquad β → β + α$$

ω-상 이미 언급한 바와 같이 냉각 ω는 어떤조성을 quenching 할 때 β-상으로부터 생성되며, 대체반응에 의하여 일어난다. 그러나 더욱 일반적으로 ω는 준안정 β를 함유하는 합금을 $100 \sim 500℃$의 온도범위에서 항온시효할 때 매우 미세한 분산립자로 항온석출된다. 두 가지형 ω상의 안정영역을 그림 4.24의 β-등정 상태도에 나타낸다. 그러나 냉각ω상은 등온시효 온도로 가열할 때도 생성될 수도 있다. ω-상이 존재하면 심각한 취성을 일으키므로 특별한 관심을 갖게된다. 장점으로는 ω입자는 초전도 Ti합금의 특수영역에서 이점이 있는데 외부자장이 유지되는 임계 전류밀도를 크게 향상시킬 수 있다.

항온 ω상의 특성에는
(i) ω상은 균질하게 핵생성이 빠르게 일어나며 80%이상(체적) 입자 밀도로 정합석출된다(조직:4-82).
(ii) ω입자는 β-기지와 불일치가 클 때 입방체 형상이며 불일치가 작을 때 타원형이다.
(iii) 용질의 분리는 시효동안에 일어나서 ω상이 소멸되고 β-기지가 부화(enrich)된

다. 시효된 2원 Ti 합금에서 ω의 최종 조성은 모든 ω상의 전자:원자비가 4.2:1에 근접되기 때문에 주기율표에서 용질의 군숫자와 연관되어 있으므로 ω가 전자화합물로 존재할 가능성이 있다.

(ⅳ) ω상은 모든계에서 c/a비가 0.613으로 일정한 육방조직이다.

(ⅴ) ω상에서 전위의 이동성은 거의 없다.

항온ω상의 생성을 최소화 또는 피하기 위하여 시효조건뿐만 아니라 합금조성을 조절한다(그림 4.24). 대부분의 2원계 합금에서 ω의 안정성의 상부온도 한계는 475℃에 가까우며 안정성의 영역은 용질함량이 상승됨에 따라 감소된다. ω는 2원계 Ti-V 합금에는 생성되나 중요한 Ti-6Al-4V 합금에는 없다. 이것은 대부분α/β 및 β-Ti 합금은 적어도 3%Al을 함유하는 것이 하나의 이유이다.

β-상 분리

β-상이 각기 다른 조성의 두 종류의 BCC로 분리는 낮은 온도에서 시효하는 동안 ω생성을 방지하기 위한 β-안정화제를 충분하게 함유한 합금에서 쉽게 일어나는데 이러한 조건하에서 평형상 α로 서서히 변태한다(그림 4.24). 이 변태는 광범위한 합금에서 시효하는 동안에 일어난다고 생각되나 상용 합금에서는 중요하지 않으므로 β→ω반응보다 주목을 받지 못한다. 생성되는 상을 β(기지)와 β₁으로 나타내고 균일하게 분포된 정합 석출물로 일어난다. 두 상간의 용질분리가 다시 일어나는데 시효 처리하는 동안 β기지가 부화되고 β₁이 소멸된다.

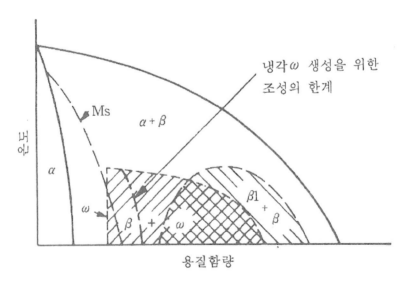

그림 4.24 β-등온합금 상태도(Ms곡선과 ω, β 및 β₁의 안정영역)

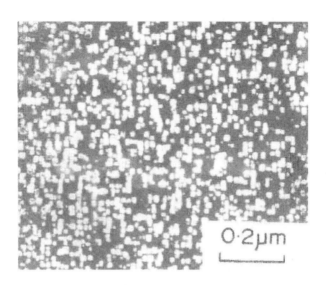

조직:4-82 Ti-11.5%Mo-4.5%Sn-6%Zr합금에서 입방체 ω상의 고밀도 분산조직

평형 α-상 생성

준안정 β를 함유하는 합금을 어떤 조건하에서 시효 함으로써 α상의 직접적인 핵 생성이 일어난다. 선택적으로 이상이 ω상 또는 β_1상으로부터 간접적으로 생성되며 형상 조절과 α의 분포가 성질에 현저한 영향을 미친다. β로부터 직접적으로 생성되는 α는 두가지 분명한 형상을 가질수 있는데 ω생성영역 이상의 온도에서 시효한 비교적 희석된 2원 합금과 상당한 양의 Al을 함유한 복잡한 합금(조직:4-79b,c), 양자 모두에서는 β-기지에 조대한 판상 Widmannstätten이 생긴다. 그와 같은 경우에 전 연성은 역효과를 나타내며 시효 전에 변형은 α의 더욱 균일한 분포를 얻기 위하여 바람직하다.

고농도의 β-안정화 원소를 함유한 합금을 β의 상분리를 일으키는 이상의 온도에서 시효할 때 선택적으로 β-기지에 미세한 α분산이 얻어진다. β+ω조직이 포함된 합금에서 α가 생성될 때 핵생성 기구는 이들 두 상간의 상대적 불일치 뿐만 아니라 시효온도에 의하여 좌우된다. 불일치가 작으면 α핵생성은 어려워지고 β-입자 경계에서 불균질하게 일어나는 세포반응에 의하여 생성된다. 불일치가 크면 β/ω계면에서 α가 핵생성된다. 시효온도가 높으면 α가 직접 ω로부터 생성되도록 북돋운다. β상이 β+β_1으로 분리된 합금을 계속 시효하면 β-입자내에서 α-상이 핵생성이 일어난다. 이와같이 최종 α-상분포는 β_1의 분포에 의하여 정해지므로 특별하게 균일하며 공간이 조밀하다.

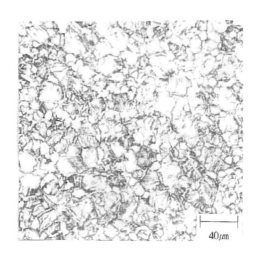

조직:4-83   10%HF+5%HNO₃+85%H₂O부식, Ti-6Al-4V 합금을 1,066℃에서 용체화 처리(β변태선 이상 약 50℃)노냉, 판상α(light)와 입간 β(dark) 조직

조직:4-84   조직:4-83과 동일합금 및 부식액, 954℃에서 용체화 처리(β변태선 이하 약50℃)하고 공랭, 침상 α를 포함한 변태된 β의 기지에 초정 α입자(light) 조직

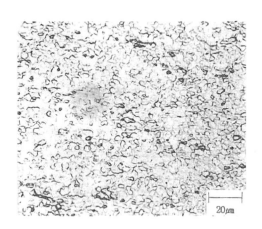

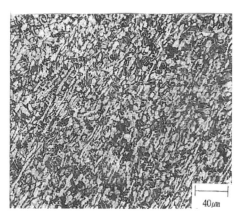

조직:4-85   10%HF+5%HNO₃부식, 조직:4-83과 동일합금, 843℃에서 1시간 용체화처리하고 수냉, α기지에 잔류β 조직

조직:4-86   10%HF+5%HNO₃부식, 조직:4-83과 동일합금, 봉, 982℃에서 75%단조 후 732℃에서 2시간 유지하고 공랭, 적은양의 변태된 β를 가진 판상 및 등축α 조직

4.4.5 β-Ti 합금 조직

β-안정화 원소를 Ti에 충분하게 첨가하면 실온에서 완전 β-조직을 나타낼 수 있으며 이런 종류의 합금은 BCC조직으로 성형성이 우수한 특성을 갖는다. 특히, 비교적 연성상태에서 냉간 성형성이며 시효경화에 의하여 강화된다. 또 다른 장점은 용질 원소의 높은 함유로 경화능을 증가시켜 열처리할 때 두꺼운 단면을 경화시킬 수 있다. 그러나 β-안정화 원소를 많이 함유하면 ingot편석의 문제를 일으키고 밀도를 증가시켜 상대 밀도가 5를 초과하는 합금도 있다. 맨 먼저 사용된 합금으로는 Ti-13%V-11%Cr-3%Al 조성으로 용체화처리하고, quenching, 냉간 성형 및 480℃에서 시효하면 인장강도가 1,300MPa 까지 높아진다.

강화는 주로 β-상의 고용경화와 시효경화가 복합되어 이루어지며 후자는 β-기지에 미세하게 분포된 α상의 석출에 기인한다. 이 합금은 주로 열영향부에 ω상이 생성되므로 용접성에 한계가 있다. 더욱이 약 200℃이상에서 장시간 노출시키면 불안정하게 되어 합금의 인성을 감소시키는 $TiCr_2$화합물의 석출이 일어난다. 그러나 이 합금은 3,200Km/h로 비행하는 미국제 SR-71항공기의 표면 및 구조재로 성공적으로 사용되고 있다.

V와 Cr은 β-안정화 원소이므로 β변태선을 720℃로 낮춘다. 실온에서 완전 준안정β조직을 얻기 위하여 이 합금을 788℃에서 용체화 처리(β변태선 이상 68℃)한다. 조직:4-87은 이 합금을 788℃로부터 수냉한 조직인데 완전 준안정 β로 이루어져 있다. 용체화 처리하고 수냉한 합금을 400℃에서 10시간 시효한 후의 준안정 β상은 상분리에 의하여 용질부화와 용질빈화(lean)β상으로 분해된다.

$$β(준안정) \rightarrow β_2(부화) + β_1(빈화)$$

판상 또는 disk형상 $β_2$의 석출물을 조직:4-78 TEM 사진으로 나타낸다. 이 합금을 용체화 처리하고 수냉한 후 450℃에서 10시간 시효하면 $β_2$상이 α상생성을 위한 핵생성자리 역할을 한다. 조직:4-89는 $β_2$기지 계면에서 α상 핵생성을 보여주는 것으로 이와같이 높은온도에서 준안정 β상의 분해반응은 다음과 같다.

$$β(준안정) \rightarrow β_2 + β_1 \rightarrow α + β_2 + β_1 \rightarrow α + β(부화)$$

α상의 많은 석출로 $β_2$상은 사라지고 β기지에 α상 석출물의 조직으로 남는다. 조직:4-90은 이 합금을 400℃에서 300시간 시효한 후의 Widmannstätten α상을 나타낸 것이다.

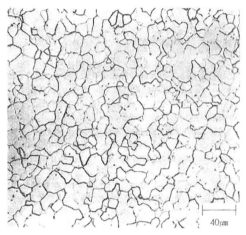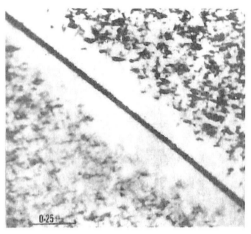

조직:4-87 2%HF+HNO₃ 부식, Ti-13%V -11%Cr-3%Al 합금봉, 788℃에서 30분간 용 체화처리하고 수냉, 준안정 β조직

조직:4-88 조직:4-87과 동일합금, 800℃ 에서 용체화처리하고 수냉, 400℃에서 10시 간 시효처리, TEM사진, β₁기지에 β₂상 석 출물 β입계에 인접한 석출이 없는 영역을 주목하라.

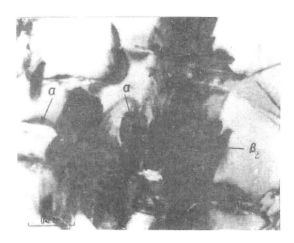

조직:4-89 조직:4-88과 동일합금 및 열 처리 (다만, 450℃에서 10시간 시효), TEM사진, β₂ 기지계면에 α상의 핵생성 조 직

조직:4-90 조직:4-89와 동일한 합금 및 열처리(다만, 400℃에서 350시간 시효), TE-M사진, β기지에 Widmannstätten상 조직

4.5 Pb 합금 조직

　Pb합금의 현미경 조직은 명시야 조명인 일반적인 반사광 기법으로 검사할 수 있는데 Pb합금에서 상의 콘트라스트는 특히, 시편이 Sb-Sn, Sn-As 또는 Pb-Fe 등과 같은 경질 중간상 입자를 함유한 경우에는 편광이 사용될 수 있다. 암시야 조명은 사용되지 않는다. Pb에서 과포화된 Sb고용체가 시효하는 동안에 일어나는 석출물 핵생성을 연구하는데는 박막(replica)전자현미경이 사용되어 왔다.

4.5.1 Pb-Ca 합금 조직

　300℃에서 약 0.06% Ca가 Pb에 용해되나 실온에서는 약 0.01%로 용해도가 떨어지며 봉상의 Pb_3Ca입간 석출물이 생긴다. 서냉하여 응고되면 Pb합금은 거의 0.07%이상의 Ca를 함유하며 입방체 또는 별모양의 수지상 초정 Pb_3Ca가 나타난다. Pb-Ca 합금에 소량의 Sn을 첨가하면 입계에 침상입자로 석출되는 Pb-Ca-Sn상이 생성된다.

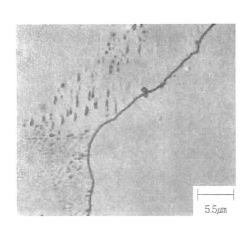

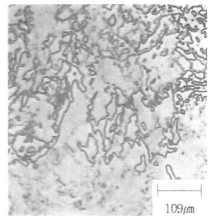

조직:4-91　　초산 : 30%H_2O_2(5:1), $(NH_4)_2MoO_4$ 부식, Pb-0.058%Ca 합금, 입계 가까이에 석출된 작은 입자의 Pb_3Ca상(dark) 조직

조직:4-92　　초산 : 30%H_2O_2(5:1), $(NH_4)_2MoO_4$ 부식, Pb-0.083%Ca-0.49%Sn 합금, Ca가 많이 함유되어 입자가 작으며 미세한 Pb_3Ca 석출물(dark)이 나타난 조직

4.5.2 Pb-Cu 합금 조직

Cu와 Pb는 근본적으로 고체상태에서는 불용성이며 0.06% Cu에서 공정을 생성한다. 공정조직은 Pb기지에 Cu의 작은 분리된 입자들이 초정 Pb와 혼합되어 존재한다. 공석조성까지 Cu를 첨가하면 입자 미세화 뿐만아니라 피로성질이 향상된다.

조직:4-93   초산 : 30%-H_2O_2(3:1)부식, Pb-0.06%Cu 판 (1/4in), 압연된 표면, 작은 크기 입자를 고배율로 확대한 Cu의 입자 핵생성(입자와 어두운 점)이 나타난 조직

조직:4-94 $(NH_4)_2MoO_4$, 초산-질산(ASTM 114)부식, Cu함유 베어링(0.04~0.08%Cu), 2.7mm 케이블 개장(sheath)의 단면, 0.06% Cu함유에서 생성된 Pb-Cu공정을 함유한 입자 조직

4.5.3 Pb-Sn 합금 조직

Pb와 Sn사이에는 183℃에서 공석이 생성되며 공석조성이 61.9% Sn-38.1%Pb이므로 Pb 기지 모든 합금계에는 Pb가 많은 고용체의 초정립자를 포함한다. 공정에 19%Sn 이상을 함유하는 합금은 Sn이 많은 기지에 층상 또는 입상의 Pb가 많은 고용체로 되어있다. 응고속도가 느리면 층상(lame-llar)의 공정이, 응고 속도가 빠르면 구상공정(대부분 땜납에 응용)이 생기기 쉽다. 공정온도에서 Pb에 Sn의 용해도는 19%이지만 실온에서는 약 2%로 감소되어 Sn이 많은 고용체의 상당한 석출을 일으키며 이것은 Pb가 많

은 고용체의 입자내에 입상과 침상으로 나타난다. Pb-Sn합금에 Ag가 첨가되면 Sn과 결합하여 Ag_3Sn이 되며 1.75%Ag와 0.7%Sn에서 Pb와 함께 의사(pseudo) 2원 공정을 생성한다. 309℃의 공정온도에서 Pb에 Ag_3Sn의 용해도는 약 0.1%이므로 0.5~1.5%Ag와 1~2%Sn을 함유한 대부분의 Ag-Pb땜납은 수지상의 Pb가 많은 고용체와 Pb가 많은 고용체에 Ag_3Sn으로 된 수지상간 공정으로 이루어진 주조 조직이다. Sn함량이 높으면 Sn이 많은 고용체가 공정에 약간 나타난다.

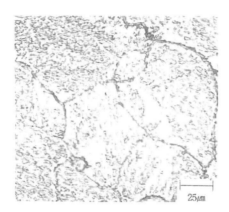

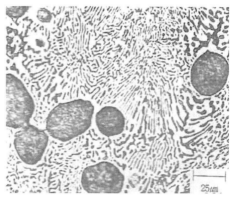

조직:4-95   초산:HNO_3:글리세린 (1:1:8)부식, 깡통땜납(Pb-2%Sn), 서서히 응고, 입계와 입내에 어두운 회색의 Sn석출물을 가진 밝은 회색의 Pb가 많은 입자조직

조직:4-96   초산:HNO_3:글리세린 (1:1:8)부식, Pb-50%Sn땜납, 서서히 응고, Sn이 많은 고용체(white)와 Pb가 많은 고용체(dark)의 층상 공정기지에 Pb가 많은 고용체의 어두운 수지상 입자 조직

4.5.4 Pb-Sb 합금 조직

공정온도 251℃에서 3.5%Sb가 Pb에 용해되며 실온에서는 0.44%Sb만이 Pb에 용해되고 공랭보다도 더 느리게 냉각하면 고용체로 나타나며 더 느린 냉각 후에도 봉상은 입자 내에 역시 나타난다. 공랭 후에 Sb는 고용체에 잔류하여 계속 시효경화를 할 수 있게 된다. 공정 혼합물은 Pb가 많은 고용체의 기지에 Sb 입자를 포함하는 층상을 갖는다. 아공정 합금(11.2% Sb이하)에서 Pb가 많은 공정상이 존재하는 Pb가 많은 초정과 혼합하여 공정이 분리된 모양을 나타낸다. 과공정 합금에는 공정과 Sb의 각진 초정 결정으로 나타난다.

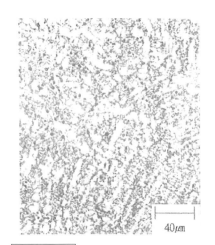

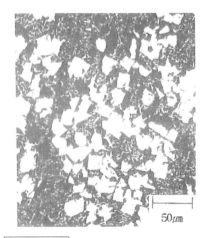

조직:4-97   초산+H₂O₂부식(AST-M57) Pb-11%Sn, 유사공정 조성, 미세한 공정기지에 수지상 Pb(light)를 함유한 조직

조직:4-98   초산-질산(ASTM 74) 부식, Pb-20%Sb, Pb가 많은 고용체에 미세한 공정기지의 Sb에 초정 Sb(light) 조직

4.5.5 Pb-Sb-Sn 합금 조직

Sb-Sn계에서 2개의 포정 중 하나가 425℃에서 생기며 여기서 용탕은 Sb가 많은 고용체와 반응하여 SbSn을 생성하고 Sb와 Sn은 모두 SbSn에 적당하게 용해되어 실온에서 약 44~59%Sn까지 상영역이 확대된다. 약 10%Sb, 10%Sn 247℃에서 Pb-SbSn의사 2원계는 Pb가 많은 고용체의 기지에 SbSn이 많은 상의 입자를 가진 층상이 생성된 공정을 함유한다. 공정점은 3원계 상태도의 액상표면에 홈(trough)공정위에 있다. 이 홈은 Pb-Sn및 Pb-Sb공정점을 연결하는 Pb결정의 초정 생성한계를 나타낸다. 홈은 또한 11.5%Sb, 3.5%Sn, 240℃에서 3원 공정점을 통과한다. 3원 공정 혼합물의 형상은 SbSn이 많은 상과 Pb가 많은 고용체의 기지에 Sb가 많은 고용체의 입자를 가진 층상(lamellar)이다. Pb-Sb-Sn합금에 Cu를 첨가하면 대개 Sn과 결합하여 크림-white의 침상 Cu₆Sb를 생성하나 가끔 Cu는 Sb와 결합하여 purple 또는 violet칼라(현미경에서는 연회색)인 봉상의 Cu₆Sb를 생성한다. As를 첨가하면 Pb에 용해되므로 Sb와 SbSn 상은 현미경에서 볼 수 없다.

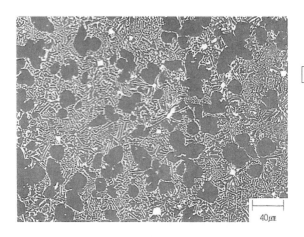

조직:4-99 15㎖초산+20㎖ HNO₃+80㎖H₂O(42℃)에서 부식, Pb-기지 **babbit합금**(Pb-10%Sb-Sn5%-0.5%Cu), Pb가 많은 고용체(black)에 수지상 입자와 3원 공정(Sb가 많은 고용체 : white, Sb-Sn상 : white 및 Pb가 많은 고용체 : black)에 Sb-Sn금속간상(white)의 초정 입방형 조직

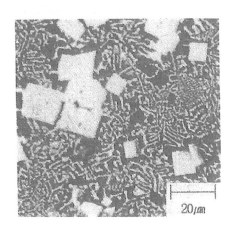

조직:4-100 5%HCl 부식, Pb-기지 babbit 합금 (Pb-15%Sb-10.2%-Sn-0.4%Cu-0.4%As), 주방상태, 주물의 중심부는 2원 공정의 기지(가는 줄)에 Sb-Sn상(light)의 입방형 초정과 약간의 Pb초정(black)이 보인다.

4.6 Mg 합금 조직

Mg는 순도가 99.8% 이상으로 쉽게 얻어지나 합금이 되지 않는 상태에서는 공업적으로 사용되는 것은 드물다. 조밀육방 격자이며 Al, Zn, Li, Ce, Ag, Zr 및 Th 등은 합금원소들이다. Mg합금은 **slip**과 **쌍정**(twinning)에 의하여 소성 변형되며 다른 금속과 같이, slip선은 연마된 표면이 변형되거나 또는 변형된 시편이 slip면을 따라 석출을 일으키는 열처리를 할 때만 관찰이 가능하다. 그러나 쌍정은 연마에 의하여 파손되지 않고 부식 후에 렌즈형상으로 인식된다. Mg 합금은 보호 분위기(대개 15%SO₂ 또는 3~5% CO₂)에서 용체화 처리한다. 보호 분위기가 없으면 고온산화 또는 소착(burning)이 일어난다. 금속표면 가까이 공정 퇴적물은 선택적으로 부식된

다. 이러한 고온 산화는 공정용해가 함께 존재하면 특히 빠르다. 공정용해
는 작은 수축기공, 일반적으로 외곽선이 더 불규칙한 미소기공으로 유사하
게 나타나며 주로 입계 등에서 현미경으로 관찰될 수 있다. Mg-Al합금에
서 기공의 원천은 석출된 $Mg_{17}Al_{12}$조성의 분산에 의하여 용체화 열처리 후
규명 될수 있다. 기공에 인접하여 석출물이 생성되지 않는다면 기공은 미
소기공에 명확하게 기여한다. 주위영역보다 이 위치에 더 많은 석출물이
존재하는 것은 열처리하는 동안 공정용해에 의하여 기공이 발생한 증거가
된다. 산화막은 가끔 주조품의 현미경 조직에서 얇고, 어두운 불규칙한 선
으로 관찰된다.

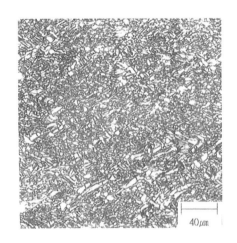

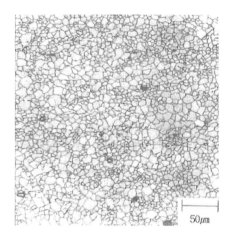

조직:4-101　초산 10㎖+피크린산
4.2g+H_2O10㎖+에타놀(95%)70㎖부식,
Mg-3.0%Al-0.5%Mn-1.0%Zn합금(H
24열처리)박판, 가공된 조직의 종단
e-dge, 판을 열간압연하여 연신된 입
자,기계적 쌍정이 보인다.

조직:4-102　조직:4-101과 동일시
편(0 열처리), annealing하여 재결정
된 조직, Mn-Al화합물 입자(dark g-
-ray)와 조각으로 된 $Mg_{17}Al_{12}$(외곽
선)

입자 미세화

입자 미세화는 용해 중에 수행되며 Zr의 존재 여부에 따라 완전히 다른
작업이 필요하게 된다. 주로 Mg-Al계에 근거를 둔 합금군은 크고 다양한
입자크기를 갖는다. 입자크기를 조절하는 첫번째 방법에는 용탕을 850℃로

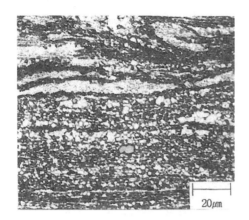

조직:4-103 H₃PO₄0.7㎖+피크린산4~6g+에타놀(95%)100㎖, 10~20초간 부식, Mg-3.0%Th-0.7%Zr합금(T5열처리)압출, 대(band)를 열간 가공한 종단 조직, 작은 재결정된 입자 어두운 부분 Mg₄Th 입계 석출물, 밝은 고립된 부분은 Th가 많은 고용체이므로 열간가공에 더 큰 저항을 나타내고 회색 입자는 Mn

조직:4-104 HNO₃(conc.)1㎖+H₂O 24㎖+에틸렌 글리콜75㎖, 5초간 부식, Mg-10%Al-0.2%Mn합금, 주방 상태, 덩어리 Mg₁₇Al₁₂화합물은 구상 Mg 고용체를 함유하고 층상 Mg₁₇Al₁₂ 석출물에 둘러싸여 있다. 정상적인 공랭은 이런 형태의 편석된 공정을 생성한다.

과열하고 약 30분간 유지한 후 용탕을 정상적인 주조 온도로 급속히 냉각하여 주입하는 것이다. 비교적 미세입자 크기를 얻을 수 있으며 Al₄C₃와 같은 적당한 결정조직과 함께 외부 핵이 주조 온도로 냉각될 때 석출되어 계속 응고되는 동안 Mg입자의 핵으로 작용한다. Mg-Al합금에서만 과열효과는 현저하고 도가니와 용해로 수명이 단축되며 동력소모가 증가되는 문제점도 존재한다.

　개발된 다른 방법으로 무수 FeCl₃를 소량 용탕에 첨가하면 철이 함유된 화합물이 핵생성에 기여하여 입자 미세화가 이루어 진다. 이 방법은 FeCl₃의 용해성 때문에 해로우며 0.005%Fe가 존재하므로 합금의 내식성을 감소시키는 단점이 있다. Mn을 첨가하면 후자와 같은 문제의 역기능을 제공하

지만 FeCl$_3$에 의한 입자 미세화를 실제적으로 방해하게 된다. 주 합금 원
소로 Al을 함유하는 합금에 대한 현재의 방법은 휘발성의 탄소를 함유하는
화합물을 용탕에 첨가하고 hexa chlorethane(0.025~0.1%wt.)이 작은 덩어
리 상태로 사용되는데 이것이 용탕 바닥에 있어 탄소와 염소로 분해된다.
Al$_4$C$_3$ 또는 AlN · Al$_4$C$_3$를 용탕에 접종하면 입자 미세화에 기여하게 된다.
염소가 빠져나가므로써 용탕이 어느정도 탈가스 되는 장점도 있다.

  Zr이 Mg를 입자 미세화하는 방법은 육방 α-Zr의 격자정수(a=0.323nm,
c=0.514nm)가 Mg의 격자정수(a=0.320nm, c=0.520nm)와 매우 근접하기는 하
지만 불확실하다. 이것은 Zr가 Mg핵을 생성하는데 Zr가 많은 코어가 Mg
결정립(grain)의 중심에 존재한다는 것이 분석결과 판명되었다. Zr입자
(particle)에 포함된 포정기구에서 용탕으로부터 분리하여 포정온도에서 함
께 반응하므로써 Zr이 많은 고용체 층을 얻게 되고 응고되는 동안 핵으로
작용한다. 그러나 그림 4.25에 나타낸 것과 같이 그와 같은 반응은 Zr함량
이 0.58%를 넘지 않으면 기대할 수 없다. 이 원소의 적은 양으로 현저한
입자 미세화가 일어나므로 Zr자체 또는 Zr화합물에 의한 핵생성 가능성은
제외될 수 없다.

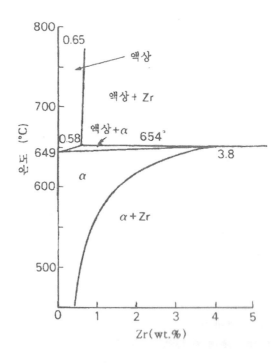

그림 **4.25**   Mg-Zr상태도 단면

용탕 Mg로 부터 Zr을 석출할 수 있는 많은 인자가 작용하며 상당한 과잉 Zr이 용탕 바닥에 존재한다면 용체에 최대 함량이 유지 될 때만 가능하다. 용탕을 다른 도가니로 이동할 때 용탕에 용해성 Zr 함량은 갑자기 떨어지기 시작하므로 Zr함유 주물은 합금이 완료되면 도가니로부터 직접 주조해야 한다. 만일 합금의 이동이 필요할 때는 미세입자 크기를 보증한 주물을 얻기 위하여 Zr를 보충해야 한다.

4.7 Zn 합금 조직

상용 Zn재료에 존재하는 불순물 및 합금 첨가물은 용해도가 극히 제한된다. 이들은 주조 또는 가공조직에서 변질된 것으로 쉽게 생성되며 각종 성질을 변화시킨다. Zn에 일반적으로 발견되는 원소들은 Pb, Cd, Fe, Cu, Al, Ti 및 Sn 등인데, Fe는 Zn에서 자연적인 불순물이며 바람직한 성질을 얻기 위해서 Zn에 첨가하기도 한다. Zn주조 합금은 적은 양의 Cu및 Mg 등과 같은 다른 원소가 첨가된 Zn-Al 합금이다. Zn압연 합금에는 일반적으로 Pb, Fe, Cd, Cu 또는 Ti 등으로 단독 또는 조합하여 대개 1%이하를 함유한다. 현미경 조직에 미치는 이들 원소의 영향은 다음과 같다.

Pb : 고상 Zn에 Pb의 용해도는 극히 제한적이며 418℃에서 **편정**(monotectic)이 생성되고 Pb함량은 0.9%, 평형에서 Zn결정과 액상이 318℃공정온도까지 존재한다. 결과적으로 Pb는 주조Zn과 Zn 합금에서 수지상 경계에 작고 구상의 작은방울 또는 표면막의 형상으로 나타난다. 연성 때문에 방울은 연마할때는 쉽게 빠져나가므로 구멍이 남아 나타난다. 따라서 연마할때는 Pb입자가 빠져나가지 않도록 특별한 주의가 필요하다. 압연된 Zn에는 Pb입자가 압연방향으로 늘어나 있으며 Zn-Al 합금에서 Pb는 **입계 부식**(intergranular corrosion)이 나타나므로 함량이 0.004%이하로 제한한다.

Cd : 대부분의 상용Zn 생산품에 존재하는 Cd는 고용체이며 현미경 조직에는 변화가 없으나 주조조직에는 **유핵**(core)이다. 압연된 Zn에는 Cd가 고용체로 남아있고 강도, 경도 및 크립저항을 증가시키며 재결정 온도를 상승시킨다. Zn-Al 합금에서 Cd는 입간부식 저항을 낮추므로 0.003%이하로 제한한다.

Fe : Zn에 약 0.001% 이상의 Fe가 존재하면 약 6%Fe를 함유하는 금속간 화합물로 현미경 조직에 나타난다. 그 입자크기는 존재하는 Fe량과 열적이력에 의하여 조절된다. 주물에서 미세한 입자는 370℃에서 가열을 연장하면 조대한 형상으로 합쳐진다. Fe-Zn 화합물은 Pb와 같이 수지상 경계에 석출되며 Zn 주물을 압연하면 Fe-Zn입자가 존재하는 Pb입자와 함께 압연방향으로 연신된다. 적당한 농도에서 Fe입자의 존재와 압연된 Zn에서 분포는 입자크기 조절에 도움을 준다. Zn-Al 합금에서 Fe는 현저한 인성감소의 원인이 되는 FeAl₃ 입자로 존재한다.

Cu : Zn에 약 1% 정도의 Cu가 존재하면 고용되고 유핵조직을 생성하며 약 205℃에서 열간 압연하면 Cu는 과포화 고용체로 잔류한다. 냉각에서 약간의 Zn-Cu ε상이 최종 재결정된 입계에 석출된다. 실온 가까이에서 장시간 노출로 ε상은 입계에 계속 석출되며 마지막에는 입자 내부에 결국 **T′상**(3원공정)을 생성한다. 냉간 압연하면 ε상은 급격히 석출되며 냉간 가공된 조직에 많이 생긴다. Zn-Al 합금에 1% 이상 Cu를 함유하면 ε상은 수지상간 상으로 석출된다.

Ti : Zn에 Ti의 고용성은 약 0.12%로 매우 제한되는데 층상 Zn 공정과 TiZn₁₅ (4.66% Ti)가 생성된다. 주물에서 공정은 수지상 경계에 생성되며 TiZn₁₅화합물은 Zn의 주조 입자크기를 감소시켜 열간 압연된 Zn에 입자성장을 제한한다. 압연된 strip에서 화합물 입자는 압연방향으로 늘어나며 Zn 입자성장이 침목형 화합물 사이 공간에 제한된다.

Al : 382℃에서 Al(α)과 Zn(η)사이의 5%Al에서 층상 공정을 생성한다. 공정의 α조성은 275℃이상에서만 안정한데 낮은 온도에서는 α및 η상으로 공석 변태한다. 공정온도에서 Zn에 Al의 고용은 약 1%이지만 0.10%Al을 함유하는 주물은 수지상간 영역에서 공정조직 역할을 한다.

표준 다이캐스팅 합금(4.0%Al)의 정상적인 Al농도에서는 용탕에 의한 Fe에 주는 충격속도는 충분히 낮아 뜨거운 용기에 용탕이 침적되어 들어 갈수 있도록 한다. 약 4%Al을 함유하는 아공정 Zn 다이캐스팅 합금이 응고되는 동안 맨 먼저 응고되는 재료는 Zn부화 고용체의 초정입자(η상)이며 그후 잔류용탕이 공정조성의 η상과 불안정한 고온조성 α가 응고된다.

Al은 주조 Zn에 입자 미세화제 역할을 하며 다이캐스팅 공정의 높은 응고속도와 더불어 상당히 미세한 등축입자 조직이 되는데 이것은 Zn 다이캐스팅 제품의 강도, 연성 및 인성의 주요한 원인이 된다. 다이 캐스팅 제품을 실온 또는 약간 높은 온도에서 시효하면 Zn부화 η상에서 석출반응이 일어나며 새롭게 제조된 다이캐스팅에는 η상이 약 0.35%Al을 고용하며 실온에서 5주 동안 이것은 약 0.05%로 감소되는데 그 차이는 η상 조직 내에 미소한 α입자로서 나타난다.

대부분의 Al은 약간 높은 온도에서 시효하므로써 짧은 시간에 석출될 수 있다. 유사한 시효 효과가 인장강도와 경도를 증가시키기 위하여 첨가되는 Cu를 함유한 합금에서 관찰된다. 1.5%Cu를 첨가하면 안정된 성질과 칫수를 가진 다이캐스팅을 얻을 수 있다. 낮은 온도의 안정화 annealing은 최대 안정성을 얻기 위하여 가끔 실시된다. 78%Zn과 22%Al의 공석조성인 단련합금은 초소성 성질 때문에 상업적으로 매우 관심 거리이다. 이 합금에 나타나는 현미경 조직 은 열처리에 의하여 달라진다.

Mg : ZA-8, ZA-12및 ZA-27합금에 0.01-0.03%Mg를 첨가하면 강도와 경도는 증가되나 연성은 감소된다.

Sn : Sn은 Zn과 91% Sn, 198℃에서 저융점 공정을 생성하며 고상 Zn에 Sn의 용해도는 극히 제한적이며 Zn-Sn 공정은 0.001%Sn 정도밖에 함유되어 있지 않다. Zn에 Sn을 첨가한 유익한 용도는 hot-dip 아연도금 작업인데 아연도금 작업에 Sn을 첨가하면 도금에서 밝고 부드럽고 크며 **흰무늬(spangle)**를 생성 하는데 광범위하게 사용된다. 열간 압연된 Zn에 Sn이 존재하면 열간취성을 일 으키며 Zn-Al 합금에서 Sn은 입간부식을 일으키므로 0.002%이하로 유지하여 야 한다.

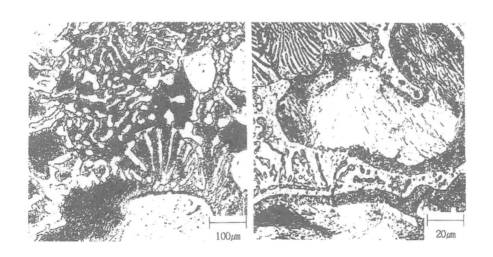

조직:4-105   200gCrO$_3$+15gNa$_2$SO$_4$+ 1,000ml H$_2$O부식, Zn-8%Al-1%Cu- 0.02%Mg 합금, 사형주조, α+η공정상 기지에 조대한 Zn 부화 수지상 조직

조직:4-106   200gCrO$_3$+15gNa$_2$SO$_4$+1,- 000ml H$_2$O부식, Zn-11%Al-0.9% Cu- 0.02% Mg 합금, 사형주조, α+η공정상 기지에 조대한 Zn부화 수지상 조직이 합 금은 조직:4-105 합금보다 공정이 적게 함유된 조직

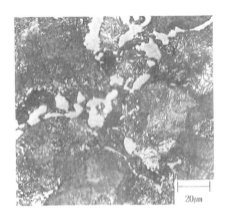

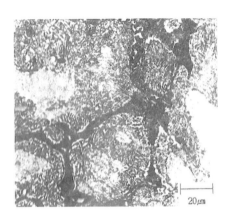

조직:4-107 200gCrO₃+15gNa₂SO₄+1,0-00mlH₂O부식, Zn-11%Al-0.9%Cu-0.02%Mg 합금, 360℃에서 3시간 균질화 처리하고 노냉, 완전히 안정화된 β상이 α+η층상 공석으로 분해된 조대한 ε입자가 이전의 수지상 경계에 존재하는 조직

조직:4-108 조직:4-107과 동일한 합금과 부식액, 다만 250℃에서 12시간 열처리하고 노냉, 조대한 공석 α+η상과 공정으로 되어있고 준안정 ε상은 미세한 T′(3원 공정)로 변태한 조직

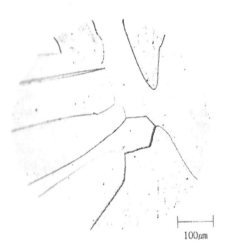

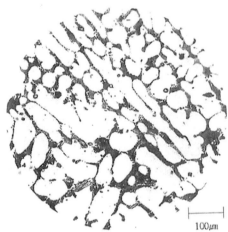

조직:4-109 200gCrO₃+15gNa₂SO₄+1000mlH₂O부식, 고순도 Zn (99.99%Zn-0.003%Pb최대, 0.003%Fe최대, 0.003%Cd최대, 주방상태, 미소편석이 거의 없는 조직)

조직:4-110 200gCrO₃+15gNa₂SO₄+1,000mlH₂O부식, Zn-0.6%Cu-0.14%Ti합금, 주조, 입계에 공정(Zn과 Ti-Zn상)조직

4.8 Sn 합금 조직

4.8.1 Sn-Cu 합금 조직

Sn과 Cu는 기지에 미세한 층상 Cu_6Sn_5을 이루고 있는 0.9%Cu를 함유하는 공정을 생성하며 Sn-Cu계의 아공정 합금(조직:4-111)은 수지상간 공정을 가진 초정 Sn으로 이루어져 있다. 공정조성 이상의 Cu를 함유하는 Sn-Cu 합금에서는 크고 침상의 초정 결정인 Cu_6Sn_5가 Sn-Cu_6Sn_5공정기지에 존재한다.

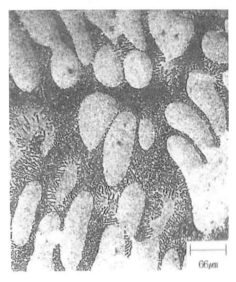

66μm

조직:4-111   2mlHCl + 5mlHNO₃+93ml 메타놀부식, Sn-0.4%Cu합금, Sn부화 고용체의 Cu_6Sn_5(dark)공정기지내에 Sn부화-고용체 수지상 입자로 이루어진 조직

4.8.2 Sn-Pb 합금 조직

이러한 단순 공정계(조직:4-113)는 Sn이 부화된 초정 수지상 또는 공정으로 둘러싸인 Pb가 부화된 고용체로 이루어져 있으며 공정은 61.9%Sn에서 생기는데 응고속도에 따라 Pb 부화 또는 Sn 부화상으로 이루어진다. 일반적으로 응고속도가 빠를수록 구형의 공정생성 가능성이 커진다. 공정조성에서 칠(chill)주조는 대개 구상 공정을 나타내고 공냉하면 특성적인 층상 공정조직을 생성한다. 공석온도 가까이에서 열처리하면 층상 조직이 구상으로 변한다

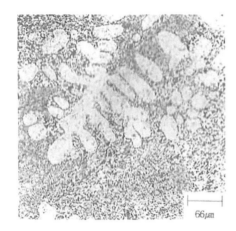 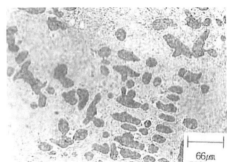

| 조직:4-112 | 2mlHCl+5mlHNO₃+93ml H₂O부식, Sn-30%Pb 합금(연납), Sn-Pb 공정기지에 Sn 부화 고용체의 수지상 조직 | 조직:4-113 | 2%nital, Sn-50%Pb 합금, Pb부화 고용체(dark)와 Sn(light)로 된 미세한 층상 공정 기지에 Pb 부화고용체(dark)의 수지상 조직 |

조직:4-112   2mlHCl+5mlHNO$_3$+93ml H$_2$O부식, Sn-30%Pb 합금(연납), Sn-Pb 공정기지에 Sn 부화 고용체의 수지상 조직

조직:4-113   2%nital, Sn-50%Pb 합금, Pb부화 고용체(dark)와 Sn(light)로 된 미세한 층상 공정 기지에 Pb 부화고용체(dark)의 수지상 조직

4.8.3 Sn-Pb-Cd 합금 조직

가장 자주 사용되는 합금은 조직:4-114의 약 52%Sn, 30%Pb 및 18%Cd를 함유하는 3원공정 Sn-Pb-Cd 합금인데 공정은 3가지의 **종말 고용체**(terminal solid solution)로 이루어져 있다. 연마된 시편에는 Sn 부화상은 white, Pb부화상은 gray 및 Cd부화상은 거의 black으로 각각 나타난다. 어떤 영역에서 공정조직은 층상인데 양측면에 밝은 회색 Pb부화상의 띠로 경계지어진 어두운 Cd 부화상으로 이루어져 있으며 이것은 Sn부화상에 의하여 외부 모서리를 따라 교대로 경계를 이루고 있다. 다른 영역에는 상이 더욱 구상이며 미세한 세포형을 형성하고 있다.

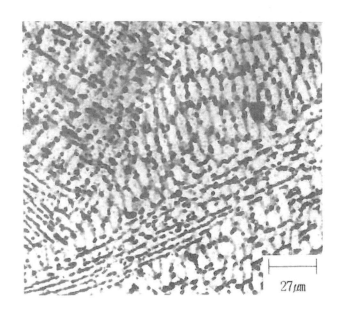

조직:4-114 2%nital부식, Sn-31%Pb-18%Cd합금, Sn(light)에 층상 3원 공정인 Sn(light)에 Cd, Pb(gray)에 Sn및 Pb(dark)에 Cd로 되어 있다.

4.8.4 Sn-Sb 합금 조직

Sn에 Sb의 고용도는 높은 온도에서 상당히 크나 온도가 내려가면 급격히 감소한다. Sb가 8%까지 함유한 냉경 주물(chill cast)합금은 대개 Sn에 Sb가 유핵(cored)고용체로 이루어진다. 서냉하면 SbSn이 석출되는데 Sn이 부화된 수지상 간에 흰 입자로 나타난다(SbSn은 금속간 상으로 41~56%Sb의 상당히 넓은 상영역을 갖는다).

열처리 또는 자연시효는 수지상간 SbSn의 양을 증가시키는데 시효를 연장하면 침상 SbSn 석출물이 수지상 내에 나타난다. Sb를 8% 이상 함유하면 Sn 부화 기지에 입방형 초정 SbSn이 생성되며 이것은 용탕과 초정 SbSn간에 포정반응에 의하여 생성된다. 미세하게 나누어진 SbSn입자는 Sb부화 기지로부터 다시 석출된다. Sb를 30-40% 함유하면 용탕으로부터 불규칙한 형상의 수지상으로 초정 SbSn이 석출된다.

조직:4-115는 Sn-Sb합금의 현미경 조직을 나타낸 것이다.

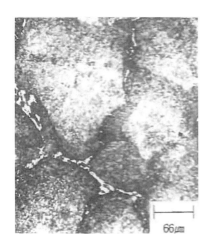 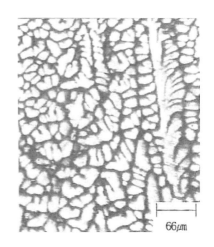

조직:4-115 2%nital부식, Sn 5%-Sb합금, Sn 부화 고용체의 조대하고 유핵 수지상과 석출된 수지상간 SbSn상(light)으로된 조직

조직:4-116 조직:4-115와 동일한 합금과 부식액, 다만 주형이 더욱 급냉된 칠(chill)이 있다. 잘 나타난 가지를 가진 심하게 유핵된 수지상 조직

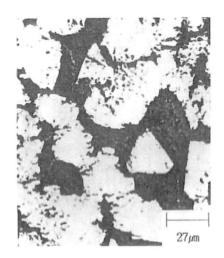

조직:4-117 2%nital부식, Sn-30%Sb합금, SbSn의 미세한 초정기지에 Sb-Sn의 미세한 포정기지에 SbSn(light)의 초정결정과 Sn부화 고용체로된 조직

4.8.5 Sn-Sb-Cu 합금 조직

8%까지 Sb를 함유하는 Sn-Sb합금에 2%까지 Cu를 첨가하면(조직:4-118), 약간의 미세한 수지상간 공정인 Cu_6Sn_5와 Sn에 Sb의 고용체로 된 침상의 초정 Cu_6Sn_5결정이 생성된다. Cu함량이 증가되면(조직:4-119~121), 연속적으로 많은양의 Cu_6Sn_5결정이 생성되며 Cu 함량이 4~5%로 과잉되면(조직:4-119~120), 단면이 텅빈 육각형으로 보이는 긴 침상 Cu_6Sn_5가 가끔 생긴다. H-형상 또는 육각형에 배열된 산(ㅅ)형상 또는 삼각형 또는 다중 가지로된 별(star)형상과 같은 모양이다. Sb 함량이 9%이상, Cu함량이 2%이상인 합금에서는 생성되는 입방형 SbSn은 초정 Cu_6Sn_5초정에 의하여 핵이 생성되는 경우가 가끔 있는데 침상 Cu_6Sn_5는 입방형 Cu_6Sn_5내에 박혀 있든가 또는 관통하여 지나가든가 한다. 사용 도중 또는 열처리에서 높은 온도에 노출된 후에는 입방형 SbSn 모서리가 가끔 둥글게 되며 불규칙한 입자의 SbSn이 Sn부화 수지상 사이와 침상 Cu_6Sn_5초정 측면과 입방형 SbSn에서 석출된다.

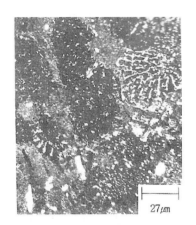

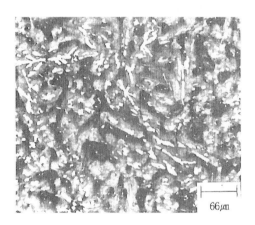

조직:4-118   2%nital부식, Sn-6% Sb-2%Cu합금, 유핵된(Cored) 수지상은 침상의 하얀 Cu_6Sn_5를 함유하는Sn 부화 고용체, 기지는 조대한 $SnCu_6Sn_5$공정 조직

조직:4-119   2%nital부식, Sn-4.5% Sb-4.5%Cu합금, 침상 및 작은 입자의 Cu_6Sn_5(white)를 포함하는 미세하고 유핵 수지상의 Sn부화 고용체로된 조직

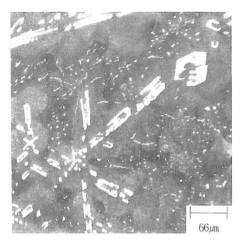

조직:4-120   2%nital부식, Sn-7%Sb -3.5%Cu합금, 침상 및 작은 입자 Cu_6-Sn_5(white)를 포함하는 조대하고 유핵 수지상의 Sn부화 고용체로된 조직

조직:4-121   2%nital부식, Sn-9%Sb -4%Cu합금, 침상의 Cu_6Sn_5와 입방형의 SbSn(모두 백색)을 포함하는 조대하고 유핵 수지상의 Sn부화 고용체로된 조직

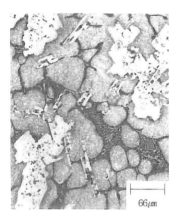

조직:4-122   2%nital부식, Sn-12% Sb-10Pb-3%Cu합금, Sn이 부화된 수지상 고용체 내에 침상 Cu_6Sn_5와 SbSn결정(모두 백색)과 약간의 수지상간 공정이 함께 존재하는 조직

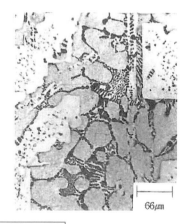

조직:4-123   2%nital부식, Sn-15% -Sb-18%Pb-2%Cu합금, 조직은 조직: 4-122 와 유사하나 더 많은 SbSn결정을 함유하고 더 조대한 수지상간 공정으로된 조직

4.8.6 Sn-Sb-Cu-Pb 합금 조직

Sn-Sb-Cu 3원계 합금에 Pb를 첨가하면(조직:4-122~123) Sn부화 고용체에 Sb용해도는 감소되며, Pb가 포함된 더 입방형의 SbSn이 관찰된다. 또한 Sn 부화 수지상의 유핵이 감소되고 3원 공정의 수지상간 호수가 나타난다(SbSn과 Sn 부화 및 Pb부화 고용체로 이루어짐). 침상 Cu_6Sn_5초정은 Pb에 의하여 영향을 받지 않는다.

4.8.7 Sn-Ag 합금 조직

거의 순수한 Sn과 Ag_3Sn사이에는 3.5%Ag가 포함된 공정이 생성된다 공정은 Sn부화된 기지에 미세한 침상의 Ag_3Sn으로 이루어져 있다. 과공정 합금에는(조직:4-124), 초정 Ag_3Sn이 공정기지에 조대한 침상으로 나타난다.

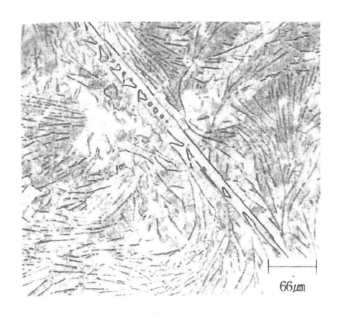

66μm

조직:4-124　2mlHCl+5mlHNO₃+93ml 에탄올 부식, Sn-5%Ag-합금, Sn에 침상AgSn 기지 공정에 크고 침상의 Ag_3Sn초정으로 된 조직

4.8.8 Sn-In 합금 조직

50.9% In에서 Sn-In계는 두가지의 금속간상을 포함하는 공정을 생성하는데 이들은 light Sn부화 고용체와 dark In이 부화된 상인 기지에 Sn부화상의 조대하고 둥근 입자로 보인다.

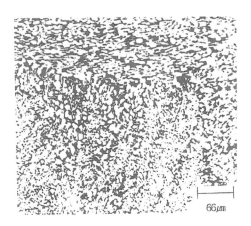

조직:4-125   2mlHCl+5mlHNO₃+93ml에타놀부식, 50%Sn-50%In합금, 어두운 In부화 금속간상의 기지에 구상 Sn부화 금속간 상(light)의 공정으로된 조직

4.8.9 Sn-Zn 합금 조직

조직:4-126   1%nital부식, Sn-30%Zn합금, Sn내에(light) Zn입자의 공정기지에 Zn (dark, 혼합된)의 침상 수지상 결정으로 된 조직

　Zn과 Sn은 8.9% Zn에서 단순공정을 생성하는데 Sn에 Zn고용체와 순수 Zn으로 이루어져 있으며 공정은 미세한 침상 Zn과 Sn부화 고용체로 되어 있다. 8.9% Zn이상을 함유하는 합금(조직:4-126)은 공정기지에 초정 Zn의 침상 수지상의 망상을 나타낸다.

4.8.10 Sn-Zn-Cu 합금 조직

　Sn-3%Zn 합금에 소량의 Cu를 첨가하면 Zn부화 공정성분은 조대하게되고 Zn은 큰 판상을 생성하게 된다. Cu는 Sn과 결합하여 Cu_6Sn_5를, Zn과는 Cu_5Zn 또는 $CuZn_3$를 생성한다. Cu-Sn 및 Cu-Zn화합물은 긴밀한 접촉으로 대개 육방 프리즘(prism)을 생성하는데 Cu_6Sn_5 프리즘은 Cu-Zn화합물에 박혀 있으며 Cu_6Sn_5의 원래 외곽선을 정확하게 따른다. 조직:4-127~128은 이 3원계의 현미경조직을 나타낸 것이다.

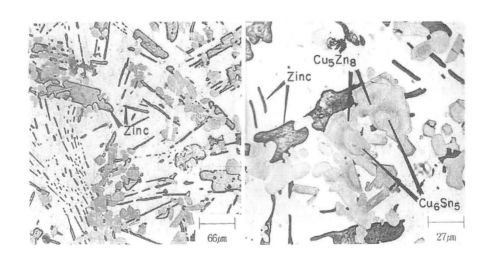

조직:4-127　1%nital부식, Sn-28% Zn-2%Cu합금, 크고 작은 침상 Zn(dark)이 Sn기지에 Cu_6Sn_5 및 Cu_5Zn_8입자가 혼합되어 있는 조직

조직:4-128　조직:4-127과 동일한 합금, 1%nital부식, Cu_5Zn_8(bright field에서는 blue)을 둘러싸고 있는 조직

4.9 Ag 합금 조직

4.9.1 순수한 Ag 조직

순은(純銀, fine silver)은 99.96%Ag, 200ppmCu, 100ppm Pd 및 100ppm의 기타 Pb 30ppm, Bi 20ppm Zn 20ppm을 함유하고 있다. 전자기술에서 전도 및 접촉재료로 사용되는 Ag는>99.9%Ag인데 순수 Ag로 간주되며 **"E-Ag"**라고 한다. 순도가 높은 금속용탕을 chill 주형에 과냉시키면 이종핵 결합작용을 하여 비교적 균일한 입상의 주조조직이 생성된다(조직:4-129). 순Au와 Pt에서와 유사하게 **주상**(柱狀, transcrystallization)및 **수지상**(樹枝狀, dendrite)응고가 계속 억제된다. 순수한 Ag는 중간 annealing 없이도 냉간 변형도가 >90%로 변형이 매우 용이하다. 순도와 변형이력에 따라 110℃~130℃로 재결정 온도가 낮다. 연화 annealing 상태에서 0.2%연신 한계는 20~30MPa이며 인장강도가 약 140MPa, 파단연신은 40%이상이며 Brinell 경도는 25~28 정도이다. 용기 및 tank 제조와 부식성인 화학장치의 배관 등에는 순수한 Ag가 광범위하게 사용된다.

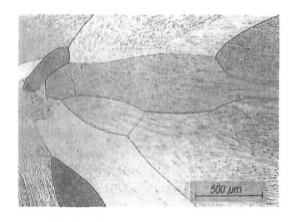

조직:4-129 순수한 Ag, 주방상태

Ag는 암모니아 용액, 단순한 염용액, 수산화용액 및 희석된 비산화성 산(acid)용액 등에 내식성이 있으나 황, 할로겐 원소, 산용액, 진한 산화성 산(acid)용액, 시안화용액 및 복합생성 용액 등에는 심하게 부식된다. 모든 다른 금속재료에 비하여 순수한 Ag는 전기 및 열에 가장 높은 도체이다. Ag는 또한 귀금속 접촉재 중에서 가장 저렴하며 낮은 접촉저항을 나타내므로 약전 및 강전 기술에 광범위하게 응용된다.

4.9.2 Ag-Ni 합금 조직

Ag와 Ni는 고체상태에서 상호 불용성이며 액체상태에서는 광범위한 상용성 갭 (miscibility gab)이 나타난다(그림 4.26). **미세립자** Ag인 Ag-Ni합금은 고체상태에서 Ni의 최대 용해범위는 0.15%이며 용해과정에서도 제조될 수 있다.

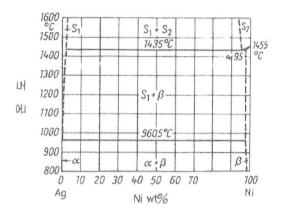

그림 4.26   Ag-Ni 상태도

합금의 응고에서 어느 정도의 Ni이 매우 미세하게 정출되며 용해과정에서도 나타 날 수도 있다. 그러나 정상적인 조직표시에는 나타나지 않는다. 조직:4-130, 조 직:4-131에는 열처리한 상태의 재결정된 순수한 Ag와 미세립자 Ag의 조직을 대조적 으로 나타낸 것인데 각기 다른 입자크기와 전형적인 쌍정생성을 볼 수 있다. 미세립 자 Ag는 거의 같은 내화학성이라면 순수한 Ag에 비하여 변형성이 매우 양호하며 강 도와 재결정온도가 높고 입자성장이 적으며 전기 전도도는 약간만 감소하는 특성을 나타낸다. 접촉 재료로서 미세립자 Ag는 순수한 Ag에 비하여 내마모성뿐만 아니라 내산화성이 요구되는 경우와 높은 사용온도에서 접착 및 용접성을 나타낸다. 10～ 30%Ni를 함유한 Ag-Ni 접촉재료는 Ag보다 기본적으로 높은 경도와 강도를 가지며 낮은 용접성과 물질이동 뿐만 아니라 양호한 내산화성을 갖는다. 조직:4-132는 AgNi10합금을 압출한 조직으로 섬유상으로 늘어나 있는 전형적인 Ni석출물인데 Si-Ni 접촉재료는 연속 섬유 복합재료 제조에 사용된다. 조직:4-133은 20%Ni를 함유 한 Ag-Ni 섬유 복합재료로 섬유가 균일하게 분포되어 있다

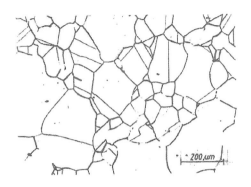

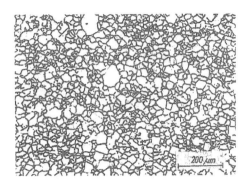

조직:4-130   순수한 Ag(압연하고 600℃ 에서 30분간 annealing한 재결정 조직)

조직:4-131   미세립자 Ag(압연하고 600℃에서 30분간 annealing한 미세립자 재결정 조직)

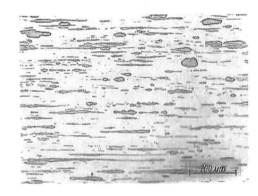

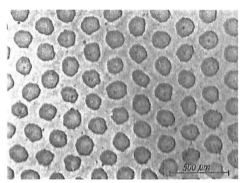

조직:4-132   AgNi10 합금을 분말 야금법 으로 제조하여 압출한 섬유 조직

조직:4-133   AgNi20합금에 상당하는 AgNi섬유 복합재료 조직

4.9.3 Ag-Cu 합금 조직

Ag-Cu합금은 단순한 공정계를 형성한다(그림 4.27). Ag가 많은 α고용체는 공정온도에서 8.8% Cu를 고용하며, 그러나 400℃에서는 ~1.3%Cu만 고용하므로 Ag-Cu는 시효경화된다. 접촉재료로서 Ag-Cu는 순수한 Ag에 비하여 높은 경도와 강도, 낮은 용접성과 양호한 연소성을 갖는다. 단점으로는 Cu함량이 증가됨에 따라 전기 전도도와 내화학성은 떨어진다.

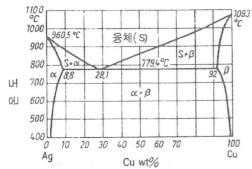

그림 **4.27**　Ag-Cu상태도

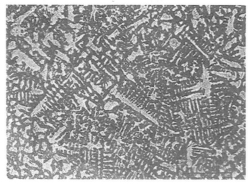

조직:4-134 　AgCu4 초정(α-고용체와 잔류 융체맥(vein)영역에서 불균질 α/β를 가진 주조 조직

Cu함량이 낮은 합금인 **hard silver**(AgCu3, AgCu4)는 순수한 Ag의 내화학성 수준에 거의 도달하며 약전기술에 응용된다. 가공상태에서 Cu-Ag합금에는 대개 불균질 조직이 생성된다. 조직:4-134에는 α 고용체와 불균질 석출물을 가진 AgCu4 주조조직을 나타낸 것인데 이것을 750℃에서 균질 어닐링한 후 급냉한 조직을 조직:4-135에 나타낸 것이다. Ag-Cu합금은 300℃온도 이상에서 내부산화가 일어남이 가공과정의 어닐링 처리에서 관찰된다. 이러한 재료성질은 제한된 범위에서 응용되며 3~10%Cu를 함유한 합금은 내부 산화된 상태에서 접촉재료로 사용된다. 조직:4-136은 AgCu20합금의 내부산화 손상된 부분의 예를 나타낸 것인데 고온에서 보호가스 없이 열처리를 하면 Cu가 부화(富化)되고 산화된 가장자리 조직이 생기며 또한 Cu가 빠져나간 영역과 중심부 조직은 원래 공정의 β 결정이 생성되어 있다.

조직:4-135   AgCu4 주조하고 750℃에서 2시간 annealing한후 수냉한 균질 α고용체 조직

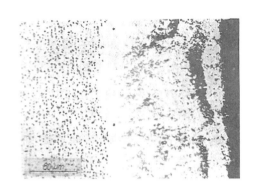

조직:4-136   AgCu20 잘못된 열처리에 의하여 생긴 손상된 조직. Cu가 부화되고 산화된 가장자리 조직, Cu가 빠져 나간 천이영역과 중심부에는 원래 공정의 β결정이 생성되어 있다.

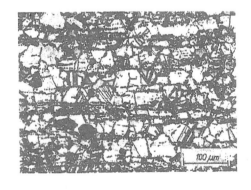

조직:4-137   AgCu4 합금판, 압연하고 재결정화처리, 불균질한 α/β성분이 선상으로 배열된 조직

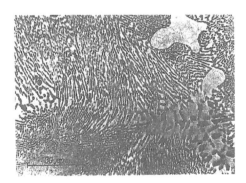

조직:4-138   AgCu28합금, 따로(드문드문) α 고용체를 가진 공정 주조 조직

조직:4-137은 AgCu4 합금판을 압연하고 재결정 처리한 불균질한 α/β 성분이 선상으로 배열된 조직이며, 조직:4-138은 AgCu28합금의 공정주조 조직으로 α 고용체가 따로따로(드문드문) 존재한다.

4.9.4. Ag-Cd 합금 조직

그림 4.28은 Ag-Cu 상태도의 일부를 나타낸 것인데 대개 사용되는 합금에는 5~15% Cd가 함유되어 있으며 α-고용체 영역에 존재한다. Ag-Cd합금은 주로 기구장치재료(AgCd5)이며 일부 접점재료(AgCd5, AgCd8, Ag-Cd15)로도 사용된다. 중간정도 및 높은 에너지를 가진 개폐기(switch)에서 순수한 Ag 또는Ag 합금의 성질로는 충분하지 못하며 금속 또는 비금속으로 치환한 Ag 복합재료가 개발되었는데 6~15%Cd산화물을 함유한 Ag-Cd산화물 복합재료가 E-Ag와 더불어 저전압-강전류의 접점재료로 자주 응용된다.

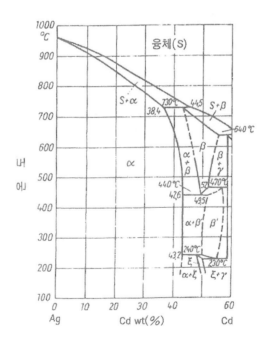

그림 4.28 Ag-Cd 상태도의 Ag 부분

조직:4-139는 AgCd8,5 시편으로 전체가 산화되지 않고 산화 선단(front)의 두 면이 재결정되고 부식된 조직을 나타낸 것인데 영향을 받지않은 균질조직과 미세한 Cd산

화물 입자가 생성됨으로써 불균질 산화조직을 나타낸 것이다.

  조직:4-140에는 부식되지 않은 상태에서 산화 선단에 생성된 조직을 나타낸 것이다. 산소와 Cd의 확산으로 생성된 산화물 입자의 성장이 정해지므로 산화된 재료의 가장자리로부터 내부로 입자수와 크기의 정도가 조정된다(조직:4-141). Ag-Cd산화물 복합재료를 분말야금법으로 제조하면 가장자리로부터 내부로 산화물의 크기는 내부 산화에서보다 균일해진다. 분말야금법으로 제조한 AgCd10접점장치의 가장자리조직을 조직:4-142에 나타낸다. AgCdO입자의 형상, 크기 및 분포는 제3 합금원소를 첨가하는 것과 마찬가지로 내부산화에서 annealing상태에 의해서 영향을 마친다. 예를 들면, 조직:4-143은 AgCd8Sn1합금의 산화 조직이다.

  조직:4-144에는 접점시험 영역에서 표면부근 영역을 다시 나타낸것 인데 밝은 Ag-CdO가 빈약한 고립된 조직과 아울러 니켈 산화물로 이루어진 어두운 조직영역이 특징을 나타내고 재료이동이 생긴다.

조직:4-139   AgCd8,5 합금의 내부산화된 산화선단 (AgCdO10) 조직(부식시킨 것)

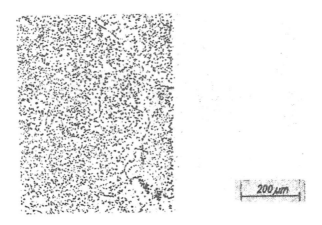

조직:4-140   AgCd8,5 합금의 내부산화된 산화선단 조직(부식시키지 않은 것)

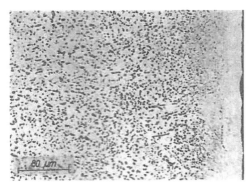

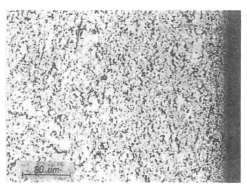

조직:4-141 내부산화된 AgCd8.5 합금에서 가장자리 조직

조직:4-142 AgCdO10합금으로 분말 야금법으로 제조한 접점재료의 가장자리 조직

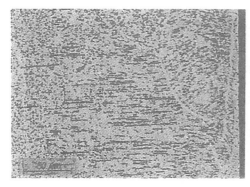

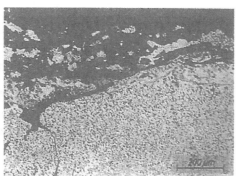

조직:4-143 AgCd8Sn1(AgCdO9SnO$_2$1) 합금의 내부산화된 가장자리 조직

조직:4-144 $1.3 \cdot 10^6$ 개폐로 내부산화된 AgCd8.5 합금으로 된 접점재료의 가장자리 조직

4.9.5 Ag-Pd 합금 조직

통상적으로 Ag는 Pd와 전율고용체를 생성하며(그림 4.29), 기술적으로 관심이 있는 합금은 Ag측과 Pd측이다. 평형상태에서 나타나는 Ag2Pd3와 AgPd상은 기술적인 합금으로 다루지 않는다. 조직:4-145는 AgPd30합금판을 재결정한 것으로 쌍정을 가진 균질하고 다면체로 생성된 조직을 예로 나타낸 것인데 최대한 동일하게 유지되는 접촉저항을 나타내야 하는 표준합금이다.

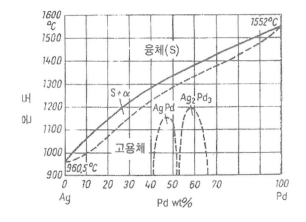

그림 4.29   Ag-Pd 상태도

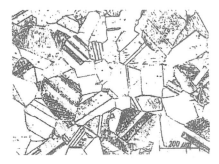

조직:4-145   1,000℃에서 30분 annealing한 AgPd30 합금판의 조직

S의 영향에 대하여 저항성의 한계가 있으므로 Pd함량이 적은 합금은 사용되는 경우가 드물다. Pd 첨가로 전기저항이 현저하게 상승하며 변형성과 도금성이 감소되므로 Pd함량이 높은 합금(AgPd40)은 각각의 용도에 따라 제한된다. Pd에 수소는 용해도과 확산속도가 높으므로 분해가스로부터 수소를 제조하는데 확산 cell로 Ag 및 Pd-Ag합금(PdAg23)이 응용된다.

4.10 Au 합금 조직

4.10.1 순수한 Au 조직

Au는 다른 귀금속과 비교하면 양호한 전기 전도도와 가장 우수한 내식성을 가지므로 방해가 되는 퇴적물을 생성하는 경향이 가장 적다. 일반적으로 공업적인 용도인 순수한 Au는 그 순도가 99.96%Au이상이다. 이것은 매우 연하고 전성이 있으며 연화 어닐링상태의 0.2%한계에서 20~30MPa, 인장강도 120~140MPa 파단연신 40~50% 및 Brinell 경도는 18~20HB가 된다. 조직은 다면체이며 다른 많은 귀금속처럼 재결정된 상태에서 쌍정이 나타난다(조직:4-146).

조직:4-146 순수한 Au, 압연된 판, 재결정 annealing한 조직

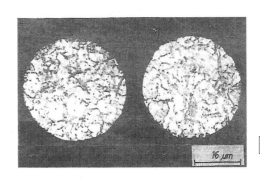

조직:4-147 부분적으로 재결정된 두 개의 30μm직경의 금세선 조직

순수한 Au는 낮은 강도, 경도 및 내마모성과 고가이므로 압축성형 상태로는 적게 사용된다. 예를 들면 직경이 7.5~50μm범위의 극세선(microwire)이 칩(chip)과 기판 간의 도체접합에 응용된다. 세선접촉은 온도 또는 초음파의 작용으로 압접이 이루어진다. 조직:4-147은 직경 30μm인 두 극세선의 조직을 나타낸 것인데 일부는 마무리 annealing에서 재결정되어 있다. 순수한 Au는 얇은 전기 도금층을 형성하여 금속제

품과 전기·전자기술의 부품에 광범위하게 응용된다.

4.10.2 Au-Ni 합금 조직

Au-Ni합금은 연속성 고용체 생성과 낮은 온도에서 조성이 서로 다른 두 고용체로
분해된다(그림 4.30). 2~5%Ni(표준합금 AuNi5)를 함유한 합금은 냉각속도를 빠르게
함으로써 고용체 분해가 대개 억제되며 균질한 조직이 생성된다(조직:4-148). 개폐기
에 사용되는 합금은 내식성이 매우 우수해야 하며 물질이동 현상이 계속적으로 일어
나지 않는다.

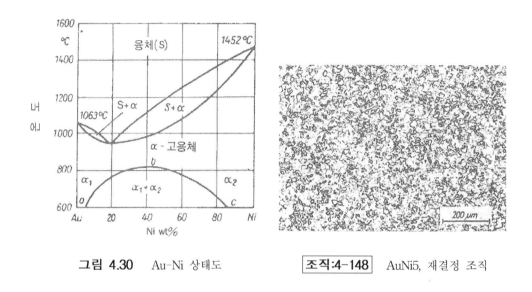

그림 4.30   Au-Ni 상태도   조직:4-148   AuNi5, 재결정 조직

4.10.3 Au-Ag 합금 조직

Au와 Ag는 연속성 고용체를 생성하며 고체상태에서와 같이 액체상태에서도 완전
상호 용해성이므로 10-40%Ag 영역 합금이 기술적으로 응용되며 균질한 조직이 나타
난다. 내화학성은 순수한 Au에 비하여 근본적으로 감소되므로 약전부분의 개폐기에
응용되며 낮은 접촉하중으로 작동하고 매우 작은 일정한 접촉 전이 저항이 나타나야
한다. Au-Ag 합금의 경도 및 내마모성, 용접성과 산화성은 3~5%Ni를 첨가함으로써
개선된다. Au-Ag-Ni 합금이 여기에 응용되는데 이미 Au-Ag의 낮은 용접성이 변화
된다. 전형적인 합금으로는 AuAg17Ni3이 있다. Au에서 Ni의 용해도를 낮은 온도에
서 Ag가 감소시키므로 불균질 조직이 된다(조직:4-149). Au-Ag-Cu 합금은 장식품
제조에 많이 응용되는 Au 재료로서 주로 **18캐럿(carat)**, 14캐럿 및 8캐럿 합금으로

제조된다(순금은 24캐럿). 언급한 3합금 군은 Au 함량인 75, 58.5 및 33.3%에 따라 Ag와 Cu를 각각 합금시킨다. 이렇게 하여 기계적, 화학적 성질뿐만 아니라 합금의 색깔도 변화되는데 Ag 첨가량이 증가됨에 따라 붉은색(red)이 적갈색(bay), 노랑색 (yellow)-연노랑(pale yellow)및 green yellow 등으로 변한다. 조직:4-150은 14캐럿 Au 합금의 재결정 조직으로 균질한 고용체가 생성되어 있는데 700℃에서 1시간 an-nealing하고 quenching 한 것이다. 조직:4-151은 14캐럿 합금을 균질화 annealing(350℃에서 3시간)한 조직으로 작은 입자와 입계에 고용체 분해가 일어나 있다. 석출된 Au-Cu 고용체에 상당하는 부분만큼 경화의 최대치를 상회하게 된다.

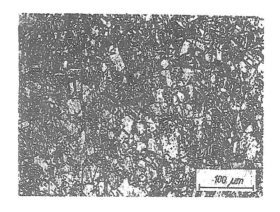

조직:4-149 AuAg17Ni 3선(wire) (재결정 조직)

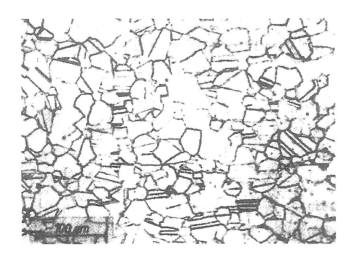

조직:4-150 14캐럿 Au합금의 재결정 조직(700℃에서 1시간/물, 균질한 고용체)

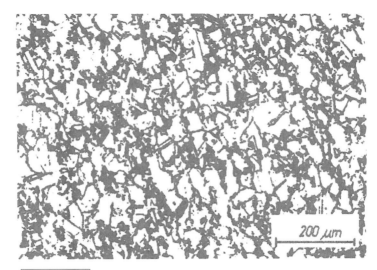

조직:4-151　14캐럿 Au합금의 재결정 조직(700℃에서1시간/물, 350℃에서 1시간/물/350℃에서 3시간)

4.10.4. Au-Si 합금 조직

　Au-Si 합금의 조직생성은 단순한 공정계로 이루어진다(그림 4.31), 0.5~2%Si를 함유한 합금은 반도체 기술에서 칩(chip)접촉의 접합재료로 응용된다. 각기 다른 작업온도와 접합재료의 성질에 따라 합금을 선택할 수 있다. 합금으로는 Au-Sb, Au-Ga 및 Au-Ge 등이 있다. 조직:4-152는 AuSi0.5 합금의 주조 조직인데 수지상으로 응고되었으며 Au 결정이 수지상가지 사이에는 잔류 융체가(Au+Si)공정으로 응고되었다. 이러한 주조재료를 땜 film으로 계속 작업하기 위하여는 양호한 냉간 변형성을 부여하여 공정온도 이하에서 annealing함으로써 Si 공정상을 균일하게 분포시킨다(조직:4-153). 이 경우에 응용된 Au-Si 모합금은 6.3%Si를 함유하고 있으며 초정으로 정출된 Si 결정이 미세하게 생성된 공정 내에 존재함을 알아볼 수 있다(조직:4-154).

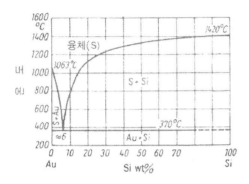

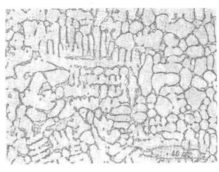

그림 4.31   Au-Si상태도

조직:4-152   AuSi0.5 주방상태 조직, Au 결정 수지상 가지 사이에는 (Au+Si)공정이 존재한다.

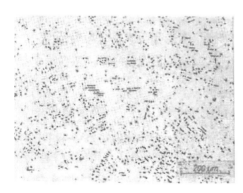

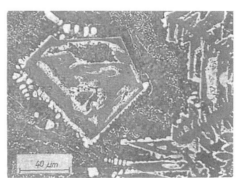

조직:4-153   AuSi0.5 주방상태 조직 (350℃에서 8시간 어닐링한 Si상의 균일분포)

조직:4-154   6.3%Si를 함유한 Au합금 조직(공정기지에 초청 Si결정이 존재한다)

4.11 Pt 합금 조직

4.11.1 순수한 Pt 조직

　Pt는 용융점(1,769℃)이 높고 500℃~550℃ 온도에서 재결정된다. 순도와 재결정상태에 따라 기구, 장치용 Pt의 0.2%한계는 40~60MPa, 인장강도가 120~150MPa, 파단연신이 30~50% 및 Brinell 경도는 150HB정도가 된다. 기구, 장치용 Pt의 재결정은 쌍정생성 없는 다면체 조직으로 된다(조직:4-155). 기구, 장치용 Pt로　전기화학에서 전극과 실험기구, 장치를 제작한다. 조직:4-156은 기구, 장치용 Pt에 외부 원소가 들어가 심하게 나타난 조직손상의 예 인데 국부부식과 균열생성에 의하여 가까이에 유리 용해로가 붕괴된 것으로 용기 내부벽의 가장자리 조직에는 일부가 용해된 불순물 외부상이 존재하며 이것은 입계에서 현저하다. Electron beam microprobe로 개재물에서 현저한 Pb를 확인할 수 있다. 기구, 장치용 Pt합금을 1350℃~1400℃에서 오랜 시간 가열하면 조대립자 조직으로 된다. 또 하나의 예로는 Pt의 부식손상인데 분산강화된 Pt로 된 유리용해로에 설치한 가열전극으로 1,530℃-1,540℃의 사용온도에서 부식으로 인한 노벽의 파손이 일어나 구조재가 혼입된다. 손상부분은 전극표면의 개재물을 전자 현미경으로 조사해 보면 Na, Mg, Al, Si 및 Ca 등이 주요성분으로 나타난다. 현미경 조직검사를 위하여 구멍주위를 선택한다.

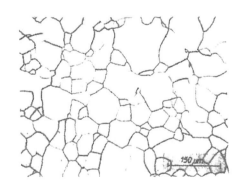

조직:4-155　기구, 장치용 Pt압연판(800℃에서 1시간 가열한 재결정 조직)

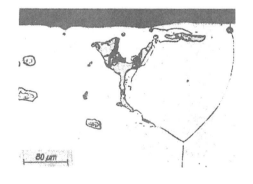

조직:4-156　외부원자가 흡수된 유리용해로에 사용된 기구, 장치용 Pt에 부분용해된 개재물

　이미 언급한 손상의 경우와 비교하면 분산 강화된 Pt에서는 높은 온도이지만 조대한 입자생성과 결정립계 균열생성이 나타나지 않는다. 분산 강화된 Pt의 안정화된 미세립자 조직에서는 기구장치용 Pt의 조대립자 조직에서와 같이 외부원소가 내부로 확산됨으로써 입계손상을 일으키는 것이 그렇게 빠르게 진행될 수는 없다. 분산 강화 Pt개발의 주요한 목적은 장시간 파단강도(creep 파단강도)와 고온에서 내 creep성의 개선이다.

4.11.2 Pt-Rh 및 Pt-Ir 합금 조직

　5~40%Rh를 함유한 **Pt-Rh** 합금과 5~20%Ir을 함유한 **Pt-Ir** 합금은 가장 광범위하게 응용될 수 있는 Pt 합금이다. Pt와 Rh는 연속성 고용체를 생성하며(그림 4.32) 상태도에서 고상선과 액상선은 상호 매우 근접되어 있다. Pt-Ir 계도 이와 유사하게 좁은 응고구간을 가진 연속성 고용체를 생성하고 Pt 융점으로부터 Ir 융점까지 고상선과 액상선이 단조롭게 상승한다. **Pt-Rh**합금은 용융액상 유리에 대하여 순수한 Pt보다 큰 사용저항을 가지고 있으며 또한 강도 측면에서도 PtRh10과 PtRh20 합금은

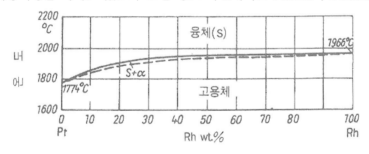

그림 4.32　Pt-Rh 상태도

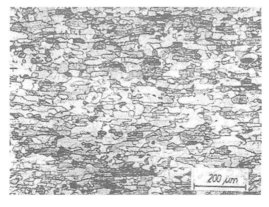

조직:4-157　분산 강화 PtRh 합금으로된 유리섬유 압출용기를 1,250℃에서 300시간 사용한 후의 바닥으로부터 절취한 조직

유리섬유 제조의 압출용기재료로 유용하다. Rh함량을 20%이상으로하고 제3의 합금 원소가 첨가되면 PtRh10 합금에 Zr 첨가로 내부산화를 일으켜 분산강화시키며 이렇게 하여 PtRh20합금의 장시간 강도와 내 creep성이 개선된다.

　조직:4-157은 분산 강화된 PtRh10 합금으로된 유리섬유 압출용기를 1250℃에서 300일간 사용한 후의 바닥으로부터 절취한 것으로 비교적 미세립자 조직을 나타낸다. Pt와 Pt 합금의 광범위한 응용영역은 촉매제이다. PtRh5와 PtRh10 합금은 암모니아 로부터 질산을 촉매산화시키는데 촉매망으로 또한 청산 제조에도 각각 사용된다. PtIr5 합금은 기구, 장치용 재료와 접점재료로 응용된다. Ir 함량이 높은 합금은 전기 접점재, 열전대, 전기전도 및 저항재료 제조에 응용된다. 접점재료로서의 응용은 높은 작동 사이클과 큰 접촉안전이 요구되는 매우 높은 기계적 응력이 작용되는 특수한 경우에만 제한되어 사용된다.

연 구 과 제

1. 알루미늄 합금의 열처리 기호(temper 기호)

2. 알루미늄 합금의 시효경화

3. 알루미늄의 결정립과 미세화 처리

4. Al-Si 합금의 개량처리

5. 황동(Cu-Zn)의 입계응력부식과 탈아연 현상

6. 청동(Cu-Sn)의 종류와 조직특성

7. 니켈 합금의 종류와 조직특성

8. 티탄 합금의 특성

9. α-티탄 합금, α/β티탄 합금 및 β-티탄 합금 조직

10. Pb 합금의 종류와 조직

11. Mg 합금의 종류와 조직

12. Mg 합금의 입자 미세화 처리

13. Zn 합금에서 합금원소의 영향

14. Sn 합금의 종류와 조직

15. Ag 합금의 종류와 조직

16. Au 합금의 종류와 조직

17. Pt 합금의 종류와 조직

♣ 실 험 과 제

1. Al-4%Cu합금의 석출경화 조직 관찰

6개의 시편을 550℃에서 16시간 용체화 처리→수냉→경도측정(1개), 5개의 시편을 200℃에서 10분, 1시간, 4시간, 24시간 및 48시간 동안 각각 시효처리→수냉→경도 측정(Rockwell 또는 Vickers경도계)→조직 관찰

2. 알루미늄 합금의 결정립자 미세화 조직 관찰

(a) 순수한 Al을 750℃로 가열 용해하여 AlTi5B1량을 0.1~1.0wt%로 달리하여 첨가후 10분간 유지하고 금형에 주조한 조직

(b) AlTi5B1첨가량을 0.2wt%로 일정하게 하고 주입온도를 700~1,000℃로 변화시켜각온도에서 10분간 유지후 금형에 주조한 조직

(c) 주조온도를 750℃, AlTi5B1첨가량을 0.1wt%로 일정하게 하고 유지시간을 합금 첨가후 1, 5, 10, 20, 40 및 60분 등으로 변화시켜 주조한 조직

3. 실루민(Silumin)합금조직 관찰

(a) Al-Si 모합금 제조

순수한 Al을 용해(약 800℃)하여 조약돌 크기의 예열된 실리콘을 장입교반, 탈 가스처리 후 금형주조(모합금 : Si목표함량 약 20%)

(b) 순수한 Al과 모합금을 용해하여 조성조절 후 용탕에 0.05~1.0%금속Na 또는 Na0.05+K0.05%를 첨가 후 약 20분이 경과하면 주조한다(개량처리 조직 관찰)

제 5 장
금속의 칼라 조직

제 5 장

금속의 칼라 조직

제 **5** 장

금속의 칼라 조직

　최근 수년간 침지에 의한 **칼라 부식법**의 사용이 크게 증가된 것은 현미경 조직을 만족스럽게 나타낼 수 있는 유일한 방법이기 때문이다. 지금까지 일반적으로 사용되어온 검경면이 비교적 심하게 부식되는 **에칭**(etching)법과 비교하면 **침지 칼라 부식법**은 표면에만 막이 얇게 형성되어 검경면이 거의 부식되지 않는다. 그러므로 일반적으로 거의 볼수 없는 여러 조직(예 : 열영향부, 성분의 분리 등)을 관찰할 수 있다. 또 다른 장점은 부식과정 중 일반적인 부식에서 사용되는 dish, 집게 등 이외의 추가적인 장치가 필요 없으며 에칭이 상온에서 이루어 지므로 시편의 크기에 관계없이 쉽게 부식 시킬 수 있는 점이다. 여기서는 칼라 부식을 이용하려는 사람들에게 시편 준비로부터 부식까지 전체를 포괄할 수 있는 도움을 주도록 시도하였다.

5.1 칼라 부식에 관한 개요

5.1.1 시편준비를 위한 연마재료

　침지법으로 양호한 칼라 부식을 하기위하여 가장 중요한 것은 연마표면이므로 다음의 연마재료를 사용하면 좋은 결과를 얻을 수 있을 것이다.

조연마 및 광택연마
240, 320, 400, 800, 1200번 등의 습식 연마지

등급	연마포	윤활제
15μm paste 6μm spray	Dur 또는 Pellon	Blue
3μm past 3μm spary	Nap	red
1μm paste	Mol 또는 Plus	red

연질금속의 마무리 연마

연마포: Microcut Paper Sheets, 600번 연질

전해연마

A_2 전해액-동, 알루미늄, 니켈모재, 코발트모재

Cu 전해액-동재료

A_3 전해액-Ti재료 (A_2전해액도 사용가능)

Alumina 연마

Tonerde green No. 1

Tonerde red No. 3

합성 velvet포

광택연마

Fina Plan포(인조 chamois 가죽)

중성 비누액(샴푸)

5.1.2 칼라 부식 시약

Amonium acid fluoride : $(NH_4)HF_2$	Potassium hydroxide : KOH
Amonium chlorocuprate 　: $(NH_4)_2[CuCl_4] \cdot 2H_2O$	Potassium pyro-sulphate(Metabisulphate : $K_2S_2O_5$
Amonia : NH_3	Potassium permanganate : $KMnO_4$
Amonium persulphat : $(NH_4)_2S_2O_8$	Molybdenum trioxide : MoO_3
Ethyl alcohol(Ethanol) : C_2H_5OH	Sodium hydroxide
Ferric chloride:$FeCl_3 \cdot 6H_2O$	Sodium thiosulfate : $Na_2S_2O_3 \cdot 5H_2O$
Hydrofluoric acid : HF	Oxalic acid : $C_2H_2O_4 \cdot 2H_2O$
Potassium Ferricyanide : $K_3[Fe(CN)_6]$	Nitric acid : HNO_3
Hydrochloric acid : HCl	
Selenic acid : H_2SeO_4	

5.1.3 현미경에서 칼라 사진 촬영

칼라 네거티브(negative)와 칼라 print가 일반적인 흑백 사진보다 고가가 아니 므로 칼라 현미경 조직이 점차 광범위하게 사용되게 되었다. 실험실에서 가장 많 이 쓰이는 칼라 필름(film)은 3 종류가 있다.
- 롤 필름(roll film, daylight), 6×7cm size : (예, Agfa CNS 120)
- 35mm 리버설 필름(reversal film, daylight), 24×36mm size : (예, CT18, Messrs. Agfa)
- 폴라로이드 필름(polaroid film), 9×12mm size.

롤 필름은 현미경에 특수한 카세트(cassette)가 필요없다. 낮은 전압이나 할로 겐(halogen)램프는 칼라 온도가 너무 낮기 때문에 칼라 사진 촬영을 위해서는 blue 칼라 필터(filter)를 사용해야 한다(그렇지 않으면 사진이 강한 yellow 칼라 로 된다.). Xenon 램프를 사용한 현미경에서는 필터가 필요없다. 필름의 현상은 동일한 조건을 유지하기 위하여 큰 현상소에서 하는 것이 좋다.

5.1.4 용어

a) Ammonia solution
소량의 ammonia를 첨가한 수용액(약 5~10ml의 NH_3:11ml H_2O)은 alumina와 함께 동 및 동합금을 마무리 연마할 때 사용한다.

b) Hydrofluoric acid
약간의 hydrofluoric acide를 포함한 수용액(약 1ml HF: 11ml H_2O)은 알루미늄과 그 합금을 마무리 연마할 때 MgO와 함께 사용한다.

c) 습식부식
이것은 검경면을 부식액에 침지하기 전에 부식액을 희석시킨 액에 예비침지 시 키는 것을 뜻한다. 희석액으로는 물 또는 알콜(alcohol)이 사용되며 이때 물은 증 류수가 아니라도 좋다.

5.1.5 시편준비

(가) 주철, 비합금강, 저합금강 및 망간강

연마지를 사용하여 800~1200번까지 습식연마 한다. 합성섬유로된 연마포에서

6μm의 다이아몬드 페이스트(paste)또는 다이아몬드 스프레이(spray)를 사용하고 알콜을 윤활제로 하여 예비연마한다. 경질재료(경화강, 회주철, 백주철등)에는 Tonerde No.1(필요하다면 비누물사용)으로 펠트(felt)포에서 연마한다. 경질재료는 Tonerde No.3을 사용하여 부드러운 인조 velvet포에 짧은 시간 마무리 연마하며 이때 비누물을 사용한다. 물론 자동 연마기를 사용할 수 있으며 전해연마도 가능하다. 연마 후 완전히 씻고 알콜 초음파 세척이 필요할 경우 세척한다. 습식연마에서는 부식액에 침지하기 전 흐르는 물에 침지해야 한다. 이 과정에서 건조할 필요는 없다. 망간강은 Tonerde No. 3과 비누물을 사용하여 인조 chamois 가죽으로 연마하는 것이 좋다.

(나) 동과 그 합금

연마지 800번까지 사용하여 습식 연마한다. 동시편에서는 마무리 연마지 대신에 연마포(Microcut)를 사용하는 것이 좋다. 표면의 변형을 방지하기 위하여 연마할 때 시편에 너무 큰 압력을 가해서는 안된다. 연마포를 사용할 때는 3μm 다이아몬드 페이스트 또는 다이아몬드 스프레이와 윤활유로 연마한후 1μm 다이아몬드 페이스트와 윤활유를 사용하여 같은 방법으로 연마한다. 마무리 연마는 Tonerde No.3(비누물로된 Slurry)을 사용하여 부드러운 인조 chamois 가죽으로 연마한다. 암모니아 용액(5.1.4 참조)은 냉각제로 사용할 수 있다. 첨가되는 암모니아량은 연마할 때 시편이 부식되지 않을 정도로 하고 부식될 때는 희석액을 증가시킨다. 1μm 다이아몬드 페이스트를 사용하여 연마한 후에는 **shock polishing**을 이용할 수 있는데 동전해액에서 높은 전류로 2~3초간 연마한다. 이때 시편을 솜이나 부드러운 종이로 닦아내면 미세한 홈이 생기므로 손가락으로 잘 닦아내는 것이 좋다.

5.1.6 침지 칼라 부식에 관한 지식

(a) 대부분의 칼라 부식액은 연마에서는 작은 긁힘(scratch)도 다시 나타나게 하므로 칼라 부식을 위한 시편은 연마과정에서 특별한 주의를 하여야 하며 양호한 경면을 얻기 위하여 자동연마 장치를 사용하면 좋다. 특히 "**shock polishing**"으로 전해연마(최대전류에서 1~2초간)를 하면 긁힘이 거의 없는 경면을 얻을 수 있다. 전해연마 과정에서 줄무늬(streaky)형태의 부식을 방지하기 위하여 미리 부드러운 chamois 가죽으로 짧은 시간 시편을 연마후 전해연마하면 좋다.

(b) Hydrofluoric acid는 유리(glass)를 침식시키므로 이것을 포함하거나 ammonium acid fluoride를 포함한 부식액은 플라스틱 용기에서 혼합하고 플라스틱 용기에 보관해야 한다.

(c) 마운팅(mounting)하지 않은 시편에 사용하는 집게 끝에 플라스틱 튜브를 씌우면 집게와 시편 접촉부가 부식되지 않는다.

(d) 수용성 칼라 부식액 사용시 부식액에 시편표면을 침지하기 전에 흐르는 물에 담그면 좋은 결과를 얻을 수 있다.

(e) 칼라 부식에는 도중에 건조가 필요치 않다. 즉 연마 후에 즉시 부식이 가능하다. 그러나 균열이 있는 시편은 초음파 세척 후 건조하여 잔류알콜을 제거해야 한다.

(f) 칼라 부식한 시편을 알콜 중에서 초음파세척을 할 경우에는 얇은 막이 쉽게 부식되므로 짧은 시간에 실시한다. 이것은 특히 **Klemm 칼라 부식액**에 적당하다.

(g) 균일한 부식을 위해 시편을 부식액 속에 침지시키는 것이 좋으나 칼라가 나타나는지 항상 주의하여 관찰하여야 한다.

(h) 칼라 부식 후 세척하고 더운 공기로 건조하기 전에 검경면이 건조되면 이 건조된 부분이 얼룩점으로 나타난다.

(i) 현미경에서 침지유(immersion oil)를 사용하여 높은 배율로 확대하면 칼라가 약해진다. 그러나 결정립계에 나타나는 석출물은 일반적으로 잘 관찰할 수 있다.

(j) 대부분의 매몰재(embedding agents)는 부식액에서 중성이므로 반응하지 않으며 어떤 경우에는 부식액이 시편을 부식시키는 것을 방해하는 경우도 있다.

(k) 아연도강을 칼라 부식할 때 주의할 점은 아연층이 표면의 칼라화를 막아주기 때문에 부식전에 HCl로 이 층을 제거해야 한다.

5.2 Klemm 칼라 부식액

5.2.1 저장용액(stock solution)의 조제

냉각포화된 Na$_2$S$_2$O$_3$ · 5H$_2$O용액

　1 ℓ 들이 flask에 증류수 300ml를 약 30~40℃로 가열하고 여기에 1Kg의 Na$_2$S$_2$O$_3$· 5H$_2$O를 용해시켜 이 용액을 하루동안 정치하면 염이 일부 바닥에 결정으로 정출되는데 이것의 상등액을 저장액으로 사용하며 염결정이 용액으로 완전히 녹을 때까지 증류수를 가열하여 용해시켜 계속적으로 사용한다. 이와같이 저장액을 제조하면 수개월 동안 사용할 수 있으며 한번 사용한 부식액은 1~2일 정도 사용 가능하다.

5.2.2 Klemm I 칼라 부식

주철, 비합금강, 저합금강 및 망간강

· **부식액** : 100ml 저장액, 2g K$_2$S$_2$O$_5$
· **부식조건** : 부식시간은 1~2분 정도.

　시편을 부식하기 전에 물에 적시고 다시 물로 잘 씻어낸다. 여기서 물은 황산염막을 약간 산화시키므로 칼라가 더 선명하게 나타난다. 재료에 따라 부식시간을 적당히 조절하면 brown-blue 칼라로 변한다. 칼라가 green을 띄면 과부식되어 황산염막이 너무 두꺼워진 때문이다. 건조 후에는 최종 칼라가 나타난다. 시편을 오래 방치해 두면 칼라가 희미하게 변한다. 황산염막은 연마하면 쉽게 벗겨질 수 있다. 부식하고 재연마하는 작업을 반복하면 보다 좋은 칼라를 얻을 수 있다. 부식시간이 너무 짧았을때는 시편을 다시 침지하고 재부식시킬수 있다. 과부식된 시편은 황산염막이 너무 두꺼워져서 건조되면 이 막에 미세균열이 생겨 표면에 결정의 방향이 나타난다.

조직:5-1   킬드강(killed steel)의 종방향 시편(C<0.1%)조직. 편석되지 않은 영역의 부식에서 ferrite는 blue-brown 칼라이다. 농도에따라 인(P)편석(phosphorus segregations)은 yellow-white 칼라로 된다.

조직:5-2   킬드강의 종단면 시편조직. Ferrite 외부 영역의 칼라는 blue이며 중심부 인(P)편석 영역은 yellow-white 칼라이다.

조직:5-3   Unkilled steel의 종단면(I-단면)으로 심한 편석을 나타낸다. 편석되지 않은 외부 ferrite 영역은 blue-brown 칼라이며 인(P)편석은 농도의 차이에 따라 light grey-white 칼라로 보인다.

조직:5-4   킬드강의 종단면 조직. 방향에 따라 편석되지 않은 ferrite 입자가 blue-brown 칼라로 나타난다. yellow 칼라의 인(P)편석내에 존재하는 medium grey 칼라의 MnS는 부식되지 않은 것이다.

조직:5-5   Unkilled steel판의 종단면 조직. 인이 없는 대(band)내의 blue 칼라 ferrite 입자 사이에 존재하는 cementite는 부식되지 않으므로 white 칼라이다. 불규칙하게 분산되어 있는 인(P) 편석은 yellow 칼라이다.

조직:5-6   1,350℃에서 annealing한 킬드강판의 종단면조직. 인(P)이 인편석 내에서 골격 모양으로 배열되어 나타나 있다. Grey 칼라의 불순물은 MnS이다. 조직은 Widmannstätten 조직을 나타낸다.

조직:5-7   연속주조로 제조한 킬드강으로 만든 음극판의 종단면 조직, 판중심에 존재하는 좁은 인편석은 수소를 흡수하면 기공이 생긴다.

조직:5-8   42CrMo4재질 볼트의 열처리한 종단면 조직. 인편석외에도 볼트의 중심에는 단조에서 균열로 나타난 탄소와 유황(MnS)의 편석이 보인다.

조직:5-9　Quenching하고 tempering한 42-CrMo4강 조직. 분해되지 않은 탄화물(white)을 기존의 martensite에서 볼수 있으며 austenite화 처리 시간이 너무 짧았기 때문이다.

조직:5-10　Quenching하고 tempering한 저합금 표면경화(case-hardening)강의 표면부분 조직. Cementite(white)가 경화된 미세한 침상조직 내에 존재한다. 강은 과침탄되었다.

조직:5-11　표면경화강을 약간 과열하여 침탄, 경화한 표면부분 조직
Martensite : blue,　잔류 austenite : white

조직:5-12　표면경화강을 심하게 과열하여 과침탄, 경화한 표면 부분 조직
Martensite : blue-brown, austenite : white

조직:5-13　표면 경화강을 심하게 과열하여 과침탄, 경화한 표면부분 조직. 조대한 침상 martensite는 blue 칼라, 분해된 침상 martensite는 grey 칼라를 나타내고 백색잔류 austenite 내에는 light-brown 칼라로 나타나는 "unstructured"인 침상 martensite를 볼 수 있다.

조직:5-14　약 500~600℃에서 annealing 한 ferrite강 조직. 산화막을 제거하면 칼라로 되지 않은 영역을 볼 수 있다.

조직:5-15　30CrMoV9강을 단조하여 quenching하고 tempering한 조직. 기존 austenite 결정입계는 밝은 칼라로 나타난다.

조직:5-16　조직:4-15를 확대한 조직. 기존 austenite 입계를 뚜렷이 볼 수 있으며 얇은 산화막과 입계를 따라 나타난 산화물 불순물은 강이 연소 되었음을 나타낸다.

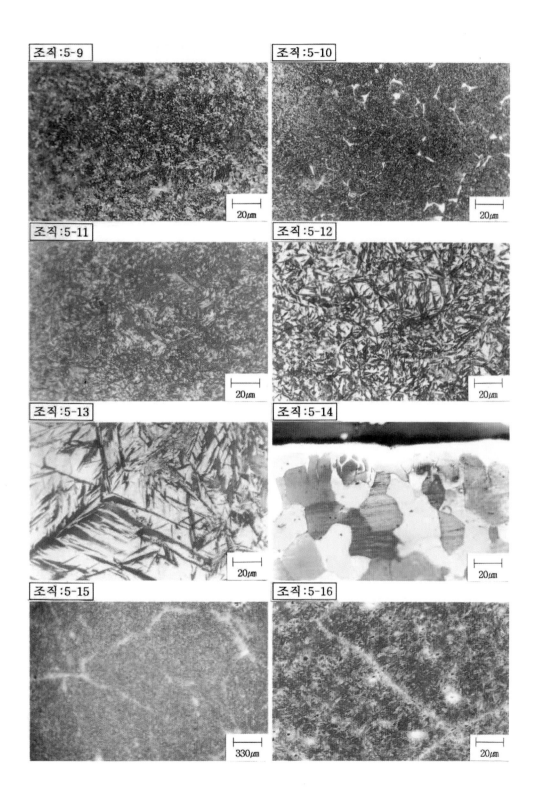

조직:5-9

조직:5-10

조직:5-11

조직:5-12

조직:5-13

조직:5-14

조직:5-15

조직:5-16

조직:5-17   주철조직, 편석(Si와 P 편석)은 light yellow 칼라이고 이것으로 인하여 공정 셀(cell)을 볼 수 있다.

조직:5-18   조직:4-17을 확대한 조직. 편석에 존재하는 공정 인화물은 칼라로 되지 않는다. 부식되지 않은 것처럼 MnS(light grey)와 titanium carbonitride (yellow pink) 등은 원래의 칼라로 나타난다.

조직:5-19   Annealing한 구상흑연 주철조직. Blue 칼라 영역은 Si이 낮으며 분해되지 않은 cementite(white)가 존재한다. Si 함량이 높은 영역은 칼라가 약하다.

조직:5-20   구상흑연 주철조직, Si함량이 낮은 영역은 blue 칼라이며 cementite 입자가 존재한다(white).

조직:5-21   12% Mn, 1.0% C 망산강의 quenching 조직. Austenite 결정 방향에 따라 칼라가 변한다.

조직:5-22   12%Mn, 1.0% 망간강을 냉간성형한 조직, 여러 칼라의 austenite 결정 중에서 slip line을 볼 수 있다.

조직:5-23   12%Mn, 1.0%C 망간강을 1,200℃에서 서냉한 조직. 복탄화물[(Fe, Mn)$_3$C(white)]이 austenite내에서 결정입계에 석출되어 있다. 쌍정의 입계는 석출이 없다.

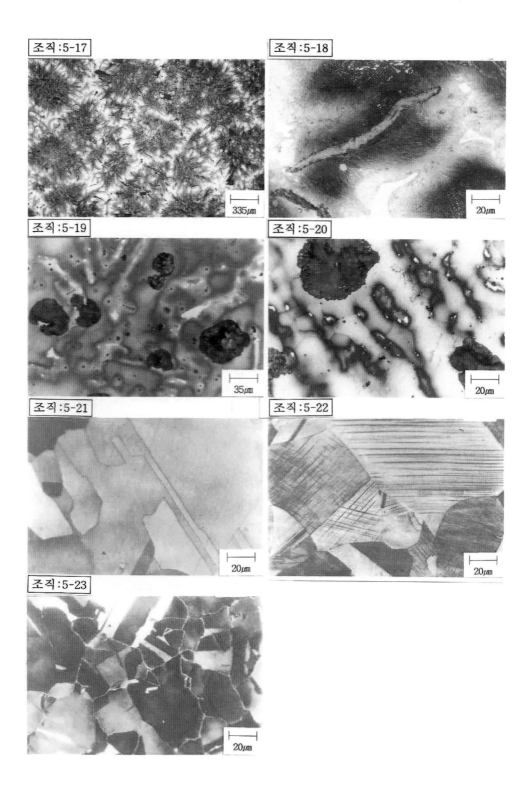

조직 : 5-17

335μm

조직 : 5-18

20μm

조직 : 5-19

35μm

조직 : 5-20

20μm

조직 : 5-21

20μm

조직 : 5-22

20μm

조직 : 5-23

20μm

5.2.3 Klemm II 칼라 부식

동합금, 동과 동합금을 연납땜한 접합부

· **부식액** : 100ml 저장용액, 5g $K_2S_2O_5$
· **부식조건** : 부식시간은 합금에 따라 다르며 침지부식시켜야 한다 (5.1.4참조).

조직5-24　　연납땜 동조직. 좁은ε상 (화살표)을 뚜렷이 구별할 수 있다. 연납 땜 조직이 이 부식액으로 서서히 나타난 다. 대(band)상의 Cu_2O(red)를 동모재 내 에서 볼 수 있다.

조직:5-25　　강에 경납(은납)땜한 조직. 확산영역이 뚜렷이 보이며 강에는 좁은 yellow 칼라 영역이 존재한다.

조직:5-26　　α-β황동 경납합금을 사 용한 경납 용접으로 동에 수소취성이 나 타나 있다. α황동은 yellow 칼라이며 β 황동은 칼라가 어둡다.

조직:5-27　　Monel(약70% Ni를 포함하 는 Ni-Cu 합금)조직 (성형), Ni-Cu 고용 체 결정, 칼라 부식으로 응고시 생성된 수 지상 미소편석을 관찰할 수 있다.

조직:5-28　　조직:5-27을 확대한 Monel 조직. 1차 조직에서 먼저 응고된 고니켈 수지상(blue green, 미소편석)을 쌍정 및 면심입방 고용체 결정으로 이루어진 변 형된 2차 조직에서 볼 수 있다.

조직:5-29　　5% Cu-Sn 청동조직, 응고 과정에서 생긴 조직내에 불균일성이 부식 후에 뚜렷이 보인다(검은부분은 미소 수 축공).

조직:5-30　　조직:5-29를 확대한 조직. 모재는 Cu-Sn 고용체 결정으로 되어 있 으며 최종 응고된 영역에는 현저한 미소 편석 수지상과 미소 수축공(black)이 보 인다.

조직:5-31　　조직:5-29,30과 같은 시편 으로 Klemm III 부식액으로 부식한 조직, 고용체의 조대한 결정을 볼 수 있으며 미 소 편석은 여기서 약하게 나타난다(미소 수축공은 black).

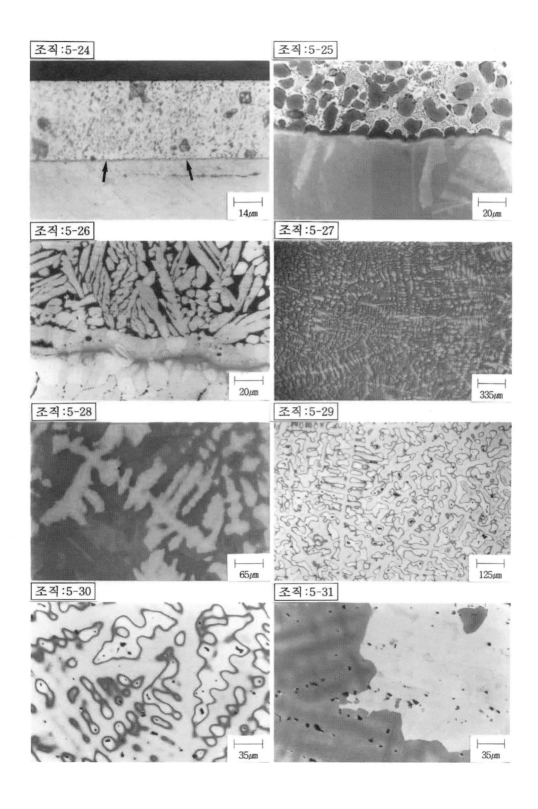

조직 : 5-24

14μm

조직 : 5-25

20μm

조직 : 5-26

20μm

조직 : 5-27

335μm

조직 : 5-28

65μm

조직 : 5-29

125μm

조직 : 5-30

35μm

조직 : 5-31

35μm

5.2.4 Klemm Ⅲ 칼라 부식

동과 동합금

· **부식액** : 40g $K_2S_2O_5$, 100ml 증류수, 11ml stock solution($K_2S_2O_5$가 처음에는 완전히 용해되지 않아도 무방함)

· **부식조건** : 0.5~5분, 습식부식(5.1.4 참조) 부식시간은 합금에 따라 크게 좌우되며 여러개의 시편으로 시간을 달리하여 부식시켜 비교하여 본다. 부식에서 검경면은 일반적으로 구름낀 것 같이 되며 건조하기 전에는 칼라가 나타나지 않는다. 부식 후 시편을 잠시 방치해 두면 칼라가 더 강하게 나타난다. 시편을 재부식해서는 안된다.

조직:5-32 순동의 조직, 표면에 나타난 결정방향에 따라 동 결정의 칼라가 다르게 나타난다.

조직:5-33 심하게 냉간변형된 순동조직, 동결정과 slip line이 보인다.

조직:5-34 순동을 전자빔 용접(electro-beam weld)한 조직, 용접부에는 주상결정(columnar crystallite)이 형성되어 있다.

조직:5-35 조직:5-34를 확대한 조직, 용착금속과 모재간에 천이를 볼 수 있다. 동의 변형된(쌍정으로 된) 결정을 모재에서 주상결정은 용착금속에서 각각 관찰할 수 있다.

조직:5-36 TIG 용접한 순동조직, 모금속은 변형된(쌍정으로 된) 동으로 되어 있고 용착금속 조직은 수지상의 미소편석을 가진 주상결정으로 되어있으며 입간 균열이 존재함을 볼 수 있다.

조직:5-37 β황동을 소량 포함한 α황동조직. 비교적 어두운 칼라의 β고용체 결정(대상)과 모재에 형성된 α고용체 결정들을 뚜렷이 구별할 수 있다.

조직:5-38 α-β 쾌삭황동 조직, β고용체 결정은 칼라가 변하며 α고용체 결정(yellow)과 Pb성분(dark grey)은 부식되지 않는다.

조직:5-39 동과 황동선 망을 연납땜한 조직, 종방향의 순동(red)선과 횡방향의 황동(yellow)선을 연납땜한 접합부, 연납땜에서는 많은 기공이 나타나며 동판이 기공을 모으는 작용을 한다.

조직 : 5-32

조직 : 5-33

조직 : 5-34

조직 : 5-35

조직 : 5-36

조직 : 5-37

조직 : 5-38

조직 : 5-39

· 청동

칼라가 다양하게 나타나므로 Cu-Sn 함금의 주조에서 나타난 결정을 뚜렷이 구별할 수 있다(조직:5-40~43). α-δ공석은 칼라로 나타나지 않으므로 그 크기와 분포된 상태로써 α고용체 결정 조직:5-40~42에서 1차 수지상과 비교할 때 크기와 위치로 쉽게 구별할 수 있다. α고용체 결정에서 분리(편석) 영역을 뚜렷이 볼 수 있게 되며 금속간 상은 전혀 부식되지 않고 원래의 칼라를 나타낸다.(조직:5-40~43).

전기한 방법을 **포금**(gun metal)과 **특수 청동**(알루미늄 청동, 베릴륨 청동) 등에도 적용할 수 있다(조직:5-43~46).

· 경납땜 접합부

동모재 경납합금과 동모재 금속간의 확산영역을 잘 볼 수 있다(조직:5-47).

조직:5-40   12%Sn을 함유한 베어링 라이너 조직. 수지상 미소편석을 포함한 고용체의 조대한 결정이 각기 다른 칼라로 나타난다. δ공석의 δ모재는 white이다.

조직:5-41   조직:5-40을 확대한 조직, α고용체(불균질 수지상)1차 결정과 α-β 공석에서 α고용체 결정이 칼라로 변한다.

조직:5-42   20%Sn을 함유한 주조금속(종)조직, 1차 α수지상과 공석이 거의 같은 비율로 이루어진 조직, 고용체가 칼라로 나타나므로 조성을 뚜렷이 구별할 수 있다.

조직:5-43   **포금**(gun metal)조직, 불균질 수지상을 포함한 고용체 결정이 각기 다른 칼라로 나타난다. Pb 성분은 부식되지 않는다.

조직:5-44   용체화 처리하고 quenching한 약 2%Be을 포함한 베릴륨 청동의 조직, β고용체 결정이 blue칼라인데 비하여 α결정의 모재는 칼라가 약하게 나타난다. 용체화 처리에도 불구하고 Cu와 Be석출물이 어떤 점에서는 원래의 칼라(light blue)로 나타남을 보여준다.

조직:5-45   용체화 처리하고 tempering한 약 2.6% Be을 포함한 베릴륨 청동조직, α고용체 결정, 약간의 β고용체 (대상) 및 소량으로 석출된 CuBe(grey-blue) 등을 관찰할 수 있다.

조직:5-46   용체화 처리하고 tempering한 베릴륨 청동조직, 입계를 따라서 조직이 α-β공석으로 분해되어 있다.

조직:5-47   α청동, 경납땜한 조직, 경납땜 합금과 모재 금속간 확산 영역을 뚜렷이 볼 수 있다.

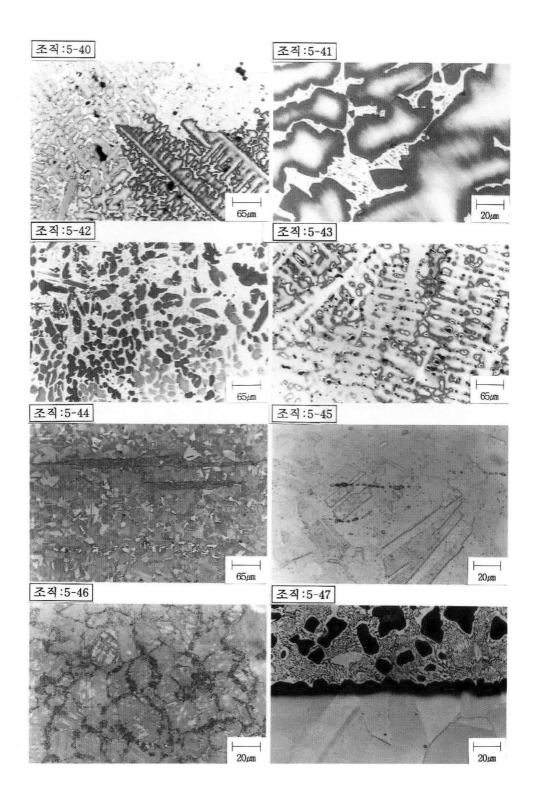

조직 : 5-40

65㎛

조직 : 5-41

20㎛

조직 : 5-42

65㎛

조직 : 5-43

65㎛

조직 : 5-44

65㎛

조직 : 5-45

20㎛

조직 : 5-46

20㎛

조직 : 5-47

20㎛

·용접 접합부

부식액이 중성이므로 동과 다른 금속(강은 제외)간의 접합부에서 다른 재료는 부식시키지 않고 동부분을 칼라로 관찰할 수 있다(조직:5-48~55). 동과 강의 접합부에는 Klemm I 또는 II 부식액을 사용하는 것이 바람직하다. 그렇지 않으면 강은 너무 강한 칼라를 나타낸다. 동과 알루미늄의 접합부에서는 알루미늄을 5% 가성소다 용액에 미리 부식하여 물로 세척한 후 동 부분을 Klemm III로 칼라 부식시킨다. 이러한 접합부에는 최종 연마를 할 때 암모니아나 HF(5.1.4 참조) 등을 사용해서는 안된다.

조직:5-48   전해동과 동, 탄화 텅스텐 소결 합금강의 마찰 용접부 조직, 탄화 텅스텐은 칼라로 나타나지 않는다. 용접부의 전해동에는 뚜렷한 줄무늬(streaks)가 형성된다.

조직:5-49   조직:5-48과 같은 시편 조직, 탄화 텅스텐은 칼라로 나타나지 않고 전해동에 존재하는 줄무늬가 마찰 용접부에 약간 나타나 있다.

조직:5-50   동과 니켈간의 마찰용접 조직, 니켈은 부식되지 않았으며 동에는 심한 변형과 니켈이 부화된 줄무늬가 분명히 나타나 있다.

조직:5-51   조직:5-50과 같은 시편으로 Klemm II 부식액으로 부식시킨 조직, 니켈 농도에 따라 마찰 용접으로 생성된 동과 니켈의 혼합영역의 칼라가 달리 나타난다.

조직:5-52   α황동에 점용접한 조직, 열 영향부와 용접부에서 α황동에 인접하여 β황동이 형성되어 있다.

조직:5-53   조직:5-52를 확대한 조직, β고용체 결정(여기서는 어두운 칼라)이 열영향부와 용착금속에 석출되어 있다.

조직:5-54   동과 알루미늄간의 확산 용접부 조직, 용접면에 알루미늄이 많은 화합물이 형성되어 있으나 칼라로 나타나지는 않았다.

조직:5-55   18/8 Cr-Ni강의 은납땜한 조직, austenite 강은 칼라로 나타나지 않는다. 18/8 Cr-Ni강으로 천이에서 접착 결함이 생긴다(사진 왼쪽에 black선). 동고용이 높은 1차 결정(적동)이 은납땜에 석출되어 있다.

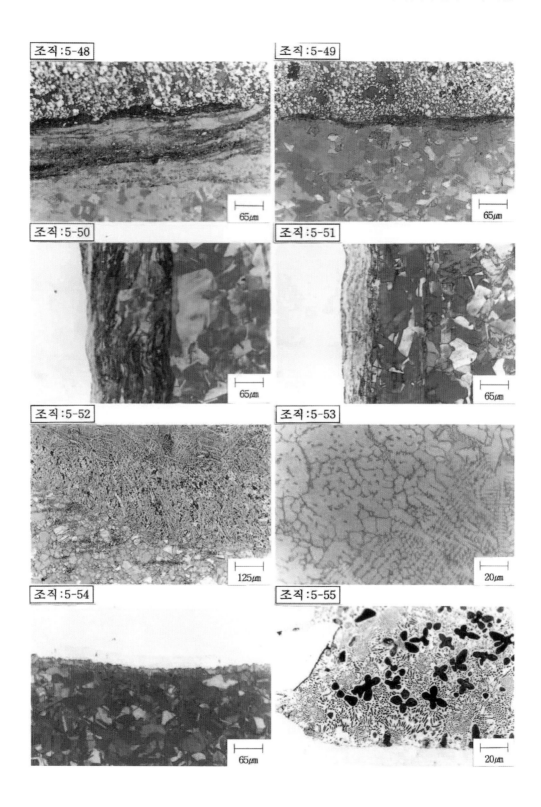

조직:5-48

조직:5-49

65㎛

65㎛

조직:5-50

조직:5-51

65㎛

65㎛

조직:5-52

조직:5-53

125㎛

20㎛

조직:5-54

조직:5-55

65㎛

20㎛

5.3 Beraha 칼라 부식

대부분의 저합금강 뿐만 아니라 특히 고합금강인 니켈 모재합금 및 코발트 모재합금을 침지법에 의한 칼라 부식을 하면 기존의 흑백 부식에 비하여 훨씬 상의 구분 및 식별이 용이하다. 대개 이것은 응용하기에 간단하며 상세한 조직을 이 방법에 의하여 볼 수 있도록 함으로써 쉽게 조직 검사가 가능하다. 금속 조직을 현미경으로 관찰하기 위하여 각종 부식액 중에서 적당한 액을 선택할 수 있다. 칼라 부식액이 계속 개발되고 있으므로 앞으로는 더 좋은 부식액을 조제할 수 있을 것으로 기대된다.

지금도 어떤 금속에는 특수한 부식법이 더 적당할 수가 있다. 여기에 나타낸 예들은 다만 제안에 불과하며, 결국은 필요에 의해서 스스로가 가장 적당한 부식액을 결정해야만 한다. 시편준비에 보다 간편하고 편리한 새로운 연마재료들이 계속적으로 시판되고 있다.

5.3.1 시편준비

(가) Beraha 칼라 부식과 그 응용

Bl

· Martensite

비합금강이나 저합금강에서 martensite를 관찰하기 위하여 시편을 특별히 연마할 필요는 없다.

· Ferrite계 크롬강 및 고망간강

경화성 크롬강과 고망간강은 통상적인 방법으로 시편 준비를 한다. 비경화성 크롬강은 조연마(grinding)한 후 6μm의 다이아몬드 페이스트(paste) 또는 스프레이(spray)로 연마하고 3μm의 다이아몬드 페이스트 또는 스프레이를 사용하여 면포상에서 유 솔벤트로 연마한다. 마무리 연마는 Tonerde(alumina)No. 3 과 비누물을 첨가하여 인조 chamois 가죽으로 연마한다. Messrs사 제품인 OP-S를 사용하면 첨가제가 필요 없다. Struers사의 인조 chamois 가죽 또는 AP-CHEM포 등은 다이어몬드 연마 후 대단히 효과적인 것으로 알려져 있다.

·동 및 Cu-Zn 경납땜 합금

동 및 동합금과 같은 방법으로 시편을 준비한다.

B II

고합금강에서 austenite는 쉽게 변형되므로 습식 연마(800-1,200번 에머리 페이퍼)할 때는 무리한 힘을 가해서는 안된다. 조연마는 나이론 또는 플라스틱 포(pellon)에서 6μm의 다이아몬드 페이스트 또는 스프레이와 알콜 솔벤트를 사용하며 이어서 면포에서 3μm의 다이어몬드 페이스트와 유 솔벤트로 연마한다. 이러한 시편 준비 작업으로 검경을 신속하게 할 수 있다. 현미경 조직 사진을 촬영하기 위해서는 인조 chamois 가죽이나 AP-CHEM 포상에서 Tonerde No. 3과 비누물을 첨가하든가 또는 OP-S로 첨가제 없이 미세 연마하는 것이 바람직하다. 가장 양호한 시편을 얻기 위해서는 다이어몬드 연마 후 5A/cm^3 전류 밀도에서 약 3초간 전해 충격연마하는데 Messrs 및 Struers사에서 제조한 A$_2$ 전해액이 적당하다.

BIII, BIII 1 및 BIII2

연마지(에머리 페이퍼 800-1,200번)를 사용, 약간의 압력을 가하여 습식 연마한다. 연마포는 BII의 방법과 같다. 시편에 균열이 있는 것을 제외하고는 A$_2$ 전해액에서 충격연마(약 5A/cm^{3}에서 3초간)를 하는 것이 좋으며 연마후 즉시 부식시킨다. 그렇지 않으면 AP-CHEM 포에서 10% OP-S수용액으로 미세 연마하는 것이 효과적이다. 이 경우 약간의 기복이 형성(relief formation)되나 이것을 피하기 위하여는 인조 chamois 가죽포에서 10%OP-S 수용액과 비누물을 사용하여 연마하면 된다. 시편을 세척한 후 알콜로 탈지(가능하면 초음파로 함)하고 즉시 습식 부식 시킨다.

(나) Lichtenegger - Bloech 칼라 부식과 그 응용 부식

시편 준비는 BII칼라 부식액과 같으며 전해 충격연마를 하면 양호한 부식 결과를 얻는다.

5.3.2 Beraha 칼라 부식액

(가) 개요

Beraha 칼라 부식액에는 각기 다른 조성의 저장용액(stock solution)이 필요하다. 이것은 증류수, HCl 및 $(NH_4)_2F_2$ 등으로 되어 있다. 저장액에 KHS_4를 첨가하면 1~2시간 정도밖에 사용할 수 없기 때문에 저장액을 상당히 많은 양(약 1,000ml)을 보관해야 한다. 이 액은 HF를 포함하므로($(NH_4)_2F_2$가 용해될 때 생김) 플라스틱 용기에 보관해야 한다. 언제나 부식액은 플라스틱제 용기를 사용해야 한다. 준비된 부식액에 $KHSO_4$의 첨가량을 변화시켜, 즉 부식액에 적은 양의 $KHSO_4$를 첨가하면 강한 부식액을 만들 수 있으며 부식시간은 매우 짧다. 시편의 얇은 부식막에 미치는 집게의 영향을 없애기 위하여 집게 끝에 플라스틱 튜브를 끼우거나(약 5cm 길이) 순니켈 집게를 사용하면 된다.

(나) 저장용액(Stock Solution)의 조제

Beraha Ⅰ 부식액(BⅠ)용 저장용액
24g $(NH_4)_2F_2$, 1,000ml 증류수, 200ml conc. HF
Beraha Ⅱ 부식액(BⅡ)용 저장용액
48g $(NH_4)_2F_2$, 800ml 증류수, 400ml conc. HF
Beraha Ⅲ 부식액(BⅢ)용 저장용액
50g $(NH_4)_2F_2$, 600ml 증류수, 400ml conc HF

(다) BⅠ 칼라 부식액

비합금강, 저합금강 및 고망간강

· **부식액** : 1,000ml의 BⅠ저장용액
　　　　　1g $KHSO_4$
· **부식조건** : 시편을 연마후 건조하지 않고 즉시 습식 부식한다. 부식시간은 매우 짧은데 martensite는 5~10초, ferrite계 크롬강은 15~20초 정도가 적당하며 재부식이 가능하다. 부식후에는 초음파로 짧은 시간 세척한다. 부식액은 약 2시간 정도 사용할 수 있으나 액이 흐려지면 새로운 액으로 교체하여 사용해야 한다. 이 부식액은 모든 martensite에 매우 적당하다. 경화강, 스테인레스 크롬강 등에서 나타나는 비정질 martensite도 칼라로 나타난다. 고망간강도 이와 유사하

게 칼라부식 시킬 수 있다. 황동 경납땜 합금으로 경납땜된 강에서 강은 흑백으로 부식되는데 비하여 경납 β황동은 칼라로 되고 α황동은 원래 칼라인 yellow로 나타난다.

조직:5-56   표면경화 저합금강을 심하게 과열한 횡단면 조직. Martensite는 blue-brown 칼라이며 잔류 austenite는 white 이다.

조직:5-57   표면경화 저합금강을 약간 과열한 횡단조직. Martensite는 bluish brown 칼라이며 잔류austenite는 white 이다. 소량의 잔류 austenite를 식별할 수 있다.

조직:5-58   저합금 주강조직, 미소 편석으로 인해 수지상정간 martensite island 가 형성되어 약한 brown-blue 칼라를 나타낸다. 잔류 조직은 bainite, ferrite 및 pearlite 로 되어있다. 부식시간은 7초

조직:5-59   조직:5-58을 확대한 조직. Martensite island(light brown-blue) 내에 아직 용해되지 않은 작은 탄화물이 존재한다. 잔류 조직에 ferrite는 white, bainite는 grey 칼라이다.

조직:5-60   StE 690강의 용접부에서 열영향부 조직, Bainite(grey-brown, 사진에서는 white)및 martensite(blue칼라), 부식시간 7초

조직:5-61   조직:5-60을 확대한 조직. Bainite는 grey-brown, martensite는 blue 칼라를 각각 나타낸다.

조직:5-62   StE 690강의 용접부에서 열 영향부의 조직. Bainite는 brown, martensite는 blue 칼라이다. Zirconium nitride는 원래 칼라가 변하지 않는다. 부식시간은 7초

조직:5-63   조직:4-62와 같은 시편의 조직, 1%alcoholic HNO_3로 부식시킨 것. Martensite와 bainite는 brown 칼라이며 구별하기가 어렵다.

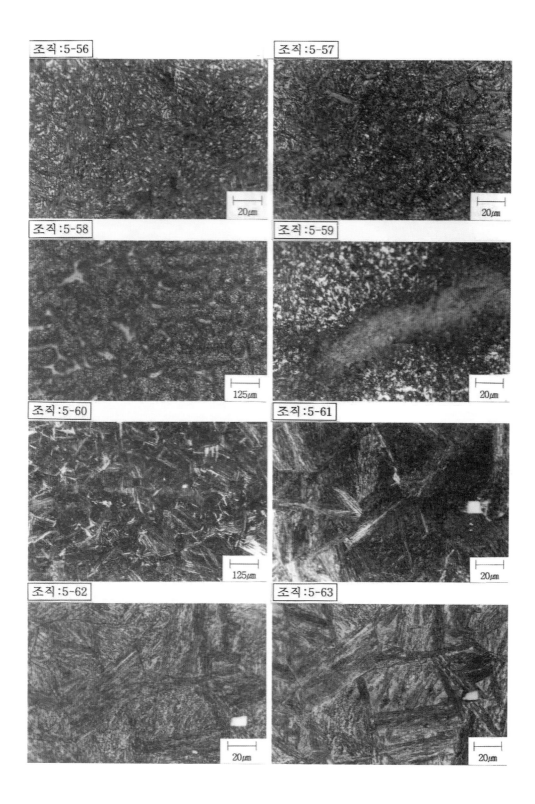

조직 : 5-56

조직 : 5-57

조직 : 5-58

조직 : 5-59

조직 : 5-60

조직 : 5-61

조직 : 5-62

조직 : 5-63

조직:5-64   St37과 austenite계 크롬-니켈강을 용접한 조직, 용가재 : austenite계 크롬-니켈강, 천이 부분의 상세도, St37에 좁은 martensite(blue) 영역이 존재한다. 부식시간은 약 15초

조직:5-65   St37과 austenite계 크롬-니켈강을 용접한 조직, 용가재 : austenite계 크롬-니켈강, 함유원소의 심한 농도감소(blue-brown)로 St37에 인접하여 넓은 martensite 영역이 존재한다. 부식시간은 약 15초

조직:5-66   St37과 austenite계 크롬-니켈강을 용접한 조직, 용가재 : austenite계 크롬-니켈강, 함유원소의 심한 농도 감소로 용착금속에 martensite island (blue-green 칼라)가 형성되어 있다. 부식시간은 15초

조직:5-67   St37과 austenite 크롬-니켈강을 용접한 조직, 용가재 : 비합금강, 용착금속에 경화균열이 존재하는 martensite(blue-brown칼라)가 형성되어 있다. Austenite(하부)는 약간 부식되어 있다. 부식시간은 15초

조직:5-68   고망간 주강에 austenite계 크롬-니켈강을 용가재로 용접한 조직, 시편표면에 존재하는 결정의 방향에 따라 austenite 결정이 blue-brown 칼라로 나타난다. 열영향부에 austenite 용착금속의 농도감소가 일어난다. 부식시간은 약 10초

조직:5-69   고망간 주강 조직, 결정의 방향에 따라 칼라가 변하는 austenite 결정내에서 수지상 주조조직을 쉽게 볼수 있다. Cementite는 white로 남아 있다. 부식시간은 약 10초

조직:5-70   심한 냉간가공한 austenite계 크롬-니켈강 조직, 변형된 martensite는 blue 칼라를 나타낸다. 부식시간은 약 10초

조직:5-71   열처리한 ferrite계 크롬강 (X10CrS14)조직. Martensite(침상)는 blue-green 칼라이며 변태되지 않은 δ-ferrite는 white로 남아 있다. MnS는 부식되지 않고 원래의 칼라인 light grey이다. 부식시간은 약 10초

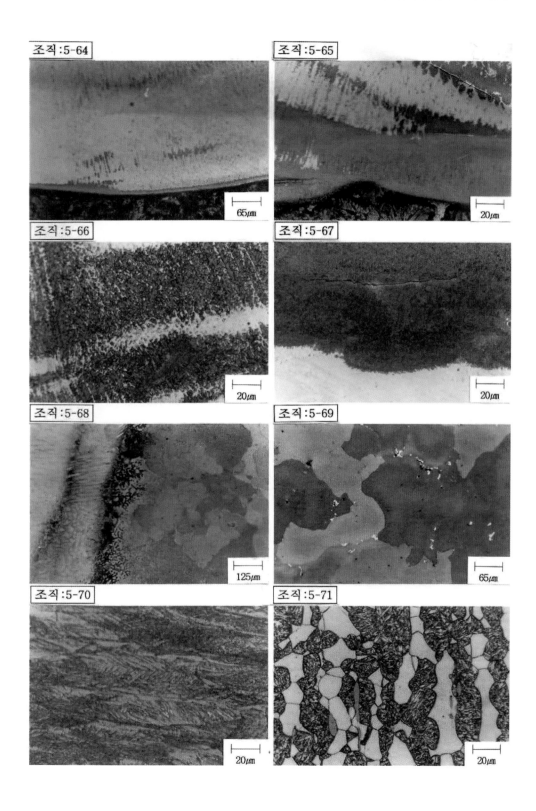

(라) BII 칼라 부식액

고합금강

· **부식액** : 100ml의 BII 저장용액
· **부식조건** : 부식시간은 10-20초, 쉽게 부식되지 않는 합금에는 부식시간을 길게 한다. 습식 부식은 연마후 시편이 건조되지 않도록 곧 실시하며 시편표면의 칼라가 blue로부터 green으로 변하면 시편이 잘된 것으로 본다. 짧은시간 초음파 세척도 가능하다. HF를 함유하고 있으므로 플라스틱 dish에서 부식시켜야 한다. 시편을 부식액에 담그어 교반하는 것이 좋다. 일반적으로 부식액은 2시간 정도 사용할 수 있으나 액이 흐려지면 교체해야 한다. 이 부식액은 austenite계 크롬-니켈강과 같은 종류의 강종에도 적당하다. X5CrNi189와 XCrNi189 강은 BII부식액으로는 너무 심하게 부식되므로 BI 부식액을 사용하는 것이 좋다. Austenite 결정은 결정방향에 따라 BII부식액으로 부식시키면 칼라가 변한다.

Mo이 없는 강에서는 δ-ferrite가 부식되고 Mo를 함유한 강의 칼라는 부식시간에 따라 blue-yellow로 변하므로 Mo을 함유한 강과 Mo을 함유하지 않은 강은 이 부식액으로 구별할 수 있다. 탄화물은 칼라로 나타나지않고 white이며 α상은 white 또는 약한 칼라를 나타낸다. 용접부에서 주상결정과 결정편석을 관찰할 수 있다.

(마) BIII 칼라 부식액

니켈 모재합금과 코발트 모재합금, 은납땜 합금과 austenite강

· **부식액**: 100ml BIII저장액
　　　　1g KHSO$_4$
· **부식조건**: 합금에 따라 부식시간은 0.5~5분(습식부식).
Mo 함량이 약 10%(중량)이상인 합금은 부식되지 않는다. 이 부식액은 2시간까지 사용 가능하며 이 시간이 지나면 매우 혼탁해지므로 새로운 액으로 교체해야 한다. 초음파세척을 이용할 수 있다. 니켈 모재 합금이나 코발트 모재합금외에 강 (비합금강, 저합금강 또는 고합금강에 관계없음)을 이용액에 침지할 때 부식되지 않게 하기 위해서는, 예를들면 강선 집게 대신에 플라스틱 집게를 항상 사용해야 한다. 순수니켈 집게도 좋다. 특수합금에 따라 적당한 시간동안 부식시키면 시편 표면은 blue-light brown 칼라로 된다. Austenite는 칼라로 되고 탄화물은 white 로 남으며 ɣ′상은 blue-brown 칼라가 된다.

조직:5-72 완전 austenite계 강(X10Cr-NiTi189)조직, 시편표면에 나타난 결정방향에 따라 austenite 결정의 칼라가 달라진다. 약간의 편석대를 볼수 있다. Titanium carbonitride(orange)는 부식되지 않는다.

조직:5-73 Austenite계 다중 pass 용접부의 메크로 조직, 용착금속에서 주상결정이 각 용접pass를 횡단하여 연속되어 있다.

조직:5-74 조직5-73의 상세조직, 주상결정의 방향이 용접 pass를 횡단하여 연속되어 있다. Austenite : dark blue-yellow 칼라이며, δ-ferrite : light blue 칼라

조직:5-75 X10CrNiMoTi1810강의 조직. Austenite결정은 방향에 따라 칼라가 다르게 나타난다. 이 부식시간에서 대상의 δ-ferrite는 yellow 칼라로 된다.

조직:5-76 Mo이 없는 austenite계 용접금속조직, δ-ferrite는 부식되어 소멸되었다.

조직:5-77 미소편석을 가진 austenite계 용착금속 조직, 결정은 방향에 따라 종단면과 횡단면이 된다.

조직:5-78 각기 다른 austenite계 용가재 금속으로 용접한 용착부분의 조직. 상부층은 Mo이 없는 금속 δ-ferrite가 부식되었고 하층부은 미소편석이 존재하는 완전 austenite계.

조직:5-79 정밀주조(X10CrNiMoTi1810) 조직. 이사진에서 3가지 다른 칼라로 나타난 austenite 결정을 볼수 있다. δ-ferrite는 brown, δ-ferrite내에 존재하는 탄화물은 white 칼라이다.

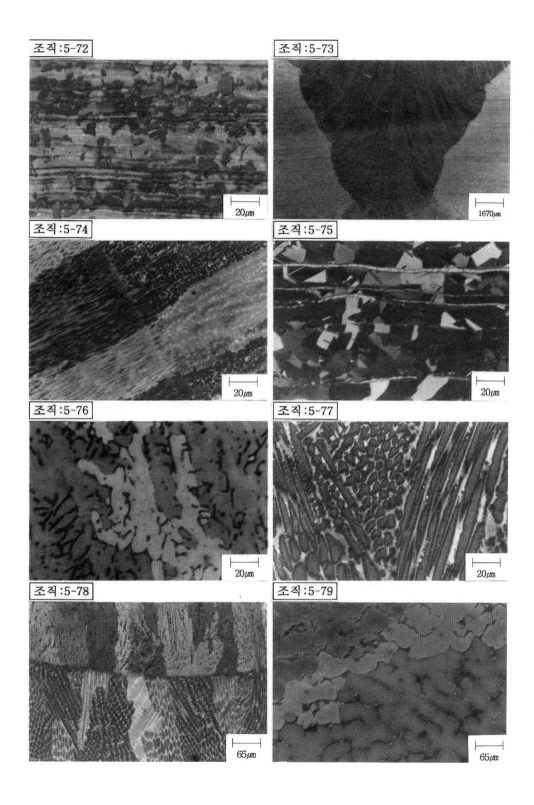

조직:5-72

조직:5-73

조직:5-74

조직:5-75

조직:5-76

조직:5-77

조직:5-78

조직:5-79

조직:5-80   니켈모재 주조합금조직, 조직은 불균질 수지상을 가진 조대한 결정으로 되어 있다.

조직:5-81   조직:5-80을 확대한 조직

조직:5-82   IN100 조직, 조대한 결정은 방향에 따라 칼라로 나타나며 수지상 결정 편석과 수지상간 cell 및 결정립 경계 석출도 존재한다. 탄화물은 white, γ' 고용체 결정은 blue 칼라로 각각 나타난다.

조직:5-83   IN100 조직, 탄화물은 white, 조대한 γ' 고용체 결정과 γ' 석출물은 dark blue 또는 light blue 칼라이다.

조직:5-84   Rene 80 주조조직, 결정립계에는 조대한 탄화물과 미세한 탄화석출물이 white로 남아 있고 γ' 석출물은 blue 칼라이며 모재는 약간 밝은 brown칼라이다.

조직:5-85   니켈 주조합금을 같은 재질의 용가재로 용접한 조직, 조직은 수지상 편석을 포함하고 용착금속에는 조대한 주상결정이 형성되어 있다.

조직:5-86   조직:5-85의 용접부를 확대한 조직, 용착금속의 주상 결정은 모재금속에서 보다 훨씬 더 미세한 형태의 불균질 수지상으로 되어 있다.

조직:5-87   니켈 모재 주조합금과 같은 재질의 용가재 금속으로 용접 보수한 조직. 시편표면 수리부분은 용접 후 해머링(hammering)하고 annealing 하였는데 annealing 쌍정을 가진 다결정 입자가 형성되어 있다. 주조된 모재금속에는 수지상 편석이 존재한다.

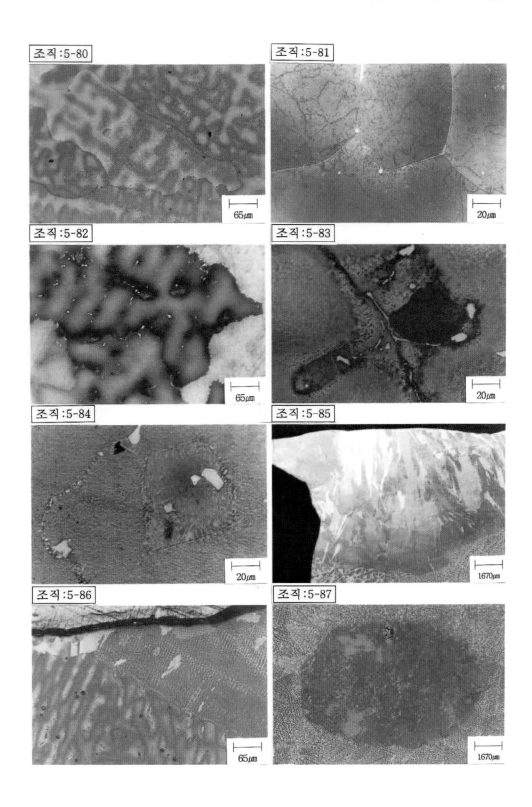

조직 : 5-80 65㎛

조직 : 5-81 20㎛

조직 : 5-82 65㎛

조직 : 5-83 20㎛

조직 : 5-84 20㎛

조직 : 5-85 1670㎛

조직 : 5-86 65㎛

조직 : 5-87 1670㎛

조직:5-88　Inconel 718을 plasma 용접한 조직, 열영향부로 부터 용접부 중앙까지 응고선단을 쉽게 알수 있다. 용접부 조직은 불균질 수지상을 가진 주상결정으로 되어 있다.

조직:5-89　Waspaloy를 용체화 처리하고 전자 비임(beam)용접한 조직, 니켈 모재 합금의 용체화 처리에서 용접후 열영향부는 강한 칼라로 나타난다.

조직:5-90　Waspaloy를 용체화 처리하고 전자 비임 용접한 조직, 열영향부에는 강한 칼라가 나타나고 결정입계를 따라 미세한 균열이 존재한다. 용착금속 : 불균질한 수지상을 가진 austenite계 주상결정, 모재금속과 열영향부 : annealing 쌍정을 가진 austenite 계 결정

조직:5-91　Waspaloy를 용체화 처리하고 전자 비임(beam)용접한 후 석출 경화한 조직, 석출경화한 후의 열영향부는 잔류조직보다 강한 칼라를 나타내지 못한다. 균열이 약간 확장되어 있다.

조직:5-92　Waspaloy를 용체화 처리하고 전자 빔 용접한 조직, 결정립계에 인접한 열영향부는 용해되고 결정립계를 확장하게 된다. 결정립계에 존재하는 탄화물과 다른 상들은 분해(dissolved)된다.

조직:5-93　Waspaloy를 용체화 처리하고 전자 비임(beam)용접한 조직, 용접부에 인접한 열영향부에는 고온 액상 균열이 생긴다.

조직:5-94　Waspaloy를 마찰 용접한 조직, 열영향부는 강한 칼라로 나타나고 용접면에 크롬이 부화된 좁은 blue대가 나타난다.

조직:5-95　니켈합금의 두 금속판 사이를 선(wire)점용접한 조직, 선에서는 결정립계를 따라 용융된 영역이 존재하며 용착영역 금속에는 부분적인 용융 영역이 존재한다.

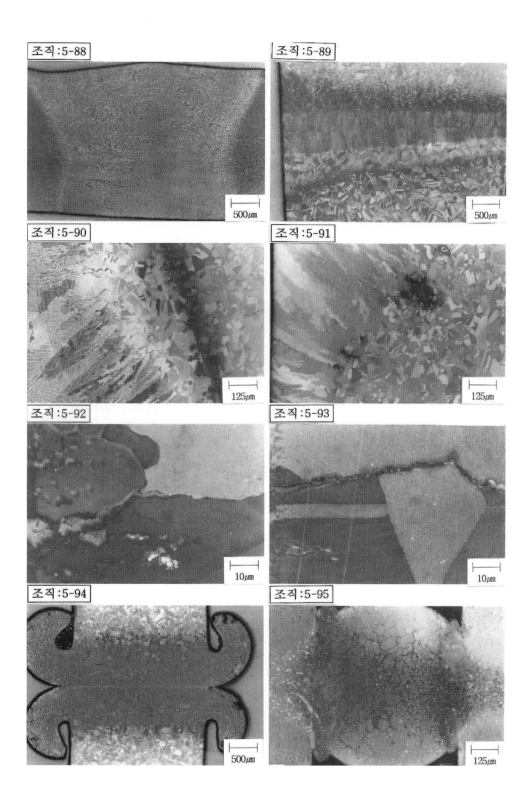

조직 : 5-88

조직 : 5-89

조직 : 5-90

조직 : 5-91

조직 : 5-92

조직 : 5-93

조직 : 5-94

조직 : 5-95

(바) BIII 농축 칼라 부식   – BIII1, BIII2 –

9%(wt%)이상 몰리브덴(Mo)을 함유한 니켈모재 합금 B Ⅲ 1

BIII1

· **부식액** : 50ml 증류수와 50ml의 진한 HF에 7g(NH$_4$)$_2$F$_2$를 용해한다. 완전히 용해된후 0.5g KHSO$_4$를 녹인다.
· **부식조건** : 부식온도는 30~40℃로 습식 부식한다. 부식시간은 5~10분. Hastelloy X와 C는 부식액에서 칼라로 변한다.

BIII2

Hastelloy A만이 칼라로 부식되지 않는다. 다음과 같은 부식액이 흑백 부식액으로 적당하다.
· **부식액** : 1.5g FeCl$_2$ 50ml 증류수, 50ml conc, HF, 0.5g KHSO$_4$
· **부식조건**: 실온에서 습식 부식시킨다. 부식시간은 5~10분. 초음파 세척을 이용할 수 있다. 상기 부식액이 흐려지면 새로운 용액으로 교체해야 한다. 그렇지 않으면 부식시간이 길어지고 시편이 칼라로 되는 것을 관찰할 수 없게 된다.

5.3.3 Lichtenegger – Bloech 칼라 부식액 – LBI –

(가) Austenite계 크롬-니켈강

Lichtenegger – Bloech 칼라 부식액(LB I)은 Beraha 부식액을 변화시킨 것으로 모든 austenite계 크롬-니켈강의 칼라 부식에 가장 적당한 것이다.
부식액 : 20g (NH$_4$)$_2$F$_2$, 0.5g KHSO$_4$, 100ml 뜨거운 증류수
부식조건 : 연마후 곧 습식부식 시킨다. 합금에 따라 부식시간은 1~5분. 합금에 따라 적당한 시간 동안 부식시키면 시편 표면이 blue 칼라로 변한다. 때에 따라서는 brown 칼라가 적당할 때도 있다. 흐르는 물에 세척하고 알콜로 건조한다. 짧은 시간 초음파 세척도 가능하다. (NH$_4$)$_2$F$_2$ 성분(HF를 형성함) 때문에 부식액은 플라스틱 용기에 준비해야 한다. 뜨거운 증류수를 준비해야 되는데 용액의 온도가 낮으면 염이 녹을 때 부식반응이 일어나지 않는다 (이때는 부식액을 약간 가열한다), 가장 적당한 부식온도는 25~30℃이다. 부식액을 사용하면 austenite는 blue-brown 칼라로 변하며 반면 δ-ferrite는 white로 남기 때문에 모재 내의

가장 작은 δ-ferrite 석출물도 관찰할 수 있다. σ상과 탄화물은 칼라로 부식되지 않으므로 필요하다면 다른 부식액을 사용해야 한다. 이 부식액은 함유 합금원소의 미소한 차이에도 대단히 민감하므로 주조금속이나 용접 시임부의 미소편석이라도 쉽게 볼 수 있다. 압연 및 단조품에 존재하는 대상의 편석도 관찰할 수 있다. Austenite계 용접부에 부적당한 재료와 용기재를 사용하였을 경우 이 부식액으로 신속하게 찾아 낼 수가 있다. 이 방법은 간단하므로 공작 부분이나 마무리 부품에도 전해연마나 부식장치를 휴대할 수 있고 공작부분을 현미경으로 볼수 있다면 사용이 가능하다. 이 부식액을 공작 부분에 사용할 때는 피펫(pipette)으로 용액을 시편표면이 blue 칼라로 변할때까지 떨어 뜨린다.

(나) 부식방법 : BII와 LBI

다상을 포함하는 austenite계 크롬-니켈강

LBI 부식액으로 부식시키면 표면이 잘 부식되지 않으므로 우선 적당한 시편을 선택하는 것이 중요하다. B Ⅱ 부식액으로 부식시키기 전에 연마재 OP-S(Messrs. Strues)를 사용하여 부드러운 인조 chamois 가죽포 또는 AP-CHEM포상에서 충분히 연마해야 한다. 탄화물과 σ상간을 구별하기 위하여 개량 **Murakami 부식액** 또는 **Groesbeck부식액** 및 전해 부식액등을 사용할 수도 있다. 그러나 대부분 금속에는 이러한 것이 필요치 않다.

(다) Lichtenegger - Bloech의 응용 칼라 부식액

합금강, 니켈 모재합금 및 코발트 모재합금

Lichtenegger - Bloech 칼라 부식액-LBI -을 개량한 부식액은 다른 금속에도 사용할 수 있다.

1차 변화용액(Ist Variant) (LBII)
KHSO$_4$ 함량을 1g 증가하면 이 부식액은 고크롬을 함유한(≥17%) 무변태 ferrite 계 크롬강의 용접부 부식에 적당하다.
- **부식액** : 20g(NH$_4$)$_2$ F$_2$, 1g KHSO$_4$, 100ml 뜨거운 증류수
- **부식조건** : 합금에 따라 부식시간은 달라지며 습식부식 시킨다.

2차 변화용액(2nd Variant) (LBIII)

$(NH_4)_2F_2$함량을 감소시키면 부분적 또는 완전변화한 ferrite계 크롬강을 쉽게 부식시킬 수 있다. 잔류 austenite를 함유하고 연소현상을 나타내는 경화된 고속도강에 매우 적당하다.

・**부식액** : 10g $(NH_4)_2F_2$ 1g $KHSO_4$ 100ml 뜨거운 증류수.
・**부식조건** : 합금에 따라 부식시간은 달라지며 습식부식을 행한다.

3차 변화용액 (3rd Variant)(LBIV)

경화된 비합금강이나 저합금강에서 잔류 austenite를 찾아내기 위해서는 다음 조성의 부식액이 매우 효과적이다.

・**부식액** : 1g $(NH_4)_2F_2$, 0.5g $KHSO_4$, 100ml 증류수
・**부식조건** : 부식시간은 20초, 습식부식을 행한다.

4차 변화용액(4th Variant)(LBV)

니켈 모재합금과 코발트 모재합금도 매우 농도가 진한 부식액으로 칼라부식시킬 수 있다. 그러나 부식은 보다 높은 온도에서 실시해야 한다.

・**부식액** : 60g $(NH_4)_2F_2$ 2g $KHSO_4$ 100ml 뜨거운 증류수
・**부식조건** : 부식시간은 5~10분 습식부식하며 부식온도는 약 30-40℃이다. $(NH_4)_2 F_2$가 석출되기 시작하면 부식액이 너무 냉각된 때문으로 재 가열해야 한다.

조직:5-96   과열하여 quenching 하고 tempering 한 저합금 공구강을 1% alcoholic HNO₃ 로 부식시킨 조직, 조대한 침상 martensite(green-brown)와 알아보기 어려운 잔류 austenite(white)로 되어 있다.

조직:5-97   조직:5-96과 같은 부분을 LBIV로 부식시킨 조직, 잔류 austenite(white)를 가진 조대한 침상 martensite(green-brown)로 되어 있다.

조직:5-98   경화한 저합금 표면 경화강을 1% alcoholic HNO₃,로 부식시킨 조직. Martensite(brown-blue)와 잔류 austenite(white)로 되어 있다.

조직:5-99   조직:4-98과 비교할 수 있는 조직 부분을 LBIV로 부식시킨 조직, 잔류 austenite(white)를 가진 martensite(green-brown)이며 이 부식으로 잔류 austenite의 많은 부분을 뚜렷이 관찰할 수 있다.

조직:5-100   고합금 니켈 모재 용가재를 사용하여 용접한 니켈 모재 합금을 LBV로 부식시킨 조직. 모재와 열영향부는 칼라로 나타나며 용착금속은 부식되지 않았다. 2차 균열이 존재하는 넓은 결정립간 균열이 열영향부에 나타나 있다.

조직:5-101   조직:5-100을 LBV로 부식시켜 확대한 조직. 열영향부에 결정립계 균열이 존재하며 기존 결정입계는 blue 칼라로 된 테두리로 나타나 있다. 새로 생긴 결정입계는 미세한 밝은 칼라 선으로 보이며 탄화물은 white 이다.

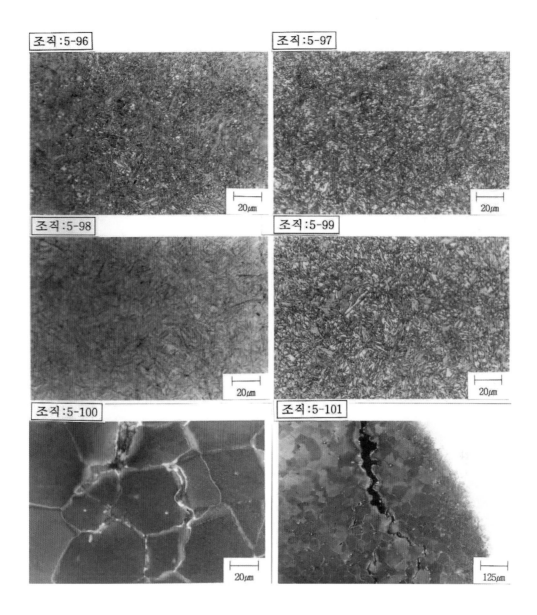

조직:5-96

조직:5-97

조직:5-98

조직:5-99

조직:5-100

조직:5-101

5.4 알루미늄과 그 합금

5.4.1 시편준비

낮은 압력으로 습식연마하는데 연마지는 #1200까지, 최종연마는 연마포(abrasive cloth)에서 실시하는데 이 연마포를 사용하면 연마입자가 부드러운 Al 기지에 침투되지 않는 장점이 있으며 6μm 다이아몬드 페이스트(paste) 또는 다이아몬드 스프레이(spray)로 예비연마를 하지 않아도 된다. 면포에서 3μm 다이아몬드 페이스트 또는 스프레이 및 기름 윤활제를 사용하여 낮은 압력으로 예비 연마 후의 시편은 1:2의 비율로 물에 희석한 연마 현탁액(즉, OP-S)을 사용하여 AP-CHEM포 상에서 약 2~3분간 최종 연마한다. MoO$_3$로 부식하면 충분하며 Al에 **Weck 부식액**을 사용할 경우에는 다이아몬드로 3분 연마하고 1μm 다이아몬드페이스트 또는 스프레이 및 기름 윤활제를 사용하여 연한 벨벳천(velvet cloth) 상에서 더 연마한다. 이렇게한 후 인조 chamois가죽에 비눗물과 순수 OP-S 및 OP-S가 5:1로 희석된 연마제를 사용하여 600rpm으로 약 2~5분간 최종 연마하면 부식을 위한 시편준비는 완료된다. 순수한 Al시편은 희석되지 않은 연마 현탁액을 사용하면 가장 우수한 결과를 얻을 수 있다.

다이아몬드 연마 후 산화 마그네슘이 연마에 사용될 경우에만 1μm 다이아몬드 페이스트 또는 스프레이 및 기름 윤활제로 부드러운 인조 벨벳에서 예비 연마를 해야한다. 어떤 주조 합금에서 산화 마그네슘으로 계속 연마할 경우에는 적은 양의 액체 비누와 적은 양의 HF(500mℓ물에 HF를 약 5방울 희석)를 첨가하면 좋은 결과를 얻을 수 있다.

AlMg합금과 같은 균질 주조 Al합금은 3μm 다이아몬드 페이스트 또는 스프레이로 연마한 후 A$_2$ 전해액을 사용하여 3~5초간 충격 전해 연마하면 최상의 상태를 얻을 수 있다. Ag를 함유하는 모든 Al 합금은 1μm다이아몬드 페이스트 또는 스프레이로 연마후에 최종 연마는 습식에서 해서는 안되고 1/4μm다이아몬드 또는 스프레이 및 기름 윤활제로 연마해야 한다. A$_2$ 전해액과 연마 현탁액은 Al 및 Al 합금에 매우 만족한 시편준비를 할 수 있으며 또한 페이스트 또는 스프레이로 사용되는 다이아몬드는 천연 다이아몬드를 함유해야 한다.

가공 및 단조 합금

가공 및 단조 합금의 시편 준비는 주조 합금과 대부분 같으나 특히, 순수 Al,

AlMg 및 AlMgSi합금에는 3μm다이아몬드 페이스트 또는 스프레이 연마 후 전해 충격 연마를 하면 더욱 효과적이다. 이렇게 준비된 시편은 분명하고 더욱 대조적으로 부식될 수 있다. 연마 현탁액을 사용하면 금속간상에 원치 않는 퇴적물이 생기는데 예를 들면, 가공 또는 단조한 AlMgCu합금은 Tonerde NO. 3 또는 산화마그네슘 현탁액에 액체 비누와 HF를 첨가하여 부드러운 실크 벨벳 천에서 잠깐 연마하면 이러한 퇴적물이 제거될 수 있다. 최종 연마를 산화마그네슘으로 연마한다면 연마 휠(wheel)을 150rpm보다 600rpm으로 고속으로 회전하는 것이 더 좋은 결과를 얻을 수 있다. 이와 같은 방법으로 언급한 금속간 상에 퇴적물을 연마 현탁액을 사용하므로 방지할 수 있다. Ag를 포함하는 이런 종류의 합금과 주조합금에도 적용할 수 있다.

5.4.2 부식액

(가) Al부식용 Weck 부식액

주조 합금과 용접물에 편석 탐지

· **부식액** : 4 g KMnO$_4$, 100mℓ 희석된 물, 약간 따뜻함, KMnO$_4$를 물에 용해한 후 1 g NaOH를 첨가하여 용해.

· **부식조건** : 부식건조, 부식액은 3~4시간 사용가능. 부식시간은 합금의 조성에 따라 다르나 평균 7~20초, 어떤 합금은 45초까지 부식. 일반적으로 비 시효 경화성 합금은 더 오랜 시간이 필요. 준비된 면이 황녹색이면 잘 부식된 상태이며 부식을 너무 오래 하면 퇴적된 얇은 막(film)이 벗겨진다. Al Weck 컬러 부식액은 매우 중성으로 금속간 상(intermetallic phase)은 부식시키지 않으나 어떤 경우에는 다소 현저한 칼라화를 제공해 준다. 이 부식액의 주요 목적은 주조합금과 용접물에서 편석을 탐지하는데 응용된다.

(나) MoO$_3$ 부식액

순수 Al (입계) 및 각종 Al 합금

· **부식액** : 10%용액 : 90mℓ희석된 물, 10mℓHF
　　　　　　5%용액 : 95mℓ희석된 물, 5mℓHF

　물과 HF의 적당한 혼합물을 끓이고 교반하여도 더 이상 용해되지 않을 때까지 MoO$_3$분말을 첨가한다. 약간의 과잉 MoO$_3$가 되도록 하면 부식액은 우유빛으로 된다. 실온으로 냉각 후(과잉의 MoO_3는 용기 바닥에 가라앉는다)용액을 사용할수 있다.

· **부식조건**: 용액에 담그기 전에 균일하게 부식되도록 시편을 적신다. 부식시간은 합금의 조성에 따라 크게 다른데 수초~수분이다. 시편을 용액에 담그면 준비된 부식면 영역이 청색으로 되어야 한다. 부식 후 시편은 초음파 세척기에서 청결하게 한다. 부식액의 사용시간은 하루정도 사용한다. 강 뿐만 아니라 니켈 기지 합금과 각종 특수 금속에도 이 부식액이 사용된다. 어떤 Al 합금은 MoO_3로 부식하면 입계에 집중(흑백 부식)되는가 하면 다른 합금은 입자면의 칼라 음영이 그 방향에 따라 변한다. 보통 물에 의하여 약간 부식되는 어떤 금속간 상은 매우 심하게 부식될 수 있다. 2중 부식하면 매우 양호한 결과를 얻을 수 있는데 이 경우 첫 번째 부식은 10%MoO_3 부식액을 사용한다. 10%용액은 입계를 강력하게 부식하므로 단순한 흑백 부식액으로도 가끔 사용된다. 5%용액은 칼라작용이 매우 강하다. 이 부식액의 주요 장점은 약하게 부식된 시편은 다시 준비하지 않고 쉽게 재부식 할 수 있다는 것이다. 퇴적된 얇은 막(film)이 솟아오르기 시작하면 시편은 과 부식 된 것이다. 준비된 면을 건조하기 위하여 부식액에 존재하는 과잉 MoO_3가 시편상에 결정으로 되는 것을 방지하기 위하여 시편은 용액에 담근 후에 항상 물에 씻어내고 초음파 세척해야 한다.

조직:5-102   5%MoO$_3$용액, 가공용 AlZnMg합금, AlMg5로 용접, 모금속에 Al 고용체의 미세 결정이 brown~white를 띄고 용접 금속에는 주상 미세 결정 내에 수지상이 약간 나타난 조직

조직:5-103   10%MoO$_3$ 용액으로 30초간, 다시 5%MoO$_3$ 용액으로 수초간 부식, 가공용AlZnMg 합금, 용체화 처리, Al 고용체의 연신된 미세결정은 그 방향에 따라 brown무늬로 변한 조직

조직:5-104   10%MoO$_3$ 용액으로 30초간, 다시 5%MoO$_3$ 용액으로 5초간 부식, 가공용 AlZnMg 합금, 과시효, Al 고용체의 미세결정이 각종 칼라로 변하며 입내와 입계를 따라 편석이 잘 나타난 조직

조직:5-105   조직:5-103과 동일한 시편, Weck Al컬러 부식, Al 고용체의 미세결정은 그 방향에 따라 각종 칼라로 변하며 이 부식에서는 편석이 잘 나타나 있지 않다.

조직:5-106   Weck Al칼라 부식액으로 15초간 부식, 가공용 AlCu합금, 방향에 따라 미세결정의 칼라는 달라지며 금속간상은 원래 칼라로 남아 있는 조직

조직:5-107   조직:5-106과 동일시편, 고배율로 나타낸 각기다른 영역의 현미경 조직, 고배율에서는 고용체의 미세결정이 존재하는 미세 석출물을 관찰할 수 있으며 금속간상은 약간 칼라화 되었다.

조직:5-108   Weck Al칼라 부식액으로 15초간 부식, Al 고용체의 미세결정이 각종 칼라로 되며 입자내에는 초미세 석출물이 존재하고 하니콤(honeycomb) 형상에 석출물이 없는 영역이 존재하는 조직

조직:5-109   10%MoO$_3$ 용액으로 10초간 부식, 단련용 AlCu 합금, 이부식액으로 부식한 후 초미세 석출물과 석출물이 없는 영역을 확인할 수 있으며 입자는 각종 칼라로 변한다.

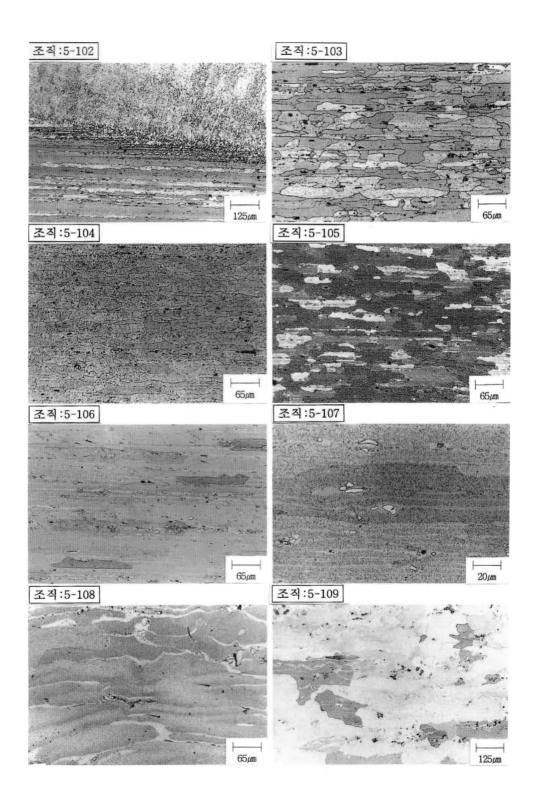

조직:5-102 125㎛

조직:5-103 65㎛

조직:5-104 65㎛

조직:5-105 65㎛

조직:5-106 65㎛

조직:5-107 20㎛

조직:5-108 65㎛

조직:5-109 125㎛

조직:5-110   Al 칼라 부식액, AlSiCu **주조 합금**, 완전하게 개량처리 하지 않은 것. Al 고용체의 미세 결정은 칼라로 되었고 편석 영역은 칼라로 밝게 남아있다. 기공과 수축공은 검게 나타난 조직

조직:5-111   10%MoO$_3$용액으로 60초간 부식, 다시 5%MoO$_3$용액으로 60초간 부식, 이부식액으로는 편석영역만 칼라로 나타난 조직

조직:5-112   Al 칼라 부식액으로 30초간 부식, **AlSiCu주조 합금**, 개량처리한 것. Al고용체 입자는 칼라로 나타내고 그들 사이는 금속간상이며 그 주위에는 미소 편석이 칼라없는 가장자리로 나타난 조직

조직:5-113   조직5-112와 동일한 시편, 10%MoO$_3$ 용액으로 1분간 부식, 다시 5%-MoO$_3$ 용액으로 1분간 부식, 편석영역이 약간 칼라를 띤 조직

조직:5-114   조직:5-112와 동일시편, 고배율에서 현미경조직

조직:5-115   조직4-113과 동일한 시편, 고배율, 석출물은 Al 고용체의 미세결정에서 볼수 있고, 편석은 약한 칼라로 나타난 조직

조직:5-116   Weck Al 칼라 부식액, **AlSi7Mg0.6 정밀 주조 합금**, 용체화 처리함, Al고용체의 미세결정에서 미소 편석은 칼라가 변하며, AlSi공정에서 Si 상은 dark-blue로 되고 AlSiFe 상은 그 본래의 연회색으로 남아 있다. 모든 금속간상은 밝은 칼라없는 가장자리로 둘러싸여 있는 조직

조직:5-117   Weck 칼라 부식액으로 20초간 부식, **AlCuMgAg주조 합금**, Al 고용체의 미세결정은 그 방향에 따라 각기 다른 칼라를 나타내고 미세결정에는 미소 편석이 보인다. 미소 수축공은 검게 나타난 조직

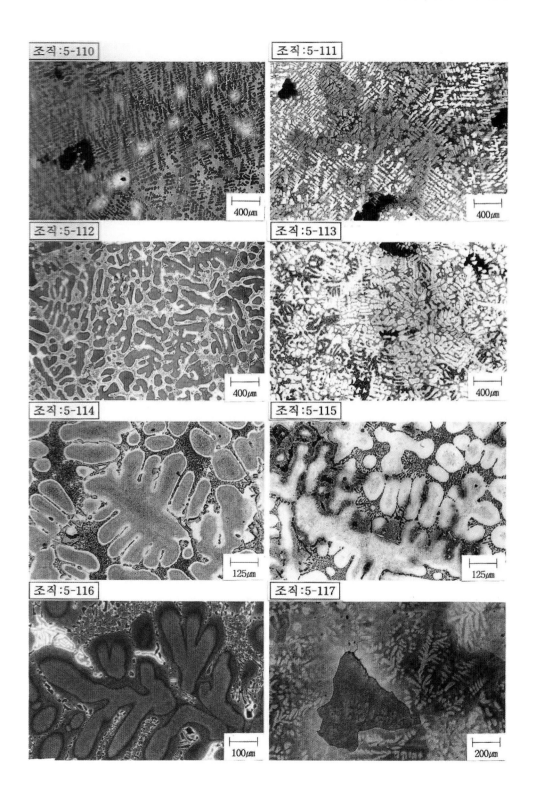

조직:5-110

조직:5-111

400μm

400μm

조직:5-112

조직:5-113

400μm

400μm

조직:5-114

조직:5-115

125μm

125μm

조직:5-116

조직:5-117

100μm

200μm

5.5 철합금

5.5.1 시편준비

(가) 셀렌(Se)산 부식액

백주철 및 회주철, ferrite형 크롬강 및 austenite형 크롬-니켈강

셀렌산으로 칼라 부식을 하기 위해서는 시편준비가 매우 잘되야 하는 것이 극히 중요하다. 부식하기 전에 최종단계인 마무리 연마에서 Ternade No. 3을 사용하는 것이 기본이다. 상기재료의 시편은 비교적 짧은 시간에 요구 수준의 품질을 손으로 준비할 수 있다. 젖은 연마 페이퍼로 #1200까지 조연마하며, 6㎛ 다이아몬드 페이스트 또는 스프레이로 pellon포상에서 알콜성 윤활제로 예비 연마하고 3㎛ 다이아몬드 페이스트 또는 스프레이와 알콜성 또는 기름성 윤활제로 면포상에서 연마한다. 알루미나 (Ternade No. 3, 물에 현탁하여 부드러운 합성 벨벳포상에서 사용)를 사용하는 연마전에, (실제 셀렌산 부식의 최종 연마단계)전단계 다이아몬드를 사용한 연마에서 생긴 모든 흠(scratch)들이 충분히 제거될 때까지 경질포 상에 희석된 연마 현탁액을 사용하여 중간 연마하는 것이다. 철금속에서는 연마를 너무 오래한다든가 또는 희석되지 않은 현탁액을 사용하면 어떤 영역에 기복이 생겨서 바람직하지 못하다.

(나) Bloech 및 wedl 칼라 부식액 및 MoO₃

이미 기술한 셀렌산 부식액을 사용하기 위한 준비과정은 이들 모든 재료에 적용될 수 있으며 이 경우, alumina로 최종연마는 생략할 수 있다.
이들 철금속은 강도는 다양하나 시편준비를 할 때 경하거나 인성이 있는 재료보다 연질재료에는 조연마 및 마무리 연마시간을 짧게 해야하는 약간의 차이가 있을 뿐이다.

5.5.2 부식액

(가) 셀렌 부식액 I

백주철 및 회주철에서 cementite와 인화철

· **부식액** : 100㎖ 알콜(메타놀 또는 에타놀), 2㎖ 진한 HCl, 0.5㎖ 셀렌산(피펫으로 적정)
· **부식조건** : 부식시간은 2~3분, 부식건조, 초음파 세척가능, 부식시간 후에는 cementite 는 갈색, 인화철은 청녹(blue-green)칼라로 변한다.

(나) 셀렌 부식액 II

ferrite형 크롬강

· **부식액** : 100㎖ 알콜(메타놀 또는 에타놀), 30㎖ 진한 HC, 1㎖ 셀렌산(피펫으로 적정)
· **부식조건** : 시편은 준비된 면이 red-blue 칼라로 될 때까지 부식하여 건조한다. 초음파 세척가능.

이들 강에서 δ-ferrite의 미세결정의 칼라는 그 방향에 따라 다르며 석출된 크롬탄화물을 포함하는 입계는 심하게 부식되는데 이것은 ferrite형 강의 부식 위험을 일으키는 가능성을 평가하는데 특히 중요하다.

(다) 셀렌 부식액 III

austenite형 크롬-니켈강

· **부식액** : 100㎖ 알콜(메타놀 또는 에타놀), 15㎖ 진한 HCl, 2㎖ 셀렌산(피펫으로 적정)
· **부식조건** : red-blue 막(film)이 생성될 때까지 부식하여 건조, 부식된 얇은막이 솟아오르지 않을 때까지 초음파 세척 가능.

Austenite는 δ-ferrite보다 더 빠르게 칼라로 변하며 Beraha II 칼라 부식액과 달리 이 부식액은 모리브덴이 없는 austenite 형강에서는 δ-ferrite는 부식되지 않는다. 이 부식액은 모리브덴이 없는 강에서 δ-ferrite를 찾아내는 것을 목적으로 하는 경우인 austenite형 크롬-니켈강의 칼라 부식액에 대신하여만 사용된다. 후자의 부식액은 현미경 조직의 어떤 조성을 제거할려는 경향이 있으며 austenite형 크롬-니켈강의 칼라 부식을 위해서는 Bloech 와 Wedl이가 두가지 단순한 부식액을 개발했다.

(라) Bloech 및 wedl I 칼라 부식액

Austenite형 크롬-니켈강, 층상 (lamellar) 흑연을 함유한 austenite형 및 martensite형 주물합금, 은-경납땜한 austenite형 강.

- **저장용액** : 증류수 5 (예:1ℓ), 진한 HCl 1 (예: 0.2ℓ)
- **부식액** : 저장용액 100ml, 0.1~2g $K_2S_2O_5$
- **부식조건** : 준비된 면이 brown-blue 칼라가 될 때까지 습식부식 하는데 부식 시간은 합금에 따라 다르다. 초음파 세척가능. 입자조직을 나타내고자 할 때는 적은 비율의 $K_2S_2O_5$(예 : 0.1~0.5g)를 함유한 용액을 사용하며 편석을 부식코자 할 때는 $K_2S_2O_5$를 증가시켜야 한다. 이 부식액은 몰리브덴을 함유한 강에서 austenite를 blue-brown 칼라로 변하게 하며 δ-ferrite는 white로 남고 몰리브덴 이 없는 강에서는 δ-ferrite는 부식된다. 탄화물과 σ(시그마)-상은 역시 white 로 남는다. 이 부식액의 주요한 장점은 austenite 형 크롬-니켈강에 납땜 연결부 의 땜납을 손상시키지 않고 부식할 수 있다는 것이다.

(마) Bloech 및 Wedl II 칼라 부식액

합금원소를 많이 함유하는 austenite형 크롬-니켈강

- **저장용액** : 증류수 1(예:1ℓ), 진한 HCl 1(예:1ℓ)
- **부식액** : 0.2~2g $K_2S_2O_5$
- **부식조건** : 합금의 조성에 따라 $K_2S_2O_5$를 다소 첨가하는데 강에서는 최대 0.5g 까지 첨가. 부식은 Bloech 및 Wedl I과 동일

(바) MoO₃ 부식액

주철, 비합금 및 저합금강, austenite형 고합금강

용액은 2~5%HF 용액을 포함하는 포화된 MoO_3가 사용된다.

• **부식액** : 혼합방법은 5.4.2(Al 합금 부식액)을 참조. 모든강에는 일반적으로 2.5% 용액이 적당하다. 그러나, 상기 합금들은 물과 HF 혼합물을 끓일 필요는 없고 대신 상온에서 혼합하여 많은양을 저장할 수 있다. 특수한 경우에는 용액을 뜨겁게 혼합하면 더 양호한 결과를 얻는다(예 "백색층"에서 침상 martensite를 관찰하려고 할 경우).

시편을 재부식할 때는 먼저 5~7초간 짧은시간 부식한후에는 더 오랜시간이 요구된다. 초음파 세척도 가능. 강의 경우 질산 부식액에서와 거의 같게 부식되나 MoO_3부식액은 과잉의 알콜성 질산이므로 비 합금 및 저합금강, 모든 비 austenite형 고합금도 동일한 부식액(2.5~5% MoO_3용액)으로 부식할 수 있다. 더욱더 ferrite형 강과 비합금 및 합금강에는 부식시간이 상당히 연장되는 동안에 일어나는 것은 ferrite는 아니고 점점 더 깊게 부식되며 얇은 막 대신에 용액에서 생성된 방향에 따라 칼라가 변한다. 일반적으로 이들이 현미경 조직을 보다 분명한 조직을 보여주는 결과가 된다.

MoO_3부식액의 또다른 장점은 강에 있는 저 합금강의 현미경 조직을 평가하는데 중요하게 고려되는 편석에 반응하는 것이다. 또한 주철과 비 합금강에서 MnS 또는 Steadite를 덩어리로 둘러쌀려는 경향이 있는 인편석도 관찰할 수 있게해준다. 저 합금강에서 부식은 KlemmI 또는 Beraha 부식액보다 현미경에서는 조직을 더 선명하게 볼수 있게 하지만 칼라 부식액과 동일하다.

조직:5-118 칠(chill)주물, 표면부근 영역, cementite는 brown 및 인화철은 blue-green, ferrite와 pearlite 영역은 white로 남아 있다.

조직:5-119 조직:5-118을 확대한 것, blue-green칼라의 대부분의 인화철은 먼저 석출된 cementite에 응집되어 있으며 ferrite와 pearlite 영역은 white로 남아 있다.

조직:5-120 Chill 주물, 중심부 조직 조직:5-118과 같은 시편

조직:5-121 Chill주물, 중심부, 현미경 조직. 조직:5-119와 동일한 시편, Klemm I 칼라 부식액, 흰색 인화철 주위에 황색을 띈 인편석이 보인다.

조직:5-122 회주철에서 인화물 공정 (steadite), 인화철은 green-blue 칼라이며 steadite에서 cementite는 red-brown 칼라로 나타남, pearlite-cementite는 약간 brown 칼라이며 ferrite는 white로 남아 있고 MnS는 원래 칼라인 grey를 띈다.

조직:5-123 회주철, 50℃의 Murakami 부식액에서 1분간 부식 steadite내의 인화 철은 dark brown 칼라이며 cementite는 밝은 brown으로 보인다. 회주철의 기지는 얼룩점으로 부식된다.

조직:5-124 오랜시간 annealing 한 회 주철, 인화철은 grey-blue 칼라이며 흑연 에 응집된 cementite는 다시 red-brown 칼라를 띈다.

조직:5-125 조직:5-124와 동일시편, Klemm I 칼라 부식액, 인화물과 cementite 는 white로 남아있고 기지에는 인편석의 흔적이 없다.

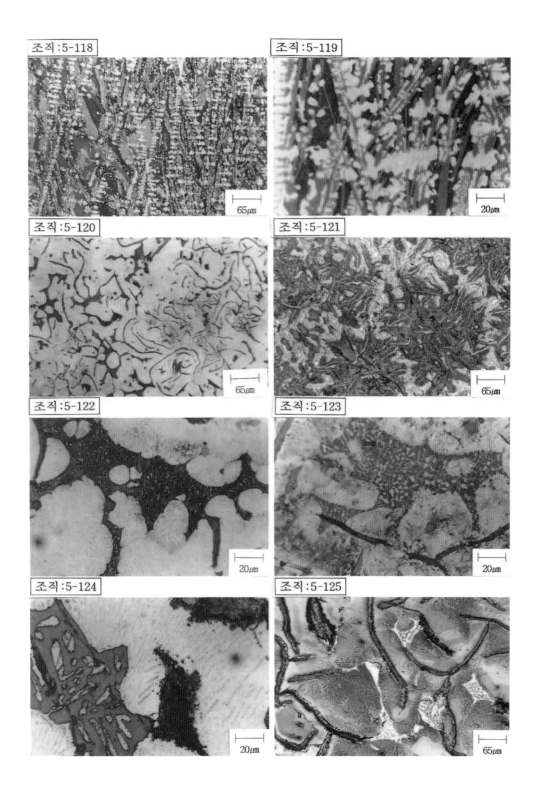

조직:5-118

조직:5-119

조직:5-120

조직:5-121

조직:5-122

조직:5-123

조직:5-124

조직:5-125

5.6 경질 금속(cemented carbide)

5.6.1 시편준비

손으로 준비

15μm 다이아몬드 페이스트 또는 스프레이 및 알콜성 윤활제를 함께 steel gauze 포상에서 조 연마후 역시 15μm 다이아몬드 페이스트 또는 스프레이 및 알콜성 윤활제와 함께 pellon포상에서 연마한다. 이렇게 한 후 6μm 다이아몬드 페이스트 또는 스프레이(알콜성 윤활제)로 연마하고 Tenerde No.1현탁액을 펠트 (felt)포에 최종 연마하든가 또는 시간절약을 위하여 6μm 연마후 연마 현탁액을 경질포상에서 최종 연마하며 셀렌산 부식액에서 부식하기 전에 알루미나를 사용하여 짧은 시간 연마해야 한다. (셀렌산으로 부식하기 전에 최종 단계 연마는 항상 알루미나를 사용하여 연마해야 하는데 그 이유는 연마 현탁액으로 연마하면 부식된 면에 해로운 영향을 미치기 때문이다)

5.6.2 부식액

Cemented carbide를 칼라 부식하는데는 셀렌산이 함유된 2종의 부식액이 좋은 결과를 얻을 수 있다.

셀렌산 부식액 Ⅳ

100ml 증류수, 20ml 진한염산, 3ml 셀렌산(피펫으로 적정), 시편이 이 부식액에서 칼라로 나타나지 않으면 부식액 Ⅴ를 사용한다.
・**부식조건** : 부식시간은 15~20분, 이렇게 한후의 준비된 면은 갈색을 띤 밝은 청색으로 되어야 한다. 부식되는 동안 시편을 움직일 필요는 없으며 부식 종료시간에 시편을 흐르는 물에 씻어내고 달라붙어있는 퇴적물을 제거하기 위하여 초음파 세척한다.

조직:5-126　80%WC-20%Ni를 함유한 cemented carbide, 부식후 탄화텅스텐은 밝은 brown 으로 변하고 니켈 접착금속은 검은색으로 나타난 조직

조직:5-127　니켈-구리 접착금속으로 된 기지에 텅스텐 소결 탄화물, 텅스텐은 갈색을 띄고 니켈구리 접착금속은 blue이며 기공은 black 이다.

조직:5-128　80.5%WC-13%(Ti, Ta)C-6.5%Co로된 cemented carbide, Ti-Ti탄화물은 blue 칼라이며 텅스텐 탄화물은 약간 brown, Co 접착제는 이 배율에서는 나타나지 않으며 조직사진 중심부에 η-상(pink)이 포함된 (Ti, Ta)C 가 집중된 것을 나타내는 조직

조직:5-129　조직:5-128과 동일한 시편, 기름침지는 (Ti, Ta)C상을 dark red 로 나타나게 하며 탄화 텅스텐은 grey-brown 칼라, Co접착제는 dark-blue 및 η-상은 pink 칼라를 각각 띈다.

조직:5-130　(Ti, Ta)C상을 많이 함유하고 있는 cemented carbide의 표면 부근 영역, 기름침지로 인하여 red 로 나타나 있으며 탄화 텅스텐은 light grey, Co접착제는 dark 및 η-상은 pink, 기공은 심한 black을 각각 나타낸다.

조직:5-131　5.8% Co-1.5%(Ta,Nb)C로 된 cemented carbide, (Ta, Nb)C입자는 blue이며 탄화 텅스텐은 light brown의 농도로 변하고 Co접착제는 black 이다.

조직:5-132　조직:5-131과 동일한 시편, 기름침지로 인하여 (Ta, Nb)C 탄화물은 red, 탄화 텅스텐은 갈색을 띄며 Co접착제는 blue-black 칼라로 된다.

조직:5-133　조직:5-131과 유사한 조성의 시편, 셀렌산 부식액 V에서 20분간 부식후 매우 많이 집중된 η-상(장미형상)은 Cu red 칼라를 띈다.

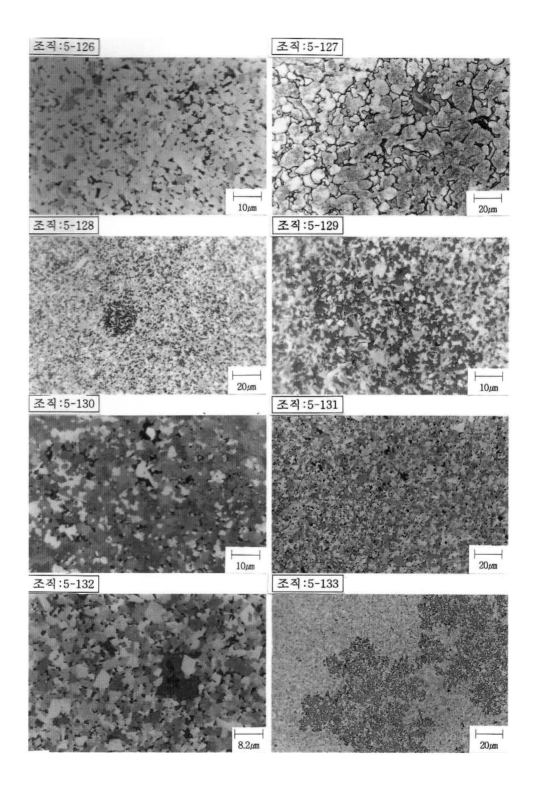

조직 : 5-126

조직 : 5-127

조직 : 5-128

조직 : 5-129

조직 : 5-130

조직 : 5-131

조직 : 5-132

조직 : 5-133

5.7 Ti 및 Ti 합금

5.7.1 시편준비

Ti 시편을 조연마할 때 작은 압력을 가해야만 되는데 α-Ti는 육방격자 결정이므로 표면 변형이 매우 빨리 일어나고 변위된(distorted)층을 제거하기는 어렵다. 그러므로, 습식 조연마하는 동안에 연마자국 뿐만 아니라 변위된 층이 제거될때까지 각각의 연마지(#1200까지)에서 연마하는 것이 바람직하다. 그 다음 연마포상에서 최종 조연마 단계에서 좋은 결과를 얻을수 있으며 15μm 다이아몬드 페이스트 또는 스프레이를 사용하여 Pellon 포상에서 예비 연마는 Ti합금에서는 생략할 수 있다(순수 Ti에는 아님). 다음 연마작업은 6μm 다이아몬드 페이스트 또는 스프레이 및 알콜성 연마제를 사용하여 Pellon 포상에서 실시하는데 매우 세심한 주의가 필요하다. 시간이 충분하다면 Tonerde No. 1으로 합성 벨벳포 상에서 6~7시간 진동연마 할 수 있다. 이것은 얇은층재료(질화층 또는 산화물층)를 관찰할 때 특별히 권장한다. 그렇지 않으면 다음작업은 3μm 다이아몬드 페이스트 또는 스프레이 및 기름 또는 알콜성 윤활제를 사용하여 면포상에서 연마해야 한다. 두 경우에 최종 연마는 10% 수용성 H_2O_2 또는 차게 포화된 $H_2C_2O_4$ C_2H_2O 용액을 첨가한 연마 현탁액으로 하여 합성 벨벳포에서 실시한다. 금속접합(Ti와 강, Ti 및 Al 또는 Ti 및 Cu 등)에서는 $H_2C_2O_4 \cdot 2H_2O$를 항상 사용하는데 H_2O_2가 다른 금속을 심하게 부식 시키기 때문이다. 또한 연질 금속이 존재한다면 비누액을 연마목적으로 첨가해야 한다. 최종 연마작업을 단축하기 위하여 연마전에 4% $(NH_4)HF_2$ 수용액에 부식시킨다. 전해 충격연마(A_2 또는 A_3 전해액 사용 : Messrs, Struers 제조)하면 매우 우수한 시편을 얻을 수 있다.

5.7.2 부식액

(가) Ti용 Weck 칼라 부식액

2g $(NH_4)HF_2$, 100ml 증류수, 50ml 알콜(메타놀 또는 에탄올)
부식조건 : 건식부식, 칼라막이 생성되기만 하면 brown~ blue 칼라로 변한다. 초음파 세척도 가능하다. 이 부식액은 순수 Ti와 모든 Ti 합금에 사용될 수 있으며 Ti에서 α-고용체 미세결정은 방향에 따라 brown-blue 칼라로 변한다. β-고용체 미세결정, 침상의 혼성물 및 질화물과 확산영역(annealing 가장자리)등은

white로 남아 있다.

(나) 가열에 의한 칼라

적당하게 연마한 시편을 보통 분위기의 500~540℃에서 30분 정도 가열하고 약간 빠르게 냉각(산화막이 너무 두꺼워지지 않으므로 칼라가 약해진다) 시키고 바닥면을 젖은포 또는 약간의 물을 포함하는 페트리 접시(petridish)에 둔다. 이 열처리 과정에서 β-상은 먼저 blue 칼라로 되고 약간뒤에 α 또는 α'상이 yellow 칼라로 되어 β-상에 대조를 이룬다.

조직:5-134   **TiCu2**, 점용접부, 용접 영역에 주상 미세결정, 모재 금속에는 편석대(band) 조직

조직:5-135   조직:5-134의 용접너깃(nugget)단면을 확대한 것, 응고선단(front)과 용접부의 α´조직에 수지상 미소편석을 분명하게 볼 수 있다.

조직:5-136   TiCu2 용접부, 침상 (acicular)α´-Ti조직

조직:5-137   **TiAl6V4** 및 TiCu2합금 사이의 용접부, TiCu2는 TiAl6V4보다더 빠르게 칼라로 나타난다.

조직:5-138   TiAl6V4, 질화처리, α-고용체의 구상 미세결정과 (α+β)영역, 표면가까이의 질소가 많은 영역은 칼라로 나타나지 않았다.

조직:5-139   TiAl6V4, 가열에 의한 칼라, β-고용체의 미세결정은 blue, α-공용체의 미세결정은 황색으로 변함.

조직:5-140   TiAl6V4, 층상(lamellar)α+β조직(Widmannstätten조직),   β-상은 white로 남고 α-상은 방향에 따라 각종 brown으로 변함.

조직:5-141   TiAl6V4, 마찰용접, 용접부의 각영역이 각기다른 칼라로 나타나 있다.

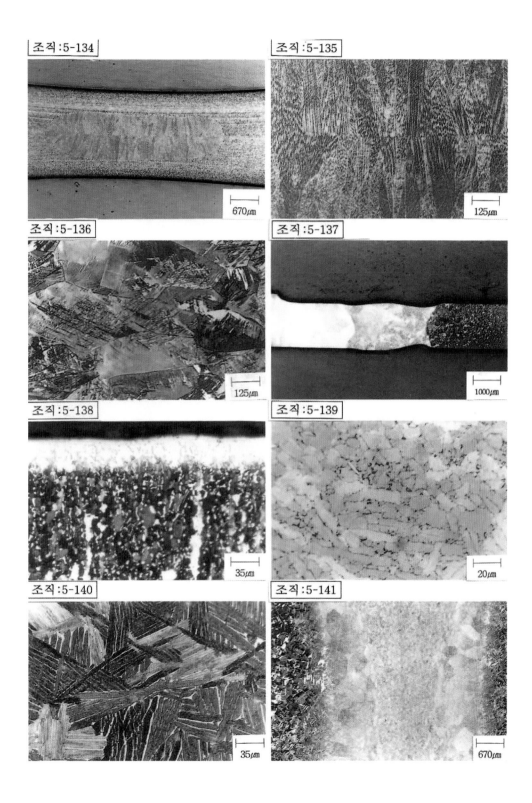

조직:5-134 670μm

조직:5-135 125μm

조직:5-136 125μm

조직:5-137 1000μm

조직:5-138 35μm

조직:5-139 20μm

조직:5-140 35μm

조직:5-141 670μm

─────── 연 구 과 제 ───────

1. Klemm Ⅰ, Ⅱ, Ⅲ 칼라 부식액과 응용

2. Beraha(BⅠ, BⅡ, BⅢ, BⅢ1 및 BⅢ2) 칼라 부식액과 응용

3. Lichtenegger-Bloech(LBⅠ, LBⅡ, LBⅢ, LBⅣ, LBⅤ) 칼라 부식액과 응용

4. Al용 Weck 칼라 부식액과 응용

5. Al용 MoO$_3$ 칼라 부식액과 응용

6. Bloech 및 Wedl 칼라 부식액과 응용

7. 셀렌산 Ⅳ 칼라 부식액과 응용

8. Ti용 Weck 칼라 부식액과 응용

재료의 성분표

Analyse (%)

Symbol	C	Si	Mn	≤P	≤S	Cr	Mo	Ni	Cu	Nb	Ti	V	Al	W	Co	Fe	Remarks
42CrMo4	0.38~0.45	0.15~0.40	0.50~0.80	0.035	0.035	0.9~1.2	0.15~0.30										
St 37	≤0.2			0.05	0.05												
St 52	≤0.2			0.045	0.045												
30CrMoV9	0.26~0.34	0.17~0.37	0.4~0.7	0.035	0.035	2.3~2.7	0.15~0.25					0.1~0.2					
StE 690				0.06	0.06												
X10CrS14	0.08~0.12	≤1.0	≤1.0	0.045	0.030	14											
X30Cr14	0.28~0.34	≤1.0	≤1.0	0.045	0.020	12.0~14.0		≤1.0									
CK 45	0.42~0.5	≤0.4	0.5~0.8	0.035	0.03												
CK 60	0.57~0.65	≤0.4	0.6~0.9	0.035	0.03												
X5CrNi 189	≤0.07	≤1.0	≤2.0	0.045	0.030	17.0~20		8.5~10									
X3CrNi 189	≤0.04	≤1.0	≤2.0	0.045	0.030	17.0~20		10.0~12.5									
GX10CrNiMoNb 1810	0.08~0.12	≤1.0	≤2.0	0.045	0.030	16.5~18.5	2.0~2.5	11.0~14.0		≤(8×C)							
X10CrNiTi 189	≤0.1	≤1.0	≤2.0	0.045	0.030	17~19.0		9.0~11.5			≤5XC						
X4CrNiMoN 19138	≤0.06	≤1.0	7.0~10	0.030	0.020	17.5~20	2.5~3.5	12.0~15.0		0.1~0.25							N : 0.2~0.4
IN 100 (G-NiCo15Cr10MoAlTi)	0.18					10.0	3.0	Rest/Bal.			4.75		5.5		15		
Nimonic 942	0.03	0.30	0.20			12.5	6	49.5		4	3.7		0.6			37	B : 0.010
Rene 80	0.17					14.0	4.0	61			3			4	9.5		
Rene 41						19	10	Rest/Bal.			3		1.5		11		B : 0.005
Inconel 718 (NiCr19NbMo)	0.03~0.08	≤0.35	≤0.35	0.015	0.015	17.0~21.0	2.80~3.30	50.0~55.0	≤0.10	4.75~5.50	0.65~1.15		0.40~0.80		≤1.00	Rest/Bal.	B : 0.002~0.006
Waspaloy (NiCr19Co14Mo4Ti)	0.02~0.10	≤0.15	≤0.10	0.015	0.008	18.0~21.0	3.50~5.00	Rest/Bal.	≤0.10		2.80~3.30		1.2~1.6		12.0~15.0	≤2.00	Zr : 0.02~0.08 B : 0.003~0.01
N 155 (CoCr20W15Ni)	0.05~0.15	≤1.00	1.00~2.00	0.040	0.030	19.0~21.0		9.00~11.0						14.0~16.0	Rest/Bal.	≤3.00	

Symbol	Analyse (%)																Remarks
	C	Si	Mn	≤P	≤S	Cr	Mo	Ni	Cu	Nb	Ti	V	Al	W	Co	Fe	
GX10CrNiMoTi 1810	≤0.10	≤1.0	≤2.0	0.045	0.030	16.5~18.5	2.5~3.0	10.5~13.5			≤(5XC)						
X10CrNiMoTi 1810	≤0.1	≤1.0	≤2.0	0.045	0.03	16.5~18.5	2.0~2.5	10.5~13.5			≤(5XC)						
X4CrNiMnMoN 19165	≤0.04	≤1.50	4.0~7.5	0.035	0.020	16.0~20.0	3.7~4.7	15.0~17.5									N:0.1~0.20
X8CrNiMo 1616	0.04~0.10	0.3~0.6	≤1.5	0.045	0.030	15.5~17.5	1.6~2.0	15.5~17.5									
X20CrNiSi 254	0.10~0.20	0.8~1.5	≤2.0	0.045	0.030	24.0~27.0		3.5~5.5									
GX8CrNiMo 289	≤0.1	≤1.0	≤2.0	0.045	0.030	25.0~28.0	1.3~2.0	8.0~9.0									
X3CrNiMoW17135	≤0.04	≤0.75	≤2.0	0.045	0.030	16.0~18.0	4.5~5.5	12.0~14.0						미 상			
X20CrMoV 121	0.17~0.23	≤0.50	≤1.0	0.030	0.030	10.0~12.5	0.80~1.20	0.30~0.80				0.25~0.35					
X10CrTi 17	≤0.1	≤1.0	≤1.0	0.045	0.030	16.0~18.0					≥(8XC)≤1.20						
GX35Cr14	0.3~0.4	0.3~0.5	0.3~0.5	0.000	0.000	13.0~15.0											
GX300CrNiSi 952	2.7~3.3	1.4~2.4	≤0.8	0.10	0.10	7.5~9.5	≤0.4	3.8~5.20									
X7Cr 17	≤0.08	≤1.0	≤1.0	0.045	0.030	17											
Hastelloy A	0.1						20	Rest/Bal.									
Hastelloy C (NiMo16Cr16Ti)	≤0.010	≤0.08	≤1.00	0.04	0.03	14.0~18.0	14.0~18.0	Rest/Bal.	≤0.5		0.70				≤2.00	≤3.00	
S-NiMo16Cr16Ti	≤0.015	≤0.08	≤1.00	0.040	0.030	14.0~18.0	14.0~17.0	Rest/Bal			0.06~0.70				≤2.00	≤3.00	
S-NiMo15Cr 15	≤0.02	≤0.20	≤1.00	0.040	0.030	14.0~18.0	14.0~17.0	Rest/Bal							≤2.00	≤3.00	
Hastelloy X (NiCr21Fe18Mo)	0.05~0.15	≤1.00	≤1.00			20.5~23.5	8.00~10.0	Rest/Bal.							0.50~2.50	17.0~20.0	
S-NiCr21Fe18Mo	≤0.10	≤1.00	≤1.00			20.0~23.0	8.00~10.0	Rest/Bal.						0.20~1.00		17.0~20.0	
AISI 316	≤0.08	≤1.00	≤2.00	0.045	0.030	16.00~18.00	2.00~3.00	10.00~14.00									

제 6 장

조직의 정량법

제 6 장

조직의 정량법

제 **6** 장

조직의 정량법

6.1 계량형태학

　재료의 **미세조직**과 그 재료의 **기계적 성질**은 밀접한 관계가 있으므로 현미경을 이용한 미세조직의 관찰이 매우 중요하다고 알려져있다. 그러나 재료의 미세조직을 정량적으로 취급하는 것은 더욱 많은 노력과 시간이 요구되므로 매우 제한된 형태로 밖에 할 수 없었다. 예를 들면 산업규격의 강의 결정입도 시험법, 주철의 흑연 구상화율 판정시험 등 조직해석에 관계되는 항목이 정해져 있으나, 이러한 것들은 모두 주어진 표준도와 비교에 의하여 시험결과를 판정하는 것이다. 더구나 화학성분 이외에 수많은 제조공정상의 요인이 복잡하게 얽혀서 그 조직에 영향을 미치고, 그 조직이 제품의 품질과 성능에 결정적인 영향을 미치는 경우가 많으므로 조직의 정량화는 매우 중요하다. 따라서 재료의 특성을 이해하기 위하여 화상으로서 얻어진 정보를 정량적으로 해석할 필요성은 증대되고 있는 추세이다.

　계량형태학(quantitative stereology)은 19세기의 프랑스의 한 지질학자가 창시한 것으로 알려져 있는데 이미 100년 이상의 긴 역사를 가지고 있는 분야로, 2차원적으로 측정한 데이터를 가지고 3차원적인 데이터를 구하는 것이다. 즉 현미경 관찰시에 3차원적인 데이터를 직접 얻을 수가 없으므로 점, 선 등 2차원으로 판별 가능한 대상물을 측정한 후 이를 계산에 의하여 3차원 데이터를 구하는 것이다.

6.1.1 기본용어

계량형태학에서의 점, 선, 면적에 관한 기본용어는 다음과 같으며, 약자 P(Point)는 점, A(Area)는 평면, S(Surface)는 곡면, N은 대상물(Feature)을 나타낸다.

〔가〕 P_P

점분률로 총 테스트 점의 수 당 해당 점의 수를 분률로 나타낸 것으로 단위는 없으며 다음 식과 같다.

$$P_P = \frac{P_a}{P_T} \tag{6.1}$$

P_a : α상에 걸리는 점의 수

P_T : 그리드의 총 수

경계에 걸리는 것은 *1/2*로 간주하며, 3중점은 *1*과 *1/2*로 본다. 그림 6.1의 예에서는 P_T = *16*, P_a = *4* 이므로 점분률 P_P = *1/4*로 *25%*가 된다.

현미경을 보면서 측정할 경우는 현미경의 대안렌즈 상에 그려져있는 그리드와 상을 겹쳐보면서 측정하며, 사진을 보고 측정할 경우는 투명용지에 그려진 그리드를 사진 위에 겹쳐놓고 측정한다. **그리드**는 여러 가지가 있으나 그리드 점의 수는 9개에서 25개 짜리가 주로 쓰이며, 예를 들면 그림 6.2와 같다.

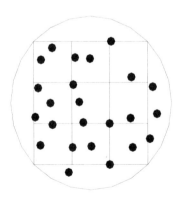

그림 6.1 점분률

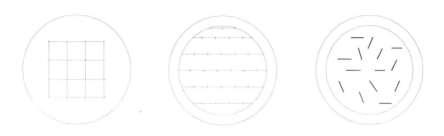

그림 6.2   그리드의 종류

(나) P_L

테스트 선의 단위길이 당 교점의 수이며 단위는 mm^{-1}이다. 그림 6.3의 예에서 전체 그리드선의 길이를 $1mm$라 하면 교점 수가 10개이므로 P_L은 $10/mm = 10mm^{-1}$이 된다. 그리드선은 직선그리드 뿐만아니라 원형그리드도 사용된다.

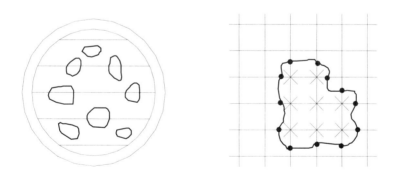

그림 6.3 P_L 그림 6.4   점분률 P_P와 P_L과의 차이점

그림 6.4는 점분률 P_P와 P_L과의 차이점을 나타낸 것이다. 그림에서 ●점은 그리드선에 걸리는 교점의 수 P_L을 측정한 것이고, ×점은 점분률을 측정할 때 전체 그리드수에서 대상물이 차지하는 점을 나타낸 것이다. 총 그리드 수는 36개이고, 대상물

안쪽으로 들어가는 ×점의 수는 8개이므로 점분률은 *8/36*이 된다. 한편 단위길이 당 교점의 수 P_L은 그리드선 1개의 길이를 1mm라 하면 총 12개이므로 12mm가 되며, ●점의 수는 12개이므로 *12/12 mm^{-1}*이 된다.

(다) N_L

테스트 선의 단위길이 당 대상물의 수이며 단위는 mm^{-1}이다. 그림 6.5의 예에서 전체 그리드선의 길이를 1mm라 하면 걸리는 입자수는 5개이므로 N_L = *5/mm* = *5mm^{-1}* 이 된다. 이 경우에 P_L은 *10mm^{-1}*이 되므로 양자 사이에는 $P_L = 2\,N_L$의 관계가 성립한다. 접선접촉일 경우에는 N_L = *1/2*로 간주하나, P_L은 1이 된다. 측정선에 대상물의 일부가 걸리는 경우는 *1/2*로 간주한다.

그림 6.5   단위길이 당 대상물의 수

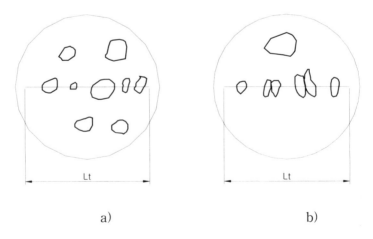

a)   b)

그림 6.6   입자가 붙어 있는 경우와 떨어져 있는 경우

$P_L = 2N_L$의 관계는 반드시 성립하지는 않는데, 모든 입자가 붙어 있는 경우나 또는 일부가 붙어있는 경우는 예외가 된다. 그림 6.6의 예에서 P_L과 N_L의 관계를 살펴보면 다음과 같다. 그림 a)에서 β기지 중에 α입자가 떨어져 있는 경우는 $(P_L)_{\alpha\alpha}$가 0, $(P_L)_{\alpha\beta}$는 10, $(N_L)_\alpha$는 5이나 , 그림 b)와 같이 β기지 중에 α입자가 부분적으로 붙어있는 경우는 $(P_L)_{\alpha\alpha}$가 2, $(P_L)_{\alpha\beta}$는 8, $(N_L)_\alpha$는 6으로

$$(N_L)_\alpha = \frac{2(P_L)_{\alpha\alpha} + (P_L)_{\alpha\beta}}{2} \; mm^{-1}$$의 관계가 있다.

모든 입자가 분리되어 있는 경우는 $(P_L)_{\alpha\alpha}$가 0이고, 조직이 모두 α상일 경우는 $(P_L)_{\alpha\beta}$는 0이 되므로 $N_L = P_L$의 관계가 성립한다.

입자의 경우는 공간을 단상(single phase)으로 꽉 채우고 있는 경우는 드물지만 결정립의 경우는 단상으로 공간을 채우게 된다. 이 경우를 예로 보면 그림 6.7과 같은데, P_L은 2이고, N_L은 $1+ 1/2+ 1/2 = 2$가 되므로 $N_L = P_L$의 관계가 성립한다.

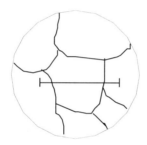

그림 6.7 공간이 단상으로 꽉 차있는 경우

㈜ P_A

측정면적 당의 점의 수로 단위는 mm^{-2}이다. 그림 6.8과 같이 결정립을 측정하는 경우 일정측정 면적에서 결정립이 만나는 점(그림에서 ●표시)을 세면 20개이므로 측정면적이 $1mm^2$ 이라면 $P_A = \dfrac{20}{1mm^2} = 20mm^{-2}$가 된다.

㈐ N_A

측정면적 당의 대상물의 수로 단위는 mm^{-2}이다. 대상물은 석출물, 기공, 제2상, 셀 등이 있다. N_A의 측정에는 두 가지가 있다.

i) 공간이 꽉 차있는 경우로 단상의 결정립이나 셀이 이에 해당된다. 이럴 경우는 체적률 V_V가 1이므로 평균 셀면적은 $1/N_A$가 된다.

그림 6.8 측정면적 당의 점의 수

ii) 공간이 꽉 차지 않은 경우로 상이 2개 이상인 경우이다. 이 때는 해당 입자의 체적률 V_V이 1보다 작으므로 평균입자 면적은 A_A/N_A 가 된다.

체적률 V_V가 1인 경우 N_A를 구하는 방법에는 두 가지가 있는데 그 첫 번째 예는 다음과 같다. 그림 6.9 에서 N_w (관찰범위 내에 들어가는 결정립의 수), N_i (경계에 걸리는 결정립의 수)는 각각 5개 와 8개로, 경계에 걸리는 결정립의 수는 $1/2$로 보면 총 결정립수 $N_T = N_w + 1/2 N_i = 5+1/2×8 = 9$가 된다. $N_A = N_T/A$이므로 관찰면적이 $0.5mm^2$라 하면 $N_A = 9/0.5mm^2 = 18\ mm^{-2}$이 된다. 측정 대상물의 공간체적률 V_V가 1보다 작아도 측정방법은 동일하다.

두 번째 방법은 결정립 코너 수(또는 삼중점)를 측정하는 방법으로 총 수 $N_T = 1/2P+1$의 관계를 이용한다. 여기서 P는 삼중점의 수이며, 사중점이 있는 경우는 2개로 간주한다. 삼중점이 수를 센 후 역시 $N_A = N_T/A$의 관계식을 이용하여 구한다.

그림 6.9의 예에서 삼중점이 14개이고 사중점이 1개(그림에서 화살표)이므로 $N_T = 1/2×(14+2)+1 = 9$로 $N_A = 9/0.5mm^2 = 18\ mm^{-2}$이 되어 첫 번째 방법으로 구한 결과와 동일함을 알 수 있다.

(바) A_A

면적분률로 측정단위 면적 당의 대상물의 면적을 측정하여 구한다. 단위는 없으며, 투명그리드, 면적계, 무게측정 등으로 구할 수 있다. 그러나 점산법이나 선산법보다는 훨씬 많은 노력과 시간이 소요된다.

(사) L_L

선분률로 측정 단위길이 당의 교선길이를 측정하여 구한다. 미세분산 입자보다는 큰 입자, 긴 입자 등의 측정에 이용된다.

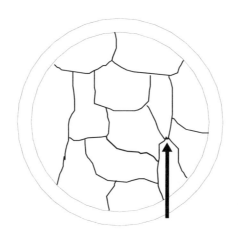

그림 6.9   체적률 V_V가 1인 경우 N_A를 구하는 방법

6.1.2 통계적 분석 및 오차의 평가

측정에 있어서는 반드시 오차가 수반되므로 통계처리를 하여야한다. 특히 2차원 정보로 3차원 정보를 얻는 데에는 데이터의 신뢰도를 가능한 한 높여야 한다. 통계처리의 기본이 되는 용어에는 **측정치**, **참값**, **오차**, **쏠림**, **잔차**, **편차** 등이 있다.

그림 6.10에서 x_i 는 측정치, z 는 참값이며, **시료평균**은 다음 식과 같다.

$$\overline{x} = \frac{1}{n} \sum_{i=1}^{n} x_i \qquad (6.2)$$

n 개의 측정치로 시료평균을 얻을 수 있지만, 신뢰도를 높이기 위해서는 모평균이 필요하다. 모평균 m은 n개의 측정치를 갖는 N개의 군(모집단)에 대한 평균치이다. 일반적으로 참값은 현실적으로 알기 어렵고, 모평균은 방대한 량의 측정치가 요구되므로 모집단에 대한 자료로 평가하는 **오차** 대신에 시료평균으로 평가하는 **잔차**를 가

지고 근사적으로 표현한다.

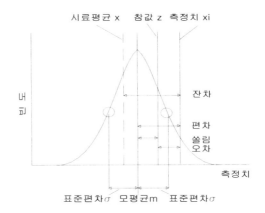

그림 6.10 통계처리 기본 용어의 설명

각 용어의 정의는 아래와 같다.

㉠ 오차(error) : 측정치- 참값 = $x_i - z$ (6.3)

㉡ 쏠림(bias) : 모평균-참값= $m - z$ (6.4)

㉢ 잔차(residual): 측정치-시료평균= $x_i - \overline{x}$ (6.5)

㉣ 편차(deviation): 측정치-모평균 = $x_i - m$ (6.6)

㉤ 시료 표준편차

표준편차 σ는 모집단에 대한 것이므로 다음 식과 같은 **시료 표준편차 s** 가 이용된다.

$$s = \sqrt{\frac{1}{n-1} \sum_{i=1}^{n} (x_i - \overline{x})^2} \qquad (6.7)$$

㉥ 평균치의 표준편차

평균치 $\overline{x}$의 표준편차 $s_{\overline{x}}$는 다음 식으로 주어진다.

$$s_{\overline{x}} = \frac{s}{\sqrt{n}} \qquad (6.8)$$

즉 측정회수 n의 평균치 $\overline{x}$를 몇 조 구해보면 그 $\overline{x}$도 조마다 데이터가 달라지는데, 그 표준편차 $s_{\bar{x}}$ 는 크기 n 의 시료 표준편차 s의 $\dfrac{1}{\sqrt{n}}$ 로 된다. 바꾸어 말하면 평균치를 취하면 정도가 $\sqrt{n}$ 배 만큼 향상된다.

Ⓢ 평균치의 신뢰한계
　평균치의 **신뢰한계**는 다음 식으로 구한다.

$$\pm t \;=\; \frac{\bar{x} - m}{s_{\bar{x}}} \tag{6.9}$$

　이 t는 자유도 *(n-1)*의 t 분포에 따른다. n개의 측정치에 의하여 시료 표준편차를 구하고, t 분포표에서 t 값을 알면 원하는 신뢰도의 신뢰한계를 구할 수 있다. 예를 들면 확률 5%의 t 값을 자유도 *(n-1)*에 대해서 알면 신뢰도 95%의 평균치의 신뢰한계가 얻어진다. 평균치의 95% 신뢰구간은 다음 식과 같다.

$$\left(\bar{x} - t_{0.05}\frac{s}{\sqrt{n}}\right) \sim \left(\bar{x} + t_{0.05}\frac{s}{\sqrt{n}}\right) \tag{6.10}$$

◎ 오차의 유형
　조직의 정량화를 위한 측정에 있어서의 **오차의 유형**은 다음의 세 가지로 분류된다.
i) 실험적인 제한에 의한 것: 예를 들면 현미경의 해상력이 떨어지다든지, 부식정도가 너무 과다하다든지, 실제 측정 시의 부정확한 셈 등이 오차를 유발한다.
ii) 부적절한 샘플링: 편견을 가지지 말고 임의의 측정부위를 선택하여야 한다. 현미경 상의 한 시야 내에서도 편석된 부위를 택한다든지 너무 대상물이 없는 부위의 선택은 피하여야 하므로 관찰시야수를 늘려야 한다.
iii) 전체를 대표할 수 없는 샘플의 선택: 여러 개의 시료 중에서 그 처리공정을 대표할 수 있는 샘플을 선택하여야한다. 예를 들면 열처리를 여러 개 하였을 경우 과열될 우려가 있는 바깥쪽에 놓였던 시료를 샘플로 택한다든지, 한 개의 시료에서도 시료의 끝단부에서 채취하면 중앙부와의 조직의 차이가 크므로 그 시료를 대표할 수 있는 샘플링이 되지 못한다.
　관찰 시야수와 신뢰도는 비례하는데, Al-Si 합금에서 불규칙한 형상의 Si 입자를 1,000배 배율로 5×5의 그리드를 사용하여 측정한 결과를 예로 들어 95% 신뢰한계를 갖는 최소 시야수가 몇 개인가를 검토해 보자. 각 측정시야에 있어서 측정된 Si입자 수는 표 6.1과 같다.

25시야에 대하여 측정한 평균치 $\bar{x}$는 1.28μm, 시료의 표준편차는 식 6.8을 이용하면 1.10이 얻어진다. 이 때 95% 신뢰구간을 $\bar{x} \pm 2\dfrac{s_{\bar{x}}}{\sqrt{n}}$ 으로 보면 점분률 P_P는 25 그리드이므로 $P_P = 0.051 \pm 0.018$이 된다. 이 측정의 정도는 $\dfrac{0.018}{0.051} = 0.345(34.5\%)$로 낮다. 이것은 시야수가 적기 때문인데, ±10%로 정도를 향상시키기 위해서는 $2\left(\dfrac{s_{\bar{x}}}{\sqrt{n}}\right) = 0.10\bar{x}$를 만족시켜야한다. 시야수에 관해서 정리하면 $n = \left[20\left(\dfrac{s_{\bar{x}}}{x}\right)\right]^2$이 되므로 n을 구하면 298시야가 된다.

계량형태학에서의 중요한 관계식은 기하학적 확률론에 근거하고 있으므로 반드시 통계적인 오차를 동반한다. 따라서 시료 전체의 평균적인 조직을 대상으로 하지 않으면 안되므로 충분한 시야수를 측정하고 오차를 최소화할 궁리가 필요하다. 특히 대상으로 한 조직이 미세한 경우는 고배율 측정이 요구되고, 그 조직의 량이 미량일때는 (예를 들면 강 중의 비금속개재물은 크기가 20μm정도로 그 면적률은 0.01%이하이고, 주철 롤의 한 종류인 Ni합금 롤 동체부 표면의 흑연의 크기는 평균 20μm, 그 면적률은 1% 정도이다) 방대한 시야수를 필요로 한다.

시야수가 많아지면 측정정도는 향상되나 수동 작업에서는 대단한 노력과 시간이 요구되므로 화상해석 시스템 등을 이용하면 시야수를 대폭 늘리면서 신속하게 결과를 얻을 수가 있다.

표 6.1 시야수 측정 결과

시야수	1 2 3 4 5 6 7 8 9 10 11 12 13 14 15 16 17 18 19 20 21 22 23 24 25
측정Si수	1 1 3 0 2 1 2 1 1 0 3 4 0 0 1 1 2 1 1 3 0 1 0 1 2

시료평균, $\bar{x}$: 1.28

시료표준편차, $s_{\bar{x}}$: 1.10

6.1.3 기본식의 관계

조직의 정량화에 이용되는 각 값 사이에는 다음과 같은 관계가 있는데 그림에서 화살표 방향은 측정이 용이한 값을 구하면 그 다음으로 구할 수 있는 값을 나타낸 것이다.

$$V_V = A_A = L_L = P_P(mm^0)$$

$$S_V = (4/\pi)L_A = 2P_L(mm^{-1})$$

$$L_V = 2P_A(mm^{-2})$$

$$P_V = 1/2L_V S_V = 2P_A P_L(mm^{-3})$$

(6.11)

여기서 P_P는 총 그리드에서 입자에 의하여 점유되는 그리드 수를 나타낸 **점분률**이고, L_L은 단위길이 당 입자에 의하여 점유되는 교선의 **선분률**, A_A은 단위면적 당 입자에 의하여 점유되는 **면적분률**, V_V은 단위체적 당 입자에 의하여 점유되는 **체적분률**이다. 따라서 이 4가지는 같은 값을 가지므로 가장 측정의 난이도가 낮은 점분률 P_P를 측정함으로써 다른 값을 구할 수가 있게 된다.

그림 6.11에서 보통의 글씨체로 표현 된 $P_P, P_L, P_A, L_L, L_A, A_A$ 는 측정할 수 있는 값이고, 괄호 안에 있는 P_V, L_V, S_V, V_V는 계산에 의하여 구하는 값이다. 즉 계량형 태학에서는 2차원 평면 상의 정보를 가지고 3차원의 값을 유추하는 것이므로 점, 선, 면적 등은 측정할 수 있으나 체적에 관련된 정보는 측정치를 바탕으로 계산에 의하여 구한다.

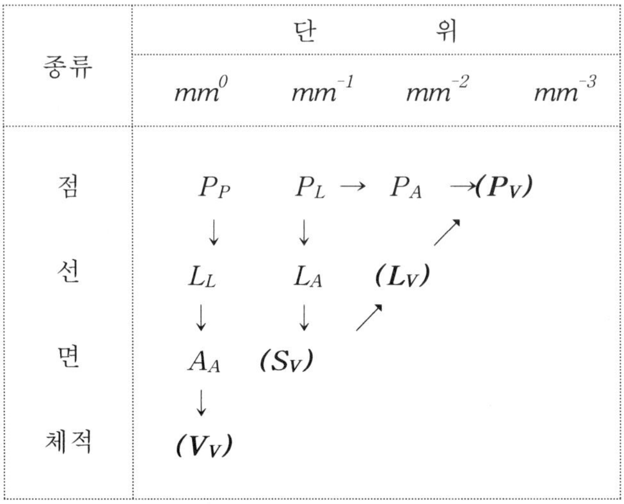

종류	단위			
	mm^0	mm^{-1}	mm^{-2}	mm^{-3}
점	P_P	$P_L \rightarrow$	$P_A \rightarrow$	(P_V)
선	L_L	L_A	(L_V)	
면	A_A	(S_V)		
체적	(V_V)			

그림 6.11   기본식의 관계

6.1.4 측정순서

조직을 정량화하기 위해서는 금속의 현미경 관찰을 위한 준비가 필요하며, 측정하고자하는 상이 명확하게 나타나도록 유의하여야 한다. 일반적인 측정순서는 다음과 같다.

㉠ 시료를 정한다.
㉡ 현미경 조직관찰 준비를 한다.
㉢ 무엇을 왜 측정하는지를 결정한다.
㉣ 측정항목을 선택한다.
㉤ 측정배율을 선택한다.
㉥ 측정 그리드를 선택한다.
㉦ 정해진 시야수를 측정한다.
㉧ 평균 및 표준편차를 계산한다.
㉨ 정도와 신뢰도 한계를 비교하고, 필요하면 측정을 계속한다.
㉩ 결과를 설명한다.

6.2 결정립의 측정

결정립의 형상은 매우 매우 다양하므로 3차원적으로 정확히 측정하기가 매우 어렵다. 결정립의 크기는 그 재료의 기계적 성질을 비롯한 각종 성질에 끼치는 영향이 크다. 따라서 결정립을 비교적 간단히 측정하기 위한 방법이 이용이 되고 있으며, 일반적인 결정립의 측정방법에는 **서클법**, **직경측정법**이 있으며, **ASTM 입도번호**로도 결정립의 크기를 알 수 있다.

강의 austenite 입도시험 방법, 강의 ferrite 입도시험 방법, 강재의 매크로 조직시험 방법, 신동품 결정입도 시험방법 등은 한국산업규격에도 실려있다(부록참조).

6.2.1 서클법

사진 위에 정해진 직경의 원을 그린 후 원안에 들어가는 결정립의 수와 경계선에 걸리는 결정립의 수로 결정립의 평균면적을 구하는 방법으로 구하는 식은 다음과 같다.

$$F_m = \frac{F_k \times 10^6}{(0.67n + z)V^2} \quad (\mu m^2) \tag{6.12}$$

위 식에서

F_m : 평균 입자면적

F_k : 사진 위의 측정면적

z : 원 내부에 들어가는 입자 수

n : 원호에 걸리는 입자 수 (걸리는 입자를 고려해주는 인자 *Oertel* 인자=0.67)

V : 배율 이다.

그림 6.12의 예를 계산하여 보면, 100배의 확대사진에서 직경 40mm의 원을 그리고 측정한 경우이다. 원의 면적은 $F_k = \pi d^2/4 = 1,256mm^2$이고, 원 내부에 들어가는 결정립의 수 z는 6개, 경계에 걸리는 수 n은 9이므로 평균 결정립면적은

$$F_m = \frac{1256 \times 10^6}{(0.67 \times 9 + 6) \times 100^2} = 10,440 \mu m^2 \text{ 가 된다.}$$

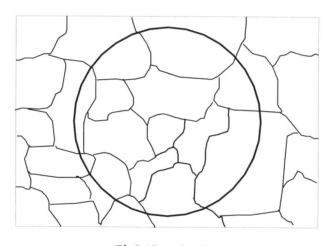

그림 6.12 서클법

6.2.2 직경 측정법

현미경 사진 상에 선 1개의 길이가 L mm인 5~10개의 평행선을 긋고 선상의 결정립수 z를 세어 평균한다. 이때 전부 들어가는 것만 세고 걸치는 것은 제외한다. 선의 수를 P, 배율을 V라 하면 평균 입자직경은

$$D_m = \frac{L \times P \times 10^3}{zV} \quad (\mu m) \tag{6.13}$$

그림 6.13의 예에서 $L = 60mm$, $P = 3$, 배율을 100배라 하면 선상의 수 z는 23이므로 $D_m = \dfrac{60 \times 3 \times 10^3}{23 \times 100} = 73\mu m$ 가 된다.

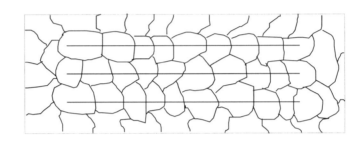

그림 6.13 직경측정법

6.2.3 ASTM 입도번호

100배로 확대한 사진에서 1 in^2 내의 결정립수를 z 라하면, $z = 2^{N-1}$ 이 된다. 여기서 N이 **ASTM 입도번호**이다. N으로 정리하면

$$N = \left(\frac{\log z}{\log 2} \right) + 1 \qquad\qquad (6.14)$$

이 된다.

표 6.2 ASTM 입도 환산표

ASTM No.	1 in^2 당 결정립 수 (×100)	1 mm^2당 결정립 수 (×100)
1	1	16
2	2	32
3	4	64
4	8	128
5	16	256
6	32	512
7	64	1,024
8	128	2,048

ASTM 입도 번호 1은 100배 배율에서 1 in^2 당 결정립수가 한 개임을 뜻한다. 위 식을 미터법으로 고치면 $z = 16 \times 2^{N-1}$이 되고, $N = (\frac{\log z}{\log 2}) - 3$이 된다. ASTM입도번호에 따른 1 in^2 당, 1 mm^2당 결정립수는 표 6.2와 같다.

6.3 3차원적 입자 분포의 계산

입자의 형상은 매우 다양하여 구형, 타원형, 돌출형, 자유곡면형 등 매우 다양하여 편상, 방사상 등 불규칙한 형상의 경우에는 그 조직의 정량화가 매우 힘들다. 이 절에서는 비교적 분석이 용이한 구형입자에 대하여 조직의 정량화 방법을 알아보기로 한다.

6.3.1 입자크기 분석 용어의 관계

입자의 평균크기 또는 단위체적 당 입자 수로 표현한다. 입자 직경과 단위체적 당 입자 수 사이에는 그림 6.14와 같이 연속빈도 분포곡선과 불연속빈도 분포곡선(히스토그램)이 있는데 연속적인 측정이 어려워서 구간별로 측정하는 경우가 대부분이므로 후자가 주로 이용되고 있다.

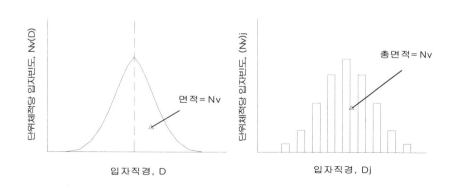

그림 6.14 연속빈도 분포곡선과 불연속빈도 분포곡선(히스토그램)

평균입자직경은 $\overline{D}$로 표기하는데, 단위체적 당 입자 수 N_V와는 다음과 같은 관계에 있다.

$$\overline{D} = \frac{1}{N_V}[(N_V)_1 \cdot D_1 + (N_V)_2 \cdot D_2 + (N_V)_3 \cdot D_3$$

$$+ \cdots + (N_V)_j \cdot D_{j+} \cdots + (N_V)_{max} \cdot D_{max}] \qquad \textbf{(6.15)}$$

$$= \frac{1}{N_V} \sum (N_V)_j \cdot D_j$$

$(N_V)_j$: 단위체적 당 j 클래스 크기의 입자수

D_j : j 클래스 입자의 직경

N_V와 N_A의 관계는 입자의 분포상황에 따라 두 가지로 나누어진다. 어떤 시료에 구형입자가 존재하는데 이들 입자의 직경이 한가지이고, 직경 D의 구형입자가 임의의 시험면에 의하여 잘리는 경우 N_V와 N_A의 관계는 $N_V = N_A/D$이고, 입자의 직경이 한가지가 아니고 다양한 경우에는 $N_A = N_V/\overline{D}$의 관계가 있다. 그림 6.15 a)에 동일한 직경과 상이한 직경의 입자의 공간 분포상황을, b)에 두 가지 경우의 단면 분포상황을 나타낸다. 평면 상의 화면에서는 동일직경의 원으로 보이는 입자가 3차원적으로 보면 반드시 동일 직경이라고 할 수는 없다. 그림 6.15 b)를 보면 절단면의 위치에 따라서 입자직경이 서로 달라도 동일직경으로 보이는 경우가 있기 때문이다.

6.3.2 구형입자의 분포

구형입자의 분포를 분석하기 위해서는 입자의 크기를 몇 클래스로 나누어서 측정 및 계산을 하는데, 그림 6.15 b)와 같이 단면크기는 같아도 입자직경이 다를 경우에 입자직경을 **5 클래스**로 나누어서 계산하는 과정은 다음과 같다.

① 단면직경은 $r_1 < r_2 < r_3 < r_4 < r_5$ 인데, 단면직경을 $0\sim r_1$, $r_1\sim r_2$, $r_2\sim r_3$, $r_3\sim r_4$, $r_4\sim r_5$의 5 클래스로 나눈다.
② 단위면적 당 주어진 단면의 관찰총수 $(N_A)_1, (N_A)_2, (N_A)_3, (N_A)_4, (N_A)_5$ 를 클래스별로 측정에 의하여 구한다.
③ 각 클래스 별로 단위체적 당 구의 수 $(N_v)_1, (N_v)_2, (N_v)_3, (N_v)_4, (N_v)_5$를 계산에 의하여 구한다. 계산방법은 6.3.3절에서 다룬다.

여기서 $(N_A)_1$은 단위면적 당 가장 작은 크기의 단면의 관찰 수인데, 절단면의 위치에 따라서 입자직경이 서로 달라도 동일직경으로 보이는 경우가 있으므로 아래 식과 같이 전 크기의 구 단면으로부터 얻어진 값의 합이 된다.

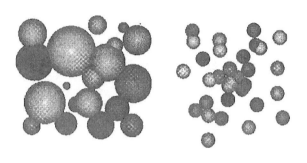

a)

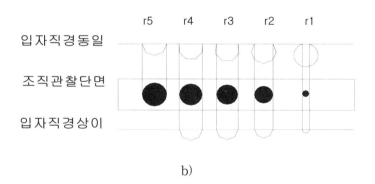

b)

그림 6.15   a) 동일직경 입자와 상이직경 입자의 공간 분포상황
b) 직경이 다른 경우와 같은 경우의 단면 분포상황

$$(N_A)_1 = \sum_j (N_A)_{i,j} = (N_A)_{1,1} + (N_A)_{1,2} + (N_A)_{1,3} + (N_A)_{1,4} + (N_A)_{1,5} \quad \textbf{(6.16)}$$

위 식에서 i 는 입자의 단면크기(직경)이고 j는 구(球)의 직경이다. 입자의 단면 크기별로 정리하면 다음 식과 같다.

$$(N_A)_1 = (N_A)_{1,1} + (N_A)_{1,2} + (N_A)_{1,3} + (N_A)_{1,4} + (N_A)_{1,5}$$
$$(N_A)_2 = (N_A)_{2,1} + (N_A)_{2,2} + (N_A)_{2,3} + (N_A)_{2,4} + (N_A)_{2,5}$$
$$(N_A)_3 = (N_A)_{3,1} + (N_A)_{3,2} + (N_A)_{3,3} + (N_A)_{3,4} + (N_A)_{3,5}$$
$$(N_A)_4 = (N_A)_{4,1} + (N_A)_{4,2} + (N_A)_{4,3} + (N_A)_{4,4} + (N_A)_{4,5}$$
$$(N_A)_5 = (N_A)_{5,1} + (N_A)_{5,2} + (N_A)_{5,3} + (N_A)_{5,4} + (N_A)_{5,5}$$

위 식에서 $(N_A)_{5,1}$ 은 있을수 없다. 왜냐하면 입자단면 크기가 입자직경보다 클 수는 없기 때문이다. 위 식에서 $i > j$ 인 항은 의미가 없으므로 이런 항을 제거하면 다음과 같이 된다.

$$(N_A)_{5,5} = (N_A)_5$$
$$(N_A)_{4,4} = (N_A)_4 - (N_A)_{4,5}$$
$$(N_A)_{3,3} = (N_A)_3 - (N_A)_{3,5} - (N_A)_{3,4}$$
$$(N_A)_{2,2} = (N_A)_2 - (N_A)_{2,5} - (N_A)_{2,4} - (N_A)_{2,3}$$
$$(N_A)_{1,1} = (N_A)_1 - (N_A)_{1,5} - (N_A)_{1,4} - (N_A)_{1,3} - (N_A)_{1,2}$$

6.3.3 구형입자 분포의 결정방법

구형입자 분포를 얻기 위한 측정 방식에는 다양한 방법이 있는데, 그 중에서 **직경 측정방식, 면적측정방식, 코드길이 측정방식**(그림 6.16)이 많이 사용되고 있다. 구형 입자의 분포를 결정하기 위한 가정은 두 가지가 있는데, 첫째는 모든 입자는 구형이 며, 둘째는 입자분포는 불연속적인 분포로 나타낼 수 있다고 가정한다.

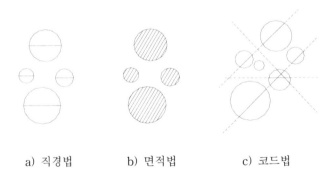

a) 직경법   b) 면적법   c) 코드법

그림 6.16   구형입자 측정법

표 6.3 단면측정에서 구한 구의 입경 분포를 얻기 위한 방법의 특징

방법	계수표 필요여부	각클래스 간격의 독립적인 계산	클래스간격 스케일 필요 여부
(직경측정법)			
Wicksell	○	○	$D_{max}/15$
Scheil	○	×	$D_{max}/15$
Schwartz	○	○	$D_{max}/10$
Schwartz-Saltykov	○	○	$D_{max}/k(k \leq 15)$
(면적측정법)			
Johnson	○	×	ASTM결정입도
Johnson-Saltykov	○	×	절대 스케일, D_{max}에 의존안함
Saltykov	×	○	절대 스케일, A/A_{max}에 기초
(코드길이 측정법)			
Spektor	×	○	연속 또는 D_{max}/k
Lord와 Willis	×	○	D_{max}/k
Cahn과 Fullman	×	○	연속 또는 D_{max}/k
Bockstiegel	×	○	D_{max}/k

(가) Schwartz - Saltykov의 직경법

Schwartz - Saltykov 직경법은 입자 단면크기를 **최대 15개 그룹**으로 나누어서 계산한다. 이 방법에서의 분류는 표 6.4와 같다.

그룹간격 Δ 는 다음 식과 같다.

$$\Delta = \frac{D_{max}}{k} \tag{6.17}$$

여기서 D_{max} 는 최대 입자직경이고, k는 그룹수이다.

단위면적 당 j 클래스크기의 입자수 $(N_A)_j$는 측정에 의하여 구하는 값이고, 단위체적 당 j 클래스크기 입자의 수 $(N_v)_j$는 계산에 의하여 구한다. 클래스간격의 총 수 k 는 측정자가 결정하며, a는 상수로 표 6.5의 값을 이용한다.

표 6.4   Schwartz-Saltykov 방법에서 입자의 분류

그룹번호	입자직경 *mm*	단위체적당 수 *mm*$^{-3}$	단면직경 *mm*	단위면적당 수 *mm*$^{-2}$
1	$\triangle$	$(N_V)_1$	$0 \sim \triangle$	$(N_A)_1$
2	$2\triangle$	$(N_V)_2$	$\triangle \sim 2\triangle$	$(N_A)_2$
3	$3\triangle$	$(N_V)_3$	$2\triangle \sim 3\triangle$	$(N_A)_3$
.	.	.	.	.
.	.	.	.	.
.	.	.	.	.
j	$j\triangle$	$(N_V)_j$	$(j-1)\triangle \sim i\triangle$	$(N_A)_j$
.	.	.	.	.
.	.	.	.	.
.	.	.	.	.
k	$k\triangle$	$(N_V)_k$	$(k-1)\triangle \sim k\triangle$	$(N_A)_k$

$$(Nv)_j = \frac{1}{\Delta}[a_i(N_A)_i - a_{i+1}(N_A)_{i+1} - a_{i+2}(N_A)_{i+2} - \cdot\cdot\cdot\cdot\cdot\cdot\cdot$$
$$- a_k(N_A)_k] \tag{6.18}$$

단위체적 당 입자의 총수 N_v는 다음 식으로 구한다.

$$N_v = (N_v)_1 + (N_v)_2 + (N_v)_3 + \cdot\cdot\cdot\cdot\cdot\cdot + (N_v)_{j+} \cdot\cdot\cdot\cdot\cdot\cdot\cdot + (N_v)_k \tag{6.19}$$

Schwartz - Saltykov의 직경법을 이용하여 1%탄소강에서 구상 cementite의 입도 분포를 측정한 예는 다음과 같다. 크기를 8그룹으로 나누고 단위면적 당 입자 수를 측정한 결과가 표 6.6이다

i) 단위체적 당 총 입자 수는 다음 식으로 구하며, 계산과정은 다음과 같다.

$$(N_v)_1 = \frac{1}{\Delta}\left[\alpha_1(N_A)_1 - \alpha_2(N_A)_2 - \alpha_3(N_A)_3 - \alpha_4(N_A)_4 - \alpha_5(N_A)_5 - \alpha_6(N_A)_6 - \alpha_7(N_A)_7 - \alpha_8(N_A)_8\right]$$

표 6.5 입자 크기분포 계산을 위한 Schwartz-Saltykov방법의 계수

j \ i	계수, α_i														
	$(N_A)_1$	$(N_A)_2$	$(N_A)_3$	$(N_A)_4$	$(N_A)_5$	$(N_A)_6$	$(N_A)_7$	$(N_A)_8$	$(N_A)_9$	$(N_A)_{10}$	$(N_A)_{11}$	$(N_A)_{12}$	$(N_A)_{13}$	$(N_A)_{14}$	$(N_A)_{15}$
$(N_V)_1$	1.0000	0.1547	0.0360	0.0130	0.0061	0.0033	0.0020	0.0013	0.0009	0.0006	0.0005	0.0004	0.0003	0.0002	0.0001
$(N_V)_2$		0.5774	0.1529	0.0420	0.0171	0.0087	0.0051	0.0031	0.0021	0.0015	0.0010	0.0009	0.0006	0.0006	0.0004
$(N_V)_3$			0.4472	0.1382	0.0408	0.0178	0.0093	0.0057	0.0037	0.0026	0.0018	0.0013	0.0010	0.0007	0.0007
$(N_V)_4$				0.3779	0.1260	0.0386	0.0174	0.0095	0.0058	0.0038	0.0027	0.0020	0.0016	0.0012	0.0009
$(N_V)_5$					0.3333	0.1161	0.0366	0.0168	0.0094	0.0059	0.0040	0.0041	0.0021	0.0016	0.0013
$(N_V)_6$						0.3015	0.1081	0.0346	0.0163	0.0091	0.0058	0.0057	0.0028	0.0022	0.0016
$(N_V)_7$							0.2773	0.1016	0.0329	0.0155	0.0090	0.0088	0.0040	0.0029	0.0022
$(N_V)_8$								0.2582	0.0961	0.0319	0.0151	0.0146	0.0056	0.0039	0.0028
$(N_V)_9$									0.2425	0.0913	0.0301	0.0290	0.0085	0.0055	0.0039
$(N_V)_{10}$										0.2294	0.0872	0.0836	0.0140	0.0083	0.0054
$(N_V)_{11}$											0.2182	0.2085	0.0280	0.0136	0.0080
$(N_V)_{12}$												0.0804	0.0270	0.0132	
$(N_V)_{13}$													0.2000	0.0776	0.0261
$(N_V)_{14}$														0.1925	0.0750
$(N_V)_{15}$															0.1857
N_V	1.0000	0.4227	0.2583	0.1847	0.1433	0.1170	0.0988	0.0856	0.0753	0.0672	0.0610	0.0553	0.0511	0.0472	0.0441

$$(Nv)_j = \frac{1}{\Delta}\left[\alpha_i(N_A)_i - \alpha_{i+1}(N_A)_{i+1} - \alpha_{i+2}(N_A)_{i+2} - \cdots \alpha_k(N_A)_k\right]$$

$$(N_v)_1 = 1/0.0005(1\times4{,}500 - 0.1547\times16{,}500 - 0.0360\times26{,}550 - 0.0130\times15{,}600$$
$$- 0.006\times5{,}850 - 0.033\times4{,}350 - 0.0020\times1{,}050 - 0.0013\times600) = 1{,}471{,}860$$

$$(N_v)_2 = 1/0.0005(0.5774\times16{,}500 - 0.1529\times26{,}500 - 0.042\times15{,}600 - 0.0171\times5{,}850$$
$$- 0.0087\times4{,}350 - 0.0051\times1{,}050 - 0.0031\times600) = 9{,}349{,}910$$

$$(N_v)_3 = 1/0.0005(0.4472\times26{,}550 - 0.1382\times15{,}600 - 0.0408\times5{,}850 - 0.0178\times4{,}350$$
$$- 0.0093\times1{,}005 - 0.0057\times600) = 1{,}878{,}000$$

$$(N_v)_4 = 1/0.0005(0.3779 \times 15,600 - 0.1260 \times 5,850 - 0.0386 \times 4,350 - 0.0174 \times 1,050$$
$$- 0.0095 \times 600) = 9,932,520$$

$$(N_v)_5 = 1/0.0005(0.3333 \times 5,850 - 0.1161 \times 4,350 - 0.0366 \times 1,050 - 0.168 \times 600)$$
$$= 2,792,520$$

$$(N_v)_6 = 1/0.0005(0.3015 \times 4,350 - 0.01081 \times 1,050 - 0.0366 \times 600) = 2,354,520$$

$$(N_v)_7 = 1/0.0005(0.2773 \times 1,015 - 0.1016 \times 600) = 460,410$$

$$(N_v)_8 = 0.2582 \times 600/0.0005 = 310,000$$

각 항을 전부 더하면 단위체적 당 총 입자 수 $N_v = 45.45 \times 10^6$개가 된다.

표 6.6 1% 탄소강의 구형 cementite의 입도분포 표

1	2	3	4	5	6
그룹번호	단면직경의 범위, μ	단면적당 단면의 수, $mm^{-2}, (N_A)_i$	입자의 직경, D_j, μ	단위체적당 입자의 수, $mm^{-3}, (N_V)_j$	분포, %
1	0.0~0.5	4,500	0.5	1.48×10^6	3.26
2	0.5~1.0	16,500	1.0	9.34×10^6	20.54
3	1.0~1.5	26,550	1.5	18.78×10^6	41.30
4	1.5~2.0	15,600	2.0	9.93×10^6	21.86
5	2.0~2.5	5,850	2.5	2.80×10^6	6.17
6	2.5~3.0	4,350	3.0	2.35×10^6	5.18
7	3.0~3.5	1,050	3.5	0.46×10^6	1.01
8	3.5~4.0	600	4.0	0.31×10^6	0.68
합 계		N_A= 75,000		N_V = 45.45×10^6	100.0

ii) 평균입자 직경은 (6.15)식으로 구한다.

$$\overline{D} = \frac{1}{N_V} \sum (N_V)_j D_j$$
$$= \frac{10^6}{45.46 \times 10^6}(0.5 \times 1.48 + 1 \times 9.34 + 1.5 \times 18.78 + 2 \times 9.93 + 2.5 \times 2.8$$
$$+ 3 \times 2.35 + 3.5 \times 0.46 + 4 \times 0.31) = 1.65 \mu m$$

(나) Saltykov의 면적법

입자군을 표 6.7과 같은 면적을 가지도록 분류하여 **무차원화**한다. 6.5와 같은
표가 필요없다. 이 방법은 구형 입자나 볼록한 입자에 적용할 수 있다.

표 6.7 Saltykov면적법의 분류표

그룹번호	상대단면직경 d/d_{max}	상대단면적 A/A_{max}	단위면적 당 단면의 분률. N_A
1	1.0000	1.0000~0.6310	60.749
2	0.7943	0.6310~0.3981	16.833
3	0.6310	0.3981~0.2512	8.952
4	0.5012	0.2512~0.1585	5.200
5	0.3981	0.1585~0.1000	3.134
6	0.3162	0.1000~0.0631	1.926
7	0.2512	0.0631~0.0398	1.195
8	0.1995	0.0398~0.0251	0.747
9	0.1581	0.0251~0.0158	0.469
10	0.1259	0.0158~0.0100	0.294
11	0.1000	0.0100~0.0063	0.185
12	0.0794	0.0063~0.0040	0.117
⋮	⋮	⋮	⋮

입자군을 12클래스로 분류하였을 때의 $(N_v)_j$의 계산식은 다음과 같다.

$$(N_v)_j = \frac{1}{D_j}[1.6461(N_A)_i - 0.4561(N_A)_{i-1} - 0.1162(N_A)_{i-2}$$
$$- 0.0415(N_A)_{i-3} - 0.0173(N_A)_{i-4} - 0.0079(N_A)_{i-5}$$
$$- 0.0038(N_A)_{i-6} - 0.0018(N_A)_{i-7} - 0.0010(N_A)_{i-8}$$
$$- 0.0003(N_A)_{i-9} - 0.0002(N_A)_{i-10} - 0.0002(N_A)_{i-11}]$$

j 는 1에서부터 최대 입자크기 클래스까지이다.

Saltykov의 면적법을 이용하여 ferrite 결정립 크기를 측정한 예는 다음과 같은데, 단면크기를 6클래스로 나누어 단위 면적 당 입자 수를 측정한 결과는 표 6.8과 같다.

표 6.8 ferrite 결정립 단면크기의 분포치 (측정치)

그룹번호	단면직경 d_i, μ	상대결정립단면적 A/A_{max}	단위면적 당 단면의 수. $(N_A)_i$
1	63.10~50.12	1.0000~0.6310	104
2	50.12~39.81	0.6310~0.3981	161
3	39.81~31.62	0.3981~0.2512	253
4	31.62~25.12	0.2512~0.1585	230
5	25.12~19.95	0.1585~0.1000	138
6	19.95~15.85	0.1000~0.0631	69

$$N_A = 955$$

i) 단위체적 당 총 입자 수를 구하는 계산과정은 다음과 같다.

$$(N_v)_1 = \frac{1}{0.0631}(1.6461 \times 104) = 2,713$$

$$(N_v)_2 = \frac{1}{0.05012}(1.6461 \times 161 - 0.4561 \times 104) = 4,341$$

$$(N_v)_3 = \frac{1}{0.03981}(1.6461 \times 253 - 0.4561 \times 161 - 0.1162 \times 104) = 8,313$$

$$(N_v)_4 = \frac{1}{0.03162}(1.6461 \times 230 - 0.4561 \times 253 - 0.1162 \times 161 - 0.0415 \times 104) = 7,596$$

$$(N_v)_5 = \frac{1}{0.02512}(1.6461 \times 138 - 0.4561 \times 230 - 0.1162 \times 253 - 0.0415 \times 161 - 0.0173 \times 104) = 3,359$$

$$(N_v)_6 = \frac{1}{0.01995}(1.6461 \times 69 - 0.4561 \times 138 - 0.1162 \times 230 - 0.0415 \times 253 - 0.0173 \times 161 - 0.0079 \times 104) = 491$$

각 항을 전부 더하면 총 입자 수 N_v = 26,813개이다.

ii) 평균입자 직경은 (6.15)식으로 구하며, 계산과정은 다음과 같다.

$$\overline{D} = \frac{1}{26,813}(0.0631 \times 2,713 + 0.05012 \times 4,341 + 0.03981 \times 8,313$$
$$+ 0.03162 \times 7,596 + 0.02512 \times 3,359 + 0.01995 \times 491)$$
$$= 0.0393 \text{mm}$$

표 6.9   ferrite 결정립 크기의 계산결과

그룹번호	단면직경 D_j, μ	단위체적 당 결정립의 수. $mm^{-3}, (N_V)_j$
1	63.10	2,713
2	50.12	4,341
3	39.81	8,313
4	31.62	7,596
5	25.12	3,359
6	19.95	491
		N_V = 26,813

(다) Spektor의 코드법

각 입자에 걸린 코드 길이를 분석하는 방법으로, 이 방법의 특징은 각 입자 또는 결정입계의 표면적을 알 수 있다는 것이다.

$$S_v = 2P_L \tag{6.20}$$

S_v : 단위체적 당 표면적

P_L : 단위길이 당 교점의 수 (공간에 꽉차는 결정립의 경우: $P_L = N_L$
입자의 경우 : $P_L = 2N_L$

그림에서 Z는 측정선과 입자의 중심과의 수직거리이며, ℓ은 코드길이이다. 이 방법에서 단위체적 당의 입자 수를 구하는 계산식은 다음과 같다.

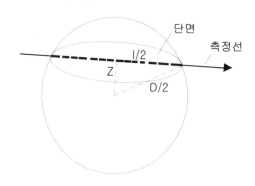

그림 6.17　Spektor의 코드법

$$(N_v)_j = \frac{4}{\pi \Delta^2}\left(\frac{(n_L)_j}{2j-1} - \frac{(n_L)_{j+1}}{2j+1}\right) \tag{6.21}$$

$(N_v)_j$: 단위체적 당 j 클래스 크기의 입자 수

　　Δ : 입자크기의 간격

$(n_L)_j$: 단위길이 당 j 클래스 크기의 코드 수

Spektor의 코드법으로 저탄소강에서 ferrite 결정립 크기를 측정한 예는 다음과 같다. 코드크기는 10클래스로 나누어 입자 간격을 2.5μ로 하였을 때의 측정치 및 계산치는 표 6.10과 같다.

i) 단위체적 당 총 입자 수는 다음 식으로 구한다. 계산과정은 다음과 같다.

$$(N_V)_1 = 2.04 \times 10^5 \times \left(\frac{6}{2-1} - \frac{17}{2+1}\right) = 0.68 \times 10^5$$

$$(N_V)_2 = 2.04 \times 10^5 \times \left(\frac{17}{4-1} - \frac{24}{4+1}\right) = 1.77 \times 10^5$$

$$(N_V)_3 = 2.04 \times 10^5 \times \left(\frac{24}{6-1} - \frac{19}{6+1}\right) = 4.26 \times 10^5$$

$$(N_V)_4 = 2.04 \times 10^5 \times \left(\frac{19}{8-1} - \frac{13}{8+1}\right) = 2.59 \times 10^5$$

$$(N_V)_5 = 2.04 \times 10^5 \times \left(\frac{13}{8-1} - \frac{8}{10+1}\right) = 1.46 \times 10^5$$

$$(N_V)_6 = 2.04\times10^5\times\left(\frac{8}{12-1}-\frac{5}{12+1}\right) = 0.70\times10^5$$

$$(N_V)_7 = 2.04\times10^5\times\left(\frac{5}{14-1}-\frac{4}{14+1}\right) = 0.24\times10^5$$

$$(N_V)_8 = 2.04\times10^5\times\left(\frac{4}{16-1}-\frac{3}{16+1}\right) = 0.19\times10^5$$

$$(N_V)_9 = 2.04\times10^5\times\left(\frac{3}{18-1}-\frac{2}{18+1}\right) = 0.14\times10^5$$

$$(N_V)_{10} = 2.04\times10^5\times\left(\frac{3}{20-1}\right) = 0.21\times10^5$$

각 항을 더하면 총 입자 수 N_v는 12.24×10^{5}개가 된다.

표 6.10 Spektor 방법에 의한 저탄소강의 ferrite 결정립의 크기 분포 분석

1	2	3	4	5	6
그룹번호, j	코드길이의 범위, μ	단위길이 당 코드의 수, mm^{-1}, $(n_L)_j$	입자의 직경, D_j, mm	단위체적 당 입자수, mm^{-3}, $(N_V)_j$	분포, %
1	0.0~2.5	6	0.0025	0.68×10^5	5.5
2	2.5~5.0	17	0.0050	1.77×10^5	14.5
3	5.0~7.5	24	0.0075	4.26×10^5	34.9
4	7.5~10.0	19	0.0100	2.59×10^5	21.2
5	10.0~12.5	13	0.0125	1.46×10^5	11.9
6	12.5~15.0	8	0.0150	0.70×10^5	5.7
7	15.0~17.5	5	0.0175	0.24×10^5	2.0
8	17.5~20.0	4	0.0200	0.19×10^5	1.5
9	20.0~22.5	3	0.0225	0.14×10^5	1.1
10	22.5~25.0	2	0.0250	0.21×10^5	1.7
합계	0.0~25.0	101	0.0025~0.0250	12.24×10^5	100.0

ii) 평균입자 직경은 다음 식으로 구한다.

$$\overline{D} = \frac{10^5}{12.24\times10^5}\times(0.68\times2.5 + 1.77\times5 + 4.25\times7.5 + 2.59\times10 + 1.46\times12.5$$

$$+ 0.7\times15 + 0.24\times17.5 + 0.19\times20 + 0.14\times22.5 + 0.21\times25)$$

$$= 9.27\,\mu m$$

(라) 입자간 평균거리 (mean free distance)

입자간 평균거리(λ)를 나타내는 관계식은 여러 가지가 있는데 식 6.22는 Fullman이 제안한 식이다.

$$\lambda = \frac{1 - (V_V)_a}{N_L} \quad mm \tag{6.22}$$

또한 다음 식도 이용이 된다.

$$\lambda = \overline{L_3}\frac{1 - (V_V)_a}{(V_V)_a} \quad mm \tag{6.23}$$

여기서 결정립이 공간을 꽉 채우는 경우는

$$\overline{L_3} = \frac{1}{P_L} = \frac{1}{N_L} \, mm$$ 이고, 채우지 않는 경우 (입자의 경우)는

$$\overline{L_3} = \frac{(V_V)_a}{N_L} = \frac{(A_A)_a}{N_L} = \frac{(L_L)_a}{N_L} = \frac{(P_P)_a}{N_L} \quad mm$$

로 달라지게 된다.

6.3.4 구상흑연주철 중 흑연의 분포 계산 예

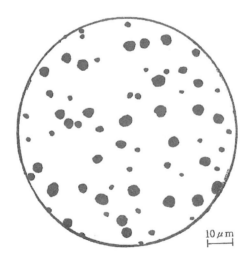

10 μm

그림 6.18 구상흑연주철의 단면사진

그림 6.18의 구상흑연 주철은 100배 확대사진인데, 흑연이 구형에 가까우므로 조직사진으로부터 흑연의 수, 평균입경, 체적률 등의 정보를 비교적 용이하면서도 정확히 도출해낼 수 있다.

그 순서는 다음과 같은데, 구상입자 분포 결정방법 중에서 **Saltykov의 면적법**으로 구한 예이다.

㉠ Saltykov의 면적법으로 구한다

㉡ 입자군을 분류할 때 큰 것부터 일정한 면적비로 나눈다

㉢ 위 그림에서 가장 큰 것이 0.042mm, 가장 작은 것이 0.01mm인데 면적비에 따라 6클래스로 분류한다 → 등간격이 아니고 표 6.7의 상대크기에 따라 분류

㉣ 각 클래스 별로 N_A를 측정한다 $((N_A)_1 \sim (N_A)_6)$

㉤ ㉣의 측정치를 N_v계산식에 넣어 클래스 별로 N_v를 구한다

㉥ 총 N_v를 구한다

㉦ 평균입자직경, 표준편차, 체적률, 평균입자간 거리를 구한다

i) N_A의 측정 결과는 표 6.11과 같다.

표 **6.11** N_A의 측정 결과

그룹번호	단면직경, mm	관찰면적($0.478mm^2$)에서의 해당단면의 수	단위면적 당 수, mm^{-2}, $(N_A)_i$
1	0.042~0.033	23	48
2	0.033~0.027	9	19
3	0.027~0.021	5	10
4	0.021~0.017	13	27
5	0.017~0.013	9	19
6	0.013~0.010	6	13
합계		65	136

ii) N_v의 계산은 다음과 같다.

$$(N_v)_1 = \frac{1}{0.042} \times (1.6461 \times 48) = 1,881$$

$$(N_v)_2 = \frac{1}{0.033} \times (1.6461 \times 19 - 0.4561 \times 48) = 284$$

$$(N_v)_3 = \frac{1}{0.027} \times (1.6461 \times 10 - 0.4561 \times 19 - 0.1162 \times 48) = 82$$

$$(N_v)_4 = \frac{1}{0.021} \times (1.6461 \times 27 - 0.4561 \times 10 - 0.1162 \times 19 - 0.0415 \times 48) = 1,699$$

$$(N_v)_5 = \frac{1}{0.017} \times (1.6461 \times 19 - 0.4561 \times 27 - 0.1162 \times 10 - 0.0415 \times 19 - 0.0173 \times 48)$$
$$= 951$$

$$(N_v)_6 = \frac{1}{0.013} \times (1.6461 \times 13 - 0.4561 \times 19 - 0.1162 \times 27 - 0.0415 \times 10 - 0.0079 \times 48)$$
$$= 652$$

단위체적 당 입자의 총수 Nv 는 5,549개로, 구상흑연주철의 흑연분포 계산 결과는 표 6.12와 같다.

iii) 평균 흑연입자 직경

$$\overline{D} = \frac{1}{5,549} \times (0.042 \times 1.881 + 0.033 \times 284 + 0.027 \times 82$$
$$+ 0.021 \times 1.699 + 0.017 \times 951 + 0.013 \times 652)$$
$$= 0.027 mm$$

표 6.12   구상흑연주철의 흑연분포 계산 결과

그룹번호	단면직경, mm	단위면적 당 수, mm^{-2}, $(N_A)_i$	단위체적 당 수, mm^{-3}, $(N_A)_j$
1	0.042~0.033	48	1,881
2	0.033~0.027	19	284
3	0.027~0.021	10	82
4	0.021~0.017	27	1,699
5	0.017~0.013	19	951
6	0.013~0.010	13	652
합계		136	5,549

iv) 표준편차 $\sigma(D)$

$$\sigma(D) = (\frac{0.042^2 + 0.033^2 + 0.027^2 + 0.021^2 + 0.017^2 + 0.013^2 - 0.027^2}{6})$$
$$= 0.004 mm$$

v) 흑연입자의 체적률

클래스 1: $\dfrac{4}{3}\pi\times(\dfrac{0.042}{2})^3\times1,881\times100=7.296$

클래스 2: $\dfrac{4}{3}\pi\times(\dfrac{0.033}{2})^3\times284\times100=0.534$

클래스 3: $\dfrac{4}{3}\pi\times(\dfrac{0.027}{2})^3\times82\times100=0.085$

클래스 4: $\dfrac{4}{3}\pi\times(\dfrac{0.021}{2})^3\times1,669\times100=0.824$

클래스 5: $\dfrac{4}{3}\pi\times(\dfrac{0.017}{2})^3\times951\times100=0.245$

클래스 6: $\dfrac{4}{3}\pi\times(\dfrac{0.013}{2})^3\times652\times100=0.075$

$$\text{계 } 9.06\%$$

vi) 흑연입자 간 평균거리 λ

N_L = 20개/3.69mm = 5.42개/mm

λ = (1-0.0906)/5.42 = 0.168mm

6.4 DAS(Dendrite Arm Spacing) 측정 방법

재료의 조직은 냉각속도에 따라서 미세해지기도 하고 조대해지기도 한다. 이러한 냉각속도는 재료 응고조직의 덴드라이트 암 간격과 밀접한 관계가 있다. **덴드라이트 암 간격**을 측정하는 방법에는 **2차 암**(secondary arm)**측정법**과 **교선법**이 있다.

6.4.1 2차 암 측정법

응고 초기에 처음 생기는 덴드라이트가 1차 암이며 여기에서 방향을 바꾸어 성장하는 것이 2차 암이다. 방향성을 가진 조직에서는 이러한 2차 암의 판별이 용이하다. 덴드라이트 셀 크기는 덴드라이트 암의 굵기를 말하고, 암 간격은 인접하는 덴드라이트 암 간의 중심거리를 말한다. 덴드라이트 암 사이에 다른 상 예를 들면 공정상(eutectic phase) 등의 정출이 없으면 덴드라이트 셀 크기와 암 간격은 일치하나 공정상이 많아지면 둘 사이에는 차이가 생긴다.

따라서 재료의 품질 평가에는 덴드라이트의 2차 암 간격의 측정이 보다 효율적인 것으로 알려져 있다. 특히 방향성을 가진 조직의 경우는 2차 암의 간격을 측정하는 것이 좋다.

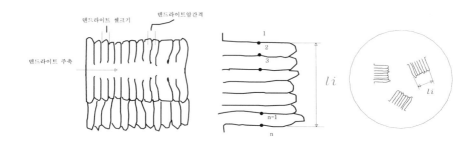

그림 6.19   덴드라이트 암의 정의 및 측정방법

측정 순서는 우선 그림 6.19에서와 같이 2차 암이라고 생각되는 부분을 고르고 각각의 암 간격을 측정한 후 식 (6.24) 또는 (6.25)를 이용하여 암 평균간격을 구한다.

$$d = \frac{l_1 + l_2 + l_3 + \cdots + l_m}{(n_1-1) + (n_2-1) + (n_3-1) + \cdots + (n_m-1)} \tag{6.24}$$

$$= \frac{\sum_{i=1}^{m} l_i}{\sum_{i=1}^{m} (n_i-1)}$$

또는

$$d = \frac{\dfrac{l_1}{(n_1-1)} + \dfrac{l_2}{(n_2-1)} + \dfrac{l_3}{(n_3-1)} + \cdots + \dfrac{l_m}{(n_m-1)}}{m} \tag{6.25}$$

$$= \frac{\sum \dfrac{l_i}{n_i-1}}{m}$$

li : 측정하고자하는 정렬된 암군의 경계로부터 경계까지의 거리
n_i : 측정하고자하는 정렬된 암군의 경계로부터 선을 그었을 때 암 경계와의 교점 수
  $(n-1)$은 암의 수를 나타낸다.
m : 측정한 암군의 수

　측정 시에 측정대상을 선택할 때에는 다음의 사항에 주의하여야 한다.
㉠ 측정하는 덴드라이트 암이 3개 이상 정렬해 있는 부분을 고른다.
㉡ 측정하는 덴드라이트 암의 수는 합계 30개 이상으로 한다.

6.4.2 교선법

　입상정으로 되어 방향성이 작고, 실질적으로 정렬한 2차 암을 고르기가 곤란한 경우에는 교선법을 사용하는 것이 좋다. 덴드라이트 암 경계간에 직선을 긋고 2차암 법에 의한 d를 구하는 식을 이용하여 구한다. 다만 이 경우 m은 교선수가 된다. 시야수는 3이상으로 하고, 교선수 m은 10개 이상, 암 수는 전부 200개 이상($\Sigma n_i - m \geq 200$)으로 한다.
　교선을 긋는 방법은 규정되어 있지 않으나 그림 6.20과 같이 방사형으로 긋는 방법, 그리드를 긋는 방법, 임의로 긋는 방법 등이 사용되고 있다.

a) 방사형 교선　　　　　　b) 그리드 교선　　　　　　c) 임의의 교선

그림 6.20　교선법에서 측정선을 긋는 방법

6.4.3 DAS와 냉각속도

응고조직의 크기는 **응고시간**과 **냉각속도**에 크게 좌우되므로 조직의 크기로부터 냉각속도를 추정하는 방법이 자주 이용이 되고 있다. 또한 DAS값의 분포로부터 응고 진행상황의 추정도 가능하다. DAS는 응고시간이 길어지면 증가하고, 냉각속도가 빨라지면 감소한다.

특히 알루미늄 합금의 경우는 DAS를 이용한 응고과정의 추정 방법이 널리 사용되고 있으며, 각 합금별로 DAS와 냉각속도와의 관계식이 많이 제안되어 있다.

표 6.13 DAS와 냉각속도와의 관계

번호	합금계	관계식
1	Al-5%Si, Al-10%Mg Al-4%Cu-2%Ni-1.5%Mg Al-6.2%Si-3.7%Cu, Al-7%Si-0.3%Mg Al-5%Si-1.2%Cu-0.5%Mg	$d = 62 \cdot C^{-0.337}$
2	Al-8at%Cu, Al-1at%Fe Al-11at%Si, Al-Cu분말(-400메쉬)	$d = 41 \cdot C^{-0.32}$
3	Al-4.5%Cu	$d = 49 \cdot C^{-0.39}$
4	Al-(2~5)%Mn	$d = 43 \cdot C^{-0.32}$
5	Al-8%Fe	$d = 77 \cdot C^{-0.42}$
6	Al-(0.25, 0.55)%Fe	$d = 33.4 \cdot C^{-0.33}$
7	Al-Mn	$d = 14 \cdot C^{-0.36}$
8	Al-0.5%Mg-0.3%Si	$d = 85 \cdot C^{-0.38}$
9	Al-4%Zn-(1,2)%Mg	$d = 78 \cdot C^{-0.38}$
10	Al-3%Mg	$d = 45 \cdot C^{-0.32}$
11	Al-28.5%Ni	$d = 76 \cdot C^{-0.41}$
12	Al-4.5%Cu	$d = 50 \cdot C^{-0.41}$
13	Al-5%Si Al-6.9%Si Al-8.4%Si	$d = 39 \cdot C^{-0.25}$ $d = 32 \cdot C^{-0.25}$ $d = 27 \cdot C^{-0.25}$

한 예를 보면 주물용 알루미늄합금에서 합금에 따라서 약간의 차이는 있으나, 덴드라이트 암 간격(d, μm)과 냉각속도(C, ℃/sec) 사이에는 다음 식과 같은 관계가 있다.

$$d \;=\; 62 \cdot C^{-0.337} \tag{6.26}$$

즉 덴드라이트 암 간격은 냉각속도 C의 지수의 1/3 제곱에 반비례하며 다수의 실험에서도 확인이 되고 있다. 이 관계식은 합금의 조성, 응고양식에 따라서 달라지는데, 냉각속도에 대한 지수는 0.25에서부터 0.42까지 변화한다. 표 6.13에 주요 알루미늄 합금계에 대한 DAS와 냉각속도와의 관계를 나타낸다. 알루미늄합금의 DAS를 측정한 후 표를 이용하면 그 합금의 냉각속도를 계산할 수 있다.

6.5 화상해석(image analysis)

화상해석은 화상으로서 얻어진 정보를 정량적으로 해석하여 재료의 특성을 이해하는 것이다. 앞절에서 논한 계량형태학에서의 측정 및 계산을 자동화시킨 것으로 각종 조직의 분석에 널리 이용되고 있다.

미세조직과 같은 화상 정보를 정량적으로 취급하기 어려운 이유 중의 하나는 그 형태가 여러 갈래로 나누어져 있는 경우 측정하는데 방대한 정보를 처리하지 않으면 안되기 때문이다. 화상해석은 대량의 정보를 취급하는데 적합한 컴퓨터의 급속한 발달에 힘입어 가능하게 된 비교적 새로운 계측기술이다.

화상해석시스템 가격은 수억원 대에서 천만원 이하의 장치도 시판되고 있어서 선택의 폭이 넓다. 또한 종래는 흑백이었던 것이 메모리의 대용량화와 고체소자 기술의 발달에 힘입은 CCD 카메라의 성능향상에 의하여 칼라화되어 취급할 수 있는 정보량도 비약적으로 향상되었다.

따라서 흑백화상에서는 측정이 곤란한 대상물도 색상차를 이용하여 정도 높게 측정할 수 있게 되었다. 또한 디지털 카메라 기술의 발전은 화상해석의 진보에 결정적인 영향을 끼칠 것으로 보이며, 장치의 크기도 컴퓨터 및 주변기기의 발달에 힘입어 소형화되고 있는 추세에 있고, CD 등 기록매체의 발달로 화상해석의 용도가 빠르게 확대되고 있다. 스테레오 사진을 활용한 3차원 해석이 파면과 부식피트의 해석에 이용되고, 이 방면에서의 발전이 기대되고 있다. 한편 장치의 기능향상에 상응하여 해석에 필요한 화상처리의 메뉴도 풍부하게 되어 조작성 및 처리속도가 현저히 향상되고 있다.

이러한 화상해석 시스템은 수초 내에 넓은 시편 부위 및 많은 시편들을 아주 효율적이고도 편리하게 그리고 정확히 분석할 수 있으므로 분석 결과의 종합적인 정밀도를 향상시킬 수가 있다.

6.5.1 화상해석의 측정원리

화상해석의 이론적 배경은 앞 절에서 논한 평면 상의 점과 선의 측정에 의하여 얻어지는 정보로부터 3차원 공간에 있어서 대상물의 양과 특징을 추정하고자 하는 계량형태학이다. 측정원리는 기본적으로 **점산법**(point counting method)이므로 모니터 화면 상에 규칙적으로 배열하여 있는 **화소**(픽셀, 픽쳐 포인트)를 기본 단위로 하여 모든 계측이 이루어진다. 계량형태학에 의하여 유도되는 가장 기본적인 관계식은 다음과 같다.

$$V_V = A_A = L_L = P_P \tag{6.27}$$

여기서,
P_P : 대상입자 내의 화소수/ 측정전체면의 화소수
L_L : 대상입자의 측정선에 점유되는 선분률
A_A : 대상입자의 측정면에 점유되는 면적률
V_V : 대상입자의 추정체적률

즉 화면 상의 측정대상입자 내의 화소수를 카운트하여, 측정면의 전체 화소수와의 비로 나타내면 그 값은 대상입자의 면적률을 나타냄과 동시에 체적률과도 같다. 그림 6.21에 있어서는 측정면은 종횡 8×12포인트 계 96포인트이고, 한편 선으로 둘러싸인 부분(대상입자) 내의 점의 수는 합계 24포인트가 된다. 따라서 이 부분의 측정면에 대한 면적률 A는 24/96 = 25%이며, 이 값이 3차원입자이면 (6.27)식에 의하여 그 체적률 V도 25%로 추정된다.

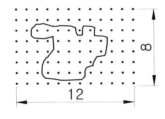

그림 6.21   화소점에 의한 입자의 면적률 측정

화상해석으로 측정가능한 대상입자의 특징을 나타내는 파라메터로 면적, 수, 길이, 각도 등이 있고, 또한 이들을 조합한 여러 종류의 파라메터가 준비되어 있다. 표 6.14에 그 주요한 예를 나타낸다. 어떤 파라메터를 측정하는가는 해석의 목적에 따라 선정할 필요가 있다. 화상해석에서는 각각의 입자와 다수의 시야의 측정결과는 자동적으로 통계처리 가능한 프로그램이 준비되어 있어서, 평균치, 최대치, 최소치, 표준편차, 합계, 히스토그램 등 각각의 파라메터에 대하여 용이하게 구할 수 있다.

그림 6.22는 화상해석 시스템을 이용하여 주조 롤에서의 흑연의 형상계수를 측정한 결과를 나타낸 것이다. 즉 기본 파라메터인 면적 A 및 주위둘레 P를 측정하고, 표 6.14의 식에서 연산처리를 하여 형상계수를 산출하고 있다. 주조롤의 축부의 강도는 형상계수가 평균 40이상이면 흑연형상이 강도에 미치는 영향은 거의 무시가능하며, 인장강도는 흑연입수와 다음의 관계가 있다.

$$\sigma_B = K \cdot N_{G^n} \qquad\qquad (6.28)$$

σ_B : 인장강도(N/mm^2)

N_{G^n} : 단위면적 내의 흑연입수(개/mm^2)

K, n : 정수

표 6.14 화상해석에 이용되는 파라메터의 예

기본파라메터		유도파라메터
길이	수평수직방향 직경 최대직경(최대길이) (L) 폭 (B) 투영길이(수평수직방향)(L_H, L_V) 둘레길이 (P)	구상화율 : $4A/\pi(L)^2$ 형상계수 : $4A/\pi(P)^2$ 축비 : L/B 편기도 :$(P/2) / (L_H^2 + L_V^2)^{0.5}$ 원상당직경 : $(4A/\pi)^{0.5}$
면적	면적(A) 구멍을 포함하는 면적 면적률 A_A	결정입도 중심간 거리 층간거리
수	입자수 (N) 구멍수 돌출부의 수	
각도	L과 X축이 이루는 각도	
좌표	입자 중심의 X, Y좌표	

위의 예에서도 알 수 있는 바와 같이 현장기술자가 화상해석을 이용하는 경우에는 복잡한 파라메터를 구한다든지, 다수의 파라메터를 측정하지 않고, 사전에 충분한 검토가 있으면 비교적 단순한 파라메터라도 품질관리는 충분하다. 그리고 이것은 품질관리의 능률면에서도 매우 중요하다.

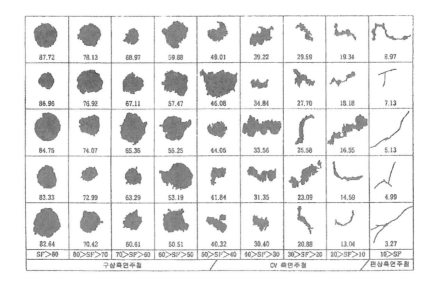

그림 6.22   화상해석 시스템을 이용하여 흑연의 형상계수를 측정한 결과
(SF는 구상화율)

6.5.2 화상해석 시스템

일반적으로 화상해석 시스템은 그림 6.23에서와 같이 **입력부, 화상분석기, 출력부**로 구성되어 있다. 그리고 이외에 시료의 준비를 위한 주변장치(자동연마장치 등)이 필요하다.

(가) 광학 현미경

화상해석 시스템에 사용되는 광학 현미경은 반드시 고가의 최상급 기종을 선택할 필요는 없으나, 조직 분석은 조직의 상(image)으로부터 얻어지기 때문에 상을 일그러지게 하는 요인들은 바로 데이터 자체에 큰 영향을 미치게 된다.

따라서 상분석에 사용되는 현미경은 CCD 카메라로 완벽한 상을 보낼 수 있도록 조직 전체를 아주 균일하게 관찰할 수 있어야 하며 색수차를 제거한 현미경이 좋다. 또한 현미경은 시편의 상을 받는 CCD 카메라를 장착할 수 있는 3안 (trinocular type) 현미경이라야 한다

제조현장에서 대량의 샘플을 처리하기 위해서는 자동스테이지와 자동포커스가 꼭 필요하다. 따라서 꽤 무거운 이들 장치를 부착시킬 수 있도록 견고하여야한다.

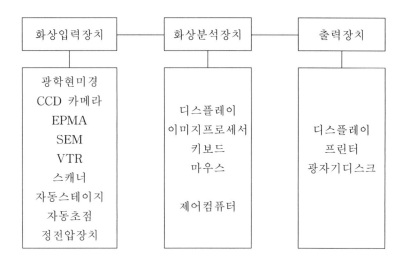

그림 6.23 화상해석 시스템의 기본구성

(나) CCD 카메라

고체소자의 CCD 카메라는 다이내믹 레인지, S/N비, 열화가 없고, 값이 싼 이점이 있어서 급속히 보급되어 왔다. 카메라의 선정은 화상분석기와의 접속이 문제가 되므로 장치메이커와 잘 협의하여야한다. 특히 주사방식, S/N비, 온도의존성(시스템의 작동시간에 영향), 잔상성(고속연속측정의 경우) 등에 대하여 확인하여 둔다.

화상해석 시스템에 사용하는 CCD 카메라는 일반 방송용 또는 폐쇄회로 TV용으로 사용되는 것보다 월등한 성능을 가져야 하며, 높은 해상도, 우수한 직선성 (linearity), 뛰어난 재현성을 보장하기 위하여 특별히 고안된 것이다.

(다) EPMA 등의 입력장치

화상분석기에 따라서는 입력 임피던스 내장형과 내장되지 않은 형이 있으므로 기존의 장치와 접속하는 경우에는 특히 접속의 가부를 장치메이커에 확인하여 두어야한다.

(라) 화상분석기

화상분석기는 다양한 가격의 다양한 기종이 있으므로 사용목적에 따라서 기종을 선정하여야한다. 특히 조작성과 신뢰성을 중시하여 기종을 선정한다.

(마) 출력장치

일반적으로 시판되고 있는 각종 출력장치를 필요에 따라서 조합하여 사용한다.

6.5.3 상변환 및 분석의 원리

스캐너는 광학현미경으로부터 시편의 광학적인 상을 받아 전기적인 신호로 전환해주는 기능을 가진다. 스캐너는 자체의 전자적 특성에 의한 상의 간섭을 최소화하여야 한다. 관찰 부분을 전자적으로 주사(scanning)하여 조직의 명암과 비례하는 진폭(amplitude)의 크기에 따라 전기 신호를 발생하도록 되어 있어 관측 부위의 조직이 밝으면 밝을수록 CCD 카메라로 보내지는 신호의 진폭은 더욱 더 커진다. 이것이 측정부위의 상을 구분하는 화상해석 시스템의 기본 원리이다. 이 구분은 스캐너에 의하여 발생되는 전기 신호의 진폭에 기초를 두고 있는데 상호 진폭의 범위는 **비디오 레벨**(video level)의 범위에서 세분되어지며 어두운(dark black) 경우는 비디오 레벨을 '0'으로, 밝은(bright white) 경우는 비디오 레벨 '1000'의 값으로 정하고 있다.

그림 6.24의 예를 보면 금속 조직을 주사하는 스캐너의 주사선(scan line)을 보면 시편의 밝은 부위에서는 비디오 레벨이 높고, 검은 부분에서는 낮아진다. 회색부위에서는 비디오 레벨이 중간치를 나타낸다. 즉 비디오 레벨은 조직의 명암에 따라 변화한다. 조직을 주사하면서 스캐너로부터 발생한 신호는 분석 장치 쪽으로 보내어진다.

화상해석 시스템의 분석 과정에서는 측정자가 임의로 조정할 수 있는 **스레숄드**(threshold)라고 하는 또 하나의 비디오 레벨이 있다. 측정 대상 조직은 측정자가 임의로 결정한 스레숄드 비디오 레벨에 따라서 상의 분리가 가능해진다. 즉 그림 6.24의 예에서 검은 입자를 측정하고자 하는 경우에는 그림에서와 같이 회색입자의 비디오 레벨치 밑으로 설정하면 검은 입자만의 측정이 가능하다.

 그러나 회색입자만을 측정하기는 불가능하다. 금속의 조직은 2상 또는 3개 이상의 상으로 되는 경우가 많아서, 이 시편들의 조직은 단순히 흑백으로만 구분되어지지 않는다. 이러한 조직분석을 위해서는 상, 하 2개의 스레숄드치가 필요하게 된다. 그림 6.25를 보면 b)의 경우는 첫 번째 입자와 세 번째 입자의 검출이 가능하고, c)의 경우에는 두 번째 입자와 네 번째 입자의 검출이 가능하며, d)의 경우에는 입자와 입자 사이의 기지의 검출이 가능하다.

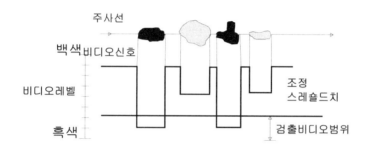

그림 6.24 비디오레벨

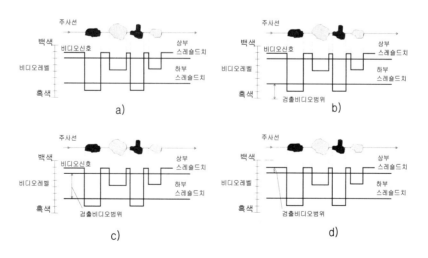

그림 6.25 두 개의 스레숄드치에 의한 상의 분석

이러한 원리에 의하여 3상 이상의 다상(multiphase)을 가진 금속 시편에서의 각 상의 측정과 분석이 가능하다.

6.5.4 화상해석의 순서

화상해석의 순서는 현미경을 이용하여 금속 등의 조직을 관찰하는 경우를 생각하면 이해하기 쉽다. 관찰자는 다음의 순서로 현미경 관찰의 프로세스를 진행한다. ① 시각에 의하여 화상을 인식한다. ② 다음에 인식한 화상 중에서 대상으로 하는 입자를 그 형태, 색, 휘도 등의 정보에 의해서 식별한다. ③ 필요하면 입자의 수, 크기 등을 계측한다.

화상해석에서는 인간의 눈 대신에 ① CCD 카메라와 이미지스캐너 등으로 화상을 입력하고, ② 화상처리 프로그램으로 여러 종류의 화상처리(화상의 정화 또는 강조)를 실행하여 대상으로 하는 입자를 추출하고, ③ 입자에 대한 각종 파라메터를 계측하여 최후에 그 결과를 프린터에 출력한다.

주철의 화상해석을 예로 들어, 시료채취에서 측정결과의 표시까지의 화상해석의 순서와 관련장치 및 유의사항을 표 6.15에 나타낸다.

화상해석의 이용자에게 있어서 가장 중요한 것은 정확한 계측을 하는 것이다. 그러기 위한 첫 단계가 샘플링과 시료의 작성이다. 주철의 경우를 예로 들면, 흑연이 탈락하게 되면 정확한 계측이 어려워진다. 이것은 흑연이 탈락한 구멍의 에지부위가 연마에 의하여 변형되어, **2치화**할 때 스레숄드(threshold)의 설정에 흩어짐이 생기기 쉽게 되기 때문이다. 항상 안정된 연마면을 얻기 위해서는 자동연마장치를 이용하는 것이 좋다. 다음으로 부식에 의하여 조직을 나타내게 하는 경우는 가능한 한, 조직의 명암을 확실하게 나타나도록 하는 부식액과 부식조건을 선정하지 않으면 안된다.

주철 롤의 ledeburite를 정량하는 경우에는 통상 조직관찰에 이용되고 있는 피크랄용액으로는 불충분하므로 나이탈(nital)로 부식시키는 것이 좋다. 또한 불스아이(bull's eye)조직을 갖는 구상흑연주철 중의 ferrite와 공정탄화물을 별도로 정량하는 경우와 같이 부식만으로 조직의 식별이 곤란한 경우에는 화면 상에서 대상으로 하는 조직을 정하지 않으면 안되는 경우도 생긴다.

이렇게 하여 만든 시료를 현미경, CCD 카메라를 통하여 화상분석기에 입력한다. 이때 입력 화상은 선명한 윤곽이 나타날 것, 화면 전체의 휘도레벨의 얼룩이 적을 것 등이 요구된다. 휘도 레벨의 얼룩은 **쉐이딩**(shading)이라 하는데, 현미경 및 CCD 카메라의 특성, 광원의 양부, 렌즈의 수차 등 다양한 원인에 의하여 발생하는 것이므로 완전히 피하기는 어렵다. 그러므로 화상분석기는 반드시 몇 종류의 쉐이딩 보정기능을 갖추고 있다.

표 6.15 화상해석의 수순

수순	장치	유의사항
샘플링	시료절취장치	전체를 대표하는 시료로 할 것 방향성, 위치, 크기 등에 주의
연마	시료마운팅장치 자동연마장치	연마면에 흠을 남기지 말 것 연마면을 평활하게 할 것 흑연이 탈락하지 않도록 할 것
부식		부식액은 목적에 맞게 고른다 특히 조직의 콘트라스트를 강조할 것 예. ledeburite를 측정할 경우는 　　　nital로 처리 　　　흑연은 부식하지 않고 측정
화상입력	광학현미경 자동스테이지 자동초점 TV 카메라 정전압장치	검경면의 경사 적정배율의 선정 광원의 얼룩 등의 쉐이딩처리
농담화상처리		측정대상입자의 선별을 용이하게 한다 파라메터의 측정을 용이하게 한다
2치화		쉐이딩의 보정 적정 스레숄드의 설정
2치화상처리	화상분석기	대상입자의 선별 상의 정화(불필요입자의 제거)
계측		적정시야수의 설정 적정파라메터의 선정
결과의 표시		날짜, 샘플번호, 측정조건 등의 기록

윤곽선이 불명확한 경우는 2치화의 스레숄드를 어느 값으로 설정하여야 하는 지 곤란하게 되어 스레숄드의 설정치에 따라서 측정치에 차이가 생긴다. 특히 입 자수가 적은 경우에는 이러한 영향을 최소화하기 위하여 측정가능한 화면 전체

를 이용하지 않고, 비교적 조건이 좋은 화면중앙부에 측정범위를 한정시키는 것
도 한 방법이다.

　　다음으로 단순히 2치화하는 것만으로는 대상입자의 식별이 불가능한 경우와
화상이 불완전하여 측정에 지장이 있는 경우를 살펴본다. 이러한 경우는 화상에
대하여 여러 종류의 가공을 하는데, 예를 들면 농도변환(반전 등), 공간휠터에 의
한 처리(미분, 평활화, 라플라시안 등), 논리연산(and, or 등)이 있다. 이외에도 팽
창, 수축, 세선화, 구멍메꿈, 특정입자의 제거 등 매우 많은 처리방법이 준비되어
있다. 경우에 따라서는 위의 방법들을 조합하여 이용한다. 화상의 상태와 계측하
는 파라메터에 의하여 위의 방법을 조합하여 이용하나, 결정입도의 측정과 같은
경우에는 장치 메이커에서 별도의 전용프로그램을 공급하는 경우도 있다. 실제의
처리효과 및 이용법의 일례는 그림 6.26, 6.27과 같다. 그림 6.26은 원화상을 2치
화, 반전, 정화처리한 경우이다.

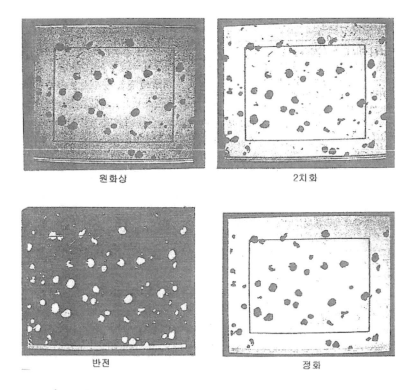

원화상　　　　　　　　　　　2치화

반전　　　　　　　　　　　정화

그림 6.26　　원화상을 2치화, 반전, 정화처리한 경우

　　제조현장에서 화상해석을 품질관리에 이용하는 경우에는, 그 처리속도가 매우
중요하다. 신뢰성이 높은 데이터를 얻기 위해서는 다수의 화면을 계측하여 통계
처리를 하지 않으면 안되나, 전처리가 복잡하면 예상외로 시간이 많이 소요된다.

데이터의 이상을 검지하고 라인에 휘드백하였을 때 이미 때가 늦게 될 수도 있다. 이런 경우 자동 스테이지, 자동초점기능을 활용하면 쉐이딩 보정만하고 측정하여도 좋은 결과를 얻을 수 있는데, Ni 합금 롤 중의 흑연 및 ledeburite의 면적률을 측정하는 경우, 1항목 100시야를 측정하는데 소요되는 시간은 약 20분 정도이다. 제품 1개 당의 측정 면적이 약 $16mm^2$로, 합계의 측정시간은 약 160분 소요된다. 일반적인 핫 스트립 밀(hot strip mill)의 마무리압연 스탠드 워크롤(stand work roll)의 표면적은 $4\sim6\times10^6$ mm 정도이므로 약 30만분의 1의 면적만 측정함으로써 품질을 판정하게 되는 셈이나, 화상해석적인 품질의 검사로서는 충분히 효과를 발휘하고 있다.

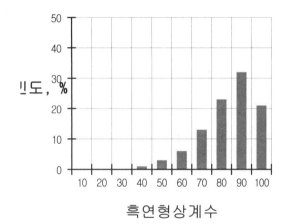

흑연의 형상계수 분포 측정결과
평균치   = 79.2 μm
표준편차 = 12.3 μm
측정흑연입자수= 886

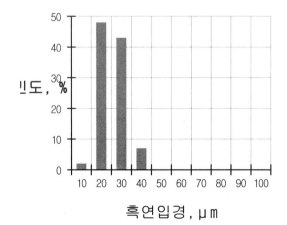

흑연의 원상당 직경의 측정결과
평균치   = 19.7μm
표준편차 = 6.2μm
측정흑연입자수= 893

그림 6.27 흑연의 형상계수 분포와 흑연의 원상당 직경의 측정결과

6.5.5 적용분야 및 주의사항

화상해석 시스템을 이용하여 조직을 정량화하는 기법은 주철에서의 흑연의 형상, 분포 이외에 금속의 결정입도, 다상재료에서의 특정 상의 면적률, 분말야금재료의 기공율, 복합재료에서의 제2상 입자분포도, 코팅층의 두께 등을 측정하는데에 다양하게 이용이 되고 있다.

예를 들면 철강재료의 기지조직(matrix)은 ferrite, pearlite, bainite, martensite, 잔류austenite 등 복잡하게 구성되어 있으므로 명료한 콘트라스트를 얻기 어려워서 종래에는 화상해석이 곤란하였으나, 고정도 카메라기술, 칼라해석기술 및 특징추출을 위한 알고리즘이 개발되면서 분석이 가능하게 되었다.

화상해석 시의 주의 사항은 다음과 같다. 화상해석에서는 측정하는 시료에 대해서는 그 표면(2차원)의 관찰로부터 3차원의 량을 추정할 때의 통계적 오차와 입력부의 광학계에 기인하는 오차, 측정 시의 조건설정에 의한 오차 등 여러종류의 **오차요인**이 항상 따라 다니는 것을 잊어서는 안된다. 이들의 오차요인에 대하여 정리하면 표 6.16과 같다.

표 6.16 화상해석에 있어서 오차요인

구분		오차요인
측정기술	시료의 조제	샘플링
		연마
		부식조건
	측정조건	배율과 시야수
		스레숄드
		콘트라스트
		상의 정화
측정기기	광학계	렌즈의 수차
		렌즈의 배율오차
		해상도
		쉐이딩
		CCD 카메라의 특성
		광원의 안정성
	화상분석기	화소수
		알고리즘

표 6.16의 내용에 관하여 살펴보면, 시료의 준비에 대해서는 이미 논한 바 있

으나, 측정조건 중에서 상의 정화라는 것은 측정 시의 대상으로 되는 입자 이외의 상을 제거하는 것을 말한다. 이 때 어느 크기 이하의 입자를 제거하려는 처리를 하면 제거된 입자 중에 측정대상의 입자가 포함되어 버리는 경우가 있어서 정화수준에 따라서 측정치가 변동하게 된다. 또한 광학계의 요인에 대해서는 광원의 밝기가 불안정한 경우 생기는 자동계측에 있어서의 오차는 검증 불가능하다는 것, 다른 광학계의 오차는 거의 일정하지만 광원에 의한 오차는 변동하기 쉽다는 것이 어려운 문제이다. 광원에 의한 오차는 정전압장치로 방지하는 방법 이외에는 뾰족한 방법이 없다. 또한 장기적으로는 CCD카메라의 열화도 문제가 된다. 이러한 오차를 체크하는 의미에서 표준시료를 준비하여 정기적으로 보정하는 것도 오차를 줄이는 하나의 방법이다.

이용자에게 있어서는 다양한 처리기능이 있어서 처리의 선택의 자유도가 많아지는 것은 한편으로는 바람직하나, 다른 한편으로는 보다 깊은 전문지식과 경험이 요구되는 문제점이 있다. 화상해석에서는 다양한 파라메터가 있는데, 이용자가 자기의 목적에 합치하는 파라메터를 이 중에서 정확하게 골라내는 것은 용이하지 않으므로 많은 데이터가 공개되어 이용자에게 제공되는 것이 바람직하다.

──────────────── 연 구 과 제 ────────────────

1. 계량형태학

2. 조직의 정량화의 필요성

3. 조직의 정량화에 사용되는 각종 기본 용어의 정의

4. 통계처리의 기본 용어와 오차의 유형

5. 조직정량화의 순서

6. 결정립의 측정방법

7. ASTM 입도번호의 정의

8. 구형 입자 분포의 결정방법

9. 그림 6.18의 구상흑연주철 단면사진을 보고, Schwartz-Saltykov의 직경법과 Spektor의 코드법을 이용하여 단위체적 당 흑연의 수 및 평균입경을 구하라.

10. 덴드라이트 암 크기 측정의 필요성

11. 덴드라이트 암 크기의 측정방법

12. DAS와 냉각속도와의 관계

13. 화상해석의 원리 및 그 구체적인 순서

14. 화상해석 시스템의 구성인자

15. 화상해석은 실제로 품질관리에 적용할 경우 구체적으로 이용이 가능한 분야

제 7 장
주사 전자 현미경(SEM)

제 7 장

주사 전자 현미경(SEM)

제 7 장

주사 전자 현미경(SEM)

7.1 개요

SEM은 약 30여 년 전에 처음으로 사용된 이래 현재는 광학 현미경 및 TEM과 함께 재료공학 분야에서 다양하게 적용되고 있다. SEM은 다른 현미경들에 비하여 시료준비의 용이성, 높은 해상도 및 고배율의 미세조직 관찰, 그리고 광범위한 **초점심도**(depth of field)로 입체적인 영상을 얻을 수 있는 특징을 가지고 있다. 따라서 여러 가지 형태의 재료에 대한 표면형상 연구 및 고배율의 재료 fractography를 연구하는데 널리 사용되고 있다. 최근에는 **EDS**(Energy dispersive X-ray spectrometer)나 **WDS**(Wavelength dispersive X-ray spectrometer) 등을 이용하여 재료로부터 발생되는 다양한 전자 신호를 검출, 분석함으로서 재료표면의 미세구조 상과 성분에 대해 정성적 또는 정량적 분석이 가능하다.

이 장에서는 SEM의 기본 구조 및 특징, 시료준비 방법, 운영기술 및 명암기구 등에 대해 설명하였고, 또한 SEM을 활용한 미세조직 분석의 실제 응용 예를 종류별로 나타내었다.

7.2 기본적 구조 및 기능

SEM은 그림 7.1에서 보는 바와 같이 크게 전자를 방출하는 전자기둥(electron column), 전자빔과 시료가 상호 작용하는 시료실(sample chamber), 시료로부터 방출되는 다양한 전자신호를 측정하는 검출기, 그리고 검출된 전자신호를 영상화하는 영상 시스템으로 구성되어있다.

SEM에서 **1차전자**는 전자기둥의 꼭대기에 위치해 있는 가열된 전자총의 끝 부분에서 방출되고 **crossover**라는 작은 구멍을 통하여 전자빔의 형태로 집중된다. 전자총은 전자빔을 수백에서 수만 볼트의 가속전압 에너지에 의하여 시료 쪽 방향으로 가속시키며 전자총의 전극은 충분한 전류와 안정한 전자빔을 최소 크기로 생산하는 것을 목표로 한다. 전극재료로서는 텅스텐이 가장 널리 사용되고 있으며 이외에도 LaB_6(lanthanum hexaboride)와 field emission이 있다.

전자총으로부터 생산된 전자빔은 전자기둥에 있는 **집광렌즈**(condenser lens) 및 **대물렌즈**(objective lens)에 의하여 10~1nm의 작은 직경으로 수렴되어 시료에 도달한다. 고에너지의 전자빔은 시료와 상호작용에 의하여 그림 7.2에서 보는 바와 같이 여러 가지 특징적인 신호들을 시료 표면 또는 바로 밑의 내부로부터 발생시킨다. 높은 에너지의 전자빔과 시료의 상호작용은 1차전자가 에너지의 변화 없이 시료 표면의 원자핵으로부터 방향을 바꾸어 방출되는 **후방산란 전자**와, 에너지의 일부가 시료원자의 전자에 이동되어 발생되는 **2차전자**나 **Auger전자**로 구별된다. 발생된 전자신호들은 특징에 따라 각각 다른 정보를 나타내며 표 7.1에서 요약한 바와 같이 목적에 따라 선별적으로 영상신호에 의한 형상, 구조 관찰이나 성분 분석 등에 널리 이용된다.

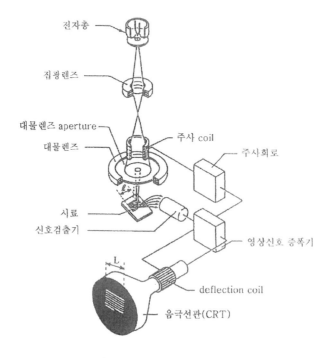

그림 7.1 SEM의 기본 구조

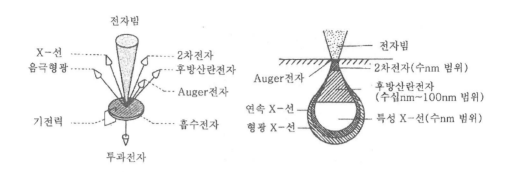

그림 7.2 1차전자에 의하여 발생되는 전자 신호

표 7.1 전자신호에 따른 여러 가지 정보

신 호	작동 mode	목 적
2차전자	SEI	표면의 형상 관찰
후방산란 전자	BEI	표면의 조성 관찰
X-선	X-ray	시료의 성분원소 분석
투과전자	TEI	시료의 내부구조 관찰
음극 luminescence	CL	내부특성 관찰
2차전자 혹은	ECP	결정구조 관찰
후방산란 전자	MDI	자기 도메인 관찰

7.2.1 전자빔의 발생

SEM에서 **전자빔**은 전자총에 의하여 발생된다. 전자총은 크게 **thermoionic emission gun**과 **field emission gun** 2가지로 구분된다. Thermoionic emission gun은 3개의 전극, 즉 필라멘트, Wehnelt, 그리고 양극으로 구성되어 있다. 열전자는 필라멘트로부터 방출되고 필라멘트와 양극사이에 가속전압을 걸어 열전자에 에너지를 주므로서 전자빔이 발생한다. 이 과정 중에 열전자들은 필라멘트와 Wehnelt 사이에 걸린 bias 전압에 의해서 crossover 점에 모여진다. 필라멘트는 머리핀(hairpin)과 같은 모양의 **텅스텐 필라멘트**와 **LaB₆ 음극 필라멘트** 2가지가 있으며 작은 crossover를 갖는 LaB₆ 필라멘트는 높은 밝기(brightness)를 제공한다. Thermoionic 총의 원리는 아래 그림 7.3에 개략적으로 나타내었다. 일반적으로 3가지 형태의 전자총이 사용되며 표 7.2에 종류 및 중요한 특성을 요약하였다.

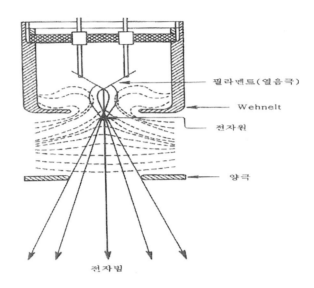

그림 7.3 Thermoionic 총의 원리

표 7.2 주사 전자 현미경 전자총의 종류 및 특징

	Hairpin 필라멘트 (W)	LaB$_6$ 필라멘트 (LBG)	Field emission (찬음극 FEG)
형상			
밝기(A/cm^2 sr) (가속전압 20kV)	5×10^4	$2\sim3 \times 10^4$	$\sim 10^7$
전자원의 크기	$20\mu m$	$10\mu m$	$5\sim10nm$
전류 안정성 (단기간) (장기간)	0.5% 또는 이하 1% 또는 이하/h	1% 또는 이하 2~3% 또는 이하/h	5% (10^{-8} Pa)
사용 수명	50~100 시간	300~500 시간	1년 또는 이상
사용 진공 (Pa) 사용 온도 (K)	10^{-4} 2800	10^{-2} 1800	10^{-8} 상온
주요 특징	안정성 큰 전류	고전류에서 고 해상도	고 해상도

SEM은 목적에 따라 다양하게 사용될 수 있다. **가속전압**(accelerating voltage)은 수백 V로부터 수십 kV까지 조절이 가능하여 시료의 관찰목적에 따라 선택할 수 있으며 **프로브전류** 또한 10^{-6}에서 10^{-12}A까지 다양하게 변할 수 있다. 일반적으로 2차 전자 영상 관찰을 위해서는 10^{-11}에서 10^{-12}A의 전류를 사용하며 WDS를 사용한 원소 성분 분석, 음극 luminescence 관찰, 그리고 EBIC 영상을 목적으로 할 때는 10^{-7}부터 10^{-8}A의 전류를 필요로 한다. **프로브직경**은 그림 7.4에서처럼 프로브전류가 증가함에 따라 증가하고 필라멘트의 종류에 따라 증가의 정도에 차이가 나타난다.

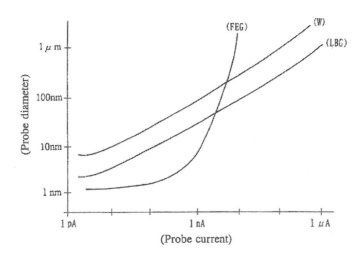

그림 7.4 프로브전류 변화에 따른 프로브직경의 변화

7.2.2 자기렌즈(magnetic lens)

전자기둥 내의 자기렌즈들은 전자총의 crossover로부터 원뿔모양으로 발산된 전자들을 렌즈의 영상면에 한 점으로 수렴시켜 준다. 전자기둥은 시료 표면 위에 crossover의 영상을 최대한 작게 투시하는 것이 목적이므로 영상면이 시료보다는 렌즈에 더 가까이 위치하는 축소 모드에서 작동된다.

자기렌즈는 **구형수차**(spherical aberration)와 **착색수차**(chromatic aberration)를 나타낸다. 원형수차는 광학 축으로부터 더 멀리 떨어진 전자빔이 축에 가까운 전자빔보다 많이 휘었을 때 나타나며 착색수차는 속도가 늦은 전자빔이 속도가 빠른 전자빔보다 강하게 굽었을 때 나타난다. 이러한 수차 때문에, crossover에서의 특정한 위치로부터 발생하는 모든 전자들이 영상면에 똑같은 위치에 완전하게 모이지 못하는 문제점이 생긴다.

렌즈 aperture(lens aperture)

렌즈의 **aperture**는 광학축의 중앙에 위치한 작은 구멍들로서 전자빔을 통과시킨다. 영상면에 위치한 aperture는 영상의 크기를 제한하고, 렌즈면에 위치한 aperture는 영상의 각 점으로부터 통과한 전자의 수로 정의된다. Aperture는 전자빔의 총 전류를 제한하고 또한 렌즈면에서 광학 축으로부터 크게 이탈하는 전자들을 차단함으로서 렌즈 수차의 문제점을 감소시킬 수 있다.

어떠한 전자빔 전류에서도 스팟크기에 대한 렌즈 수차의 문제점을 최소화시키는 최적의 aperture 크기가 있다. 전자기둥에서 전자빔이 한 렌즈로부터 다른 렌즈로 통과할 때 aperture는 광학 축을 벗어나 외각으로 넓게 분산되는 전자들을 차단해주므로 작은 스팟에 대한 전자빔 전류를 감소시킨다.

빔 전류(beam current)

빔 전류와 스팟크기는 둘 중에 하나가 증가하면 다른 하나도 따라서 증가하는 관계를 나타낸다. 큰 aperture와 약한 렌즈는 높은 빔 전류와 큰 스팟크기를 만들고 작은 aperture와 강한 렌즈는 작은 빔 전류와 작은 스팟크기를 만든다. X-선 분석의 경우에는 높은 전류를 필요로 하는 반면에, 높은 해상도의 영상을 위해서는 가능한 한 작은 스팟크기가 필요하다.

스팟크기가 감소될 수 있는 한계는 빔 전류에 의하여 결정된다. 일반적으로 빔 전류와 스팟크기가 감소하면 현미경의 해상도는 증가하지만, 이들이 어떤 임계값 이하로 감소하면 신호의 검출이나 증폭 또는 전류 자체의 파동 등에 의하여 발생되는 잡음이 상대적으로 커져 더 이상 분해가 불가능한 한계점에 도달한다.

7.2.3 해상도(resolution)

해상도는 전자현미경이 시료표면에서 서로 인접해 있는 두 개의 작은 점들을 서로 구별할 수 있는 한계 크기의 정도로 정의되며 주로 Å 또는 μm단위로 표시된다.

스팟크기(spot size)

시료 표면에 조사되는 전자빔에 의하여 형성되는 스팟크기가 해상도의 한계를 결정하므로 SEM에서 스팟크기 보다 작은 크기의 대상물은 관찰이 불가능하다. 일반적으로 점의 크기를 작게 형성하기 위해서는 빔 전류는 낮고, **작업거리**(working distance)가 짧으며, 그리고 가속전압은 높게 하여야 한다. 이외에도 신호의 종류나 시료의 조성 등도 해상도에 영향을 미친다.

상호작용 영역(interaction volumn)

입사 전자빔은 시료의 표면뿐만 아니라 어느 정도의 깊이까지 내부로 침투하는데, 이 때 신호가 발생되는 지역을 **상호작용 영역**이라고 부른다. 신호발생 영역의 깊이와 모양은 전자현미경의 가속전압과 시료의 평균밀도에 의하여 변화된다(그림 7.5). 가속전압, 즉 1차전자의 에너지가 증가하면 표면으로부터 반사되는 전자는 감소하고 많은 전자들이 내부로 더 깊이 침투하여 상호작용 영역은 모양의 변화 없이 크기만 증가한다.

원자번호가 작은 시료, 즉 원자밀도가 낮은 시료의 경우에는 입사 전자가 원소의 전자와 비탄성 충돌할 기회가 감소하므로 에너지를 잃지 않고 내부로 더 깊이 침투한다. 반면에, 밀도가 높은 시료는 전자들의 시료표면 및 내부에서의 침투거리를 감소시키므로 결과되는 상호반응이 발생하는 영역은 깊이가 감소하고 보다 넓은 반 구상이 된다. 그림 7.5에서 보는 바와 같이 20kV의 가속전압에서 탄소의 경우에는 침투깊이가 약 10μm인 반면에 원자번호가 훨씬 큰 우라늄에서의 침투깊이는 약 0.5μm가 정도가 된다. 위에 설명한 1차전자의 상호작용 영역은 전자빔의 스팟크기 보다 상당히 넓으므로 현미경의 해상도에 있어서 실질적인 한계가 된다.

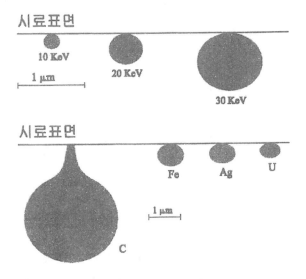

그림 7.5 가속전압 및 원자번호에 따른 상호작용 영역의 크기와 모양

가속전압(accelerating voltage)

가속전압은 전자빔에 의하여 운반되는 에너지의 양을 결정하는데, 여러 가지 방법으로 반응체적의 크기와 형상에 영향을 미친다. 높은 에너지 상태의 전자는 시료에 보다 깊이 침투하여 깊은 내부로부터 방출될 수 있는 높은 에너지 신호를 생산한다. 입사 전자 에너지는 또한 어떤 형태의 상호반응이 발생될 수 있는가를 결정하는 요소가 된다. 높은 에너지의 가속전압은 상호반응 체적을 증가시킴으로서 영상 해상도를 감소시키는 경향이 있다. 반면에 높은 가속전압은 렌즈의 수차를 감소시키고, 결과적으로 스팟크기를 작게 함으로서 해상도를 향상시킬 수도 있다. 이렇게 해상도에 상반되는 효과 중에 어떤 것이 지배적으로 영향을 미치는가는 시료의 종류, 사용 조건, 그리고 신호의 형태에 따라 결정된다.

7.3 신호의 종류 및 특성

7.3.1 2차전자(secondary electron)

전자빔이 시료의 표면에 조사되면 전자들은 표면으로부터 약 $1\mu m$ 깊이까지 침투한다. 전자빔의 전류가 증가하면 **침투깊이**(penetration depth)도 깊어진다. 입사 전자는 시료 표면의 원자와 충돌하여 그들을 전자궤도로부터 이탈시키는데 이때 생산되는 2차전자는 에너지가 상당히 작아 오직 표면 근처에 위치한 원자들만이 2차전자로 이탈하여 영상 신호를 생성한다.

낮은 에너지의 2차전자가 표면으로부터 방출될 수 있는 확률은 전자가 발생되는 깊이에 지수 함수적으로 감소한다. 1차 전자빔에 의하여 발생된 2차전자의 총 발생률 중 반 이상은 약 0.5nm의 깊이 이내에서 방출된다. 대부분의 금속에서 2차전자를 이용한 시료 표면에 대한 정보는 표면으로부터의 깊이 $1\mu m$ 이내의 부위에 해당된다. 따라서 2차전자는 표면의 형상을 관찰하는데 가장 알맞은 신호로 사용되고 있다.

그림 7.6은 시료가 전자빔에 의하여 조사될 때 발생되는 **반사 전자** 에너지 분포를 나타낸다. 좌표에서 Y축은 발생되는 전자 수를 표시하고 X축은 입사 전자 에너지에 대한 반사 전자 에너지의 비를 나타낸다. A 지역은 0에서 수십 eV에 이르는 저에너지 지역으로서 해당되는 전자는 2차전자이고, 고에너지 상태인 B 지역의 전자들은 후방산란 전자이다. 일반적으로, 에너지가 50eV 이하인 전자는 2차전자, 그 이상인 전자는 후방산란 전자로 간주한다. 2차전자의 에너지 스펙트럼은 입사 전자의 에너지 및 재료와 무관하다. 2차전자 중에 약 75% 이상은 에너지가 15eV보다 작고, 에너지가 약 50eV 이상이 되면 2차전자의 주파수는 0에 접근한다.

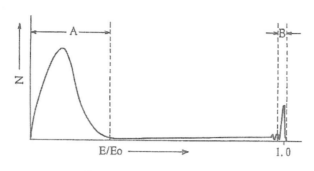

그림 7.6 반사전자의 에너지 분포

시료로부터 발생되는 2차전자의 수는 시료 표면에 대한 전자빔의 입사각에 크게 영향을 받으므로 시료 표면의 형상에 의하여 좌우된다. 그림 7.7(a)에서 나타낸 바와 같이 2차전자의 발생량은 입사 전자빔과 시료 표면이 이루는 각이 감소하면 증가한다. 만약 2차전자의 양을 I_s, 비례상수를 K, 그리고 1차전자빔과 시료 표면의 수직방향과의 경사를 θ라고 가정하면, $I_s = K \cdot 1/\cos\theta$가 된다(그림 7.8).

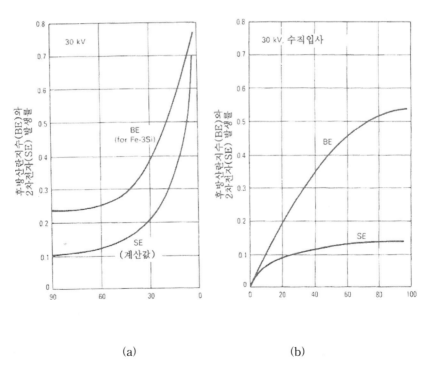

(a)   (b)

그림 7.7 (a) 재료의 원자번호, (b) 시료 표면의 경사각에 따른 후방산란 지수와 2차전자의 발생량

2차전자 모드에 의하여 생산되는 영상은 작은 부피로부터 발생하여 측면 및 깊이 분해능이 높다. 신호-잡음비와 함께 2차전자 영상의 해상도는 착색수차, 전자광학렌즈의 변형, 주사 시스템의 정밀성, 검출기의 검출효율 등을 통제하는 입사 전자 에너지 분포의 정도에 따라 변화된다. 또한 불안정한 장치나 전원, 진동, 진공시스템 등에 의한 외적 요인들도 영상의 질을 저하시킨다.

SEM에서 영상의 질은 입사 전자의 가속전압과 강도, 최종 렌즈 aperture의 크기와 시료 표면으로부터의 작업거리, 그리고 시료의 기울기 등은 사용자에 의하여 최적화 될 수 있다. 저배율로 표면을 관찰하기 위해서는 초점심도가 커야하므로 작은 렌즈 aperture와 큰 작업거리를 선택한다. 반면에 고배율 관찰의 경우에는 스팟크기를 최소화하기 위해 짧은 작업거리와 높은 렌즈전류가 사용되어야만 한다. 작은 스팟크기는 시료 표면으로부터 방출되는 전자의 양을 감소시키므로 결과적으로 신호-잡음비를 감소시킨다. 이 비는 2차전자의 통계적 잡음에 의하여 결정된다.

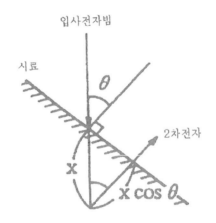

그림 7.8 입사 전자와 시료 기울기와의 관계

7.3.2 후방산란 전자(backscattered electrons)

후방산란 전자는 2차전자에 비하여 에너지가 상당히 크므로 시료 표면으로부터 보다 깊은 층에 대한 정보를 제공할 수 있는 특징을 가지고 있다. 그러나, 신호가 시료의 깊은 곳으로부터 발생하므로 여러 개의 고상 검출기를 사용하여야만 시료 표면의 지형에 관한 정보를 얻을 수 있다. 따라서 후방산란 전자에 의한 영상 해상도는 2차전자의 경우보다 떨어진다. 그러나, 생성되는 후방산란 전자의 양은 구성물의 평균 원자번호에 따라 좌우되므로 시료의 화학성분 차이를 반영할 수 있는 귀중한 정보를 제공한다. 특히 연마된 시료의 경우에는 시료의 표면이 평평하므로 영상을 형성하는 **지형적 명암**(topographic contrast)은 아주 약하나, **원자번호 명암**

(atomic number contrast)이 상대적으로 강하여 유용한 영상을 제공한다.

후방산란 전자의 에너지 분포 및 전자의 반사율은 1차전자 에너지, 최외각 전자 수, 재료의 평균 원자번호, 그리고 입사 전자빔에 대한 시료 표면의 기울기 등에 따라 변화된다. 그림 7.7(b)에서 보는 바와 같이 입사 전자빔에 의하여 조사되는 재료의 원자번호가 감소하면 후방으로 반사되는 전자들의 수는 감소하고 보다 많은 에너지가 손실된다. 원자번호가 큰 재료에서는 많은 전자들이 거의 에너지의 손실없이 표면 근처의 원자에 의하여서 후방으로 반사된다. 그러므로 전자반사율, 에너지 스펙트럼, 반사 전자의 방출 깊이 등은 원자번호와 직접적으로 관련되어 있다.

조직:7-1은 경사 진 시료의 관찰에서 저에너지의 가진 2차전자와 고에너지의 후방 산란 전자로 얻어지는 영상들을 비교하였다. 2차전자 영상은 모든 방향에서 방출되는 2차전자에 의하여 형성되고, 후방산란 전자에 의한 영상은 검출기 방향으로 방출된 전자들만에 의하여 형성되므로 일방향으로 조명된 영상을 얻게 된다. 따라서 조직:7-2에서 보는 바와 같이 시료 표면의 형상은 2차전자의 영상에 의하여 관찰하고 입자와 입계에서의 조성 차이는 후방산란 전자에 의하여 명확하게 구분된다.

(a)   (b)

조직:7-1 표면에 경사가 있는 시료의 (a) 2차전자, (b) 후방산란 전자 영상. 후방산란 전자 영상의 경우에는 기울기 그림자가 나타나지 않는 특징을 나타낸다.

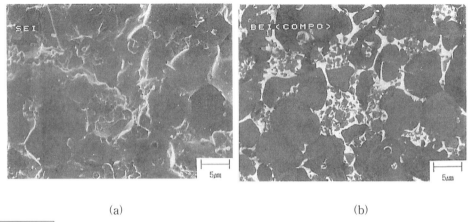

(a)   (b)

조직:7-2   (a) 2차전자에 의한 지형적 영상, (b) 후방산란 전자에 의한 원자번호 영상

7.3.3 X-선(X-ray)

시료가 높은 에너지의 전자빔에 의하여 조사될 때 발생되는 X-선은 연속적인 스펙트럼 형태로서 전자가 시료를 통과하면서 발생되는 **continuum 방사**(continuum radiation), 개별적인 선스펙트럼을 갖는 **특성 방사**(characteristic radiation) 2가지 형태의 스펙트라를 형성한다.

특성 X-선(characteristic X-rays)

시료가 고에너지의 전자빔에 의하여 조사되면 발생되는 전자들과 함께 시료 원자 내부의 전자와 비탄성 충돌을 하게 된다. 이때 시료원자의 전자는 에너지를 흡수하여 궤도를 이탈하고 그 결과로 빈 자리에 공공이 형성된다. 이렇게 형성된 공공들은 상위 궤도 전자들에 의하여 채워지고 전자들의 잉여 에너지는 전자기 파장의 형태로 방출된다. 개별적인 궤도 전자의 에너지는 원소의 형태에 의하여 결정되고 전자이동에 따라 발생되는 X-선은 각 원소별로 구별되므로 **특성 X-선**이라고 한다.

Continuum X-선 (배경)

Continuum X-선은 시료 표면에 입사되는 1차전자 또는 후방산란 전자 등이 시료 내부를 통과할 때 원자핵 주변에 형성된 전기장과의 상호작용에 의하여 발생된다. 입사 전자는 원자핵 주변의 전기장을 탄성산란으로 통과하며 일부의 운동에너지가 X-선

photon을 방출하게 되고 그 에너지는 입사 전자의 충돌 각에 따라 변화된다. 입사 전자와 원자핵간의 충돌에 의하여 발생되는 에너지 손실은 대부분 1keV 이하이며 시료에서 방출되는 에너지의 분포는 0에서부터 입사 전자의 에너지에 이르기까지 연속적이다. 이렇게 연속적인 에너지 분포를 갖는 것을 continuum X-선이라 하고 성분 분석에서 스펙트럼의 배경으로서 나타난다.

특성 X-선의 분석

특성 X-선을 분석하는 방법에는 **WDS**와 **EDS** 두 가지가 있다. WDS는 약 1960년경에 프랑스의 Castaing 등에 의하여 발견된 이후로 전자프로브 미세분석기에 맞는 형태로 사용되고 있다. 반면에, Russ 등에 의하여 발견된 EDS는 사용이 용이하고 단시간 내에 전반적인 정성분석이 가능하기 때문에 보다 널리 사용되고 있다. 표 7.3에 나타난 바와 같이 두 방법은 각각 다른 특징을 나타내므로 사용목적에 따라 선별적으로 사용하는 것이 필요하다.

일반적으로 대부분의 높은 원자번호 원소들은 각각의 특징적인 선스펙트럼에 의하여 쉽게 분리될 수 있으나 작은 원자번호의 원소들이 소량 존재할 때는 배경 신호나 중첩 때문에 분석이 어렵다. 특히 원자번호가 11(Na) 이하인 원소들의 경우에는 검출기 앞에 있는 Be 원소 혹은 플라스틱 창에 의한 간섭 때문에 분석이 되지 않는다. 원자번호가 작은 원소는 창이 없는 검출기를 사용함으로서 EDS에 의한 분석이 가능하다.

표 7.3 WDS와 EDS의 특징 비교

비교 항목	WDS	EDS
측정 가능한 원소 범위	4Be ~ 92U	5B ~ 92U
측정 방법	결정 분석	Si(Li) 반도체 검출기
해상도	$\lambda \fallingdotseq 0.7\times10^{-3}nm$ (E ≒ 20eV)	$\lambda \fallingdotseq 6\times10^{-3}nm$ (E ≒ 150eV)
측정 속도	△	○
다 원소 동시 측정	△	○
시료 손상, 오염	△	○
검출 한계	50 ~ 100 PPM	1,500 ~ 2,000 PPM
단위 전류비 당 X-선 검출률	낮음	높음

X-선 영상분석 방법은 우선 2차전자나 후방산란 전자를 이용하여 시료 표면의 형상을 관찰하고 분석하고자 하는 부위에 커서 선들을 교차시켜 표시한다. 다음으로 교

차점 위에 전자빔을 위치시키고 정성분석을 실시하게 되면 EDS 분석에 의하여 특징적인 에너지 스펙트라가 얻어지고 또한 특성 X-선을 선택하여 특정한 원소의 분포를 관찰할 수 있다.

7.4 시료준비

SEM은 다양한 목적으로 응용이 가능하기 때문에 여러 가지 종류의 시료를 관찰하게 된다. 따라서 시료의 종류나 연구의 목적 등에 따라 다양한 시료준비 방법이 개발되어 있다. 일반적으로 재료분야에서 취급하는 금속 등의 전도체 고체재료의 경우에는 시료를 적당한 크기로 절단하여 현미경 내의 시료 지지대에 고정시킨다. 그러나 좋은 영상을 만들기 위해서는 시료의 준비에 있어서 다음 몇 가지 중요한 사항을 반드시 고려하여야만 한다.

7.4.1 깨끗한 시료 표면

모든 주사 전자 현미경 관찰에서 최종적인 목적은 시료의 표면을 원래 존재하는 상태로 관찰하는 것이다. 만약 시료의 표면이 오염되었거나 혹은 다른 이물질로 코팅되어 있다면 오염물질을 제거하여야 한다. 많은 경우에 시료 표면 위의 부적절한 물질들을 제거하기 위해서는 이온부식 혹은 화학부식 방법을 사용한다.

SEM을 이용한 원소분석은 불규칙한 표면을 갖는 시료도 가능하지만 보다 정확한 분석을 위해서는 표면이 평평하여야 한다. 다양한 재료를 관찰하기 위한 시료준비 방법은 다음과 같다.

파단(fracturing)은 취성이 강한 시료들의 내부구조를 관찰하는데 가장 널리 사용되고 있는 방법이며, 반도체 웨이퍼 위에 코팅된 코팅층 두께를 측정하기 위해서도 활용된다. 금속이나 광물재료의 내부구조를 관찰하기 위해서는 시료의 **embedding**과 **연마** 방법을 많이 사용한다. 시료는 관찰하고자 하는 부위를 표면으로 노출시킨 상태에서 레진을 일정한 틀 내로 충전하여 굳힌 다음 연마지나 버프기(buffering machine)를 사용하여 연마한다.

미세한 분말 시료를 이용하여 분말크기나 분포 등에 대한 정량분석을 할 경우에는 분말의 응집을 방지하고 균일하게 분말을 분산시켜야 한다. 분말시료는 주로 은 접착제나 테입 등을 이용하여 시료 지지대에 고정시킨다. 만약 물이나 가스를 함유하고 있는 시료가 진공 상태로 유지된다면 시료는 수축하거나 변형된다. 그러므로, 생물체 등은 우선 시료를 **고착**(fixation), 탈수, 그리고 건조를 한 다음 관찰한다.

7.4.2 정전기적 charging 방지

시료가 전자빔으로 조사되면 일부 전자들은 2차전자나 후방산란 전자로서 시료로부터 방출되고 나머지 전자들은 시료에 흡수된다. 그러나, 만약 시료가 전기적 전도성이 없다면 흡수된 전자들은 시료 표면에 **charging**된다. 표면에 축적된 전자들은 입사 전자를 편향시켜 영상을 왜곡시키고 또한 2차전자의 방출을 감소시켜 착오의 원인이 된다. 정전기적 charging을 방지하기 위해서는 프로브 전류와 가속전압을 감소시켜 관찰하고, 비전도체 시료를 금속 코팅하거나 낮은 가속전압에서 관찰하는 방법 등이 사용되고 있다.

금속 코팅

SEM 관찰에서 시료가 전도체일 경우에는 금속코팅 없이 시료를 관찰하는 것이 최상의 방법이다. 그러나, 비전도체의 경우에는 시료 표면을 금속 코팅하여 정전기적 charging을 감소시키고 2차전자의 발생을 증가시킨다. 코팅층은 전기전도의 통로로서 작용할 수 있는 최소 두께보다는 두꺼워야 하나 아주 미세한 조직의 관찰을 위해서 금속 코팅층은 가능하면 얇아야 한다. 조직:7-3은 금속 코팅층의 두께가 다른 비전도체의 유리단면을 비교하였다. 코팅층이 두꺼운 (b)의 경우에는 단면의 미세한 조직구조들이 금속 코팅층에 덮여 구분이 어렵다.

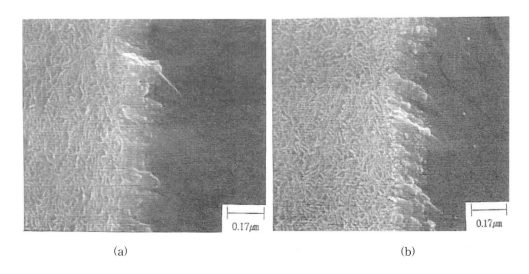

(a)   (b)

조직:7-3 (a) 적당한 금속 코팅, (b) 두꺼운 금속 코팅 된 유리판의 단면 사진

최소 코팅층 두께는 표면의 거칠기에 따라 다르지만 일반적으로 평평한 표면의 경우에 0.5㎚로부터 약간의 표면굴곡이 존재하는 시료의 경우 10㎚, 표면이 거친 경우에는 약 100㎚까지 이른다. 코팅층의 두께는 동일한 조건에 노출되어 있는 기준칩의 무게 변화를 측정하거나 압전 결정체 모니터를 사용하여 제어한다.

비전도체의 코팅재료는 C, Au, Pt, Pd, Ag, Cu, 또는 Al등 여러 가지가 있다. 이중에서 금 코팅이 가장 널리 사용되고 있으며 약 10㎚ 두께가 최대의 2차전자를 방출시키는 것으로 알려져 있다. 탄소는 기공이 많고 거친 표면의 기본코팅으로서 적용되고 있으며 특히 EDS를 이용하여 X-선을 정량 분석할 때 많이 사용된다. 비전도체 시료 표면에 대한 금속코팅에는 코팅의 형상이나 목적에 따라 다음과 같이 여러 가지 방법이 사용되고 있으며 그림 7.9에 각 장치에 대한 간단한 개략도를 나타내었다.

① 이온 스퍼터링(저진공~수Pa)

시료를 코팅하기 위해 사용되는 코팅금속재료는 음극판에 위치시킨다. Glow 방전에 의하여 발생된 이온들은 판에 충돌하여 금속원자들을 방출시킨다. 이렇게 방출된 원자는 양극판 위에 위치한 시료 표면에 부착된다. 코팅층의 두께는 이온전류와 스퍼터링 시간에 비례한다.

② 마그네트론 스퍼터링(저진공~수Pa)

이 장치에서는 음극과 양극이 동축으로(coaxially) 배열되어 있으며 동축의 실린더 자석은 음극 뒤에 위치한다. 이러한 구조로 인하여 전자나 이온 충돌 때문에 발생되는 시료의 손상은 감소된다.

③ 진공증발(고진공~약 10^{-3}Pa)

시료를 코팅하기 위해 사용되는 금속조각들은 텅스텐 철사나 텅스텐 바구니에 넣고 텅스텐이 전기적 전류에 의하여 가열되면 시료 표면에 증착 하게 된다. 일반적으로 시료의 표면에 균일한 두께의 필름을 코팅하기 위해 코팅금속재료를 증착 하는 동안에 시료를 좌우로 기울이거나 회전시킨다.

④ 이온빔 스퍼터링(고진공~10^{-3}Pa)

코팅금속재료는 불활성가스 이온빔에 의하여 스퍼터링 되어 시료 표면에 코팅된다. 이 장치는 아주 얇은 코팅층을 얻을 수 있고 또한 이온이 시료 표면에 충돌하지 않아 시료손상이 작은 장점을 가지고 있다.

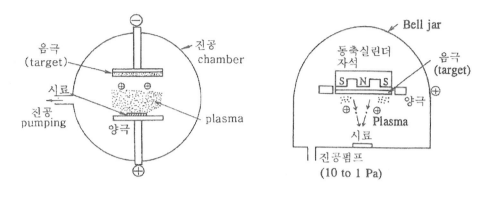

(a) 반대 전극형 이온 스퍼터링 장치   (b) 마그네트론 스퍼터링 장치

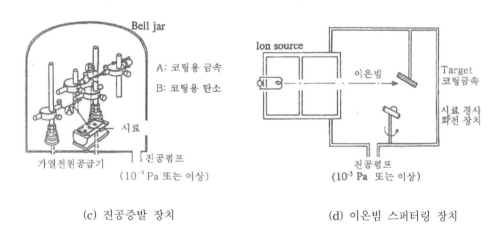

(c) 진공증발 장치   (d) 이온빔 스퍼터링 장치

그림 7.9 여러 가지 형태의 코팅 장치 및 방법

저가속전압 관찰

비전도체의 시료를 관찰하기 위해서는 시료에 입사되는 전자의 양과 방출되는 전자의 양이 같도록 하는 것이 필요하다. 만약 입사 전자의 양을 I_p, 방출되는 2차전자의 양을 I_s라고 하면 2차전자의 수율 $\delta \propto I_s/I_p$로 나타낼 수 있다. 만약 $I_s/I_p \cong 1$이 되면 정전기적 charging이 발생하지 않는다. 조직:7-4는 IC의 photoresist에서 알맞은 가속전압을 가함으로서 정전기적 charging이 발생하지 않은 예를 보여준다.

저진공 관찰

일반적으로 SEM에서 전자기둥과 시료실은 고진공 상태로 유지되어 있다. 저진공 SEM(LV SEM)은 일반 주사 전자 현미경에 펌프 시스템을 추가로 설치하여 기둥은 고진공 상태, 시료실은 저진공 상태로 유지된다. 이러한 조건에서는 시료를 에워싸고 있는 가스 분자들이 입사 전자빔에 의하여 이온화되고 전자들이 시료로부터 방출된다. 이것이 시료 표면 위의 정전기적 charging을 중성화시키는 역할을 한다. 따라서 비전도성 시료를 금속코팅 없이 관찰하고 성분 분석을 가능하게 한다. 수분이나 기름을 포함하는 시료들도 저진공 SEM을 사용하여 관찰할 수 있다.

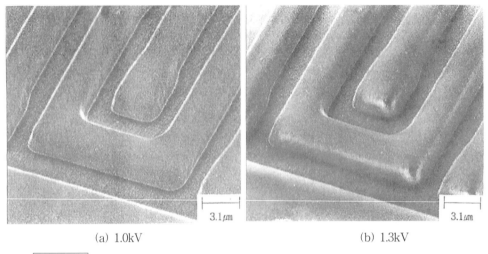

(a) 1.0kV   (b) 1.3kV

조직:7-4   IC의 photoresist에서 적당한 가속전압에 의한 정전기 charging 방지

7.4.3 부식(etching)

원자번호 명암을 이용하여 영상을 관찰할 때에는 원자번호 차이가 밝기의 변화로 나타나며 가벼운 원소를 포함하고 있는 상은 어둡게 나타난다. 원자번호 영상에서 표면부식은 약한 자기명암이나 방향명암 등의 효과를 감소시킬 수 있으므로 필요 없다. 반면에 2차전자에 의한 지형적 명암을 이용하여 영상을 형성할 경우에는 표면을 부식하여 관찰하는 것이 좋다. 특히 재료에서 제 2상 입자의 형상을 관찰하기 위해서 **깊은 부식**(deep etching) 방법이 많이 사용되고 있다. 깊이 부식된 시료는 표면이 요철을 가지고 있으므로 광학 현미경으로는 관찰이 어렵고 SEM을 사용하여 쉽게 분석할 수 있다. 표 7.4는 깊은 부식에 많이 사용되고 있는 부식액을 금속별로 간단한 설명과 함께 요약하였다.

표 **7.4**   SEM 영상관찰을 위한 깊은 부식 기술의 예

재 료	부식액 조성	특 징
1. Al계 합금들		
Al-Si 공정들	(a)10% HCl 용액 (b)2.5㎖ HCL 　　2.0㎖ HNO₃ 　　0.75㎖ HF 　　40㎖ 물	(a)에서 24시간 부식 후 (b)에서 1시간; Al 용해, Si 노출
	묽은 HCl 용액	Si 노출
	25% HCl 용액	반복적으로 더운 알코올, 아세톤으로 세정하고 건조시킴; Al 용해, Si 노출
	(a)15㎖ HCl 　　10㎖ HF 　　90㎖ 물 (b)25㎖ HNO₃ 　　75㎖ 물	(a)로 30~60분 부식 후 (b)에서 2~4분 담금; Al 용해, Si 노출
	10㎖ HCl 90㎖ 물	약 60분간 담금; Al 용해, Si 노출
Al 합금들	2g KI 100㎖ 메타놀	2~5V에서 5~20분간 전해 부식(5×5×40㎜ 시료는 0.1~0.3A) 후 메타놀 세정; Al 용해
	2.5g KI 100㎖ 메타놀	전해부식, Al판 음극, 3×3㎜ 부식; 전압을 0에서 30V까지 급히 승압, 30초 부식, 부드럽게 저음, 메타놀에서 30초간 초음파 세정 후 건조, 약 0.3A/㎟
Al-Ge 공정	25㎖ HCl 75㎖ 물	Al 용해, Ge 노출
Al-Al₃Ni 공정	3㎖ HCl 50㎖ 물 50㎖ 알코올	전해 부식
2. Cu계 합금들		
Cu 합금들 Cu-Cu₂S 공정	20% 산성 FeCl₃	6분 부식; Cu를 2~3㎛ 깊이 용해
3. Fe계 합금들		
탄소강	5㎖ Br 95㎖ 메타놀	6분 부식; 철 기지금속 용해, 탄화물과 함유물 노출(강에 많이 사용됨)

재 료	부식액 조성	특 징
일반강	10mℓ Br 90mℓ 알코올	철 기지금속 용해, 탄화물과 개재물 노출
주철	10mℓ HCl 90mℓ 알코올	기지금속 용해, 흑연 노출
Fe-C-Si	40mℓ HCl 40mℓ 알코올 20mℓ 물	흑연 노출
Al-Si-Cu 합금 주철	40mℓ HCl 40mℓ 알코올 20mℓ 물	흑연 노출
회주철	25~35mℓ HCl 80~65mℓ 물	흑연 노출; 농도는 시료 크기, 흑연의 종류에 따라 조절; 부식 후 석유에서 세정, 건조
조밀한 회주철	5mℓ HNO_3 95mℓ 알코올	흑연 노출
주철	10~20mℓ HCl 90~80mℓ 물	흑연 노출; 농도와 시간은 합금과 흑연에 변함; 부식 후, 5% HF용액으로 세정, 반복적으로 알코올과 아세톤으로 세정, 건조
스테인레스 강	10mℓ HF 15mℓ HCl 30mℓ HNO_3 45mℓ 물	석출물이 많을 때 탄화물 노출; 수 분 동안 담금; 탄화물의 양이 작을 때 Br 메타놀 사용
AISI 316	10mℓ Br 90mℓ 메타놀	시료를 가볍게 부식; 제 2상 노출
AISI 316	10mℓ HCl, 3g 주석산, 90mℓ 메타놀	20mA/cm²에서 30분간 전해 부식; $M_{23}C_6$ 노출
Fe-26%Cr	5mℓ 아세트산 5mℓ HNO_3 15mℓ HCl	45초 동안 문지르며 부식; 2상 노출

4. Pb-Sn 합금

Pb-Sn 합금	1mℓ HCl 99mℓ 물	주석 부유 상 용해

재 료	부식액 조성	특 징
5. Ni계 합금들		
In-738	10mℓ HCl 40mℓ 알코올 20mℓ 물	흑연 노출
Inconel 617	5g $CuCl_2$ 100mℓ HCl 100mℓ 에타놀	2상 노출을 위해 물이 없는 Kallings 시약을 30분간 사용
고Mo와 W 초합금	5mℓ HCl 95mℓ 메타놀	전해 부식
초합금들	(a)50mℓ HCl 100mℓ 글리세린 1050mℓ 메타놀 (b)10g $(NH_4)_2SO_4$ 10g 구연산 1200mℓ 물 (c)10mℓ H_3PO_4 90mℓ 물 (d)5g $(NH_4)_2SO_4$ 15mℓ HNO_3 35g 구연산 1000mℓ 물	(a) 50mA/㎠, -5~-10℃, 30~60분간 부식 ; γ와 γ´상 용해, 탄화물 노출 (b) 10~30mA/㎠, 5℃, 또는 정전기적으로 960~1060mV vs. SCE; γ상 용해, γ´상 노출 (c) 10mA/㎠, 또는 정전기적으로 1000~1050mV vs. SCE; γ상 용해, γ´, 탄화물, σ상 노출 (d) 30mA/㎠, 15~20℃ 또는 정전기적으로 1020~1060mV vs. SCE; γ상 용해, γ´상 노출
Ni-C 공정	40mℓ HCl 50mℓ 에타놀 20mℓ 물	5시간 부식; Ni 용해, 흑연 노출
Ni-0.5~4% Al	10mℓ Br 90mℓ 메타놀	산화층을 노출하기 위해 30℃에서 부식
NiAl-Cr 공정	100mℓ 물 40mℓ HCl 5g CrO_3	NiAl 용해, Cr 노출
6. W계 합금들		
소결 탄화물 WC-Co 외	20mℓ HCl 80mℓ 물	끓는 용액에 수 시간 동안 시료를 매달음; Co 접착제 용해

재 료	부식액 조성	특 징
WC-Co WC-TiC-Co	50㎖ HCl 50㎖ 물	50mA에서 80~120초 동안 전해부식; Co 접착제 용해
7. Zn계 합금들		
Zn-In Zn-Bi	50㎖ HCl 50㎖ 물	기지금속 상 용해
8. Zr계 합금들		
Zr-8.6% Al	45㎖ HNO₃ 5㎖ HF 45㎖ 물	기지금속 상 용해

　　조직:7-5~7은 깊은 부식에 의하여 준비된 여러 가지 금속재료에 대한 SEM 조직 사진들이다. 조직:7-5는 5% Br을 포함하는 메타놀을 사용하여 깊은 부식을 시킨 강 시료의 미세조직으로서 중앙부위에 제 2상 황화물의 형상이 뚜렷하게 나타나 있다. 조직:7-6은 등축구조의 ferrite와 bainite로 구성된 AISI 8121 합금강에 대하여 광학 현미경에 의한 조직과 깊은 부식 처리를 한 시료의 SEM 조직사진을 비교하였다. Bainite에 있는 탄화물은 깊은 부식에 의하여 정확한 형상이 나타나 있으나 ferrite 구조는 잘 보이지 않는다. 조직:7-7은 입계 과공석 ferrite와 pearlite상으로 구성된 AISI 1137 재료에서 깊은 부식을 한 미세조직을 보여주고 있다. 깊은 부식이 선별적 으로 진행되어 pearlite는 덩어리 모양으로 명확하게 나타났으나 ferrite 상은 잘 구분 되지 않는다.

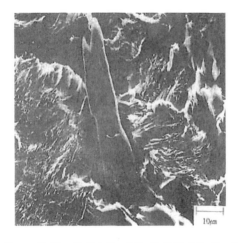

조직:7-5　5% Br + 메타놀 용액으로 깊은 부식처리한 강 시편의 2차전자 영상

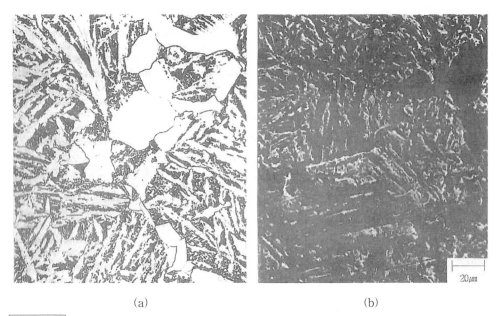

(a)   (b)

조직:7-6   AISI 8121 합금강의 조직사진 (a) 광학 현미경 영상, 4% picral + 2% nital 용액
으로 부식, (b) SEM 영상, 5%Br-메타놀 용액으로 깊은 부식

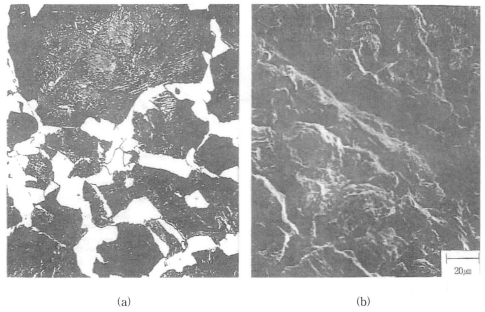

(a)   (b)

조직:7-7   AISI 1137 합금강의 조직사진 (a) 광학 현미경 영상, 4% picral + 2% nital 용액
으로 부식 (b) SEM 2차전자 영상, 5% Br-메타놀 용액으로 깊은 부식

7.5 영상 명암 형성

미세조직의 영상을 관찰하는데 있어 해상도만큼 중요한 것은 서로 다른 구성물들 사이에서 형성되는 **명암**(contrast)이다. 육안으로 시료에 대한 구체적 영상을 식별하기 위해서는 최소 3~7%의 명암(밝기)차이가 있어야 하고 실제적으로는 보다 큰 명암의 차이가 바람직하다. 더욱이 영상을 바탕으로 하여 자동 정량화 방법에 의하여 분석을 하고자 할 때는 형상의 끝 부위에서 뚜렷한 명암의 차이가 나타나야 한다. SEM 장치 자체가 갖는 분해능력과는 별개로 궁극적인 해상도의 증가는 형성된 영상에서 입자 계면간의 경계가 육안으로 명확하게 구분될 수 있어야 한다. SEM 영상의 선명도는 시료의 특성과 준비 상태에 따라 크게 좌우된다.

SEM 영상은 전자빔이 시료 표면을 조사할 때 발생되는 명암의 차이 때문에 형성된다. 따라서 명암을 결정하는 인자들을 이해하는 것이 매우 중요하다. 표면의 2점 사이에서 검출되는 신호의 강도차이는 표면으로부터 방출되는 전자 수의 차이로부터 발생되는 **emission 명암** 기구와 검출기에 도달하는 전자 수의 차이에 의하여 생기는 **collection 명암** 기구로 구분된다.

위의 두 명암기구의 차이는 그림 7.10에 설명되었다. 그림에서 2번과 4번 위치는 서로 경사가 같으므로 만약 전자빔이 이 위치에 조사된다면 표면으로부터 방출되는 2차전자의 수는 대략 같다. 그러나 4번 위치는 검출기에 직접 마주하고 있으므로 이 위치에서 방출되는 전자들에 의한 신호는 2번의 경우보다 훨씬 높다. 이와 같은 경우에는 2번과 4번 위치 사이에서의 명암형성은 전적으로 collection 명암의 결과이다. 반면에 그림에서 3번과 4번 위치와 같이 고려되는 2점이 검출기에 대해 같은 방향에 위치해 있을 경우에는 2차전자 검출기에 의한 emission 명암이 더 중요하다. 이 경우에는 입사빔과 시료 표면의 2 위치가 이루는 경사 각도의 차이에 의하여 발생하는 2차전자의 방출량의 차이 때문에 명암이 형성된다.

SEM에서 영상을 형성하는 가장 일반적인 명암기구는 지형적 차이와 원자조성 차이로부터 발생된다. 광학 현미경에서는 영상이 빛의 반사 차이, 색깔 차이, 혹은 편광(polarization) 효과에 의하여 형성되지만 SEM에서는 표면형상, 원자번호, 전자 채널링, 즉 결정학적 방향, 자기 및 전압 차이 명암 등에 의하여서 생성된다. 2차전자나 후방산란 전자의 방출에 의하여 관찰이 가능한 명암기구를 요약하면 다음과 같다.

- Collection 명암
- Emission 명암
  - 모서리 효과

- 입사 전자빔과 시료 표면이 이루는 경사각도
- 시료의 원자번호
- 전자 채널링 효과
- 자기 도메인 효과

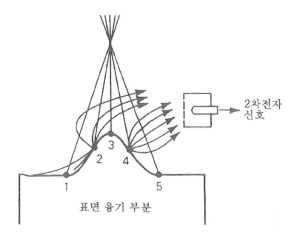

그림 7.10   굴곡을 가진 시료 표면에서의 전자 방출

7.5.1 지형적 명암(topographic contrast)

명암효과는 2차전자의 발생률 및 시료 표면과 1차 전자빔 사이의 각 변화에 따른 후방산란 전자의 방출 정도에 따라 결정된다. 시료의 지형적인 형상, 즉 표면의 거칠기는 2차전자의 생성량에 큰 영향을 미친다. 날카로운 모서리 부분에서는 2차전자의 방출을 촉진시키므로 **영상**의 명암을 향상시킨다. 이와 유사하게, 시료를 입사 전자빔에 대하여 기울이면 2차전자의 방출량이 증가하므로 명암효과를 향상시킨다. 이 경우에는 영상의 질은 향상되지만 기울기에 따라 시료 형상의 간격이 증가하고 배율이 영상의 위치에 따라 변하므로 영상을 이용한 정성적 및 정량적 측정은 매우 복잡해질 뿐만 아니라 때로는 영상의 찌그러짐 현상도 나타날 수 있다.

표면으로부터 방출되는 2차전자의 수는 입사 전자빔과 시료 표면에 수직되는 방향이 이루는 각에 의하여 영향을 받는다. 이 각이 0°에서부터 증가하면 시료의 표면 부위(약 10㎚ 깊이)에서 1차전자 경로의 길이가 증가한다. 따라서 표면으로부터 방출되는 2차전자의 수도 증가하여 각도가 약 45°가 될 때 특히 강하게 나타난다.

물체에 대한 입체적 표현은 조직 7.1의 쐐기 모양의 기울기를 가진 시료에서처럼 형성된 그림자 효과에 의하여 향상된다. 그러나, 만약 시료에 존재하는 깊은 균열 또는 구멍을 관찰하고자 할 때는 오히려 이 효과가 단점으로 작용한다. 조직:7-8과 9는 **지형적 명암**이 뚜렷하게 나타나는 2차전자 영상들의 예를 나타내었다.

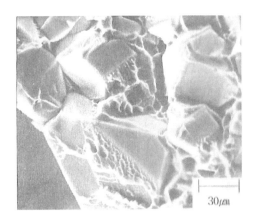 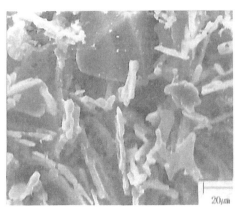

조직:7-8 소결된 WC-12Co cemented 탄화물의 파괴단면에 대한 2차영상으로서 지형적 명암이 뚜렷하게 나타난다.

조직:7-9 Al-11.7Si-0.3Fe 합금의 2차 전자 영상에서의 지형적 명암 효과. Al 기 지금속은 NaOH에 의하여 깊은 부식이 되 었다. 초정 Si의 8면체 형상과 공정 Si lamellar의 형상이 명확하게 나타나 있다.

7.5.2 원자번호(조성적) 명암

앞에서 후방산란 전자의 방출은 원자번호가 커짐에 따라 증가하는 것을 설명하였 다. 그림 7.11은 원자번호에 따른 후방산란 전자의 상대적 양, 즉 **후방산란 전자 지 수**(electron backscatter coefficient) η와의 관계를 나타내었다. 그림에서 보는 바와 같이 입사 전자빔의 에너지는 후방산란 지수에 거의 영향을 미치지 못한다.

원자번호 명암은 미세조직 상들의 정성적 및 정량적인 분석에 적당하다. 일반적으 로 후방산란 전자에 의한 지형적 명암은 조직:7-1과 2에서 보는 바와 같이 2차전자에 비하여 아주 약하게 나타나며, 특히 반지 형상의 검출기를 사용할 경우에는 거친 표 면에서도 많이 감소한다. 원자번호 명암은 보통 지형적 명암에 비하여 희미하게 나타 나며 이상적으로 평평한 표면의 경우에만 2차전자에 비하여 충분히 강하게 나타난다. 조직:7-10은 원자번호의 차이가 큰 Zn-10 wt.% Bi 주조합금의 2차영상과 후방산 란 전자 영상을 비교하였다. 시료는 표면을 연마하고 입사 전자빔에 수직하게 위치시킨 상태에서 조직을 관찰하였다. 그림에서 보는 바와 같이 시료를 경사없이 관찰할 경우에는 2차전자에 의한 지형적 명암보다는 후방산란 전자에 의한 원자번호 명암에 의하여 합금 입자간의 경계가 뚜렷하게 구분된다.

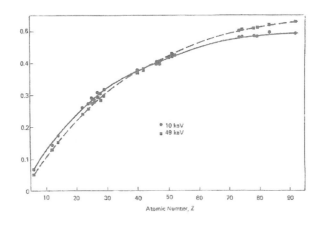

그림 7.11 원자번호에 따른 후방산란 전자 지수의 변화

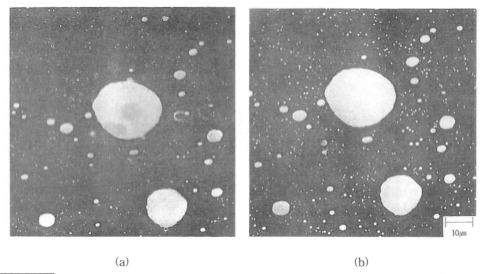

(a)   (b)

조직:7-10 원자번호의 차이가 큰 Zn-10 wt.%Bi 주조합금의 영상. 시료는 표면을 연마하여 경사없이 20keV로 관찰하였다. (a) 2차전자 영상, (b) 후방산란 전자 영상

유사한 화학조성의 상을 가진 시료에서는 원자명암의 효과를 증가시키기 위해 표면을 평평하게 연마하는 것이 필수적이다. 원자번호가 작은 재료에서는 그림 7.7에서

보는 바와 같이 평균 원자번호의 차이가 1보다 작아도, 즉 주기율표 상에서 가까이 인접한 원소들의 화합물에서도 명암이 뚜렷이 나타난다. 후방산란 전자에 의한 원자번호 명암 영상은 정보가 재료 깊은 곳에서 얻어지므로 모서리 부위와 형상이 희미하고 결과적으로 해상도는 감소한다.

7.5.3 모서리 명암(edge contrast)

2차전자의 명암 요소 중에서 기울기 효과와 모서리 효과는 모두 시료의 표면 형상 때문에 나타난다. 시료 표면으로부터 2차전자 방출은 시료 표면에 대한 프로브의 입사각에 따라 변하는데 각이 커지면 보다 많은 양의 전자가 방출된다. SEM 시료는 대부분 표면에 많은 경사가 존재하고, 이것이 **2차전자 영상**에서 명암을 형성한다.

시료 표면에서 양각(positive) 모서리에서는 보다 많은 2차전자와 반사 전자들이 시료으로부터 방출될 수 있는 반면에 음각 (negative) 모서리에서는 흡수에 의하여 방출되는 전자의 수가 감소된다. 따라서 시료 표면의 융기부분이나 외각 경계선에서는 보다 많은 양의 2차전자가 만들어지고 평평한 부위보다 밝게 나타난다. **모서리 효과**의 정도는 가속전압에 따라 변한다. 가속전압이 낮을수록 입사 전자의 투과 깊이가 작아지고 모서리 부분의 밝기를 감소시키므로 영상이 보다 명확해진다. 반면에 높은 가속전압에서는 조직:7-11에서 보는 바와 같이 모서리 효과가 증가하여 모서리가 너무 밝게 빛나고 전체적인 영상이 불명확하게 나타난다.

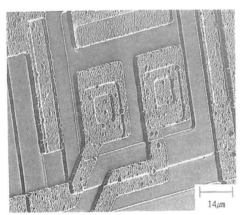 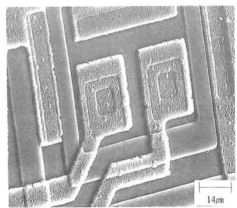

(a)   (b)

조직:7-11 IC 칩 재료에서 가속전압의 변화에 따른 모서리 명암. (a) 5kV, (b) 25kV

조직:7-12는 Al 기지금속과 Si 석출물들에 대한 미세조직을 보여준다. 두 금속은 서로 원자번호의 차이가 크지 않으므로 명확한 원자번호 명암은 나타나지 않는다. 그러나 그림에서 볼 수 있는 바와 같이 표면을 부식시키면 석출물의 모서리 명암에 의하여 양각 모서리를 갖는 Si 결정과 공정 Si 입자들은 밝게 보이고 음각 모서리를 갖는 Al 기지금속 결정은 검게 나타난다. 또한 중앙부의 큰 Si 결정 주변의 작은 석출 입자들도 모서리 명암에 의하여 기지금속보다 훨씬 밝게 나타난다. 이와같이 동일한 밝기를 가지는 평면에서의 기지금속 상과 작은 입자들은 다른 명암기구 보다도 **모서리 명암**에 의하여 쉽게 구별할 수 있다. 서로 다른 경도를 가지는 상들 사이에서의 명암은 조직:7-13에서 나타난 바와 같이 연마 시 미세 거칠기 정도의 차이에 의하여 생기는 스크래치 때문에 전자의 발생량이 변하고 결국 영상에서 각 상들 간의 밝기가 다르게 나타난다. 그러나 연마한 시료를 장시간 보관하거나 오랫동안 전자 현미경으로 관찰할 경우에는 시료의 표면이 오염되므로 이 효과는 보통 사라진다.

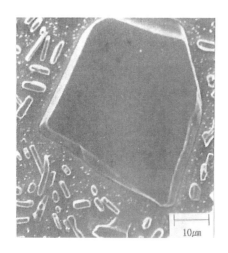

조직:7-12 | Al-11.7Si-0.3Fe 주조합금의 2차전자 영상

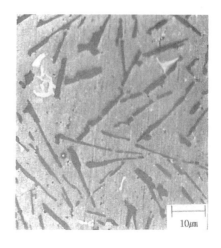

조직:7-13 | Al-Si 합금에서의 거칠기 명암. Al 기지금속은 밝게 보이고 부드러운 Si lamellar는 어둡게 나타난다.

7.5.4 전자-채널링 패턴

전자-채널링 명암은 결정학적 방향에 따라 결정되므로 매우 유용하게 이용될 수 있다. 결정체 재료에서 원자 충전밀도는 결정체의 방향에 따라 다르므로 1차전자가 결정체를 통과할 수 있는 깊이는 결정방향에 따라 변화된다. 만약 전자가 원자 열 사이의 통로를 따라 내부로 통과한다며 전자가 다시 방출될 확률은 감소한다.

　입사빔과 시료 표면이 이루는 각을 조금씩 변화시키면 특정한 각도에서 입사빔에 대해 격자면이 Bragg 회절 조건을 만족시킬 수 있다. 이 경우에는 후방산란 전자에 의하여 표면에 여러 개의 회절선이 발생되는 Kikuchi 전자-채널링과 같은 형태가 발달하게 되므로 결정 방향에 관한 정보를 구할 수 있다. 비록 직경이 $10\mu m$ 보다 작은 입자들의 방향도 결정할 수 있지만 일반적으로 약 $50{\sim}100\ \mu m$ 크기의 입자들에 대하여 조사한다. 때에 따라서는 입사 전자빔을 시료의 특정한 점 주변으로 고정시키면 약 $10\mu m$ 이내의 작은 지역에서도 여러 개의 회절선이 발생될 수 있다. 이러한 선택지역(selected-area) 전자-채널링 패턴을 조직:7-14에 나타내었다. 이러한 패턴에서는 결정방향, 입계, 쌍정, 그리고 다른 결정학적 특징들이 표면으로부터 50nm 이내의 작은 지역으로부터 얻어진다.

　회절이 발생하는 결정학적 방향에서는 대부분의 입사 빔이 시료를 투과하게 되므로 후방산란 전자의 발생이 감소되고 영상에서 검은 선으로 나타난다. 따라서 전자-채널링 명암은 결정구조와 결정방향에 대한 정보를 제공하고 2차전자와 후방산란 전자 모드에서 다른 방향의 결정 혹은 입자들을 구분해주는 중요한 수단이 된다.

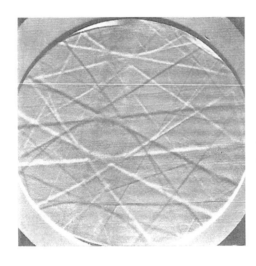

조직:7-14　W-10Ni 중금속 합금의 선별지역 전자-채널링 형태. 전자빔이 초점된 입자의 방향은 전자의 투과와 흡수로부터 발생되는 패턴으로부터 결정될 수 있다.

　후방산란 전자는 회절의 결과로 결정방향 명암을 발생시킨다. 다결정 시료에서 후방산란 전자에 의한 선명한 **결정방향 명암**을 관찰하기 위해서는 깨끗한 시료 표면의 처리가 중요하며 이 목적으로 가장 널리 사용되고 있는 표면처리 방법은 전기연마 방법이다. 조직:7-15는 방향 명암이 뚜렷이 나타나는 annealing된 200 Ni 다결정 금속을 보여준다. 시료는 전기연마 처리를 하고 고상 검출기에 검출된 후방산란 전자를 사용하여 관찰하였다.

(a)　　　　　　　　　　　　　　　(b)

조직:7-15 전기연마 처리 후 부식시키지 않은 200 Ni 다결정 금속의 결정방향 명암. (a) 고상 후방산란 전자 검출기, 30keV, (b) Taylor 후방산란 전자 검출기, 10keV

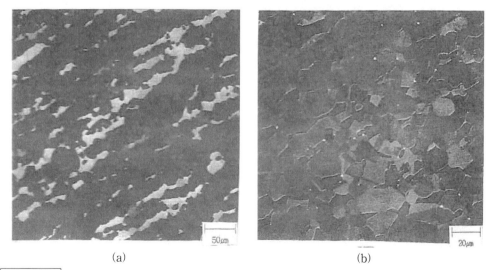

(a)　　　　　　　　　　　　　　　(b)

조직:7-16 가공 α-β 황동(Cu-40%Zn)의 영상. 시료는 504℃에서 1시간 동안 열처리, 수냉, 그리고 규산과 액체상태의 ferric nitrate를 섞은 용액을 사용하여 기계적 연마. (a) 2차전자 영상, 20keV, (b) 후방산란 전자 영상, 20keV, A+B 고상 검출기

조직:7-16은 2상 α-β 황동 시료에서 전자 채널링에 의하여 발생되는 결정방향 명암을 보여준다. 시료는 504℃에서 열처리 후 물에서 급랭처리를 하였다. 시료의 표면은 기계적으로 연마하였고 α와 β상 사이에는 원자번호 명암이 나타나지 않기 때

문에 β상을 선별적으로 채색하는 Klemm I 부식액으로 염색부식(tint etched) 처리되었다.

그림에서 시료는 전자빔에 수직하게 위치시켜 지형적 명암의 효과를 최소화 시켰다. 또한 연마된 상태의 시료는 뚜렷한 원자번호 명암이 없으므로 영상이 나타나지 않는다. 그러나 β상 에 황화착색물을 코팅하므로서 후방산란 전자의 발생을 변화시키고 이 현상은 2차전자 영상에서 뚜렷하게 보여진다. 그림 (b)에서 볼 수 있는 바와 같이 고상 후방산란 전자 검출기를 사용할 경우에는 방향 명암이 나타난다.

7.5.5 자기 명암(magnetic contrast)

강자성 결정체에서의 자기장은 입사 전자빔 또는 방출되는 전자들과의 상호작용에 의하여 영향을 미칠 수 있다. 강자성 재료는 여러 개의 **자기 도메인**(magnetic domain)으로 구성되어 있고 도메인 안에 있는 전자들의 자기 모멘트는 어떤 특정한 결정학적 방향을 따라 배열되어 있다. 코발트 금속의 경우에는 한 방향만의 자기 모멘트를 가지고 있으며, 이러한 결정에서 표면에서의 자기 모멘트는 종종 표면으로부터 수직성분 방향이 되어 이탈될 수 있다. 이탈된 2차전자는 로렌츠 힘을 받게되고 각 도메인에 따라 힘이 변화되기 때문에 2차전자 검출기 신호는 자기 도메인에 따라 변화된다. 따라서 도메인의 영상은 2차전자 신호에 의하여 얻을 수 있다.

대부분의 강자성 결정체에는 한 개 이상의 자기 모멘트 방향을 가지고 있다. 예를 들면, α-철의 경우에는 [100], [010], 그리고 [001] 세 방향이 있다. 이러한 결정체에서는 표면과 평행한 방향의 자기 모멘트 축을 가진 폐쇄 도메인이 형성되므로 표면 밖으로 이탈하는 자기 유속이 감소하게 된다. 따라서 도메인은 자기명암에 의하여 구분된다. 강자성 금속에서는 자기 유속의 방향이 도메인에 따라 변하므로 입사 전자는 도메인별로 다른 방향에서 로렌츠 힘을 받게된다. 1차전자가 도메인 계면을 지나 조사될 때 후방산란 전자의 발생량이 변하게 되므로 후방산란 전자 검출기를 사용하여 **자기 명암**을 검출하게 된다.

자기 도메인은 시료의 후방산란 지수의 차이에 의하여 밝고 어두운 명암으로 나타나며 명암의 강도는 필터링에 의하여 높은 에너지의 후방산란 전자만을 사용함으로서 향상시킬 수 있다. 조직:7-17은 Fe-3.5Si 합금에 대한 자기명암의 예를 나타내었다. 조직에서 로렌츠 힘으로 입사 전자빔이 굴절되어 발생되는 후방산란 전자의 강도 변화에 따라 자기 명암이 나타난다.

자기 명암의 해상도는 이론적으로는 약 0.1μm 두께의 도메인 두께까지 가능하나 자기 명암이 매우 약하게 나타나므로, 도메인을 관찰하기 위해서는 높은 빔 전류와 그에 따른 큰 빔 직경이 필요하다. 이 경우에는 1μm 미만의 해상도도 가능하다.

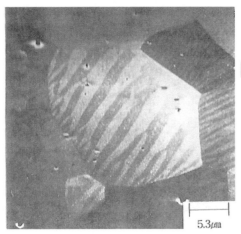

조직:7-17 Fe-3.5Si 판에서의 자기 명암(기계적 연마한 후 10% 과염소 산과 90% acetic 산 용액에서 전기적 미세연마). 첨가물에서 빛나는 원자번호 명암과 입계에서의 지형적 명암, 그리고 입자면에서의 방향 명암들이 중첩되었다.

5.3㎛

7.5.6 분해능과 명암의 향상

질이 높은 미세조직 영상을 얻기 위해서는 전자기둥이나 렌즈의 aperture가 일직선으로 잘 조절되고 작업 조건들을 최적의 상태로 조절되어야만 한다. 영상의 질은 또한 시료의 준비 상태, 마운팅 방법 등에 의해서도 좌우된다. 또한 렌즈의 구경 크기, 가속전압, 빔 전류, 스팟크기, 작업거리, 조사 속도, 경사각도, 작업 모드, 그리고 배율 등의 변수에 따라서도 많은 영향을 받는다.

배율

SEM에서는 배율이 변함에 따라 영상이 회전하지 않고 고배율 상태에서 초점이 맞으면 저배율 상태에서도 초점이 유지되므로 물체에 대한 초점을 최적화시키는 방법은 우선 고배율에서 초점을 조절한 다음 목표하는 배율로 낮추면 된다. 그러나 작업거리가 바뀌면 영상은 회전한다.

CRT에서 사진점(picture point) 크기는 배율과 약 $100\mu m$ 정도의 CRT 점(spot) 크기에 따라 변한다. 사진점 크기는 CRT 점 크기를 배율로 나누어 계산한다. 표 7.5는 일반적인 SEM의 배율 변화에 따른 사진 점 크기를 표시하였다.

입사 전자빔에 의하여서 여기(exited)된 부위가 사진점 크기보다 작으면 영상은 초점이 맞는 상태에 있다. 배율이 너무 커지면, 영상은 희미해지고, 사진의 요소들이 중첩되기 때문에 유용한 정보를 얻을 수 없다. 저배율에서는 빔 지름을 크게 할 수 있으므로 시료로부터 얻을 수 있는 신호의 양이 증가하고, 또한 영상의 선명함을 손상시키지 않고도 많은 정보를 얻을 수 있다.

SEM은 같은 배율에서 광학 현미경보다 최소 수십 배 이상의 **초점심도**를 가진다. 만약 시료의 표면이 거친 경우에는 렌즈 aperture로부터 시료의 각 부위까지의 거리가 다르므로 빔의 크기도 위치에 따라 변하게 된다.

표 7.5 여러 배율에서의 사진점 크기와 초점심도

배 율	사진점 크기	초점심도		
		$100\mu m$ aperture ($\alpha = 5 \times 10^{-3}$ rad.)	$200\mu m$ aperture ($\alpha = 10^{-2}$ rad.)	$300\mu m$ aperture ($\alpha = 1.5 \times 10^{-2}$ rad.)
10×	10 μm	4 ㎜	2 ㎜	1.33 ㎜
100×	1 μm	0.4 ㎜	0.2 ㎜	0.133 ㎜
500×	0.5 μm	80 μm	40 μm	26.7 μm
1,000×	0.1 μm	40 μm	20 μm	13.3 μm
5,000×	50 ㎚	8 μm	4 μm	2.7 μm
10,000×	10 ㎚	4 μm	2 μm	1.33 μm
50,000×	5 ㎚	0.8 μm	0.4 μm	0.27 μm
100,000×	1 ㎚	0.4 μm	0.2 μm	0.13 μm

렌즈 aperture 크기

최종 렌즈 **aperture**의 크기를 감소시키면 aperture 각도(aperture angle)가 감소하고, 보다 작은 빔 크기를 생산하여 초점심도를 증가시킨다. 작업거리를 증가시켜도 초점심도가 증가하지만, 이 경우에는 작업거리를 변화시킴에 따라 영상이 회전하고 해상도와 배율이 감소하고, 동시에 렌즈 수차가 증가하는 단점이 있다.

미세조직의 관찰에서는 시료는 빔에 수직으로 위치시키는 것이 가장 좋다. 비록 시료를 기울이면 2차전자의 발생량을 증가시켜 지형적 명암을 향상시킬 수 있으나 반면에 영상이 찌그러지고 배율이 영상의 위치에 따라 변하게 되는 단점이 나타난다. 시료를 빔에 수직되도록 위치시켜도 표면이 거친 경우에는 실제적으로 피크와 계곡 위치에서의 배율이 변한다.

가속전압과 빔 전류

가속전압과 **빔 전류**는 모두 영상의 질에 영향을 미친다. 전자프로브 크기만을 이론적으로 고려할 때, 가속전압이 높을수록 전자프로브는 작아진다. 그러나, 가속전압을 증가시키는 것은 다음과 같은 몇 가지 무시할 수 없는 단점이 있다.

- 시료 표면의 조직관찰에서 구체성 부족
- 현저한 모서리 효과
- 정전기적 charging의 높은 가능성
- 시료손상의 높은 가능성

예를 들면, 높은 가속전압 상태에서의 2차전자 영상으로는 표면의 구체적인 부분에 대한 관찰이 매우 힘들다. 가속전압, 즉 1차전자의 에너지가 커지면 전자빔에 의한 침투와 확산 지역이 커지고 결과적으로 시료 내부로부터 발생되는 후방산란 전자와 같은 불필요한 신호를 초래한다. 이러한 신호는 영상의 명암을 감소시키고 정밀한 표면조직이 나타나지 못하게 한다. 또한 높은 가속전압에서의 관찰은 시료 표면에서의 **charging 효과**를 증가시킨다. 따라서 2차전자 영상에 의하여 미세한 형상을 관찰하기 위해서는 낮은 가속전압과 함께 시료의 경사각을 최소화하고 짧은 작업거리에서 관찰하는 것이 필요하다.

후방산란 전자 영상의 질을 향상시키기 위해서 작업거리는 10~14mm가 되어야 하고 가속전압은 20~30keV 범위 내에서 관찰하는 것이 좋다. 스팟크기는 크고 시료는 가능한 한 전자빔에 수직하게 위치하도록 하여야 한다. 후방산란 전자 영상은 2차전자 영상에 비하여 해상도가 떨어지므로 입사 전자빔의 크기를 작게 할 필요가 없다.

조직:7-18은 주조된 Al-33 wt.%Cu(공정)합금을 20keV의 가속전압과 경사각 0°에서 관찰한 미세조직으로서 스팟크기가 해상도와 명암에 미치는 영향을 서로 비교하였다. 조직에서 보듯이 2차전자 영상의 명암은 지형적 및 원자번호 명암에 의하여 형성되고 $CuAl_2$ lamellar상은 Al-부유 기지금속 상보다 평균 원자번호가 크기 때문에 보다 밝게 나타난다. 스팟크기가 최대값 2에서 최소값 8로 감소함에 따라 $CuAl_2$ lamella상의 모서리가 보다 명확하고 밝게 보인다.

조직:7-19는 조직:7-18과 같은 Al-33 wt.%Cu 공정합금 시료를 약간 기울인 상태에서의 2차전자 영상이다. (a)에서는 20keV의 가속전압에서 큰 스팟크기가 사용되었고 (b)에서는 작은 스팟크기에 10keV의 가속전압으로 관찰되었다. 두 영상 모두 매우 선명한 편이나 스팟크기가 작은 (b)의 경우에 $CuAl_2$ 주변의 모서리가 약간 더 밝게 보인다.

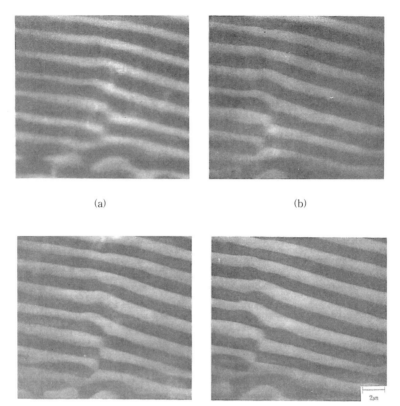

(a)   (b)

조직:7-18 Al-33 wt.%Cu(공정) 주조합금을 2차전자 영상으로 관찰한 미세조직(Keller 용액 부식). 가속전압은 20keV, 경사각 0°, 스팟크기는 (a) 2(최대) (b) 4 (c) 6 (d) 8(최소)

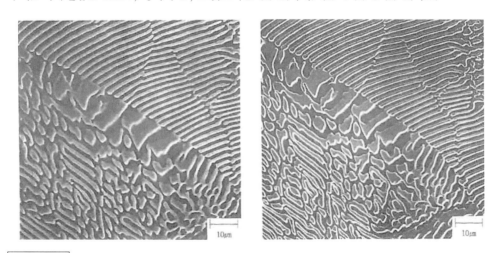

조직:7-19 주조 Al-33 wt.% Cu 공정합금 시료의 2차 영상. 시료는 약간 기울여 관찰하였으며 표면은 Keller 시약으로 부식하였다. (a) 20keV, 큰 빔 크기, (b) 10keV, 작은 빔 크기

7.6 영상 응용

SEM은 다양한 형상이나 조성을 가진 시료에 대한 미세조직 관찰에 사용이 가능한 장점을 가지고 있다. SEM은 시료준비가 용이하고 초점심도가 크므로 재료의 fractography 분야를 비롯하여 부식 및 마모 표면의 관찰, 분말 및 소결재료의 미세조직 분석, 기계적 변형, 방향성장 조직 분석등 다양한 분야에 활용되고 있다. 이 중에서 재료의 손상 원인 분석 등에 가장 널리 활용되고 있는 SEM fractography에 관해서는 후반부에 따로 설명하였고 전반부에서는 그 이외의 분야에서 많이 적용되고 있는 전형적인 예들에 대하여 조직과 함께 간단한 설명하였다.

7.6.1 부식과 마모 표면

시편준비 용이성 등의 장점 때문에 SEM을 이용하여 부식과 마모의 형태 또는 진행 속도 등을 연구할 수 있다. 조직:7-20은 Al청동 합금에서 심한 부식 조건에서 형성된 거친 표면의 전형적인 예를 보여준다. 조직:7-21은 고속도강의 표면을 강화시키기 위해 입힌 TiN 코팅층의 일부분이 심한 마모 조건에서 손상된 부분의 조직을 보여준다. 그림에서 코팅층의 두께와 미세구조의 관찰이 가능하다.

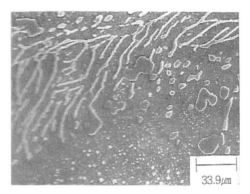

조직:7-20 3% NaCl에 노출된 Al청동 합금(Cu-10Al-5Ni-4Fe-2Mn)의 부식된 표면에서의 2차 전자 영상

조직:7-21 Metal-cutting insert의 TiN 코팅층. 코팅층은 약 500℃에서 PVD 방법에 의하여 처리되었다. 코팅층의 두께와 구조 관찰이 가능.

7.6.2 분말과 기공성 재료

SEM 영상이 아주 널리 사용되고 있는 분야이다. 재료의 분말크기 분포와 분말 형상은 공정변수에 의하여 변화된다. SEM 영상은 이러한 관계를 연구하여 공정을 개선하고 재료의 질을 향상시키는데 이용된다. 특히 압축이나 소결공정 중에 분말입자의 변형이나 공공 형상의 변화 등에 대한 정성적 또는 정량적 분석에 활발히 활용되고 있다. 기공성 재료의 파면은 재료의 내부조직을 평가하는데 사용된다. 조직:7-22는 구상 형태의 구리분말이 소결되는 동안 입자들의 성장단계를 보여준다. 분말들이 소결 초기과정에서는 구형 상태로 서로 약하게 결합하여 접촉면에서 necking을 형성하고 분말이 성장함에 따라 입자간의 접촉면적이 증가한다.

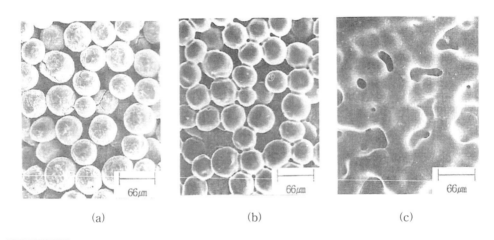

(a)   (b)   (c)

조직:7-22 구상형의 구리분말 소결에 따른 미세조직 발달 과정. 2차전자 영상 (a) 600℃, 소결 초기단계, (b) 1,050℃에서 1시간 소결, (c) 1,050℃에서 64시간 소결

위의 경우처럼 같은 종류의 금속분말들 사이에서 진행되는 고상 소결 이외에도 융점이 서로 다른 두 금속을 액상 소결하여 재료의 밀도를 향상시키는 방법도 널리 사용되고 있다. 조직:7-23은 구형의 텅스텐과 구리 입자가 진공과 산소를 포함하는 Ar 분위기에서 액상 소결하는 동안에 발생하는 wetting 현상을 비교하였다. 진공 분위기에서는 액상 상태의 구리가 고상의 텅스텐 입자 사이를 다리 형태로 완전히 연결하고 일부는 고체 덩어리에 코팅되었다. 반면에 아르곤 분위기에서는 진공에 비하여 wetting이 감소하였고 일부 구리는 텅스텐 표면에서 wetting 각도가 90^o가 되어 원형 상태로 뭉쳐 연결되어 있다. 이렇게 고상과 액상 소결 공정 동안 고온에서의 SEM 영상을 동적으로 관찰하므로서 입자들의 성장이나 재배열 등에 관한 중요한 정보를 얻을 수 있는 장점이 있다.

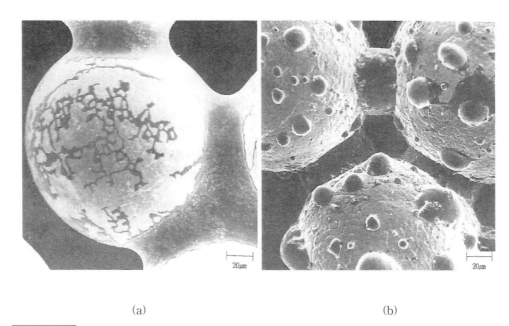

(a)   (b)

조직:7-23　액상 소결과정에서 큰 구형의 텅스텐 입자 사이로 액체 상태의 구리가 젖어드는 현상. (a) 진공처리, wetting이 아주 좋다. (b) 산소를 포함하고 있는 아르곤 분위기 처리, wetting이 감소하였다.

7.6.3 재료의 변형

　조직:7-24는 전형적인 변형 표시가 보이는 피로상태의 구리 시료에 대한 조직사진이다. 변형의 결과로 나타나는 시료 표면의 언덕과 골 부분 높이와 간격 등의 윤곽을 정확히 측정하여 피로 활주 시스템을 정성적으로 분석함으로서 피로 실험의 조건이나 크랙 발생 등에 관한 연구를 할 수 있다.

7.6.4 미세구조 형상

　미세구조 형상 연구는 SEM 영상의 또 다른 중요한 활용 분야로서 재료의 손상에 따른 미세구조의 변화나 금속의 응고에 따른 핵 생성, 입자성장, 입자 조대화, 그리고 재결정 등을 연구한다. 조직:7-25는 전형적인 응고 미세조직으로서 주조 Al 합금에서 금속간 화합물을 보여준다. 표면을 부식시키지 않은 (a)에서는 구성하고 있는 상들

간의 재료명암에 의하여 AlFeS 금속간 화합물은 밝게 나타나고 Si 기지금속 상은 어둡게 보인다. (b)에서는 NaOH 용액을 사용하여 시료를 깊은 부식을 시킴으로서 구성 입자들의 3차원적 미세구조 형상이 잘 나타난다.

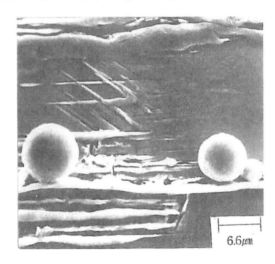

조직:7-24   피로 변형된 구리 시료 표면에서의 변형 표시들. 변형의 결과로 나타나는 조직의 형상을 측정하여 정량적 분석이 가능하다.

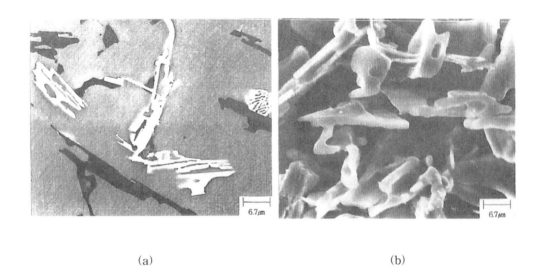

(a)   (b)

조직:7-25   Al-11.7Si-1Co-1Mg-1Ni-0.3Fe 주조합금. (a) 표면이 부식되지 않은 상태에서의 후방산란 전자 영상, (b) NaOH에 의하여 깊은 부식이 된 시료의 2차 영상

7.7 SEM Fractography

현재 SEM이 가장 널리 활용되고 있는 분야는 **fractography**이다. SEM은 광학 현미경이나 투과 전자 현미경과는 달리 시편 준비가 매우 단순하고 파면을 손상시키지 않고 직접적으로 관찰할 수 있는 장점을 가지고 있다. 이와 더불어 깊은 초점심도, 폭 넓은 배율 변화, 그리고 파면에 대한 3차원적인 영상이 가능하기 때문에 재료의 파괴나 손상 등의 원인에 대한 연구를 수행하는데 있어 중요하게 사용된다.

재료의 파면은 육안으로 전체적인 파단 형태 등을 관찰한 다음 SEM을 이용하여 저배율로부터 고배율로 진행하는 것이 좋다. 저배율 관찰에서는 파괴 기구나 형태를 평가하고 고배율에서는 특정지역을 구체적으로 관찰하는 것이 바람직하다.

SEM 파면 관찰에서는 크랙 깊이, 크랙 진행방향, 크랙 끝 부분의 형상 등을 조사하여야 한다. 이를 바탕으로 **연성파괴**나 **소성파괴** 중에 발생되는 소성영역의 크기, 파괴원인 등에 대한 분석을 할 수 있다. 크랙 진행방향은 사진의 밑에서 위로 약 30~45°를 향하게 위치시키는 것이 일반적이다. 또한 거친 파괴표면을 가진 시편은 관찰하고자 하는 부분의 명암을 향상시키기 위해서 시편을 약간 기울여 조사하기도 한다.

7.7.1 파면 해석

SEM을 이용하여 고배율에서 파면을 관찰하면 구체적 정보들을 얻을 수 있는 장점이 있다. 그러나 손상의 원인 등을 조사하고자 할 때는 조직사진 들을 유형별로 구별하고 각각의 특징들을 분석할 수 있어야 한다. 또한 고배율에서 미세구조를 관찰하는 경우에는 미세 부위별로 조직들이 다르게 나타나므로 손상의 원인을 규명하기 위해서는 여러 부위에서 많은 미세조직 들을 관찰하는 것이 필수적이다.

이 장에서는 재료 및 파괴조건에 따라 발생하는 여러 가지 파면에서 공통적으로 관찰되는 미세구조 형상과 특징, 그리고 외적 환경의 변화에 따른 파면의 미세구조 변화 등에 관해 종류별로 요약하였다.

(가) 입내파괴(transgranular fracture)

벽개파괴(cleavage fracture)

벽개파괴에서는 특징적인 결정방향을 가진 입내 면을 따라 파괴가 진행된다. 그러나 결정립계가 취약하거나 불순물 등의 편석에 의하여 약화되면 입계에서도 파괴가 일어날 수 있다. 재료가 저온에서 높은 삼축 응력을 받는 상태에서 가공속도가 큰 충격시험에 의하여 파괴될 경우 발생되는데 주로 Fe, Mo, Cr 등과 같은 BCC 구조 금속이나 제한된 수의 슬립면을 가진 Zn, Ti, Mg 과 같은 HCP 구조 금속에서 전형적으로 발생한다. 또한 특정한 경우에는 Al과 같은 FCC 구조 금속에서도 발생된다.

　조직:7-26과 27은 충격파괴에 의한 전형적인 저탄소강의 벽개 파면을 나타낸다. 조직:7-27에서 입자 B에 있는 물결모양의 **물결 패턴**(river pattern)은 입자 A와 입자 B의 방향이 다른 것을 확실히 보여준다. 이러한 물결 패턴은 다른 방향의 벽개면들 사이에서 나타나는 전형적인 특징으로서 물결 패턴을 따라가면 크랙 전파 방향을 결정할 수 있다. 물결 패턴에서 계단의 높이는 인장응력 방향과 벽개면과 이루는 각에 의하여 결정된다. 조직:7-27에서 A와 B는 입계를 나타내며 화살표는 크랙의 진행방향을 표시하였다.

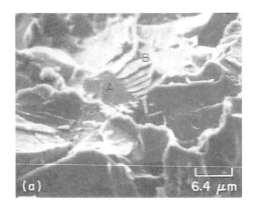

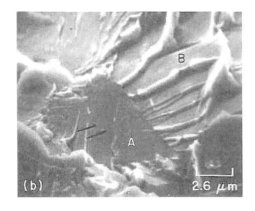
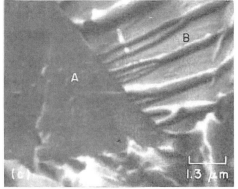

조직:7-26　-196℃에서 충격시험한 1040 탄소강의 벽개 파면. A는 입자내의 tongue를 나타내고 B를 비롯한 많은 면들이 물결 패턴의 벽개 파면을 나타냄

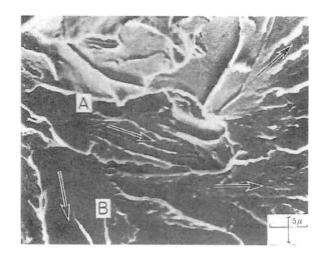

조직:7-27   저온에서의 충격시험에 의하여 파괴된 저탄소강의 전형적인 벽개 파면. A와 B
는 입계를 나타낸다.

Tongue 패턴

혀 모양의 **tongue 패턴**은 벽개면 파괴의 또 다른 형태로서 종종 철이나 저탄소강
에서 발견되며 벽개 파면에서 특정 결정 방향에 따라 배열되어 있는 미세한 은빛 색
깔의 줄무늬로 나타난다. 조직:7-28은 탄소강에서의 전형적인 tongue 패턴으로서 A
에 잘 발달된 tongue 형상이 보이고 C에서는 탄화물에 의하여 벽개파괴가 시작되는
점이 표시되었다.

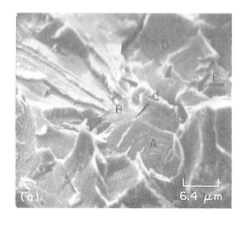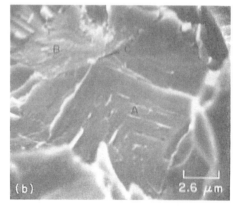

조직:7-28   (a) D와 E는 2차 크랙, (b) 입자 A와 입자 B 사이에 있는 탄화물 C로부터 국
부적 벽개 크랙이 시작되어 옆의 입자들로 전파되었다.

준벽개(quasicleavage) 파면

강을 급랭한 후 tempering 처리하면 미세한 탄화물들이 입자에 석출된다. 만약 시편에 외부의 응력이 가해지면 이러한 석출물 등에 의하여 작은 벽개면들이 많이 발생하게 되고 결국 이들이 austenite 입자내에 생성되어 있는 원래의 벽개 파면의 크기나 방향을 구별하기가 매우 힘들게 만든다. 이렇게 석출된 탄화물 입자나 큰 불순물 등에 의하여 시작되는 작은 벽개면을 **준벽개 파면**이라 한다. 조직:7-29는 급랭-tempering 처리한 4340강을 -196℃에서 충격 시험한 파면을 나타낸다. Martensite 판의 작은 벽개면은 물결 패턴을 포함하고 있으며 준벽개면은 작게 찢어진 형태로 돌출된 **tear ridge**와 얕게 파인 보조개 모양의 dimple로 연결되어 있다.

조직:7-29   4340 시편은 843℃에서 1시간 열처리, 오일 급랭, 427℃에서 1시간 tempering 처리 한 후 -196℃에서 샤피 충격시험에 의하여 파괴되었다. 얕게 파인 홈은 (b)에 화살표로 표시되어 있다.

Dimple

온도가 증가하면 재료는 미세공공의 형성, 성장에 의하여 파괴기구가 취성으로부터 연성파괴 모드로 바뀐다. 천이온도 근처에서 파괴된 단면의 미세조직은 전형적으로 벽개면과 **dimple**를 동시에 나타낸다. 보다 높은 온도에서는 재료는 연성파괴가 발생하고 dimple을 포함하고 있으므로 벽개파괴나, 피로파괴, 또는 입계파괴 등과 쉽게 구별될 수 있다.

 Dimple은 외부응력에 의하여 재료가 파괴될 때 탄화물이나 석출물 또는 개재물과 기지금속 입자들과의 계면에서 형성된다. 따라서 dimple의 형상이나 깊이는 석출물의 크기, 외부 응력의 상태, 그리고 시료의 파괴인성 등에 의하여 결정된다.

 조직:7-30 (a)는 샤피 충격 파괴면으로서 연성과 벽개파괴 천이가 일어나는 지역을 보여주고 있다. 그림에서 상단부는 벽개 파면이고 하단부는 미세기공의 연합에 의하여 발생한 파면을 나타낸다. (c)에서 A부위는 입계를 따라 발생된 파면을 나타내고 그 주위에는 연성파면을 보여준다. 조직:7-31은 1040 탄소강의 전형적인 연성파면으로서 dimple의 시작점들이 서로 다른 경우를 나타낸다. 조직의 A 부위에서는 dimple이 구형의 황화물이나 산화물 등의 석출물에서 시작되었고 B에서는 pearlite 미세조직으로부터 dimple이 발생되었다.

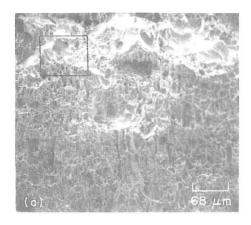

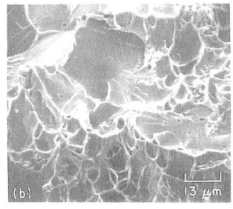
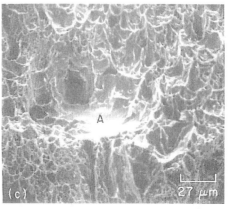

조직:7-30 Dimple과 벽개면을 동시에 나타내는 1040 탄소강의 파면. 시료는 고온인발 후 상온에서 충격시험. (b), (c)는 (a) 중앙부와 상단부의 고배율 조직

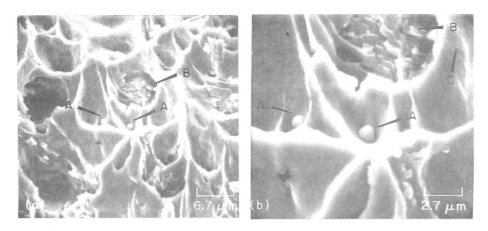

상온에서 충격시험 한 1040 탄소강의 파면. A는 개재물, B는 pearlite 집단에서 시작된 dimple. C는 dimple 근처에 발달한 슬립선을 나타낸다.

Tearing

Tearing은 진행중인 크랙 끝 부분이 다른 파괴 기구에 의하여 발달된 파괴면에 의하여 국부적으로 끊어지는 현상을 말한다. 이것은 소성 변형이나 necking으로 인하여 작은 부분이 파괴될 때 발생한다. Tearing은 입자에 날카로운 tear ridge를 생성하는데 SEM 영상에서는 밝게 나타난다. 조직:7-32는 Al 합금에서 tear dimple을 보여주는 파면을 나타낸다.

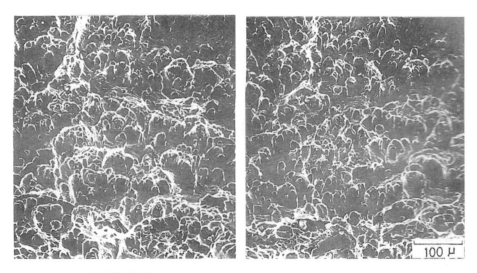

조직:7-32 Al 합금에서 tearing dimple을 나타내는 파면

피로파괴

피로파괴는 크랙이 형성되고 크랙이 입자 내에 1~2개의 슬립면 파괴에 의하여 진행되는 1단계 파괴와 슬립면이 특정한 방향으로 여러 개의 평행한 **ridge**를 형성하는 2단계 파괴로 나누어진다. 형성된 ridges는 보통 최대인장 응력 방향과 수직을 이룬다.

조직:7-33은 조대한 조직을 갖고 있는 Al-2024-T3 합금의 1단계와 2단계의 중간단계에서 발생된 피로파괴 단면으로서 파면의 방향과 높이가 입자마다 다르게 보인다. 조직:7-34는 전형적인 2단계 연성 피로파괴 조직을 나타낸다. 평행한 피로 줄무늬(fatigue striation)가 잘 발달해 있으며 크랙 진행방향은 줄무늬에 수직방향이다.

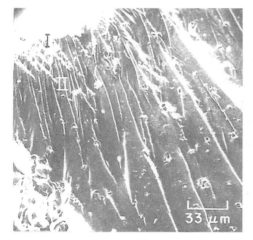

조직:7-33	조직:7-34
조직:7-33 조대한 입자를 가진 2024-T3 Al 합금에서 피로파괴의 중간단계 조직. 2단계 피로파괴 부위에서 많은 수의 피로 띠가 발달해 있다.	조직:7-34 SCMn 강의 전형적인 2단계 연성피로 파면. 한 방향으로 잘 발달된 피로 줄무늬가 보인다.

(나) 입계파괴 (intergranular fracture)

입계파괴는 파괴가 입계를 따라 진행되어 서로 분리시키는 현상으로서 취성분리나 미세공공 벽개 분리에 의하여 발생될 수 있다. **입계파괴**는 입계 에너지가 감소하면 발생하고 입계에서의 금속간 화합물이나 산화물 등의 불순물 편석이나 온도 감소에 따른 취성파괴가 주요 원인이 된다. 입계파괴 단면은 파괴가 입계를 따라 진행되므로 입자들의 면이 서로 분리되어 표면에 나타난다. 또한 물결 패턴은 보이지 않고 3개의 계면이 서로 만나는 3중점이 자주 나타나는 특징이 있다.

조직:7-35에서는 몇 가지 금속의 전형적인 입계파괴의 예를 보여준다. (a)의 W 금속에서는 K, (b)의 Ir 금속에서는 P의 편석이 파괴의 원인이 되었다. (c)의 경우에는 입계에서의 K 편석이 중앙부위에 보이는 작은 구멍들의 원인이 되었다.

조직:7-36은 18-8 스테인레스 강이 $MgCl_2$ 용액에서 응력부식에 의하여 발생한 입계 취성파괴를 보여준다. 파괴 표면에서 바위 형상의 입자들이 입계를 따라 잘 분리된 모습을 나타낸다. 조직:7-37은 탄소강의 입계 피로파면으로서 입계 취성파괴된 중앙부분의 입자들에서 피로 줄무늬가 발달한 것이 보인다.

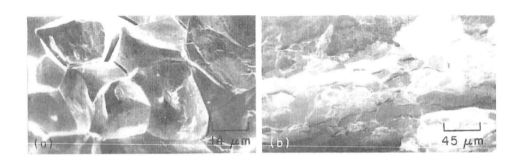

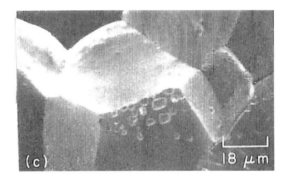

조직:7-35   입계 취성파괴 된 W, Ir, 그리고 W-3wt.%Rh 합금의 미세조직. (a) 소결 된 텅스텐 봉의 인장 파괴, (b) annealing 된 Ir 판의 구부림 파괴, (c) 소결 된 W-3wt.%Rh 봉의 인장 파괴

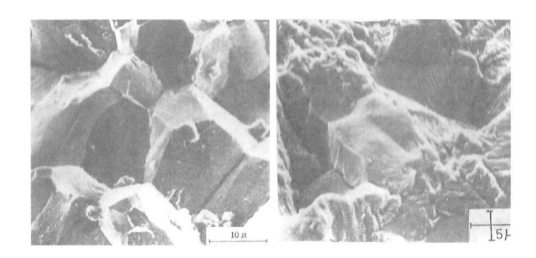

조직:7-36 MgCl₂ 용액에서 응력부식
에 의하여 입계 취성파괴된 18-8 스테인
레스 강의 미세조직

조직:7-37 탄소강의 입계 피로파괴 미
세조직

(다) 환경에 의한 파괴

고온파괴

고온 크립의 결과로서 발생하는 과부하 상태의 파괴는 입계가 미끄러지거나 국부
적으로 용해가 일어나는 다중점의 입계에서 미세공공에 의하여 시작된다. 추가적으로
형성되는 공공은 확산과 슬립에 의하여 입계를 따라 성장하게 되고 이것이 입계파괴
의 원인이 된다.

조직:7-38은 Al 1100 합금의 **고온파괴** 단면을 나타낸다. 융점 근처의 온도에서 파
괴된 단면은 입계를 따라 입자들이 뚜렷하게 분리되었고, 각 입자들의 모서리는 둥근
형태로서 한 방향으로 인장되었다. 조직:7-39는 650℃에서 크립 파괴된 18-8 스테인
레스 강의 파면 미세조직을 나타낸다. 고응력 상태에서는 입자들이 입계를 따라 파괴
가 일어난 반면에 저응력 크립에서는 입계와 입내파괴가 같이 발생한다.

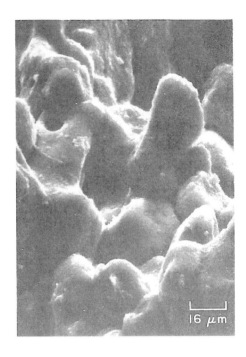

조직:7-38   융점 근처의 온도에서 3.45 MPa의 응력에 의하여 발생한 1100 Al 합금 튜브의
파괴 단면. 입자들의 표면이 산화되었다.

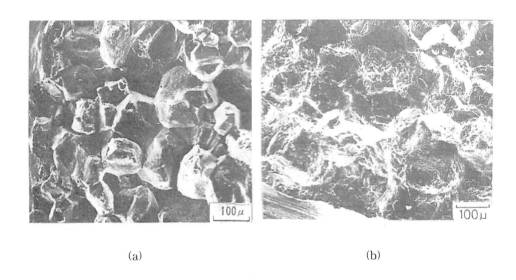

(a)   (b)

조직:7-39   650℃에서 크립 파괴된 18-8 스테인레스 강의 파면 미세조직 (a) 고응력 30kg/
㎟에서 2시간 후 파단, (b) 저응력 18kg/㎟에서 108시간 후 파단

응력부식 크랙과 수소취성

같은 합금재료에서 **응력부식**에 의하여 발생되는 파괴는 냉간가공 정도, 열처리 등에 의하여 입계파괴, 입자파괴, 또는 혼합형의 파괴가 발생할 수 있다. Tempering 처리된 고강도 강에서 크랙 끝 부분에서의 응력이 작을 때는 응력부식에 의한 파괴가 입계파괴로 발생한다.

조직:7-40은 소금물에 노출시킨 4340강에서의 입계파괴 단면을 보여준다. 조직에서 입자간 파괴나 martensite 미세구조는 보이지 않는 반면에 저온에서 과부하에 의하여 발생한 파괴와 급랭에 의한 크랙들이 파괴된 austenite 입자에서 형성되었다. 일반적으로, 급랭에 의하여 형성된 크랙이 시료 표면과 연결되어 있으면 tempering 처리를 할 때 크랙 표면이 산화되므로 상온에서 형성되는 산화피막과 쉽게 구별될 수 있다. 그러나 급랭시 발생하는 크랙이 시편내부에서 표면으로 노출되지 않을 경우에는 SEM 영상에 의하여 구별하기 쉽지 않다. 조직:7-41은 Cl을 함유하는 수분 환경에서 고온고압의 상태로 노출된 스테인레스 316강의 입내파괴 단면을 보여준다.

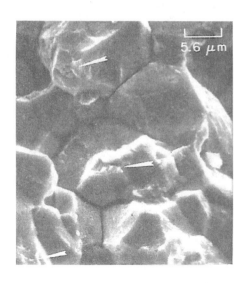 

조직:7-40 소금물에 노출시킨 4340 강에서의 입계파괴 단면

조직:7-41 Cl을 함유하는 수분 환경에서 고온고압의 상태로 노출된 스테인레스 316강의 입내파괴 단면

수소취성에 의해서도 재료는 입계파괴가 발생한다. 취성파괴는 재료가 수소취성된 상태에서 외부의 하중을 받거나 또는 하중이 주어지는 상황에서 소금 등에 의하여

점차적으로 재료가 취성 되는 경우에 발생한다. 조직:7-42는 수소취성에 의하여 발생한 2가지 경우의 입계파괴 단면을 보여준다. (a)와 (b)는 4340강 시편의 파괴 단면으로서 수소취성 때문에 항복강도의 75%의 하중에서 입계파괴가 발생하였다. (c)와 (d)는 해양 환경에 노출된 Cd-도금 4340강의 파괴면으로서 분리된 입자면에 부식 결과물들이 보인다.

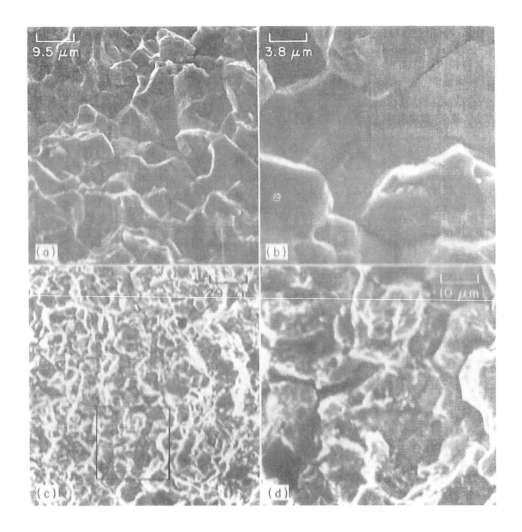

조직:7-42   수소취성에 의하여 발생한 4340강의 입계파괴 단면. (a), (b); 2% NaCl에 노출된 4340강이 외부의 하중에 의하여 파괴된 단면, (c), (d); 해양 분위기에서 사용된 Cd 도금된 4340강 헬리콥터 로터의 파면

(라) 혼합 기구에 의한 파괴

벽개 + 미세공공 합체

이러한 종류의 혼합 파괴는 응력부식 상태의 α와 α+β Ti 합금이나 또는 저합금 강이 **연성-취성 파괴온도** 범위 내에서 노출될 때 발생될 수 있다. 조직:7-43은 3.5%의 NaCl 용액에 노출된 Ti-6Al-2Sn-4Zr-6Mo 2상 합금의 응력부식 파괴 단면으로서 벽개파괴면과 연성파괴에 의한 dimple이 동시에 발견된다.

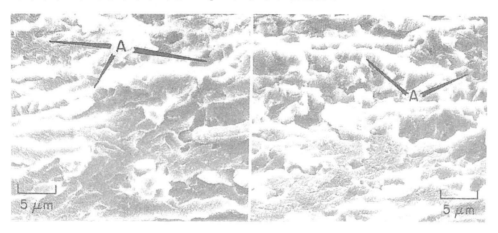

조직:7-43 벽개파괴와 미세공공 합체의 혼합기구에 의한 Ti-6Al-2Sn-4Zr-6Mo 2상 합금의 파면. α상 내에 벽개파괴면과 β상에서 A 부분에 dimple들이 보인다.

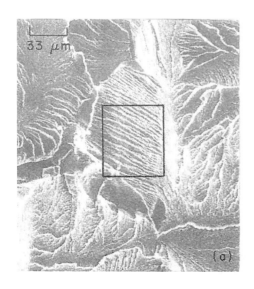

조직:7-44 벽개파면과 미세한 피로 줄무늬가 보이는 α Ti 합금의 파괴 단면. (a),(b) 강패턴이 잘 발달된 벽개면과 (c) 벽개면에 발달된 피로 줄무늬

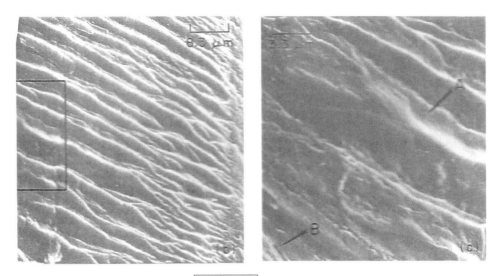

조직:7-44   (계속)

벽개 + 피로 줄무늬 형성

높은 강도, 낮은 연성을 가진 금속과 결정적 대칭성이 없는 금속에서 발생한다. 조직:7-44는 α Ti 합금의 파면으로서 물결 패턴의 벽개파면 형상과 벽개면내에서의 미세한 피로 줄무늬가 (c)에 보인다.

벽개 + 입계파괴

입계 분리와 입내파괴를 위한 분해 전단응력이 서로 비슷한 경우에 발생할 수 있다. 특정한 방향의 입계파괴 통로가 연속적으로 발달되지 못하거나 벽개응력이 비교적 낮은 경우에 벽개파괴가 발생될 수 있다. 조직:7-45는 Cb-752 (Cb-10W-2.5Cr) 합금에서의 혼합 파괴 형상을 보여준다.

Tearing + 피로파괴

연성 tearing과 피로 줄무늬 혼합 형상은 자주 관찰되는 파괴 형태로서 피로상태에 노출되어 있는 시편의 주기적 응력강도가 금속의 파괴인성 값에 도달하면, 즉 크랙의 크기가 급격한 파괴의 원인이 되는 경우에 발생된다. 조직:7-46은 피로 시험에 의하여 파괴된 Ti 금속의 파면을 보여준다. 피로 줄무늬가 A로 표시된 작게 찢어진 형태로 돌출된 tear ridge에 의하여 분리되어 있고 입자마다 피로 크랙의 진행방향이 다르게 나타난다.

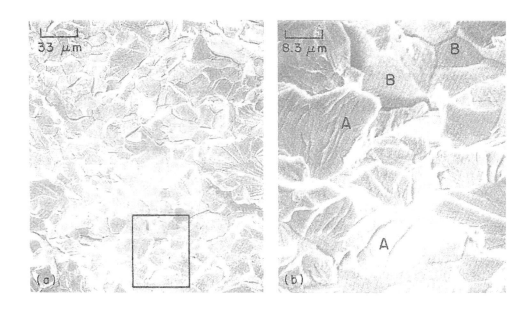

<u>조직:7-45</u> 750 wt ppm의 산소를 함유하는 Cb-752 (Cb-10W-2.5Cr) 합금의 파면. 벽개파면과 입계파괴 형상이 동시에 나타난다. A는 벽개파괴, B는 입계파괴면

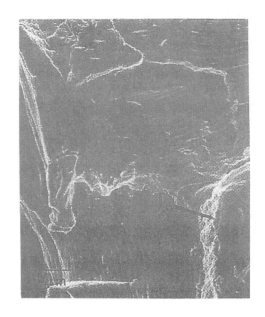

<u>조직:7-46</u> Ti 금속의 피로파괴 단면으로서 연성 tearing과 피로파괴 줄무늬 형상이 보인다. A는 tear ridge를 나타낸다

Tearing + 입계파괴

침탄에 의하여 표면이 강화된 강 등에서 자주 관찰되는 파괴 형상으로서 특정한 변형속도와 온도 조건이 주어지는 경우에 일부 입자들에서 tearing 파괴가 발생할 수 있다. 조직:7-47은 완전히 침탄처리 된 저합금강의 파괴 단면을 보여준다. 이외에도 이러한 복합 파괴는 수소취성된 재료가 만약 완전한 입계파괴를 하지 못할 경우에 발생할 수 있다. 조직:7-48은 수소가스 분위기에서 노출된 Monel 합금의 파면으로서 tearing과 입계파괴가 동시에 보인다.

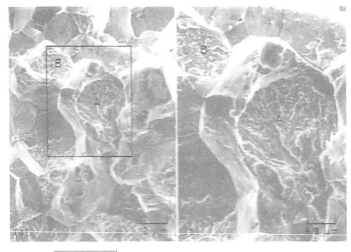

조직:7-47   침탄처리 된 저 합금강의 파면

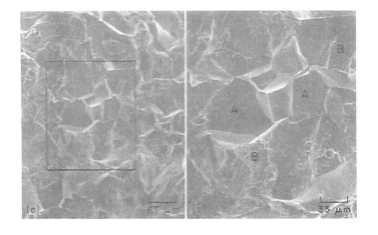

조직:7-48   수소가스 분위기에서 파괴된 Monel 합금의 미세조직. 입계파괴에 의하여 분리 된 입자면 A와 tear ridge B에 의하여 둘러 쌓인 입내파면이 동시에 보인다.

7.7.2 재료별 파면 형상

(가) 일반 철

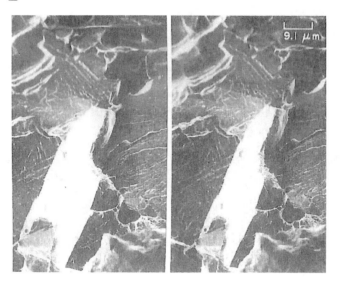

조직:7-49   고 순도 철, 샤피충격(-196℃) 파면의 스테레오 영상. 벽개파면과 면내에 미세한 물결 패턴이 발달되었다.

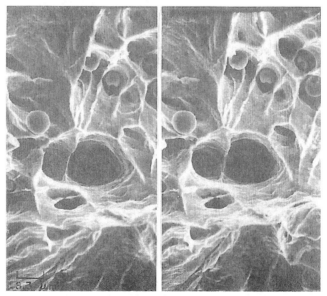

조직:7-50   저탄소, 고산소 철; 상온 인장 파면의 스테레오 영상. 원형의 산화물이 포함되는 dimple이 발달된 연성파괴

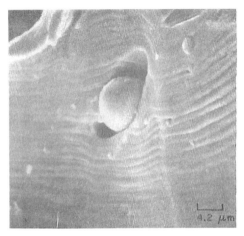

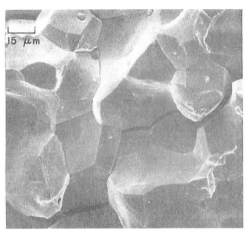

조직:7-51   저탄소, 고산소 철; 상온 피로 파면; 큰 원형의 산화물과 주변의 피로 줄무늬가 발달된 조직

조직:7-52   Armco 철; 상온 샤피충격 파면; 입계 표면이 명확히 나타나는 입계 파괴, 2차 crack이 명확히 보인다.

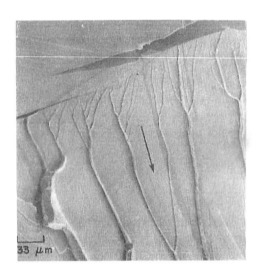

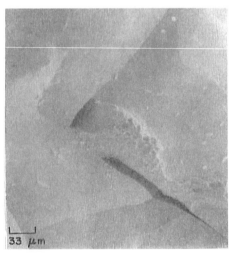

(a)   (b)

조직:7-53   950℃에서 열처리된 0.01% C-0.24% Mn-0.02% Si 철의 샤피 충격 파면, (a) -196℃, 쌍정으로부터 벽개 파면과 면내의 물결 패턴 발달. 화살표 방향으로 크랙 진행., (b) 100℃, 부드러운 입계면으로 구성, 중앙부에 약간의 dimple이 보인다.

(나) 여러 가지 강

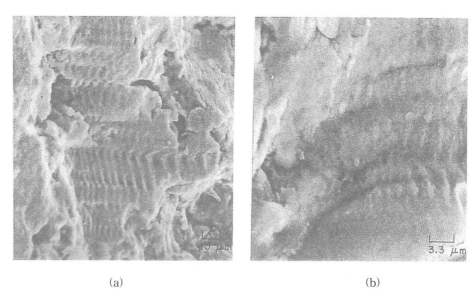

(a)   (b)

조직:7-54 0.20% C, 0.52% Mn, 0.22% Si을 함유하는 강의 상온 피로파면, (a) 480MPa, 3100 cycle. 표면이 불규칙하고 줄무늬의 각이 급히 변한다. (b) 252MPa, 1,505,200 cycle. 피로 파면. 줄무늬의 간격이 좁고 불명확하다.

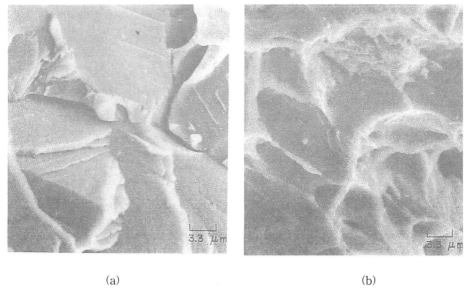

(a)   (b)

조직:7-55 1021강; 샤피충격 파면, (a) -196℃, 서로 다른 방향의 벽개파면 발달, (b) 100℃, 수 μm 크기의 연성 dimple이 발달되었다.

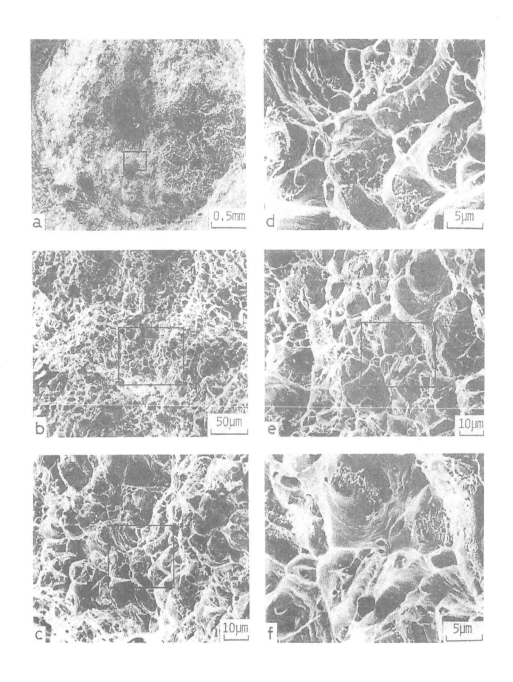

조직:7-56 상온에서의 인장시험에 의한 SS41 강의 전형적인 연성파면. (b), (c), (d)는 (a)의 고배율 조직, (e) 파면 중심부 지역의 미세조직, (f) 큰 dimple이 보인다.

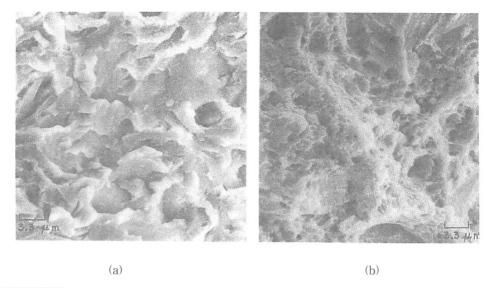

(a)　　　　　　　　　　　　　　　　(b)

조직:7-57 　1090강; bainite와 미세한 pearlite 조직, 샤피충격 파면, (a) -196℃, 복잡한 벽
개면과 steps이 발달, (b) 100℃, 많은 부분이 미세한 dimple로 구성되었다.

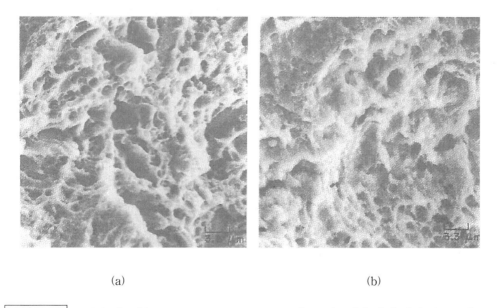

(a)　　　　　　　　　　　　　　　　(b)

조직:7-58 　1042 탄소강(0.45%C, 0.62% Mn, 0.27% Si); 100℃ 샤피 충격 파면, (a) 급랭,
약간의 tempering 처리, 주로 미세공공의 연합에 의하여 파괴됨, (b) 급랭, 500℃에서 1시간
tempering 처리, (a) 보다 dimple이 현저하게 늘어나 있다.

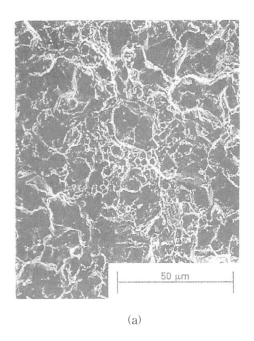

(a)

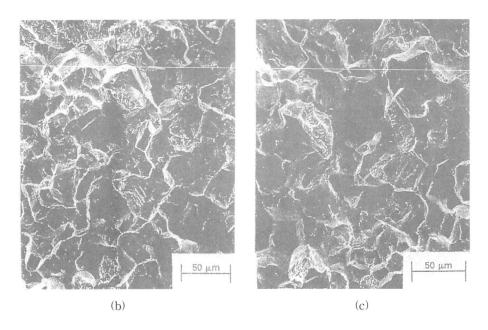

(b)   (c)

조직:7-59　　Mn 첨가에 따른 AISI 4340강의 수소 가스 분위기에서의 충격 파면, (a) 0.009Mn-0.41C, (b) 0.84Mn- 0.42C, (c) 2.13Mn-0.43C, Mn의 양이 증가할수록 수소취성에 약하고 입계파괴가 발생한다.

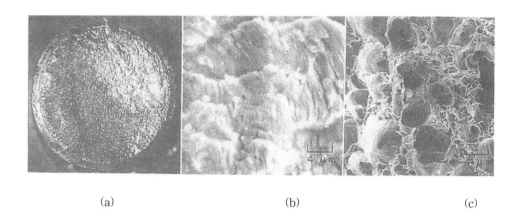

(a)   (b)   (c)

조직:7-60   에어컨에 사용된 황화 1115 강의 파면, (a) 산화된 부위가 어둡게 나타난다.
(b) 산화된 부위의 파면, 피로 줄무늬가 발달, (c) (a)의 밝은 부위 파면, 빠른 연성파괴에
의하여 다양한 크기의 dimple이 발달되었다.

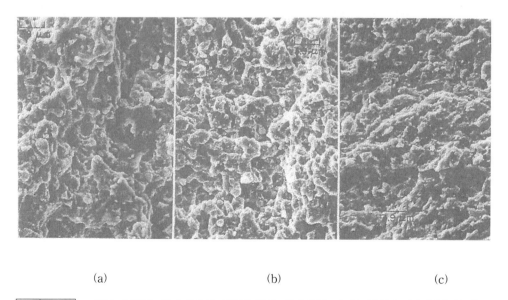

(a)   (b)   (c)

조직:7-61   다른 열처리 조건에서의 52100 강의 샤피충격 파면(-196℃), (a) 845℃(20분),
급랭, tempering(177℃), (b) 863℃(1분), 급랭, tempering(177℃), (c) 845℃(1분), 급랭,
tempering(177℃), (c)로 갈수록 벽개면과 dimple의 크기가 점차 감소한다.

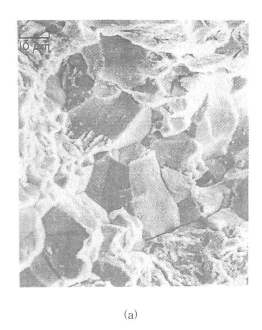

(a)

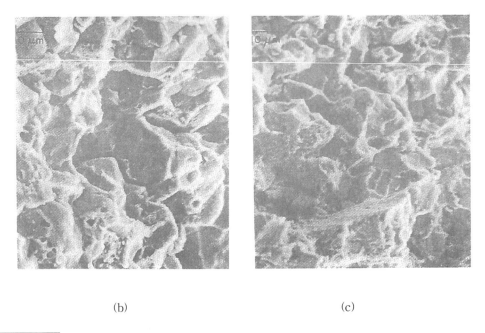

(b)　　　　　　　　　　　　　　　(c)

조직:7-62　850℃에서 가열, 급랭, 350℃에서 tempering한 5155 강의 샤피충격 파면, (a) −196℃, 대부분 취성파괴, (b) 상온, 약 75% 취성이고 나머지는 연성파괴, (c) 100℃, 60% 연성파괴, dimple이 보인다.

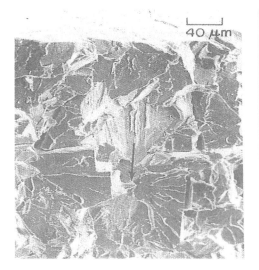

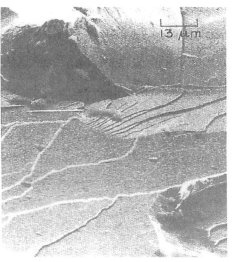

조직:7-63   Fe-3.9Ni, 굽힘(-160℃) 파면, Ti(C,N) 입자들에서 크랙이 시작, 벽개파괴

조직:7-64   Fe-3.0Ni, 굽힘(-130℃) 파면, 물결 패턴이 발달되었고 조직:7-63과 유사한 미세구조를 보인다.

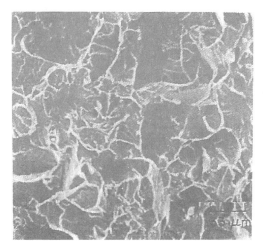

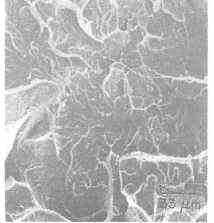

(a)   (b)

조직:7-65   Fe-12Ni-0.5Ti 합금의 충격 파면(-196℃), 시효온도의 변화에 따른 미세조직 변화 (계속)

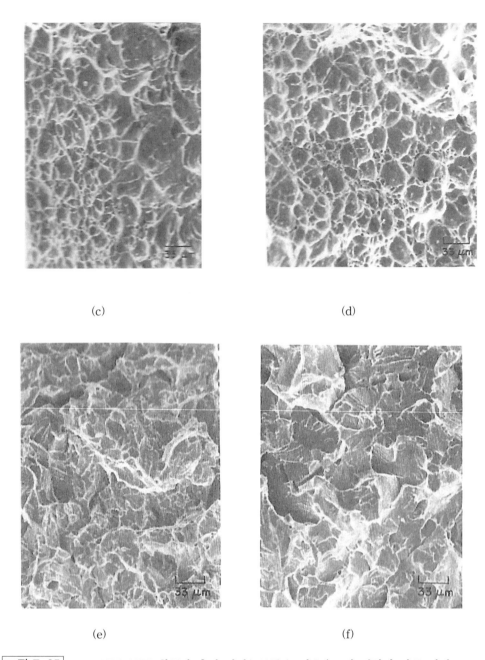

(c)   (d)

(e)   (f)

조직:7-65 Fe-12Ni-0.5Ti 합금의 충격 파면(-196℃), 시효온도의 변화에 따른 미세조직 변화, (a) 시효처리 않음, (b) 650℃, (c) 700℃, (d) 750℃, (e) 800℃, (f) 850℃에서 각각 2시간 시효처리. 상온~650℃에서는 준벽개(quasicleavage) 파면, 700~750℃에서는 연성 dimple 파괴, 800~850℃는 벽개와 입계파괴가 나타난다.

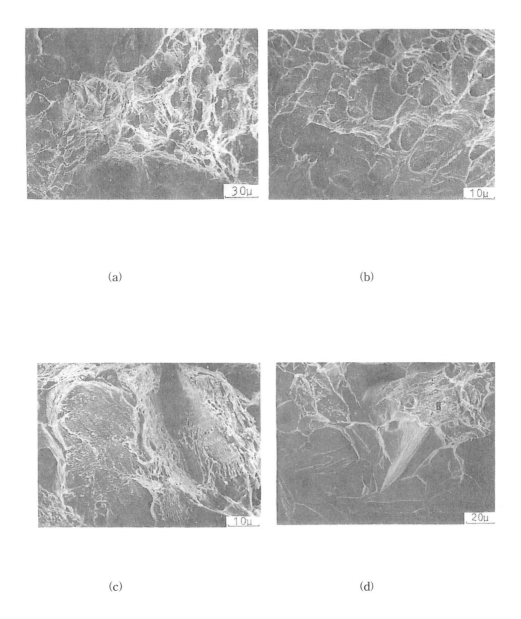

(a)   (b)

(c)   (d)

조직:7-66 0.25C-0.38Si-0.046P-0.050S-0.51Mn SC46 주강의 인장 파면, (a) 중심부위에서의 dimple 파면, (b) 물결무늬를 갖는 연신된 dimple, (c) pearlite 집단 조직, (d) 입내 파괴(A), 작은 dimple(B), dimple 내의 개재물(C) 조직

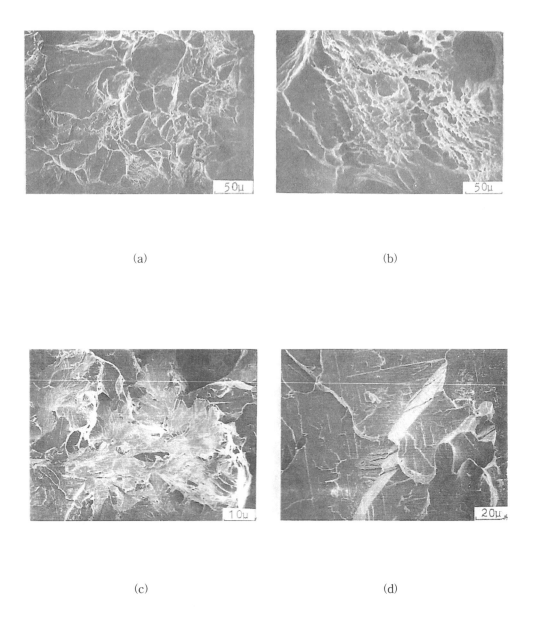

(a)

(b)

(c)

(d)

조직:7-67 0.25C-0.38Si-0.046P-0.050S-0.51Mn SC46 주강의 충격 파면, (a) 100℃, 크게 찢어진 dimple과 작은 개재물들, (b) 100℃, 신장된 작은 dimple과 갈라진 큰 dimple, (c) -50℃, 복잡한 취성적 벽개파괴면, (d) -50℃, 직선 ridge의 사각형 모양 형성

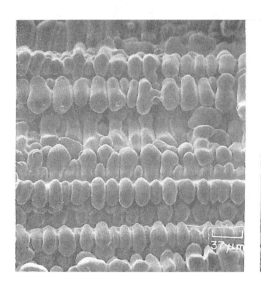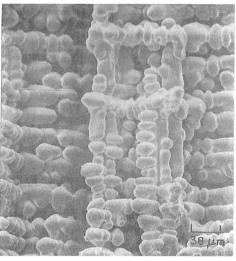

<u>조직:7-68</u> 주조 Maraging 강(18% Ni)의 인장 파면. 수지상정(dendrite)이 발달한 수축 기공(shrinkage cavity) 지역에서의 미세구조. 1차 및 2차 수지상정 팔이 발달해 있다.

<u>조직:7-69</u> 538℃에서 3시간 시효된 maraging 강(18% Ni)의 파괴-인성 파면. 인장에 의한 dimple(좌)과 ridge 간의 방향 변화(우)가 보인다.

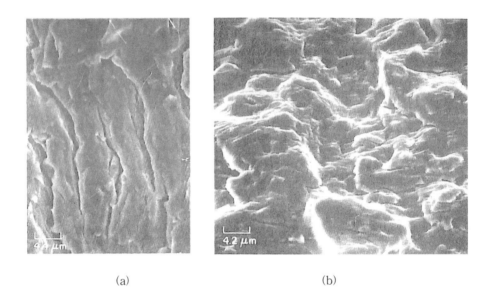

(a)   (b)

조직:7-70 Maraging 강(18% Ni)의 저주기 피로 파면, (a) 816℃(1시간), 3,000 cycle, 규칙적인 줄무늬는 없고 불규칙적으로 갈라진 조직이 발달해 있다. (b) 482℃(3시간), 1000 cycle, 2차 크랙에 의하여 분리된 불규칙적인 줄무늬가 보인다.

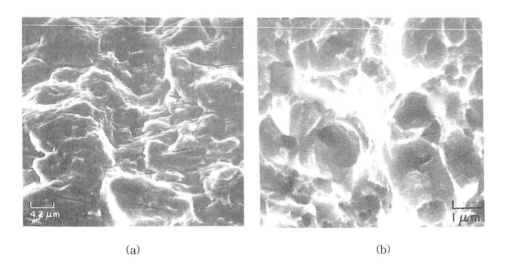

(a)   (b)

조직:7-71 수소취성에 의한 H11 공구강의 고주기 피로파면으로서 파괴가 빨리 진행된 지역의 미세조직을 나타낸다. (a), (b) 수소취성에 의한 입계분리 조직은 나타나지 않고 다양한 크기의 dimple이 발달해 있다.

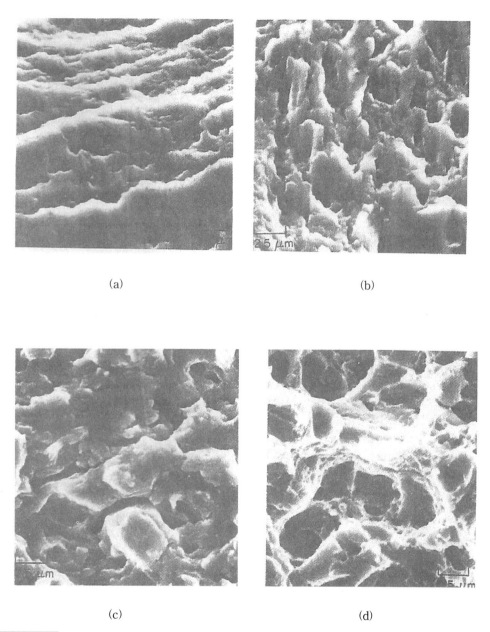

(a)

(b)

(c)

(d)

조직:7-72 H11 공구강의 저주기(21,000 cycle) 피로 파면, (a)(b)(c)(d) 순으로 피로파괴 시작 부위로부터 빠른 파괴 지역에서의 미세조직. (a) 명확한 피로 ridge, (b) 피로 ridge와 불규칙한 마루(crest), (c) 2차 크랙에 의하여 분리된 벽개파면, (d) 등축의 dimple이 보인다.

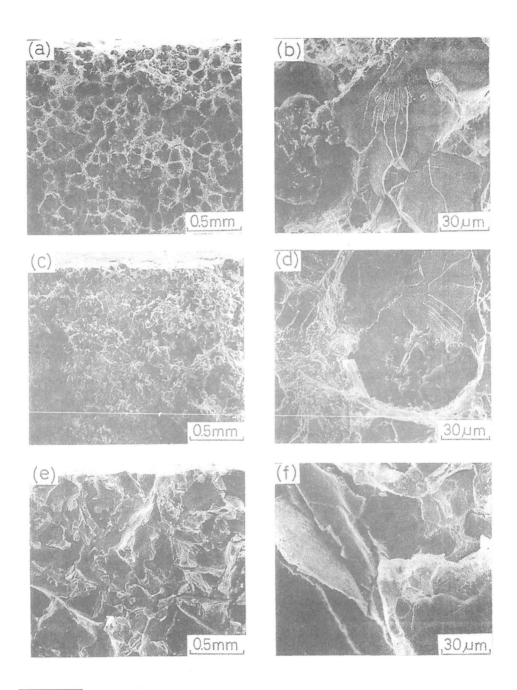

조직:7-73   Ferritic 주철의 충격 파면, (a), (b)는 구상흑연주철, (c)와 (d)는 CV 흑연주철, (e)와 (f)는 회주철의 전형적인 파면.

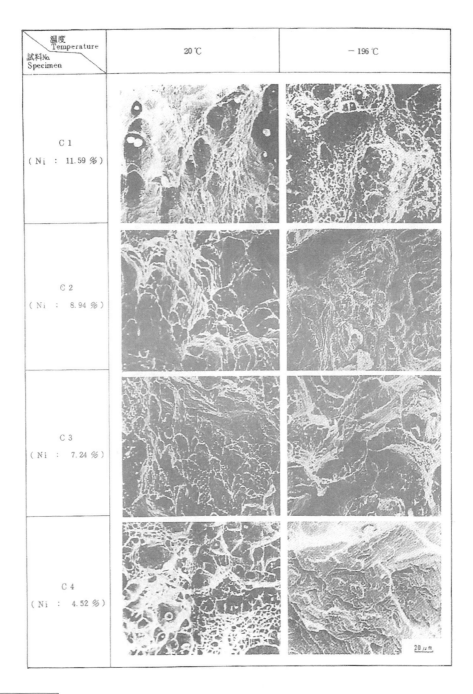

조직:7-74 충격온도와 Ni 양의 변화에 따른 0.08C-0.6Si-1.3Mn-0.01P-0.01S-19.0Cr 스테인 레스 주강 파면의 미세조직 변화

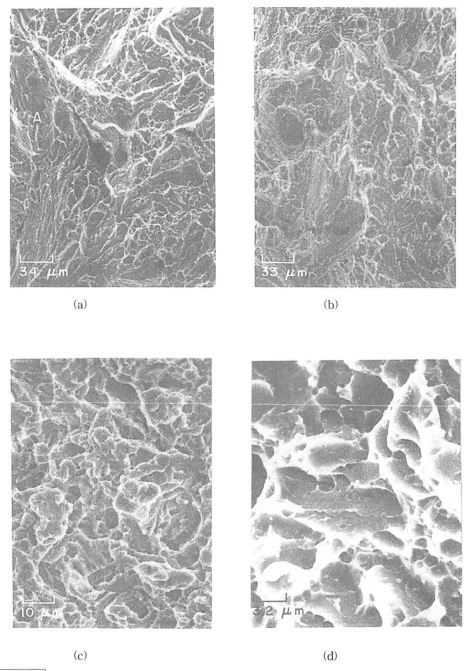

(a)

(b)

(c)

(d)

조직:7-75 　열처리 조건에 따른 0.3C-0.6Mn-5.0Mo 2차 강화 강의 파괴인성 파면. (a) 1204℃, 큰 준벽개면(A)과 dimple, (b) 1093℃, 깊은 준 벽개면과 등축의 dimple, (c) 982℃, dimple과 작은 벽개면, (d) 871℃, 여러 크기의 dimple이 보인다.

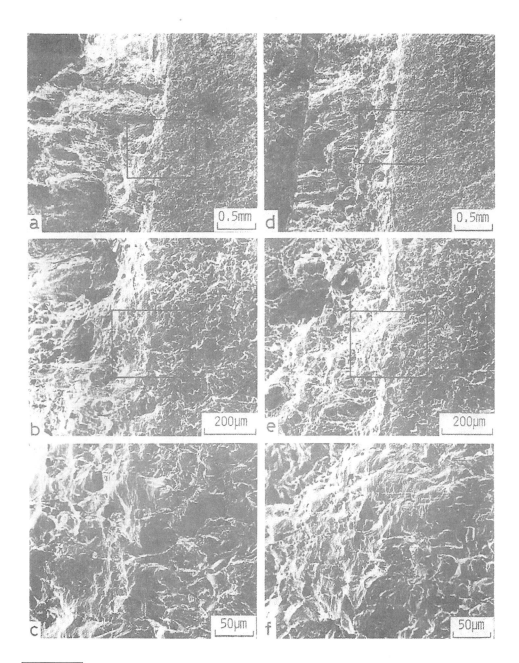

<u>조직:7-76</u> 0.13C-0.14Si-0.95Mn-0.018P-0.004S 조성의 SM41B 강을 피로 크랙이 발생된 상태에서 3점 굽힘 시험에 의한 파괴인성시험 파면 (0℃). 과부하에 의하여 신장된 지역에서의 미세조직

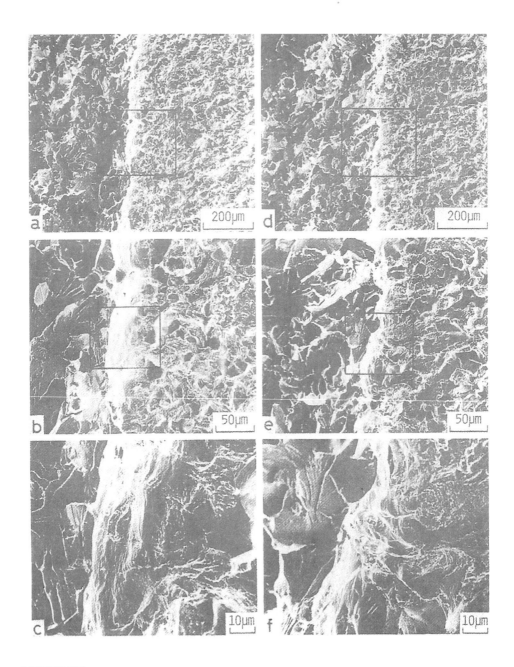

조직:7-77 조직:7-76과 동일한 조성과 재료를 피로 크랙이 발생된 상태에서 3점 굽힘 시험에 의한 파괴인성시험 파면 (-80℃). 과부하에 의하여 신장된 지역에서의 미세조직

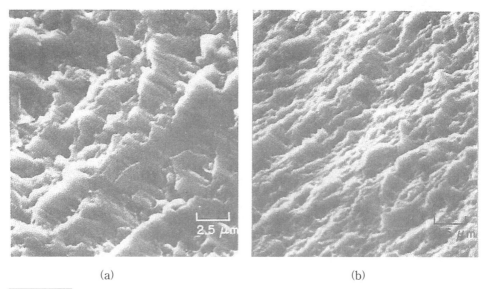

(a)   (b)

조직:7-78   13-8 PH 스테인레스 강의 피로 파면, (a) 최대인장 강도의 60%, 16,000 cycle, (b) 최대인장 강도의 30%, 959,000 cycle. (a)와 (b) 모두 피로 줄무늬는 나타나지 않고 전단력에 의하여 형성된 ridges가 발달되었다.

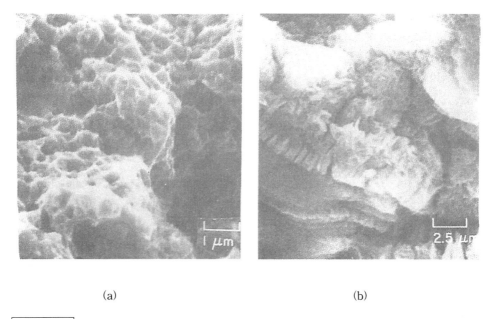

(a)   (b)

조직:7-79   13-8 PH 스테인레스 강의 파면, (a) 수소 취성, 미세한 dimple, (b) 부식물이 표면에 코팅되고 많은 2차 크랙이 발달되었다.

(다) 초합금

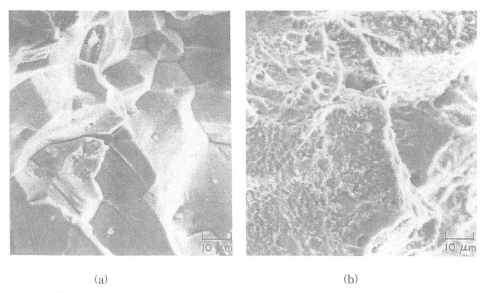

(a)   (b)

조직:7-80   내화물 26 합금의 상온 응력파괴 파면, (a) 785MPa 응력, 566℃, 33시간, 전형적인 입계파괴로서 입자면에 슬립띠가 발달되었다. (b) 275MPa 응력, 700℃, 3713시간, 고온 파괴에 의하여 입계파괴면에 많은 dimple이 형성되었다.

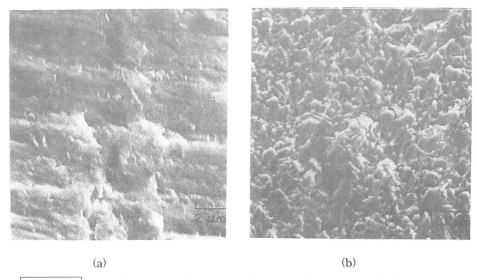

(a)   (b)

조직:7-81   718 합금의 상온에서의 피로파면, (a) 862MPa(60%), 33,000 cycle, (b) 434MPa(30%), 1,648,000 cycle

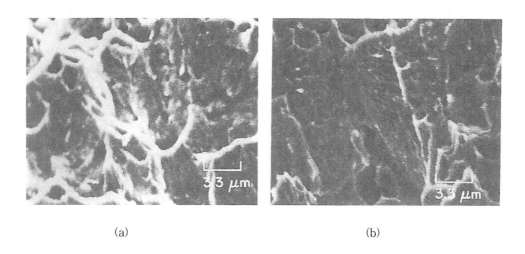

(a)   (b)

조직:7-82 Hastelloy X의 인장 파면, (a) 593℃, 입내파괴면에 tear dimple, (b) 649℃, 평평한 입계면과 함께 tear dimple이 보인다.

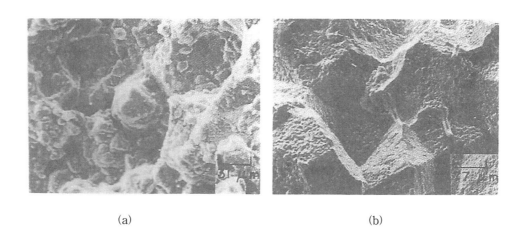

(a)   (b)

조직:7-83 172MPa에서 분말 소결 된 저탄소 IN-100 시편의 인장 파면, (a) 1149℃, 변형률 0.0008/sec, 대부분이 입계파괴이나 일부분은 입내파괴, (b) 1178℃, 변형률 2.6/sec, 완전한 입계파괴면과 약간의 dimple이 보인다.

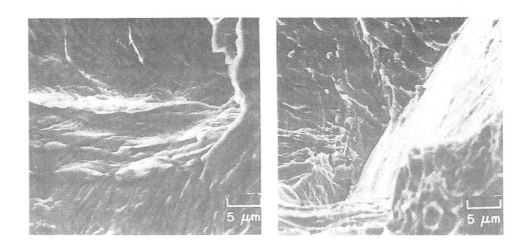

(a)   (b)

조직:7-84 0.02C-0.35Mn-0.01S-0.35Si-0.25Cu-0.4Fe 조성의 201 Ni 합금, 상온에서의 3점 굽힘 파면, (a) 공기 분위기, 많은 연성 dimple이 늘어나 있다. (b) 수소 분위기, 벽계 파면이 명확히 보인다.

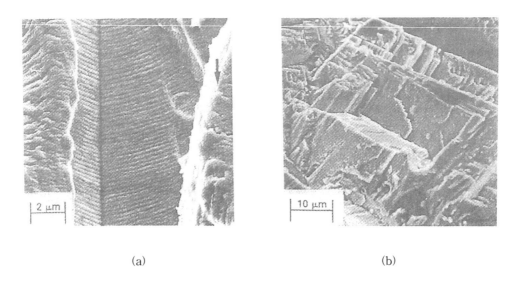

(a)   (b)

조직:7-85 Inconel 718 시편의 상온에서의 피로파면. (a) △K=30MPa, 연성 줄무늬 공정, (b) △K=14MPa, 방향적 파면 형성

(라) Al 합금

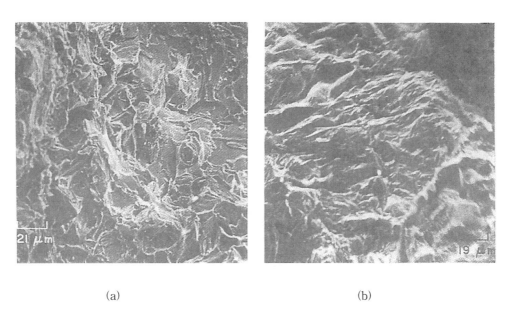

(a)   (b)

조직:7-86 사형 주조된 356-T6 Al 합금의 취성 파괴 단면, (a) 복잡한 파면과 고립된 dimple, (b) 벽개파괴와 유사한 whisker 모양의 조직이 형성되어 있다.

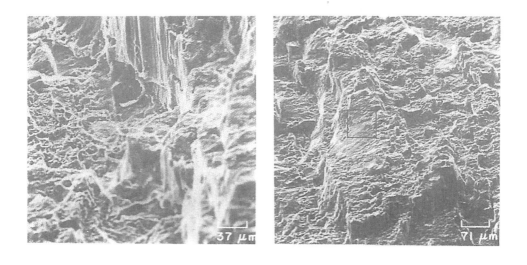

조직:7-87 상온에서 2024-T3 Al 합금의 피로 파면 조직(Ar 분위기), tear ridge dimple이 수직 벽면으로 뚜렷이 나타나고 파괴면을 연결하는 벽개면들이 보인다.

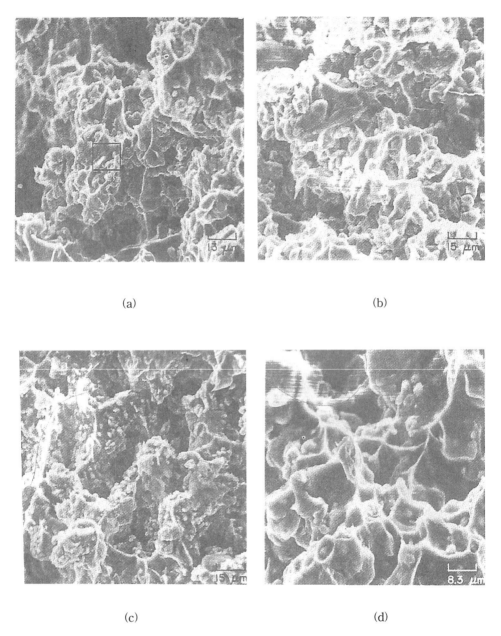

(a)

(b)

(c)

(d)

조직:7-88 입자 크기가 다른 67Al-33Cu 초소성 공정합금의 450℃에서의 과부하 인장 파면, (a) 7㎛, dimple이 금속간 화합물 상을 포함, (b) 10㎛, (a)와 유사함, (c) 2㎛, 미세한 금속간 화합물과 dimple, (d) 5㎛

(마) 기타 재료

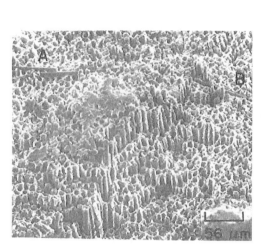
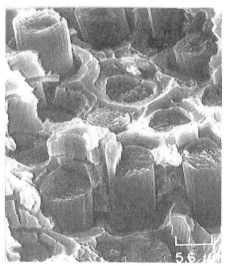

(a)   (b)

조직:7-89 탄소섬유 복합재료 (기지금속 : Mn)의 인장 파면, (a) 탄소섬유의 방향이 교
차되는 지역(A)과 ridge 지역(B), (b) 고배율 조직, Mn 기지금속이 취성 파괴된 형상을 보
여준다.

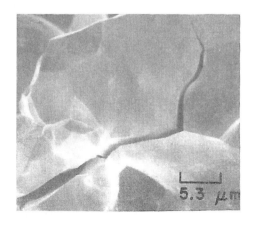
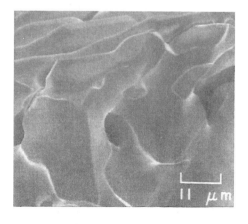

조직:7-90 Ir 선의 굽힘 파면, 완전   조직:7-91 715℃에서 열처리된 Ir 판
히 분리된 입자면을 보인다.   재의 굽힘 파면

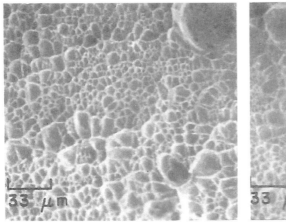 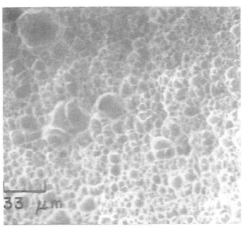

조직:7-92 95Pb-3.8Sn-1.2Ag 납땜 합금의 인장 파면. 균일한 크기의 dimple이 잘 발달되어 있다.

조직:7-93 94Pb-4Sn-2Ag 납땜 합금. 보다 작은 dimple이 생성되어 있다.

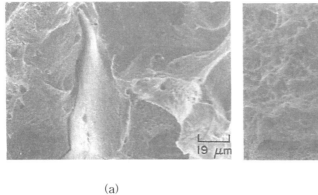 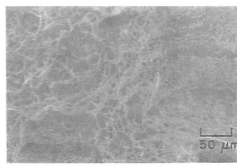

(a) (b)

조직:7-94 64Cu-27Ni-9Fe 합금의 파괴인성 시험의 과부하 인장 파면, (a) 775℃, 10시간, 명확하게 분리된 입계면과 작은 dimple, (b) 775℃, 100시간, dimple을 포함하는 입내 파면이 잘 발달해 있다.

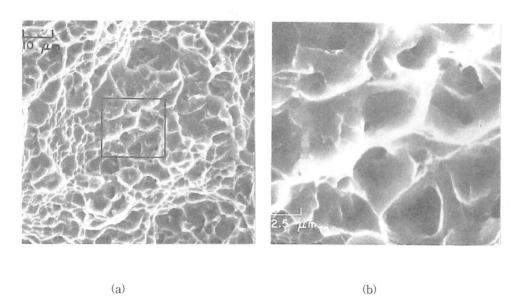

(a)   (b)

조직:7-95   Ti-6Al-4V 합금의 과부하 인장의 전형적 파면, (a) 섬유질의 중앙파면 부위, 등축의 균일한 dimple이 발달해 있다. (b) 고배율 조직

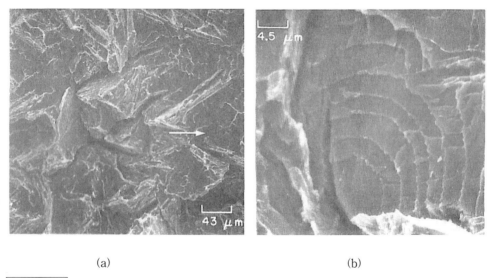

(a)   (b)

조직:7-96   Ti-6Al-4V 합금의 수소분위기에서의 파괴인성 파면, (a) 준벽개 파면과 물결 패턴이 발달해 있다. 화살표 부위에 벽계 계단면(terraced facet)이 발달되어 있다., (b) 고배율 조직

──────────── 연 구 과 제 ────────────

1. SEM의 기본적 구조 및 역할

2. 발생전자 신호의 종류 및 특성

3. 수차(aberration)의 원인

4. 2차전자와 후방산란 전자 영상의 차이점

5. 특성 X-선의 분석 방법

6. 비전도체의 정전기적 charging 문제 해결 방법

7. 명암형성 기구

8. 가속전압과 빔전류가 해상도에 미치는 영향

9. 연성파면과 취성파면 특성

10. 입내파괴와 입계파괴의 종류와 특성

부 록

부 록

1. 각종 금속 및 그 합금의 부식액

♣ 은(Ag) 및 그 합금의 매크로부식

기호	재　료	부 식 액	조　건
Ag M1	순 Ag 입내면부식	70ml 96% 에타놀 30ml 65% 질산	3~5분 약간 따뜻하게 한다. ★주의사항참조★
Ag M2	Ag+미량의 Cu 입내면부식	90ml 96% 에타놀 10ml 65% 질산	1~3분 ★주의사항참조★

♣ 은(Ag) 및 그 합금의 마이크로부식

기호	재　료	부 식 액	조　건
Ag m1	순 Ag	100ml 증류수 5~10g 시안화칼륨	수분 ★주의사항참조★
Ag m2	순 Ag	100ml 95~97% 황산 1-5g 산화크롬(Ⅵ)	수초 침지 또는 불식부식 ★주의사항참조★
Ag m3	순 Ag와 미량첨가된 Ag합금	a) 100ml 증류수 　　 10g 과옥소황산암모늄 b) 100ml 증류수 　　 10g 시안화칼륨	30초~2분 직전에 a)와 b)를 혼합
Ag m4	순 Ag Ag-Ni, Ag-Pd합금	50ml 암모니아 32% 수용액 50ml 30% 과산화수소	수초(★주의사항참조★) 새로운 액을 사용
Ag m5	은합금 은땜납(Ag-Cu-Cd-Zn)	100ml 냉각염화칼륨포화수용액 10ml 65% 질산 2ml 냉각염화나트륨포화수용액	수초 약간 따뜻하게 한다.
Ag m6	Ag-Cd, Ag-Cu 은땜납(Ag-Cu-Cd-Zn)	25ml 증류수 25ml 암모니아수 32% 수용액 50ml 30% 과산화수소	수초 새로운 액을 사용 최후에 과산화수소를 첨가 한다 ★주의사항참조★
Ag m7	은땜납(Ag-Cu-Cd-Zn)	1000ml 증류수 2g 염화철(Ⅲ)	5~30초 침지 또는 불식부식

기호	재 료	부 식 액	조 건
Ag m8	Ag-Cu합금 입계부식	100ml 증류수 1~2ml 95~97% 황산 1~2g 산화크롬(VI)	1분 ★주의사항참조★
Ag m9	Ag-Ni,Ag-Mg-Ni,Ag-Pd-Sn, Ag-Sn합금	1000ml 증류수 2~11ml 95~97% 황산 2g 산화크롬(VI) (농도가변)	수초 ★주의사항참조★
Ag m10	Ag-Mo, Ag-W합금, Ag-WC	10ml 수산화나트륨10% 수용액 10ml 30% 훼리시안화칼륨수용액	5~15초 반응이 강한 경우는 증류수로 농도를 반으로 희석
Ag m11	Ag-Sn-Zn-Cu합금 치과용아말감:β상이 부식된다	100ml 증류수 3ml 95~97% 황산 2g 이크롬산칼륨 1g 불화나트륨 (**Crowel 부식액**)	수초~수분 ★주의사항참조★
Ag m12	Ag-Th합금	100ml 증류수 8ml 95~97% 황산 2g 이크롬산칼륨	수초~수분

***불식부식**: 부식액을 묻힌 솜으로 연마면을 문질러서 표면층을 제거하고 나서 부식하는 방법
***침지부식**: 연마면을 위로하여 시편을 부식액 속에 담근 후 시편을 흔들어서 부식하는 방법

♣ 은(Ag) 및 그 합금의 전해부식

기호	재 료	부 식 액	조 건
Ag Em1	순 Ag	1000ml 증류수 38g 탄산수소칼륨 35g 시안화은 30g 시안화칼륨	90초 0.5V 직류 Ag 음극 ★주의사항참조★
Ag Em2	Ag합금	1000ml 증류수 100g 구연산	15초~3분 6V 직류 Ag 음극 경우에 따라서 2,3방울의 염산을 가한다.
Ag Em3	순 Ag Ag합금 Ag-Cu합금	800ml 증류수 40g 치오황산나트륨 20g 이아황산칼륨	10~20초간 사전의 정밀연마는 전해연마로 하지 않으면 안된다. 직류 그래파이트 음극

♣ 알루미늄(Al) 및 그 합금의 매크로부식

기호	재료	부식액	조건
A1 M1	순 A1과 모든 Al합금 산화물과 균열관찰	100ml 증류수 5~20g 수산화나트륨	5분~1시간 실온~50℃정도까지
A1 M2	Cu,Mn,Si,Mg,Ti를 함유하는 A1합금 Si를 많이 함유한 주물합금	75ml 32% 염산 25ml 65% 질산 5ml 40% 불산	수초에서 수분 새로운 액을 사용할 것 경우에 따라서 25ml의 증류 수를 가한다. 온수로 세척한다. ★주의사항참조★
A1 M3	A1계 재료 순 A1	90ml 증류수 15ml 32% 염산 10ml 40% 불산 (**Flick 부식액**)	5초~3분 ★주의사항참조★
A1 M4	A1 계재료 일반적인 Al재료, 순 A1 A1-Mn, A1-Mg, A1-Mg-Mn A1-Mg-Si합금 입경관찰 압연방향, 용접부위 마이크로 부식에도 적용가능	20(50)ml 증류수 20(15)ml 32% 염산 20(25)ml 65% 질산 5(10)ml 40% 질산 (**Keller 부식액**)	1~3분 ★주의사항참조★
A1 M5	순 A1 Mn-A1, Si-A1, Mg-A1, Mg-Si-A1합금	25ml 증류수 45ml 32% 염산 15ml 65% 질산 15ml 40% 불산 (**Tucker 부식액**)	수초~수분 새로운 부식액을 사용할 것 ★주의사항참조★
A1 M6	표면결함 순 A1	100ml 증류수 5.5ml 95~97%황산	수초~수분

♣ 알루미늄(Al) 및 그 합금의 마이크로부식

기호	재 료	부 식 액	조 건
Al m1	거의 모든 Al 재료, Al합금 Al-Be합금 결정입계부식 순 Al중의 슬라이딩면 관찰	100ml 증류수 0.5ml 40% 불산 필요에 따라 불산을 10ml까지 증가시킨다	10~60초 광택연마와 부식은 교대로 반복 실시 ★주의사항참조★
Al m2	거의 모든 Al 재료, Al합금 Al-Be합금 고농도 Si를 함유한 Al합금 을 제외. Al호일	95ml 증류수 2.5ml 65% 질산 1.5ml 40% 염산 1ml 40% 불산 (농도가변) (Dix-Keller 부식액)	10~30초 새로운 액을 사용 ★주의사항참조★

Al m3	순 Al
	Cu-Ai, Mg-Al, Mg-Si-Al,
	Zn-Al합금
	단시간의 부식으로는 Al_2Cu
	상은 착색되지 않는 수축 부
	식 가능
		a) 100ml 증류수
		  1~2g 수산화나트륨
		b) 95ml 증류수
		  5ml 65% 질산
			5초~10초
			a)로부식. 경우에 따라서 따
			뜻하게 한다(50℃). 새로운 액
			을 사용
			b)로 세척 후 다시 a)로 15분
			부식, 약 10분간 물로세척

Al m4	거의 모든 Al 재료, Al합금	a) 100ml 증류수
		  25g까지 수산화나트륨
		  1g 염화아연
			수초~수분

Al m5	거의 모든 Al 재료, Al합금 특히 Cu를 함유하는 합금 AlZnMg 이차 석출물의 관찰	75ml 증류수 25ml 65% 질산	40초~70℃ 1~2시간, 실온
Al m6	특히 Al-Cu합금 (매크로부식도 가능)	92ml 증류수 6ml 65% 질산 2ml 40% 불산 (Kroll 부식액)	15초 ★주의사항참조★
Al m7	Cu, Mn, Mg, Fe, Be, Ti를 함유하는 다원소 Al합금중의 금속간 화합물 상의관찰 Fe_3Al Al-Fe, Al-Fe-Si상 이차석출상	80ml 증류수 20ml 95~97% 황산	30초~3분 70℃

기호	재 료	부 식 액	조 건
A1 m8	Al-Mg기 합금의 결정입계부식 부식성합금의 결정입계 부식의 확인 β-Al₈Mg₅ 또는 Al₃Mg₂ 석출 관찰 Al-Mg기 합금의 응력분포 관찰	100ml 증류수 9g 인산(결정)	30분 20℃ 부식 전에 100℃로 가열 천 천히 냉각한다.
A1 m9	순 Al Al-Mg, Al-Mg-Si합금	25(50)ml 99.8% 메타놀 25(30)ml 32% 염산 25(20)ml 65% 질산 한방울 40% 불산	10~60초 20~25℃ ★주의사항참조★
A1 m10	Al-Si, Al-Cu합금 석출물 결정입계부식	60ml 증류수 10g 수산화나트륨 5g 훼리시안화칼륨	2분
A1 m11	순 Al Al-Cu, Al-Mg, Al-Mg-Si 합금	90ml 증류수 10ml 85% 인산	a) 1~3분 50℃ b) 전해: 5~10초, 1~8V직류 (스텐레스(V2A)음극)
A1 m12	소결 Al재 결정입계부식 도막층제거	84ml 증류수 15.5ml 65% 질산 0.5ml 40% 불산 3.0ml 산화크롬(Ⅵ)	20~60초 새로운 액을 사용 ★주의사항참조★
A1 m13	Al-Si-Cu 주조합금 착색부식	200ml 증류수 1g 헵타몰리브덴산암모늄 6g 염화암모늄	30초 간격 새로운 액을 사용 ★주의사항참조★
A1 m14	주조합금 중의 편석, 용접점 착색부식	100ml 증류수, 40℃ 4g 과망간산칼륨 1g 수산화나트륨	7~20초 소입 불가능한 합금에서는 45 초
A1 m15	순 Al 거의모든 Al합금 주로 결정입계부식	a) 95ml 증류수에, 5ml의 40% 불 산을 넣고 끓여서 몰리브덴산 분 말을 더 이상 녹지 않을 때까지 넣는다 b) 90ml 증류수에 40% 불산 10ml 를 넣고 끓여 몰리브덴 산 을 더 이상 녹지 않을 때까지 넣 는다	합금에는 수초, 순 Al에는 수분간 습식부식. 실온에서 부 식 a)와 동일 부식한 표면이 검게되면 Cu와 Zn을 함유한 합금이다. 최초에 b)로 부식, 그 후 a)로 부식 ★주의사항참조★

*습식부식: 부식용액이 담긴 용기에 시편을 담그어서 부식하는 방법. 착색부식에서는 중요

♣ 알루미늄(Al) 및 그 합금의 전해부식

기호	재 료	부 식 액	조 건
Al Em1	순 Al Al-Zn, Al-Mn, Al-Mg-Si, Al-Zn-Mg, Al-Mn-Mg합금 Al-Cu-Mg합금은 어렵다.	200ml 증류수 5ml 35% 사불화붕산 (**Barker 부식액**)	1~2분간 20~40V 세척 시에 닦으면 안된다. Al, Pb, 스텐레스(V2A)음극 를 이용한다. 편광을 이용하 여 관찰한다. ★주의사항참조★
Al Em2	순 Al Al-Cu, Al-Mg Al-Mg-Si합금	90ml 증류수 10ml 85% 인산	5~10초간 1~8V 직류 스텐레스(V2A)음극

♣ 금(Au) 및 그 합금의 매크로부식

기호	재 료	부 식 액	조 건
Au M1	순 Au	66ml 32% 염산 34ml 65% 질산	수초~수분 가열하여 부식한다. 새로운 액을 사용 ★주의사항참조★

♣ 금(Au) 및 그 합금의 마이크로부식

기호	재 료	부 식 액	조 건
Au m1	순 Au, Au-Pt, Au-Ag합금(Au80%이상)	60ml 32% 염산 20ml 65% 질산 (왕수) (농도가변)	수초~수분 새로운 액을 사용 경우에 따라 가열 ★주의사항참조★
Au m2	귀금속을 90%까지 함유하는 합금 귀금속농도가 높은 Au합금의 경우 화이트골드	a) 100ml 증류수 　　10g 시안화칼륨 b) 100ml 증류수 　　10g 과옥소황산암모늄	30초~2분 사용직전에 a)와 b)를 동일량 혼합. 시안화칼륨과 과옥소황산암모 늄은 각각 2배 사용 ★주의사항참조★

기호	재 료	부 식 액	조 건
Au m3	Au-Cu-Ag합금	100ml 증류수 100ml 3% 과산화수소수 35g 염화철(Ⅲ)	수초~수분
Au m4	순 Au Au 농도가 높은 합금	100ml 32% 염산 1~5g 산화크롬(Ⅵ)	수초~수분 정밀연마에서 생긴 변형층을 제거하기 위하여 불식부식을 한다. ★주의사항참조★

♣ 금(Au) 및 그 합금의 전해부식

기호	재 료	부 식 액	조 건
Al Em1	Au, Au합금	100ml 증류수 5g 시안화칼륨	1~2분 1~5V 교류 또는 그래파이트 음극 0.5~1.5mA/cm² ★주의사항참조★
Al Em2	순 Au	32% 염산	1~2분 1~5V 교류 Pt 음극

♣ 베릴륨(Be) 및 그 합금의 매크로부식

기호	재 료	부 식 액	조 건
Be M1	공업재료로서의 Be 조대한 결정립의 Be	90ml 증류수 10ml 32% 염산 4g 염화암모늄	수분 불식 또는 침지부식
Be M2	공업재료로서의 Be 조대한 결정립의 Be 및 저 Be합금	90ml 증류수 10ml 32% 염산 2g 염화암모늄 2g 피크린산	수분 불식 또는 침지부식 ★주의사항참조★
Be M3	순 Be 공업재료로서의 Be	80ml 증류수 14ml 95~97% 황산 6ml 85% 인산 43g 산화크롬	3분 40℃ ★주의사항참조★
Be M4	순 Be 작은 결정립의 Be 단결정 Be	50ml 증류수 40ml 65% 질산 10ml 40% 불산	수초~수분 ★주의사항참조★

♣ 베릴륨(Be) 및 그 합금의 마이크로부식

기호	재 료	부 식 액	조 건
Be m1	순 Be 입계, 불순물, 단결정	50ml 증류수 50ml 65% 염산 몇 방울 40% 불산	수초~수분 ★주의사항참조★
Be m2	순 Be 부식피트(구멍)	100ml 증류수 20g 산화크롬(Ⅵ) 14ml 85% 인산 1ml 95~97% 황산	10초 ★주의사항참조★
Be m3	석출상 입계관찰	100ml 증류수 10g 수산	2~15분 끓인다 ★주의사항참조★
Be m4	거의 모든 Be계재료 Be합금	100ml 증류수 5ml 95~97% 황산	1~15초
Be m5	Be Be합금	25ml 87% 글리세린 5ml 40% 불산 5ml 65% 질산	약15분 경우에 따라 불산을 15ml 까지 추가 ★주의사항참조★
Be m6	Be-Co합금	15ml 증류수 15ml 빙초산 60ml 32% 염산 15ml 65% 질산	수초 ★주의사항참조★
Be m7	Cu 농도가 높은 Be-Cu합금 Be-Ag Be-Al-Ti합금	50ml 증류수 20ml 암모니아수 3ml 30%과산화수소	수초~수분 혼합가변 새로운 액을 사용
Be m8	Be-Fe합금	100ml 96% 에타놀 5ml 32% 염산 5g 피크린산	수초~수분 ★주의사항참조★
Be m9	Be-U합금 Be-Nb, Be-Y, Be-Zr합금	50ml 90% 유산 50ml 65% 질산 50ml 40% 불산	수초~수분 ★주의사항참조★
Be m10	석출상관찰	포화황산동(Ⅱ) 수용액	30초

♣ 베릴륨(Be) 및 그 합금의 전해부식

기호	재 료	부 식 액	조 건
Be Em1	Be와 Be합금	294ml 에틸렌글리콜 4ml 32% 염산 2ml 65% 질산	6분 30℃ 12~20V 직류 스텐레스 음극

♣ 비스머스, 안티몬(Bi, Sb) 및 그 합금의 매크로부식

기호	재 료	부 식 액	조 건
Bi M1	공업적 순Sb 미세결정배열 Sb-Pb합금	a) 220ml 증류수 　　80ml 65% 질산 b) 300ml 증류수 　　45g 파라몰리브덴산암모늄	수초~수분 사용전에 a)와 b)를 혼합
Bi M2	미세결정배열 Sb와 Bi 중의 주조결함	100ml 증류수 25g 구연산 10g 파라몰리브덴산암모늄	수초~수분
Bi M3	Bi-Sn합금 Sb-Pb합금	a) 160ml 증류수 　　80ml 65% 질산 　　30ml 빙초산 b) 400ml 증류수 　　1ml 빙초산	최초에 a)의 용액을 40℃로 가열한 것을 이용한다. 표면이 밝아질 때까지 정밀 연마를 한다. 그후 b)의 용액으로 1~2시 간 부식한다.

♣ 비스머스, 안티몬(Bi, Sb) 및 그 합금의 마이크로부식

기호	재　료	부　식　액	조　　건
Bi m1	고순도, 공업용 Sb 재료 및 Sb를 약간 포함하는 합금	70ml 증류수 30ml 32% 질산 5ml 30% 과산화수소수	수초~수분
Bi m2	Sb 와 Sb합금	30ml 빙초산 10ml 30% 과산화수소수 2g 염화철(Ⅲ)	수초~수분
Bi m3	Sb 와 Sb합금 Sb-Pb, Bi-Sn, Bi-Cd합금	100ml 증류수 30ml 32% 염산 2g 염화철(Ⅲ)	수초~수분
Bi m4	Sb합금 입면내부식	30ml 증류수 15ml 32% 염산 50ml 16% 치오황산나트륨수용액 3ml 10% 산화크롬(Ⅵ)수용액 (Chokralski부식액)	산화크롬(Ⅵ)수용액은, 사용 직전에 넣는다. 산화크롬(Ⅵ)은 증량하여도 좋다.
Bi m5	Sb, Bi 및 이들의 합금	50ml 증류수 50ml 32% 염산	1~10분
Bi m6	Bi-Sn 공정 Bi-Cd, Bi-Pb합금	95ml 96% 에타놀 5ml 65% 질산	수초~수분
Bi m7	Sb-Pb합금	100(100)ml 87% 글리세린 25(9)ml 65% 염산 25(9)ml 빙초산 　(농도가변)	수초~수분 ★주의사항참조★
Bi m8	Bi	100ml 증류수 5g 질산은	수초~수분
Bi m9	Bi합금, Sb합금	50ml 증류수 50ml 32% 염산	1~10분
Bi m10	Bi-In합금	97ml 증류수 3ml 32% 염산	수초~수분

♣ 카드뮴, 인듐, 탈륨(Cd, In, Tl) 및 그 합금의 마이크로부식

기호	재 료	부 식 액	조 건
Cd m1	순 Cd, 순 Tl합금, Cd합금	98ml 96% 에타놀 2ml 65% 질산 (**Nital 부식액**)	수초~수분
Cd m2	Cd-Ag합금	100ml 증류수 2ml 95~97% 황산 5g 산화크롬	수초~수분
Cd m3	순 Cd, 순 Tl과 Cd를 함유하는 흰색의 땜납합금	100ml 증류수 10g 산화크롬	1~10분 ★주의사항참조★
Cd m4	Cd-Sn, Cd-Zn계 공정합금	100ml 증류수 25ml 32% 염산 8g 염화철(Ⅲ)	수초~수분
Cd m5	순 Cd, 순 In, 순 Tl In-Sb합금, In-As합금	40ml 증류수 10ml 40% 불산 10ml 30% 과산화수소수	5~10분 ★주의사항참조★
Cd m6	순In, In기 합금	100ml 96% 에타놀 5ml 32% 염산 1g 피크린산	수초~수분 Bi를 함유하는 In 합금에서는 염산과 에타놀을 증량한다.
Cd m7	In-Sb합금	10ml 증류수 50ml 40% 불산 50ml 65% 질산	5~10초 이 부식액으로 다른 금속을 부식하지 말 것 ★주의사항참조★

♣ 카드뮴, 인듐, 탈륨(Cd, In, Tl) 및 그 합금의 전해부식

기호	재 료	부 식 액	조 건
Cd Em1	순 Cd, 순 Tl	100ml 증류수 200ml 87% 글리세린 200ml 85% 인산	5~10분 8~9V 직류 Cd 음극 (편광 관찰에 적합하다)

♣ 코발트(Co) 및 그 합금의 매크로부식

기호	재 료	부 식 액	조 건
Co M1	Co-Cr합금 Stellite	50ml 증류수 50ml 32% 염산	30~60분 가열 온수로 세척
Co M2	Co25Cr10Ni8W Co21Cr20Ni Co3Cr3Mo1Nb Stellite	100ml 증류수 10ml 65% 질산 50ml 32% 염산 10g 염화철(Ⅲ)	불식부식 온수로 세척
Co M3	Co-Ni-Fe 기합금 내열합금	25ml 증류수 50ml 32% 염산 25ml 65% 질산	수초~수분 ★주의사항참조★

♣ 코발트(Co) 및 그 합금의 마이크로부식

기호	재 료	부 식 액	조 건
Co m1	순 Co Co-Fe합금	100ml 99.8% 메타놀 1~50ml 65%질산	수초~수분 사용후 부식용액은 잘 둘 것 ★주의사항참조★
Co m2	순 Co, 저합금 Co Co-B, Co-Ti, Co-Mn 합금 WC-TiC-TaC-Co 초경합금 입계부식	15ml 증류수 15ml 빙초산 60ml 32% 염산 15ml 65% 질산	5~30초 사용전 최소 1시간 방치하여 둘 것 ★주의사항참조★
Co m3	자성합금 Co-Fe합금	100ml 증류수 100ml 32% 염산 200ml 99.8% 메타놀 5ml 65% 질산 7g 염화철(Ⅲ) 2g 염화동(Ⅱ)	10~15초 침지 또는 불식부식
Co m4	Co-Pt합금 WC-TiC-NbC-Co 초경합금	75ml 32% 염산 25ml 65% 질산	수초~5분 새로운 액을 사용 ★주의사항참조★
Co m5	Co-Ga, Co-Fe-V, Co-Ni-V 합금	100ml 증류수 50ml 65% 질산	90초
Co m6	Co-Sm합금 착색부식	100ml 증류수 2ml 32% 염산 20g 이황산칼륨	10초
Co m7	Co-Sm합금 입계부식	100ml 증류수 8g 산화크롬 20g 황산나트륨	5~10분 열간에서 세척 표면층은 20% 산화크롬(Ⅵ) 수용액으로 세척한다. ★주의사항참조★

기호	재 료	부 식 액	조 건
Co m8	Co-Sm합금	100ml 증류수 1ml 빙초산 1ml 65% 질산	수초
Co m9	Co기 초합금	200ml 32% 염산 5ml 65% 질산 65g 염화철(Ⅲ)	수초~수분
Co m10	Co기 초합금	50ml 증류수 50ml 32% 염산 10g 황산동(Ⅲ) (**Marble 부식액**)	수초~수분 침지 또는 불식부식 황산을 몇 방울 넣으면 활성 화 된다.
Co m11	Co 붕화물	30ml 증류수 10ml 32% 염산 10ml 65% 질산	수초~수분 ★주의사항참조★
Co m12	Co 규화물	100ml 증류수 15g 산화크롬	수초~수분 사용전에 염산을 몇 방울 넣 는다. ★주의사항참조★
Co m13	Co와 Co-A1합금	25ml 증류수 50ml 32% 염산 5g 염화철(Ⅲ) 3g 암모늄염화동 (**Adler 부식액**)	수초~수분
Co m14	순 Co기 초합금 착색부식 탄화물은 하얗게 남는다	50ml 증류수 50ml 32% 염산 2g 이황산칼륨	수초~수분
Co m15	순 Co 착색부식	98ml 증류수 2ml 40% 불산 끓여서 몰리브덴산을 포화할 때까지 넣는다.	수초~수분 실온 ★주의사항참조★
Co m16	Co기 주조, 및 압연합금 Stellite 착색부식	100ml BerahaⅢ의 기혼합용액 1g 이황산칼륨 BerahaⅢ의 기혼합용액은 600ml 증류수, 400ml 32% 염 산, 50ml 이불화수소암모늄으 로 구성	30초~5분 습식부식 1~2시간 사용한 혼합용액은 플래스틱 병에 넣어 보관한 다 ★주의사항참조★

♣ 코발트(Co) 및 그 합금의 전해부식

기호	재 료	부 식 액	조 건
Co Em1	순 Co Co-A1합금	100ml 증류수 5ml 32% 염산 10g 염화철(Ⅲ)	수초 6 V 직류 스텐레스 음극
Co Em2	70% Co 이하의 Stellite Co기 초합금	100ml 증류수 5~10ml 32% 염산 2~10g 산화크롬	2~20초 3 V 직류 스텐레스(V2A) 음극 ★주의사항참조★
Co Em3	순 Co Co기 초합금	100ml 증류수 5~10ml 32% 염산	2~10초 3 V 직류 그래파이트 음극
Co Em4	Co기 내마모합금 및 절삭공구합 금, 초합금	100ml 32% 염산 5ml 30% 과산화수소	3~5초 4 V 직류 스텐레스(V2A)음극

♣ 크롬, 몰리브덴, 니오븀, 레늄, 탄탈, 바나듐, 텅스텐 (Cr, Mo, Nb, Re, Ta, V, W) 및 그 합금의 매크로부식

기호	재 료	부 식 액	조 건
Cr M1	Cr	90ml 증류수 10ml 95~97% 황산	2~5분 끓인다
Cr M2	Mo, Nb, Ta, V, W, 및 이들의 합금	30ml 32% 염산 15ml 65% 질산 30ml 40% 불산	수초~수분 ★주의사항참조★
Cr M3	Mo, V, W	75ml 증류수 35ml 65% 질산 15ml 40% 불산	10~20분 ★주의사항참조★

♣ 크롬, 몰리브덴, 니오븀, 레늄, 탄탈, 바나듐, 텅스텐 (Cr, Mo, Nb, Re, Ta, V, W) 및 그 합금의 마이크로부식

기호	재 료	부 식 액	조 건
Cr m1	Mo 착색부식	75ml 96% 에타놀 40~60ml 염화철(Ⅲ)수용액 　FeCl₃ · 6H₂O 　(1300g/1, 50℃) 25ml 32% 염산 **(Hudson 부식액)**	실온 4분
Cr m2	Mo	70ml 증류수 20ml 30% 과산화수소 10ml 95~97% 황산	2분 침지부식 ★주의사항참조★
Cr m3	Mo 부식상	30ml 99.8% 메타놀 15ml 65% 질산 6ml 95~97% 황산	수초~수분 ★주의사항참조★
Cr m4	W 착색부식	94ml 염산수용액(10wt%) 20g 산화크롬	55℃에서 15분 그후 10분간, 그후 또 10분간 부식한다. 사전에 입계부식을 해두면 좋 은 결과가 얻어진다. ★주의사항참조★
Cr m5	Cr 와 Cr기 합금	20ml 65% 질산 60ml 32% 염산	5~60초. 보존하지 말 것 ★주의사항참조★
Cr m6	W 와 W기 합금	100ml 증류수 1ml 30% 과산화수소 (농도가변)	30~90초 끓인다
Cr m7	Cr, Nb 및 이들의 합금	20ml 65% 질산 60ml 40% 불산	약10초 ★주의사항참조★
Cr m8	Cr, Mo, Mo-Cr합금 (Cr 80%이하) Mo-Fe합금, W, W기 합금 Mo-Re합금 Re, Re기 합금	a) 100ml 증류수 　10g 수산화칼륨 b) 100ml 증류수 　10g 훼리시안화칼륨	15~60초 같은량으로 a)와 b)를 혼합 새로운액을 사용할 것 Mo와 W은 수산화나트륨과 훼리시안화나트륨도 사용가능
Cr m9	Mo, Mo-Ni합금, W, W기 합금 Nb, Nb기 합금	50(70)ml 증류수 50(20)ml 30% 과산화수소 50(10)ml 32% 암모니아수용액	Mo와 Mo기 합금 수초~수분 W와 W합금에는 10분간 끓 인다. 괄호안은 Nb, Nb기 합금용
Cr m10	Nb, Nb기 합금, Ta, Mo 및 이들의 합금, Mo-Hf합금, W, Re, Re-Hf합금 V, V기 합금	10(10)ml 40% 불산 30(10)ml 30% 질산 60(30)ml 32% 유산	15~20초 보존하지 말 것 괄호안은 Ta 와 Nb 합금용 ★주의사항참조★

기호	재　료	부　식　액	조　건
Cr m11	W, Ta, Nb 이들을 주성분으로 하는 합금, Cr 와 Cr 규화물 Re규화물, W, Th합금, Nb₃Sn	50(50)ml 증류수 50(25)ml 65% 질산 50(5)ml 40% 불산 (농도가변)	수초~수분 ★주의사항참조★
Cr m12	Mo-A1합금, Mo-Co합금	50ml 99.8% 메타놀 50ml 빙초산 50ml 40% 불산	수초~수분 ★주의사항참조★
Cr m13	Nb, Nb합금, Ta, Ta-O합금 (공업용) 부식상	20ml 증류수 20ml 95~97% 황산 20ml 40% 불산 2ml 30% 과산화수소	수초~수분 준비할 때 잘 냉각할 것. 25%알칼리소다수용액으로 중화한다. ★주의사항참조★
Cr m14	Nb-Zr합금	25ml 96% 에타놀 50ml 30% 과산화수소 25ml 65% 질산 1ml 40% 불산	수초~수분 보존하지 말 것 ★주의사항참조★
Cr m15	Nb, Nb기 합금, Mo, Mo기 합금 Ta, Ta기 합금 Nb-Cr합금, Nb₃Sn	50(0)ml 증류수 20(20)ml 40% 불산 10(20)ml 65% 질산 15(50)ml 95~97% 황산 (농도가변)	수초~수분 ★주의사항참조★
Cr m16	Nb기합금, Ta기합금, W기합금	50ml 빙초산 20ml 65% 질산 5ml 40% 불산 (농도가변)	10~30초 ★주의사항참조★
Cr m17	Ta,Ta기합금, Nb-Re합금	50ml 증류수 50(20)ml 40% 불산 (농도가변)	10초 괄호 안은 Nb-Re합금용 ★주의사항참조★
Cr m18	W를 10~70%을 함유하는 W-Co합금	10ml 32% 염산 10ml 3% 과산화수소염산수용액	수초~수분
Cr m19	W-Co공정합금, W상은 검게 된다	100ml 증류수 25g 수산화나트륨 2g 피크린산	15초 비등 ★주의사항참조★

♣ 크롬, 몰리브덴, 니오븀, 레늄, 탄탈, 바나듐, 텅스텐 (Cr, Mo, Nb, Re, Ta, V, W)및 그 합금의 전해부식

기호	재　료	부　식　액	조　　건
Cr Em1	Cr	95ml 증류수 5ml 95~97% 황산	수초~수분 2~3 V 직류 5~10V 직류(Cr합금용)
Cr Em2	Mo, W	100ml 99.8% 메타놀 20ml 95~97% 황산	수초~수분 5 V 직류 (100mA/cm²) 스텐레스 음극. W를 부식할 전용 음극을 사용
Cr Em3	Mo, Nb	65ml 증류수 17ml 65% 질산 17ml 40% 불산	수초~수분 12~30V 직류 Pt 음극 ★주의사항참조★
Cr Em4	Cr, Cr기 합금, Fe-Cr합금	95ml 빙초산 5ml 60% 과염소산	15초 30~50V 직류 스텐레스 또는 백금 음극
Cr Em5	Cr, Cr기 합금, Fe-Cr합금 Mo(입면부식), Re, Re기 합금 V, V기 합금	100ml 증류수 10g 수산	2~5초 Re 와 Re기 합금 1분 6V 직류 스텐레스 음극 ★주의사항참조★
Cr Em6	고 Cr 합금, Cr 규화물, Cr 도금층, Mo-Cr-Fe합금 U-Nb합금, V ,V기 합금 훼로바나듐	95ml 증류수 또는 96% 에타놀 5ml 32% 염산	수초~수분 5~10V 직류 스텐레스 음극
Cr Em7	Mo, Mo 기합금, W, W기 합금	100ml 99.8% 메타놀 5ml 95~97% 황산 1ml 40% 불산	10~20초 50~60V 직류 스텐레스 음극 ★주의사항참조★
Cr Em8	Mo, Mo기 합금, Ta, Ta기 합금 V, V기 합금	75ml 99.8% 메타놀 10ml 95~97 황산 25ml 32% 염산	30초 30V 직류 스텐레스 음극 ★주의사항참조★
Cr Em9	Mo, Ta의 합금, W, W기 합금	100ml 증류수 10g 수산화나트륨	수초~수분 1.5~ 6V 직류 스텐레스 음극

♣ 크롬, 몰리브덴, 니오븀, 레늄, 탄탈, 바나듐, 텅스텐 (Cr, Mo, Nb, Re, Ta, V, W)및 그 합금의 양극처리

기호	재 료	부 식 액	조 건
Cr An1	Nb, Nb$_3$Si, NbGa	50ml 96% 에타놀 10ml 증류수 1ml 85% 인산	1분 80V 직류
Cr An2	Nb$_3$Sn	100ml 증류수 1ml 85% 인산	1분 26V 직류
Cr An3	Ta, Ta 합금 착색부식	100ml 증류수 10g 황산나트륨	수초~수분. 최고 240V (8mA/㎠) 양극산화 후, 시료를 5분간 800℃ 진공 중에서 가열하고 최후에 40% 불산으로 3초간 부식한다. ★주의사항참조★
Cr An4	Ta, Ta 합금	35ml 증류수 60ml 96% 에타놀 20ml 87% 글리세린 10ml 90% 유산 5ml 85% 인산 2g 구연산 분말	10~60초 20~140V 직류
Cr An5	Ta, W	998ml 증류수 2ml 85% 인산	4분(5~30초) 240V 직류 (60~80V 직류) 괄호 안은 W용
Cr An6	순 V, V-A1 합금, V-Ga합금 V-In합금, V-Si 합금	20ml 증류수 90ml 96% 에타놀 20ml 87% 글리세린 1.5ml 85% 인산	60~100초 35V 직류 ★주의사항참조★

♣ 구리(Cu) 및 그 합금의 매크로부식

기호	재 료	부 식 액	조 건
Cu M1	순 Cu α 상(합금) 중의 덴트라이트 모든 황동 A1 청동, 입면부식	120ml 증류수, 또는 96% 에타놀 30ml 32% 염산 10g 염화철(Ⅲ) (농도가변)	수분간
Cu M2	순 Cu 모든 황동 결정립, 균열관찰	90ml 증류수 10~60ml 65% 질산	수분
Cu M3	순 Cu Cu를 함유하는 재료, 합금 깊게 부식	50ml 증류수 50ml 65% 질산 5g 질산은	수초~수분
Cu M4	순 Cu 결정립 내면 부식	50ml 증류수 50ml 65% 질산	수초~수분
Cu M5	황동 Co를 함유하는 황동	100ml 증류수 25g 과옥소황산암모늄	수초~수분
Cu M6	Si를 함유하는 황동과 청동	100ml 증류수 50ml 65% 질산 8ml 95~97% 황산 40g 산화암모늄(Ⅵ) 7.5g 염화암모늄	수초~수분 ★주의사항참조★
Cu M7	황동 응력의 검증 응력이 걸려있는 곳이 시간이 지나면 균열이 나타난다	a) 100ml 증류수 　1g 질산수은(Ⅱ) b) 100ml 증류수 　1ml 65% 질산	수초~수분 a)와 b)는 1:1로 혼합한다. 균열이 나타날 때까지의 시 간은 시료의 크기와 응력에 따라 다르다 ★주의사항참조★

♣ 구리(Cu) 및 그 합금의 마이크로부식

기호	재　료	부　식　액	조　건
Cu m1	순 Cu 황동, 청동 Al청동, Cu-Ni, Cu-Ag합금 양은	100ml 증류수 10g 과옥소황산암모늄 （경우에 따라서는 32%염산）	수초~수분 경우에 따라서 따뜻하게 한다 새로운 것을 사용할 것
Cu m2	순 Cu 황동, 양은 청동 결정입계부식	산화크롬포화수용액	5~30초 ★주의사항참조★
Cu m3	순 Cu 산화물, 규화물을 함유하는 것 함유하지 않는 것	100ml 증류수 100ml 96% 에타놀 10g 질산철(Ⅲ)	정밀연마를 보푸라기가 짧은 우단천에서 한다.
Cu m4	순 Cu α/β 황동 특수 황동 적색주조청동 Al청동, 양은 Sn청동	120ml 증류수 10g 25% 암모늄염화동을 부착 물이 녹아 나올 때까지 넣는 다.	5~60초 부식액이 너무 농도가 높은 때에는 증류수로 희석한다. 새로운 액을 사용
Cu m5	Cu합금, 황동 （β상에 착색） Cu-Be합금 공정 Al 청동 양은	100~120ml 증류수 또는 96% 에타놀 20~50ml 32% 염산 5~10g 염화철(Ⅲ)	수초~수분 경우에 따라서 Cu m6으로 더 부식한다.
Cu m6	황동, α청동 양은 Cu-Be, Cu-Cr, Cu-Mn, Cu-Ni, Cu-Si합금	80ml 증류수 5ml 95~97% 황산 10g 나트륨 또는 칼륨이크롬 산염	3~30초 사용직전에 32%염산을 두 방 울을 넣는다
Cu m7	거의 모든 Cu재와 Cu합금 α 황동, Cu-Ag 용접부위, Mn, Be, P, Al-Si 청동 결정립계부식 결정립 내면부식	25ml 증류수 25ml 25% 암모니아 수용액 5~25ml 3% 과산화수소수 과산화수소수를 약간만 넣는다 과산화수소수를 많이 넣는다	수초~수분 새로운 액을 사용 경우에 따라서 1~5ml의 20%의 칼륨 소다를 넣는다
Cu m8	거의 모든 Cu재와 Cu합금 황동(슬립선)	50ml 증류수 50ml 65% 질산 （농도가변）	수초~수분
Cu m9	Al 청동 （강하게 부식가능）	100ml 증류수 13ml 65% 질산 6.6ml 40% 불산	수분 ★주의사항참조★
Cu m10	Al 청동 （γ_2상만 부식된다）	100ml 증류수 10g 치오황산나트륨	90~150초 시료를 움직인다.

기호	재 료	부 식 액	조 건
Cu m11	Cu, Cu합금 Be 청동	100ml 증류수 1ml 25% 암모니아수용액 3g 질산암모늄	수초~수분
Cu m12	다성분 Sn 청동 δ상 Cu-Ga합금(괄호안에 표기)	30(100)ml 증류수 10(8)ml 32% 염산 10(25)ml 65% 질산	수초~수분 ★주의사항참조★
Cu m13	Cu합금 Cu-Si합금	30ml 증류수 1g 수산화칼륨 50ml 25% 암모니아수용액 20ml 30% 과산화수소	3~60초 부식제를 만들 때의 혼합순 서에 주의
Cu m14	Cu-Sn-Ag 치과용합금 β상(AgSn)이 부식된다	100ml 증류수 3ml 95~97% 황산 2g 이칼륨크롬산염 1g 불화나트륨 (Crowel 부식액)	수초~수분 ★주의사항참조★
Cu m15	Cu 조직 중의 (100) 면의 검정	100ml 증류수 20g 과옥소황산암모늄	수초~수분 새로운액을 사용 경우에 따라서 따뜻하게 한 다.
Cu m16	Cu 와 Cu 합금의 연땜납점 황동의 연땜납점·용접점, ε상, 혼합상, 용접점의 확 산층 α/β 황동 착색부식	100ml Klemm기용액 5g 이황산칼륨 (Klemm II 용액) Klemm기용액은 300ml 증류수(40℃), 1000g 치 오황산나트륨으로 구성	수초~수분 부식시간은 재료에 따라서 다르다. 습식부식
Cu m17	순 Cu , 적색주조재 청동 α/β 황동, Be 청동 착색부식	100ml 증류수 40g 이황산칼륨 11ml Klemm기용액 (Cu m16참조) Klemm III 용액	30초~5분 부식시간은 재료에 따라서 다르다. 나중에 뒤이어서 부식하는 것은 불가능하다. 습식부식
Cu m18	Cu 황동 청동	60ml 96% 에타놀 30ml 증류수 10ml 32% 염산 2g 염화철(III)	1~2분 편광 관찰에 적합하다.

♣ 구리(Cu) 및 그 합금의 전해부식

기호	재 료	부 식 액	조 건
Cu Em1	A1 청동 Cu-Be합금	100ml 증류수 1g 산화크롬	3~6초 6V 직류 A1 음극 ★주의사항참조★
Cu Em2	β 황동 양은 청동, Monel Cu-Ni합금	950ml 증류수 50ml 95~97% 황산 15g 황화철(Ⅱ) 2g 수산화나트륨	15초까지 8~10V Cu 음극
Cu Em3	Cu합금, Cartridge brass Tombac합금 Muntz metal 쾌삭황동	90ml 증류수 10ml 85% 인산	5~10초 1~8V직류 Cu 음극

♣ 철(Fe) 및 그 합금의 매크로부식

기호	재 료	부 식 액	조 건
Fe M1	비합금강과 모든 저농도 합금강 미세합금 망간경화강 용접부위	100ml 증류수 10g 과옥소황산암모늄	연마면을 솜으로 눌러 닦는다
Fe M2	비합금강과 모든 저농도합금강 침탄, 탈탄층의 분리	90ml 96% 에타놀 10ml 65% 질산	1~5분 심층부식
Fe M3	저탄소, N_2강의 응력장관찰 (슬립선) 토마스강	100ml 증류수 120~180ml 32% 염산 45~90g 염화동(Ⅱ) (Fry 부식액)	5~20분 부식전, 5~30분간 150~200℃로 유지한다. 부식 후 32%염산에 담그고, 수중에서 세척, 32% 암모니아 수용액으로 중화 한다.
Fe M4	비합금강 쾌삭강 황화물의 분포와 상태의 관찰	100ml 증류수 5ml 95~97% 황산 (유황각인) (바우만각인)	사진감광지를 용액에 담그고 연마면에 밀착시킨 약 3분후 세척, 정착(사진정착) 물로 세척, 건조시킨다. 유황을 함유한 곳은 갈색으 로 변색한다.

기호	재 료	부 식 액	조 건
Fe M5	비합금강과 합금강 초기조직, 유지조직의 분리	500ml 증류수 500ml 96% 에타놀 42ml 32% 염산 30g 염화철(Ⅲ) 1g 염화동(Ⅱ) 0.5g 염화은(Ⅱ) 염산은 최후에 첨가한다 (**Oberhoffer 부식액**)	수초~수분 표면은 정밀연마 되어 있지 않으면 안된다. 에타놀과 염 산의 혼합물 (4:1)로 부식 한 후 세척한다. 합금농도가 낮은 곳에서는 강 하게 부식되고 어둡게 된다.
Fe M6	저탄소강중의 인의 분리 섬유조직관찰 용접층, 초기조직, 입면내부식	100ml 증류수 9g 암모늄염화동 (**Heyn 부식액**)	2~10분 Cu의 석출물은 솜으로 수중 에서 닦아 낸다.
Fe M7	고농도내부식성 합금강	25ml 증류수 10g 증류수, 암모늄염화동 녹은 후 넣는다 50ml 32% 염산 25ml 염화철(Ⅲ) (**Adler 부식액**)	연마면을 솜으로 세게 문지 른다.
Fe M8	오스테나이트강 열간경화강 FeCrNi주조강	50ml 32% 염산 25ml 황화동포화수용액(Ⅱ) (**Marble 부식액**)	수초~수분

♻ 철(Fe) 및 그 합금의 마이크로부식

기호	재 료	부 식 액	조 건
Fe m1	순 Fe, 저탄소강, 저농도합금 강, 주철, 입계관찰을 위한 일 반적인 부식액	100ml 96% 에타놀 1~10ml 65% 질산 (**Nital 부식액**)	수초~수분
Fe m2	ml과 동일한 효과가 있다.	100ml 96% 에타놀 2~4g 피크린산 (피크랄 부식액+2ml 염산)	수초~수분 ★주의사항참조★
Fe m3	비합금, 저농도합금강에 있어 서 분리분석 세멘타이트의 검증 망간경화강, 주철, 착색부식	100ml Klemm기 용액 2g 이황산칼륨 (**Klemm I기용액**) Klemm의 기용액은 300ml 증류수(40℃), 1000g 치 오황산나트륨으로 구성	1~2분 주철의 경우 5분 습식부식

기호	재 료	부 식 액	조 건
Fe m4	저탄소 N₂강 내의 응력분포 토마스강	30ml 증류수 40ml 32% 염산 25ml 96% 에타놀 5g 염화동(Ⅱ) (**Fry 부식액**)	수초~수분 부식전에 150~200℃ 가열 부식 후, 32%염산에 담그고 물로 세척 25% 암모니아 수용액으로 중화
Fe m5	비합금, 저농도합금강, 마텐사이트, 베이나이트 조직 페라이트 Cr강 망간경화강 황동용접부	100ml Beraha 부식기액 1g 이황산칼륨 (**Beraha Ⅰ 의 부식액**) Beraha Ⅰ 의 부식기액: 1000ml 증류수 200ml 32% 염산 24g 이불화수소나트륨	5~20초 습식부식 1~2시간 보존가능 부식액은 플래스틱 용기에 보존 ★주의사항참조★
Fe m6	열간가공된 Cr 강의 입계관찰	85ml 96% 에타놀 1~10ml 32% 염산 1~5ml 65% 질산	최대 수분간 ★주의사항참조★
Fe m7	마텐사이트 조직 중의 입계관찰	80ml 96% 에타놀 10ml 65% 질산 10ml 32% 염산 1g 피크린산 계면활성제는 경우에 따라 넣는다.	수초~수분 ★주의사항참조★
Fe m8	소입한 강과 표면소입강의 오스테나이트 입계관찰 분리시 격렬하게 반응	100ml 피크린산포화수용액 80ml 염화동(Ⅱ) 3ml 계면활성제	30~60초 75~85℃ 시료표면의 검은 부착물은 25% 암모니아 수용액을 묻힌 솜으로 닦아낸다. ★주의사항참조★
Fe m9	냉간가공강의 오스테나이트 입계관찰	Fe m8에 1ml 32% 염산을 넣는다	수초~수분 ★주의사항참조★
Fe m10	표면소입강의 오스테나이트 입계관찰	25ml 증류수 75ml 96% 에타놀 20ml 피크린산포화알콜용액 4ml 그란홀(계면활성제) 10ml 체콜(계면활성제) 10g 염화철(Ⅱ) 3g 염화주석(Ⅱ)	수초~수분 ★주의사항참조★

기호	재 료	부 식 액	조 건
Fe m11	밸브시트강의 오스테나이트 입계, 소입강, 표면소입강	50ml 96% 에타놀 10ml 에이지폰 (계면활성제) 1ml 25% 암모니아수 1ml 32% 염산 3g 암모늄염화동	수초~수분 습식부식 ★주의사항참조★
Fe m12	냉간가공강의 오스테나이트 입계관찰	48ml 96% 에타놀 10ml 그란촐 (계면활성제) 6g 피크린산 1g 암모늄염화동	수초~수분 ★주의사항참조★
Fe m13	고농도합금 Cr-, CrNi강, 주조오스테나이트조직 σ상과 페라이트	100ml 증류수 100ml 32% 염산 10ml 65% 질산 0.3ml 포겔의 매염시약 (스텐레스(V2A) 매염)	수초~수분 실온~70℃
Fe m14	CrNi 오스테나이트 오스테나이트 조직은 밝게 착색된다. 델타페라이트는 희게 남는다. 착색부식	100ml 증류수 20g 이불화수소암모늄 0.5g 이황산칼륨 (**Lichtenegger와 Bloech부식액**)	수초~수분 습식부식 ★주의사항참조★
Fe m15	Cr강 페라이트 착색부식	100ml 증류수 10ml 25% 암모니아수용액 1g 이황산칼륨 (**Lichtenegger와 Bloech부식액**) 부식의 부식법을 변화시킨것	수초~수분
Fe m16	CrNi 오스테나이트강 최초에 델타페라이트, 다음에 오스테나이트가 착색된다 σ상은 희게 남는다 착색부식	100ml BerahaⅡ 기용액 1g 이황산칼륨 (**BerahaⅡ 용액**) BerahaⅡ기용액은 800ml 증류수, 400ml 32% 염산, 48ml 이불화수소암모늄으로 구성	10~20초 습식부식 1~2시간 보존가능 부식액은 플래스틱 용기에 보관 ★주의사항참조★
Fe m17	Cr 페라이트강 CrNi 오스테나이트강 주조합금	45ml 87% 글리세린 15ml 65% 질산 30ml 32% 염산 (**Vilella 부식액**)	수초~수분 20~50초 새로운 액을 사용 ★주의사항참조★

기호	재 료	부 식 액	조 건
Fe m18	합금화 Cr 강 주철, 10%이상의 Cr의 경우, 저Cr함유부분의Fe$_3$C는 빠르게 검게 된다. (Fe,Cr)$_7$C$_3$,(FeCr)$_{23}$C$_6$와 인화 합물은 착색된다.	100ml 증류수 10g 수산화칼륨 또는 수산화 나트륨 10g 훼리시안화칼륨 (**Murakami 부식액**)	2~20분 20~50분 새로운 액을 사용
Fe m19	고농도합금강 주조품 θ상은 착색되고, 오스테나이트는 착색되지 않는다. 페라이트는 황갈색으로 된다. 착색부식	60ml 증류수 30g 수산화칼륨 30g 훼리시안화칼륨	20~40초 경우에 따라서 따뜻하게 한다. 새로운 액을 사용
Fe m20	Fe m19 와 동일 착색부식	100ml 증류수 4g 수산화나트륨 4g 과망간칼륨 (**Groesbeck부식액**)	20초~수분 50℃
Fe m21	고농도 Si강	20~40ml 87% 글리세린 10ml 65% 질산 20ml 40% 불산	수초~수분 ★주의사항참조★
Fe m22	저농도, 중농도합금화강에 있어서 마텐사이트, 베이나이트 조직 중의 초기 오스테나이트 입계의 관찰	145ml 증류수 16g 산화Cr(VI) 80g 수산화칼륨	20~60초 120℃ 시료를 사전에 따뜻하게 해 둔다. ★주의사항참조★
Fe m23	마텐사이트 방청강 마텐사이트는 검고, 페라이트는 착색되고 오스테나이트는 변화없음.	33ml 증류수 33ml 96% 에타놀 33ml 32% 염산 1.5g 염화동(Ⅱ) (**Kalling I 부식액**)	수초~수분
Fe m24	방청강 페라이트는 금방 부식되고 탄화물은 부식되지 않는다. 오스테나이트는 약간 부식된다.	100ml 96% 에타놀 100ml 32% 염산 5g 염화동(Ⅱ) (**Kalling Ⅱ 부식액**)	수초~수분
Fe m25	χ상 (M$_{18}$C 또는 Fe$_{36}$Cr$_{12}$Mo$_{10}$)	100ml 증류수 20g 수산화칼륨 20g 훼리시안화칼륨	비등 χ상은 검게되고, 결정입계에 둘러싸인 상태가 되기 쉽다. σ상은 암회색으로 된다. 사전에 전해연마를 한다.

기호	재 료	부 식 액	조 건
Fe m26	10% Cr 사이의 세멘타이트 (Fe₃C)는 검게 착색된다. Cr 농도가 높아지면 착색되지 않는다. (Fe,Cr)₇C₃, (FeCr)₂₃C₆, WC, VC를 착색되지 않는다.	75ml 증류수 25g 수산화나트륨 2g 피크린산	3~15분 50℃ ★주의사항참조★
Fe m27	Fe₃P의 검정	100ml 증류수 10g 수산화칼륨 10g 훼리시안화칼륨 1g 주석산	3분 50℃ 세멘타이트는 나중에 착색된다. 새로운 액을 사용

♧ 철(Fe) 및 그 합금의 전해부식

기호	재 료	부 식 액	조 건
Fe Em1	Cr과 CrNi 강 조직관찰가능 σ상은 녹아 나오고, 탄화물은 아주 약하게 부식된다.	100ml 증류수 10g 수산	5~20초 1.5~3V ★주의사항참조★
Fe Em2	고농도합금강 탄화물만 부식되고 σ상은 부식되지 않는다.	32% 암모니아수용액	30~60초 1.5~6V 직류 Pt 음극
Fe Em3	Cr 과 CrNi 강 세멘타이트는 금방 부식되고, 오스테나이트는 약간만 부식된다. 오스테나이트와 인화합물은 거의 부식되지 않는다. 탄화물의 부식, 주철과 합금화된 주철	100ml 증류수 10g 크롬산화물(VI)	3~60초 3~6V 직류 Pt 음극 ★주의사항참조★
Fe Em4	σ상의 검정 σ상이 최초에 황색에서 암갈색으로 착색되고, 그후 페라이트가 착색된다. 장시간의 부식으로 탄화물도 부식된다.	100ml 증류수 40ml 수산화나트륨	5~60초 1~3V 직류 Pt 음극
Fe Em5	Cr강	100ml 증류수 10ml Murakami 부식액 (Fe m18참조)	6초 2V 스텐레스(V2A) 음극

♣ 철(Fe) 표면의 철산화물

기호	재 료	부 식 액	조 건
OFe m1	FeO	10ml 5% 치오글리콜액 5ml 5%이칼륨프탈레이트용액 2ml 구연산암모늄수용액 3ml 5% 구연산수용액	30~60초 불식부식
OFe m2	FeO (명료/청색) Fe_2O_3 (백색) Fe_3O_4(베이지색)	14ml 증류수 85ml 96% 에타놀 1ml 취화치몰블루	2시간
OFe m3	FeO (흐린녹청색) Fe_2O_3 (백색) Fe_3O_4 (베이지색)	9ml 증류수 90ml 96% 에타놀 1ml 취화훼놀레드	2시간
OFe m4	FeO (갈색-적색/등나무색-갈색) Fe_3O_4 (베이지색/청색/밝은녹색)	100ml 96% 에타놀 4ml 32% 염산 0.5ml 96% 세렌산 (**Beraha부식액**)	30~40초 부식액 조합의 순서에 주의 ★주의사항참조★
OFe m5	Fe_2O_3 Fe_3O_4 와 Fe는 부식되지 않는다	10ml 증류수 5ml 1% 질산수용액 5ml 5% 구연산수용액 5ml 5% 치오글리콜산수용액	15~60초 불식부식
OFe m6	Fe_2O_3 Fe_3O_4 는 부식되지 않는다	5ml 10% 구연산수용액 5ml 10% 치오시안산나트륨수용액	45~90초

OFe m7	Fe_3O_4	a) 15ml 증류수
		  5ml 98~100% 개미산
		b) 15ml 증류수
		  5ml 35% 사불화붕산
			5초
			불식부식
			최후 2초간 b)로 부식
			★주의사항참조★

♣ 철(Fe) 표면의 철산화물의 전해부식

기호	재 료	부 식 액	조 건
OFe Em1	Fe_3O_4 Fe와 Fe_2O_3 은 부식되지 않는다.	10ml 5% 치오글리콜산수용액 5ml 5% 이후탈산칼륨수용액 2ml 5% 질산암모늄수용액 50ml 0.5% 크롬산나트륨수용액	15초 크롬산나트륨수용액은 사용 직전에 넣을 것. 9 V 직류 2~4 mA/㎠ 스텐레스(V2A) 음극 ★주의사항참조★

♣ 철 산화물 및 산화막의 제거

기호	재 료	부 식 액	조 건
Fe R1	강표면의 녹 FeO (OH)의 제거 (St37, 10CrMo910)	100ml 물 15g 구연산 또는 100ml 물 15g 아스콜빈산 두 부식액 모두 초음파세척기에서 사용가능: 용액의 온도를 높이고, 도중에 몇회 세척하면 좋은 뿐만아니라 처리시간도 단축된다	5~15분 5분 실온
Fe R2	강표면의 스케일 (10CrMo910;XCrMoV121; Incoloy800H)	50ml 물 10ml Tickpur RW77 (암모니아를 함유하는 농축 알콜, Bandelin-electronic 사의 상품명) 제4.5절참조 또는 160ml 물 40ml 32% 염산 0.4 헥사메틸렌테트라민	수시간까지 실온 초음파세척기를 이용하고 도중에 알콜로 세척. 1~15분 실온 초음파세척기 용액의 온도를 높이고, 도중에 세척을 몇 회 반복하면 보다 좋은 결과가 얻어진다.

♣ 반도체(Ge, Si, Se, Te) 및 그 합금의 매크로부식

기호	재 료	부 식 액	조 건
Ge M1	Si-B-P합금 입계부식	100ml 증류수 5g 수산화나트륨	수초~수분 따뜻하게 한다
Ge M2	순 Ge, Ge합금	50ml 증류수 50ml 염산(32wt%) 20g 염화철(Ⅲ)	60초 끓인다.

♣ 반도체(Ge, Si, Se, Te) 및 그 합금의 마이크로부식

기호	재 료	부 식 액	조 건
Ge m1	Si,Ge의 합금, InSb	5(90)ml 증류수 25(5)ml 65% 질산 25(5) 40% 불산	5~20초 괄호 안은 Si용 ★주의사항참조★
Ge m2	Ag,Au, Bi, Cu를 함유하는 Ge-In합금 입계부식	100ml 96% 에타놀 5ml 32% 염산 1g 피크린산	수초~수분 ★주의사항참조★
Ge m3	순 Si, 순Ge, 이들의 합금 InSb (111)면의 에치피트 p-n 접속점	10ml 40% 불산 10ml 65% 질산	수초~수분 ★주의사항참조★
Ge m4	순 Si 순 Te 순 Se	100ml 증류수 50~100ml 수산화나트륨	2~20분 Te에서는 경우에 따라 따뜻 하게 한다.
Ge m5	Si, Ge 이들의 합금, GaSb, InSb, (100) (111) 상을 갖는 Si	45.5ml 65% 질산 27ml 40% 불산 27ml 빙초산 0.5ml 취소(CP-4용액) 첨가취소는 함유하지 않는다	3~25초 사용 30분전에 조제 최초에 취소는 빙초산으로 녹인다. ★주의사항참조★
Ge m6	Ge, Ge합금 결정입면내부식 매크로부식에도 적합	50ml 증류수 40ml 32% 염산 20g 염화철(Ⅲ)	수초~수분 끓인다
Ge m7	Ge, Ge합금 GaAs, InAs, AlAs (111) 면의 전위 입계부식	40ml 증류수 40ml 40% 불산 20ml 65% 질산 2g 질산은	30초~2분 ★주의사항참조★
Ge m8	순 Ge, Te, Se 테루루화물, 셀렌화물 Zr규화물	65% 질산	수초~수분 경우에 따라서 증류수로 희 석 그리고/또는 염산(32wt%) 과 혼합

기호	재 료	부 식 액	조 건
Ge m9	Se, Ge, 및 이들의 합금 InAs, InSb, InP, AlSb GaAs, GaSb, ZnTe, CdTe	40ml 증류수 10ml 40% 불산 10ml 30% 과산화수소	1~3분 ★주의사항참조★
Ge m10	SbTe, BiTe Te의 검증 InP	100ml 증류수 10g 수산화칼륨 또는 수산화 나트륨 10g 훼리시안화칼륨 (**Murakami 부식액**)	수초~수분 새로운 용액을 사용
Ge m11	Si 중에서의 SiO_2의 검증	90ml 증류수 15ml 32% 염산 10ml 40% 불산	수초~수분 ★주의사항참조★
Ge m12	GaAs, GaP GaAs의 A면과 B면의 부식	20ml 95~97% 황산 20ml 40% 불산 80ml 30% 과산화수소	5분 90~100℃ A면: Ga 원자로 이루어지는 층이 에치피트를 나타낸다 B면: As 원자로 이루어지는 층은 에치피트가 적다 ★주의사항참조★
Ge m13	BiTe GaP	50ml 증류수 25(5)ml 65% 질산 25(5)ml 32% 염산	수초~수분 경우에 따라서는 증류수를 쓰지 않는다. 괄호 안은 BiTe 용

♣ 반도체(Ge, Si, Se, Te) 및 그 합금의 전해부식

기호	재 료	부 식 액	조 건
Ge Em1	순 Ge, Ge합금 입계부식	100ml 증류수 100ml 수산	10~20초 4~6V 직류 스텐레스(V2A) 음극 ★주의사항참조★
Ge Em2	BiTe BiSe	570ml 증류수 56g 수산화나트륨 48g 주석산	수초~수분 0.5A/㎠ 스텐레스(V2A) 음극

♣ 하프늄, 지르코늄(Hf, Zr) 및 그 합금의 매크로부식

기호	재 료	부 식 액	조 건
Hf M1	순 Hf Zircaloy-2	70ml 증류수 30ml 질산(65%) 5ml 불산(40%)	수초~수분 불식부식 ★주의사항참조★
Hf M2	순 Zr, 순 Hf, 및 다량의 첨가물을 함유하는 합금	45ml 증류수 45ml 질산(65%) 10ml 불산(40%)	수초~수분 불식부식 합금첨가물이 적은 경우에는 증류수 대신에 에타놀을 사 용한다. ★주의사항참조★
Hf M3	순 Zr, 순 Hf, 및 첨가원소가 적은 합금	45ml 과산화수소(30%) 45ml 질산(65%) 10ml 불산(40%)	수초~수분 불식부식 ★주의사항참조★

♣ 하프늄, 지르코늄(Hf, Zr) 및 그 합금의 마이크로부식

기호	재 료	부 식 액	조 건
Hf m1	순 Hf, 순 Zr Hf/Zr의 저농도합금 ZrU, ZrAl, HfRe합금	45ml 증류수 45ml 질산(65%) 10ml 불산(40%)	5~20분 편광관찰에 적합하다 ★주의사항참조★
Hf m2	Hf-기, Zr-기합금 ZrNb합금	30ml 염산(32%) 30ml 불산(40%) 15ml 질산(65%)	3~10초 불식부식 2분간 침지부식 ★주의사항참조★
Hf m3	ZeBe, Zr-H합금, 순Zr, Zircaloy, Zr-Nb합금	100ml 증류수 10ml 불산(40%) (Zr-Nb합금에서는 농도가변)	수초~수분 ★주의사항참조★
Hf m4	Hf-W합금	98ml 질산(65%) 2ml 불산(40%)	2~40초 ★주의사항참조★
Hf m5	순 Zr Zr-U합금	30ml 유산 30ml 질산(65%) 2ml 불산(40%)	수초~수분 Zr-U 합금에서는 6~10방울 의 불산을 넣는다. 분해하므로 보존하지 말것
Hf m6	Hf기, Zr기 합금 (괄호 안에 기재)	200(100)ml 증류수 5ml 불산(40%) 2ml 질산은수용액(5%)	5~60초 ★주의사항참조★

기호	재 료	부 식 액	조 건
Hf m7	ZrNb 합금중의 수소화물	45ml 유산(90%) 45ml 질산(65) 8ml 불산(40%)	10~20초 불식부식 ★주의사항참조★
Hf m8	Zr과 다른 원소를 많이 함유하는 Zr합금	45ml 질산(65%) 45ml 과산화수소(30%)	5~10초 ★주의사항참조★
Hf m9	Al, Be, Fe, Ni, Si 함유하는 ZrCu, ZrNb, ZrNi, ZrSi, ZrSn, ZrTh 합금	90ml 질산(65%) 10ml 불산(40%) (농도가변)	수초~수분 ★주의사항참조★
Hf m10	ZrB, ZrFe, ZrNi, ZrMo, ZrSn, ZrU 합금	85(45)ml 글리세린(87%) 10(45)ml 질산(65%) 5(10)ml 불산(40%) (농도가변)	수초~수분 (괄호 안은 저농도 합금의 경우) 보존하지 말 것 ★주의사항참조★ ! 폭발의 위험성 있음

♧ 하프늄, 지르코늄(Hf, Zr) 및 그 합금의 전해부식

기호	재 료	부 식 액	조 건
Hf Em1	순 Zr, Zr합금	100ml 글리세린(87%) 10ml 질산(65%) 5ml 불산(40%)	1~10분 9~12V 직류 Pt 음극사용 냉각할 것 보존하지 말 것 ★주의사항참조★ ! 폭발의 위험성 있음

♧ 하프늄, 지르코늄(Hf, Zr) 및 그 합금의 양극처리

기호	재 료	부 식 액	조 건
Hf Am1	순 Zr 순 Hf 결정립의 콘트라스트를 줌	60ml 96% 에타놀 25ml 증류수 20ml 87% 글리세린 10ml 90% 유산 5ml 85% 인산 2g 구연산	10~20초 15~20V 직류 금색으로 될 때까지 한다. 편광관찰에 적합하다. 보존하지 말 것 ★주의사항참조★ 폭발성기체가 발생하는 수가 있으므로 주의

기호	재 료	부 식 액	조 건
Hf Am2	금속간화합물, 산화물, 질화물, 수소화물을 갖는 Zr합금	상동	10~20초 110~115V 직류 보라색 ~청색으로 될 때까지 한다. (명시야 관찰) ★주의사항참조★
Hf Am3	석출물을 함유하는 Zircaloy	상동	10~20초 밝은 적색까지 180V 직류 ★주의사항참조★

♣ 수은(Hg) 및 그 합금의 마이크로부식

기호	재 료	부 식 액	조 건
Hg m1	HgSn합금 HgSnCu합금	빙초산	15분
Hg m2	AgSnHg합금	100ml 32% 암모니아수용액 25ml 30% 과산화수소 (경우에 따라 증류수 100ml)	수초~수분
Hg m3	거의 모든 아말감	a) 90ml 증류수 또는 96% 에타놀 10ml 32% 염산 b) 90ml 증류수 10ml 염화철(Ⅲ)수용액(5%) 1ml 32% 염산	1~3분 단시간 침지 대부분의 경우 a)로 충분 a)와 b)의 2중 부식으로 콘트라스트가 강해진다.
Hg m4	AgSnHg합금 (경화합금)	100ml 증류수 30ml 65% 질산	수초~수분 시간은 Hg의 양에 따라서 많을수록 길어진다.

♣ 마그네슘(Mg) 및 그 합금의 매크로부식

기호	재 료	부 식 액	조 건
Mg M1	Mg 재료 주조, 단조물의 결정립, 변형선의 관찰	20ml 물 50ml 64% 피크린산을 함유하는 96% 에타놀 용액 20ml 빙초산 (경우에 따라 증류수로 희석)	30초~3분 침착물은 열탕으로 씻어낸다. ★주의사항참조★

기호	재 료	부 식 액	조 건
Mg M2	순 Mg 단조품, 잉고트 내부의 결함 단조물의 변형선 관찰	100ml 증류수 10ml 빙초산	30초~3분 불식부식
Mg M3	Mg-Mn, Mg-Zr합금 단조품, 잉고트내부의 결함 단조품내의 석출물, 변형선	100ml 증류수 20ml (65%) 질산	30초~5분

♣ 마그네슘(Mg) 및 그 합금의 마이크로부식

기호	재 료	부 식 액	조 건
Mg m1	순 Mg, 대부분의 Mg합금 (주조, 단조품을 포함)	100ml 에타놀(96%) (또는 증류수) 1~8ml 65% 질산 (**Nital 부식액**)	수초~수분
Mg m2	단조또는 열처리 Mg 합금의 입계부식	24ml 증류수 75ml 에틸렌글리콜 1ml 65% 질산	30~60초
Mg m3	순 Mg Mg-Al, Mg-Al-Zn, Mg-Mn, Mg-Th-Mn, Mg-Zn-Zr합금 압출재 입계부식	100ml 증류수 2g 수산	6~10초 ★주의사항참조★
Mg m4	Mg-Al, Mg-Mn Mg-Mn-Al-Zn합금 변형선, 주조품의 결정립 분포관찰	90ml 증류수 2~10g 주석산	10초~2분 건식연마 강하게 부식세척한다. 그후 에타놀로 세척 냉풍으로 건조 Mg-Al합금에서는 Al이 6% 이상일 때 주석산을 20g 넣 는다.

기호	재 료	부 식 액	조 건
Mg m5	실용 순Mg Mg-Al-Zn Mg-Zn-Th-Zr, Mg희토류-Zr 합금 $Mg_{17}Al_{12}$(어두운색)	90ml 증류수 10ml 40% 불산 (경우에따라 불산을 줄인다.)	3~30초 시료를 움직인다. ★주의사항참조★
Mg m6	MgAl 합금 열처리후의 주조품 결정립면 내의 부식 단조품의 변형선	85ml 증류수 15ml 65% 질산 12g 산화크롬(Ⅵ)	10~30초, Al 함유량이 많은 경우는 증류수로 희석한다. ★주의사항참조★
Mg m7	대부분의 Mg재료, Mg합금 주조물, 단조물	19ml 증류수 60ml 에틸렌글리콜 20ml 빙초산 1ml 65% 질산	1~30초 불식부식, 온수로 세척
Mg m8	순 Mg Mg 다이캐스팅용 Mg-Cu합금	100ml 96% 에타놀 2~11g 구연산	30초까지 불식부식, 온수로 세척
Mg m9	MgSi 합금, Mg_2Si(청색) Mg(칙칙한 회색)	100ml 증류수 100ml 96% 에타놀 5g 피크린산	30초까지 ★주의사항참조★
Mg m10	MgZn합금 MgZn은 심하게 부식되나, Mg_7Zn_3상은 부식되기 어렵다.	1000ml 증류수 50g 산화암모늄(Ⅵ) 4g 황산나트륨	2초 ★주의사항참조★
Mg m11	Mg합금(단조품) 결정입내면 부식	100ml 증류수 10g 과옥소황산	표면이 갈색으로 될 때까지 불식부식한다.
Mg m12	Mg합금	2ml 증류수 10ml 피크린산알콜 6% 용액 1ml 85% 인산	수초~수분 편광에 의한 관찰에 적합 ★주의사항참조★

♣ 마그네슘(Mg) 및 그 합금의 전해부식

기호	재 료	부 식 액	조 건
Mg Em1	Al, Zn, Cd, Bi 등을 함유하는 복합 Mg합금	100ml 증류수 10g 수산화나트륨	2~4분 4V 직류, Cu 음극 연마후 즉시 부식
Mg Em2	Mg, Mg 기합금	20ml 증류수 20ml 96% 에타놀 40ml 85% 인산	1~10분 10~35V 직류 Mg 음극 ★주의사항참조★

♣ 망간(Mn) 및 그 합금의 마이크로부식

기호	재료	부식액	조건
Mn m1	Mn-Co, Mn-Cu, Mn-Fe, Mn-Ni 합금 다른성분이 많은 Mn 합금	98ml 96% 에타놀 2ml 65% 질산 (**Nital 부식액**)	수초~수분
Mn m2	Mn-Si-Ca, Mn-Si-Cr, Mn-Fe 합금	90ml 증류수 10ml 85% 인산	수초~수분 ★주의사항참조★
Mn m3	MnGe, MnSi, MnSnGe, MnSnSi 합금	40ml 87% 글리세린 30ml 85% 인산 25ml 32% 염산 10ml 65% 질산	MnGe, MnSi합금의 경우 1~3초 MnSnGe, MnSnSi 합금의 경우는 5~10초 ★주의사항참조★ 폭발의 위험성이 있으므로 주의
Mn m4	MnTi 합금(Ti30%이하)	60ml 87% 글리세린 20ml 65% 질산 20ml 40% 불산	수초~수분 ★주의사항참조★
Mn m5	순 Mn Cu를 합금화한 Mn과 소량 N, Co, Fe, Ge를 함유하는 Mn 합금	200ml 아세틸아세톤 1~2ml 65% 질산	2~18분 생성한 산화막을 파괴하므로 가능한 한 초음파 효과를 이용한다.

♣ 니켈(Ni) 및 그 합금의 매크로부식

기호	재료	부식액	조건
Ni M1	다른원소를 다량함유하는 Ni 합금 NiCu합금(Monel) NiAl, NiFe합금 기공율, 변형선관찰	50ml 증류수 50~100ml 65% 질산 (농도가변)	20~30분

기호	재 료	부 식 액	조 건
Ni M2	Ni 와 Ni기 합금 NiCu, NiCrFe합금 초합금 중의 결정입경의 관찰	50ml 증류수 50ml 98% 에타놀 50ml 32% 염산 10g 황산동(Ⅱ)	수초~수분
Ni M3	저농도의 Ni기 합금 미세균열, 기공율	10(100)ml 증류수 20(100)ml 65% 질산 10(20)g 황산동(Ⅱ) (농도가변)	20~30분
Ni M4	Cr, Fe를 함유하는 Ni합금 용접점관찰	50ml 빙초산 50ml 65% 질산 (75)ml 32% 염산	수초~수분 불식부식 경우에 따라서 염산을 사 용하지 않아도 좋다.
Ni M5	NiCr 기, NiFeCr기의 Inconel형 합금 NiNb, NiTa, NiSi NiAu, NiCoCr합금	20~30ml 증류수 0~20ml 65% 질산 20ml 32% 염산 10ml 30% 과산화수소 (농도가변)	2분 새로운 액을 사용
Ni M6	초합금	125ml 염화철(Ⅲ) 포화수용액 600ml 32% 염산 18ml 65% 질산	5~10분 끓인다
Ni M7	Ni기 주조합금	20ml 증류수 50ml 32% 염산 15g 염화철(Ⅲ) 3g 암모늄염화동 **(Adler 부식액)**	수초~수시간

♣ 니켈(Ni) 및 그 합금의 마이크로부식

기호	재 료	부 식 액	조 건
Ni m1	순 Ni류, Ni 농도가 높은 합금 NiTi, NiCu합금 결정입계부식	0(10)ml 증류수 50(38)ml 65% 질산 50(100)ml 빙초산 (농도가변)	5~30초 새로운 액을 사용

기호	재　　료	부　식　액	조　　건
Ni m2	Ni, Ni기 합금 NiCr합금	80ml 65% 질산 3ml 40% 불산	수초~수분 부식 전에 시료를 끓는 물로 따뜻하게 하여둔다 ★주의사항참조★
Ni m3	순 Ni 초합금 NiCu, NiFe합금	50ml 증류수 10g 황화동 50ml 32% 염산	5~10초
Ni m4	NiFe, NiCu, NiAg합금 Ni기 초합금 Monel합금	20~100ml 증류수 또는 96% 에타놀 2~25ml 32% 염산 5~8g 염화철(Ⅲ) (농도가변) (카라펠라부식액)	5~60초 불식부식
Ni m5	순 Ni NiZnAg, NiAg, NiCu, NiAlMo합금 비금속개재물을 부식되지 않는다	a) 100ml 증류수 　　10g 과옥소황산 b) 100ml 증류수 　　10g 시안화칼륨 1:1로 혼합한다. 3%과산화수소수를 몇 방울 넣는다	30~60초 불식부식 ★주의사항참조★ 수초~수분 새로운 액을 사용 ★주의사항참조★
Ni m6	NiAl, MoNi, NiTi합금	100ml 32% 염산 0.1~1g 산화크롬(Ⅵ)	수초~수분 ★주의사항참조★
Ni m7	NiFe합금 결정입계부식	과옥소황산암모늄 포화수용액	수초~수분
Ni m8	NiZn합금	85ml 25% 암모니아수용액 5ml 30% 과산화수소	5~15초 새로운 액을 사용 ★주의사항참조★
Ni m9	NiCu합금 Ni기 초합금 표면보호층이 제거된다 γ'상은 용출한다 균일하게 부식된다. LM에 적합하다 η상의 콘트라스트 강조에는 적합하지 않다.	40~80ml 96% 에타놀 40ml 32% 염산 2g 염화동(Ⅱ) (Kalling Ⅱ 부식액)	수초~수분 침지, 불식부식

기호	재 료	부 식 액	조 건
Ni m10	Hastelloy형의 초합금	50ml 증류수 150ml 32% 염산 25g 산화크롬(VI)	5~20초 ★주의사항참조★
Ni m11	NiFe, NiAl합금	40ml 32% 염산 30ml 65% 질산 10ml 87% 글리세린 20ml (빙초산) (농도가변)	수초~수분 질산을 최후에 넣는다. 보존하지 말 것 ★주의사항참조★ 폭발가능성 있음
Ni m12	Ni 규화물	80ml 증류수 10ml 65% 질산 10ml 40% 불산	수초~수분 ★주의사항참조★
Ni m13	NiCr20 NiCr20Fe45	50ml 증류수 50ml 65% 질산	30~60초 90~100℃
Ni m14	Inconel X550 Inco700, Waspaloy, M252 고용합금의 결정입계관찰 탄화물은 강하게 부식된다	97ml 32% 염산 2ml 95~97% 황산 1ml 65% 질산	30~120초
Ni m15	초합금 γ상, 탄화물의 관찰 결정입계관찰	100ml 32% 염산 2~4 ml 30% 과산화수소	10~15초
Ni m16	초합금의 결정입계관찰 γ상 탄화물의 응집관찰	100ml 32% 염산 0.4~1g 과산화나트륨	10~15초
Ni m17	NiTi합금 초합금 보호막은 Al, Al/Cr로 된다 γ상은 용출한다 주사전자 현미경관찰에 적합 하다	150ml 증류수 25ml 65% 질산 10ml 40% 불산	5~30초 불식부식 부식액을 포함해서 2,3시간 방치해두고 나서 사용
Ni m18	Ni 기주조합금 용리, 탄화물, 석출의 관찰 압연재 시료의 경우 결정방위, 결정립의 형상 변형대의 관찰 용접점 관찰 Φ상의 관찰 착색부식	100ml BerahaⅢ의 기용액 1g 황산이칼륨 (BerahaⅢ의 부식액) BerahaⅢ의 기용액은 600ml 증류수, 50g 이황산수소 암모늄, 400ml 32% 염산으로 구성	30초~5분 습식부식 1~2시간보존가능 Beraha의 기액을 플래스틱 용기에 넣어서 보존 ★주의사항참조★

기호	재료	부식액	조건
Ni m19	Mo를 9%이상 함유하는 Ni기합금 Hastelloy X Hastelloy C 착색부식	50ml 증류수 7g 이황산수소암모늄 50ml 32% 염산 0.5g 이황산칼륨 (BerahaⅢ 부식액)	5~10분 30~40℃ 습식부식 1~2시간보존가능 ★주의사항참조★
Ni m20	Hastelloy A 형의 초합금	50ml 증류수 1.5g 염화철(Ⅲ) 50ml 32% 염산 0.5g 이황산칼륨	5~10분 실온 습식부식
Ni m21	ɣ´경화 Ni 기합금 결정입계부식	90ml 증류수 10ml 40% 불산 비등시켜 몰리브덴산을 포화 할 때까지 넣는다	수초~수분 습식부식 ★주의사항참조★
Ni m22	표면이 아루타이트화한 Ni기합금 용사보호층 NiAl 금속간화합물 결정립면	95ml 증류수 5ml 40% 불산 비등시켜 몰리브덴산을 포화 할 때까지 넣는다	수초~수분 습식부식 ★주의사항참조★
Ni m23	강재 중의 Ni 용접재 갈바노 Ni 도금층	30(50)ml 증류수 70(50)ml Adler의 용액 1~2g 이황산칼륨 Adler의용액: 25ml 증류수 50ml 32% 염산 15g 염화철(Ⅲ) 3g 암모늄염화동	5초~2분
Ni m24	초합금 ɣ´층을 용출시킨다 결정입계와 탄화물상이 부식된다	50ml 증류수 50ml 32% 염산 5ml 65% 질산 0.2ml Fogel 부식액 (DR.Hoeck KG사의 상품)	최고 10분

♣ 니켈(Ni) 및 그 합금의 전해부식

기호	재료	부식액	조건
Ni Em1	Ni 와 Ni 기합금 NiCu, NiCr합금 탄화물 개재물 결정립계부식	100ml 증류수 2~50ml 95~97% 황산	5~30초 6V 직류 Pt, 또는 스텐레스(V2A)음극

기호	재료	부식액	조건
Ni Em2	Inconel NiAu, NiMo, NiCr합금 초합금의 미소영역불균일성 Ni 용접제	100ml 증류수 10g 옥소산	10~15초 6V 직류 Pt 또는 스텐레스(V2A)음극 ★주의사항참조★
Ni Em3	Ni 와 Ni합금 NiAg, NiAl, NiCr, NiCu, NiFe, NiTi합금 결정립면내부식	85ml 증류수 10ml 65% 질산 5ml 빙초산	20~60초 1.5V 직류 Pt 또는 스텐레스(V2A)음극 보존하지 말것
Ni Em4	초합금 η상의 확인 γ상과 γ´상은 부식되지 않고 남는다 오스테나이트는 부식된다.	12ml 85% 인산 41ml 65% 질산 47ml 95~97%황산	수초~수분 6V 직류 Pt 또는 스텐레스(V2A)음극 보존하지 말 것 ★주의사항참조★
Ni Em5	Ni기 초합금 γ상석출물 Ti, Nb의 미소용리관찰	85ml 85% 인산 5ml 95~97% 황산 8g 산화크롬(VI)	5~30초 10V 직류 Pt 음극 ★주의사항참조★
Ni Em6	NiCr합금 중의 탄화물	100ml 증류수 10g 시안화칼륨	3분 6V 직류 Pt 음극 ★주의사항참조★

♣ 납(Pb) 및 그 합금의 매크로부식

기호	재료	부식액	조건
Pb M1	순 Pb. 표면박막 용접점 결정입내면	80ml 증류수 20ml 65% 질산 (농도가변)	10분 불식부식

기호	재료	부식액	조건
Pb M2	순 Pb 다른 원소농도가 낮다 Pb합금 Pb-Sb합금 작업시에 형성된 표면층의 제거	a) 100ml 증류수 15g 헵타몰리브덴산암모늄 b) 42ml 증류수 58ml 65% 질산	10~30초 A)와 b)를 동일한 양 혼합 한다. 불식부식 정밀연마와 부식을 교대로 반복한다. 흐르는 물로 닦는다.
Pb M3	순Pb PbCa, 저Sn-Pb합금 Sb를 함유하는 Pb합금 결정입면내부식	68ml 87% 글리세린 16ml 빙초산 16ml 65% 질산	수초~수분 80℃ 마이크로부식에도 적합하다 새로운 액을 사용 ★주의사항참조★ ! 폭발의 위험성 있음.
Pb M4	Pb-Sb합금 결정입면내부식	100ml 증류수 25g 구연산 10g 헵타몰리브덴산암모늄	수초~수분
Pb M5	Pb-Sb합금 결정입면내부식	80ml 87% 글리세린 10ml 빙초산 10ml 65% 질산 **(Vilella와 의 Beregekoff 부식액)**	수초~수분 80℃ 정밀연마와 부식을 교대로 반복한다 ★주의사항참조★ ! 폭발의 위험성 있음.
Pb M6	Pb-Sb합금 결정입면내부식	80ml 빙초산 20ml 30% 과산화수소	수초
Pb M7	Pb-Sb-Cu합금 결정입면내부식	95m 96% 에타놀 5ml 빙초산	20분
Pb M8	Pb-As-Sn-Bi합금 결정입면내부식	100ml 증류수 75ml 65% 질산 20ml 25% 암모니아 수용액 16g 헵타몰리브덴산암모늄	수초~수분
Pb M9	Pb합금	a) 25ml 증류수 10ml 포화몰리브덴산 수용액(50℃) 14ml 25% 암모니수 b) 96ml 증류수 40ml 65% 질산	수초~수분 a)를 휠터로 여과하고 b)를 넣는다.

♣ 납(Pb) 및 그 합금의 마이크로부식

기호	재 료	부 식 액	조 건
Pb m1	순 Pb PbCa, PbSb, PbCd합금 Pb를 함유하는 Cu, 청동 고농도 Pb의 White metal 석출물관찰, 결정입계부식	84ml 87% 글리세린 또는 에 타놀 8ml 빙초산 8ml 65% 질산	수초 80℃ 새로운 약을사용 ★주의사항참조★ ! 폭발의 위험성 있음.
Pb m2	순 Pb PbCa합금 2%이하의 Sb를 함유하는Pb	60ml 증류수 15ml 빙초산 5ml 30% 과산화수소	20초
Pb m3	순Pb PbCa, PbCu합금	60ml 87% 글리세린 15ml 65% 질산 15ml 빙초산	수초~수분 80℃ 새로운 약을 사용 ★주의사항참조★ ! 폭발의 위험성 있음.
Pb m4	순 Pb PbNa합금 결정입계부식	0ml 빙초산 10ml 30% 과산화수소	8~15분
Pb m5	순Pb 결정입계부식 결정입면내부식	100ml 증류수 7ml 65% 질산	10~25초 불식부식
Pb m6	PbBi, PbSbSn 합금의 α상	50ml 90% 유산 30ml 65% 질산 20ml 30% 과산화수소	30초~1분
Pb m7	PbSbSn 합금의 ε상	50ml 90% 유산 10ml 65% 질산 7ml 30% 과산화수소	수초~수분 불식부식 ε상보다도 α상이 먼저 부식된다
Pb m8	PbCa합금 개재물 결정입계부식	60ml 빙초산 30ml 30% 과산화수소	8~15초
Pb m9	PbCa합금	a) 20ml 빙초산 10ml 과산화수소 b) 50ml 증류수 50ml 65% 질산	각각의 조정면에 있어서 최초에 a)로 부식하고, 그 다음에 b)로 부식한다.
Pb m10	PbCd, PbSb합금 석출물의 관찰 결정입계부식	70ml 87% 글리세린 또는 에타놀 16ml 빙초산 8ml 65% 질산 (농도가변)	수초~수분 경우에 따라서 80℃의 새로운 액을 사용. ★주의사항참조★ ! 폭발의 위험성 있음.
Pb m11	PbCd, PbSn, PbSb합금	100ml 증류수 25ml 65% 질산 16ml 빙초산	4~30분 40℃ 흐르는 물에서 면봉 등으로 세척한다.

기호	재　료	부　식　액	조　건
Pb m12	PbSb합금 경질납 고농도 Pb White metal 활자금속	100ml 96% 에타놀 1~5ml 65% 질산	1~10분 부식후 빠른시간내에 수도물로 씻는다. Pb고용상은 검게 부식된다. 매크로부식에도 적합하다.
Pb m13	PbSb합금 Pb를 함유하는 White metal 활자금속	90ml 증류수(또는 96%에타놀) 30ml 32% 염산 10g 염화철(III) (농도가변)	1~10분
Pb m14	모든 Pb, PbSb합금 경질납 고농도 Pb를 향유하는 White metal , 활자금속, 축수금속	100ml 증류수 5~10g 질산은	수초~수분 불식부식
Pb m15	PbSb합금 고농도 Pb 상 : 어둡게 된다 고농도 Sb 상 : 밝게 된다	100ml 증류수 5ml 65% 질산	5~40초
Pb m16	2%Sb 이하의 Pb	100ml 빙초산 10ml 30% 과산화수소	10~30분
Pb m17	PbSbSn합금 SbSn 상 : 밝아진다 Ca$_2$Sb상 : 밝아진다 기지 : 어두워진다	10ml 증류수 40ml 빙초산 20ml 65% 질산	수초

♣ 납(Pb) 및 그 합금의 전해부식

기호	재　료	부　식　액	조　건
Pb Em1	순 Pb PbSb, PbSn합금	40ml 증류수 60ml 60% 과염소산	10초 2 V 직류, Pt 양극 시료가 음극으로 된다. ★주의사항참조★
Pb Em2	PbSb합금 Pb를 함유하는 White metal	70ml 증류수(또는 에타놀) 30ml 60% 과염소산 (빙초산은 얼음으로 식히면서 몇방울 넣는다.)	1분, 1~2분 직류, Pb, 또는 Cu음극 ★주의사항참조★

♣ 백금, 팔라듐, 로듐, 이리듐, 루테늄, 오스뮴(Pt, Pd, Rh, Ir, Ru, Os) 및 그 합금의 매크로부식

기호	재 료	부 식 액	조 건
전해 부식 Pt M1	Pt Pt합금	80ml 염화나트륨 포화수용액 20ml 32% 염산	수분 6 V 직류 Pt 음극

♣ 백금, 팔라듐, 로듐, 이리듐, 루테늄, 오스뮴(Pt, Pd, Rh, Ir, Ru, Os) 및 그 합금의 마이크로부식

기호	재 료	부 식 액	조 건
Pt m1	순 Pt, 순 Pd 저농도첨가 Pt, Pd합금 Rh, Ru, Ir, Os	50ml 증류수 100ml 32% 염산 10ml 65% 질산	1~5분 가열하여 사용 ★주의사항참조★
Pt m2	귀금속을 90% 이하 함유하는 Pt와 Pt합금	a) 100ml 증류수 10g 시안화칼륨 b) 100ml 증류수 10ml 과옥소황산암모늄	30초~2분 a)와 b)를 1:1 혼합 ★주의사항참조★
Pt m3	Pd 치과용 합금 Al, Ca, In, Sn, Fe, Cu를 함유 하는 비치과용 Pd합금	30ml 글리세린 40ml 65% 질산 40ml 32% 염산 (Viella 부식액)	2~10초 5% 염산수용액으로 세척 새로운 액을 사용 ★주의사항참조★ ! 폭발의 위험성 있음

♣ 백금, 팔라듐, 로듐, 이리듐, 루테늄, 오스뮴(Pt, Pd, Rh, Ir, Ru, Os) 및 그 합금의 전해부식

기호	재 료	부 식 액	조 건
Pt Em1	Ir Rh	75ml 증류수 25ml 32% 염산	수초~수분 3 V 교류, Pt 음극

기호	재 료	부 식 액	조 건
Pt Em2	Pt와 Pt합금 Rh와 Rh합금 PdAg합금 Ir	100ml 증류수 10g 시안화칼륨	1~2분 1~5V 교류 0.1~0.2A/㎠ Pt 또는 그래파이트음극 ★주의사항참조★
Pt Em3	1. 순 Pt, P 합금 2. Rh기 합금 3. Pt-10Rh합금 4. PtIr합금 5. Ru기 합금	65ml 증류수 20ml 32% 염산 25g 시안화나트륨	1. 1분, 6V 교류 2. 25초, 10V 교류 3. 1분, 1.5V 교류 4. 1~2분 20V 교류 5. 1분, 5~20V 교류 그래파이트, Pt 음극
Pt Em4	순 Ru	100ml 증류수 10g 옥소산	수초~수분 교류 Pt 또는 그래파이트 음극 ★주의사항참조★
Pt Em5	Rh Ru	50ml 증류수 35ml 32% 염산 15ml 30% 과산화수소	수초~수분 3V 교류 Pt 또는 그래파이트 음극
Pt Em6	Os	100ml 32% 염산 25g 염화나트륨	2~5분 4V 직류 그래파이트 전극

♣ 방사능(Pu, Th, U, Am, Np) 금속 및 그 합금의 매크로부식

기호	재 료	부 식 액	조 건
Pu M1	순 U U합금 ★주의사항참조★	a) 65% 질산 b) 32% 염산	1~5초 최표면은 a)로 제거하고 그 후 b)로 표면에 거무튀튀한 막이 생길 때까지 처리한다. 다시 a)로 콘트라스트가 생길 때까지 처리한다.
Pu EM1	순 U 거의 모든 U합금 ★주의사항참조★	90ml 증류수 10ml 85% 인산	전해부식 15분까지 20V 직류 A1 음극

♣ 방사능(Pu, Th, U, Am, Np) 금속 및 그 합금의 마이크로부식

기호	재 료	부 식 액	조 건
Pu m1	U합금(UNMo합금) ★주의사항참조★	자연방치부식	1~20시간 100~200℃
Pu m2	순 U, U합금 U 탄화물 ★주의사항참조★	30ml 65% 질산 30ml 빙초산 30ml 87% 글리세린	5~30초 ★주의사항참조★ 폭발의 위험성 있음
Pu m3	UA1합금 UA1$_2$ (명청색) UA1$_3$ (황색) UA1$_4$ (회색) ★주의사항참조★	100(50)ml 증류수 38(25)ml 65% 질산 또는 1(25)ml 40% 불산 (농도가변)	수초~수분 ★주의사항참조★
Pu m4	U합금 ★주의사항참조★	70ml 85% 인산 25ml 95~97% 황산 5ml 65% 질산	수초~수분
Pu m5	UBe합금 U 베리라이드 UZr, UNb합금 U 규화물	30ml 증류수 또는 90% 유산 30ml 65% 질산 1ml 40% 불산	5~30초 최초에 물, 다음에 알콜로 세척한다. U규화물은 유산을 이용한다. ★주의사항참조★
Pu m6	안정화 γ상을 가진다. UMo, UZr합금 ★주의사항참조★	40ml 87% 글리세린 40ml 65% 질산 10ml 40% 불산	5~10초 ★주의사항참조★ ! 폭발의 위험성이 있음
Pu m7	순 Th Th합금 ★주의사항참조★	10ml 40% 불산 10ml 65% 질산	수초 ★주의사항참조★
Pu m8	UZr합금 UFeCo합금 UA1$_2$-U$_3$Si$_2$합금 U$_3$Si$_2$는 UA1$_2$ 보다 어둡게 된 다. ★주의사항참조★	100ml 증류수 5g 수산화크롬 10g 훼리시안화칼륨 (**Murakami부식액**)	수초~수분 비등시킨다. UFeCo합금의 경우는 20~ 60초 새로운 액을 사용
Pu m9	UNb$_{10}$ ★주의사항참조★	100ml 증류수 5g 산화크롬(VI) 10방울 40% 불산	수초~수분 불산은 사용직전에 넣는다. ★주의사항참조★
Pu m10	U$_3$Si 착색부식	70ml 빙초산 30ml 65% 질산	수초~수분 ★주의사항참조★
Pu m11	U, Pu, Am ★주의사항참조★	75ml 65% 질산 25ml 30% 과산화수소	수초~수분 40~50℃ ★주의사항참조★
Pu m12	U, Pu ★주의사항참조★	80ml 증류수 20ml 65% 질산	수초~수분 50℃

♣ 방사능(Pu, Th, U, Am, Np)금속 및 그 합금의 전해부식

기호	재 료	부 식 액	조 건
Pu Em1	순 U 순 Th ★주의사항참조★	90ml 빙초산 10ml 60%과염소산	5~15분 18~20V 직류 스텐레스(V2A) 음극 ★주의사항참조★
Pu Em2	순 Pu, Pu합금 ★주의사항참조★	50ml 에틸렌글리콜 20ml 99.8% 에타놀 5ml 65% 질산	2분 0.05A/㎠ 스텐레스(V2A) 음극 ★주의사항참조★
Pu Em3	U-C합금 ★주의사항참조★	6ml 증류수 60ml 빙초산 5g 산화크롬(VI)	15분 10V 직류 스텐레스(V2A) 음극 ★주의사항참조★

♣ 이트륨, 란탄, 희토류금속(Y, La, Ce, Pr, Nd, Sm, Eu, Gd, Tb, Dy, Ho, Er, Tm, Yb, Lu) 및 그 합금의 마이크로부식

기호	재 료	부 식 액	조 건
SE m1	희토류금속의 거의 모든합금	대기중 방치	수분~수시간 실온 ~ 200℃
SE m2	순 Gd 거의 모든 희토류금속과 그합금 Sm-Co합금	75ml 빙초산 25ml 30% 과산화수소	5~15초
SE m3	순Gd 희토류-Co합금 결정입계부식	49ml 96% 에타놀 1ml 65% 질산 (**Nital 부식액**)	1~3분
SE m4	Dy, Er, Gd, Ho와 La 기합금 희토류-Co합금	20ml 90% 유산 15ml 65% 질산 10ml 빙초산 5ml 85% 인산 1ml 95~97% 황산 (농도가변)	10~15초

기호	재료	부식액	조건
SE m5	Sm-Co, Sm-Fe-Co-Cu합금	10ml 증류수 10g 과옥소황산암모늄	5초 불식부식
SE m6	Sm-Co, Sm-Fe-Co-Cu합금 착색부식	100ml 증류수 10g 이황산칼륨 몇방울 32% 염산	수초~수분
SE m7	Ce2C 편광관찰용	30ml 증류수 30ml 빙초산 30ml 65% 질산	수초~수분
SE m8	Sm-Co합금 결정입계부식	100ml 증류수 8g 빙초산 2g 황산나트륨	5~10초 ★주의사항참조★
SE m9	Sm-Co합금	100ml 증류수 1m 빙초산 1m 65% 질산	수초
SE m10	희토류-Al합금	955ml 증류수 25ml 65% 질산 10ml 32% 염산 5ml 40% 불산 (**Keller** 부식액)	수초 ★주의사항참조★
SE m11	희토류-Mg합금	25ml 증류수 75ml 디에틸렌글리콜 1ml 65% 질산	수초
SE m12	Nd-Fe-B합금 상의 확인	100ml 96% 에타놀 2ml 암모니아 25% 수용액	수초

♻ 주석(Sn) 및 그 합금의 매크로부식

기호	재료	부식액	조건
Sn M1	Sn을 함유하는 축수합금, White metal	100ml 증류수 2ml 32% 염산 10g 염화철(II)	30초~5분
Sn M2	순 Sn	100ml 증류수 10g 과옥소황산암모늄	수초~수분
Sn M3	순 Sn	100ml 96% 에타놀 1~5ml 32% 염산	수초~수분

기호	재 료	부 식 액	조 건
Sn M4	Sn-Pb합금	80ml 87% 글리세린 10ml 65% 질산 10ml 빙초산	1~10분 40℃ ★주의사항참조★ ! 폭발위험성이 있음
Sn M5	Sn-Sb-Cu합금 모든 Sn 재료 고농도 Sn을 함유하는 합금	냉각한 폴리황화암모늄포화 수용액	20~30분 경우에 따라 부식 후 면봉 등으로 닦는다.
Sn M6	저농도의 Sn을 함유하는 합금 고농도의 Cu를 함유하는 결정 입면내부식	10ml 30% 과산화수소 10ml 25% 암모니아수용액	수초~수분 Sn M5로 사전 부식해둔다.

♧ 주석(Sn) 및 그 합금의 마이크로부식

기호	재 료	부 식 액	조 건
Sn m1	순 Sn Sn-Cd,Sn-Fe, Sn-Pb, Sn-Sb -Cu합금	100ml 증류수 또는 에타놀 2~5ml 32% 염산	1~3분 불식부식
Sn m2	순 Sn Sn 농도가 높은 Cd, Cu, Fe, Sb를 함유하는 합금	100ml 96% 에타놀 1~5ml 65% 질산 (Nital 부식액)	수초~7, 8분정도 경우에 따라서 진한 나이탈 용액으로 더 부식한다.
Sn m3	순 Sn 1% Pb를 함유하는 Sn	5ml 87% 글리세린 3ml 빙초산 1ml 65% 질산	10분 40℃ ★주의사항참조★ ! 폭발위험성이 있음
Sn m4	순 Sn Sn-Bi합금	30ml 증류수 60ml 96% 에타놀 5ml 32% 염산 12g 염화철(Ⅲ) 용액100ml당 한방울의 과산화 수소를 넣는다.	수초~수분
Sn m5	Sn 농도가 높은 축수합금 White metal Sn-Cu합금 Sn-Bi 공정	100ml 증류수 또는 99.8% 메타놀 5~25ml 32% 염산 10g 염화 (Ⅲ)	10~30초 (경우에 따라서는 5분까지)
Sn m6	Sn-Ca합금	50ml 빙초산 10ml 30% 과산화수소	수초~수분

기호	재 료	부 식 액	조 건
Sn m7	Sn-Pb합금 강표면의 Sn 층	25ml 87% 글리세린 2ml 40% 불산 1방울 65% 질산	1분 ★주의사항참조★ ! 폭발위험성이 있음
Sn m8	Sn-Pb합금 Sn을 함유하는 축수합금 Sn 박막	100ml 증류수 5~10g 과옥소황산암모늄	수초~7, 8분 정도
Sn m9	Sn-Pb합금 Sn 땜납재	50ml 증류수 50ml 빙초산 1방울 30% 과산화수소	수초~수분
Sn m10	Sn-Pb합금 Pb(흑색) Sn(부식되지 않는다)	90ml 증류수 5~10g 질산은	수초~수분 불식부식
Sn m11	Sn-Sb Sn을 많이 함유하는상(흑색) Sb을 많이 함유하는상(밝은색) SnSb 결정(황색)	a)100ml 증류수 　200g 산화크롬(VI) 　2g 불화나트륨 　1.5g 황화나트륨 b)100ml 증류수 　5g 산화크롬(VI) 　0.4g 황산나트륨	2초 ★주의사항참조★ 1초 먼저 a)로 부식, 이어서 b)로 부식 ★주의사항참조★
Sn m12	Sn-Sb-Cd합금 ε상(갈색) σ상(부식되지 않는다)	100ml 증류수 10g 수산화나트륨 10g 훼리시안화칼륨	수분 끓인다.
Sn m13	Sn을 코팅한 강 주철	100ml 96% 에타놀 4g 피크린산 (Picral 부식액)	수초~수분 ★주의사항참조★
Sn m14	순 Sn Sn합금 결정입면내부식 착색부식	50ml 냉각한 치오황산나트륨 　수용액 5g 이황산칼륨	60~90초

♣ 주석(Sn) 및 그 합금의 전해부식

기호	재 료	부 식 액	조 건
Sn Em1	순 Sn	80ml 증류수 20ml 95~97% 황산	수초~수분 30V 직류 Al 음극 전류를 흘린 상태에서 시료 를 끌어올린다.

기호	재 료	부 식 액	조 건
Sn Em2	순 Sn Sn 농도가 높은 합금	100ml 증류수 300ml 빙초산 50ml 60% 과염소산	10분 10~30분정도 Sn 음극 주의 깊게 혼합하고, 용액을 냉각하여 둔다.

♣ 티타늄(Ti) 및 그 합금의 매크로부식

기호	재 료	부 식 액	조 건
Ti M1	옥화 Ti	30ml 증류수 10ml 40% 불산 60ml 30% 과산화수소	수초~수분 원하는 콘트라스트가 생길 때까지 불식부식을 한다. ★주의사항참조★
Ti M2	Ti 합금 Ti-Al-Mn합금 변형선관찰 섬유상조직관찰	90ml 증류수 10ml 40% 불산	15분까지 ★주의사항참조★
Ti M3	Ti-Al-Mn합금 변형선관찰	50ml 40% 불산 50ml 87% 글리세린	수초~수분 ★주의사항참조★
Ti M4	Ti-Al-Mn, Ti-Al-V, Ti-Al-Cr-Fe합금 변형선관찰	95ml 증류수 2.5ml 65% 질산 1.5ml 32% 염산 0.5ml 40% 불산 (Keller 부식액)	수초~수분 ★주의사항참조★
Ti M5	순 Ti Ti기 합금 Ti-Al-Mo합금	50ml 증류수 40ml 65% 질산 10ml 40% 불산 (불산량은 줄여도 좋다)	5~8분 60~80℃ ★주의사항참조★
Ti M6	용접부위	200ml 증류수 2ml 40% 불산 10g 질산철(Ⅲ) 35g 옥소산	수초~수분 50~60℃ ★주의사항참조★
Ti M7	α-Ti 와 β-Ti의 분리관찰	50ml 증류수 50ml 32% 염산	수초~수분

♣ 티타늄(Ti) 및 그 합금의 마이크로부식

기호	재료	부식액	조건
Ti m1	순 Ti Ti합금 β상(청색) α, α′상(황색)	500~540℃ 전기로내 분위기에서 자연방치	금속판의 위 또는 젖은 천 위에서 냉각한다.
Ti m2	순 Ti α-Ti Ti-Al-V-Sn합금 훼로티탄	78(20)ml 증류수 15(5)ml 30% 과산화수소 12(10)ml 수산화칼륨 40% 수용액 (농도가변)	수초~수분 불식부식
Ti m3	순 Ti Ti합금 결정입계부식	100ml 증류수 5ml 30% 과산화수소 2ml 40% 불산	30~60초 ★주의사항참조★
Ti m4	거의 모든 Ti 재료 Ti합금 Ti-Mn, Ti-V-Cr-Al합금	85(96)ml 증류수 10(2)ml 40% 불산 5(2)ml 65% 질산 (농도가변)	3~20초 ★주의사항참조★
Ti m5	Ti-Al-Ni, Ti-Al-Sn, Ti-Si합금 수소화물	20ml 증류수 45ml 87% 글리세린 25ml 65% 질산 1ml 40% 불산	3~20초 불식부식 Ti-Si합금에서는 물 대신에 3ml의 32% 염산을 이용한다. ★주의사항참조★ ! 폭발의 위험성 있음
Ti m6	Ti중의 수소화물 α-β합금	30ml 90% 유산 30ml 65% 질산 1ml 40% 불산 (농도가변)	5~30초 보존하지 말 것 ★주의사항참조★
Ti m7	대부분의 Ti 재료 특히 Ti-Al-V(Sn)합금	100ml 증류수 2~6ml 65% 질산 1~3ml 40% 불산 (**Kroll 부식액**)	3~30초 불식부식 ★주의사항참조★
Ti m8	α-Ti	100ml 증류수 1~10ml 40% 불산 또는 1~10ml 95~97% 황산	수초~수분 물대신에 글리세린을 이용하면 부식시간을 단축할 수 있다. ★주의사항참조★
Ti m9	Sn를 함유한 Ti합금	100ml 증류수 10g 수산화나트륨 5ml 과산화수소	수초~수분

기호	재　료	부　식　액	조　　건
Ti m10	Ti합금	190ml 증류수 5ml 65% 질산 3ml 32% 염산 1ml 40% 불산 (**Keller 부식액**)	10~20초 따뜻한 물로 세척 ★주의사항참조★
Ti m11	Ti합금 용리의 부식	100ml 증류수 15ml 65% 질산 10ml 40% 불산	수초~수분 최후1분간, 이불산암모늄 수용액(20g/l)에 담근다. ★주의사항참조★
Ti m12	표면의 Cu퇴적물의 제거	100ml 증류수 25ml 65% 질산	수초~수분
Ti m13	표면의 Cu퇴적물의 제거	100ml 증류수 50ml 30% 과산화수소 2ml 65% 질산 1ml 40% 불산	수초~수분 깨끗하게 세척 ★주의사항참조★
Ti m14	순 Ti, Ti합금 α-β혼합상은 착색된다. 수소화물, 질화물 침상조직 산소의 고농도확산부분, β상은 하얗게 남는다. 착색부식	100ml 증류수 50ml 96% 에타놀 2g 이불화수소암모늄 (**Weck 부식액**)	수초~수분 착색된 표면이 갈색에서 청색 으로 변화하면 부식은 성공 이다. ★주의사항참조★

♣ 티타늄(Ti) 및 그 합금의 전해부식

기호	재　료	부　식　액	조　　건
Ti Em1	순 Ti	25ml 증류수 390ml 99.8% 메타놀 350ml 에틸렌글리콜 35ml 30% 과산화수소	10~40초 5~10℃ 30~50V 직류 스텐레스(V2A) 음극 ★주의사항참조★
Ti Em2	순 Ti Ti기 합금	80ml 빙초산 5ml 60% 과염소산	1~5분 20~60V 직류 스텐레스(V2A) 음극 ★주의사항참조★
Ti Em3	Ti 와 Ti기 합금 석출물 착색부식	35ml 증류수 60ml 99.8% 메타놀 10ml 90% 유산 5ml 85% 인산 5g 구연산 5g 옥소산	10초 30~50V 직류 스텐레스(V2A) 음극, 경우에 따라서 전체를 같은 량의 글리세린으로 희석, 그후 100~130V 직류, 60초 부식 ★주의사항참조★

♣ 아연(Zn) 및 그 합금의 매크로부식

기호	재 료	부 식 액	조 건
Zn M1	순 Zn Cu를 함유하지 않는 Zn합금 주조품	50ml 증류수 50ml 32% 염산 또는 32% 염산만 쓴다 또는 65% 질산만 쓴다	15초 표면에 형성된 층은 흐르는 물로 씻어낸다
Zn M2	Zn합금(Cu를 함유하는 합금 을 포함)	100ml 증류수 20g 산화크롬(VI) 1.5g 무수황산나트륨 (Palmerton 부식액)	수초~수분 수화황산나트륨(Na$_2$SO$_4$/ 10H$_2$O)을 이용하는 경우에는 3.5g 여분으로 넣는다. ★주의사항참조★
Zn M3	Zn합금(Zn농도가 높은 합금)	95ml 96% 에타놀 5ml 32% 염산	수초~수분

♣ 아연(Zn) 및 그 합금의 마이크로부식

기호	재 료	부 식 액	조 건
Zn m1	순 Zn Zn 농도가 높은 합금 착색부식	100ml Klemm기용액 2g 이황산칼륨 (Klemm I 액) Klemm기용액은 300ml 증류수(40℃), 1000ml 치오황산나트륨으로 구성	30초
Zn m2	순 Zn (실용 Zn) Zn-Cu-Al 합금	100ml 증류수 10g 수산화나트륨	1~5초
Zn m3	순 Zn Zn-Cu-Al 합금	100ml 증류수 또는 96% 에타놀 1~5ml 32% 염산	수초~수분
Zn m4	거의 모든 Zn합금 특히 Pb를 함유하는 압연 Zn Zn-Cu합금	200ml 증류수 20g 산화크롬(VI) 1.5g 황산나트륨 (Palmerton의 부식액)	2~3분 Cu를 함유하는 합금의 경우 황산나트륨의 양을 반으로 한다. 세척시에는 20%산화크롬수 용액을 이용한다. ★주의사항참조★

기호	재 료	부 식 액	조 건
Zn m5	모든 Zn합금 다이캐스팅 Zn 도금	100ml 증류수 5g 산화크롬(VI) 0.5g 황산나트륨 (**Palmerton의 부식액**의 응용)	2~3분 세척시에는 20%산화크롬수용액을 이용한다. ★주의사항참조★
Zn m6	Zn-Al, Zn-Cr 합금강 강철재표면의 Zn-Fe 도금막 결정입계부식	100ml 증류수 1ml 65% 질산	수초~수분 부식액은 1시간 이상 두지 말 것. 얼룩을 제거하기 위하여 20% 산화크롬수용액을 이용한다. ★주의사항참조★
Zn m7	철계 금속을 함유하는 Zn합금 Zn 도금	70ml 증류수 30ml 96% 에타놀 0.3g 피크린산	수초~3분 ★주의사항참조★
Zn m8	Zn합금 압출한 Zn합금	100ml 증류수 11g 과옥소황산암모늄 1g 구연산	수초~수분
Zn m9	Ag, Au, Cu 등 귀금속원소를 함유하는 Zn합금	1250ml 증류수 30ml 32% 염산 4g 염화철(III)	수초~수분
Zn m10	Zn-Cu, Zn-Fe, Zn-Mg Zn-Ni, Zn-Pb합금 Zn고농도상(어두운색)	900ml 증류수 60ml 질산동(II)화수용액 125g 수산화칼륨 75g 시안화카륨 6.5g 구연산 (**Schramm의 부식액**) (농도가변)	수초~수분 혼합하는 순서에 주의 (표기의 순서대로 혼합) 그렇지 않으면 청산이 발생

♧ 아연(Zn) 및 그 합금의 전해부식

기호	재 료	부 식 액	조 건
Zn Em1	순 Zn Zn 농도가 높은 합금	100ml 증류수 25g 수산화나트륨	15분 6V 직류 Cu 음극
Zn Em1	Zn-Cu합금 γ상,ε상의 확인	100ml 증류수 10g 산화크롬(VI)	수초~수분 12V 직류 Pt 음극 ★주의사항참조★

2. 위험물 취급 주의사항

화학약품 및 위험물을 취급할 경우에는 항상 용의 주도한 대처가 필요하다. 농도가 높지 않아도 인체에 해로운 경우가 많으며, 인체에 해로운 것이 흡수되어도 그 당시에는 느끼지 못하는 경우도 많다. 따라서 정부 및 지방자치단체에서 위험물 취급에 관한 많은 규칙이 제정되어 있다. 위험물을 취급할 때에는 다음의 사항에 주의하여야한다.

1) 규칙 및 예방조치

- 실험실에서의 흡연, 음식은 피한다.
- 모든 위험물은 누구라도 알 수 있도록 표시를 확실히 하여 둔다.
- 부식시약을 사용하는 경우 매우 부식성이 강한 시약은 희석액(물, 알콜)으로 희석할 것
- 부식할 때는 보호안경, 장갑 등을 착용하고 환기에 주의를 할 것
- 위험시약을 그대로 하수구에 버리지 말 것. 사용완료 약품은 모아서 적당한 방법으로 처리할 것
- 질산과 글리세린과 같이 폭발성 혼합물은 쓸만큼만 만든다. 남은 경우에는 Na_2CO_3등으로 중성화 할 것.
- 발화제가 있는 경우 소화전을 반드시 곁에 준비할 것. 금속화재의 경우는 D클래스 소화기를 사용.
- 약품이 눈에 들어간 경우는 즉시 물로 깨끗이 씻어 내고, 신속히 안과로 간다.
- 위험물 용기는 선반, 로커 안에 둘 것. 용기를 손으로 취급하는 경우는 너무 높이 두지 말 것(170 ~175cm 이상 두지 말 것).
- 깨어지기 쉬운 용기는 운반 시에 병목을 잡고 운반하지 말 것. 반드시 병 바닥을 받치고 운반할 것
- 독성(T), 맹독성(T+)의 약품은 밀폐용기에 넣어서 보관할 것
- 부식성(C), 자극성(Xn), 독성(T)의 표시약품은 담당자 이외의 사람의 손이 닿지 않는 곳에 둘 것
- 폭발성 물질은 가능한한 데시케이터와 같은 유리용기에 보관하지 말 것. 유리용기의 뚜껑을 밀어서 열을 때에 마찰에 의하여 폭발이 일어날 가능성이 있다.
- 실험실에서 필요한 양만 제조할 것
- 모든 실험실에서는 위험물 등을 1년에 1회 이상 점검할 것.
- 암모니아, 불산, 질산, 염산과 같이 연기를 발생하는 약품은 환기가 잘 되는 장

소에 보관할 것

2) 중요 예방 조치

금속조직관찰용 시료제작과정에서의 위험성 및 필요한 예방조치는 다음과 같다.

(과염소산)

과염소산은 약 60% 이상의 농도에서 쉽게 연소하고, 폭발하기 쉽다. 유기재료와 안티몬, 비스머스, 스틸과 같은 산화하기 쉬운 금속이 있으면 특히 위험하다. 농도를 고농도로 한다든지 가열은 피한다. 전해연마와 부식 시에 주의한다. 플래스틱용기에 보관하면 안된다. 과염소산과 알콜의 혼합물은 알킬과염소산염을 만들어서 폭발하기 쉽다. 따라서 농도를 고농도로 한다든지 가열은 피한다.
과염소산으로 용해한 모든 용액은 기본적으로 타기 쉽고 폭발의 위험성이 높다. 과염소산은 천천히 일정한 속도로 교반하면서 용해하여야한다. 이 혼합과정에서 또는 사용과정에서 절대로 35℃를 넘어서는 안된다. 따라서 냉각용기 중에서 사용하는 것이 좋다. 가능한한 과염소산의 배기설비가 있는 곳에서 사용할 것.

과염소산을 엎지른 경우에는 반드시 물로 씻어낼 것. 절대로 섬유질의 천이나 면으로 닦아서는 안된다.

(알콜과 산의 혼합)

알콜과 과염소산, 염산, 황산, 질산 또는 인산과 같은 산과 혼합하면 에스테르를 형성한다. 에스테르 중에는 신경에 매우 악영향을 미치는 성분이 있고, 피부로 흡수된다. 호흡 시에 들여 마셔도 위험하다.

(알콜과 질산의 혼합)

알콜과 질산의 혼합은 여러 종류의 반응생성물이 생긴다(알데히드, 탄산, 폭발성 질소화합물 등). 폭발의 위험성은 생성된 질소화합물의 분자의 크기에 비례해서 작아진다.

(메타놀과 황산의 혼합)

메타놀과 황산의 혼합은 디메틸황산을 만든다. 무취, 무미이나 맹독성이 있다. 피부에 닿거나 호흡으로 들이마시면 치사량에 이를 정도이다. 가스마스크를 통해서도 흡수될 가능성이 있다. 고농도 알콜의 황산염은 위험한 독성은 없다.

(에타놀과 과산화수소의 혼합)

에타놀과 과산화수소의 고농도화합물은 폭발적인 발열과 이산화탄소가스 생성을 동반하는 위험한 화학반응 특성을 나타내는 경향이 있다. 혼합물은 보존하여서는 안된다.

(유기물질과 크롬(VI가) 산의 경우)

알콜과 같은 유기물질과 크롬(VI가)산의 혼합물은 폭발하기 쉽다. 혼합은 신중하게 하고, 보존하지 말 것. 절대로 다른 용기에 따르거나 하지 말 것.

(시안화합물)

모든 시안화합물은 매우 위험하다. 산과 혼합하면 청산(HCN)이 된다. 청산은 비교적 저농도이어도 치사량이 되고, 공기 중에 증발하여도 위험하다. 아몬드 냄새가 난다. 【절대로 산과 혼합하지 말 것. 생명위험】
청산카리(KCN, 시안화칼륨)는 가능한한 특별한 환기설비 중에서 할 것. 사용완료 용액은 전용의 병에 보관할 것.

(불화수소산(불산))

피부에 닿으면 그 피해가 매우 크다. 취급 시에는 손에 유지크림을 바르고 장갑을 낄 것. 호흡독성이 있고, 환기설비 하에서 취급할 것. 유리를 침식시키므로 반드시 플래스틱용기에 보관할 것. 불산이 포함된 용액으로 시료를 부식 처리 후 현미경 관찰 시 시료표면에 불산이 남아 있으면 현미경의 대물렌즈가 침식된다. 그러므로 부식 후 물로 충분히 씻어내고 건조시킨 후 현미경 관찰을 할 것.

(과산화수소와 수산화칼륨의 혼합)

이 혼합에서는 가스의 발생이 심하고 온도상승과 더불어 더욱 심해진다. 따라서 주의 깊게 혼합할 것. 과산화물은 분해한다. 혼합액은 보존하지 말 것.

(왕수)

왕수의 색이 검은 색이 되면 더 이상 보존하지 말 것. 독성의 염화니트로실이 발생하는 징후이다. 절대로 밀폐용기에 보존하지 말 것.

(용융염)

절대로 용융염에 물을 가하지 말 것. 물이 튄다. 어떤 염도 수분을 포함하고 있으므로 용융염에 물을 가하지 말 것. NaOH-용융염을 취급할 때는 니켈 또는 철 용기를 사용할 것. 백금은 부식된다.

(독성재료)

 탈륨, 베릴륨, 방사성원소와 같은 독성재료의 연마는 글로브박스(Glove Box, 장갑을 이용하여 손을 넣고 작업하는 밀폐된 박스. 창을 통하여 내부를 들여다 봄) 중에서 하여야 한다.

(금속분말)

 마그네슘, 우라늄, 지르코늄의 미분은 자연 발화하기 쉽다. 이러한 금속시료를 가공할 때에는 물, 질소가스, 아르곤가스 등의 분위기에서 할 것. 인화물질의 가 까이에 두지 말 것. 가능하면 타일 벽의 방에서 취급할 것.

3) 화학물질의 위험한 반응

 부식방법이 효과적인지 아닌지는 부식용으로 첨가된 화학물질과 그 혼합비율에 의존한다. 대부분의 경우 부식방법은 경험에 기초를 두고 있다. 부식효과를 높이기 위해서는 혼합비율을 변경하든지 새로운 부식방법을 개발하는 경우, 거의 모든 경우에 즉시 시도해보고 싶은 경우가 많은데 그 반응특성에 주의하여야한 다. 혼합한 물질 사이의 반응으로 예상 못하였던 위험한 반응이 생길 수도 있다. 다음의 표는 실제 현장에서 생기는 위험한 혼합화학반응을 정리한 것이다.

화학약품	위험한 반응을 일으키는 물질
아세톤	클로로포름, 산화크롬(VI), 과산화수소
알콜	과염소산, 질산수은, 과산화수소, 산화크롬(VI)
염화알루미늄	물, 알콜
개미산	알루미늄, 산화제
암모니아	금속분말, 산, 수은, 불화수소
취소, 옥소	암모니아, 불포화화합물, 금속분말, 알칼리금속, 알칼리토류금속, 탄화수소와 빛
염소산염	알루미늄, 암모늄염, 산, 금속분말, 황산, 시안화물, 미세분산유기물, 가연성물질, 과염소산을 참조
산화크롬(VI)	암모니아, 초산, 무수초산, 글리세린, 알콜, 유기재, 나트륨, 가연성액체
시안화물	산, 산화제, 특히 질화물, 질산수은(II)
초산	크롬산(VI), 질산, 과염소산, 과산화물, 과망간산, 알콜, 에틸렌글리콜, 수산화칼륨
불화수소	암모니아, 알칼리금속, 유리
할로겐탄화수소	알칼리금속, 알칼리토류금속, 강알칼리, 금속분말, 과염소산, 질산, 알루미늄용기
수산화칼륨	초산, 알루미늄, 아연, 할로겐탄화수소, 물

과망간산칼륨	산화성유기물, 산화성무기물, 염산, 고농도광물산, 황산, 과산화수소, 글리세린, 에틸렌글리콜
수산화나트륨	알루미늄, 고농도산, 질산은, 트리크롤에틸렌, 클로로포름, 물, 과산화수소
과산화나트륨	알루미늄, 과옥소황산암모늄, 마그네슘, 유기재, 메타놀, 에타놀, 글리세린, 에틸렌글리콜, 빙초산, 무수초산
수산	은, 수은, 산화제
과염소산	초산, 무수초산, 비스머스 및 그 합금, 알콜, 고농도황산, 고농도인산, 산화성물질, 종이, 목재
과산화물	아세톤, 수산화알칼리, 알콜, 개미산, 글리세린, 수산화칼륨, 수산화나트륨, 과망간산칼륨, 중금속(산화물, 염을 포함), 먼지, 산화성물질, 암모니아
피크린산과 피크린산염	열, 암모니아, 알칼리금속, 알칼리토류금속, 알루미늄, 질산, 과산화물, 산화제, 황산
질산	암모니아, 무수초산, 크롬(VI)산화물, 청산, 가연성액체와 기체, 에타놀, 유기물질
염산	알루미늄
황산	과염소산칼륨, 과망간산칼륨, 가연성물질, 탄산나트륨, 수산화나트륨, 피크린산염, 물
질산은	수산화암모늄, 에타놀, 수산화나트륨
과산화수소	동, 크롬, 철, 금속과 그 염, 알콜, 아세톤, 유기물질, 그외의 가연성물질, 개미산, 청동, 글리세린, 수산화칼륨, 수산화나트륨, 과망간산칼륨

4) 위험물의 폐기 방법

화학물질의 처리 또는 폐기에 관해서는 법적인 규제 또는 규칙에 따르지 않으면 안된다.
- 위험물질은 전문처리업체에 의뢰할 것
- 화학물질에 따라서는 중성화처리, 산화처리, 환원처리를 할 것
- 실수로 엎질렀을 경우는 산에는 수산화칼슘 또는 탄산수소나트륨 분말을 뿌리고 그 후 물로 씻어낸다.
- 수용성의 무기수산화물, 알칼리, 유기염기는 산(경우에 따라서는 황산)으로 천천히 중성화하고 대량의 물로 하수도로 흘려보낸다.
- 불산을 포함하는 폐기물 또는 무기불소화합물은 칼슘수산화물로 불화칼슘로 침전시킬 것

[용제]
- 아세톤, 부타놀, 부틸렌글리콜, 에틸렌글리콜, 메타놀, 톨루올, 트리크롤에틸렌, 키로실 등의 용제의 처리에는 1) 폐기처리장에 넘긴다 2) 특별시설에서 연소처리한다 3) 재증류에 의하여 리사이클한다의 3가지 처리방법이 있다. 에타놀은 용이하게 재증류 가능하다.

용제는 다음과 같이 분리, 수거한다.

A 물과 혼합하지 않는 탄화수소: 톨루올, 키로실

B 물과 혼합하는 탄화수소 : 에타놀, 메타놀, 부타놀, 아세톤, 부틸글리콜, 에틸글리콜, 벤졸

C 염화탄화수소: 사염화탄소, 트리크롤에틸렌

ICS 77.040.99

한 국 산 업 규 격   **KS**

강의 페라이트 및 오스테나이트 결정 입도   **D 0205** : 2002
시험법(현미경 관찰법)   (2007 확인)

Steel—Micrographic determination of the ferritic or austenitic grain size

서 문   이 규격은 1983년에 초판으로 발행된 ISO 643 Steel—Micrographic determination of the ferritic or austenitic grain size를 기초로 하여, 기술적 내용 및 규격서의 서식을 변경하지 않고 작성한 한국산업규격이다.

1. 적용 범위   이 규격은 현미경 관찰에 의해 강의 페라이트 및 오스테나이트의 결정 입도를 결정하는 방법을 규정한다. 이 규격은 결정립을 나타내고 나타난 결정립의 평균 크기를 측정하는 방법에 대하여 설명한다.

2. 정 의   이 규격에서 사용하는 주된 용어의 정의는 다음에 따른다.

2.1 결 정 립   미세 조직 검사를 위해 연마하여 준비한 시료의 평평한 단면의 망상 조직 내에 나타날 수 있는 다소 구부러진 변을 갖는 폐쇄된 다각형 모양

각 상은 다음과 같이 구별된다.

2.1.1 오스테나이트 결정립   상온에서 단상 또는 두 상의 오스테나이트 조직(고립형 δ 페라이트, ferrite islands δ)을 나타내는 강의 결정립 또는 주어진 온도와 시간에서 오스테나이트화 처리를 포함한 열처리에 의해 형성된 결정립

2.1.2 페라이트 결정립   일반적으로 $\gamma \rightarrow \alpha$(고립형 δ 페라이트강의 경우를 제외한) 변태에 의해 나타나는 단상 또는 두 상 조직(고립형 펄라이트, prarlite islands)에서 관찰되는 결정립([1])

> 주([1])   일반적으로 탄소 함량이 0.25 % 이하인 비합금강의 페라이트 결정 입도를 평가한다. 만약 고립형 펄라이트의 크기가 페라이트 결정립의 크기와 같으면 펄라이트 섬을 페라이트 결정립으로 계산한다.

2.2 지 수   시료 단면의 1 mm²의 면적 내에서 존재하는 평균 결정립 수 m으로부터 구한 +, 0 또는 ─부호의 G. 정의에 의하면 $m = 16$일 때 $G = 1$이다. 다른 지수들은 다음 식에 의하여 구한다.

$$m = 8 \times 2^G$$

2.3 횡단 선분   결정립을 횡단하는 측정선의 선분. 만약 $\overline{N}$ 가 길이 L인 측정선에 의해 교차된 평균 결정립들의 수라고 할 때 횡단 선분의 평균값은 다음 식과 같다.

$$\bar{l} = \frac{L}{N}$$

2.4 교 차 점   측정선이 결정립을 지날 때 결정립계와 교차하는 점

3. 기호 및 약어   사용되는 기호를 표 1에 나타냈다.

D 0205 : 2002

표 1 기 호

기 호	정 의	값
g	현미경 영상의 선형 배율(기준 조건으로 적어 둠)	원칙적으로 100
D	현미경의 바탕 유리 스크린 또는 시험면 표면의 미세 조직을 나타내는 현미경 사진상의 원의 지름	79.8 mm (면적 ≒ 5 000 mm²)
n_1	지름 D인 원 내에서의 결정립의 수	
n_2	지름 D인 원의 원주와 교차되는 결정립의 수	
n_{100}	지름 D인 영상에서 조사한 전체 결정립의 수(배율×100)	$n_{100} = n_1 + \dfrac{n_2}{2}$
n_g	지름 D인 영상에서 조사한 전체 결정립의 수(배율×g)	
K	선형 배율 g를 선형 배율 100으로 변환하는 인자	$K = \dfrac{g}{100}$
m	시험하고자 하는 시험편 표면의 단위 mm²당 결정립의 수	$m = 2\,n_{100}$ (배율×100) $m = 2\,K^2 n_g$ (배율×g)
G	결정 입도에 대응하는 지수	
d_m	평균 결정립의 지름(mm)	$d_m = \dfrac{1}{\sqrt{m}}$
a	평균 결정립의 면적(mm²)	$a = \dfrac{1}{m}$
L	시험편 표면에서의 측정선의 길이(mm)	
$\overline{N}$	길이 L인 측정선을 통과하는 평균 교차점의 수	
$\overline{N_L}$	단위 길이당 측정선을 통과하는 평균 교차점의 수	$\overline{N_L} = \dfrac{\overline{N}}{L}$
$\overline{L}$	평균 횡단 선분의 길이(mm)	$\overline{L} = \dfrac{L}{N}$ $\overline{L} = \dfrac{1}{\overline{N_L}}$
N_x	세로 방향에서 1 mm당 교차점의 수(¹)	
N_r	가로 방향에서 1 mm당 교차점의 수(¹)	
N_t	수직 방향에서 1 mm당 교차점의 수(¹)	

주(¹) 방향을 규정하는 방법은 ISO 3785 – 강 – 시험편 축의 지정을 확인한다.

4. 방 법

4.1 원 리

4.1.1 강의 종류나 얻고자 하는 정보에 따라 적절한 방법으로 준비한 시료 연마면의 미세 조직 검사에 의해서 결정 입도를 나타낸다.

    비 고 만약 주문자 또는 제품을 규정하는 국제 규격이 결정립을 나타내는 방법을 규정하지 않을 경우, 이 방법의 선택 여부는 제조자에게 달려 있다.

  평균 결정 입도는 다음과 같이 나타낸다.

a) 보통 결정 입도 측정용 표준 도표와 비교하거나 또는 단위 면적당 평균 결정립의 수를 세어서 결정한 지수

b) 또는 횡단 선분의 평균값

    만약 국제 규격이 제품을 규정한 경우, 결정 입도는 상한값 또는 하한값으로 나타내거나 주어진 기준 조건에서 허용하는 변화를 지시하는 척도로 나타낸다.

5. 시료의 선택 및 준비

5.1 시료의 선택 만약 주문자나 제품을 규정하는 국제 규격이 시료의 수나 제품으로부터 시료를 채취하는 위치를 규정하지 않으면, 시료의 수나 채취하는 위치는 제조자에게 달려 있다. 시험편은 통상적인 방법

D 0205 : 2002

여 따라 연마하여야 한다.

5.2 페라이트 결정립을 나타내는 방법　페라이트 결정립은 나이탈(질산과 알코올 혼합 용액), 피크랄(피크르산과 알코올 혼합 용액) 또는 적절한 시약으로 에칭하여 나타내야 한다.

5.3 오스테나이트 결정립을 나타내는 방법　상온에서 단상 또는 이상의 오스테나이트 조직(페라이트 섬 δ)을 갖는 강의 경우, 적절한 미세 조직 검사에 의하여 직접 결정립을 나타내야 한다. 다른 강의 경우에는 요구되는 정보에 따라 다음 방법 중의 하나 또는 다른 방법들을 이용하여야 한다.

　－포화 피크르산 수용액으로 에칭하는 Bechet－Beaujard법(5.3.1 참조)
　－조절된 산화법에 의한 Kohn법(5.3.2 참조)
　－침탄에 의한 McQuaid Ehn법(5.3.3 참조)
　－만약 필요하다면 주문사 특별히 합의된 다른 방법

' 만약 다른 방법으로 비교 시험을 하려면 동일한 열처리 조건을 반드시 적용하여야 하며, 시험 결과는 에칭 방법에 따라 상당히 변할 수 있다는 점을 주의하여야 한다.

5.3.1 포화 피크린산 수용액으로 에칭하는 Bechet－Beaujard법

5.3.1.1 적용 분야　이 방법은 시료의 열처리시 형성되는 오스테나이트 결정립을 노출시키기 위한 것이다. 이 방법은 미세한 마르텐사이트 또는 베이나이트 조직을 갖는 시료에도 적용할 수 있다.

5.3.1.2 시료의 준비　보통, 시료가 미세한 마르텐사이트 또는 베이나이트 조직이면 일반적으로 열처리는 필요하지 않다. 만약 이러한 경우가 아니면 열처리는 필요하다. 즉, 제품 규격에 시험편을 처리하는 조건이 나와 있지 않거나 반대로 시험 조건에 대한 명세서가 없으면 열처리한 탄소강이나 저합금강의 경우에는 다음과 같은 조건을 적용하여야 한다.

　－탄소 함량이 0.35 % 이상인 강의 경우에는 850±10℃에서 11/2 시간
　－탄소 함량이 0.35 % 이하인 강의 경우에는 880±10℃에서 11/2 시간

　시험편은 이러한 열처리 후 일반적으로 수냉 또는 유냉하여야 한다.

5.3.1.3 연마 및 에칭　미세 조직 검사를 위해서는 시료의 평평한 표면을 연마하여야 한다. 최소 0.5 %의 나트륨 알킬설포네이트(sodium alkylsulfonate)와 피크르산으로 포화된 수용액 또는 다른 적당한 습식 시약으로 적정 시간 동안 에칭하여야 한다.

　　　　　비 고　에칭 시간은 수 분에서 한시간 이상으로 할 수 있다. 예를 들면, 용액을 60℃까지 가가열하
　　　　　면 에칭 반응을 촉진시켜 에칭 시간을 줄일 수 있다.

　때로는 시료의 결정 압계와 기지를 잘 구분하기 위해서는 몇 번의 반복적 에칭이나 연마 작업이 필요하다. 경화 처리한 강의 경우에는 시료를 선택하기 전에 탬퍼링을 해도 된다.

5.3.1.4 시험 결과　오스테나이트 결정 입계는 미세 조직 검사시 오스테나이트화 처리 온도에서 바로 나타난다.

5.3.2 조절 산화법에 의한 Kohn법

5.3.2.1 적용 분야　이 방법은 주어진 열처리 온도에서 오스테나이트화 처리할 때, 입계의 선택적 산화에 의하여 오스테나이트 결정립의 형태가 잘 나타나는 시료에 적용할 수 있다.

5.3.2.2 시료의 준비　시료의 한 면을 잘 연마한다. 연마된 시료의 표면은 어떠한 산화 흔적도 나타나서는 안 된다. 시료는 1 Pa의 진공 또는 불활성 가스(예를 들면, 고순도 아르곤 가스)가 순환하는 시험관에 놓는다. 만약 이 방법이 제품을 규정하는 규격과 다르면 특별히 합의된 열처리 조건(가열 속도, 온도, 유지 시간)으로 오스테나이트화 처리를 하여야 한다. 규정된 가열 시간이 지나면 10초에서 15초 동안 실험관 내부로 공기를 유입하여 산화시킨 다음 시료는 수냉하여야 한다. 시료는 대개 현미경으로 직접 관측할 수가 있다.

비 고   만약 시료가 과다하게 산화되었으면, 생성된 산화물의 망상 조직이 결정 입계에 남아 있다
는 점에 유의하면서 연마된 표면에 부착되어 있는 산화물을 미세한 연마재로 가볍게 연마
하여 제거하여야 한다. 연마를 마친 후 시료는 Vilella 시약을 이용하여 에칭하여야 한다.

피크린산(결정화된)	1 g
염 산($\rho_{16} = 1.19$ g/mL)	5 mL
에 탄 올	100 mL

또는 배네딕(Benedick)의 시약

메타니트로벤젠 술폰산	5 mL
에 탄 올	100 mL

5.3.2.3 시험 결과   입계를 선택적으로 산화시키면 오스테나이트 결정립 형상이 분명하게 나타난다. 만약
시료 준비가 정확하게 되었다면 산화물 입자는 결정 입계에 나타나지 않는다. 더욱 명확하게 입계를 나타
내기 위해서는 경우에 따라서는 조명을 비스듬히 할 필요가 있다.

5.3.3 925℃ 침탄에 의한 McQuaid Ehn법

5.3.3.1 적용 범위   이 방법은 특별히 침탄강에 적용하는 방법으로 강의 침탄시에 생성되는 오스테나이트
결정 입계를 노출시킨다. 통상 이 방법은 다른 열처리 방법에 의해 생성된 결정립을 나타내는 데에는 적
합하지 않다.

5.3.3.2 시료의 준비   시료에는 탈탄이나 표면 산화의 어떠한 흔적도 없어야 한다. 얻고자 하는 결정립의
형상은 냉간, 열간 또는 소성 가공 등과 같은 이전의 가공 처리에 의해 영향을 받을 수 있다. 이와 같은
가공 처리된 조직의 결정 입도를 요구할 때는 제품 규격서에 사전에 처리되는 가공 방법을 명시하여야 한다.

일반적으로 시료는 건조한 혼성 침탄제로 채워진 뚜껑이 있는 침탄 용기에 적당하게 놓아야 한다. 침탄
제는 대개 구상의 목탄 60 %와 탄산바륨(BaCO₃) 40 %이며, 사용되는 침탄제의 체적은 적어도 침탄하고자
하는 시료 체적의 30배가 되어야 한다. 침탄 처리는 925±10℃에서 6시간 동안 시료를 유지하여야 한다.
일반적으로 이러한 침탄 공정은 침탄 용기를 925±10℃에서 8시간 동안 유지함으로써 얻어진다. 대부분의
경우에서는 약 1mm의 침탄층이 얻어진다. 침탄층의 과공석 영역에 있는 결정 입계에 시멘타이트가 충분
히 석출되도록, 시료는 충분히 느린 속도로 임계 온도보다 낮은 온도까지 냉각하여야 한다.

매 시험마다 새로운 침탄제를 사용하여야 한다.

5.3.3.3 연마 및 에칭   침탄된 시료는 시료 표면과 수직으로 절단하여야 한다. 미세 조직 검사를 위하여
시료 단면 중 한 변을 연마하여야 한다. 연마된 시료는 다음과 같은 방법으로 에칭하여야 한다.

a) le Chatelier 및 Igevski 시약을 이용하는 방법

끓는 상태의

피크린산(결정화된)	2 g
수산화나트륨(가성소다)	25 g
물	100 mL

로 에칭하거나, 또는 전해 연마(6 V에서 60초 동안)를 하는 방법

b) 나이탈을 이용하는 방법

질 산($\rho_{20} = 1.33$ g/mL)	2~5 mL
에 탄 올	100 mL가 되도록 첨가

동일한 결과가 얻어진다면 다른 시약을 사용할 수 있다.

5.3.3.4 시험 결과   대략 1mm의 두께를 갖는 침탄층에서의 결정 입계는 초석 시멘타이트의 망상 조직을
나타내야 한다.

5.3.4. 오스테나이트 결정립을 나타내는 다른 방법 어떤 강에서는 단순 열처리(어닐링, 노멀라이징, 퀜칭 및 템퍼링 등) 후 오스테나이트 결정립을 미세 조직 등에 관찰하면, 펄라이트 결정립은 둘러싸고 있는 초석 페라이트의 망상 조직 또는 마르텐사이트 결정립을 둘러싸고 있는 트루스타이트 망상 조직 등으로 나타날 수 있다. 오스테나이트 결정립은 진공 상태에서(산화가 반드시 필요하지는 않음.) 열 예칭(thermal etching)에 의하여 나타날 수도 있다. 이러한 경우 제품 규격서에는 이러한 단순화된 방법(¹)에 대해 언급하여야 한다.

　　　주(¹) 이러한 방법 중에는 다음과 같은 방법들이 있다.

　　　　－냉각 중 결정 입계에 석출물을 석출시키는 방법

　　　　－경사 퀜칭법

6. 결정 입도의 표시

6. 1 지수에 의한 결정 입도의 표시 지수는 2.2에 있는 다음 식으로 정의한다.

$$m = 8 \times 2^G \cdots\cdots\cdots(1)$$

이 식은 다음과 같이 나타낼 수 있다.

$$G = \frac{\log m}{\log 2} - 3 \cdots\cdots\cdots(2)$$

또는

$$G = \frac{\log m}{0.301} - 3 \cdots\cdots\cdots(2b)$$

6.1.1 표준 결정 입도 도표와의 비교에 의한 평가 현미경의 바탕 유리 스크린(혹은 현미경 사진상에서)에서 조사한 영상을 일련의 표준 도표와 비교한다(¹). 100배인 이러한 표준 도표는 I ~ VIII 까지 번호가 매겨져 있으며, 그 번호들은 지수 G와 같다(부속서 B의 사진 A~D 및 부속서 C의 사진 E~G 참조).

　　　주(¹) 이러한 도표들은 Euronorm 103-71(부속서 B의 사진 A~D) 또는 ASTM E 112-77(부속서 C의 사진 E~G)에 규정되어 있다. 선택한 표준 도표들은 전 시험 기간 동안 부착해 두어야 한다.

도표와의 비교로서 시료의 결정 입도와 가장 가까운 입도를 갖는 표준 도표를 결정할 수 있다. 비교된 도표의 배율 g가 100이 아닌 경우에는, 지수 G는 가장 근접한 표준 도표의 번호 M을 배율에 대한 비의 함수로서 (3)식과 같이 다음과 같이 수정하여야 한다.

$$G = M + 6.64 \log \frac{g}{100} \cdots\cdots\cdots(3)$$

표 2 상용 배율에서의 지수들간의 관계

영상의 배율	표준 도표 번호와 같은 영상의 금속 결정립 석수							
	I	II	III	IV	V	VI	VII	VIII
25	-3	-2	-1	0	1	2	3	4
50	-1	0	1	2	3	4	5	6
100	1	2	3	4	5	6	7	8
200	3	4	5	6	7	8	9	10
400	5	6	7	8	9	10	11	12
800	7	8	9	10	11	12	13	14

6.1.2 결정립의 수를 세는 방법 결정립의 수를 세는 방법은 부속서 A에서 규정한다.

D 0205 : 2002

6.1.3 지수의 평가 평가가 비교법에 의하든 또는 계산법에 의하든지간에 구해진 정확도는 1/2보다 거의 크지 않다. 나타내고자 하는 지수는 정수로 반올림하여야 한다.

6.2 횡단 선분에 의한 결정 입도의 표시 측정선과 교차하는 결정립의 수는 현미경의 바탕 유리 스크린 또는 같은 시야의 현미경 사진에서 세어야 한다. 두 방법이 동일한 결과를 나타낼 때는 교차점의 수 역시 계산할 수 있다. 측정선은 직선 또는 곡선이 될 수 있다. 부속서 A의 그림 A.1의 측정 격자는 사용하는 측정선의 종류를 나타낸다. 측정 격자는 조사하고자 하는 시야에 단 한번만 적용하여야 한다. 정확한 결과를 얻기 위해서는 무작위로 시야를 옮겨 가면서 적절한 수 만큼 동일한 방법을 적용한다.

6.2.1 선형 횡단 선분법 측정선은 부속서 A의 그림 A.1과 같이 배열된 전체 길이가 500 mm인 4개의 직선으로 이루어져 있다. 이러한 배열은 결정립의 이방성 효과를 감소시킨다. 수직선 및 수평선은 다른 방향에서의 결정 입도를 측정하는데 이용된다. 두 직선 중의 하나를 원하는 방향으로 한다. 배율은 어떤 경우의 측정에서도 최소한 50개의 교차점이 얻어질 수 있도록 선택하여야 한다. 선형 횡단 선분법은 다음과 같은 규칙을 따라야 한다.

6.2.1.1 횡단 선분을 세는 경우 측정선이 하나의 결정립 내에서 끝날 때는 이러한 결정립에 의해 횡단되는 선분은 절반으로 계산한다.

6.2.1.2 교차점의 수를 세는 경우

 -측정선의 끝이 정확하게 하나의 결정입계에 닿을 때는 교차점 수는 1/2로 계산한다.
 -측정선이 결정입계에 접할 때는 하나의 교차점으로 계산한다.
 -교차점이 우연히 삼중점(3개의 결정립이 만나는 곳)에 일치할 때는 1.5개의 교차점으로 계산한다.
 -불규칙한 형상을 갖는 결정립의 경우, 측정선이 두 개의 다른 지점에서 같은 결정립을 양분할 때는 두 개의 교차점으로 계산한다.

　　　비 고 부속서 A에 설명되어 있는 Snyder-Graff법은 공구강(고속도강)을 위한 선형 횡단 선분법 이다.

6.2.2 원형 횡단 선분법 측정선은 부속서 A의 그림 A.1에서 나타낸 바와 같이 세 개의 동심원 또는 하나의 원으로 이루어져 있다. 부속서 A의 그림 A.1에 나타낸 바와 같이 측정 격자인 세 개의 원에 대한 전체 길이는 500 mm이다.

측정 격자를 조사하고자 하는 시야에 겹쳐 놓았을 때, 적어도 50개의 교차점을 갖도록 배율을 선택하여야 한다. 하나의 원인 경우에는 250 mm의 원주를 갖는 가장 큰 원을 이용한다. 이러한 경우 적어도 25개의 교차점이 시야 내에 있도록 배율을 선택하여야 한다.

원형 횡단 선분법은 다소 큰 횡단 선분값이 얻어지며, 그 결과 교차점의 수가 다소 작아지는 경향이 있다. 이를 보정하기 위하여 삼중점에 의한 교차점은 선형 횡단 선분법처럼 1.5개로 하지 않고 2개의 교차점으로 계산한다.

6.2.3 결과의 평가 교차점의 수는 여러 차례 다른 시야에서 반복하여 측정함으로써 교차점의 평균값 $\overline{N}$ 을 얻을 수가 있다. 만약 L을 측정선의 길이라고 하면

$$\overline{N_L} = \frac{\overline{N}}{L} \cdots\cdots (4)$$

횡단 선분의 평균값은 다음 식으로 나타낸다.

$$\overline{L} = \frac{1}{\overline{N_L}} \cdots\cdots (5)$$

비등축(이방성) 조직의 경우에는, 각각 세 개의 단면에서 교차점의 수를 결정한다.

 -하나의 가로 단면

D 0205 : 2002

- 하나의 세로 단면
- 하나의 수직 단면

그 결과, 1mm당 평균 교차점의 수 $\overline{N}_L$ 는 다음 식에 의해 계산된다.

$$\overline{N}_L = \frac{1}{3}(\overline{N}_x + \overline{N}_y + \overline{N}_z) \cdots\cdots\cdots\cdots\cdots\cdots\cdots\cdots\cdots\cdots (6)$$

여기에서 $\overline{N}_x$: 가로 단면에서 1mm당 평균 교차점의 수

$\overline{N}_y$: 세로 단면에서 1mm당 평균 교차점의 수

$\overline{N}_z$: 수직 단면에서 1mm당 평균 교차점의 수

비 고   1. 다른 결정 입도 지수를 갖는 결정립   어떤 경우에는 조사하려는 시료 표면이 두 개 이상의 다른 결정 입도 지수에 속하는 결정립이 존재할 수 있다. 예를 들면, 전체적으로 비교해 볼 때 크기가 상당히 다른 일부 결정립들이 존재하고 있는 경우이다. 이러한 경우에는 크기에 따라 결정립의 수를 세거나, 결정립들의 빈도수나 위치를 가능한 기재하여, 둘 이상의 지수로 나타낼 수 있다.

2. 쌍정을 포함한 결정립   쌍정을 포함한 결정립은 달리 규정되어 있지 않으면 하나의 결정립으로 간주한다(부속서 A의 그림 A.2 참조).

3. 비등축 결정립   비등축 결정립의 결정 입도는 적절히 선택된 두 개의 직각축(그 중, 하나는 압연 제품의 한 축이 될 수 있음.)상에서 같은 수의 결정립에 의해 횡단된 축의 길이를 측정한 후, 이들 길이의 비로부터 구한 값으로도 나타낼 수 있다.

7. 시험 보고서   시험 보고서는 다음과 같은 내용을 포함하여야 한다.

a) 시험하고자 하는 강의 종류

b) 결정하고자 하는 결정립의 유형(페라이트 또는 오스테나이트)

c) 이용된 방법과 측정 조건

d) 결정 입도 지수 또는 평균 선분값

D 0205 : 2002

부속서 A   결정립의 수를 세는 방법

(규격의 일부임)

A.1 원 리   상의 선형 배율 g는 현미경의 바탕 유리 스크린(또는 현미경 사진)에 그려진 지름 79.8 mm인 원(면적 : 5 000 mm²) 내부에서 적어도 50개의 결정립들을 셀 수 있는 정도가 되어야 한다. 원칙적으로는 배율은 100이다. 이 경우 시료의 실제 표면적은 0.5 mm²이다(부속서 A의 그림 3 참조). 원 내부의 전체 결정립 수 n_1과 원주와 교차되는 결정립 수 n_2를 계산하여야 한다[']).

　　주[']　한편 동일한 방법으로 한 변의 길이가 70.7 mm(면적 : 5 000 mm²)인 사각형이나 또는 이것과 같은 면적, 예를 들면 80.0×62.5 mm인 사각형 내에서의 결정립의 수를 계산할 수도 있다.

이에 상응하는 전체 결정립의 수는

$$n_{100} = n_1 + \frac{n_2}{2} \quad\cdots\cdots\cdots\cdots\cdots\cdots\cdots\cdots\cdots\cdots (7)$$

이고, mm²당 시료 표면의 결정립의 수는

$$m = 2n_{10} \quad\cdots\cdots\cdots\cdots\cdots\cdots\cdots\cdots\cdots\cdots (8)$$

이다. 임의의 배율 g에서는

$$m = 2\left(\frac{g}{100}\right)^2 n_g \quad\cdots\cdots\cdots\cdots\cdots\cdots\cdots\cdots (9)$$

또는

$$m = 2K^2 n_g \quad\cdots\cdots\cdots\cdots\cdots\cdots\cdots\cdots\cdots\cdots (10)$$

이다. 여기에서

$$K = \frac{g}{100} \quad\cdots\cdots\cdots\cdots\cdots\cdots\cdots\cdots\cdots\cdots (11)$$

이고, 결정립의 평균 지름(mm)은

$$d_m = \frac{1}{\sqrt{m}} \quad\cdots\cdots\cdots\cdots\cdots\cdots\cdots\cdots\cdots (12)$$

이며, 실제 결정립의 평균 면적(mm²)은

$$a = \frac{1}{m} \quad\cdots\cdots\cdots\cdots\cdots\cdots\cdots\cdots\cdots\cdots (13)$$

이다. m의 공칭 수치는 개개의 G값에 상응한다. 부속서 A의 표 A.1에 주어진 한계 내에서 식(8) 또는 (9)에 의하여 계산된 m값을 G의 전체 값으로 나타낸다.

A.2 특별한 조직에 대한 정보

A.2.1 시멘타이트가 연결된 망상 조직이나 페라이트로 부분적으로 둘러싸인 고립형 펄라이트 조직을 나타내는 고탄소강의 경우에는, 본체의 5.3.4를 참조하여야 한다(횡단 선분법에서는 이러한 경계의 중간 부분을 결정 입계로 간주한다.). 그러나 망상 조직이 잘 나타나지 않은 경우에는, 측정법을 서로 협의하여야 한다.

A.2.2 금속 결정립들은 불규칙적인 다각형 형상으로 나타나지만 결정립들의 평균 크기는 간단하게 측정할 수 있다. 시료의 평평한 단면에 나타난 다각형으로 둘러싸인 기하학적 형상을 "결정립"으로 정의하도록 규정되어 있다. 그러나 이러한 조건에서 강의 평균 입도를 추정하는 것은 과대 평가되어 있다는 점을 간과해서는 안 된다. 실제로 강이 동일한 다면체로 이루어져 있다면, 임의의 평평한 표면에서 관찰되는 다각형

D 0205 : 2002

의 면적은 최대값과 0 사이의 모든 값을 갖을 수 있다(만약 다면체의 형상을 알고 있다면, 이러한 면적들의 통계적 분포를 계산할 수 있다.).

A.3 Snyder-Graff 법[2]

주[2] Snyder, R. W. and Graff, H. F. : Study of grain size in hardened high-speed steel. Mteal Progress(1938) April, pp. 377-380.

A.3.1 적용 범위 이 방법은 경화 후 탬퍼링된 고속도강의 오스테나이트 결정 입도를 선형 횡단 선분법에 의해 결정하는데 이용된다.

A.3.2 시험편의 준비 보통 경화 후 탬퍼링한 제품으로부터 채취된 시료는 또 다른 어떤 열처리도 하지 않아야 한다. 시료는 연마 후 에틸알코올에 10%의 염산과 3%(모두 체적비)의 질산을 첨가한 시약을 이용하여 에칭하여야 한다. 부식 시간은 2분에서 10분 내로 하여야 한다. 때로는 몇 번의 반복적인 에칭과 연마가 필요하다. 시료의 표면은 제품에 가해진 열처리 종류에 따라 색깔이 나타날 수도 있다.

A.3.3 측정법 1000배의 배율에서 길이가 125 mm인 측정선에 의해 교차되는 결정립의 수를 세어야 한다. 무작위로 선택된 시야에서 각각 다른 방향으로 5회 측정하여야 한다.

A.3.4 시험 결과 반대로 규정되어 있지 않으면, 5회 측정에 의해 횡단된 결정립의 수를 산술 평균하여 결정 입도를 나타낸다. 이 값으로부터 평균 횡단 선분의 길이를 결정할 수 있다.

A.4 결정 입도 정의의 다른 방법

A.4.1 이 규격에 명시된 입도 정의법과는 다른 방법으로 미국식이 있다. 이 방법은 ASTM(E 112-80)에 나와 있는 지수 G에 의해 결정 입도를 정의하며, 다음과 같은 두 가지 방법으로 나타낸다.

A.4.1.1 평균 횡단 선분법 지수 G(ASTM)=0은 100배의 배율에서 측정된 길이가 32 mm인 평균 횡단 선분에 상응한다. 다른 지수를 나타내는 식은 다음과 같다.

- 평균 횡단 선분

$$G(\text{ASTM}) = 10.000 - 6.6439 \log_{10} \overline{L} \cdots\cdots (14)$$

-- 단위 길이(mm)당 평균 교차점의 수

$$G(\text{ASTM}) = -3.2877 + 6.6439 \log_{10} \overline{N_L} \cdots\cdots (15)$$

A.4.1.2 결정립의 수를 세는 방법 정의에 따르면 지수 G(ASTM)=1은 단위 면적당(mm²) 15 500개의 결정립에 상응한다. 단위 면적당(mm²) 결정립 수의 함수로서 지수를 나타내는 다른 식은 다음과 같다.

$$G(\text{ASTM}) = -2.9542 + 3.3219 \log_{10} m \cdots\cdots (16)$$

A.4.2 통상적인 조직을 갖는 시료에서 여러 결정 입도 지수들간의 비

$$G = -3 + 3.3219 \log_{10} m \cdots\cdots (17)$$

이 식을 식(16)과 비교하면 다음과 같다.

$$G(\text{ASTM}) - G = 0.0458$$

ASTM 지수는 이 규격에 의해 정의된 지수보다 다소 큰 값을 나타내나, 그 편차는 지수 단위의 1/12보다 작다. 대부분의 여러 조건에서 결정 입도를 측정하여 일반적으로 그 값이 단위의 1/2보다 작을 때는 이 편차는 무시할 수 있다.

D 0205 : 2002

표 A.1 여러 변수에 따른 결정 입도 번호의 평가

결정 입도 지수 G	mm²당 결정립의 수(m)			결정립의 평균 길이 d_m	결정립의 평균 면적 a	평균 횡단 선분 길이 $\bar{l}$	1 mm당 측정선에 걸리는 평균 교차점의 수
	공칭값	제한값					
		부터 (포함하지 않음)	까지 (포함)	(mm)	(mm²)	(mm)	
−7	0.0625	0.046	0.092	4	16	3.577	0.279
−6	0.125	0.092	0.185	2.828	8	2.529	0.395
−5	0.25	0.185	0.37	2	4	1.788	0.559
−4	0.50	0.37	0.75	1.414	2	1.265	0.790
−3	1	0.75	1.5	1	1	0.894	1.118
−2	2	1.5	3	0.707	0.5	0.632	1.582
−1	4	3	6	0.500	0.25	0.447	2.237
0	8	6	12	0.354	0.125	0.320	3.125
1	16	12	24	0.250	0.0625	0.226	4.42
2	31	24	48	0.177	0.0312	0.160	6.25
3	64	46	96	0.125	0.0156	0.113	8.84
4	128	96	192	0.0884	0.00781	0.080	12.5
5	256	192	384	0.0625	0.00390	0.0566	17.7
6	512	384	768	0.0442	0.00195	0.0400	25.0
7	1 024	768	1 536	0.0312	0.00098	0.0283	35.4
8	2 048	1 536	3 072	0.0221	0.00049	0.0200	50.0
9	4 096	3 072	6 144	0.0156	0.000244	0.0141	70.7
10	8 192	6 144	12 288	0.0110	0.000122	0.0100	100
11	16 384	12 288	24 576	0.0078	0.000061	0.00707	141
12	32 768	24 576	49 152	0.0055	0.000030	0.00500	200
13	65 536	49 152	98 304	0.0039	0.000015	0.00354	283
14	131 072	98 304	196 608	0.0028	0.0000075	0.00250	400
15	262 144	196 608	393 246	0.0020	0.0000037	0.00170	588
16	524 288	393 216	786 432	0.0014	0.0000019	0.00120	833
17	1 048 576	786 432	1 572 864	0.0010	0.00000095	0.00087	1 149

주(¹) 이 표는 여러 다른 변수에 따른 값에 대한 정보를 나타내며, 등축 결정립에만 적용된다.

D 0205 : 2002

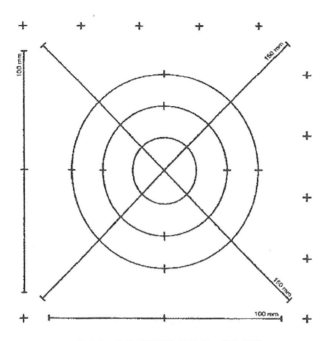

그림 A.1 횡단 선분법에 이용되는 측정 격자

세 원의 치수는 다음과 같다

지 름	원 주
79.58	250.0
53.05	166.7
26.53	83.3
	합계 500.0

D 0205 : 2002

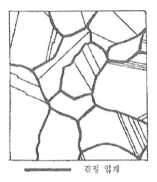

결정 입계

그림 A.2 결정립 수의 평가(쌍정을 포함한 결정립)

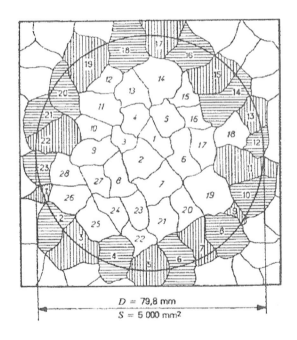

$D = 79,8$ mm
$S = 5\,000$ mm²

그림 A.3 원주 내에서의 결정립 수의 평가

D 0205 : 2002

부속서 B 결정 입도의 결정 – 표준 도표

AFNOR 표준 NF A 04 – 102에 따름

(이 규격의 일부임)

사 진 A

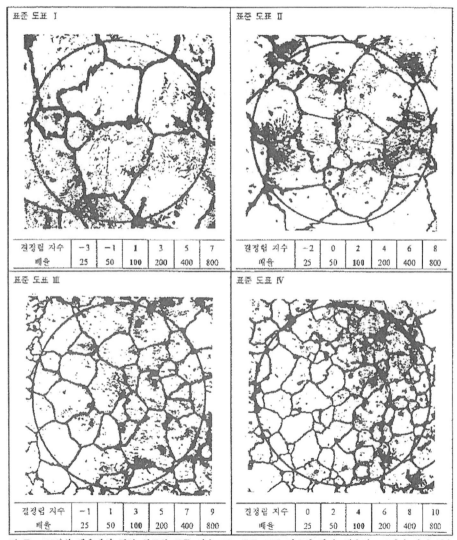

표준 도표 I						
결정립 지수	−3	−1	1	3	5	7
배율	25	50	100	200	400	800

표준 도표 II						
결정립 지수	−2	0	2	4	6	8
배율	25	50	100	200	400	800

표준 도표 III						
결정립 지수	−1	1	3	5	7	9
배율	25	50	100	200	400	800

표준 도표 IV						
결정립 지수	0	2	4	6	8	10
배율	25	50	100	200	400	800

비 고 100배의 배율에서 결정 입도의 표준 지수 *G*는 표준 도표 번호와 같다. 배율이 100배가 아닌 경우에는 지수는 다른 값을 갖는다. 각 도표 아래의 표는 결정 입도와 배율 사이의 관계를 나타낸다.

D 0205 : 2002

사 진 A(계속)

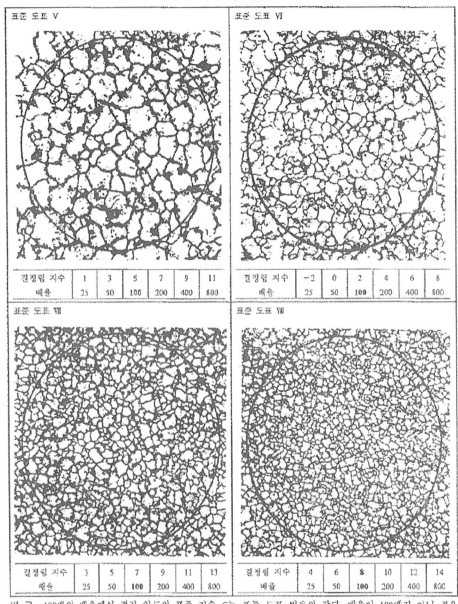

표준 도표 V						
결정립 지수	1	3	5	7	9	11
배율	25	50	100	200	400	800

표준 도표 VI						
결정립 지수	-2	0	2	4	6	8
배율	25	50	100	200	400	800

표준 도표 VII						
결정립 지수	3	5	7	9	11	13
배율	25	50	100	200	400	800

표준 도표 VIII						
결정립 지수	4	6	8	10	12	14
배율	25	50	100	200	400	800

비 고 100배의 배율에서 결정 입도의 표준 지수 G는 표준 도표 번호와 같다. 배율이 100배가 아닌 경우
에는 지수는 다른 값을 갖는다. 각 도표 아래의 표는 결정 입도와 배율 사이의 관계를 나타낸다.

D 0205 : 2002

사 진 B

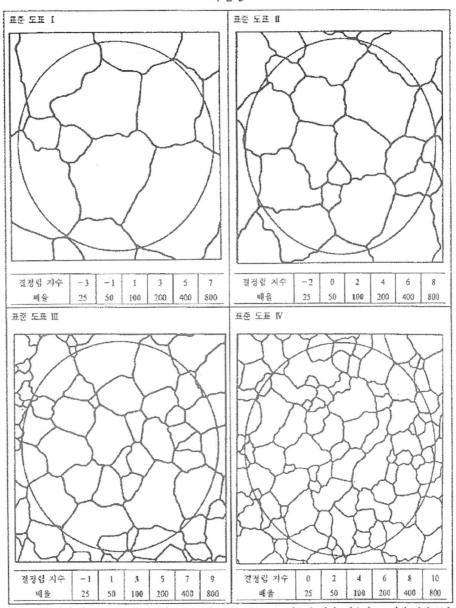

표준 도표 I						
결정립 지수	−3	−1	1	3	5	7
배율	25	50	100	200	400	800

표준 도표 II						
결정립 지수	−2	0	2	4	6	8
배율	25	50	100	200	400	800

표준 도표 III						
결정립 지수	−1	1	3	5	7	9
배율	25	50	100	200	400	800

표준 도표 IV						
결정립 지수	0	2	4	6	8	10
배율	25	50	100	200	400	800

비 고 100배의 배율에서 결정 입도의 표준 지수 G는 표준 도표 번호와 같다. 배율이 100배가 아닌 경우
에는 지수는 다른 값을 갖는다. 각 도표 아래의 표는 결정 입도와 배율 사이의 관계를 나타낸다.

D 0205 : 2002

사 진 B(계속)

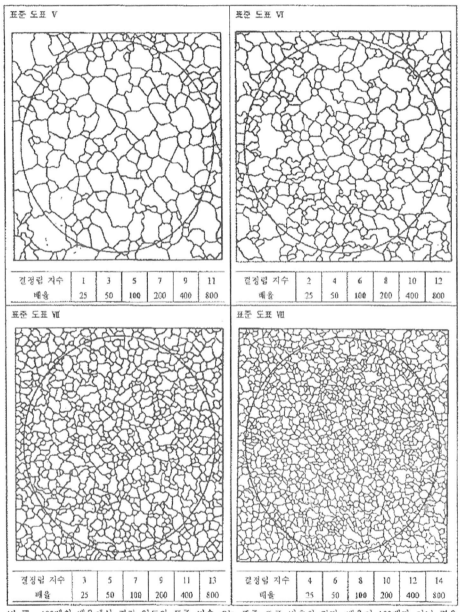

비 고   100매화 배율에서 결정 입도의 표준 지수 G는 표준 도표 번호와 같다. 배율이 100배가 아닌 경우
에는 지수는 다른 값을 갖는다. 각 도표 아래의 표는 결정 입도와 배율 사이의 관계를 나타낸다.

D 0205 : 2002

사 진 C

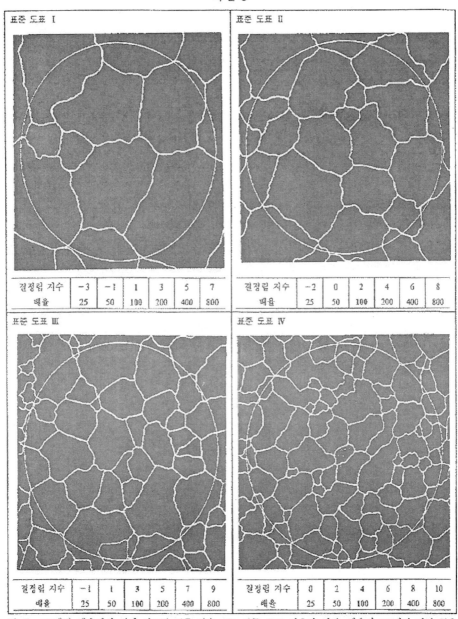

표준 도표 I

결정립 지수	−3	−1	1	3	5	7
배율	25	50	100	200	400	800

표준 도표 II

결정립 지수	−2	0	2	4	6	8
배율	25	50	100	200	400	800

표준 도표 III

결정립 지수	−1	1	3	5	7	9
배율	25	50	100	200	400	800

표준 도표 IV

결정립 지수	0	2	4	6	8	10
배율	25	50	100	200	400	800

비 고   100배의 배율에서 결정 입도의 표준 지수 G는 표준 도표 번호와 같다. 배율이 100배가 아닌 경우에는 지수는 다른 값을 갖는다. 각 도표 아래의 표는 결정 입도와 배율 사이의 관계를 나타낸다.

D 0205 : 2002

사 진 C(계속)

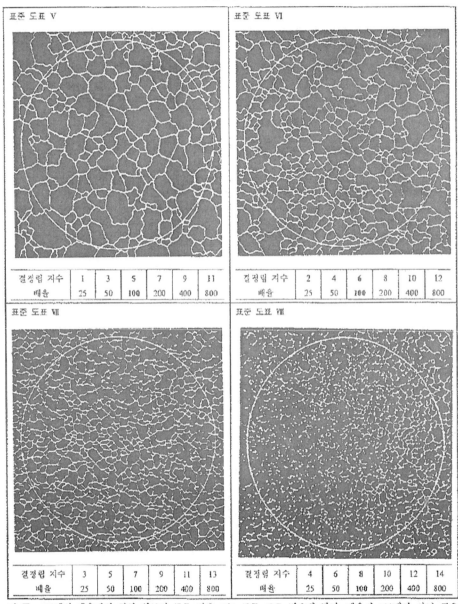

표준 도표 Ⅴ						
결정립 지수	1	3	5	7	9	11
배율	25	50	100	200	400	800

표준 도표 Ⅵ						
결정립 지수	2	4	6	8	10	12
배율	25	50	100	200	400	800

표준 도표 Ⅶ						
결정립 지수	3	5	7	9	11	13
배율	25	50	100	200	400	800

표준 도표 Ⅷ						
결정립 지수	4	6	8	10	12	14
배율	25	50	100	200	400	800

비 고 100배의 배율에서 결정 입도의 표준 지수 G는 표준 도표 번호와 같다. 배율이 100배가 아닌 경우
에는 지수는 다른 값을 갖는다. 각 도표 아래의 표는 결정 입도와 배율 사이의 관계를 나타낸다.

D 0205 : 2002

사 진 D

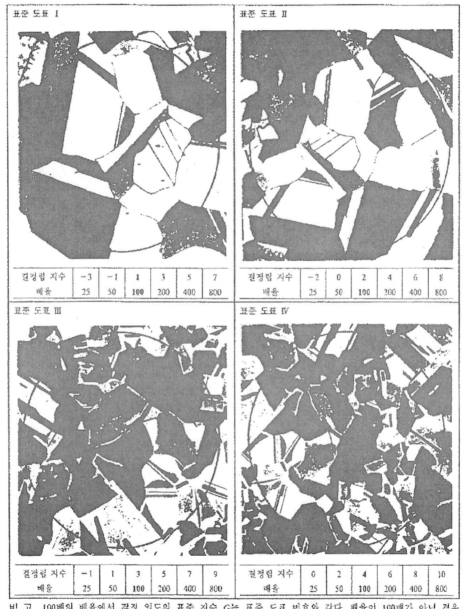

표준 도표 I

결정립 지수	−3	−1	1	3	5	7
배율	25	50	100	200	400	800

표준 도표 II

결정립 지수	−2	0	2	4	6	8
배율	25	50	100	200	400	800

표준 도표 III

결정립 지수	−1	1	3	5	7	9
배율	25	50	100	200	400	800

표준 도표 IV

결정립 지수	0	2	4	6	8	10
배율	25	50	100	200	400	800

비 고 100배의 배율에서 결정 입도의 표준 지수 G는 표준 도표 번호와 같다. 배율이 100배가 아닌 경우
에는 지수는 다른 값을 갖는다. 각 도표 아래의 표는 결정 입도와 배율 사이의 관계를 나타낸다.

D 0205 : 2002

사 진 D(계속)

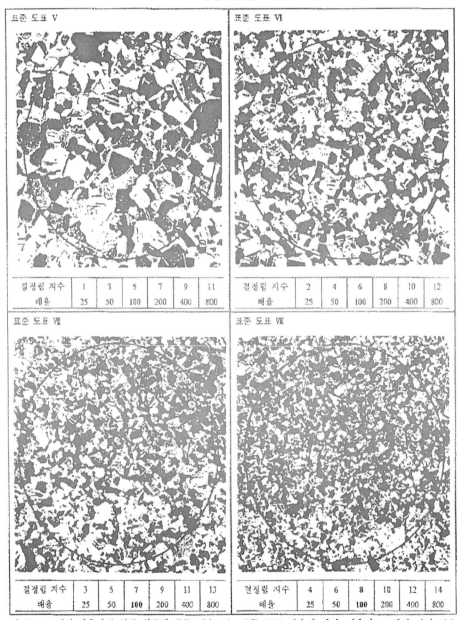

표준 도표 V							표준 도표 VI					
결정립 지수	1	3	5	7	9	11	결정립 지수	2	4	6	8	10	12
배율	25	50	100	200	400	800	배율	25	50	100	200	400	800

표준 도표 VII							표준 도표 VIII					
결정립 지수	3	5	7	9	11	13	결정립 지수	4	6	8	10	12	14
배율	25	50	100	200	400	800	배율	25	50	100	200	400	800

비 고　100배의 배율에서 결정 입도와 표준 지수 G는 표준 도표 번호와 같다. 배율이 100배가 아닌 경우
　　에는 지수는 다른 값을 갖는다. 각 도표 아래의 표는 결정 입도와 배율 사이의 관계를 나타낸다.

D 0205 : 2002

부속서 C 결정 입도의 결정 – 표준 도표

ASTM E 112에 따름

(이 규격의 일부임)

사 진 E

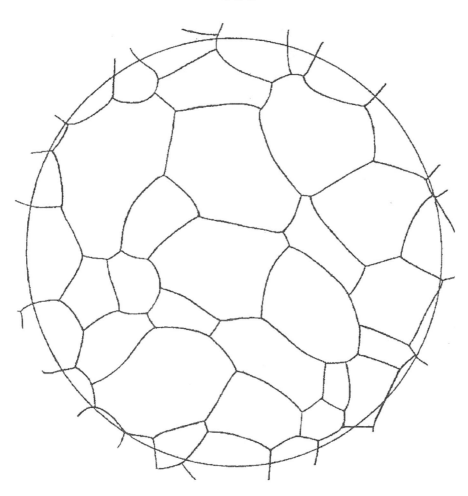

D 0205 : 2002

사 진 E(계속)

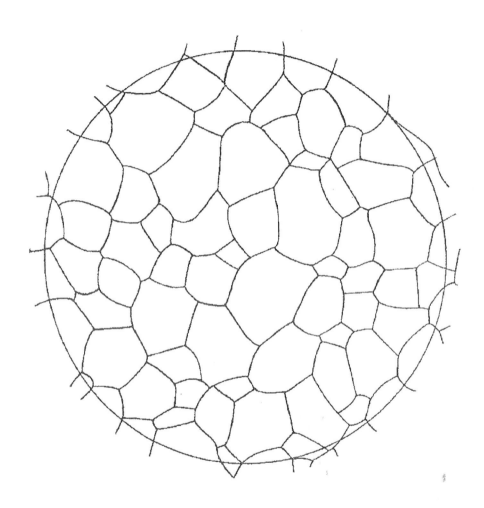

II

D 0205 : 2002

사 진 E(계속)

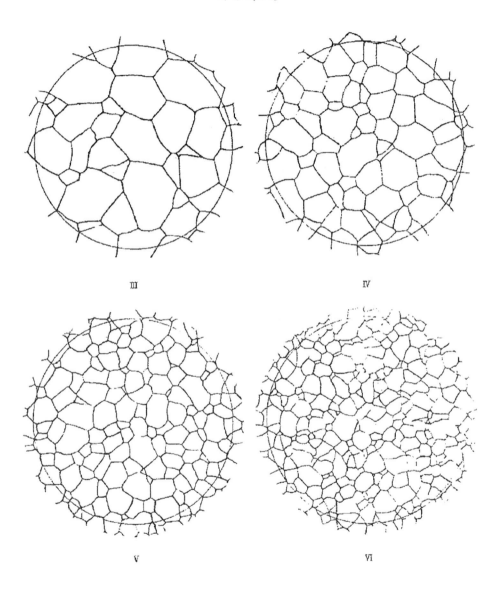

III

IV

V

VI

D 0205 : 2002

사 진 E(계 속)

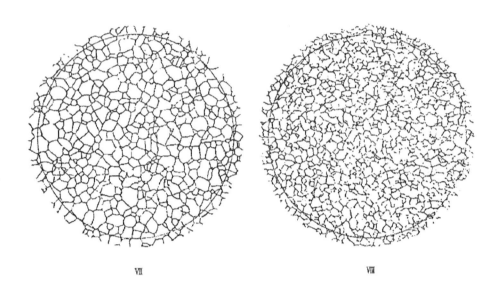

VII   VIII

D 0205 : 2002

사 진 F

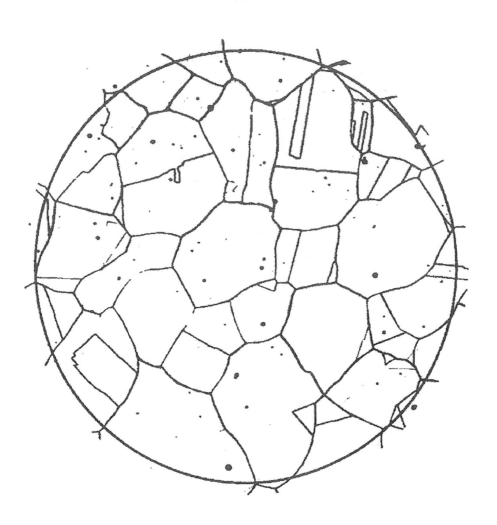

I

D 0205 : 2002

사 진 F(계속)

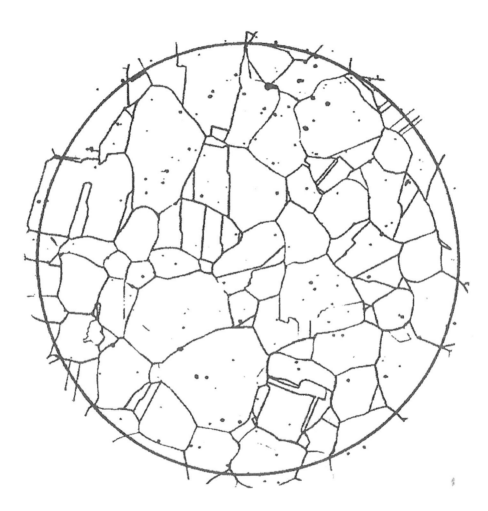

II

D 0205 : 2002

사 진 F(계속)

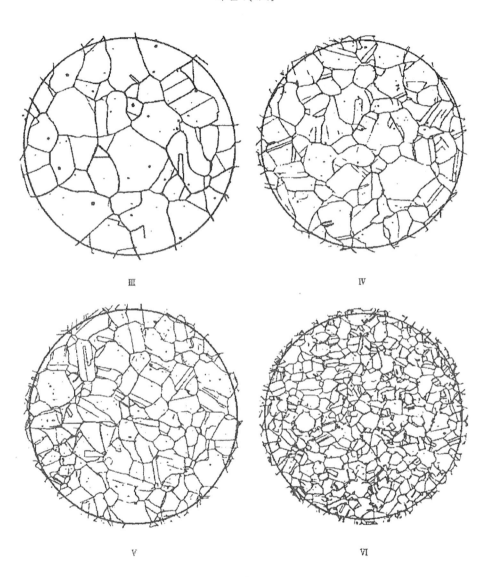

Ⅲ

Ⅳ

Ⅴ

Ⅵ

D 0205 : 2002

사 진 F(계속)

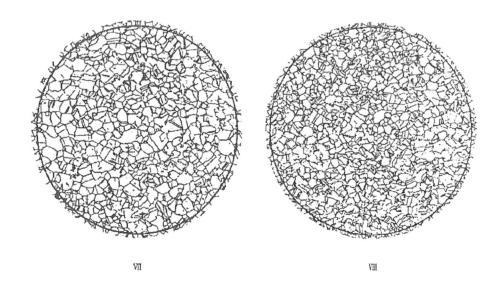

VII   VIII

D 0205 : 2002

사 진 G

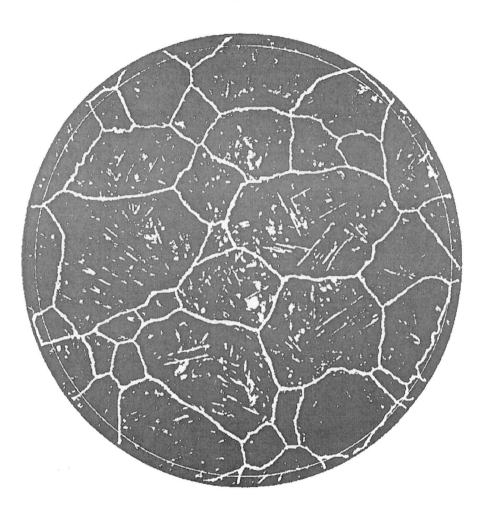

I

D 0205 : 2002

사 진 G(계속)

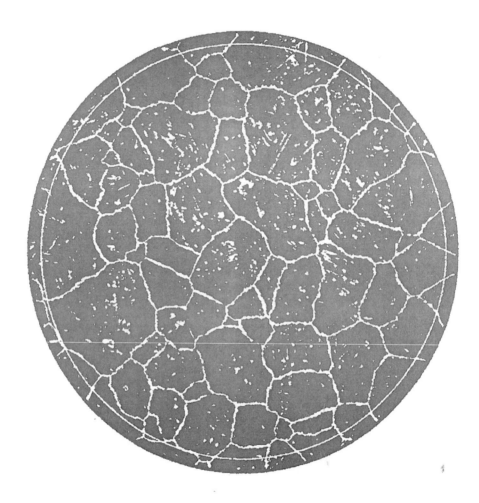

ㅓ

D 0205 : 2002

사 진 G(계속)

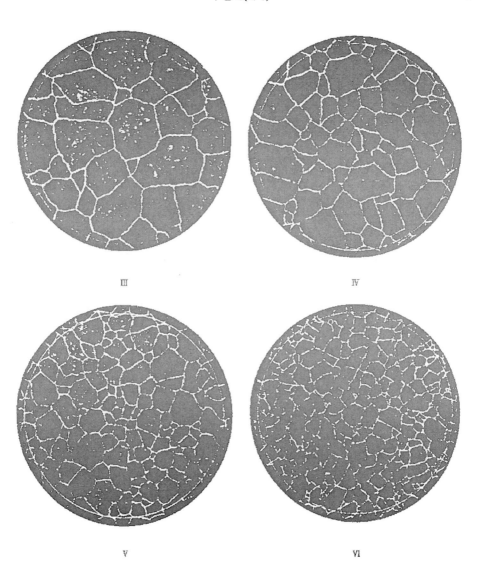

III   IV

V   VI

D 0205 : 2002

사 진 G(계속)

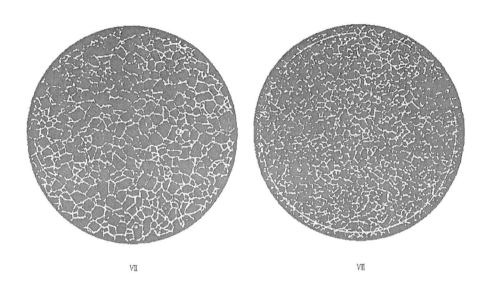

VⅢ   VⅢ

ICS 77.120.30 ;71.040.40

한 국 산 업 규 격   **KS**

신동품의 결정 입도 시험 방법   **D 0202** : 1987
(2007 확인)

Methods for estimating the average grain size of wrought copper and copper alloy

1. **적용 범위**   이 규격은 주로 동 및 동합금 전신재가 α 단일상으로 되어 있다고 볼 때의 어닐링재의 결정입도 측정 방법 및 그 표시 방법에 대하여 규정한다.

2. **결정입자의 정의**   이 규격에서 쌍정대 (雙晶帶)를 함유하는 결정은, 단일 결정과 같이 하나의 결정입자로 본다. α 상 이외에 β 상·납 입자·금속간 화합물 등이 약간 함유되어 있을 때에는, 이 결정입도는 α 상에만 표시한다.

3. **시험편과 그 처리**   시험편은 공시재료를 대표하는 부분에서 채취한 다음, 전해 또는 기계적 방법에 의하여 연마하고, 전해 또는 화학적으로 부식시켜 조직을 나타내어 측정에 제공한다.

4. **결정 입도의 표시 방법**

4.1 결정 입도는 mm 로 표시한다(^{1}).

결정입도의 계산치 또는 관측치를 끝맺음하는 것은 다음 방법에 따른다.

  0.010mm 이하인 경우 0.001mm 의 정수배에 가장 가까운 값

  0.010mm 초과, 0.060mm 이하인 경우 0.005mm 의 정수배에 가장 가까운 값

  0.060mm 를 넘는 경우 0.010mm 의 정수배에 가장 가까운 값

  주(^{1}) 보기를 들면 0.025mm 로 나타낸다.

4.2 결정입도가 고르지 않기 때문에 단일 표시가 부적당한 경우에는 2 가지의 결정입도와 각각 차지하는 면적의 추정 백분율로 표시한다(^{2}).

  주(^{2}) 보기를 들면 0.015mm 가 30%, 0.070mm 가 70%와 같이 표시한다.

5. **결정 입도의 측정 방법**

5.1 결정입도의 측정 방법에는 다음의 세 방법이 있다.

  (1) 비 교 법

  (2) 절 단 법

  (3) 구 적 법 (求積法)

  위의 세 방법 중에서 일반적으로 비교법을 사용한다. 정보기상으로 같은 축이 아닌 결정입자로서 된 재료에는 절단법을 사용하는 것이 좋다. 다만, 측정결과에 이의가 있을 경우에는 구적법에 의하여 결정한다.

5.2 측정은 현미경의 영상 또는 사진으로 하고, 그 배율은 75 배를 표준으로 한다. 다시 정확한 값을 필요로 할 때는 0.200mm 보다 큰 결정입도의 것에는 25 배를, 0.070mm 이상의 입도인 것에는 50 배를 사용하고, 또 결정 입도가 작은 것은 배율을 크게 하여 측정한다.

6. **비 교 법**

  (1) 비교법은 부도에 표시한 표준 사진의 결정입도 범위내에 있는 결정입도를 지닌 완전 어닐링재에 주로 적용하는 것이지만, 약간의 냉간 가공을 한 것에 대하여도 사용할 수가 있다.

  (2) 결정입도의 측정은 시험편의 현미경 영상 또는 사진을 75 배의 배율로 나타낸 부도의 표준 사진과 비교하여 한다. 표준 사진의 결정입도는 구적법에 따라서 측정한 것이다.

  (3) 사용배율은 75 배를 표준으로 한다. 다른 배율을 사용할 때는 부도의 표준 사진 중 가장 잘 대응하는 사진을 비교하여 정하고, 다음 표에 의하여 실제의 결정입도로 환산한다. 보기를 들면 사용배율 25 배로 표준 사진 0.070mm 에 상당하는 것의 실제 결정입도는 0.210mm 이다.

D 0202 : 1987

표 각종 배율로 측정하였을 때의 실제 결정입도와 표준 사진 계열과의 관계 부도

시험편 의 배율	사용 배율로 표준 사진과 비교하여 얻은 결보기 진정입도에 대한 실제 결정입도 (mm)											
25배	0.030	0.045	0.080	0.110	0.140	0.150	0.180	0.210	0.270	0.360	0.450	0.600
50배	0.015	0.020	0.040	0.050	0.070	0.080	0.090	0.100	0.140	0.180	0.220	0.300
75배 (표준)	0.010	0.015	0.025	0.035	0.045	0.050	0.060	0.070	0.090	0.120	0.150	0.200
100배	—	0.010	0.020	0.025	0.035	0.040	0.045	0.050	0.070	0.090	0.110	0.150

비 고 결정입도가 작은 것은 배율을 250 배, 500 배, 750 배, 1000 배로 하여 측정할 수 있다. 이 경우의 결정입도는 위 표의 25 배, 50 배, 75 배, 100 배의 $\frac{1}{10}$ 값이다.

7. 절 단 법 결정입도는 현미경의 영상 또는 사진상에서 이미 알고 있는 길이의 선분에 의하여 완전하게 절단되는 결정입자수를 세어, 그 절단 길이의 평균치(mm)로 표시한다. 필요에 따라 가공방향에 평행, 수직한 3 축 방향으로 측정한다. 절단법으로 측정한 수치는 구적법에 의한 값보다 작은 경우도 있다.

8. 구 적 법 구적법은 이미 알고 있는 면적(보통 5000mm², 보기를 들면, 원일 때는 지름 79.8mm)의 원 또는 직사각형을 사진 또는 콘트유리 위에 그리고, 그 면적내에 완전하게 포함되는 결정입자의 수와 원 또는 직사각형의 주변에서 절단되어 있는 결정입자의 반과의 합을 전 결정입자 수로 한다.

결정입도는 결정입자를 정사각형이라 생각하고, 다음 식에 의하여 나타낸다.

$$d = \frac{1}{M}\sqrt{\frac{A}{n}}$$

$$n = Z + \frac{W}{2}$$

여기에서 d: 결정 입도(mm)

M: 사용 배율

A: 측정 면적(mm²)

Z: 측정면적 A 내에 완전히 함유되는 결정 입자수

W: 주변부의 결정 입자수

n: 전 결정 입자수

D 0202 : 1987

부도 표준 사진

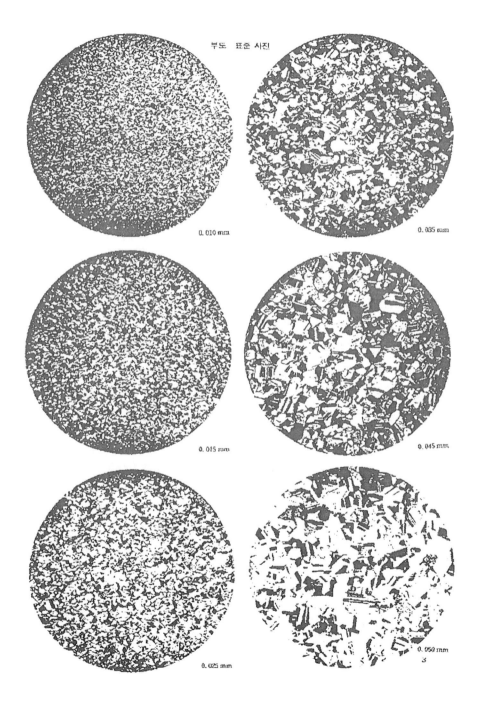

0. 010 mm

0. 035 mm

0. 015 mm

0. 045 mm

0. 025 mm

0. 050 mm

D 0202 : 1987

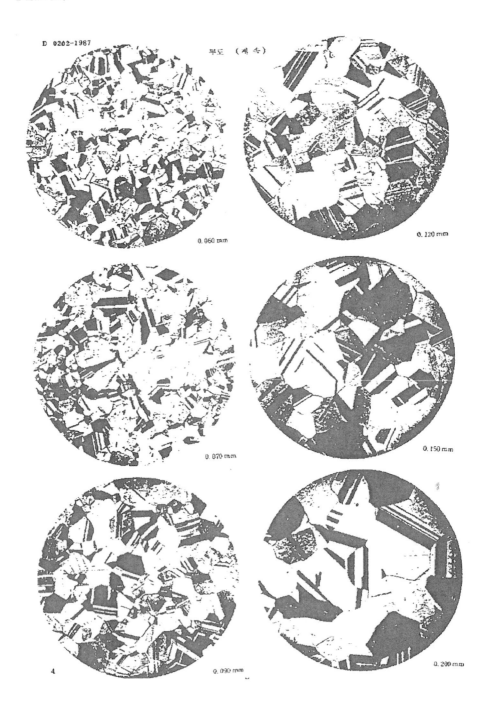

D 0202-1987　　　　　　　　　부도 (계속)

0. 060 mm

0. 120 mm

0. 070 mm

0. 150 mm

4

0. 090 mm

0. 200 mm

D 0202 : 1987

KS D 0202 : 1987

신동품 결정 입도 시험 방법   해설

1. 서 론 이 규격은 주로 동 및 동합금 전신재가 α 단일상으로 되어 있다고 본 때의 어닐링재의 결정입도 측정방법 및 그 표시방법에 대하여 규정한 것이다. 이 규격은 1964 년에 제정되어 오늘에 이르고 있으며, 이번 개정은 제 1 회의 개정이다. 시험방법 자체는 해외 규격과 본질적으로 같으므로 개정할 필요가 없었다.

그러나, 이 규격의 제정시에는 예상 못했던 마이크론·오더의 결정입도를 갖는 실용 합금이 제조 가능하게 되고, 또, 사용자로부터 요구되어 왔다.

따라서, 이번 개정에서는 0.010mm 이하의 결정입도 측정에 관계되는 부분을 보충하기로 하였다.

2. 개정의 요점

2.1 결정입도의 표시 방법 최근의 제조 기술의 진보에 따라서 0.010mm 이하의 결정입도를 갖는 재료가 실용되게 되었으므로 결정입도 측정치 맺음 방법의 구분으로 0.010mm 이하를 추가하고 그 맺음 방법을 규정하였다.

2.2 비 교 법 종전 규격에는 0.010mm 이하의 결정입도 측정에 대한 기술(記述)이 없으므로 ASTM E 112(평균 결정입도의 측정방법)에 준하고 비교에 미세입도의 측정 방법을 추가하였다.

한국산업규격

KS D 0204 : 2007

(IDT ISO 4967 : 1998)

강의 비금속 개재물 측정 방법 –
표준 도표를 이용한 현미경 시험방법

Steel – Determination of content of nonmetallic inclusions –
Micrographic method using standard diagrams

개요

이 규격은 1998년에 제2판으로 발행된 ISO 4967, Steel – Determination of content of nonmetallic inclusions – Micrographic method using standard diagrams를 기초로 하여 그 내용을 변경하지 않고 작성한 한국산업규격이다.

ISO 4967은 ISO 강기술위원회(TC 17)의 시험방법 분과위원회(SC 7) (역학적 시험 및 화학적 분석 이외의 방법)에서 작성하였다. 이 제2판은 제1판(ISO 4967 : 1979)을 대체하며 기술적 내용이 개정되었다. 부속서 A는 이 규격의 일부이며, 부속서 B~E까지의 내용들은 단지 참고용이다.

1 적용범위

이 규격은 감소비(reduction ratio)가 최소한 3이 되는 압연 또는 단조한 강 제품에서 비금속 개재물 수량을 표준 도표와 비교하여 결정하는 현미경 시험방법을 규정한다. 이 방법은 강재가 용도에 적합한지를 평가하는 데 널리 쓰인다. 그러나 시험하는 사람의 영향 때문에 많은 수의 시험편을 시험하나 하여도 재현성 있는 결과를 얻기가 어려우므로 이 방법을 사용할 때는 주의하여야 한다. 이 규격은 또한 영상 해석 기술을 이용한 비금속 개재물의 결정법을 제공한다(부속서 D 참조).

비고 특정 종류의 강재(예를 들어 쾌삭강)에 대해서는 이 규격에 실려 있는 표준 도표를 적용하지 못할 수도 있다.

2 원리

이 방법은 각 개재물의 종류별로 이 규격에 규정되어 있는 도표 그림과 관찰 시야를 비교하는 것이다. 영상 해석의 경우에는 부속서 D에 주어진 관계식에 따라 시야를 평가한다. 도표 사진들은 면적이 0.50 mm²인 사각형 시야에 해당하며 길이 방향에 평행한 연마면에 대해 100배로 관찰하여 얻어진 것이다. 표준 도표는 개재물의 형상과 분포에 따라 다섯 개의 주요 그룹으로 나누어지며 A, B, C, D 및 DS로 표기한다. 이들 다섯 가지 그룹들은 가장 흔히 관찰되는 개재물의 종류와 형상을 나타낸다.

- 그룹 A(황화물 종류) 쉽게 잘 늘어나는 개개의 회색 입자들로서 가로/세로의 비(길이/폭)가 넓은 범위에 걸쳐 있고 그 끝은 보통 둥글게 되어 있다.
- 그룹 B(알루민산염 종류) 변형이 안 되며 모가 나고 흑색이나 푸른색이 도는 많은 수의 입자들(최소한 3개)로서 가로/세로의 비가 낮으며(보통 3보다 작다) 변형 방향으로 정렬되어 있다.

KS D 0204 : 2007

- 그룹 C(규산염 종류) 쉽게 잘 늘어나는 개개의 흑색 혹은 진회색 입자들로서 가로/세로의 비가 크며(보통 3 이상) 그 끝은 보통 날카롭다.
- 그룹 D(구형 산화물 종류) 변형이 안 되며 모가 나거나 구형으로서 가로/세로의 비가 낮고(보통 3 보다 작다) 흑색이거나 푸른색이 돌며 방향성 없이 분포되어 있는 입자들
- 그룹 DS(단일 구형 종류) 구형이거나 거의 구형에 가까운 단일 입자로서 지름이 13 μm 이상이다.

전형적 개재물이 아닌 종류의 개재물도 위의 다섯 가지 종류와 형상을 비교하고 그 화학적 조성에 대한 설명을 덧붙여 평가할 수 있다. 예를 들어 구형 황화물은 그룹 D로 평가할 수 있으며 시험 보고서에서 그 의미를 설명한 아래 첨자(예로서 D_{sulf})를 덧붙여서 표현할 수 있다. D_{cas}는 구형 칼슘 황화물을 가리키며, D_{res}는 구형 희토류 금속 황화물을 가리키고, D_{Dup}는 구형의 이중 개재물로서 예를 들어 알루민산염을 둘러싼 칼슘 황화물과 같은 것이다. 붕화물, 탄화물, 탄질화물, 혹은 질화물 등과 같은 석출물 종류들도 위의 다섯 가지 종류와 형상을 비교하고 앞 절에서 설명한 것처럼 화학적 조성에 대한 설명을 덧붙여 평가할 수 있다.

비고 시험을 하기 전에 전형적이지 않은 개재물의 성질을 파악하기 위하여 100배 이상의 배율로 관찰하여도 된다.

도표의 각 주요 그룹은 두 가지 계열로 구성되어 있으며 각 계열은 개재물의 수량이 증가하는 순서로 나타낸 6개의 그림으로 되어 있다. 이렇게 두 가지 계열로 나눈 것은 단지 비금속 입자들의 두께가 다른 경우에 대한 예를 제시하기 위한 것이다. 도표의 그림들은 개재물의 그룹별로 부속서 A에 나타내었다.

이 도표 그림에는 지수 i가 0.5부터 3까지 붙어 있는데 표 1에 설명된 것처럼 지수가 클수록 개재물의 길쭉한 길이가 길거나(그룹 A, B, C) 또는 개수가 많거나(그룹 D) 또는 지름이 크다(그룹 DS). 그리고 표 2에 설명된 것처럼 두께도 증가한다. 예를 들어 그림 A 2는 현미경으로 보이는 개재물의 형상이 그룹 A와 일치하고 그 분포 및 수량이 지수 2에 해당한다는 것을 뜻한다.

표 1 - 평가 한계(최소값)

도표 그림 지수 i	개재물 그룹				
	A 총 길이, μm	B 총 길이, μm	C 총 길이, μm	D 수량, 개	DS 지름, μm
0.5	37	17	18	1	13
1	127	77	76	4	19
1.5	261	184	176	9	27
2	436	342	320	16	38
2.5	649	555	510	25	53
3	898 (< 1 181)	822 (< 1 147)	746 (< 1 029)	36 (< 49)	76 (< 107)
비고 위의 그룹 A, B, C의 길이는 부속서 D에 주어진 공식을 사용하여 계산한 값을 가장 근접한 정수로 끝마무리한 것이다.					

KS D 0204 : 2007

표 2 − 개재물 두께 인자

그룹 종류	얇음		두꺼움	
	최소 폭 μm	최대 폭 μm	최소 폭 μm	최대 폭 μm
A	2	4	4	12
B	2	9	9	15
C	2	5	5	12
D	3	8	8	13
비고 D 종류에서 최대 크기는 지름을 뜻한다.				

3 공시재 채취

개재물의 형상은 강의 감소비 정도(degree of reduction)에 따라 거의 결정된다. 그러므로 변형량이 비슷한 공시재에서 얻어진 시험편 단면에 대해서 비교 측정을 하여야 한다.

개재물의 수량을 결정하는데 사용하는 시험편의 연마면 면적은 대략 200 mm²(20 mm×10 mm)이어야 한다. 연마면은 제품의 세로축 방향과 일치해야 하며 겉면과 중심부의 중간 부분에 위치한 것이어야 한다.

공시재 채취 방법은 제품규격에 명시된 것에 따르거나 당사자 간의 협의에 따른다. 판재의 경우 시험편은 대략 판재 폭의 4분의 1 위치이어야 한다. 이러한 규정이 없는 경우, 공시재 채취 절차는 다음에 따른다.

— 지름이 40 mm를 넘는 봉재나 강편 : 검사할 표면은 겉면과 중심의 중간 지점에서 지름에 평행한 단면으로 한다(그림 1 참조).
— 지름이 25 mm 보다 크고 40 mm 이하인 봉재 : 검사할 표면은 지름에 평행한 단면의 반으로 한다 (중심에서부터 겉면까지)(그림 2 참조).
— 지름이 25 mm 이하인 봉재 : 검사할 단면은 지름에 평행하고 약 200 mm²의 면적을 얻는데 충분한 길이의 단면으로 한다(그림 3 참조).
— 두께가 25 mm 이하인 판재 : 검사할 단면은 폭의 4분의 1 지점에 위치한 전체 두께 단면으로 한다(그림 4 참조).
— 두께가 25 mm보다 크고 50 mm 이하인 판재 : 검사할 단면은 폭의 4분의 1 지점에서 표면에서부터 중심까지의 반쪽 두께 단면으로 한다(그림 5 참조).
— 두께가 50 mm 이상인 판재 : 검사할 단면은 폭의 4분의 1 지점에서 표면에서부터 두께 중심부까지의 중간 부분에 위치하고 그 폭이 두께의 4분의 1이 되는 단면으로 한다(그림 6 참조).

채취할 공시재의 개수는 제품규격의 규정이나 별도 협의에 따른다.

이 이외의 다른 제품들에 대한 공시재 채취 절차는 당사자 간의 협의에 따른다.

KS D 0204 : 2007

단위 : mm

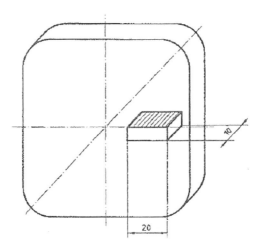

그림 1 — 지름이 **40 mm**보다 큰 봉재나 한 변의 길이가
40 mm보다 큰 강편의 공시재 채취 위치

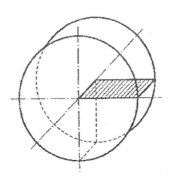

그림 2 — 지름이나 한 변의 길이가 **25 mm**보다 크고
40 mm 이하인 봉재나 강편의 공시재 채취 위치

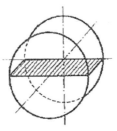

그림 3 — 지름이 **25 mm** 이하인 봉재의 공시재 채취 위치

KS D 0204 : 2007

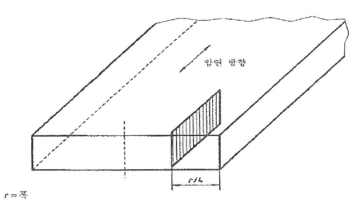

$r = 폭$

그림 4 — 두께가 25 mm 이하인 판재의 공시재 채취 위치

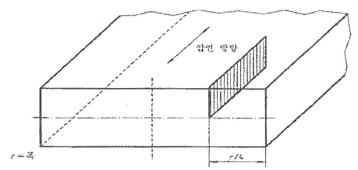

$r = 폭$

그림 5 — 두께가 25 mm보다 크고 50 mm 이하인 판재의 공시재 채취 위치

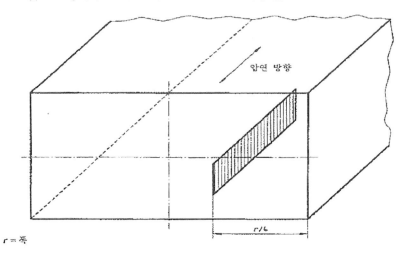

$r = 폭$

그림 6 — 두께가 50 mm보다 큰 판재의 공시재 채취 위치

KS D 0204 : 2007

4 시험편의 준비

검사할 면을 볼 수 있도록 시험편을 절단하여야 한다. 평평한 면으로 만들고 연마하는 동안 시험편의 가장자리가 둥글게 닳지 않도록 하기 위하여 시험편을 기계적인 방법으로 고정하거나 마운팅해도 된다.

연마하는 동안 개재물이 잘려 나가거나 변형되지 않도록 하면서 연마면이 오염되지 않도록 하여 연마면을 가능한 한 깨끗하게 하고 개재물의 형상이 영향을 받지 않도록 하는 것이 중요하다. 이러한 주의는 특히 개재물이 작을 때 매우 중요하다. 연마재로서 다이아몬드 페이스트(paste)를 사용하는 것이 좋다. 어떤 경우에는 시험편의 경도를 가능한 최대로 높이기 위하여 연마하기 전에 시험편을 열처리하는 것이 필요할 수도 있다.

5 개재물 수량의 결정

5.1 관찰 방법

다음 두 가지 방법 중의 하나를 사용하여 현미경으로 검사하며 시험하는 동안에는 일관된 관찰 방법을 사용하여야 한다.

- 반투명 유리에 투사한다.
- 대안 렌즈로 관찰한다.

영상을 반투명 유리나 비슷한 기기에 투사할 경우에는 반투명 유리에서의 배율이 (100±2)배이어야만 한다. 71 mm 사방(실 면적 0.50 mm²)의 정사각형 투명 플라스틱 웃덮개(overlay)를 반투명 유리 투사 스크린의 위나 뒷면에 붙여 놓는다. 이 사각형 안에 있는 영상을 도표의 표준 그림과 비교한다 (부속서 A).

개재물을 현미경의 대안 렌즈로 관찰할 경우에는 그림 7의 격자 형상이 새겨진 유리판(reticle)을 현미경의 적절한 위치에 삽입하여 영상이 맺히는 면에서의 격자 면적이 0.50 mm²가 되도록 하여야 한다.

비고 특별한 경우에는 100배보다 큰 배율을 동일한 배율의 표준 도표를 적용하는 조건하에서 사용하여도 되며 결과 보고서에 반드시 기록하여야 한다.

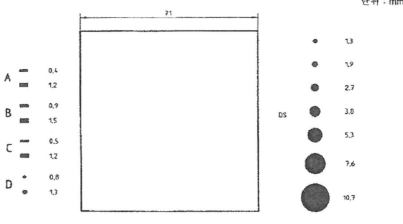

그림 7 – 격자 웃덮개(overlay)나 유리판(reticle)의 시험 형상

5.2 검사

다음의 두 가지 방법이 있다.

5.2.1 A 방법

전체 연마면을 검사하면서 각 개재물의 종류별로 얇은 계열과 두꺼운 계열의 표준 그림과 비교하여 검사한 시야 중에서 가장 안 좋은 시야와 일치하는 표준 그림의 옆에 적혀 있는 지수를 기록한다.

5.2.2 B 방법

전체 연마면을 검사하면서 시험편의 각 시야마다 표준 그림과 비교한다. 각 개재물의 종류별로 얇은 계열과 두꺼운 계열의 표준 그림과 비교하여 가장 잘 일치하는 표준 그림의 지수(표준 그림의 옆에 적힌 것.)를 기록한다.

검사 비용을 최소화하기 위하여 균일하게 관찰 시야가 분포되도록 하는 방식으로 검사 횟수를 줄여 부분 검사를 하는 것으로 합의할 수도 있다. 검사할 시야의 개수와 그 분포는 사진 협의에 따라야 한다.

5.2.3 A와 B 방법의 공통 규칙

각 시야를 표준 그림과 비교한다. 만약 개재물이 보이는 시야가 두 개의 표준 그림 사이에 해당하면 낮은 쪽의 그림에 맞추어 평가한다.

개별 개재물이 시야의 폭(0.710 mm)보다 길거나, 혹은 두꺼운 계열의 최대값(표 2 참조)보다 두께나 지름이 더 크면 이 개재물을 길이, 두께 혹은 지름이 과대 크기(oversized)라고 평가한다. 과대 개재

KS D 0204 : 2007

물의 길이나 두께, 지름 등의 크기는 별도로 기록하여야 한다. 이렇게 별도로 다루어도 시야를 전체적으로 평가할 때는 이들 개재물은 포함하여야 한다.

실제로 측정(그룹 A, B, C의 길이, 그룹 DS의 지름)을 하거나 개수(그룹 D)를 세면 측정의 재현성은 개선된다. 그림 7과 같은 격자 웃덮개나 유리판, 표 1과 2의 측정 한계 값, 그리고 도표에 그림으로 나타낸 2장의 개재물 형상에 대한 설명 등을 활용한다.

전형적 개재물이 아닌 종류는 그 형상이 도표의 그룹(A, B, C, D, DS) 중에서 가장 흡사한 것으로 평가한다. 개재물의 길이, 개수, 두께 혹은 지름을 부속서 A에 있는 각 그룹과 비교하거나, 이들의 총 길이, 개수, 두께 혹은 지름을 결정하고 표 1과 2를 이용하여 적합한 개재물 지수와 두께 등급(앏음, 두꺼움 혹은 과대)을 매긴다. 그런 다음에 비전형적 개재물의 성질을 그룹 종류별 부호의 아래 첨자로 표기하고 아래 첨자의 의미를 결과 보고서에 명기한다.

그룹 A, B, C의 개재물에 대해서는 길이가 l_1과 l_2인 두 개의 개재물이 일렬로 있거나 아니거나 간에 떨어진 거리 d가 40 μm 이하이고 거리 s(개재물 중심선 간의 거리)가 10 μm 이하이면(그림 8과 9 참조) 한 개의 개재물로 여긴다. 길쭉한 개재물에서 폭이 다른 개재물이 겹쳐 있을 경우에는 가장 큰 개재물의 폭을 그 두께로 한다.

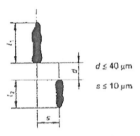

그림 8 — A와 C 종류의 개재물

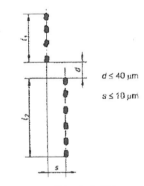

그림 9 — B 종류의 개재물

6 결과의 표현

6.1 일반

제품규격에 별도로 명시되지 않았을 경우 검사 결과를 다음과 같이 표현한다.

KS D 0204 : 2007

각 시험편별 검사 결과를 지수로 표현하며 이를 바탕으로 각 종류별 개재물에 대해 두께 계열별로 주조물당 산술 평균을 구하여 평가한다. 이 방법은 **5.2.1**에 설명된 방법과 함께 사용한다.

6.2 A 방법

각 개재물 종류별로 그리고 각 두께 계열별로 가장 안 좋은 시야에 해당하는 지수를 표기한다(부속 서 B 참조). 개재물의 그룹별 기호 다음에 가장 안 좋은 시야의 지수를 적고 그 다음에 두꺼운 개재 물이 있으면 문자 e를 표기하고 과대한 크기(**5.2.3** 참조)의 개재물이 있으면 문자 s를 표기한다.

보기 A 2, B 1e, C 3, D 1, B 2s, DS 0.5

비전형적 개재물의 종류를 나타내기 위하여 사용한 아래 첨자는 반드시 그 의미를 설명하여야 한다.

6.3 B 방법

총 관찰 시야의 개수(N)에 대해 지수별로 개재물의 종류당 및 두께 계열당 관찰 시야 개수를 표기한 다. 총 지수 i_{tot}나 평균 지수 i_{moy}와 같은 특별한 방법으로 결과를 표현하는데 있어 각 개재물의 종류 별로 지수별 총 시야 개수를 나타낸 전체 자료를 사용할 수도 있으며 이것은 당사자 간의 합의에 따 른다.

보기 그룹 A의 개재물에 대해
지수 0.5의 시야 개수를 n_1
지수 1의 시야 개수를 n_2
지수 1.5의 시야 개수를 n_3
지수 2의 시야 개수를 n_4
지수 2.5의 시야 개수를 n_5
지수 3의 시야 개수를 n_6이라고 하면
$$i_{tot} = (n_1 \times 0.5) + (n_2 \times 1) + (n_3 \times 1.5) + (n_4 \times 2) + (n_5 \times 2.5) + (n_6 \times 3)$$
$$i_{moy} = i_{tot}/N$$
이고, N은 관찰한 시야의 총 개수이다.
전형적인 결과 사례가 부속서 C에 실려 있다.

7 결과 보고

결과 보고서에는 다음의 내용들이 실려야 한다.

a) 이 규격(KS D 0204)에 대한 인용
b) 강재의 등급과 주조 번호
c) 제품의 성질과 크기
d) 공시재 채취 방법과 검사 영역의 위치
e) 사용한 방법(관찰 방법, 검사 방법, 결과 표현 방법)
f) 100배보다 클 경우 배율
g) 관찰 시야의 개수 혹은 검사한 전체 면적
h) 검사 결과(과대 크기 개재물의 개수, 크기, 종류 포함)
i) 비전형적 개재물의 종류를 나타내기 위하여 사용한 아래 첨자의 의미에 대한 설명
j) 보고서 번호 및 날짜
k) 관찰자 성명

KS D 0204 : 2007

부속서 A
(규정)

개재물 그룹 A, B, C, D 및 DS의 ISO 도표 그림

A
(황화물 종류)

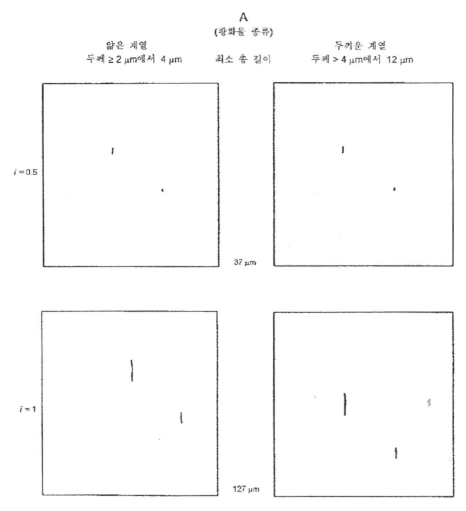

| 얇은 계열
두께 ≥ 2 μm에서 4 μm | 최소 총 길이 | 두꺼운 계열
두께 > 4 μm에서 12 μm |

$i = 0.5$

37 μm

$i = 1$

127 μm

배율 = 100×

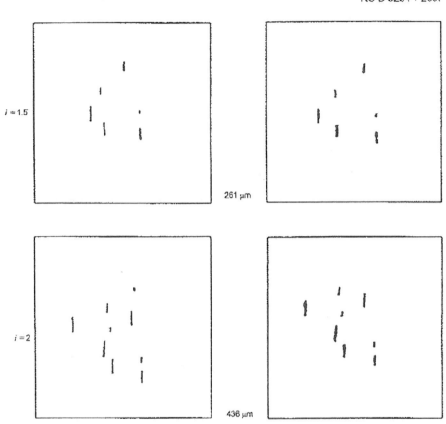

KS D 0204 : 2007

배율 = 100×

KS D 0204 : 2007

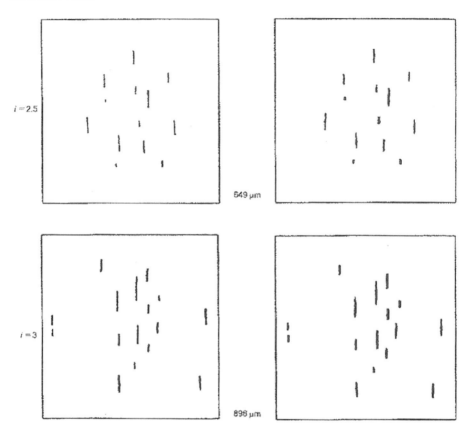

$i=2.5$

649 μm

$i=3$

898 μm

배율 = 100×

KS D 0204 : 2007

B
(알루민산염 종류)

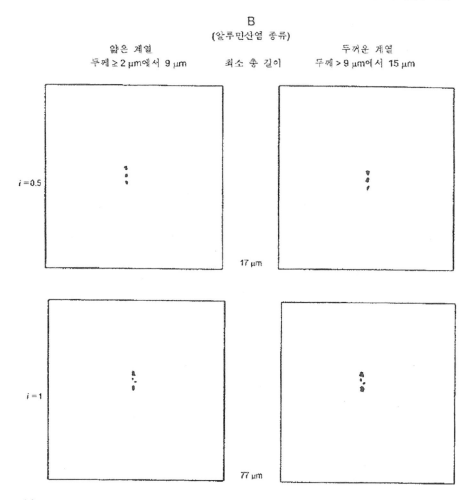

배율 = 100×

KS D 0204 : 2007

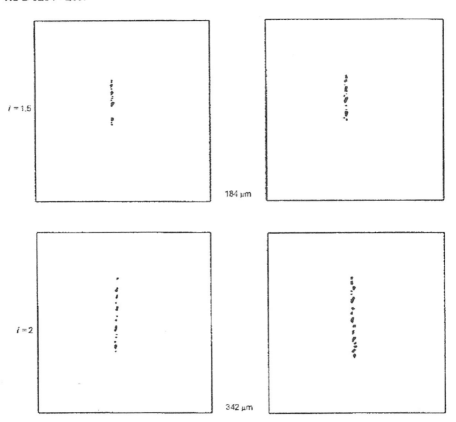

184 μm

342 μm

배율 = 100×

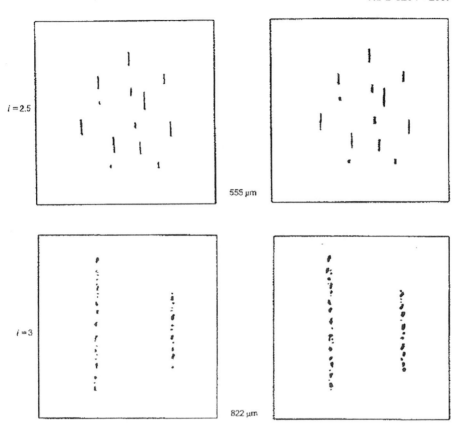

$i = 2.5$

555 µm

$i = 3$

822 µm

배율 = 100×

KS D 0204 : 2007

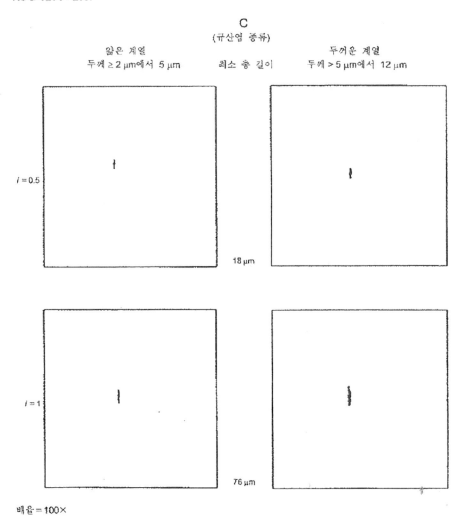

C
(규산염 종류)

얇은 계열   두꺼운 계열
두께 ≥ 2 μm에서 5 μm   최소 총 길이   두께 > 5 μm에서 12 μm

$i = 0.5$

18 μm

$i = 1$

76 μm

배율 = 100×

KS D 0204 : 2007

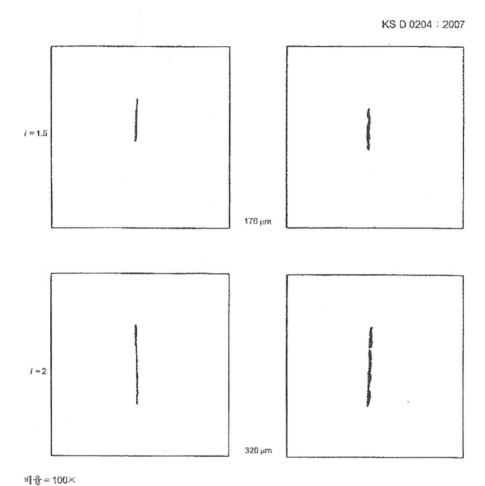

$i = 1.5$

176 μm

$i = 2$

320 μm

배율 = 100×

KS D 0204 : 2007

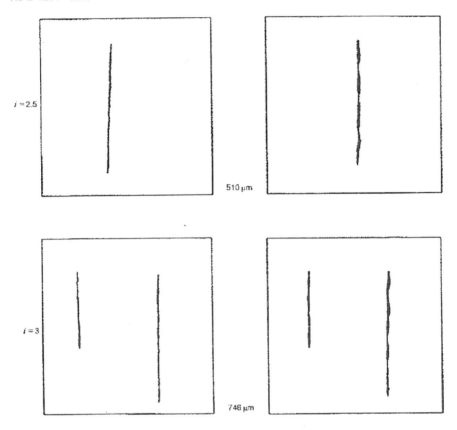

배율=100×

KS D 0204 : 2007

D
(구형 산화물 종류)

앓은 계열
두께 ≥ 3 μm에서 8 μm

개재물 최소 개수

두꺼운 계열
두께 > 8 μm에서 13 μm

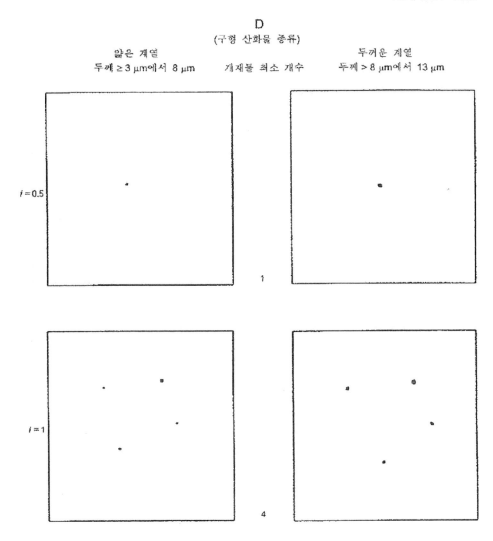

배율 = 100×

KS D 0204 : 2007

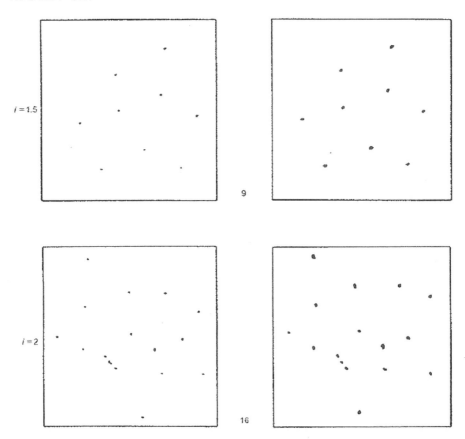

i = 1.5

9

i = 2

16

배율 = 100×

KS D 0204 : 2007

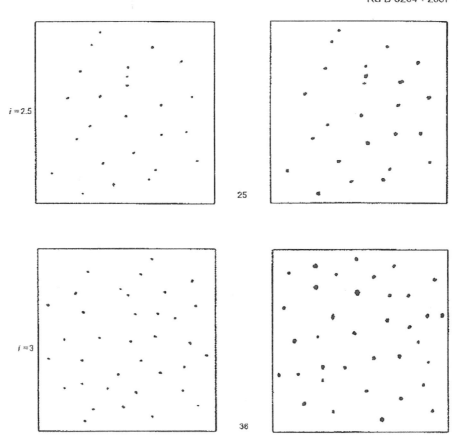

$i = 2.5$

25

$i = 3$

36

배율 = 100×

KS D 0204 : 2007

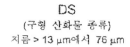

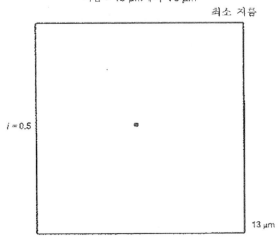

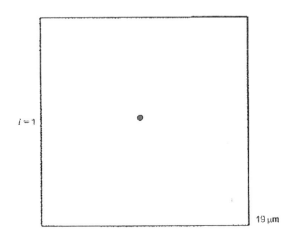

배율=100×

KS D 0204 : 2007

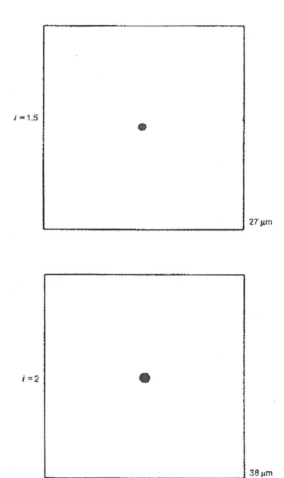

배율 = 100×

KS D 0204 : 2007

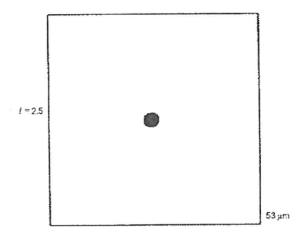

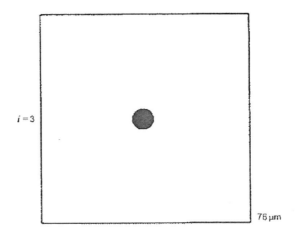

배율 = 100×

KS D 0204 : 2007

부속서 **B**
(참고)

시야 및 과대 크기 개재물의 평가

B.1 시야 평가 예

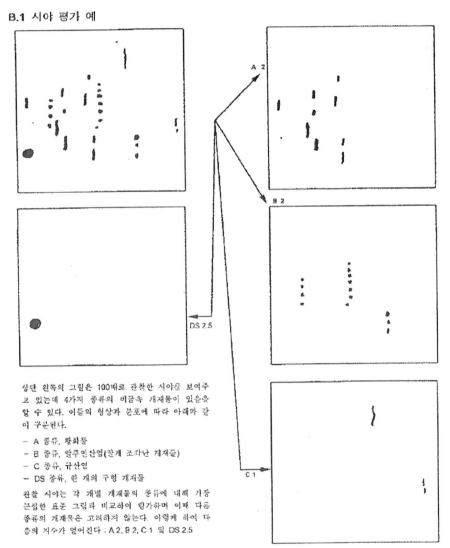

상단 왼쪽의 그림은 100배로 관찰한 시야를 보여주
고 있는데 4가지 종류의 비금속 개재물이 있음을
알 수 있다. 이들의 형상과 분포에 따라 아래와 같
이 구분된다.

 - A 종류, 황화물
 - B 종류, 알루민산염(잔계 조각난 개재물)
 - C 종류, 규산염
 - DS 종류, 한 개의 구형 개재물

현찰 시야는 각 개별 개재물의 종류에 대해 가장
근접한 표준 그림과 비교하여 평가하며 이때 다른
종류의 개재물은 고려하지 않는다. 이렇게 하여 다
음의 지수가 얻어진다 : A 2, B 2, C 1 및 DS 2.5

그림 **B.1** — 시야 평가

KS D 0204 : 2007

B.2 과대 크기의 개재물 평가 예

만약 개재물이 길이에서만 과대 크기이면 B 방법에서는 과대 크기 개재물의 전체 길이를, A 방법에서는 0.710 mm를 동일한 시야의 같은 종류, 같은 두께 계열의 다른 개재물의 길이에 더한다[그림 B.2 a) 참조].

만약 개재물이 두께나 지름(D 종류의 개재물)에서 과대한 크기이면 이 시야를 평가하는데 있어 두꺼운 계열에 포함시켜야 한다[그림 B.2 b) 참조].

D 종류의 개재물에 대해서는 입자 개수가 49개보다 많으면 부속서 D에 있는 공식을 사용하여 지수를 계산한다.

지름이 0.107 mm보다 큰 DS 종류의 개재물에 대해서는 부속서 D에 주어진 공식을 사용하여 지수를 계산한다.

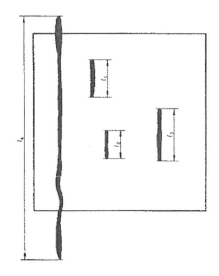 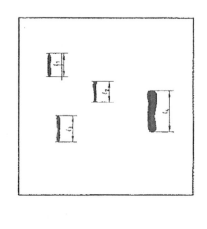

총 길이 L을 바탕으로 시야를 평가하며 과대한 길이인 l_4는 별도로 표기한다.

$$L = 0.71 + l_1 + l_2 + l_3$$

a) 개재물이 길이에서만 과대 크기인 경우

총 길이 L을 바탕으로 시야를 평가하며 과대한 두께(l_4)는 별도로 표기한다.

$$L = l_1 + l_2 + l_3 + l_4$$

b) 개재물이 두께나 지름에서 과대 크기인 경우

그림 B.2 — 과대 크기의 개재물이 있는 시야의 평가

KS D 0204 : 2007

부속서 C
(참고)

전형적인 결과 예(총 관찰 시야 개수에 대한 개재물 종류별 지수 및 시야 개수)

C.1 시야 및 개재물의 종류에 따른 지수

표 C.1은 사례의 제시를 간단히 하기 위하여 총 20개의 관찰 시야에 대해 이러한 방식의 평가 결과를 나타낸 것이다. 일반적으로 최소한 100개 이상의 시야를 검사한다.

표 C.1 – 지수

시야	개재물 종류								DS
	A		B		C		D		
	얇음	두꺼움	얇음	두꺼움	얇음	두꺼움	얇음	두꺼움	
1	–	0.5	1	–	0.5	–	–	–	–
2	0.5	–	–	–	0.5	–	–	–	–
3	0.5	–	0.5	–	–	0.5	–	–	0.5
4	1	–	–	0.5	1.5	–	–	0.5	–
5	–	–	–	1.5	–	1	–	–	–
6	1.5	–	–	–	–	–	0.5	–	1
7	–	1s	1.5	–	–	0.5	–	–	–
8	–	1	–	1	1	–	–	1	–
9	0.5	–	0.5	–	0.5	–	–	–	–
10	–	0.5	1	–	0.5	–	–	–	–
11	1	–	0.5	–	–	0.5	–	–	1
12	0.5	–	–	–	–	–	–	–	–
13	–	–	0.5	–	1.5	1	–	–	–
14	2	–	–	1	–	–	–	–	–
15	–	–	–	–	0.5	–	–	–	–
16	0.5	–	1	–	1	–	–	–	–
17	0.5	–	0.5	–	–	–	–	0.5	1.5
18	–	–	–	1.5	1	–	–	–	–
19	–	2	–	3	0.5	–	0.5	–	–
20	–	–	0.5	–	–	0.5	–	–	–

C.2 개재물의 종류에 따른 지수당 시야 개수

이 결과를 기초로 개재물의 종류별 및 각 지수당 총 시야 개수를 결정할 수 있다. 다음 표 C.2는 총 시야 개수를 나타낸다.

KS D 0204 : 2007

표 C.2 – 시야의 총 개수

시야	개재물 종류								DS
	A		B		C		D		
	얇음	두꺼움	얇음	두꺼움	얇음	두꺼움	얇음	두꺼움	
0.5	6	2	5	2	6	4	2	2	1
1	2	1	3	2	2	2	1	1	2
1.5	1	0	1	2	1	1	0	0	1
2	1	1	0	0	0	0	0	0	0
2.5	0	0	0	0	0	0	0	0	0
3	0	0	0	1	0	0	0	0	0

비고 시야의 한 변보다 긴 길이의 개재물이나 표 2에 표시된 두께 혹은 지름보다 큰 개재물은 표준
그림을 사용하여 평가하여야 하며 결과 보고서에 별도로 기록하여야 한다.

C.3 총 지수 i_{tot} 및 평균 지수 i_{moy}의 계산

표 C.2에 주어진 총 시야 개수를 기초로 하여 각 개재물의 종류별 및 두께 계열별로 해당하는 총 지
수 및 평균 지수를 계산할 수 있다.

C.3.1 A 종류 개재물

a) 얇은 계열

$i_{tot} = (6 \times 0.5) + (2 \times 1) + (1 \times 1.5) + (1 \times 2) = 8.5$

$i_{moy} = i_{tot}/N = 8.5/20 = 0.425$

여기에서 N은 관찰 시야의 총 개수이다(6.2 참조).

b) 두꺼운 계열

$i_{tot} = (2 \times 0.5) + (1 \times 1) + (1 \times 2) = 4$

$i_{moy} = 4/20 = 0.20$이고 1 s를 표시하여야 한다.

C.3.2 B 종류 개재물

a) 얇은 계열

$i_{tot} = (5 \times 0.5) + (3 \times 1) + (1 \times 1.5) = 7$

$i_{moy} = 7/20 = 0.35$

b) 두꺼운 계열

$i_{tot} = (2 \times 0.5) + (2 \times 1) + (2 \times 1.5) + (1 \times 3) = 9$

$i_{moy} = 9/20 = 0.45$

C.3.3 C 종류 개재물

a) 얇은 계열

$i_{tot} = (6 \times 0.5) + (2 \times 1) + (1 \times 1.5) = 6.5$

$i_{moy} = 6.5/20 = 0.325$

b) 두꺼운 계열

$i_{tot} = (4 \times 0.5) + (2 \times 1) + (1 \times 1.5) = 5.5$

$i_{moy} = 5.5/20 = 0.275$

C.3.4 D 종류 개재물

a) 얇은 계열

$$i_{tot} = (2 \times 0.5) + (1 \times 1) = 2$$
$$i_{moy} = 2/20 = 0.10$$

b) 두꺼운 계열

$$i_{tot} = (2 \times 0.5) + (2 \times 1) = 3$$
$$i_{moy} = 3/20 = 0.15$$이고 1 s를 표기하여야 한다.

C.3.5 DS 종류 개재물

$$i_{tot} = (1 \times 0.5) + (2 \times 1) + (1 \times 1.5) = 4$$
$$i_{moy} = 4/20 = 0.2$$

C.4 가중값

개재물의 수량을 바탕으로 전체적인 청정 지수를 계산하기 위하여 각 지수별로 가중값을 사용할 수 있다. 표 C.3의 가중값을 사용한다.

표 C.3 — 가중값

지수 i	가중값 f_i
0.5	0.05
1	0.1
1.5	0.2
2	0.5
2.5	1
3	2

청정 지수 C_i는 다음의 공식으로 계산한다.

$$C_i = \left[\sum_{i=0.5}^{3.5} f_i \times n_i \right] \frac{1000}{S}$$

여기에서

f_i : 가중값

n_i : 지수 i의 시야 개수

S : 시험편의 총 검사 면적(mm^2)

KS D 0204 : 2007

부속서 D
(규정)

도표 그림 지수와 개재물 측정값 간의 상관 관계

A, B, C, D 및 DS 개재물의 그룹별 도표 그림 지수와 개재물 측정값(μm 단위의 길이나 지름, 혹은 시야당 개수) 간의 상관 관계를 다음의 그림에 나타내었다. 예를 들어 도표 그림 지수 3 이상에서 작업할 필요가 있을 때 아래의 공식들을 사용하여 측정값으로부터 지수를 계산하거나 지수로부터 개재물 측정값을 계산할 수 있다.

D.1 측정값으로부터 도표 그림 지수를 계산

그룹 A 황화물의 경우, 길이(L) 단위는 μm :
 $\log(i) = [0.560\,5\,\log(L)] - 1.179$
그룹 B 알루민산염의 경우, 길이(L) 단위는 μm :
 $\log(i) = [0.462\,6\,\log(L)] - 0.871$
그룹 C 규산염의 경우, 길이(L) 단위는 μm :
 $\log(i) = [0.480\,7\,\log(L)] - 0.904$
그룹 D 구형 산화물 종류의 경우, 시야당 개수(n) :
 $\log(i) = [0.5\,\log(n)] - 0.301$
그룹 DS 한 개 구형 산화물의 경우, 지름(d) 단위는 μm :
 $i = [3.311\,\log(d)] - 3.22$

DS 종류를 제외하고 i를 구하려면 역-로그(anti-log)를 취해야 한다.

D.2 도표 그림 지수로부터 개재물 측정값을 계산

그룹 A 황화물의 경우, 길이(L) 단위는 μm :
 $\log(L) = [1.784\,\log(i)] + 2.104$
그룹 B 알루민산염의 경우, 길이(L) 단위는 μm :
 $\log(L) = [2.161\,6\,\log(i)] + 1.884$
그룹 C 규산염의 경우, 길이(L) 단위는 μm :
 $\log(L) = [2.08\,\log(i)] + 1.88$
그룹 D 구형 산화물의 경우, 시야당 개수(n) :
 $\log(n) = [2\,\log(i)] + 0.602$
그룹 DS 한 개 구형 산화물의 경우, 지름(d) 단위는 μm :
 $\log(d) = [0.302\,i] + 0.972$

측정값을 구하기 위해서는 역-로그(anti-log)를 취해야 한다.

위의 선형 회귀 방정식의 R^2 값은 모두 0.999 9 이상이다.

KS D 0204 : 2007

그룹 A : 황화물 종류

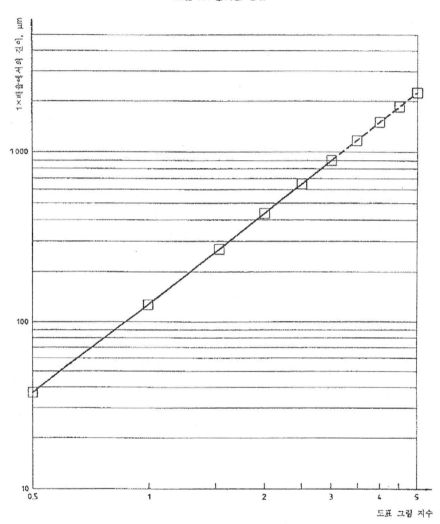

KS D 0204 : 2007

그룹 B : 알루민산염 종류

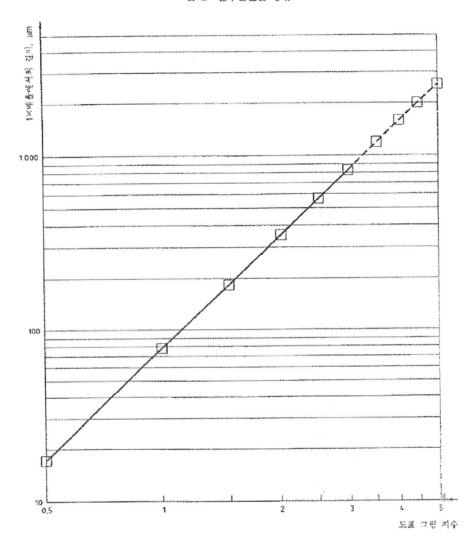

도표 그림 지수

KS D 0204 : 2007

그룹 C : 규산염 종류

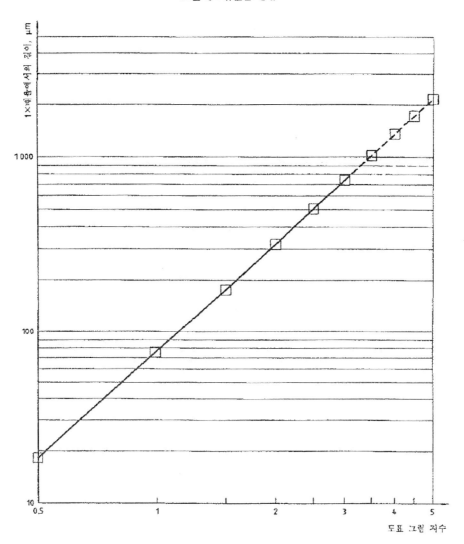

도표 그림 지수

KS D 0204 : 2007

그룹 D : 구형 산화물 종류

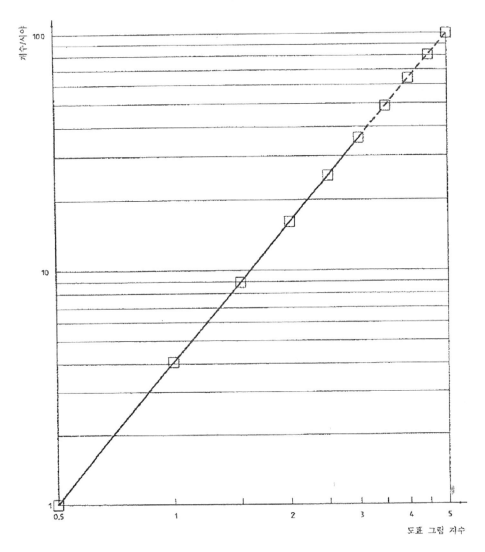

KS D 0204 : 2007

그룹 DS : 한 개의 구형 종류

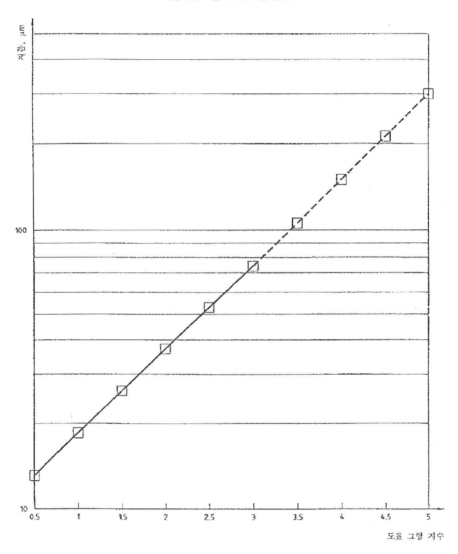

도표 그림 계수

KS D 0204 : 2007

부속서 E
(참고)

강의 비금속 개재물 측정 방법 -
전해 추출법을 이용한 정량 분석 및 입도 분포 분석 방법

개요

철강 생산의 과정에서 개재물은 탈산제의 투입이나 재산화, 슬래그나 내화물질의 혼입 등 다양한 경로에 의하여 필연적으로 생기는 것으로서 이러한 개재물은 철강의 품질에 커다란 영향을 미치게 된다. 따라서 개재물 분석 방법으로서 기존 표준 도표를 이용한 현미경 시험방법에 비해 재현성이 높은 전해 추출법을 이용한 개재물의 정량 및 입도 분포 분석 방법에 대하여 적용하고자 한다.

E.1 적용범위

이 규격은 탄소의 농도가 0.25 % 미만인 저탄소 알루미늄 킬드강에서 비금속 개재물 중 Al, Ti과 Nb 개재물의 정량 분석과 입도 분포를 결정하는 전해 추출에 의한 비금속 개재물의 분석 방법에 대해 규정한다.

E.2 인용규격

다음에 나타내는 규격은 이 규격에 인용됨으로써 이 규격의 규정 일부를 구성한다. 이러한 인용규격은 그 최신판을 적용한다.

ISO 4967, Steel—Determination of content of nonmetallic inclusions—Micrographic method using standard diagrams
KS D 0204, 강의 비금속 개재물 측정 방법-표준 도표를 이용한 현미경 시험방법
KS D 1673, 강의 유도결합 플라스마 방출 분광 분석 방법

E.3 원리

이 방법은 강 중의 미세한 석출물을 정량적으로 추출·분리하기 위하여 메탄올을 용매로 하는 아세틸 아세톤계 전해액을 사용하여 시험편과 용액 사이에 전압 및 전류를 인가함으로써 모재가 용해됨에 따라 모재 내부의 비금속 개재물이 분리되어 나오는 원리를 이용한 방법이다.

전해 용액과 시험편 간에 전압을 인가하면 용액과 시험편 사이의 저항 변화에 의해 흐르는 전류값도 변화하게 된다. 이런 변화는 특정한 형태의 곡선을 나타내는데 이 곡선을 전해 특성 곡선이라 한다. 이 전해 특성 곡선에서 시험편의 산화 반응을 유도하는 전류값을 결정할 수 있다.

이렇게 결정된 전류값을 양극인 시험편과 음극인 백금 전극 사이에 인가하여 시험편의 산화 반응을 유도하여 모재를 용해하고, 이때 더불어 용해되어 나오는 모재 내의 비금속 개재물을 분리한다. 이렇게 용액 속에 존재하는 비금속 개재물을 여과지에 걸러 이를 정량 분석 및 입도 분포를 분석하는 것이다.

E.4 시료 채취 및 시험편의 준비

KS D 0204 : 2007

E.4.1 시료 채취

저탄소 알루미늄 킬드강에서의 시험편 채취는 표면부를 제외한 내측 부분을 절단하여 그 표면적이 10 cm² 이상이 되도록 시험편을 준비한다. 시험편의 형태는 직육면체, 판상 형태, 원기둥 형태 등 그 형태에 크게 영향을 받지 않으나, 원기둥 형태는 백금 전극 위에서 시험편의 흔들림이 발생할 우려가 크므로 하지 않는 것이 좋다.

E.4.2 시험편의 준비

용액과 접촉하게 되는 모든 면은 직육면체나 판상의 형태로 절단하여 준비한다. 이렇게 준비된 시험편은 모든 면을 #220~#400의 탄화규소 연마지를 이용하여 연마하고 아세톤이 담긴 적당한 크기의 비커에 넣은 후 10분 동안 초음파 세척을 한다. 이렇게 준비된 시험편의 표면은 가능한 한 청결하게 유지하여 오염이 발생하지 않도록 주의한다. 준비된 시험편은 0.1 mg 단위 이하까지 측정 가능한 저울로 정확하게 무게를 측정한다.

E.5 시험 장치 및 전해 용액 제조

E.5.1 전원 공급 장치

전해 추출시 전원 공급 장치는 표 E.1의 사양을 가지는 전원 공급 장치를 사용한다. 전원 공급 장치 외에 부가적인 장비(전선, 집게 등)는 적절하게 제작하여 사용한다.

표 E.1 – 전원 공급 장치의 사양

Output ratings (0~40 ℃)	Voltage	0~32 V
	Current	0~3 A
Load Resolution	Voltage	5 mV
	Current	5 mA
Line Resolution	Voltage	5 mV
	Current	5 mA
Resolution	Voltage	10 mV
	Current	10 mA
Read Back Resolution (25±5) ℃	Voltage	+/– 10 mV(<20 V), +/– 100 mV(>20 V)
	Current	10 mA
Accuracy (25±5) ℃	Voltage	±10 mV
	Current	±5 mA

E.5.2 전해셀의 규격

전해 추출이 실제로 일어나는 전해셀은 400 mL 비커에 테플론 마개를 이용해서 백금으로 된 양극과 음극 전극을 고정한다. 양극은 백금 메시를 이용하여 25 mm×25 mm 크기로 제작한다. 음극은 백금을 사용하여 링 형태로 제작한다. 세부 모양과 크기는 그림 E.1과 같다.

KS D 0204 : 2007

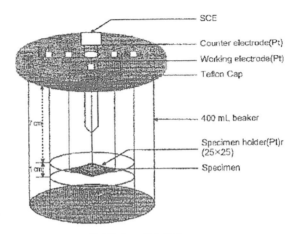

그림 E.1 – 전해셀의 모양과 크기

E.5.3 전해 용액의 제조

전해 추출시 사용한 전해액은 비수용매계 아세틸 아세톤–메탄올 전해액으로, 아세틸 아세톤(AA) 100 mL와 염화 테트라메틸 암모니움(TMAC) 10 g을 1 000 mL 크기의 비커에 넣고 메탄올을 첨가하여 전체 용액이 1 000 mL가 되도록 한 후 가열교반기 상에서 스터러를 이용해 30분 가량 혼합하여 제조한다.

E.6 시험편의 전해 추출 및 여과

E.6.1 시험편의 전해 추출 방법

연마를 마친 시험편을 전해셀의 양극에 위치시킨다. 미리 제조된 전해 용액을 전해셀의 비커에 300 mL를 채운다. 이렇게 준비된 전해셀의 양극에는 전원 공급 장치의 (+)극을 음극에는 (−)극을 연결한다. 그리고 정전류 0.5 A를 인가하여 전해 추출을 시작한다. 전해 추출은 4시간 동안 행한다.

전해 추출이 완료되면, 전해셀의 테플론 캡을 열어 시험편을 핀셋으로 꺼낸 후 메탄올이 담긴 적절한 크기의 비커에 담고 밀봉한다. 그리고 캡은 흐르는 물에 세척을 하고 전해 용액이 담긴 전해셀의 비커도 밀봉한다.

E.6.2 전해 추출 후 여과 방법

전해 추출이 완료된 전해 용액을 여과하기 위한 여과 장치로 그림 E.2와 같은 진공 여과 장치 혼더와 진공 bell jar를 이용한다. 그리고 사용되는 여과지는 재질이 PTFE계의 지름이 47 mm, 기공 크기가 0.2 μm인 여과 필터를 사용한다.

필터를 진공 여과 장치 혼더 사이에 위치시키고, 클램프로 고정을 하고 난 후 전해셀의 비커에 담긴 전해 추출한 용액을 여과 장치의 혼너 위에 따른다. 이와 동시에 Bell jar 아래로 연결된 진공 펌프를 이용해 신속히 여과를 행한다.

전해 추출 후 다른 비커에 넣어둔 시험편은 그 표면에 남아있는 개재물을 분리하기 위해 메탄올에 담근 채 초음파 세척기로 10분간 세척을 한다. 세척을 하고 난 후 그 용액을 다시 여과 장치의 홀더 위에 부어 다시 한번 여과를 행한다. 여과 후 전해 용액이 담긴 비커와 진공 여과 장치 홀더는 메탄올로 3회 세척을 한 후 여과 과정을 종료한다. 여과가 완료된 여과지는 이물질에 오염이 되지 않게 보관을 하고, 건조기에 넣어 완전히 건조시킨다. 그리고 시험편은 건조한 후 0.1 mg 단위까지 정확하게 무게를 측정한다.

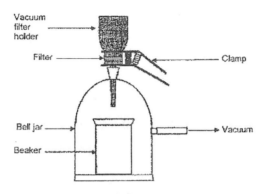

그림 E.2 − 진공 여과 장치 홀더 및 진공 Bell jar

E.7 비금속 개재물 정량 분석 및 형태와 입도 분포 분석

E.7.1 비금속 개재물 정량 분석

비금속 개재물의 정량 분석은 ICP-AES장비를 이용하여 분석을 한다. 그 분석 방법은 KS D 1673에 따라 행한다. 이 분석을 행하기 전의 전처리 과정은 다음과 같다.

a) 완전히 건조된 여과지를 백금도가니에 넣은 후 1 000 ℃로 가열된 전기로에 넣어 연소시킨다.
b) 연소 후 백금도가니가 냉각된 후 Na_2CO_3와 H_3BO_3가 3 : 1로 혼합된 융제 1 g을 백금도가니에 넣은 후 800 ℃의 전기로에 넣은 다음 1 000 ℃까지 다시 가열한다.
c) 1 000 ℃에서 20분 정도 경과된 후 백금도가니를 백금집게를 사용하여 융제를 교반시켜 주고 다시 한번 10분 정도 1 000 ℃에서 가열한다.
d) 백금도가니를 냉각시킨 후 적당한 크기의 비커 안에 넣은 후 백금도가니 안에 1 : 1 염산을 10 mL 넣어 용해시킨 후 백금도가니 안에 있는 염산을 비커에 따른 후 증류수로 백금도가니 내부와 외부를 3회 정도 세척을 하여 비커 안의 액량이 20~30 mL 정도가 되도록 한다.
e) 50 mL 메스플라스크에 깔대기를 이용하여 비커에 있는 용액을 따른 후 증류수로 비커와 깔대기를 3회 세척하고 최종적으로 액량이 정확히 50 mL가 되도록 한다.

이렇게 만들어진 시료 용액과 동일한 조건으로 Al, Ti 및 Nb의 혼합 표준 용액을 제조하여 ICP-AES로 정량 분석을 행한다. ICP-AES의 분석 결과는 다음의 식(1)을 통해 강 중의 비금속 개재물의 농도를 계산한다.

$$C = \frac{C_i \times X}{g} \times 100 \quad\text{(1)}$$

여기에서
　　C : 강 중의 개재물 농도(wt%)
　　C_i : ICP-AES 분석 결과값(ppm or mg/L)

830 금속 현미경 조직학

KS D 0204 : 2007

X : 전 처리시 시료의 희석된 양(L)
g : 전해 추출에 의해 녹은 시료의 양(g)

여기서 녹은 시료의 양은 전해 추출 이전의 무게에서 전해 추출 후의 시험편의 무게를 뺀 무게이다. 식(1)을 이용해 계산된 비금속 개재물의 농도를 wt%나 ppm단위로 나타낸다.

E.7.2 비금속 개재물의 형태 및 입도 분포 분석

전해 추출 후 완전히 건조된 여과지의 가운데 부분을 10 mm×10 mm 정도 잘라낸다. 전자현미경용 홀더의 윗면에 카본테잎을 15 mm×15 mm 정도 크기로 잘라붙인다. 그 위에 잘라놓은 여과지 조각을 놓고 조심스럽게 부착한다. 이렇게 준비된 시험편은 금코팅을 하여 준비한다.

이렇게 준비된 시험편은 전자탐침마소분석기(EPMA)를 이용해 비금속 개재물의 성분을 분석하고, 주사전자현미경(이하 SEM)을 이용해 비금속 개재물의 형태와 입도 분포를 분석한다. 이때 배율이나 출력 등은 장비의 여건과 개재물의 크기에 따라 적절히 조절한다.

비금속 개재물의 입도 분포는 적절한 배율의 사진을 4장 이상 찍은 후 각각의 사진에 있는 개재물을 그림 E.3에 나타낸 것과 같이 다시 그린다. 이 사진을 이미지 분석프로그램을 이용하여 입도 분포를 측정한 결과는 표 E.2와 같이 나타난다.

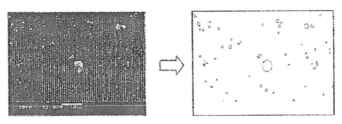

그림 E.3 — 이미지 분석 프로그램을 사용하기 위한 SEM 사진의 변환

표 E.2 — 이미지 분석프로그램의 분석 결과

No.	Length (μm)	Count (No.)	Count (%)
1	0~0.2	*	*
2	0.2~0.4	*	*
3	0.4~0.6	*	*
4	0.6~0.8	*	*
5	0.8~1.0	*	*
6	1.0~1.2	*	*
7	1.2~1.4	*	*
8	1.4~1.6	*	*
9	1.6~1.8	*	*
10	1.8~2.0	*	*
~	~	*	*
50	9.8~10.0	*	*

E.8 결과의 표현

E.8.1 정량 분석

별도로 명시되지 않은 경우 정량 분석 결과는 각 검사 결과를 wt%나 ppm 단위로 표현하여 나타낸다. 이를 바탕으로 각 종류별 개재물에 대해 산술 평균을 구하여 평가한다.

E.8.2 입도 분포 분석

각 SEM 분석 사진에 대한 입도 분포 분석 결과는 입도 크기에 따른 개재물의 수와 그 분율(%)로 나타낸다. 이의 분석 결과는 표 E.2와 같이 표시한다.

E.9 결과 보고

a) 이 규격에 대한 인용
b) 시료 채취 방법과 검사 영역의 위치
c) 사용한 방법(전해 추출 조건, 시간, 전해 용액)
d) 입도 분포 분석시 배율, 개재물 성분
e) 검사 결과(각각 개재물의 농도, 입도 분포)
f) 보고서 번호 및 날짜
g) 검사자 성명

77.040.30

한 국 산 업 규 격 　　　　**KS**

강의 매크로 조직 시험 방법

D 0210 - 1992
(2007 확인)

MacroStructure Detecting Method for Steel

1. 적용 범위　이 규격은 강의 단면을 염산, 염화동암모늄 또는 왕수를 사용하여 부식시켜 매크로 조직을 시험하는 방법에 대하여 규정한다.

2. 용어의 뜻　이 규격에서 사용하는 주된 용어의 뜻은 다음과 같으며, 부도에 길로강 조직의 보기를 나타낸다.

 (1) 수지상 결정　강이 응고할 때, 수지상으로 발달한 1 차 결정.

 (2) 잉곳 패턴　강의 응고 과정에서 결정 상태의 변화 또는 성분의 편차 때문에 윤곽상으로 부식의 농도차가 나타난 것.

 (3) 중심부 편석　강의 응고 과정에서 성분의 편차 때문에 중심부에 부식의 농도차가 나타난 것.

 (4) 다 공 질　강재 단면 전체에 걸쳐서 또는 중심부에서 부식이 단시간에 진행하여 해면상으로 나타난 것.

 (5) 피 트　부식에 의하여 강재 단면 전체에 걸쳐서 또는 중심부에서 육안으로 보이는 크기로 점모양의 구멍이 생긴 것.

 (6) 기 포　blow홈 또는 판흩이 완전히 압착되지 않고, 그 흔적을 남긴 것.

 (7) 개 재 물　육안으로 볼 수 있는 비금속 개재물.

 (8) 파 이 프　강의 응고 수축에 따른 1 차 또는 2 차 파이프가 완전히 압착되지 않고 중심부에 그 흔적을 남긴 것.

 (9) 모세 균열　부식에 의하여 단면에 가늘게 털모양으로 나타난 홈.

 (10) 중심부 균열　부적당한 단조 또는 압연 작업에 의해 중심부에 균열이 생긴 것.

 (11) 주 변 흠　주변 기포에 의한 흠, 압연 및 단조에 의한 흠, 기타 강재의 바깥둘레부에 생긴 흠.

3. 시 험 편　단조 또는 압연한 강재로부터 가공축과 직각 방향으로 판모양 시험편을 잘라낸다. 시험편의 피검면은 원칙적으로 KS B 0161(표면 거철기 정의 및 표시) 약 12.5 S~25 S 로 다듬질하며, 시험에 앞서 피검면의 유지류를 제거한다.

4. 시험 방법

4.1 탄소강·합금강 (스테인리스강, 내열강을 제외한다)

4.1.1 염 산 법　이 방법은 비교적 작은 단면인 강재의 매크로 조직 시험에 적용한다.

 (1) KS M 1206(염산) 을 거의 같은 용량의 물로 희석한 것(HCl 로서 약 20 무게 %) 을 부식액으로 하고, 이것을 내산 용기 안에서 75~80℃로 가열하여 사용한다. 부식액은 부식 후의 피검면에 농도 변화가 생기지 않도록 충분한 양을 사용한다.

 　또, 부식액은 원칙적으로 새로운 액을 사용한다.

D 0210 - 1992

(2) 시험편은 피검면을 상향 또는 수직으로 하여 서로 접촉하지 않도록 (1)의 부식액 속에 담그되, 액온은 되도록 일정하게 유지한다.

　　시험편은 담그기 전에 온수 속에서 예열하면 좋다. 이 경우, 표준 예열온도는 75~80℃로 한다.

(3) 염산법에 의한 강재의 표준 부식시간은 다음 표 1 에 따른다.

4.1.2 염화동암모늄법　이 방법은 비교적 큰 단면인 강재의 매크로 조직시험에 적용한다.

(1) 물 1000ml 에 대하여 공업용 염화동암모늄 100~350g 의 비율로 용해한 것을 부식액으로 하고, 부식은 상온에서 한다. 부식액은 부식 후의 피검면에 농도 변화가 생기지 않도록 충분한 양을 사용한다.

　　또, 부식액은 원칙적으로 새로운 액을 사용한다.

(2) 시험편은 피검면을 상향 또는 수직으로 하여, 액 속에 담그든가 피검면을 상향으로 하여 부식액을 쏟고, 부식면에 충분히 부식액이 체류하도록 한다.

(3) 부식이 진행하는 동안 표면에 구리가 석출하는데 약 5 분간 방치한 후 석출한 구리를 브러시 또는 헝겊으로 제거하고 적당한 상태가 얻어질 때까지 이것을 반복한다. 보통 3~10 회에서 적당한 부식이 얻어진다. 매크로 시험을 실시할 때 강재의 상태는 염산법에 준한다.

4.2 스테인리스강·내열강

4.2.1 염 산 법　이 방법은 스테인리스강 및 내열강의 매크로 조직시험에 적용한다.

(1) 부식액의 조제는 4.1.1(1)과 동일하다.

(2) 부식 방법은 4.1.1(2) 와 동일하다.

(3) 염산에 의한 강재의 표준 부식시간은 표 2 와 같다.

D 0210 - 1992

표 1 탄소강·합금강의 표준 부식시간

단위 : 분

강종 기호	표준 부식시간		
	압연 또는 단조한 그대로	어닐링 상태	노멀라이징 상태
SS 34, SS 41, SS 50, SS 55	20	---	20
SUM 11, SUM 12, SUM 21, SUM 22, SUM 22L, SUM 23, SUM 23L, SUM 24L, SUM 25, SUM 31, SUM 31L, SUM 32, SUM 41, SUM 42, SUM 43	10	—	10
SF 35, SF 40, SF 45, SF 50, SF 55, SF 60, SF 65	30	30	30
SM 10 C, SM 12 C, SM 15 C, SM 17 C, SM 20 C, SM 09 CK, SM 15 CK, SM 20 CK	40	40	40
SM 22 C, SM 25 C, SM 28 C, SM 30 C, SM 33 C, SM 35 C, SM 38 C, SM 40 C, SM 43 C, SM 45 C, SM 48 C, SM 50 C, SM 53 C, SM 55 C, SM 58 C	30	30	30
SCr 430, SCr 435, SCr 440	30	40	—
SCr 445	30	30	—
SCr 415, SCr 420	30	40	—
SCM 430, SCM 432, SCM 435, SCM 440, SCM 445	30	40	—
SCM 415, SCM 418, SCM 420, SCM 421, SCM 822	40	40	—
SNC 236, SNC 631, SNC 836	40	—	—
SNC 415, SNC 815	40	40	—
SNCM 220, SNCM 415, SNCM 420, SNCM 431, SNCM 616, SNCM 625, SNCM 630, SNCM 815	40	40	—
SNCM 240, SNCM 439, SNCM 447	30	30	—
SMn 420, SMn 433, SMn 438, SMn 443, SMnC 420, SMnC 443	30	—	—
STC 1, STC 2, STC 3, STC 4, STC 5, STC 6, STC 7	30	30	—
SKH 2, SKH 3, SKH 4, SKH 10, SKH 51, SKH 52, SKH 53, SKH 54, SKH 55, SKH 56, SKH 57, SKH 58, SKH 59	—	40	—
STS 2, STS 3, STS 4, STS 5, STS 7, STS 8, STS 11, STS 21, STS 31, STS 41, STS 43, STS 44, STS 51, STS 93, STS 94, STS 95	—	20	—
STD 1, STD 4, STD 5, STD 6, STD 7, STD 8, STD 11, STD 12, STD 61, STD 62	—	40	—
STF 3, STF 4	—	30	—
SPS 3, SPS 4, SPS 6, SPS 7, SPS 9, SPS 9A, SPS 10, SPS 11A	30	30	—
STB 1, STB 2, STB 3, STB 4, STB 5	—	30	—

비 고 공란은 특별히 규정하지 않는다.

D 0210 - 1992

표 2   스테인리스강 · 내열강의 표준 부식시간

단위 : 분

강종 기호	표준 부식시간		
	상 태	염산 용액	창 수
STS 405, STS 410L, STS 429, STS 430, STS 430F, STS 430LX, STS 434	압연, 단조 또는 어닐딩	20	—
STS 403, STS 410, STS 410J1, STS 410S, STS 416, STS 420J1, STS 420J2, STS 420F, STS 429J1, STS 431, STS 440A, STS 440B, STS 440C, STS 440F	압연, 단조 또는 어닐딩	20	—
STS 447J1, STS XM 27	압연, 단조 또는 어닐딩	—	20([1])
STS 436L, STS 444	압연, 단조 또는 어닐딩	—	20([1]) 또는 ([2])
STS 201, STS 202	압연, 단조 또는 고용화 열처리	30	—
STS 301, STS 301J1, STS 302, STS 303, STS 303 Se, STS 304, STS 304 L, STS 304 N 1, STS 304 N2, STS 304 LN, STS 305, STS 305J1	압연, 단조 또는 고용화 열처리	30	—
STS 305S, STS 310S, STS 316, STS 316L, STS 316J1, STS 316J1L, STS 316N, STS 316LN, STS 317, STS 317L, STS 317J1, STS 321, STS 329J1, STS 347, STS 384	압연, 단조 또는 고용화 열처리	—	20([1])
STS 630, STS 631	압연, 단조 또는 고용화 열처리	30	—
STR 1, STR 3, STR 4, STR 600, STR 616	압연, 단조 또는 어닐딩	30	—
STR 446	압연, 단조 또는 어닐딩	20	—
STR 31, STR 309, STR 310, STR 330, STR 661	압연, 단조 또는 고용화 열처리	—	20([1])
STS XM 7, STS XM 15 J1, STS 302 B	압연, 단조 또는 고용화 열처리	—	15([2])
STR 35, STR 36	고용화 열처리	20	—
STR 37, STR 38	고용화 열처리	—	5([1])
STR 660	고용화 열처리	—	10([2])
STR 21	압연, 단조 또는 어닐딩	10	—
STR 409	압연, 단조 또는 어닐딩	20	—
STR 11	어닐딩	20	—

주([1]) 질산 : 염산을 1:3으로 하며, 액온이 40℃ 인 경우
  ([2]) 질산 : 염산을 1:3으로 하며, 액온이 상온인 경우
비 고 공란은 특별히 규정하지 않는다.

D 0210 - 1992

4.2.2 왕 수 법 이 방법은 스테인리스강, 내열강 중에서 염산법으로는 부식시간이 오래 걸리는 강종의 매크로 조직 시험에 적용한다.

(1) 부식액은 KS M 1207(질산) 과 KS M 1206 을 1:3~10 으로 혼합하여 조제하고, 부식은 상온~80℃에서 한다.

(2) 시험편은 피검면을 상향 또는 수직으로 하여 왕수에 담근다. 부식액은 부식 후의 피검면에 농도 변화가 생기지 않도록 충분한 양을 사용한다.

또, 부식액은 원칙적으로 새로운 액을 사용한다.

(3) 왕수법에 의한 강재의 표준 부식시간은 표 2 와 같다.

4.3 부식 후의 처리 부식이 끝나면 온수 또는 흐르는 물 속에서 피검면의 부식 생성물은 브러시로 재빨리 제거하고, 적당한 알칼리 용액 속에서 중화시킨 후, 다시 열탕으로 충분히 세척하고 바람으로 급속 건조하여 지체없이 육안으로 관찰한다. 건조 직후에 판정할 경우에는 중화를 생략하여도 좋다.

5. 표시 방법

5.1 분 류 매크로 조직은 다음과 같이 구분하고, 부도의 사진보기에 따라 분류한다.

(1) 단면 전체에 걸치는 조직 수지상 조직, 잉곳 패턴, 다공질, 피트 등.

(2) 중심부의 조직 편석, 다공질, 피트 등.

(3) 기포, 개재물, 파이프, 모세 균열, 중심부 균열, 주변 흠(주변 기포, 압연 또는 단조 흠) 등.

5.2 표시 기호 매크로 조직의 표시 기호는 다음과 같다.

수지상 조직   : D
잉곳 패턴   : I
다공질   : L
피트   : T
중심부 편석   : S_c
중심부 다공질 : L_c
중심부 피트   : T_c
기 포   : B
개 재 물   : N
파 이 프   : P
모세 균열   : H
중심부 균열   : F
주변 흠   : K (주변 기포 : K_b, 압연 또는 단조 흠 : K_s)

5.3 표 시 법 매크로 조직 시험결과의 표시는 다음 보기와 같이 5.1 의 구분된 순서로 각각 기호로 표시한다.

보 기 DT-S_c-N 단면 전체에 걸쳐서 수지상 조직 및 피트가 나타나고 중심부 편석이 있다.

기타 개재물이 인지된다.

D 0210 - 1992

부 도　킬드강 매크로 조직 분류 보기

구 분	종 별	
(1)	수지상 조직	잉곳 패턴
	다공질	외 드

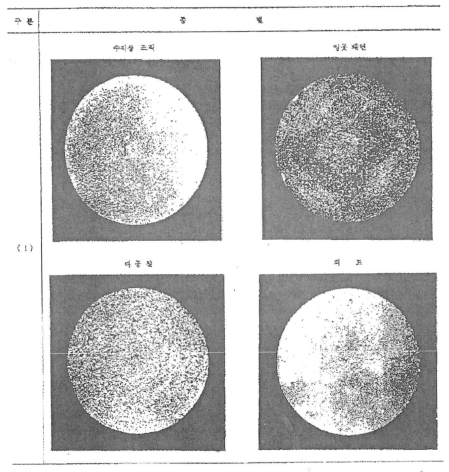

D 0210 - 1992

부 도 (계 속)

구 분	종 법	
(2)	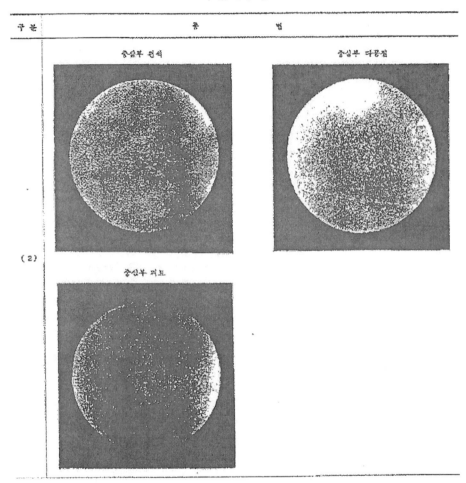	

중심부 전석

중심부 다공점

중심부 피트

D 0210 - 1992

부 도 (계 속)

구 분	종 별	
(3)	기 공	개 재 물
	파 이 프	모세 균열

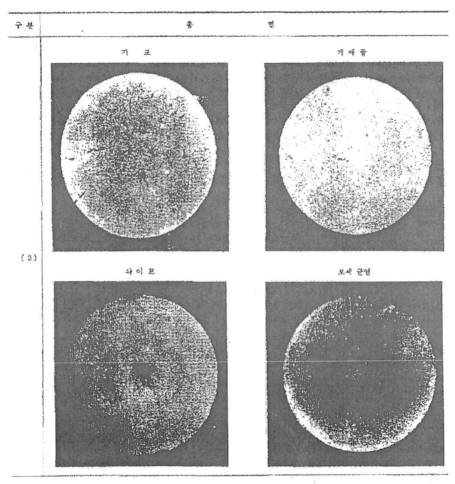

D 0210 - 1992

부 도 (계 속)

구 분	종 별	
(3)	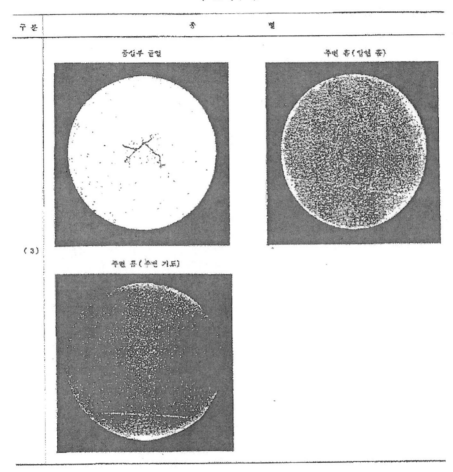	

중심부 균열

주변 흠 (압연 흠)

주변 흠 (주변 기포)

참/고/문/헌

1. H.Schumann : Metallographie, DVG, Leipzig, 1991
2. W.F.Smith : Structure and Properties of Engineering Alloys, McGraw-Hill, 1981
   Principle of Materials Science and Engineering, McGraw-Hill, 1996
3. R.M.Brick : Structure and Properties of Engineering Materials, McGraw-Hill, 1977
4. R.A.Flinn : Engineering Materials and their Applications, Houghton Mifflin, 1975
5. H.W.Pollack : Materials Science and Metallurgy, Reston, 1981
6. L.H.Van Vlack : Materials for Engineering Concept and Applications, Addison-Wesley, 1982
7. J.E.Neely : Practical Metallurgy and Materials of Industry, John Wiely & Sons, 1965
8. G.Krauss : Principles of Heat Treatment of Steel, ASME, 1980
9. L. E. Samnels : Optical Microscopy of Carbon Steel, ASME, 1980
10. A. R. Bailey : Introductory Practical Metallography, Atlas of Photomicro-graphs, Metalserve, 1984
    The role of Microstructure in Metals, Metalsetve, 1982
11. E.Kauczor : Metall unter Dem Mikroskop, Spring Verlag, 1974
12. L. K. Singhal : Experiments in Materials Science, McGraw-Hill, 1972
13. E. Macherauch : Praktikum in WerkstoffKunde, Vieweg, 1987
14. P. M. Unterweiser : Heat Treater's Guide Standard Practices and Procedures for Steels, ASME, 1982
15. Kathleen Mills : Metallography and Microstructure Metal Handbook vol.9, ASME, 1985
16. E. Weck : Metallogrphische Amleitung Zum Farbätzen nach dem Tauchverfahren
17. 김 정 근 : 금속기계 재료공학, 학문사, 1998
18. 김 정 근 외 : 금속조직학(Metallographie 역서), 학문사, 1998
19. 김 정 근 외 : 금속조직실험, 창원기능대학, 1991
20. 김 정 근 : 주조(vol.9 No.4, 320~326pp), 한국주조공학회, 1989
21. 김 정 근 외: 금속컬러조직 : 장왕출판사, 1986
22. Musterproben Test Specimen, Metallographic Test Specimen Buehler-Met, 1980
23. J.Hass : Recrystallization, Werkstoffkunde

24. W.Bergmann : Werkstofftechnik(teil 1,2) Hanser, 1984
25. H.J.Bargel : Werkstoffkunde, VDI, 1988
26. 高原 寛 : 금속파단면 사진집, テクノアイネ, 昭和 60年
27. Environmental Scanning Electron Microscopy; An Intorduction to ESEM, Philips Electron Optics, Eindhoven, The Netherlands
28. Invitation to the SEM World, JEOL Ltd.
29. A Guide to Scanning Microscope Observation, JEOL Ltd.
30. J.R. Newby : Metals Handbook vol. 8, Mechanical Testing, American Society for Metals, 1985
31. J.A. Fellows : Metals Handbook vol. 9, Fractography and Atlas of Fractographs, American Society for Metals, 1974
32. R.E. Whan : Metals Handbook vol. 10, Materials Characterization, American Society for Metals, 1985
33. G.F. Vander Voort : Applied Metallography, Man Nostrand Reinhold Co. N.Y. 1986
34. Quantitative Stereology : E. Underwood : Addison-Wesley Co.(1970)
35. KS핸드북 철강, 1998
36. KS핸드북 비철, 1998
37. 築添 正, 정밀측정학, 養賢堂, 1987
38. Union 현미경 매뉴얼, 1998
39. Günter Petzow, 조직학과 에칭 매뉴얼, 1997
40. 椙山 正孝 편, 주조기술의 기초, 소형재센터, 1985
41. Metals Handbook, Vol. 7, 8th ed.
42. 五弓 勇雄, 금속공학실험, 丸善, 1980
43. 시편준비, 상분석 및 경도측정의 기초, 키원기술
44. 小泉 哲彌, 화상해석, 소형재, 1991, 10
45. 다이캐스팅주물의 덴드라이트 암 스페이싱분포에 관한 조사, 일본주물협회, 1990
46. 화학공학대사전, 집문당
47. Metalog Guide, Struers

찾 / 아 / 보 / 기

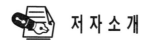 저 자 소 개

김 정 근   (ckkim@kut.ac.kr)
- 부산대학교 금속공학과(공학박사), 홍익대학교 금속공학과(공학사·석사)
- (사) 한국재료조직학회(KSM) 1, 2, 3대 회장,
- Helmholtz Centre Berlin for Materials and Energy(HZB),
- Institute for Solar Energy Research Hameln(ISFH) 객원교수,
- nstitute for Materials Research, German Aerospace Center(DLR),
- Berlin 공대 박사후 과정, 독일 직업교육관리자과정(GTZ),
- Roland-Mitsche-Preis 2006 수상
- 현재 한국기술교육대학교 에너지·신소재·화학공학부 명예교수.

김 기 영   (simha@kut.ac.kr)
- 연세대학교 금속공학과졸업
- 동경대학금속공학 전공(공학박사)
- 한국생산기술연구원 수석연구원
- 현재 한국기술교육대학교 에너지·신소재·화학공학부 교수.

박 해 웅   (hwpark@kut.ac.kr)
- 인하대학교 금속공학과졸업
- University of Illinois(Chicago)금속공학과(공학박사)
- 전력연구원 선임연구원
- 현재 한국기술교육대학교 에너지·신소재·화학공학부 교수.

금속현미경조직학   정정가 70,000원

1999년 2월 10일 初版 發行
2012년 1월 30일 再版 發行

共著者 : 김정근·김기영·빅해웅
發行人 : 박승합
發行處 : 노드미디어
주소 : 서울특별시 용산구 갈월동 11-50
등록 : 1988.1.21 第3-163號
TEL : 754 - 1867, 0992   FAX : 753 - 1867

| 板 權 |
| 所 有 |

ISBN 89 - 86172 - 70 - 4 - 93580